国家出版基金项目
NATIONAL PUBLICATION FOUNDATION

中国自主产权
芯片技术与应用丛书

"十三五"
国家重点出版物出版规划项目

教你构建龙芯平台的Linux系统

孙海勇 / 著

人 民 邮 电 出 版 社
北 京

图书在版编目（CIP）数据

用“芯”探索：教你构建龙芯平台的Linux系统 / 孙海勇著. -- 北京：人民邮电出版社，2020.12（2021.8重印）
（中国自主产权芯片技术与应用丛书）
ISBN 978-7-115-55849-7

Ⅰ. ①用… Ⅱ. ①孙… Ⅲ. ①Linux操作系统 Ⅳ. ①TP316.85

中国版本图书馆CIP数据核字(2021)第012679号

内 容 提 要

本书通过讲解如何在龙芯 CPU 下制作 Linux 系统及其发行版来介绍 Linux 操作系统的组成，同时为读者提供了一种为非 x86 架构 CPU 制作和移植发行版的思路。本书将制作 Linux 系统的过程分为准备、制作临时系统、制作目标系统、制作发行版 4 个阶段。准备阶段可让读者对实际制作过程中用到的技术细节有所了解；制作临时系统阶段介绍如何为没有可用系统的机器制作一个可用的系统；制作目标系统阶段介绍如何在一个临时系统的基础上将 Fedora 系统移植到目标机器上；制作发行版阶段配合软件仓库、安装系统、包构建管理制作等对目标系统进行扩展，完成一个相对完整的发行版的制作。

本书适合 Linux 系统制作爱好者学习和阅读，也可作为大中专院校相关专业师生的参考书。

◆ 著　　孙海勇
责任编辑　俞　彬
责任印制　王　郁　陈　犇

◆ 人民邮电出版社出版发行　　北京市丰台区成寿寺路 11 号
邮编　100164　　电子邮件　315@ptpress.com.cn
网址　https://www.ptpress.com.cn
涿州市京南印刷厂印刷

◆ 开本：787×1092　1/16
印张：37　　2020 年 12 月第 1 版
字数：920 千字　　2021 年 8 月河北第 3 次印刷

定价：128.00 元

读者服务热线：(010)81055410　印装质量热线：(010)81055316
反盗版热线：(010)81055315
广告经营许可证：京东市监广登字 20170147 号

谨以此书献给我的父亲孙根虎先生。

中国自主产权
芯片技术与应用丛书

中国自主产权芯片技术与应用丛书

前言

从最早接触龙芯到现在已经有 10 多年了，这 10 多年间我给龙芯移植的Linux系统也有好几个版本了，其中有基于LFS(Linux From Scratch) 编译的简单系统，也有通过 Debian 这样现成的系统裁剪定制而成的系统，但是最让我觉得有挑战性的还是移植整个 Fedora 发行版。

这些年我也遇到不少对制作 Linux 系统感兴趣的人，其中有经验丰富的高手，也有初步了解的新手，在相互交流中我总能收获新的知识，渐渐地对于制作一个系统我也积累了越来越多的心得。

在写作本书之前，我所想的就是把最近几年自己在发行版移植工作中的收获和心得好好地总结一下，把我所掌握的相关技术和技巧展示给大家。这样既可以让我在总结知识的过程中有机会深入思考，也可以和更多对制作系统感兴趣的读者交流我所了解的知识。

移植一个未支持目标平台的发行版是有一定挑战性的，我认为最有挑战性的是移植方法和思路。移植方法和思路不是唯一的，而是有多种选择的，同时随着开源技术的改进，以及具体技术实现的变化，移植方法和思路也会得到扩展和改进。尽管本书只提供一种当下技术环境所适合的方法和思路，但请读者在阅读本书的时候一定不要有固化步骤的思想，而应通过这些步骤理解移植思路，不断开拓自己的思路，找出更适合自己的方法和步骤。

本书分为 4 个阶段。

第一阶段是准备。设置这个阶段主要是为了让读者对后面实际制作过程中用到的技术细节有所了解。

第二阶段是制作临时系统。这个阶段主要介绍如何为一个没有可用系统的机器制作一个可用的系统。

第三阶段是制作目标系统。这个阶段介绍的是如何在一个临时系统的基础上将 Fedora 系统移植到目标机器上。

第四阶段是制作发行版。这个阶段的工作是完善目标系统，以及配合软件仓库、软件包编译及管理工具、安装系统制作等对目标系统进行扩展，完成一个相对完整的发行版的制作。

读者可以根据自己的实际情况来确定阅读内容和方式，例如，如果你对某个阶段的内容非常熟悉可以跳过相应的部分，有选择性地进行阅读。

本书并没有改变发行版的名称，只展示了将 Fedora 系统移植到龙芯平台上的过程和方法。在制作一个拥有独立名称的发行版系统时，可以修改某些与发行版名称相关的地方，因该操作并不影响制作和移植系统的方法，本书未对这方面进行过多的讲解。

若本书介绍的移植方法和思路能为读者制作和移植一个发行版提供帮助，本书的目的就达到了。至于发行版如何更好地运营和扩展自己的特色，是另一个需要考虑的问题。

读者可前往本书的配套资源页面：https://github.com/sunhaiyong1978/Book-PortingDistro，查看和下载本书所涉及的配置文件、软件补丁等文件，以及后续内容更新和勘误。如需探讨技术性问题，可发送邮件至 youbest@sina.com，笔者会在收到邮件后尽快回复。

孙海勇

2020 年 12 月

第一阶段 准备

第 01 章 龙芯 CPU 和 Linux 发行版

第 02 章 基础知识

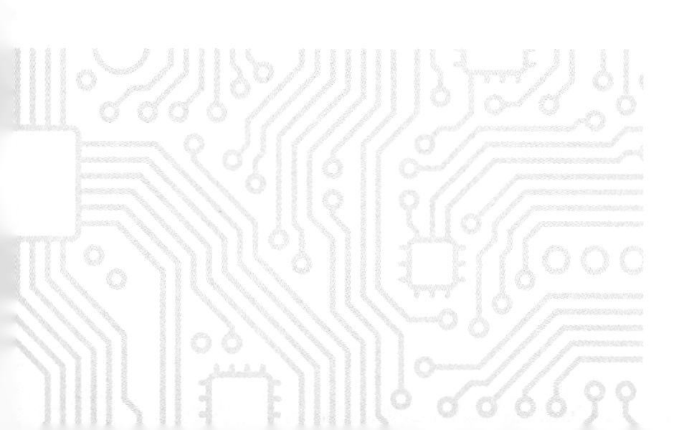

第 03 章 制作方案设计

第二阶段 制作临时系统

第 04 章 创作基地

第 05 章　交叉工具链

第 06 章　制作一个临时系统

CONTENTS
目 录

第三阶段　制作目标系统

第 08 章　目标系统工具链

第 09 章 残破的目标系统

第 10 章　完善目标系统

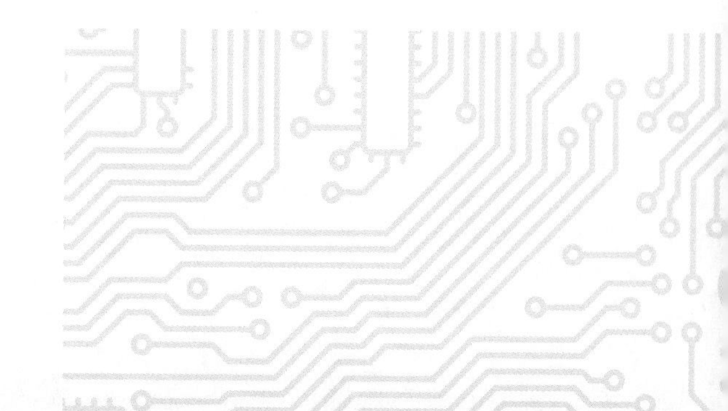

第四阶段　制作发行版

第 11 章　软件仓库

第 12 章　制作安装镜像

第 13 章　包构建管理系统

结束语

第一阶段

准备

第 01 章

龙芯 CPU 和 Linux 发行版

我们首先来了解一下本书的两个重要角色：龙芯 CPU 和 Linux 发行版。

1.1 龙芯 CPU

龙芯 CPU 是中国科学院计算技术研究所（现已成立龙芯中科技术股份有限公司，简称龙芯中科）自主研发的通用处理器。从 2001 年成立项目到 2019 年 12 月发布龙芯 3A4000 处理器，在这近 20 年的时间中，龙芯中科发布了多款不同型号的处理器。

龙芯 CPU 主要分 3 个系列，产品以 32 位和 64 位的单核及多核 CPU 为主。

1. 龙芯 1 号

龙芯 1 号系列处理器是 32 位的低功耗、低成本处理器，实现了带有静态分支预测和阻塞 Cache（高速缓存）的乱序执行流水线，且集成各种外围接口，形成面向特定应用的单片解决方案。龙芯 1 号主要应用在云终端、工业控制、数据采集、手持终端、网络安全、消费电子等领域，如智能门锁、水表监测等，如图 1.1 所示。

图 1.1　龙芯 1C 处理器

2. 龙芯 2 号

龙芯 2 号系列处理器是 64 位低功耗系列处理器，实现了带有动态分支预测和非阻塞 Cache 的超标量乱序执行流水线；同时还使用浮点数据通路复用技术实现了定点的 SIMD（Single Instruction Multiple Data，单指令流多数据流）指令，并集成各种外围接口。龙芯 2 号主要应用在嵌入式计算机、工业控制、移动信息终端、汽车电子等领域，如设备控制终端、一体机、NAS（Network Attached Storage，网络附属存储）等，如图 1.2 所示。

图 1.2　龙芯 2F 处理器

3. 龙芯 3 号

龙芯 3 号系列处理器是 64 位多核系列处理器，基于可伸缩的多核互联架构设计。龙芯 3 号主要应用在桌面和服务器领域，如桌面计算机和各类服务器等，如图 1.3 所示，其中龙芯 3A 系列 CPU 针对桌面计算机，龙芯 3B 系列 CPU 针对服务器。

图 1.3　龙芯 3A4000 处理器

1.2 GNU/Linux 操作系统和发行版

1.2.1 GNU 简介

GNU 是由理查德 · 斯托曼（Richard Stallman）在 1983 年 9 月 27 日公开发起的一项计划，它的目标是创建一套完全自由的操作系统。

GNU 是 GNU’s Not UNIX 的缩写，UNIX 是一种广泛使用的商业操作系统。GNU 要实现 UNIX 系统的接口标准并开发操作系统中的各个部件，这里不乏重量级的核心组件，如 GCC、Glibc 等。GNU 计划采用了当时已经可以自由使用的部分软件，例如 TeX 排版系统和 X Window 视窗系统等。GNU 计划也开发了许多其他的自由软件，这些软件被移植到其他操作系统平台上，例如 Microsoft Windows、BSD、Solaris 及 Mac OS。

GNU 计划的另一个重要组成部分就是许可证，主要包括 GPL、LGPL 和 GFDL 等。

GPL（GNU General Public License，通用公共许可证）是一个被广泛使用的自由软件许可证，该许可证分别在 1989 年 1 月、1991 年 6 月和 2007 年 6 月发布了 1.0、2.0 和 3.0 版本，其中 GPL V2.0 是使用最广泛的版本。

LGPL（GNU Lesser General Public License，GNU 宽通用公共许可证）是 GPL 的另一个版本，是为了应用于一些软件函数库而设计的，该许可证分为 2.0、2.1 和 3.0 版本。

GFDL（GNU Free Documentation License，自由文档许可证）是一个内容开放的著作权版权许可证。为了 GNU 计划的顺利实施，自由软件基金会于 2000 年发布了 GFDL，并在 2000

年 3 月、2002 年 12 月和 2008 年 11 月 3 日发布了 1.1、1.2 和 1.3 版本。

> **注意：**
> 在很多软件的名称中，开头的 G 或者 GNU 就代表了 GNU 计划，该软件一般也是 GNU 计划的一部分。

GNU 计划的图形标志是牛羚头像，如图 1.4 所示。

图 1.4 GNU 计划的标志

虽然 GNU 计划的发展促进了开源软件的发展，但真正让大多数人开始认识开源软件的却是 Linux。这个以黄嘴企鹅为标志的开源软件让开源精神迅速地蔓延到全世界，现在 Linux 几乎成了开源软件的代名词。

1.2.2 Linux 简介

严格来讲，Linux 只是一个操作系统内核的名称，但很多人习惯将使用 Linux 内核的操作系统叫作 Linux。

Linux 内核最初只是林纳斯 · 托瓦兹（Linus Torvalds）在赫尔辛基大学上学时出于个人爱好而编写的。Linux 内核的第一个版本在 1991 年 9 月发布，在之后的几年中 Linux 内核被越来越多的人所认可，许多程序员参与其开发，Linux 内核很快成为全世界范围内的开源软件。

Linux 内核的迅速发展得益于开发者开放的态度，而使用 GPL 协议则成为 Linux 迅速发展的最重要保障。

Linux 内核并不是 GNU 计划的组成部分，但它同 GNU 计划中建立的各种操作系统工具组合成了一个可用的操作系统，一般我们把这样的系统称为 GNU/Linux。

Linux 的标志是一只黄嘴企鹅，如图 1.5 所示。有许多 GNU/ Linux 下的游戏名称中会出现 Tux（黄嘴企鹅的名字），一般游戏的主角就是这只可爱的企鹅。

当 Linux 遇到 GNU 后，可以说互相成就了对方，Linux 内核获得了大量系统软件的支持，而 GNU 也获得了让这些系统软件发扬光大的内核。Linux 内核几乎是跟 GNU 的软件一起发展壮大的，我们用的 Linux 操作系统通常都离不开 GNU 的软件，因此通常把使用 GNU 软件和 Linux 内核的操作系统称为 GNU/Linux 操作系统。

图 1.5　Linux 的标志

1.2.3　GNU/Linux 的发行版

在 GNU/Linux 操作系统十几年的发展中，越来越多的管理模式、开发模式、开发组织等融合进了 GNU/Linux 操作系统，从而形成了各种 GNU/Linux 发行版（本书简称 Linux 发行版或发行版），且不断发展壮大，由最初屈指可数的几个发行版到现在的几百个发行版，在数量和质量上都在不断发展。

下面介绍几个代表性的发行版，这些是目前比较有实力和用户群较大的 Linux 发行版。

1. Debian GNU/Linux——发行版中的常青树

Debian 是 1993 年由伊恩 · 默多克（Ian Murdock）发起的，默多克受到当时 Linux 与 GNU 的鼓舞，他的目标是使 Debian 成为一个公开的发行版。Debian 的标志如图 1.6 所示。

图 1.6　Debian 的标志

几乎所有的专业 Linux 用户都知道 Debian，Debian 及其衍生版本的用户群是最大的，其中包括后起之秀 Ubuntu。

Debian 中最具有特色的部分是包管理工具。包管理工具中包含了一组诸如以 apt 开头的命令，可以自动进行软件包的关系分析，自动安装所需要的软件包。该软件包管理模式后来也被 RPM 的包管理工具所学习，Debian 也成了 deb 包管理系的首创系统。

衍生版本：Ubuntu、Knoppix。

2. Fedora Linux——Linux 系统的代名词

Fedora 系统由 RedHat 公司发起和维护。RedHat 公司于 1994 年发布了第一个 RedHat Linux 系统，当版本到 RedHat Linux9.0 之后则更名为 Fedora，到本书完成时 Fedora 已发布到第 32 个版本。Fedora 的标志如图 1.7 所示。

图 1.7　Fedora 的标志

曾几何时，在中国提到 Linux 没有不知道 RedHat 的，RedHat 一度在中国成为 Linux 的代名词，RedHat 也是最早出现的 Linux 发行版中的重要一员。

RedHat Linux 开发了 RPM 这样的软件包管理工具，这也成了 RPM 包管理系的鼻祖。

当 RedHat 成为 RedHat 公司的商业产品标识后，Fedora 占据了其在开源社区的位置，并沿用了 RPM 包管理工具。

衍生版本：Centos、Fusion。

3. Slackware Linux——古老而简洁的发行版

Slackware 可以算是最古老的 Linux 发行版了，它的历史超过了 RedHat Linux，是由帕特里克 · 沃尔克丁（Patrick Volkerding）开发的 GNU/Linux 发行版，其标志如图 1.8 所示。

图 1.8　Slackware 的标志

KISS（Keep It Simple,Stupid——保持简单）是 Slackware 一贯的原则，即尽量保持系统的简洁，从而实现稳定、高效和安全的运行。

Slackware 没有包管理工具，在包管理工具盛行的今天，这样的设计似乎跟不上潮流，不过这却体现出了 Slackware 的 KISS 风格。对于熟悉 Linux 的用户，这样使用会更加方便。

衍生版本：Slax。

4. Arch Linux——快速、轻量的发行版

Arch Linux 是一个针对 i686/x86-64 的优化的 Linux 发行版，其标志如图 1.9 所示。

图 1.9　Arch Linux 的标志

Arch Linux 的基本理念是快速、轻巧、弹性与简单。它只安装最小化的基本系统，用户可以根据自己的特定需求选择配置和安装相应的软件。

Arch Linux 使用 Pacman 包管理工具。虽然 Pacman 是一个比较轻量级的包管理工具，但完全可以胜任软件包的基本管理工作。

衍生版本：Manjaro。

5. Gentoo——可高度定制的发行版

Gentoo 最初由丹尼尔 · 罗宾斯（Daniel Robbins，FreeBSD 的开发者之一）创建。开发者熟悉 FreeBSD 致使 Gentoo 借鉴并引入了类似 BSD 中的 ports 系统——portage，将其作为包管理工具。

Gentoo 的标志如图 1.10 所示。

图 1.10　Gentoo 的标志

与其他绝大多数知名的发行版相比，Gentoo 是一个比较有特点的 Linux 发行版。它采用源代码的安装方式，主要通过发布方提供一个软件包的编译文件，通过 portage 对其进行解析来确认依赖关系及编译条件，并对软件包进行编译、安装和管理。Gentoo 的另外一个特色是其文档的丰富性，非常适合开发者使用。

衍生版本：Sabayon。

目前已经出现了几百个基于 Linux 内核的发行版，而且每隔几个月就会有新的 Linux 发行版或

者已有发行版新版本的发布。

从大多数的 Linux 发行版来看，比较容易区分的是各自的包管理工具以及各自的启动方式；成熟的包管理工具不算太多，因此现在几百个发行版大多使用的是类似的包管理方式。

1.3 基础发行版和衍生发行版

在全世界有几百个 Linux 发行版，国产的 Linux 发行版也有十几个，有些已经消亡，有些则发展势头很盛。我把这些 Linux 发行版分成两类：基础发行版和衍生发行版。

为了让本书后续部分的介绍不那么啰唆，如无特别说明，发行版一词表示以 Linux 为内核的发行版。

1.3.1 基础发行版

什么样的发行版可以称为基础发行版呢?

基础发行版数量不多，通常都有自己独特的且最早实际使用的软件包格式以及包管理工具，另外这些基础发行版大多十分活跃，软件的更新比较及时。它们还有一个重要的特点是，其源代码包通常是其衍生发行版的来源。这里列几个有代表性的基础发行版。

①以 Debian 为基础的发行版，其特征是主要采用 DEB 包格式以及 APT 包管理工具。

②以 Fedora 为基础的发行版，其特征是主要采用 RPM 包格式以及 YUM/DNF 包管理工具。

③以 Arch 为基础的发行版，其特征是主要采用 PKG 包格式以及 Pacman 包管理工具。

基础发行版更加注重软件的功能性、正确性、可用性、安全性以及可管理性等基础方面，另外也更加注重这些基础方面所使用的新技术的完善，这些对于整个操作系统都具有非常重要的意义。

基础发行版通常拥有大量的用户，开发和更新活动非常活跃，这导致用户使用的系统需要频繁更新。但这不是所有用户都喜欢的模式，因此有些基础发行版会划分为稳定、测试、不稳定版本，或是正式版本、测试版本等来满足不同用户的需求。

但即使划分了不同版本也不能满足大量用户的不同需求，例如对教育的需求、对安全的需求。虽然这些基础发行版可以通过定制安装来实现各种合理的需求，但是这些定制工作需要用户具备一定的技术能力才能实现。基础发行版通常带有良好的开发环境，因此开发人员更加愿意使用基础发行版，但对于普通用户而言则可能无法很好地满足需求，这就给衍生发行版提供了生长的土壤。

1.3.2 衍生发行版

衍生发行版数量众多，大多是基于基础发行版制作的，采用与其使用的基础发行版相同的包管理工具和软件包格式。衍生发行版有的采用二进制级别的衍生，即直接使用基础发行版以及制作好的安装包进行制作和发布；有的采用源代码级别的衍生，即采用基础发行版制作好的源代码包进行重新编译和打包二进制包，然后再重新制作系统和发布；有的也可能混合二进制级别和源代码级别的衍生来进行衍生发行版的制作和发布。

基础发行版和衍生发行版并没有孰优孰劣之分，虽然衍生发行版是基于某个基础发行版的，但有可能衍生发行版比基础发行版更加受欢迎。例如著名的 Ubuntu 就是基于 Debian 的衍生发行版，但是 Ubuntu 在易用性、界面方面做了很多的改善，它不但基于源代码进行软件包的重新打包，而且会改进源代码，使其在功能易用性上更加符合用户的需求，甚至可以使自己的改进影响到基础发行版。所以衍生发行版比基础发行版更加知名也是常见的事情。

另外衍生发行版通常都有一定的目标群体，也就是一款衍生发行版可以比基础发行版更加适合某个特定领域的用户，例如有专门针对教育的发行版，也有专门针对系统安全的发行版，还有针对游戏的发行版，等等。

补充一点：并不是只有以 Linux 内核为基础的操作系统才有基础发行版和衍生发行版的说法，其他的系统也会有基础和衍生发行版，如 BSD 系统。但基础发行版系统很重要的特征就是开源，例如 Debian Linux 所提供的各种软件包几乎都是开源的。如果软件不是开源的，几乎是不会被收录的。开源导致这些基础发行版系统特别容易被修改，这就为产生各种衍生发行版提供了条件。而类似 Windows、iOS 这样的系统由于版权及闭源，基本不会出现衍生的版本。

1.3.3 如何选择发行版

那么针对几种基础发行版和数百种衍生发行版，用户该如何选择呢？

基础发行版具有良好的发展环境以及相对完善的开发环境，这对于开发人员有非常大的吸引力，对一些喜欢追求新生事物以及同时需要大量参考资料的人也非常合适。

如果你想选一种发行版来进行教学、科学研究、搭建复杂的网络系统等，那么找一个针对这些方面的衍生发行版会更加高效和适用。

衍生发行版通常还会针对桌面、交互界面等用户直观感受的部分进行定制、开发，以吸引更多的用户，因此有些衍生发行版模仿其他非开源操作系统界面也就可以理解了。

很多衍生发行版是基础发行版一部分软件包的集合和定制，也会有针对性地增加基础发行版中没有提供的软件，包括一些闭源软件和商业软件。因此用户可能需要具备一些额外的条件才能使用，这也是选择衍生发行版还是基础发行版时需要考虑的。

有人认为某个衍生发行版比基础发行版的界面更好看，用起来更顺手；同样有人认为基础发行版更好用更完善。所以选择衍生发行版还是基础发行版完全取决于个人的需求，而不是哪种发行版更优秀。而作为本书移植的目标，选择一个相对完善的基础发行版是比较合适的。

1.4 Linux 相关标准

Linux 系统具有开放性，任何个人和组织都可以在其代码的任何层面上进行修改，这非常容易导致系统的分化，相互之间的不兼容。为了避免这类情况的发生，Linux 系统遵循一些标准，从而保持不同的 Linux 发行版可以相互兼容。

本节主要介绍 Linux 中最常见的几种标准，后续在 Linux 制作中会根据这些标准增加一些步骤，步骤中会有相关的说明。

此处不对这些标准的内容细节进行说明，只对标准进行简单的介绍。

1.4.1 POSIX 标准

POSIX 是 Linux 中最早涉及的标准，POSIX 的制定要早于 Linux 的出现，它是为 UNIX 系统制定的标准。Linux 是类 UNIX 系统，所以也加入了 POSIX 标准的兼容。

POSIX 是 IEEE（Institute of Electrical and Electronics Engineers，电气和电子工程师协会）为了在各种 UNIX 系统上运行软件而定义 API（Application Programming Interface，应用程序接口）的一系列互相关联的标准的总称。

POSIX 是理查德 · 斯托曼应 IEEE 的要求而提议的一个易于记忆的名称。它是 Portable Operating System Interface（可移植操作系统接口）的缩写，字母 X 表明其对 UNIX API 的传承。

POSIX 在 15 份不同的文档中对操作系统与用户软件的接口进行了规范，主要内容包括 3 个部分：POSIX 系统调用、POSIX 命令和工具、POSIX 兼容测试。同时 POSIX 还提供了一套 POSIX 兼容性测试工具，称为 PCTS（POSIX Conformance Test Suite）。

1.4.2 LSB——Linux 系统兼容的新起点

在 20 世纪 90 年代中期，开发人员也开始了实现 Linux 的标准化方面的工作。实际上，他们一直都在尝试使 Linux 遵守 POSIX 标准，因此 Linux 在源代码级上具有很好的兼容性，然而对于 Linux 来说，仅仅保证源代码级的兼容性还不能完全满足要求。

在 UNIX 时代，大部分系统使用的是专有的硬件，软件开发商必须负责将自己的应用程序从一个平台移植到其他平台上；每个系统的生命周期也很长，软件开发商可以投入足够的资源为各个平台发布二进制文件。然而对 GNU/Linux 系统来说情况则完全不一样，GNU/Linux 发行版众多，各自的发展速度也很快，软件开发商不可能为每个发行版都发布一个二进制文件，这对 Linux 的标准化提出了一个新的要求：二进制兼容性，即二进制程序不需要重新编译，就可以在其他发行版上运行。LSB（Linux Standards Base，Linux 核心标准）对各个库提供的接口以及与每个接口相关的数据结构和常量进行了定义。

1.4.3 FHS——文件存放标准

FHS（Filesystem Hierarchy Standard，文件系统层次化标准）是 LSB 中的一个组件，之所以将其单独提取出来介绍，是因为 Linux 社区中的第一个标准化努力就是针对文件系统层次的标准。FHS 用于规范系统文件、工具和程序的存放位置及命名，还有系统中的目录层次结构。例如，ifconfig 命令应该放在 /usr/bin 目录还是 /usr/sbin 目录中，光驱应该挂载到 /mnt/cdrom 还是 /media/cdrom 中。这些需求最终共同促进了 FHS 的诞生，也为 LSB 的发展奠定了基础。

POSIX 是 Linux 一直遵循的标准，目的是实现代码的可移植性，很多符合 POSIX 的程序在不同的 UNIX 平台上重新编译后就可以正常运行，这正是得益于这些系统符合 POSIX 标准。而 LSB 的出现是为了控制数目庞大的 Linux 发行版出现分化的趋势，符合 LSB 的程序不需要重新编译就可以在任何符合 LSB 的 Linux 系统上运行起来。

POSIX、LSB 和 FHS 等标准的出现，无论是对开源软件还是私有软件在 Linux 上的发展都起到了促进作用；有了这些标准，Linux 上的软件在其他平台或 Linux 各个发行版之间的移植都变得更加容易。

1.5 本书的目标

自从龙芯 2E 发布后，龙芯平台上的 Linux 发行版就不断出现，从最初的华镭 Linux，到共创、红旗 Linux 等国内大量基于 Linux 操作系统品牌为龙芯定制的衍生发行版，以及 Loongnix 等专门针对龙芯移植优化的衍生发行版，再到 Debian 的 MIPS 架构版本和 Fedora 的龙芯移植版本等软件包及其丰富的基础发行版，龙芯发行版的生态在不断的完善和优化中成长起来了。

虽然能在龙芯平台上使用的发行版越来越多，但仍然有一些需要注意的问题。一方面，因为各种原因，大部分在龙芯平台上使用的衍生发行版包含的软件版本、引入的开源技术或多或少存在滞后的现象。为了能让一些用户实现在龙芯平台上尝试新软件和新技术的想法，针对为数不多的基础发行版的移植就显得尤为重要。另一方面，基础发行版通常集合的都是开源软件，非常适合进行移植；而不少衍生发行版要么有一定的专用性，要么存在一些闭源软件，导致难以获得其修改部分的代码，并不适合拿来做示范。

本书将要介绍的就是把基础发行版之一的 Fedora 发行版移植到龙芯 CPU 上的方法和过程。选择 Fedora 发行版主要是因为其提供的软件都是开源的，且 Fedora 发行版官方没有提供基于龙芯 CPU 的版本。这样既适合用于介绍移植方法，也有一定的实际意义。还有一个原因是我自己成功移植过 Fedora 21/28/32 这 3 个版本的发行版，因此更熟悉方法。

我们通常说移植某个发行版到某个平台上，其实就是把该发行版的软件源代码包针对该平台重新进行编译和打包。这和制作一个新的衍生发行版很类似，如果要说不同的地方，大概有以下两点。

①衍生发行版大多跟基础发行版使用相同的架构平台，如基础发行版是 x86_64 架构的版本，衍生发行版大多也是 x86_64 架构的版本。而移植发行版必然和基础发行版使用的架构平台不同，如基础发行版没有龙芯 CPU 的版本，那么移植基础发行版就是要制作一个可以在龙芯 CPU 上运行的基础发行版。

②衍生发行版需要更多关注目标用户的需求实现，以及用户界面的修改等功能方面的问题。而移植发行版则需要考虑如何让发行版能在目标架构平台上正常运行起来。

当然移植发行版并不限于基础发行版，能合法获得并使用源代码的衍生发行版同样也适合拿来移植。

你也可以认为本书是在做一个适合用于讲解如何通过移植发行版来制作的衍生发行版。这句话也许有点绕口，至于是移植发行版还是做衍生发行版都不那么重要，重要的是理解和掌握方法。通过本书让我们来揭开移植以及制作 Linux 发行版的秘密，或许掌握了本书的内容后，你会发现无论是移植发行版还是制作衍生发行版，其实都不难。降低移植和制作一个发行版的门槛才是本书的真正目标。

1.6 版权，关于开源协议

说到 GNU 和 Linux，大家就会想到开源，但是开源不代表可以没有约束的使用。为了践行“人人为我，我为人人”的合作共赢的思想，开源软件往往都会使用至少一种许可协议来保护软件本身，例如 GPL 协议。

大多数开源软件，特别是 GNU 项目的开源软件，都会在各自的软件源代码中加入开源协议文本，通常是以 COPYING 开头的文件形式存放在源代码目录中，我们使用某个开源软件的源代码时可以先了解一下该软件的开源协议。

GPL 协议大致可以理解为使用了该软件包的源代码，那么修改后的源代码也必须是开源的，且继续保持 GPL 协议。从发行版的角度来说，这意味着使用了带有 GPL 协议的软件所制作的发行版，无论有没有对软件本身的代码进行修改，都必须以 GPL 协议把最终软件对应的源代码发布出来，允许任何人进行下载和再使用。

除了 GPL 协议之外还有其他许多开源协议，下列几种是常见的开源协议。

- LGPL：针对库文件使用的协议。
- BSD License（BSD 开源协议）：一个自由度很大的协议。使用者可以自由使用 BSD 开源协议的源代码，包括修改源代码，也可以将修改后的代码作为开源或者闭源软件再发布，但其也约束使用者必须保留 BSD 开源协议并声明其包含了 BSD 开源协议的代码。

- Apache Licence（Apache 许可证）：著名的非营利开源组织 Apache 软件基金会采用的协议，其对源代码的使用方法和约束与 BSD 开源协议类似。
- MIT 协议：该协议也是一个自由度很大的协议，无论使用者发布的是源代码还是二进制文件，只要在发布的同时保留原来版权的文本，即可任意使用源代码。

当然，协议本身是严肃严谨的内容，以上只是对协议的大致介绍，并不能代表协议本身的全部要求。使用者应当以协议本身所描述的条款为依据来使用开源的源代码，另外不同软件使用的协议不同，所以要以软件发布时所使用的协议为准，而不是自己想到哪个协议就用哪个协议，也不能自己想当然地变更软件的协议。

如果 Linux 发行版使用了大量 GPL 协议的软件，则应当遵守各个软件所使用的协议，将自己修改的内容也开源出来。这既是协议本身的要求，也是使用这种开源协议的开源软件应当遵守的行为准则。若可以将源代码提供给软件上游（软件所属的组织或个人），还可以更好地促进 Linux 发行版的进步与统一，避免出现兼容性的问题。

第 02 章

基础知识

在移植发行版之前，我们还是先要了解一些基础知识，这样会比较容易理解接下来的移植过程中的步骤和方法。

2.1 方案选择

无论是移植还是制作一个发行版，制作过程的方案并不是唯一的，本节将带你了解制作发行版的不同方案。

2.1.1 初始系统与目标系统

在即将开始移植一套发行版到龙芯机器上的时候，我不得不承认没有办法在一台什么系统都没有的龙芯机器上移植发行版。我需要一个满足要求的 Linux 操作系统，这个系统存放在什么介质上以及运行在什么机器上不重要，但必须有这个 Linux 系统。如果想凭空制作出一个操作系统是不现实的，这是不得不接受的现实。

事实上，目前已经很难有办法在一台裸 PC（个人计算机）上直接制作一个操作系统了，当然也没有这个必要。Linux 操作系统非常容易获取，所以我们也不再考虑用什么方法凭空制造一个操作系统。

我们要做的事情实际上是在一个现成的操作系统（称为初始系统）上逐步搭建出一个操作系统（称为目标系统）。

先来说一下目标系统，我们的目的很明确，就是在龙芯机器上运行一个 Fedora Linux 发行版，所以目标系统必须基于龙芯 CPU 的指令集进行编译，且最终运行在使用龙芯机器上。

再来说说初始系统，前面说了我们不得不接受的现实是必须要有一个初始系统才能够制作目标系统，但并没有明确这个初始系统运行在什么平台上。如果龙芯机器上有一个满足要求的 Linux 系统，那么我们可以将其作为初始系统。但如果龙芯机器上没有满足要求的 Linux 系统，又或者龙芯机器上的系统不具备制作新系统的某些条件呢？这时我们可以考虑用一个不在龙芯机器上运行的初始系统，这个初始系统可以是一个运行在采用 x86 或者 Power 处理器的机器上的 Linux 系统。

2.1.2 初始系统的基本要求

我们提到要移植一个目标系统需要一个满足要求的 Linux 系统，那么这个 Linux 系统需要具备什么条件呢？

我们需要一个通用的 Linux 系统，而不是一个为某个设备或者某个应用需求而专门定制的

Linux 系统。通用的 Linux 系统通常在 PC 或者服务器上使用，为了获得使用上的普适性，所集成的软件大多是较常用和常见的，这一要求可与我们制作过程中使用的命令更加符合。

这个 Linux 系统应当具备 C/C++ 这些编程语言的编译器，我们需要使用 GCC（GNU Compiler Collection，GNU 编译器套件，GNU 项目中著名的开源编译器，包含了支持 C/C++ 等多种语言的编译工具）来完成制作过程中的编译。虽然现在还有其他 C/C++ 的编译器（如 CLANG，另一个开源编译器），但是 GCC 的适用性更广，所以我们所需要的 Linux 系统必须具备 GCC 编译环境。

能处理源代码包的命令工具也是这个 Linux 系统所必须具备的。处理源代码包的具体命令与我们要移植的发行版有关，如果是基于 RPM 包格式的发行版，那么 rpm 命令是必需的。其他包格式也有类似的命令。如果没有专门的包格式，那么至少也需要能处理 TAR 包格式的命令。

基于上面对基本要求的描述，一个使用某个包格式的基础发行版会更适用，因为上述要求对基础发行版来说是最基本的。

2.1.3 目标系统的制作方法

在确定了初始系统的基本要求后，接下来就要考虑目标系统的制作方法了，第一个问题就是初始系统运行在什么硬件平台上。

这个问题显而易见有两种方向的考虑：在龙芯架构平台上运行，在其他架构平台上运行。这两种方向的选择带来了下一个问题：制作目标系统的方式。

1. 初始系统运行在龙芯架构平台上

有一个满足要求并能在龙芯架构平台上运行的 Linux 系统，可以让我们方便地开始编译目标系统。这种直接在相同架构平台上制作目标系统的方式称为本地编译，这意味着只要有一台龙芯机器就可以开始制作了。

2. 初始系统运行在其他架构平台上

如果在龙芯架构平台上没有满足要求的 Linux 系统，我们也不需要灰心。因为其他架构平台上满足要求的 Linux 系统非常容易获取，我们可以利用其他架构平台上的 Linux 系统来移植龙芯架构平台上的目标系统。这种在一种架构平台上制作另一种架构平台系统的方式称为交叉编译。

2.1.4 本地编译和交叉编译

无论是本地编译还是交叉编译，只要使用正确的方法都可以完成目标系统的制作。我们可以分析一下两者的优劣来决定如何选择。

1. 优劣势分析

（1）本地编译的优劣势

优势

- 在一台龙芯机器上就能完成目标系统的移植。
- 制作过程中程序可以探测当前机器的特性，方便编译符合当前机器的程序。
- 编译出来的程序可以直接运行，也可以使用常规的编译方式完成编译。
- 有初始系统做支撑，可以方便地检查编译的软件包是否正确。
- 目标系统随时可以使用，有没有问题一目了然。

劣势

- 编译速度取决于目标机器本身的性能，其中 CPU、内存，存储设备的性能对编译的影响较大。
- 龙芯机器上必须已经有一个可靠且满足要求的用于制作目标系统的 Linux 系统。

（2）交叉编译的优劣势

优势

- 编译性能由初始系统所在的机器平台来决定，因此我们可以选择比目标机器性能更好的机器来做编译。如选择一个基于 x86_64 较新 CPU 的机器可以减少编译时间，如果有性能更好的多路服务器，编译时间会更少。
- 龙芯机器上没有满足要求的 Linux 系统时，或者单纯不想使用龙芯机器上的系统来编译目标系统时，交叉编译是唯一的选择。

劣势

- 需要比本地编译更有难度的技巧和方法才能完成。
- 无法在初始系统上验证编译出来的软件包，因为平台架构不同。
- 除龙芯机器之外，还需要一台机器以及在其上面能用来制作目标系统的 Linux 系统，成本会比较高。

2. 编译方案选择

从本地编译和交叉编译的优劣势来看，它们之间是相反的，也就是说当我们采用它们中的一种方案时必然会丢失另一种方案的优势，这多少有点可惜。但如果换一个角度来看，也可以说它们之间是互补的，也就是说我们需要想办法结合它们的优势来共同完成我们的目标系统。

从我们要制作的目标系统是一个 Fedora Linux 发行版来看，本地编译是必需的，因为交叉编译难以完成 Fedora 这种大型发行版提供的所有软件包，并且 Fedora 自身的包编译系统也无法很好地支持交叉编译。但如果从目标平台根本没有一个满足要求的 Linux 系统的角度来考虑，又不得不使用交叉编译。

所以我们采用一种按阶段划分的制作方案：使用交叉编译完成一个最基本的临时系统，利用这个临时系统使用本地编译来完成目标系统的制作。

编译方案考虑好了，还需要把要制作的目标系统更具体化一些。目前已经确定采用 Fedora

Linux 发行版作为移植的目标系统，但其版本众多，不同版本所集成的软件包也不一样，我们采用比较新的 Fedora 32 版本。

选择 Fedora 32 版本没有什么特别的原因，只因为写作本书的时候它是最新的版本，但在未来的 Fedora Linux 系统以及各主要开源软件没有发生本质变化的情况下，移植的方法和原理也是通用的，也就是说读者移植 Fedora 32 之前或之后的版本在方法上没有什么大的不同，区别在一些具体的细节上，如软件版本、使用的补丁等，这些需要读者根据实际情况进行改动。

笔者在本书中尽力帮助读者一步步实现目标系统的制作，读者也应理解和掌握制作目标系统的思路和方法，这样才能真正掌握移植发行版的方法，不会被某个具体版本所束缚。

2.2 交叉编译的原理

既然已经确定采用交叉编译的方式制作临时系统，那么下面就让我们先来了解一下交叉编译吧。

2.2.1 了解 CPU

在开始介绍交叉编译之前，先简单了解一下制作临时系统过程中涉及的与 CPU 相关的知识。

1. CPU 架构

（1）x86 CPU

x86（或 80x86）是 Intel 公司首先开发制作的一种微处理器体系结构的泛称。

该系列 CPU 在较早期以数字来命名，结尾都是 86，包括 Intel 8086、80186、80286、80386 以及 80486，因此其架构被称为 x86。因为数字不能作为商标注册，Intel 公司及其竞争者生产的新一代 CPU 均使用了可注册的名称，如 Pentium 等。

不同型号的 x86CPU 是向下兼容的，为了区别它们之间的差别而使用不同的标识，如兼容 80386 表示为 i386，之后依次是 i486、i586 和 i686 等。

从 80386 开始，x86 的 CPU 进入了 32 位时代，一般把这个时期的 CPU 称为 IA-32。Intel 公司之后又推出了 IA-64 的 CPU，但这种 CPU 不兼容 IA-32，导致大量的 32 位软件不能运行。几乎同时，AMD 公司推出了完全兼容 32 位指令集的 64 位 CPU，这类兼容 CPU 被称为 x86_64。Intel 公司随后也推出了 x86_64 的 CPU。随着技术的发展，如今在 x86 架构中 x86_64（即 64 位）的 CPU 已经成为主流。

（2）MIPS

MIPS（Microprocessor without Interlocked Piped Stages，无内部互锁流水级的微处理器）是世界上最早出现的一种 RISC 处理器，其机制是尽量利用软件办法避免流水线中的数据相关问题。它是在 20 世纪 80 年代初期由斯坦福大学的亨尼西（Hennessy）教授领导的研究小组研制出来的。

MIPS 不仅在嵌入式领域被广泛应用，同时也应用于一些早期的工作站和计算机系统。

MIPS 的系统结构及设计理念比较先进，其设计理念强调软硬件协同提高性能，简化硬件设计。

设计 MIPS 的厂家有许多，MIPS 的指令实现也有所不同，可能会简化一些指令集，也可能会增加一些特有的指令集。龙芯采用了 MIPS 指令集并增加了许多独有的指令。

2．大端和小端的字节序

字节（Byte）序又称端序、尾序，英文为 Endianness。在计算机科学领域，字节序是指存储多字节数据时各字节的存储顺序，典型的情况是整数在内存中的存储方式和在网络中的传输顺序。Endianness 有时候也指位（bit）序。

字节序根据多个字节组成的数据在内存的地址低位的存储方式又分为两种类型：如果数据开始的字节（最高有效位）存储在内存的地址低位，则称为大端序（big-endian）或大尾序；相反，如果是最低有效位存储在内存的地址低位，则称为小端序（little-endian）或小尾序。

例如，单个字节是 8 位的数据 0x0A0B0C0D，其存储情况如表 2.1 所示；单个字节是 16 位的数据 0x0A0B0C0D，其存储情况如表 2.2 所示。

表 2.1　8 位存储方式

类型	地址增长方向→					
大端序	……	0A	0B	0C	0D	……
小端序	……	0D	0C	0B	0A	……

表 2.2　16 位存储方式

类型	地址增长方向→			
大端序	……	0A0B	0C0D	……
小端序	……	0C0D	0A0B	……

字节序只是一种数据存储方式，使用大端还是小端并无好坏之分。x86 一般是小端设计，大多数的 SPARC（Scalable Processor Architecture，可扩充处理器架构）处理器则是大端设计。ARM（Advanced RISC Machines）和 MIPS 是可配置的，但一般来说一款 CPU 设计出来后其大小端设计是固定的。龙芯采用的也是小端设计。

2.2.2　交叉编译的定义

所谓交叉编译，就是在一个架构平台系统上编译生成另一个架构平台系统上的程序文件（通常是 CPU 架构不同）。进行编译的平台系统被称为主平台系统，使用程序文件的平台系统被称为目标平台系统。

这里的平台系统指的是硬件体系结构和操作系统软件两个部分的合称。

体系结构也可称为架构，主要是通过 CPU 的指令集来进行区分；操作系统则通常以内核来进行区分。举例来说，体系结构常见的有 x86、MIPS 及 ARM 等，操作系统有 Windows、Linux 和 BSD 等。

一种体系结构可以运行多种操作系统，一种操作系统也可能运行在不同的体系结构上，所以将二者结合起来称呼一种平台系统，如 x86 Linux 表示 x86 上运行 Linux 系统，MIPS Linux 表示 MIPS 上运行 Linux 系统。

交叉编译用于主平台系统和目标平台系统不兼容或不完全兼容的情况，与交叉编译对应的是本地编译。本地编译可以被认为是交叉编译的一个特例，在主平台系统和目标平台系统一致或者完全兼容的情况下，交叉编译即成为本地编译。

需要说明的是，兼容还是不兼容主要是以指令集和操作系统的内核来区分的，但不限于此。

2.2.3 交叉编译的适用范围

由本地编译和交叉编译的区别来看，交叉编译涉及的范围非常广，平台系统中的体系结构和操作系统有任何不兼容时就需要使用交叉编译。例如 x86 Linux 编译 x86 BSD、x86 Linux 编译 MIPS Linux 或者 x86 BSD 编译 MIPS Linux 都应使用交叉编译。

交叉编译一般在难以在目标平台系统进行本地编译，或目标平台没有可以使用的系统等情况下使用。例如，本地编译会使用大的内存及存储空间，对 CPU 的性能要求也较高，但是一般早期 ARM 的计算机所配的内存和存储空间都比较小，有些只有几十兆字节，其 CPU 本身性能也不太高，嵌入式设备通常属于这种情况。这种计算机是无法或难以完成本地编译的，通常会采用 x86 下性能较好、内存和硬盘较大的计算机来进行交叉编译。

有些计算机虽然也是 x86 的，但性能较低，所配的内存、硬盘比较小，或有专门的用途，这时也会使用在另外一台性能强劲的计算机上为其交叉编译一个合适的系统的方式。

除了针对嵌入式设备常采用交叉编译外，移植系统这种使目标平台上的系统从无到有的制作过程也会用到交叉编译。

需要用到交叉编译的情况这里就不一一列举了，基本上不适合在目标平台编译的情况都适合使用交叉编译。

2.2.4 常用术语解释

为了帮助读者理解后续的制作过程，下面对一些常用的术语进行一些通俗的解释。

①主系统：制作 Linux 系统并不是在一无所有的裸机上完成的，需要一个可以帮助制作 Linux 系统的操作系统，这个系统就称为主系统。制作 Linux 系统是依靠这个主系统来逐步完成的，主系统的选择非常重要。

②本地系统（本地平台系统）：正在使用的硬件平台（主要是 CPU 指令集）与其上运行系统的组合。

③当前系统（当前平台系统）：含义同本地系统（本地平台系统）。

④目标系统：要完成的系统。

⑤目标平台系统：指所运行目标系统的硬件特性与目标系统本身的组合。

⑥编译工具：本书将 GNU Binutils（一组二进制工具集）、GCC（GNU 编译器套件）合称为编译工具。

⑦工具链：本书将 Binutils、GCC 和 Glibc（标准 C 函数库）的组合称为工具链，有时候也会将一些需要用到的函数库作为工具链的一部分；使用工具链生成的可执行文件总是使用该工具链中的函数库。

⑧交叉编译工具 / 交叉工具链：用于生成目标平台系统二进制程序文件的编译工具 / 工具链。

⑨辅助命令：在编译软件包的过程中，除了工具链以外还需要一些命令的参与，如 make，这些命令被合称为辅助命令。

⑩运行环境：在一个运行的系统中可以存在多个不同的环境，这些环境有各自的根目录及环境设置，这样的环境被称为运行环境。主系统就是一个运行环境，在某个目录中存在一个系统，用 chroot 命令切换到该目录将会建立一个新的运行环境，其中运行的是以该目录作为根目录的系统。

⑪编译环境：工具链连同辅助命令的合称。

⑫交叉编译环境：交叉工具链和辅助命令的合称。

⑬头文件：用于编译的一类文件，一般以 .h 作为文件的扩展名，存储了许多函数的接口描述、结构体信息等与程序设计相关的内容。

2.2.5 交叉编译目标系统

我们先来了解如何交叉编译目标平台计算机编码的二进制程序文件（简称程序文件）。

一个程序文件的生成需要该程序的源代码和一个编译环境，编译环境中的编译工具完成对源代码的编译并生成程序文件。交叉编译则使用交叉编译工具将源代码编译成目标平台的程序文件，过程如图 2.1 所示。

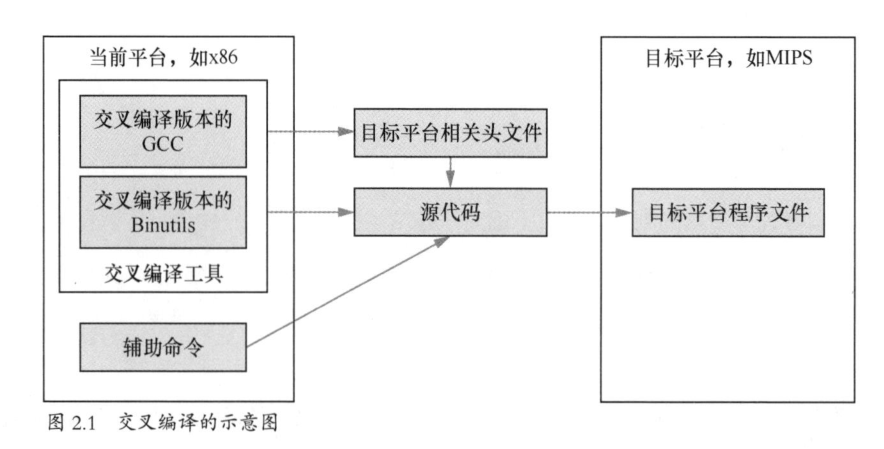

图 2.1　交叉编译的示意图

在简单说明了如何交叉编译程序文件后，下面将对交叉编译过程中的关键技术点进行讲解。

1. build、host 和 target

交叉编译中经常会见到 3 个参数：build、host 和 target，它们对于创建交叉编译环境至关重要，想要正确搭建交叉工具链就必须对它们有所了解。

这 3 个参数通常在编译软件包的过程中指定，下面分别对它们进行解释。

- build：编译软件所使用的平台。
- host：软件运行的平台。
- target：软件所处理的目标平台。

下面以编译 GCC 为例，介绍如何使用这 3 个参数。

```
./configure --build=编译平台 --host=运行平台 --target=目标平台 [各种编译参数]
```

（1）build 参数

该参数表示当前运行的平台的名称，如果是采用 Intel/AMD CPU 的计算机，则 build 可能是 x86_64-pc-linux-gnu；如果是龙芯 3A 计算机的 Linux 系统，则可能是 mips64el-unknown-linux-gnu。

build 在不指定的情况下将自动尝试猜测当前平台的名称。

（2）host 参数

该参数表示 GCC 在何种平台下运行。交叉编译时必须指定该参数；当前平台系统无法知道目标平台系统是什么，必须明确告诉它。如果程序需要运行在龙芯 CPU 上，可以指定 host 为 mips64el-unknown-linux-gnu。

host 可以不指定，它将自动使用 build 探测出来的平台名称来定义，不过这就不是交叉编译了。

只有 build 和 host 的设置不同时才被配置文件认定为交叉编译，这可以通过配置代码分析出来，下面是一段从 GCC 的 configure 文件中截取的代码。

```
if test "x$host_alias" != x; then
  if test "x$build_alias" = x; then
    cross_compiling=maybe
  elif test "x$build_alias" != "x$host_alias"; then
    cross_compiling=yes
  fi
fi
```

其中，"x$build_alias" != "x$host_alias" 用于判断 build 和 host 是否相同，如果不相同则认为是交叉编译。

（3）target 参数

该参数是让配置程序知道该软件用于处理何种平台系统上的文件。

在 ./configure --help 中经常能看到该参数的说明，然而 target 只在为数不多的几个软件包中有用，绝大多数软件包都不需要该参数。

如果不指定 target，则会使用 host 的平台设置来定义要处理的平台。

当 GCC 及 Binutils 的 target 不同于 host 时，则称 GCC 和 Binutils 为交叉编译工具，也就是说 target 与 host 如果相同，则 GCC 和 Binutils 是本地编译工具。

（4）交叉编译方式和交叉工具链

从上文对 build、host 和 target 的简单描述中我们可以看到，host 不同于 build 是交叉编译，而 target 不同于 host 是交叉编译工具。这两者的差别可以理解为动词和名词，交叉编译是一个动作，即进行交叉编译的动作；而交叉编译工具是一个名词，用于说明这是一个进行交叉编译的编译工具。

（5）平台系统参数的指定

build、host 和 target 指定平台系统参数的方式都一样，以多个连字符（-）表示分隔的字符串，常见的为 x86_64-pc-linux-gnu，将其分解开为 x86_64、pc、linux 和 gnu。

- x86_64 所在部分一般写架构名称，主要描述 CPU 的类型，常用的还有 pentium、i686 及 mips 等。如果要制作的系统架构是 64 位 MIPS 小端指令集，表示为 mips64el。这部分的指定非常重要，将直接影响程序文件所使用的计算机指令集。
- pc 所在部分表示运行计算机的类型或者公司名等。pc 指的是个人计算机（Personal Computer），也可以写其他类型的计算机，如 Apple 计算机可表示为 apple，如不确定类型还可以用 unknown 来表示。这部分的设置并不关键，只是为了对目标计算机进行描述，没有实际的处理含义，在 MIPS 平台上通常设置为 unknown。
- linux 和 gnu 合起来表示操作系统，linux-gnu 表示 GNU/Linux。还有其他的表示方式，如 bsd 表示的是 BSD 系统；单独的 gnu 表示非 Linux 内核的 GNU 系统，如采用 Hurd 内核的 GNU 系统。

上述内容说明，x86_64-pc-linux-gnu 实际上由 3 个部分组成。

如果在配置过程中不指定平台系统参数则会进行自动探测，一般由软件包中的 config.guess 和 config.sub 脚本进行。脚本会根据当前系统的 uname 等命令的返回值来进行判断，并最终返回猜测结果。猜测结果通常是准确的。如果计算机或系统十分特别，则可能判断错误，这时就必须使用手工指定的方式。

还需要说明的是，上面列举的 host、build、target 以及 configure、config.guess 和 config.sub 等均是 GNU 的标准处理方式，软件包的配置脚本通过 autoconf 及 automak 等 GNU 自动化代码配置工具制作而成。其他不使用 GNU 代码配置工具的软件包设置这 3 个参数的方式会有所不同，但原理基本是一致的。读者需要根据具体的软件包来设置，一般设置这 3 个参数的方式中都会带有 host、 build 和 target 的大写或小写字样。

（6）小结

- build：表示当前平台，如无指定则自动测试当前平台名称，若无法检测出来则必须进行指定。
- host：表示编译出来的二进制代码所运行的平台名称，若无指定则自动使用 build 所用的设置。
- target：表示需要处理的目标平台的名称，若无指定则使用 host 所用的设置，此参数对大多数软件包无用处，只在 GCC、Binutils 等平台指令相关的软件包中使用。

○ 当 build 和 host 设置相同时表示本地编译，若不相同则表示交叉编译；当 host 和 target 设置相同时代表本地编译工具，若不同则是交叉编译工具。

2. Binutils 和 GCC

交叉编译程序文件过程中必须要有一套交叉编译环境，这套交叉编译环境由主系统参与完成。主系统应具备正常的编译工具链，用于搭建编译目标系统的环境，即主系统能够创建交叉编译环境。

创建交叉编译环境最为重要的步骤就是建立交叉工具链，而工具链中最重要的两个元素为编译器和汇编器，其对应两个软件包 GCC 和 Binutils。下面简单了解一下如何编译这两个软件包。

（1）前提

建立交叉工具链的前提是主系统中必须存在正常的编译环境，主系统编译环境和即将制作的交叉工具链中的 GCC 和 Binutils 的版本差距不能太大，建议大版本号相同，否则可能无法正确地完成交叉工具链中 GCC 和 Binutils 的编译过程。

（2）作用

Binutils 和 GCC 都是为了生成目标平台上的代码。主系统通常没有针对目标平台的交叉编译工具，必须将它们建立起来，否则交叉编译无从谈起。

（3）使用方式

交叉编译生成目标平台的系统。一般当前平台无法运行目标平台代码程序，因此交叉编译工具一定是运行在当前平台上（否则也就不叫交叉编译）。在当前平台上进行代码的编译、汇编及链接，生成的二进制文件在目标平台系统上运行，这些二进制文件在当前平台系统上可能无法运行。

（4）参数的指定

交叉编译工具需要确定 3 个平台参数，target 已经非常明确，指定为目标平台系统，build 和 host 根据之前的介绍可知都是当前平台系统。

（5）编译

交叉编译工具 Binutils 和 GCC 都由主系统的工具链来生成。完整的 GCC 会依赖目标系统的 C 库，无法在目标系统的 C 库完成前就生成完整的 GCC，但目标系统的 C 库又需要交叉编译工具来生成。要解决这个相互依赖的问题，需要使用一些交叉编译的技巧。

先产生一个功能相对简单的 GCC 编译器，它不需要目标系统 C 库即可完成，该编译器不能编译常规的程序，但可用于完成 C 库的编译；完成 C 库的编译后再次编译 GCC，生成一个功能相对全面的 GCC 编译器，这个过程我们会在实际的制作过程中具体了解。

不关注具体过程的情况下，主系统编译生成交叉编译工具 Binutils 和 GCC 的过程如图 2.2 所示。

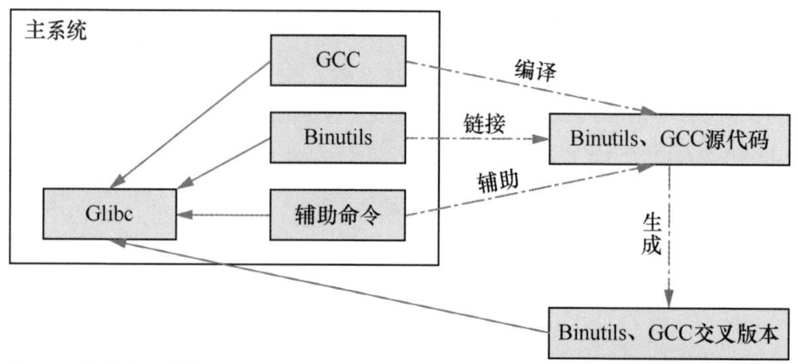

图 2.2 生成交叉编译工具 Binutils 和 GCC

从图 2.2 可以看出，交叉编译工具 Binutils 和 GCC 本身不是交叉编译，而是本地编译，由 Binutils 和 GCC 的交叉版本编译生成程序的过程才是交叉编译。

3. 交叉工具链的 Glibc

下面介绍工具链中的另一重要部分——C 函数库，通常采用 Glibc。使用 Binutils、GCC 和 Glibc 的组合是十分常见的，制作交叉工具链也依然使用该组合。

对于交叉工具链而言，Binutils 和 GCC 必须运行在本地平台系统上，编译链接的对象是目标平台系统，因此链接的 C 函数库必然是目标平台系统才能正常链接，C 函数库必须采用交叉工具链进行编译。

4. 其他函数库文件

Glibc 一般称为基础库，一个工具链有了基础库就可以完成一部分程序的编译，但这往往是不够的。有一些程序还需要链接 Glibc 之外的其他函数库，例如 Zlib、Ncurses 等，所以我们可以通过带有基础库的工具链编译这些库文件来不断完善工具链，这样工具链可以用于编译更多更复杂的软件。

交叉工具链也是一样，编译好了相对完整的 GCC 后，就可以编译一些常用的库文件，以完善我们制作目标平台系统的需求。

5. 交叉编译环境

交叉编译工具 Binutils 和 GCC 制作出来后就可用于生成目标系统。编译一个软件包并不是只靠汇编和编译器就可完成，这个过程还需要大量的辅助命令参与。这些辅助命令大多是帮助完成编译过程中的某些步骤的，不会产生目标平台相关的代码文件，因此可以直接使用主系统中的辅助命令，这样就构成一个完整的交叉编译环境。

如果要构建的目标系统使用比较新的软件版本，而主系统中的一些命令不能正常处理某些步骤，此时就要根据实际情况在当前系统中安装一些较新的软件包。

2.2.6 Sysroot 与 DESTDIR

在交叉编译目标系统的过程中，我们会用到两个非常有用的参数：Sysroot（命令中使用 sysroot）和

DESTDIR。这两个参数都是为了目标系统的根目录与主系统的根目录和谐共存而设定的，都是设置路径，只是使用的地方不同。下面对这两个参数分别进行介绍。

1. Sysroot

Sysroot 通常用在编译程序和处理文件时，该参数可以理解为程序运行时的行为参数。在编译程序和处理文件的时候，这个参数会在原路径前加上该参数设置的路径；而被编译的程序或被处理的文件并不会知道这个参数的存在，对于它们来说路径依旧是原来的路径。

简单理解 Sysroot：例如编译及链接时默认路径是 ${sysroot}/usr、${sysroot}/usr/lib、${sysroot}/usr/include 等形式，默认情况下 ${sysroot} 是空字符串，就成了 /usr、/usr/lib、/usr/include 等目录。如果指定 sysroot 变量，例如 sysroot=/cross，则路径就变为 /cross/usr、/cross/usr/lib、/cross/usr/include 等目录，编译链接时，头文件以及函数库文件将以 Sysroot 指定的目录为基础进行查找。

Sysroot 所表示的目录不会用于目标系统实际的运行过程，仅在编译和链接的时候或者主系统中的某个程序处理目标系统中的文件时使用。因此只要 Sysroot 设置为目标系统的存放目录即可，这样就很好地解决了制作的目标系统根目录与当前系统所使用的根目录相同的矛盾，这个就是 Sysroot 的主要作用。

如果将 Sysroot 理解为申请文件和读取文件之间的分隔线，那么 Sysroot 未设置或设置为空时默认以根目录为基础目录来读取文件，如图 2.3 所示。

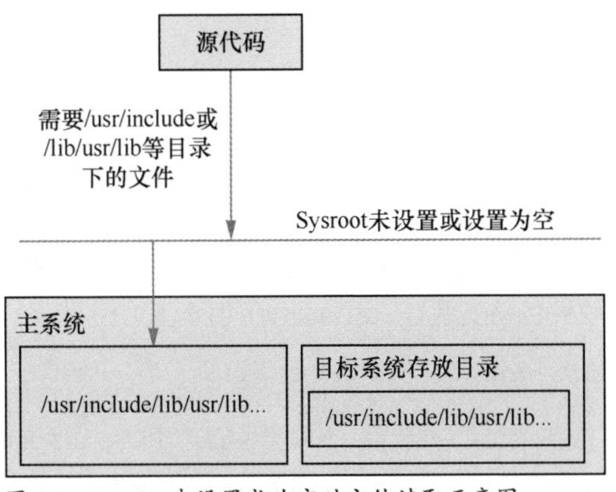

图 2.3 Sysroot 未设置或为空时文件读取示意图

当把 Sysroot 设置为目标系统存放目录时，将会以目标系统存放目录为基础目录来读取需要的文件，如图 2.4 所示。

Sysroot 概念只存在于制作目标系统的相关软件包中，如 GCC、Binutils。另外还有一些用来进行配置默认路径下的文件等操作的软件包，可能会用到与 Sysroot 类似概念的参数。但这些软件包运行在主系统中，完成目标系统的制作后不会参与目标系统的运行。

读者还需要充分理解的是，若为目标平台系统编译了 Binutils 和 GCC，而它们是目标平台系统上运行的软件，需要在目标平台上才能运行，在当前系统中它们并不主动参与整个交叉编译目标平台系统的过程，因此它们不需要 Sysroot 参数，它们是被当前系统的交叉工具链通过 Sysroot

处理的对象。

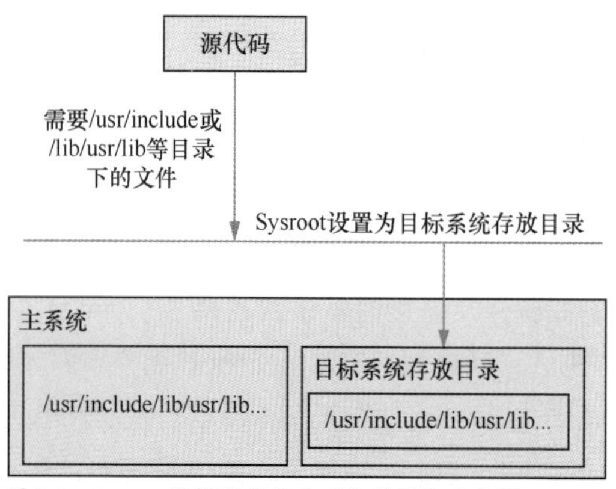

图 2.4 Sysroot 设置指定目录时文件读取示意图

2. DESTDIR

DESTDIR 是一个比 Sysroot 更为常用的参数，该参数在将软件包安装到系统中的时候使用，软件包会安装到以该参数设置的路径为基础的目录中。

事实上无论有没有设置 DESTDIR，软件安装的时候都会用到该参数。没有设置 DESTDIR 时相当于使用空字符串，这样就会按照 prefix 设置的目录来进行安装；当设置了 DESTDIR 时，则会在 prefix 设置的目录基础上再加入该参数设置的路径来进行安装。

通常软件包的安装命令如下：

```
make install
```

使用 DESTDIR 来指定安装目录，安装命令如下：

```
mmake DESTDIR=/cross install
```

当 prefix 指定为 /usr 时，若不使用 DESTDIR，则软件包将安装在 /usr 目录下；当指定 DESTDIR 为 /cross 后，软件包将安装在 /cross/usr 目录下。

可将 make install 理解为 make DESTDIR= install。

同 Sysroot 一样，可将 DESTDIR 理解为一个申请安装和实际安装之间的分隔线。在 DESTDIR 未设置或设置为空时，将会以当前根目录为基础目录来将文件安装到相应的目录中，如图 2.5 所示。

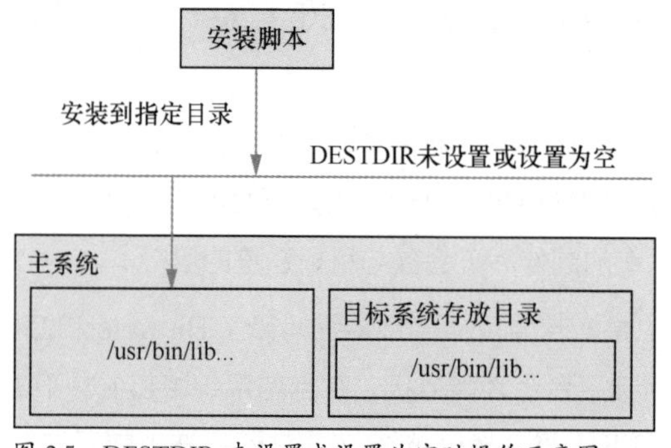

图 2.5 DESTDIR 未设置或设置为空时操作示意图

当 DESTDIR 设置为某个目录时，如目标系统存放目录，安装的过程将在 DESTDIR 所指定的目录中进行，就如同将 DESTDIR 所指定的目录作为根目录，如图 2.6 所示。

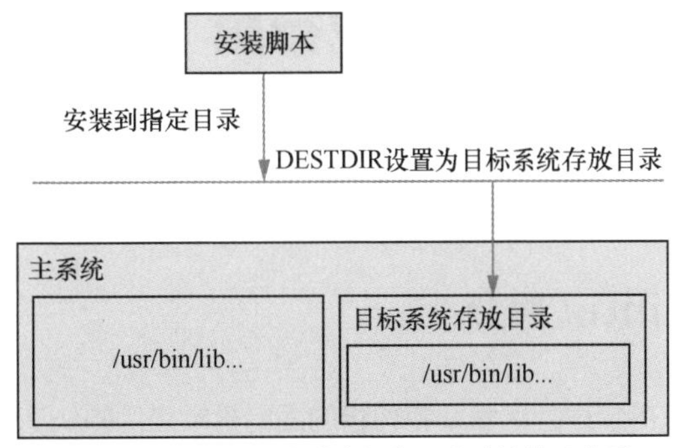

图 2.6 DESTDIR 设置为指定目录时操作示意图

DESTDIR 还有一个特别的用处，在我们把某个软件编译完成后，如果直接安装在系统里，那么安装了什么文件，安装在什么地方，我们很难了解完整。但是巧妙地使用 DESTDIR 参数就可以使我们了解清楚这些情况，例如使用如下命令：

```
make DESTDIR=${PWD}/dest install
```

其中，${PWD} 变量是当前目录，DESTDIR=${PWD}/dest 的意思就是把当前软件包中将安装到系统中的所有文件都安装到当前目录下的 dest 目录中，并且在 dest 目录中完整地复制了安装到系统中的目录结构。这个时候我们就可以很好地掌握这个软件的安装情况。

制作系统的时候好好掌握和利用这个参数可以让我们更清晰地了解系统的整体结构，并且 DESTDIR 具有指定安装路径的特性，使其成为包管理工具用来制作包文件的重要手段。

另外，某些软件的安装脚本会通过 DESTDIR 的设置与否来判断是交叉编译还是本地编译，若是本地编译可能会执行某些操作。此时我们就可以通过该参数来改变软件包安装的行为，使其符合我们的要求。

DESTDIR 配合 Sysroot 可以很好地解决目标系统的配置、编译和安装过程中与主系统在目录问题上的矛盾。

并不是所有的软件包都使用 DESTDIR 指定基础目录，大多数 GNU 软件都会使用 DESTDIR，通常使用 Autoconf 和 Automake 工具集生成的配置文件也会使用 DESTDIR 作为基础目录设置。也有一些软件包使用 ROOT 这样的参数作为指定基础目录的参数。读者要根据软件的实际情况使用相关参数，如果无法了解参数，可以参考软件包提供的说明文件以及检查 Makefile 文件中对于安装部分的设置，从中获得信息。

某些软件包的 Makefile 中不带基础目录设置，这时可以手工安装文件，也可以修改 Makefile 文件中与安装相关的部分，加入基础目录的设置再进行安装。

2.3 Fedora Linux 发行版

本小节中将介绍本书的主角——Fedora Linux 发行版。

2.3.1 Fedora Linux 简介

Fedora Linux 是一款由全球社区爱好者构建的面向日常应用的快速、稳定、强大的操作系统。

Fedora Linux 最早由 RedHat 公司发起，是一款用来验证新技术的发行版。Fedora Linux 最早基于 RedHat Linux，在 RedHat Linux 终止发行后，RedHat 公司便以 Fedora Linux 来取代 RedHat Linux，应用于个人领域，并另外发行了 RedHat Enterprise Linux（RHEL，RedHat 企业版 Linux），应用于商业领域。

Fedora 社区十分活跃，使 Fedora Linux 也紧跟技术的进步。因其强大的定制性，有许多 Linux 系统厂家会基于 Fedora Linux 开发自己的 Linux 系统，目前已经出现大量基于 Fedora Linux 的衍生发行版，用于各种不同的领域。

从 2003 年发布第一版到现在，Fedora Linux 目前已经发布了 32 个版本，大约每 6 个月会发布一个新版本。Fedora Linux 前 6 版的名字为 Fedora Core，所以 Fedora Linux 的简称会写成 FC1、FC2；从第 7 版开始名字改为 Fedora。前 20 版每个版本都有一个代号，从第 21 版开始不再使用代号，直接使用数字作为标识，如 Fedora 21、Fedora 28 ，分别简称为 F21，F28，有些场合也可继续称为 FC21，FC28。

2.3.2 Fedora Linux 的包管理工具

Fedora Linux 最重要的特征就在包管理工具上，其实不光是 Fedora，基础发行版的一个很重要的特征就在包管理工具上。Fedora Linux 使用的包管理工具是 DNF/YUM，包格式是 RPM。

RPM（RPM Package Manager，最开始是 RedHat Package Manager）是 RedHat 公司为其发行版设计的包格式，Fedora Linux 并不是最早使用 RPM 格式的发行版，Fedora Linux 的前身（Red Hat Linux）已经开始使用 RPM 作为其发行版的包格式，并且使用 YUM 来管理软件仓库，用于安装、更新及删除软件包。

YUM（Yellow dog Updater, Modified）包管理工具可以方便地通过系统设置的软件仓库地址和本地存放的 rpm 数据库来管理当前系统的软件包，可以安装、升级和删除系统的各个软件包。YUM 包管理工具作为 RedHat/Fedora Linux 的主流包管理工具使用了 10 多年，但 YUM 的效率随着软件仓库中软件包数量的不断增多而越来越低下，因此出现了 DNF。

DNF（Dandified yum）包管理工具最早出现在 Fedora 18 这个版本中，之后不断地改进和成熟，到 Fedora 22 版本中则作为可以取代 YUM 的工具成为默认的包管理工具。相对于 YUM，DNF 包依赖关系的分析性能更加高效，支持插件对功能的扩展，还提供了对 YUM 的高度兼容，即可以将 yum 的命令参数用于 dnf 命令中。

2.3.3 DNF 软件仓库工具

DNF 工具主要用来从软件仓库中搜索、下载和安装 RPM 文件，该工具功能非常多，下面介绍一下该工具在制作移植系统的过程中用到的主要功能。

1. 安装软件包

安装软件包应当是包管理工具最基本的工作了，dnf 命令可以通过不同的访问协议方式从软件仓库中下载软件包并进行安装。协议可以通过配置文件（/etc/yum.repos.d/ 目录中的多个文件）或命令行指定参数的方式设置，常见的有 HTTP 或 HTTPS 协议（网络下载）与本地目录文件的协议。

举个例子，我们要安装 GCC 这个软件包，可以使用如下命令：

```
dnf install gcc
```

该命令会从配置文件中获取软件仓库的地址，并通过地址中的协议来下载指定的软件包，同时 dnf 命令会分析该软件包所依赖的软件包。例如，安装 GCC 的时候会依赖 Binutils，dnf 命令分析出这个依赖需求后会将 Binutils 软件包也作为需要安装的一部分进行安装；当用户确认安装行为后，dnf 命令会下载 GCC、Binutils 以及可能的其他依赖包，然后对下载的文件进行校验，若没问题则执行安装到系统的操作。

在安装的命令中，如果只是想下载指定的软件包以及该软件包所依赖的软件，而不是安装到系统里的话，可以使用如下命令：

```
dnf install --downloadonly gcc
```

使用 --downloadonly 参数不会将安装包安装到系统中，而只是将 RPM 文件下载到本地系统 RPM 文件的缓存目录中，我们可以到对应的目录中查找下载的文件。这种仅下载的模式有时非常有用，例如可以把某个软件包及其需要的依赖文件一起下载下来，然后复制到另外一台系统相同但可能不能联网下载的机器上进行安装。

使用 install 参数进行软件包安装的前提是指定的软件包并没有安装到系统中，若已经安装过则不会再进行安装。但若当前系统的某个软件包安装的文件遭到破坏需要重新安装时，就需要使用 reinstall 参数了，其用法如下：

```
dnf reinstall gcc
```

使用 reinstall 参数进行安装则无论指定的软件包是否被安装过都将重新进行安装，这种方式非常适合用来修复损坏的软件包。

当然，除了安装软件包，dnf 命令还可以用来删除已安装的软件包，例如我们想删除 Wget 这个软件包，使用如下命令：

```
dnf remove wget
```

只要当前系统安装了 Wget 软件包，那么这条命令将提示用户删除该软件包，若用户同意则会进行删除，该软件包所包含的文件会从当前的系统中被清除。

2. 安装系统

dnf 命令可以同时指定安装多个软件包，例如要同时安装 Tar、Vim 和 Zip 软件包，可以使用如下命令：

```
dnf install tar vim gzip
```

多个软件包之间使用空格进行分隔，该命令会同时分析指定的安装包所依赖的软件包并将其一起安装到系统中。

如果打算安装一组相关的软件包，我们可以使用组标记来描述软件包，例如安装基础开发环境的命令：

```
dnf install @c-development
```

@ 标记的含义是软件包组，即该标记直接跟着的字符串代表了组的名字，该组必须是软件仓库中存在的组，若组存在则 dnf 命令将把该组中包含的所有软件包当成指定安装的软件包并一起进行安装。

还可以指定多个组一起安装，每个组都用 @ 符号进行标记即可，多个组之间使用空格进行分隔。

既然 dnf 命令可以一次安装多个软件包和多个组的软件包，那么也就是可以通过几组软件包来安装一个系统，例如使用如下命令：

```
dnf install @core @c-development --installroot /opt/distro
```

其中，@core 所代表的软件组包含了系统基本的程序命令和库文件，可以作为一个基本的系统进行使用，同时还安装了一组开发用的软件包，那么这个系统就具备了基本的编译开发能力；--installroot 参数则用来指定安装的软件包以哪个目录为基础，如果没有指定就是当前系统的根目录，这里指定了 /opt/distro 目录，则相当于在该目录中安装了一个基本系统。

3. 软件包及源代码包的下载

除了安装软件，dnf 命令还可以作为 RPM 文件的下载工具，例如想下载 Wget 软件包的 RPM 文件，但是又不想安装到系统中，可以使用如下命令：

```
dnf download wget
```

如果软件仓库中有 Wget 的 RPM 文件，那么无论当前系统中是否安装了 Wget，这条命令都会将 Wget 的 RPM 文件下载到当前的目录中，但我们也要注意，该命令仅下载指定的 RPM 文件，该 RPM 文件所依赖的软件包并不会一同下载。

Fedora Linux 发行版是开源的，dnf 命令除了可以下载安装包，也可以下载指定软件包对应的源代码包。

使用 dnf 命令来下载源代码包非常简单，Fedora 系统的软件仓库设置中就包含了源代码部分的内容，只要设置的源中包含了源代码就可以方便地进行下载。

例如我们要下载 GCC 的源代码包，使用如下命令：

```
dnf download --source gcc
```

如果网络和源速度够快，很快就会把一个 GCC 软件包的源代码包下载下来，Fedora Linux 的源代码包都是以 .src.rpm 为扩展名的文件。

这里我们还需要了解一点，由于一个源代码包编译后会生成多个 RPM 文件，因此指定下载源代码包时指定这个源代码包生成的任意 RPM 文件的名字都可以，例如我们使用下面的命令下载源代码包。

```
dnf download --source readline-devel
```

其下载的是 Readline 软件包的源代码包，因为 readline-devel 这个 RPM 文件是编译 Readline 软件包时生成的。

4. 更新软件包和系统

系统使用一段时间后一般都会有软件需要更新，更新的方式也是通过 dnf 命令来进行的。例如更新 Wget 软件包，可以使用如下命令：

```
dnf upgrade wget
```

更新的来源还是软件仓库，若软件仓库中的 Wget 软件包有新版本，那么该命令将提示用户安装新版本的软件包，若用户同意则会更新到最新版本。

更新不但可以针对指定的软件包，也可以针对整个系统。若想把整个系统都进行更新，可以使用不指定具体软件包的命令。

```
dnf upgrade
```

该命令将针对当前系统已安装的所有软件包进行检查，若发现有新版本则提示用户进行更新。对于当前系统未安装的软件包，即使软件仓库中的软件更新了，该命令也不会提示用户。

若更新的软件包出现了问题，那么还可以对指定软件包进行降级，例如同样是 Wget 软件包，我们对其进行降级安装。

```
dnf downgrade wget
```

这个时候若软件源中有比当前系统安装的版本低的安装包，则会提示用户是否降级安装 Wget 软件包；若软件仓库中没有更低版本的安装包，则不会进行任何变动。

需要注意的是升级可以针对整个系统，但是降级只能针对具体指定的软件包。

5. 查询功能

软件仓库中包含了大量的软件，经常会发生用户想做某件事情却不知道应安装什么软件的情况。肯定无法一个一个查看软件仓库中的软件，因此自然会使用搜索查询的方式来获取需要的信息。

可以在 dnf 命令中使用 search 参数进行查询，例如要查询一个与 PDF 相关的软件，可以使用如下命令：

```
dnf search PDF
```

使用 search 参数时并不需要后面跟具体的软件包名称，该命令会将软件仓库中在名称、简介中出现 PDF（忽略大小写）字样的软件包列出来供用户查看。用户可以从这些列出来的软件包中再筛选自己需要的软件包，然后安装到系统中。

除了通过关键字查询软件包之外，dnf 命令还支持一种对开发人员非常有用的查询方式，即通过具体路径的文件名查找软件包。

我们知道某个程序的执行命令，但是不知道包含该命令的软件包的名称，于是就可以通过 dnf 命令进行查询。例如查找 /usr/bin/rx 这个命令所在的软件包，使用如下命令：

```
dnf provides /usr/bin/rx
```

此时会反馈出软件仓库中包含了该程序文件的软件包名称，根据反馈的信息安装软件包即可。

这个方法不仅适合可执行的程序，任何通过安装进入系统的文件都可以采用这个方式进行查询。例如在开发过程中出现某个头文件找不到的情况时，就可以通过该方式查找包含该头文件的软件包名并进行安装，这样就可以解决这个找不到文件的问题。

6. 安装源代码包的编译依赖

在获取了软件包的源代码包后，若要进行编译，那么也要让当前系统满足编译指定软件包的条件，主要是当前系统应该安装了指定源代码包所需要的各种软件包。

源代码包的编译命令会根据当前系统中的软件包安装信息进行分析，并告诉用户缺少哪些软件包，用户可以通过 dnf 命令的安装功能一个一个地进行安装，但这比较麻烦。dnf 命令支持对 RPM 格式的源代码包文件进行依赖分析功能，例如有一个 foo-1.1-1.src.rpm 源代码包，可以使用如下命令：

```
dnf builddep foo-1.1-1.src.rpm
```

该命令中的 builddep 参数告诉 dnf 命令要分析指定的源代码包所需要的依赖环境，这个时候 dnf 命令就会通过软件仓库查找当前系统缺少的依赖包，以及这些依赖包所依赖的软件包。若都能找到，则提示用户进行安装；若缺少某个依赖包，则会提示缺少的内容，以便用户进一步进行处理。

builddep 参数不仅支持具体的 RPM 源代码包文件，还支持指定一个软件包的名字或者是源代码包中的 spec 配置文件。

7. 其他功能

DNF 工具提供的功能还有很多，这里不一一介绍了，感兴趣的读者可以使用命令的帮助参数 dnf --help 来获取各种参数的说明，也可以使用 man dnf 或者 info dnf 命令查看该命令的说明文档。

本书在介绍移植 Fedora 发行版到龙芯机器的过程中需要用到的所有软件包都是从软件仓库里下载下来进行编译的。

2.3.4 RPM 文件简介

Fedora Linux 的软件包，包括源代码包都是以 RPM 格式打包的，以 .rpm 为扩展名，称为 RPM 文件或者 RPM 包文件。我们需要了解一下这个软件包格式，实际上 RPM 格式的软件包是由一组信息和一组文件共同组成的：信息是必须存在的，这些信息称为元数据；而文件却是可有可无的，如果一个 RPM 包文件中不存在任何文件，通常称为虚包。

Fedora Linux 的一个 RPM 包的文件名通常包括 5 个部分。

```
[ 软件名 ]-[ 版本号 ]-[ 修订次数 ].[ 发行版名称 ].[ 文件类型 ].rpm
```

例如软件包 gcc-10.0.1-0.11.fc32.src.rpm，对应的各个部分如下：

软件名：gcc。该名称通常遵从该软件官方的名字，例如 gcc；但也有一些软件会在 Fedora 中修改名称，例如 Linux 内核官方的名字是 linux，而在 Fedora 中则改名为 kernel。

版本号：10.0.1。这通常是软件本身的版本号，对该软件本身来说具有唯一性，如果官方没有发布软件版本号，则可以使用类似 git 中的 commit 号等唯一编号作为版本号。

修订次数：0.11。这个数字通常是发行版自行定义和修改的，通常是随着该 RPM 包进行修改时增加的数字。

发行版名称：fc32。它是 Fedora 32 的缩写。当然我们可以根据需要修改发行版名称，那么重新打包的时候将会变更该部分的内容。

文件类型：若类型是 src，则说明该文件是一个源代码包，通过源代码包的编译可以生成 x86_64、mips64el 这样的二进制架构类型的包，这些架构类型的包只能用在对应架构的机器上。还有一种 noarch 类型的包，也是经源代码包编译才会生成的，但是 noarch 类型的包没有与架构相关的内容，可以用在任何架构上。

RPM 文件是一种包含了格式信息的文件，这里简单地探寻一下 RPM 包文件。假设存在一个 foo-1.1-1.src.rpm 文件，在 Linux 系统中，我们使用 file 命令查看一下该文件：

```
file foo-1.1-1.src.rpm
```

会返回类似下面的信息：

```
foo-1.1-1.src.rpm: RPM v3.0 src
```

我们可以从返回内容中获得的信息是，该文件是一个 RPM 格式的文件，且 RPM 的格式是 3.0。所以说 RPM 包文件是有版本的，从第一代的 RPM 格式文件到现在的 RPM 格式文件是发生过变化的，目前基本都是使用 3.0 版本了。

在 RPM 包文件版本的后面有一个 src 的标记，代表这是一个源代码包。如果我们查看的是一个二进制的包，例如 wget-1.19.5-5.fc28.lemote.mips64el.rpm，则后面可能的信息是 bin MIPSel，其可解读为二进制包，MIPS 小端架构。

再进一步，我们可以通过 rpm 命令来查看 RPM 包文件的元数据，例如使用如下命令：

```
rpm -qp --info wget-1.19.5-5.fc28.lemote.mips64el.rpm
```

○ q 参数：查询参数，后面还需要指定查询的内容。

○ p 参数：指定查询的目标是一个具体的文件，后面要指定查询的文件路径和文件名。

○ info 参数：指定查询内容是描述信息。

描述信息通常会返回如下内容（内容仅供参考）：

```
Name        : wget
Version     : 1.19.5
Release     : 5.fc28.lemote
Architecture: mips64el
Install Date: (not installed)
Group       : Applications/Internet
Size        : 2976068
License     : GPLv3+
Signature   : RSA/SHA1, 2018年11月15日 星期四 16时52分03秒, Key ID
058b1a9ec70507b2
Source RPM  : wget-1.19.5-5.fc28.lemote.src.rpm
Build Date  : 2018年10月27日 星期六 01时01分27秒
Build Host  : sunhaiyong
Relocations : (not relocatable)
URL         : http://www.gnu.org/software/wget/
Summary     : A utility for retrieving files using the HTTP or FTP protocols
Description :
GNU Wget is a file retrieval utility which can use either the HTTP or
FTP protocols. Wget features include the ability to work in the
background while you are logged out, recursive retrieval of
directories, file name wildcard matching, remote file timestamp
storage and comparison, use of Rest with FTP servers and Range with
HTTP servers to retrieve files over slow or unstable connections,
support for Proxy servers, and configurability.
```

描述信息包含了软件名称（Name）、版本（Version）、创建时间（Build Date）、创建该文件所使用的源代码包（Source RPM，如果查询的是一个源代码包则此内容为 none）以及软件包说明（Description，对软件包功能的简单描述）等基本内容。

如果查询参数中没有使用 p 参数，那么 rpm 命令会读取当前系统已安装的软件包信息，如果有符合指定名字的软件包安装在系统中，则显示该软件包的描述信息，当然部分内容会跟指定文件不同。例如对于已安装的软件包，在安装时间（Install Date）中会显示该软件包是什么时候安装到系统中的；如果是查询文件则会显示“(not installed)”，表示没有安装。

一个 RPM 包所具有的元数据远不止“描述信息”中的这些内容，还有大量的元数据用来描述软件包。如 --requires 参数会显示该软件包所依赖的运行环境，那么在使用 dnf 命令安装该软件包时会利用该依赖信息来安装依赖的软件包，对应的 --provides 则显示该软件包被依赖的信息。dnf 命令安装其他软件时如果依赖该软件包，则会把该软件包一起安装到系统里。

RPM 包文件还有大量的元数据，包管理工具就是通过软件包的元数据来进行整个操作系统的软件包管理的。

2.3.5 操作包文件的命令

了解了 RPM 格式文件的基本信息后，下面介绍与 RPM 格式文件最为密切的命令：rpm，对 RPM 格式文件的操作大多是直接或间接使用该命令完成的。

rpm 命令就是针对 RPM 包文件进行操作的命令工具，是一个针对本地系统的 RPM 包文件管理工具，主要用于对存放在本地目录中的 RPM 包文件进行安装、卸载以及查看 RPM 包文件信息等相关操作。

1. 安装 RPM 包文件

前面我们介绍了如何使用 dnf 命令安装软件包，这些软件包都是 RPM 格式的文件，因此也可以通过 rpm 命令进行安装。但是 rpm 命令只能用来安装本地目录中的文件，不能直接像 dnf 命令那样从网络下载 RPM 文件进行安装。且采用 rpm 命令进行安装时，虽然也会判断依赖是否满足条件，但是并不会尝试解决依赖问题，也就是说安装某个 RPM 包文件时若当前系统缺少所需要的依赖会提示用户，但不会像 dnf 命令那样去尝试找到缺少的依赖包并一起安装。

使用 rpm 命令安装 RPM 文件时必须写明文件所在路径以及完整的文件名，可以使用通配符，也可以一次安装多个 RPM 文件。以下是使用 rpm 命令安装的例子。

```
rpm -i foo-1.1-1.mips64el.rpm
```

若当前目录中存在 foo-1.1-1.mips64el.rpm 文件，且当前系统满足安装该文件的依赖包的条件，那么该文件会被安装到系统中，若正常安装不会有任何输出提示。

如果在该命令的基础上加上 -v 参数，会输出安装 RPM 文件的名字；如果想加入安装进度条，可以再加上 -h 参数，这样安装过程会比较清晰。例如命令：

```
rpm -ivh foo-1.1-1.mips64el.rpm
```

会产生类似如下的输出：

```
准备中...                         ################################## [100%]
正在升级/安装...
   1: foo-1.1-1.mips64el.rpm      ################################## [ 50%]
```

如果当前系统中已经安装了该软件包，要安装的版本高于系统已经安装的版本，可以使用 -U 参数代替 -i 参数，这样安装新软件包文件的同时会删除已安装软件包中所安装的文件。

dnf 命令可以重新安装软件包来修复损坏的文件，rpm 命令也同样可以做到。安装时使用 --reinstall 参数将会重新安装指定的 RPM 文件，若当前没有安装该软件包则等同于新安装。

使用通配符 * 和 ? 可以匹配多个 RPM 文件，如 gcc-* 或者 *-libs* 等表达方式，例如：

```
rpm -ivh *libs*.mips64el.rpm
```

可能会匹配到多个文件名包含 libs 且扩展名是 mips64el.rpm 的文件，使用 -v 参数就可以在随后的输出中看到哪些文件被安装到系统中。

可以在一条 rpm 命令中指定多个 RPM 文件，每个文件使用空格分隔，而每个指定的 RPM 文件也可以使用通配符描述多个文件名有共同特征的文件。

rpm 命令有一个特殊的功能，即可以安装软件源代码包，而 dnf 命令可以下载软件源代码包但不安装，安装源代码包使用 rpm 命令。rpm 命令处理 RPM 格式源代码包文件的过程比较特殊，源代码包文件并不会像其他 RPM 包文件一样进行安装，而是会解压后存放到当前用户的用户目录中，安装的目录为 ~/rpmbuild，会在其中创建 SPECS 和 SOURCES 两个目录，并将源代码包中扩展名是 .spec 的描述文件存放在 SPECS 目录中，其他文件都放在 SOURCES 目录中。

2．卸载已安装的 RPM 格式软件包

除了安装软件包，rpm 命令也用来卸载 RPM 格式软件包。该命令使用 -e 参数卸载软件包，该参数与安装参数类似，可以配合 -v 和 -h 参数来显示卸载的软件包和名称，例如使用如下命令：

```
rpm -evh wget
```

这条命令将检查当前系统是否有依赖 Wget 的软件包，如果有则会提示用户但不删除，若没有软件依赖 Wget 软件包，则立即卸载 Wget 软件包。因使用了 -v 和 -h 参数，输出信息将给出卸载进度和提示信息。

我们看到卸载不需要指定完整的文件名，只需要指定软件包的名称即可，因为此时 rpm 命令和 dnf 命令类似，是从系统的 RPM 数据库中查找指定的软件包是否安装了。如果没有安装，则提示没有该软件；如果安装了，则再进一步判断是否可以卸载。

卸载软件包不使用通配符，但可以一次指定多个软件包的名称，适合一次卸载多个相互间有依赖关联的软件包。

3．强制类参数

无论是安装 RPM 文件还是卸载已安装的软件包，可能都会碰到依赖无法解决的情况。如果确定可以进行安装或卸载，那么就需要让 rpm 命令知道我们对此操作的确认，这时候就需要用到强制类参数。

（1）依赖性强制参数

解决依赖问题的强制类参数是 --nodeps，该参数将忽略所有提示的依赖错误而继续进行安装或者卸载，这在制作移植系统的初期会经常用到，例如安装时的命令：

```
rpm -ivh gcc-*.rpm --nodeps
```

该命令可以安装所有 gcc 开头的 RPM 文件，忽略任何依赖问题。若所有文件的依赖都满足时，--nodeps 参数没有任何作用。但在有文件存在依赖错误的情况下，若不加该参数则安装过程会取消，所有指定的文件都不会被安装；若使用该参数，则所有文件都将进行安装。

在卸载软件包的时候也是一样，卸载的软件包可能被其他软件包所使用，那么卸载操作会导致出现依赖错误提示而取消卸载，但可以使用该参数来强制卸载，例如命令：

```
rpm -e wget --nodeps
```

在系统中有其他软件包依赖了 Wget 软件包提供的功能的情况下，若没有设置 --nodeps 参数，该卸载操作将被终止；若使用了该参数，则会直接卸载 Wget 软件包而不理会其他程序是否依赖于它。

从上面的介绍我们可以看到，使用 --nodeps 参数具有一定的风险，无论是安装还是卸载都会导致系统依赖的缺失。安装时被安装的软件存在缺少依赖的情况而可能无法使用，而强制卸载某个软件包则可能导致依赖它的软件包无法正常工作，因此如不是特殊制作阶段或者特殊情况请尽量避免该参数的使用。

（2）冲突性强制参数

除了依赖问题，在安装 RPM 文件的过程中可能还会出现冲突，冲突一般有两种情况，一种是软件包级别的冲突，另一种是文件级别的冲突。

软件包级别的冲突一般属于依赖性问题，但即使使用 --nodeps 参数来解决依赖问题，多数情况下也会出现另一种冲突，即文件级别的冲突。接下来我们就来关注一下文件级别的冲突。

当有两个 RPM 包文件安装的一个或多个目录及文件名都相同但内容不同的文件的时候，无论这两个文件是一个已经安装在系统中另一个正在安装，还是正在同时安装这两个文件，rpm 命令都会给出文件冲突的报告并取消安装，因为该问题不属于依赖问题，所以使用 --nodeps 参数并不会忽略该问题。

此时需要另一个强制参数：--force，该参数会忽略冲突而继续进行安装。若是新安装的软件包和已安装的软件包发生冲突，则该参数会强制将新的软件包所安装的文件覆盖已安装的软件包的原有文件；但如果冲突发生在指定安装的两个 RPM 包文件之间时，就是先指定安装的软件包中的文件覆盖后指定安装的软件包中的相同路径和名字的文件。

还有一种出现在同一个软件包上的冲突，就是当某个已经安装的软件包在其源代码包中进行了修改并重新编译了新版本后，这个新版本在安装的时候会提示与原软件包中的文件存在差异而冲突。这种情况有几种解决方式：

- 使用 -U 参数来升级原有软件包将不会认为存在冲突，但条件是该软件包的版本号要高于已安装软件包的版本号；
- 若没有修改软件的版本号，则 -U 参数不能升级软件包，此时可以使用 --reinstall 参数来强制执行安装操作，也会认为不存在冲突；
- 还有一个强制参数就是 --force 了，无论软件包的版本是否相同，使用该参数都会忽略已安装的文件而强制安装新文件进行覆盖。

虽然有上面几种强制解决冲突的方式，但是强制解决冲突所使用的都是覆盖安装，这通常具有风险。特别是针对不同软件包之间冲突的覆盖，很可能导致被覆盖的软件包工作异常，因此要谨慎使用强制参数。通常来讲，针对软件包不同版本之间的冲突可以使用 --force 参数，但不同软件包之间应该避免使用，并找出冲突的原因然后避免和解决冲突。

4. 查询指定文件所属的软件包

一个系统包含了大量的文件，这些文件大多是由各个软件包安装到系统中的。如果想了解某个文件是哪个软件包安装的要如何做呢?

使用 rpm 命令可以轻松地获取任何一个以安装方式进入系统的文件的原来归属软件包名称，例如要查询 /bin/ping 这个程序文件来自哪个软件包，可以使用如下命令：

```
rpm -qf /bin/ping
```

可能的返回是

```
iputils-20190515-5.fc32.mips64el
```

我们主要看软件包的名称即可，可以获得的信息就是该命令来自于 iputils 软件包，了解这些信息后就可以有的放矢地做一些改动了。

5. 查看 RPM 文件的信息

我们知道 RPM 文件是带有数据格式的文件，在其所包含的数据信息中有很多有用的内容。通过 rpm 命令可以获取大多数的重要信息，这对我们了解 RPM 文件非常有帮助。

使用 rpm 命令既可以查看已经安装的软件包，也可以查看未安装的 RPM 包文件。例如查看已安装到系统中的 iputils 软件包的信息，可以使用如下命令：

```
rpm -q --info iputils
```

其中 -q 参数代表查询的意思。若查询一个 RPM 包文件，则增加 -p 参数，并且要指定完整的路径文件名，例如：

```
rpm -qp --info foo-1.1-1.fc32.mips64el.rpm
```

之前我们使用 --info 参数看过 RPM 文件的基本信息，那么还可以获取什么信息呢?

我们可以通过 rpm 命令的帮助来查看。

```
rpm --help
```

该命令会输出RPM的各种参数，这些参数在前文也有过介绍，读者若有兴趣可以逐一阅读说明，这里介绍跟 RPM 文件信息相关的一些主要参数。

- --info：显示软件包的基本信息，如名称、版本、文件大小、版权、简介等信息。
- --list：显示软件包内包含的所有文件。
- --scripts：显示软件包的安装、卸载等重要阶段会执行的脚本，有些软件包会通过脚本来做一些安装或卸载过程中需要处理的额外事情。
- --conflicts：显示与该软件包相冲突的软件包，两个冲突的包只要其中之一描述了与另一个软件包的冲突，包管理工具即可知晓。
- --provides：显示该软件包为其他软件包提供的依赖信息。
- --requires：显示该软件包自身需要的依赖条件。
- --xml：将指定软件包中的所有元数据信息以 XML 格式导出，各种查询软件包的信息都包含在元数据中。
- --fileclass：显示该软件包中的各个文件的类型。

○ --filerequire：显示该软件包中以文件为单位的依赖条件。

○ --filecaps：显示该软件包中以文件为单位的文件权限属性设置。

更多的参数这里就不一一介绍了，详细内容可以参考 man rpm 和 info rpm 的说明。

2.3.6 RPM 包文件构建工具

当了解了 Fedora Linux 是由 RPM 包构成的之后，我们不禁要问这种 RPM 格式的包是如何生成的呢？它使用 rpmbuild 命令来生成。

rpmbuild 命令是专门用来制作 RPM 格式包的工具，它提供了最基础的制作功能，即使一些高级的制作工具也会调用该命令来完成 RPM 包文件的制作。

rpmbuild 命令通过指定 RPM 源代码包文件的方式进行 RPM 包的制作，但 RPM 中必须包含一个以 .spec 为扩展名的文件。该文件描述了该源代码包的构建过程，rpmbuild 命令通过该文件来生成 RPM 包文件，这个 .spec 文件我们通常称为 SPEC 描述文件。

除了 RPM 格式的源代码包，rpmbuild 命令也支持从普通的 TAR 格式的打包文件或压缩打包文件中读取 SPEC 描述文件进行编译，前提条件是打包文件中包含 SPEC 描述文件。

rpmbuild 命令还可以通过直接指定一个 SPEC 描述文件的方式进行 RPM 包的制作，事实上指定 RPM 源代码包文件或 TAR 格式打包文件的方式也就是解压缩文件，然后再指定编译其中的 SPEC 描述文件，直接指定 SPEC 描述文件少了解压缩文件的过程，但后续的制作过程是一致的。

虽然指定源代码包和SPEC描述文件的制作过程本质上是一样的，但是使用的参数会有所不同。举个例子，要编译 Tar 软件包的源代码包，可以使用如下命令：

```
rpmbuild --rebuild tar-1.32-4.fc32.src.rpm
```

前面介绍过，可以通过 rpm 命令安装 RPM 源代码包，例如安装 Bash 软件包的源代码包后会在当前用户的用户目录中产生 SOURCES 和 SPECS 两个目录，其中 SPECS 目录用来存放 Bash 源代码包所包含的 SPEC 描述文件。rpmbuild 命令指定 SPEC 描述文件进行制作的命令如下：

```
rpmbuild -bb ~/rpmbuild/SPECS/bash.spec
```

我们可以看到，SPEC 描述文件通常都采用软件包名称再加上以 .spec 作为扩展名的文件名，如 bash.spec。

rpmbuild 命令编译一个软件包时无论是使用源代码包本身还是使用 SPEC 描述文件，都存在如下几个阶段。

○ 检查依赖阶段：主要用来检查当前系统是否拥有编译指定的软件包的全部依赖条件，若当前系统依赖条件不足将提示用户。检查依赖阶段在早期的 rpmbuild 命令中不是一个独立的阶段，是合并在预处理阶段中的。

- 预处理阶段：主要是解压缩源代码文件，并打上补丁文件。
- 编译阶段：主要进行软件包的配置、编译。
- 安装阶段：对于编译成功的软件包中要安装的文件，使用 DESTDIR 或类似参数将其暂时存放到 ~/rpmbuild/BUILDROOT 目录里按照一定规则命名创建的目录中，而不是直接安装到当前系统中，另外软件包的测试也包含在该阶段中。
- 文件校验阶段：对安装到 BUILDROOT 目录中的文件进行校验，主要是检查要打包的文件是否有缺少或多余的文件，并将检查的结果提供给用户。
- 打包阶段：将安装到 BUILDROOT 目录中的文件按照 SPEC 描述的要求进行打包，生成一个或多个 RPM 文件。
- 重建 RPM 源代码包阶段：通过 SPEC 描述文件重新生成 RPM 源代码包。

以上阶段在 rpmbuild 命令中可以分别用一个字母进行描述：检查依赖阶段为 r、预处理阶段为 p、编译阶段为 c、安装阶段为 i、文件校验阶段为 l、打包阶段为 b、重建 RPM 源代码包阶段为 s，以上全部阶段可以用 a 来表示。

rpmbuild 命令对指定文件的不同类型使用不同的参数来对应，指定 SPEC 描述文件时使用 -b 参数，指定 RPM 格式源代码包时使用 -r 参数，指定包含 SPEC 描述文件的 TAR 格式源代码包时使用 -t 参数。

TAR 格式的源代码包本书基本不会涉及，我们不进行详解，读者只要知道 rpmbuild 命令操作使用的参数和 RPM 文件中必须包含 SPEC 描述文件即可。

通过操作指定文件类型参数和阶段参数，我们就可以采用 rpmbuild 命令按照我们的要求处理各个阶段，这对于调试和开发都非常有帮助。

例如我们只想完成编译，那么可以使用如下命令：

```
rpmbuild -bc foo.spec
```

当编译完成后即结束命令，并不会进行安装或者打包 RPM 文件的过程，此时我们可以进入编译目录中进行调试等操作。

各个阶段有的独立也有的相互关联。独立阶段的含义是当命令指定该阶段时将仅执行该阶段要做的工作，例如 s 阶段；而关联阶段则存在一定的顺序，即指定后续的阶段将默认把前面关联的阶段一并执行，例如 b 阶段，会从 r 阶段开始依次执行 p、c、i、l 阶段，然后再执行 b 阶段。

对于关联阶段，若想只执行其中的某个阶段，可以使用参数 --short-circuit，该参数可以跳过 p、c、i 这 3 个阶段。

直接指定 RPM 格式源代码包的参数 -r 对各个阶段的操作与指定 SPEC 描述文件的参数 -b 的含义和指定方式完全一致。

指定 RPM 格式源代码包还可以使用一些特有的参数，例如 --rebuild 参数仅针对 RPM 格式源代码包，其作用相当于 -rb 参数或指定 SPEC 描述文件时的 -bb 参数。

下面介绍一下 rpmbuild 命令常用的参数。

- -b：针对 SPEC 描述文件的参数，其后需要附带不同阶段的代表字母。

- -r：针对 RPM 格式源代码包的参数，其后需要附带不同阶段的代表字母。
- -t：针对 TAR 格式的打包或压缩打包文件的参数，其后需要附带不同阶段的代表字母。
- --rebuild：等同于 -rb 参数，编译指定的 RPM 源代码包；该参数仅能用于 RPM 源代码包，不能用于 SPEC 描述文件。
- --recompile：等同于 -ri 参数。
- --nodeps：忽略检查依赖的结果，强制继续进行制作步骤。
- --nocheck：不执行安装阶段的软件包检查步骤；有些软件包在某些系统环境中可能因无法完成检查而导致制作过程失败，使用该参数可以跳过检查步骤并继续执行制作过程。
- --short-circuit：用来跳过 p、c、i 阶段，其只对有关联的阶段有效。
- --target：需要指定一个目标平台系统，适合用来制作非当前平台系统或 ABI 的 RPM 软件包。
- --showrc：在执行 rpmbuild 命令的过程中会从 RPM 包管理工具的配置文件中获取大量的变量，如果想了解具体使用了哪些配置文件以及当前各个变量的设置值是多少，可以参考该参数返回的信息。

想了解更多有关 rpmbuild 命令的内容，可以使用 man rpmbuild 或者 info rpmbuild 命令进行查询。

2.3.7 SPEC 描述文件介绍

通过对 rpmbuild 命令的了解，我们知道 RPM 文件包的核心文件就是 SPEC 描述文件中的内容。下面就对 SPEC 描述文件中的主要内容进行介绍，看看它是如何控制制作 RPM 文件的过程的。

SPEC 描述文件简单来说分为多个部分，每个部分使用一个既定的名称进行定义，每个名称开头以 % 符号作为标记，标记通常分为 3 类：默认标记、控制类标记和可选标记。

默认标记不用专门描述出来，相当于在文件开始处设置了一个不带任何名字的 package 标记。默认标记用来定义该源代码包的基本属性，如软件包名称、版本号和主页地址等，还包括了 RPM 源代码包的所有文件的列表，这些文件是重新打包 RPM 源代码包时打包哪些文件的依据。

SPEC 描述文件通常把包含的文件分为两类：源代码类文件和补丁文件，分别使用 Source 和 Patch 加上数字编号来定义。如有需要，可以增加相应的源代码文件和补丁文件，只要编号不重复即可。

默认标记中还包括了制作依赖条件，使用 BuildRequires 来定义，可以多次定义依赖条件。rpmbuild 命令会通过定义的依赖条件来判断制作条件是否满足，如果不满足会提示用户，用户可以使用 --nodeps 忽略不满足的条件。默认标记中也可以定义制作出来的 RPM 文件的安装依赖条件，这些条件用 Requires 来定义。与 BuildRequires 不同，Requires 定义的依赖不在 rpmbuild 命令中检查，而是会写入 RPM 文件中，在使用 rpm 命令安装 RPM 文件的时候进行检查。

除了依赖条件的定义外，还可以定义 RPM 的附加导出关键字，实际上依赖关系的查询就是通过各个 RPM 文件包导出的关键字来进行的。在打包阶段，RPM 文件中会写入一些默认生成的关键字，如果觉得不够可以自行使用 Provides 定义附加的关键字，这些关键字会一并写入生成的 RPM 文件中。

除了默认标记外，rpmbuild 命令通过 SPEC 描述文件制作 RPM 文件包需要控制类标记的参与。这些控制类标记主要有如下几个。

- prep：对应预处理阶段，其内容主要是解压源代码文件和打上补丁文件，若需要对源代码目录中的文件进行修改也在这个阶段进行。
- build：对应编译阶段，是进行配置和编译的过程，内容就是对制作过程的命令步骤的流程控制，这是制作过程中最重要的部分。
- install：对应安装阶段，这个阶段主要是把编译好的软件包中安装的文件存放到当前用户目录的 ~/rpmbuild/BUILDROOT 中，为后续制作 RPM 文件做好准备。
- check：软件包编译检查，通常是执行源代码包自带的测试方法，这个标记定义的内容通常包含在安装阶段执行，可以使用 --nocheck 参数跳过检查。该标记不是每个 SPEC 描述文件都带有的，若没有定义则不执行任何动作。
- files：打包文件的列表，该标记可以附带一个名字，名字不可重复，但可以有多个，若不写名字则代表使用软件包的名字，rpmbuild 命令会以每个名字前加上软件包的名字组合成的新名字作为生成的 RPM 文件名，并且 RPM 文件所包含的文件即该标记中列出的文件。

一个 RPM 源代码包可能会生成多个 RPM 文件就是因为在 SPEC 描述文件中定义了多个 files 标记。

除控制类标记外，还有一些可选标记来帮助我们完善制作的 RPM 文件，这些标记主要有如下几个。

- changelog：这个标记用来描述源代码包的修改记录，任何对 RPM 源代码包的修改都会在这个标记中产生信息，包括修改的时间、作者和修改内容简述。
- package：该标记可以后跟一个名字，不带名字的情况下就是默认标记，即代表了定义当前这个软件包的各种属性，而如果带了名字则代表了以软件包名加上附带的名字组合后的名字作为生成的 RPM 文件的文件名。此标记与 files 标记对应，附带的名字不可以重复，但可以有多个。

  带名字的 package 标记中通常不定义版本号、软件包主页，这些信息与默认标记中的定义共用；一般只定义该标记所对应生成的 RPM 文件的依赖关系，同样用 BuildRequires 和 Requires 来定义，还可以加入导出附加关键字的定义 Provides。
- description：该标记也可以附带一个名字，用来定义生成的 RPM 文件的简介，简介会在生成 RPM 文件的时候作为元数据加入文件中。

package、description 和 files 这 3 个标记所带的名字是相互对应的，不带名字的情况下就代表了与软件包名相同的 RPM 文件包所定义的依赖关系、简介和打包文件列表等信息，而如果加上名字，则 3 个标记都使用相同名字的作为一组，定义了对应名字的 RPM 文件所包含的依赖、简介和文件列表。

还有几个标记也同样使用名字来对不同的 RPM 文件包进行定义，我们简单地了解一下它们的用处。

- pre：在对应的 RPM 文件包进行安装前执行的命令步骤，例如创建目录、文件以及用户等。

- post：在对应的 RPM 文件包安装完成后执行的命令步骤，例如设置默认程序，修改配置文件等。
- preun：在对应的 RPM 文件被删除前执行的命令步骤，例如停止相应的服务。
- postun：在对应的 RPM 文件被删除后执行的命令步骤，例如删除空目录、恢复安装前的一些配置等。

对于 SPEC 描述文件，我们应当了解它的组成结构与 rpmbuild 命令的各个阶段的对应关系以及其中的各种标记的含义。制作移植系统的过程中难免会需要修改某些软件包的 SPEC 描述文件，或者制作原来没有的软件包时也可能需要编写 SPEC 描述文件，总之熟悉 SPEC 描述文件对我们制作和移植以 RPM 包管理为主的系统非常有用。

2.3.8 Fedora Linux 实用网站

本书介绍的内容有限，如果读者希望多了解一些内容，还需要借助网络资源，下面介绍一些与 Fedora Linux 相关的网站，希望能够给读者的制作和移植操作提供一定的帮助。

1. Fedora 官方网站

这个网站中提供了包括 Fedora 系统的介绍、各类文档的下载等大量的资源。如果想研究 Fedora 系统，那么官方网站必然是不可缺少的信息来源。

2. RPM 包文件搜索和查询

网站地址：http://rpmfind.net/

该网站提供了对 RPM 包中的文件名、依赖关系、关键字等的检索信息。在不知道某个文件或者某个 RPM 文件包是谁提供的时，不妨在这个网站搜索一下试试看。

2.4 软件包配置常见参数

我们在编译软件包的时候经常要对软件包进行配置，通常使用 configure 配置脚本。该配置脚本一般都有大量的配置参数，下面就对大型编译工程中的各个软件包经常使用的参数进行讲解。

configure 使用的参数通常都以 -- 来表示。为了简化说明文字，下面的正文介绍中部分参数没有加 -- 符号，读者要知道在实际使用中（程序中）需要增加。

configure 的参数非常多，下面只介绍一些常见的参数。若想了解更多的参数及其用处，可以在软件包目录中使用下面的命令来获取：

```
./configure --help
```

读者可以根据输出的信息了解该软件包所支持的参数及参数的用处。

在 configure 中，参数通常被分为 6 种类型：安装路径设置、程序名称定义、平台系统定义、功能开关选项、软件设置选项和环境变量，下面对这 6 种类型的参数进行介绍。

2.4.1 安装路径设置

通常配置一个软件包会涉及各种安装目录，下面这些参数都与安装目录的设置有关。

- --prefix：用来设置软件包安装的基础目录，其他的目录设置通常都附属于该目录之下。该参数若不设置，则通常默认为 /usr/local，而我们一样要使用 /usr 或者 /tools 目录（临时系统），因此该参数通常需要根据具体需求显式地指定，例如 --prefix=/usr 或者 --prefix=/tools。
- --sysconfidir：指定软件所使用的配置文本文件的存放目录，默认会使用 ${prefix}/etc，${prefix} 用来表示 --prefix 的设置。如果 --prefix 设置为 /usr，则 --sysconfidir 默认就是 /usr/etc。在 LSB 的规范标准中通常使用 /etc 目录，所以一般会强制设置该参数。但如果要制作的临时系统的所有文件都存放在 /tools 目录中，就可以不用设置这个参数了，让其自动设置为 /tools/etc 就可以满足我们的要求。

  综上所述，该参数通常在将 --prefix 设置为 /usr 时会显式地设置为 /etc，这是为了满足 LSB 的要求。但若是制作临时系统，除非一些特殊的软件包，通常不用设置该参数，使用默认的路径即可。
- --libdir：用来设置软件包编译生成的函数库文件存放位置。大多数情况下该参数默认设置为 ${prefix}/lib，在非多库系统（Multilib）的情况下是符合要求的。但是如果在多库需要并存的系统中都使用该默认路径，则会导致不同 ABI 库文件存放路径重复，所以在多库支持的情况下该参数需要强制指定。一般根据当前编译的 ABI 来设置该参数，例如 64 位的使用 lib64，那么 --libdir 就需要显式地设置为 /usr/lib64，在临时系统中就是 /tools/lib64。
- --bindir 和 --sbindir：这两个参数都是设置可执行命令安装的目录。--bindir 设置的是普通用户使用的命令安装目录，默认使用 ${prefix}/bin；--sbindir 通常设置特权用户使用的命令安装目录，默认使用 ${prefix}/sbin。但有时候根据 FHS（Filesystem Heirarchy Standard）中的要求，一些命令需要存放在 /bin 或者 /sbin 目录中，例如 bash 命令，那么可以通过设置 --bindir 或者 --sbindir 为 /bin 或者 /sbin 来解决。

与路径有关的参数还是比较多的，例如与头文件相关的 --includedir，与数据文件相关的 --datadir，还有与手册文件相关的 --docdir、--mandir 和 --htmldir 等。这些参数大部分都使用默认的路径设置，不用专门指定，这里就不再一一介绍了，读者若有兴趣可以查询相关的说明。

2.4.2 程序名称定义

程序名称定义的参数用来对软件包编译生成的命令程序进行名称修改，通常是设置名称的前后缀以标明程序的特点或处理目标特征。相关参数一般有如下 3 个。

- --program-prefix：用来设置命令的前缀，当设置了该参数后，对于所有符合条件的文件，安装脚本会在文件前加上设置的字符串来作为新的文件名安装到系统中。

- --program-suffix：用来设置命令的后缀，与 --program-prefix 相似，将设置的字符串加在原来文件名的后面作为新的文件名。
- --program-transform-name：不同于上述两个参数只能在文件名前后加字符串的方式，该参数可以设置一个用 sed 命令识别的字符处理表达式，通过表达式来将原来的文件名以字符串的形式进行转换，这样就可以把文件名修改的方式变得更加灵活。

例如 s,grub,grub2, 的参数设置是将命令程序文件名中的 grub 改成了 grub2。这个修改无法通过设置前后缀的方式解决，因为要改的内容在文件名的中间，此时通过表达式来修改就非常容易了。

2.4.3 平台系统定义

平台系统的定义通常只有两三个，实际上我们已经非常熟悉这些参数了。

- --build：设置当前平台系统的表达式，若不设置则自动通过脚本猜测出来。
- --host：设置编译出来的二进制文件可运行的平台系统表达式，若不设置则自动使用 --build 的表达式。
- --target：设置命令程序处理的目标文件所适合的平台系统表达式，若不设置自动使用 --host 的表达式。

这 3 个参数在讲解交叉编译的时候反复出现，所以这里不再赘述。读者除了要熟悉这 3 个参数的含义外，还要知道任何一个编译过程都一定包含 --build 和 --host 两个参数，而 --target 仅在部分软件包中具有意义，通常这类软件包是用来处理平台系统的相关文件的。

2.4.4 功能开关选项和软件设置选项

对于各个软件包来说，功能开关选项和软件设置选项部分的参数差异是非常大的，但是它们有一个共同的特征，就是功能开关选项使用 --enable 和 --disable 来启用和关闭选项，而软件设置选项则使用 --with 和 --without 来启用或关闭选项。

看着 configure 里数量众多的选项参数，且参数有的用 --enable/--disable，有的用 --with/--without，会让人觉得很混乱。

其实大多数比较规范的软件在选项以何种方式进行设置上是有一定规律的，我们下面就简单地归纳一下参数设置的规律。

根据名称我们可以进行大致的分类。

- 功能开关选项（--enable/--disable）：以功能的启用或关闭来进行设置。这些设置行为设置的是软件包在编译、安装和使用时的功能性开关，即这些参数通常决定了相关功能有或者没有，使用或者不使用，抑或是对相冲突的两个或多个功能做出选择。这些开关可能导致处理的结果发生变化，或者有些开关打开可以处理某项工作，而如果关闭了可能就无法处理。

- 软件设置选项（--with/--without）：通常可以认为是一种处理方式的选择，即某个设置选项无论是使用 --with 还是 --without，都不会影响相关功能的存在与否，而是会对处理的方式、方法或者中间的某些过程步骤是否进行做出选择。

软件设置选项的参数也可以理解成一种行为的选择，即选择使用某个行为或者不使用某个行为，抑或是多种行为方式选择其中一种，但不管如何选择都不影响功能要达成的目的。这就好比我们要制作一个球体，可以使用木头材质，也可以使用金属，可以是空心的，也可以是实心的，但要达成的目的就是制作一个球体。

不同的选择可能导致处理性能的优化路径或其他一些动态的内容需要按照实际情况进行指定，也可能当前系统只能使用某种方法来处理。

举例说明如下。

例如在 GCC 软件包的参数中 --enable-languages 就是一个功能选项，设置的参数是支持语言的列表；在列表中的语言被启用，没有列出的则不启用。例如 FORTRAN 为支持语言，在列表中加上它才可以编译 FORTRAN 语言写的程序，若不加上则无法编译。

在制作临时系统时会使用 --disable-nls 设置一些软件，该参数根据语言环境的设置，输出对应的自然语言提示信息。这个参数如果关闭，则只能使用软件包的默认语言进行输出。

再例如 GCC 参数中的 --with-nan=2008 就是一个设置选项，该选项为程序代码中对浮点数的处理标准，可以选择 2008 标准，也可以选择 Legacy 标准，总之处理浮点数的功能是能达成的。

做个通俗但可能不太恰当的比喻：功能开关选项是某个事情你可以选择做还是不做；而软件设置选项是这个事情是要做的，但是你可以选择怎么做或者跳过某些步骤来做。

当然上述参数的规律不一定适合所有软件，也不是绝对的，读者可以在今后的制作过程中体会这些参数的含义。

2.4.5 环境变量

在配置过程中，环境变量也起到了至关重要的作用。通常情况下我们应该注意一些默认的环境变量对配置过程的影响，避免意外错误的发生。

例如 CFLAGS 这个环境变量，它在大多数软件包的配置和编译过程中都用来设置编译器使用的编译参数，所以如果设置的内容不合适可能导致编译错误。例如 CFLAGS 设置了 -mabi=32，会导致强制使用 32 位 ABI 进行编译，但如果我们没注意到这个环境变量设置的内容，则想编译 64 位程序的想法就可能出现变化。

那么有哪些环境变量会对配置过程有影响呢？

环境变量和配置参数类似，不同的软件包可使用的环境变量是不完全相同的，我们可以通过软件包提供的 ./configure --help 查询。虽然各个软件包使用的环境变量不完全相同，但还是有一些通用的环境变量，下面我们就简单地罗列一些通用的环境变量。

- CC：用来设置软件包默认的 C 语言编译器。设置该变量后，软件编译 C 语言文件（.c 文件）的过程中将强制使用该环境变量所设置的路径和文件名代替默认的编译器的命令进行编译。指定编译器的环境变量通常不带编译参数，但有时也需要在编译器命令后直接加上某些编译参数以达到期望的效果。
- CXX：与 CC 变量类似，但用于指定编译器命令来编译 C++ 语言文件（.cpp 文件）。
- LD：指定链接过程使用的链接器命令，在程序进行链接的时候会使用该环境变量设置的命令。
- CFLAGS：该环境变量对应于 C 语言编译器使用的编译参数，这些参数会在编译时被附加到编译命令中，以完成期望的编译要求。
- CXXFLAGS：该环境变量同 CFLAGS 功能类似，只是用于 C++ 语言的编译过程中，作为必要的编译参数参与编译过程。
- LDFLAGS：该环境变量用于链接阶段，通常可以用来附加一些库文件，或者一些应付特殊情况的链接参数。

还有很多衍生形式的环境变量，例如 GCC 软件包会使用 BUILD_CC、HOST_CC 这类为不同目的使用的编译器设置的环境变量，也有 CFLAGS_FOR_TARGET 这种特殊阶段使用的环境变量。

对环境变量不要随意设置，应当在清楚环境变量会带来的影响后有明确目的地使用，以免造成不必要的问题。

第 03 章

制作方案设计

将 Fedora 系统移植到龙芯平台上是一项烦琐的工程，之前的章节介绍了移植过程主要涉及的技术内容。在真正开始动手制作之前，我们还是先设计一下制作方案，磨刀不误砍柴工，对制作方案的清晰认识有助于我们更好地理解实际的制作过程。

3.1 外援阶段

首先我们确立一个前提：不使用龙芯平台上可能已有的系统。以一个没有系统或者没有合适系统的平台为基础来进行系统移植，这样可以使移植 Fedora 系统的过程更加完整，避免了目标平台已有系统可能产生的影响。

3.1.1 选择制作系统平台

在这个前提下，我们可以认为龙芯平台的机器上没有任何系统，是一个空机器。在这样的机器上不能凭空产生一个系统，因此使用“外援”的方式来制作。我们使用一个大家比较容易获取的平台——x86 平台；当然如果希望外援阶段制作的速度快一些，那么找一台性能较好的机器会更加合适。

现在大多数 x86 平台的 CPU 都是 64 位的，即 x86_64 架构，我们制作的过程会以该架构作为起点。当然还需要安装一套 Linux 操作系统，选择一个将要移植的发行版会比较合适；此外既然是移植，那么选择一个最接近的版本或者相同的版本会更好，例如本书选择的 Fedora 32。

下载一套 x86_64 的 Fedora 32 并安装在外援机器上（外援平台系统），并留下足够的硬盘空间来存放将要制作的临时系统。

当然，创建一个独立的用户并用其开始制作是一个好习惯。制作过程中尽量使用普通权限的用户，以保护主系统不遭受意外的破坏。

3.1.2 交叉编译临时系统

使用外援平台系统的目的是制作一个可以在龙芯平台上启动的系统。但因为 Fedora 系统本身比较庞大且需要使用包管理工具进行编译打包，并不适合在当前的外援平台系统上直接进行制作，所以我们先为龙芯平台制作一个可以启动的小系统。这个小系统需要具备启动功能，且具备工具链环境，可以在龙芯平台上进行软件包的编译。我们把这个小系统称为临时系统。

因为临时系统是在龙芯平台上运行的，而外援平台不是龙芯平台，所以需要使用交叉编译的方法来制作临时系统。

制作临时系统有一个要求，就是临时系统的各种程序和库文件都应当存放在 GNU/Linux 系统的一个非标准目录中，例如 /tools 目录。在标准的 GNU/Linux 系统中通常不存在该目录，Fedora 系统正常情况下也没有这个目录，这样才能保证通过临时系统制作的 Fedora 系统不会与临时系统发生目录和文件的冲突。

制作临时系统可以分解为以下 5 个步骤。

1．制作临时系统的交叉编译器

首先要制作一个用来编译龙芯平台二进制文件的交叉编译器，之后临时系统中的各个软件包都用该交叉编译器完成编译。

该交叉编译器运行在 x86 平台上，最好使用单独的目录进行存放；通过该交叉编译器编译生成的文件则存放在另一个单独的目录中，便于后续统一处理。

2．制作龙芯平台系统的基础库及工具链

首先通过交叉编译器制作龙芯平台系统的 Glibc，然后基于 Glibc 完成交叉工具链的制作；同时该 Glibc 也是临时系统的基础库，将 Glibc 安装到存放临时系统的目录中；接着我们把临时系统中的其他一些基础库也编译出来，并将编译工具也交叉编译出来，完成临时系统工具链的制作，该工具链将在临时系统启动龙芯平台的机器后完成后续的编译工作。

3．编译常用命令程序及库文件

在制作完成龙芯平台系统的工具链后，继续编译临时系统会使用到的各种库文件和命令程序，来丰富和完善临时系统。这其中包括常用的操作命令，如 ls、cat 等；也有与开发相关的命令，如 make、gawk 等；还有网络设置、文件系统、文本编辑、压缩 / 解压缩工具等一系列基本命令程序和相关的库文件。

4．编译 RPM 包管理工具

这一步骤也比较重要，虽然 RPM 包管理工具与临时系统启动的关系不大，但是我们要移植的是 Fedora 发行版，它使用的包管理工具是基于 RPM 格式的文件，因此，将 RPM 文件的处理命令工具包含在临时系统中，就可以在临时系统启动成功后方便地开展移植 Fedora 发行版的工作了。

5．编译用于启动的各种软件包

为了让临时系统可以独立启动龙芯机器，从 Bootloader 到内核再到 Init 等相关的软件包都要编译出来，并根据龙芯机器的情况设置好这些与启动相关的文件以及生成启动程序。

3.1.3 阶段要领

这个阶段最主要的工作就是在外援平台系统中交叉编译一个以 /tools 为基础目录的临时系统。该临时系统以龙芯平台作为运行平台，且应包含工具链、常用命令、与启动相关的软件包、与编译软件相关的常用命令、RPM 包管理工具、磁盘分区及文件系统工具等。

3.2 可启动阶段

当临时系统制作完成后，要解决的问题就是如何通过临时系统启动龙芯机器。这一阶段主要解决两个方面的问题：如何把临时系统移动到龙芯机器上，以及临时系统如何正常启动。

3.2.1 移动介质启动系统

对于第一个问题，最简单最方便的方式就是使用移动介质：将临时系统存放在其中，然后通过龙芯机器的 BIOS（基本输入 / 输出系统）来启动。现在龙芯平台所使用的 BIOS 都是支持从 U 盘启动系统的，而 U 盘是比较容易获取且容量相对较大的，将 U 盘分区并格式化为 Linux 常用的文件系统，这样来存放一个临时系统完全不是问题，因此，利用 U 盘启动龙芯机器是一个首选方案。

而第二个问题就要复杂一些了，这是因为我们在制作临时系统时刻意避开了 Linux 系统常用的目录，这可能导致系统启动过程中找不到要用的命令而发生错误。

因此，我们把临时系统存放到 U 盘后，就需要解决系统启动中的一些问题。

在启动过程中经常会使用绝对路径的方式执行某个命令，因此我们可以在根目录中创建相应的目录，然后通过链接文件的方式在需要访问的位置创建一个指向真实命令文件的链接文件。

创建目录时需要注意，应按照要移植的 Fedora 系统的标准进行目录创建，这样才不会出现后续移植系统时的目录冲突问题。

某些程序运行期间会在指定的位置创建文件或对指定位置的文件进行读写。针对这个问题，我们可以在 U 盘存放临时系统的根目录里创建几个系统启动过程中必需的目录和文件，例如 dev、var 等目录，/etc/passwd、/etc/hosts 等文件。这样在程序需要用到这些目录或文件时就可以准确地找到它们。

当然还需要处理 Systemd 这类系统启动控制程序的一些设置。

在这些启动过程中的必要文件都处理好之后，就把 Grub 的系统引导文件和模块复制到 U 盘中，把 Linux 内核存放到 U 盘中，并创建一个可以使用的菜单文件方便系统的启动。

针对 USB 设备的启动，有一处需要注意的地方：Linux 内核启动 USB 设备是异步进行的，如果 U 盘设备启动过程中需要准备和初始化的时间加长，可能会出现在 Linux 完成启动要进入根目录时 U 盘设备还没有准备就绪的情况，导致 Linux 无法装载根文件系统的分区而启动失败。因此，设置菜单文件中的 Linux 内核启动的参数时需要考虑 U 盘的初始化时间，通常可以加入 rootdelay=10 参数，延迟 10 秒等待设备分区初始化。

另一个需要注意的地方是，由于 USB 设备与硬盘设备都是 sd 开头的设备文件，因此，启动机器所携带的硬盘数量不同会导致 U 盘的设备名发生变化。这个问题也比较好解决，因为制作的 U 盘不是为了通用，而是为了启动龙芯机器，所以启动参数可以写入固定的设备文件名，如 root=/dev/sdb2。

如果发现在龙芯机器上，U 盘的设备名并不是 sdb 而是 sdc 或者其他名字，那么手工修改启动菜单文件来适应龙芯机器上的设备名即可。

如果一切顺利，U 盘将成功启动龙芯机器，并可以进入登录界面。

3.2.2 安装临时系统

使用 U 盘来启动系统终究是临时的，在成功启动机器后应将临时系统存放到龙芯机器的硬盘上，后续通过硬盘进行启动。

所以在制作 U 盘的启动系统时最好同时附带一个临时系统的压缩包，这样当 U 盘成功启动系统，并对硬盘进行分区、文件系统格式化之后，可以方便地将临时系统解压到硬盘分区中。解压完成后，使用 U 盘系统中的 Grub 工具将引导系统环境安装到硬盘上，并设置好启动菜单文件。当然，硬盘中的启动参数与 U 盘的不同，主要是不再需要等待 U 盘准备的参数了，且硬盘的设备分区名与 U 盘的也不同，这个要根据实际情况进行设置。不过通常情况下，硬盘的设备都是以 sda 开头进行编号的，如果实际情况有所不同，可根据实际情况进行修改。

当硬盘安装好系统、设置好启动环境后就可以重新启动计算机，并拔出 U 盘。如果顺利，则能够从硬盘上正常完成系统的启动；如果存在异常，可以重新插上 U 盘并启动，然后进行问题排查，直到可以正常从硬盘启动为止。启动完成后可以暂时不再使用 U 盘了，但仍然建议保留这个 U 盘一段时间，若在系统制作和移植的过程中出现意外的情况，可以通过 U 盘上的系统进行应急处理。

至此，这个阶段的任务便完成了。但如果我们想方便地进行后续的工作，还应设置好临时系统的 IP 地址以及开启 SSH 服务，以便可以远程登录进行后续的制作。

3.2.3 阶段要领

这个阶段最主要的事情就是用 U 盘上的临时系统将龙芯机器正常启动，因为 U 盘中是我们自己使用的临时系统，所以按照最简单的方式来制作启动环境即可，应避免复杂的设置。

通过 U 盘启动龙芯机器之后，仿照 U 盘启动的设置在龙芯机器的硬盘上也安装一个可以启动的临时系统。

3.3 自立阶段

从这个阶段开始，将真正以龙芯机器为硬件平台开始制作系统，并且在这个阶段中将正式进行 RPM 格式文件的打包。

这个阶段之所以叫自立阶段，最主要的原因是这个阶段完成后将可以不再依赖交叉编译的临时系统，而是完全使用 Fedora 系统的 RPM 包文件制作工具生成的各种 RPM 文件安装出来的系统，也就是说系统能自给自足地进行后续的软件包制作和安装了。

当然这个阶段也是挑战性非常高的阶段，我们将其大致分成 5 个小阶段。

3.3.1 临时系统完善阶段

有些软件包并不适合通过临时系统制作过程中的交叉编译方式来制作，因此，我们在用临时系统启动龙芯机器后，就可以着手将一些没有交叉编译的重要软件包进行编译，这其中主要有 Perl、Python 等。

完善临时系统的方式指的是手工配置软件包和进行编译，而不是通过 rpmbuild 和 rpm 命令来制作和安装 RPM 文件。编译生成的文件都安装到临时系统的存放目录 /tools 中。

如果在制作目标系统的过程中发现缺少某个命令，并且不方便通过制作 RPM 文件的方式来解决时，也可以通过完善临时系统的方式来解决。

临时系统完善阶段所做的工作也可用来检验临时系统的制作是否成功。如果这个阶段编译的几个软件包出现了失败的情况，那么就要检查临时系统了；如果能够正常编译通过，我们就可以放心地进入下一个制作阶段了。

本书的这个阶段是以 Fedora 32 版本为基础来完善临时系统的，如果读者制作的版本更高，那么可能需要增加或者减少该阶段需要完善的软件包。

3.3.2 RPM 打包环境阶段

临时系统目前只用来启动龙芯机器，为了配合后续以使用 rpmbuild 命令为主来制作系统的阶段，我们需要在这个阶段配置好用来生成 RPM 文件的制作环境。

制作临时系统时，大量的命令都存放在 /tools/bin 或者 /tools/sbin 目录中；而使用 RPM 构建工具时用到的命令的路径要符合 LSB 标准要求，例如 mkdir、ln、install 等命令必须存放在 /bin 或者 /usr/bin 目录中。在当前制作阶段，我们可以临时生成一些命令链接，把这些需要用到的命令链接到标准位置上。

我们不用担心这些链接的命令会影响制作系统，因为后续相关的软件包被编译和安装后，这些链接文件会被替换为真实的文件。此时这些链接就完成了它们的使命，并且不会对生成的系统造成影响。

哪些命令需要生成链接由 RPM 构建工具来决定，这可能不是一成不变的命令列表，本书提供的可以作为参考。在实际制作过程中，如果发现制作工具报告缺失某个指定路径的命令，那么就可以查看临时系统中是否有这个命令，如果有就可以考虑生成一个链接文件来满足制作工具的要求。

这个阶段除了生成一些命令链接外，最重要的是确认当前的 RPM 构建环境工作是否正常。

到了这个阶段，我们已经可以使用 RPM 构建工具直接生成 RPM 文件，那么也就可以尝试编译第一个使用 rpmbuild 命令制作的软件包。第一个软件包选择设置系统发行版名称的软件包，可以使用 Generic-Release 软件包。这个软件包是否安装不重要，重要的是如果制作正确，那么至少可以确定 RPM 构建环境目前已可以工作。

RPM 构建环境的配置文件主要由 RPM 软件包提供，对于 Fedora 系统还有一个名为 Redhat-Rpm-Config 的软件包来提供附加的配置文件。我们就在这一阶段将该软件包安装到系统中，当然最好使用 rpmbuild 命令来制作这个软件包的 RPM 文件，然后再通过 rpm 命令安装到系统中。

这个阶段还有一个重要的任务，因为当前系统并没有完整的目录结构，在 Fedora 系统中目录结构也是通过 RPM 文件包安装产生的，所以这个阶段需要完成 Filesystem 软件包的制作和安装。

3.3.3 工具链制作阶段

制作进行到这个阶段，就代表要开始一个关键的环节了。在这个阶段之前，制作的 RPM 软件包都没有使用工具链进行编译，而现在制作环境已经配置完成，我们可以开始进行以工具链编译程序为主的制作阶段了。

制作一个系统最开始要完成的就是工具链，对于本书所介绍系统的制作也是如此。目前使用的是临时系统提供的工具链，因此，这个阶段的主要工作就是使用 RPM 软件包构建工具制作一个本地工具链。

我们依旧按照 Glibc、Binutils 和 GCC 这样的顺序制作工具链，这样可以保证制作的 Binutils 和 GCC 所链接的基础 C 库是为目标系统制作的，而不是临时系统中的。

需要注意的是，这个阶段制作的工具链将用来编译制作后续的各种软件包，所以这个阶段的制作需要非常仔细。

3.3.4 临时系统替换阶段

实际上从制作工具链开始，我们已经进入临时系统替换阶段了，当然要替换的不仅仅是工具链。当工具链替换完成后，就进入相对自由的阶段，这个时候制作的流程顺序不用特别固定，某些软件包的编译顺序可以变动。在这个阶段，我们设置一个目标：临时系统中的各个软件包都用 RPM 构建工具制作出来，并安装到系统中，这样所有的命令都可以使用目标系统中的，而不再需要临时系统的了。

这个阶段完成的一个重要标志就是，可以把 /tools 目录删掉而不会影响系统的使用和后续软件包的制作。

这个阶段还有一个值得注意的问题，制作替换临时系统的各个软件包时，在有些软件包中，依赖关系可能会导致某些文件制作成以 /tools 目录为基础的。因此，这个阶段部分软件包可能会多次编译，这样能够在依赖关系被目标系统中的软件包替换后再次编译来调整部分文件的路径。

完成临时系统替换实际上也就是满足了基本的启动系统需求，但临时系统只是为了启动而简化的环境，因此，对于正式的目标系统，自然需要制作更多相关的依赖软件包。这个阶段就是尽量完善与启动相关的软件包。

这个阶段也需要重新安装和配置引导启动文件、内核以及启动菜单等工作，以使系统更像一个正规的系统，而不是临时拼凑的。

3.3.5 重构系统阶段

在前面的阶段中，很多软件包都采用了忽略依赖的方式进行编译和安装，实际得到的是一个“残缺”的系统，因此，接下来我们就要把这个系统变成一个“完整”的系统。

这个阶段需要完成本地软件仓库的构建，并且制作软件仓库管理工具相关的软件包，以便对软件仓库进行管理和安装软件包。

重构系统阶段会对之前制作的绝大多数软件包重新构建 RPM 文件，当然在重新构建的过程中会对软件包缺失的依赖进行补充，以保证使用软件仓库管理工具进行软件包安装时没有依赖缺失。

3.4 补充阶段

相对于前面的制作阶段，到了补充阶段已经可以算是成功一半了，接下来可选择的制作目标就宽泛了很多。在一个拥有几万个软件包的发行版面前，我们不可能做到面面俱到。同时篇幅有限，因此，本书将以一个基本可用的桌面环境作为范例来说明如何补充发行版。

这个阶段软件包制作的顺序会比较随意，虽然制作的时候还是会存在软件包制作先后的约束，但这是因为软件包存在依赖关系。读者要明白，在补充阶段除了一些关键软件包之外，大多数软件包制作和安装的先后顺序不是很重要。

3.5 完成阶段

当一个可用的系统及软件仓库制作完成后，接下来就要完成与发行版发布相关的事情，包括建立网络在线的软件仓库，以及安装镜像文件。

当然，若想一个系统能够及时更新，软件包构建管理系统也是必不可少的，因此，这个阶段我们也会创建一套用来维护软件包的工具。

到这一阶段完成时，本书对整个制作和移植 Fedora Linux 系统的介绍也就结束了。当然，对于发行版来说这只是一个开始，之后还有各种维护和升级的工作需要去做。

3.6 准备开工

制作方案确定后，接着就要开始准备制作目标系统所必需的东西了。

①基于龙芯 CPU 的机器一台，建议采用龙芯 3A4000 的机器，这是本书写作时市面上最新的 CPU 版本。机器可以不带任何系统，我们要制作的就是在它上面运行的系统。

②基于 x86 的机器一台，可以是普通的 PC，有条件的可以使用服务器。为了更快地完成交叉编译的阶段，这台 x86 的机器越快越好，要求内存大小最好不低于 16GB，硬盘大小不低于 320GB。

③ x86 的机器上应该安装一个比较现代的 Linux 系统，本书选择 Fedora Linux 系统，最好是 Fedora 32 版本，如果没有，那么早期的版本也是可以使用的。如果在编译开始部分软件包就出现了各种编译语法问题，那么就需要考虑更换一个较新的 Linux 系统版本来制作了。

④ Fedora 32 所有的软件源代码，目标系统就是完全靠这些源代码编译出来的。

⑤一个容量为 16GB 的 U 盘，用来存储在 x86 机器上交叉编译出来的启动龙芯机器的临时系统，以及用来将临时系统安装到龙芯机器上。

第二阶段

制作临时系统

第 04 章

创作基地

从现在开始我们将正式踏上制作的旅程。整个制作过程比较耗费时间，所以请保持耐心，要相信付出总会有收获。

我们先从 x86 机器的 Linux 系统开始，这里假设 x86 机器上已经安装了 Fedora 32 版本的系统，并且硬盘空间足够大。

本章将完成创作基地的搭建，所谓创作基地就是一个制作环境，之后所有与制作系统相关的文件都将在创作基地中完成。

4.1 搭建初始系统

有一个好的开始非常重要，初始系统就是这个重要的开始，我们将在现有的系统上搭建一个初始系统来制作临时系统。之所以安装一个系统来制作临时系统，是因为这样可以防止原有系统的一些不确定因素影响系统的制作，同时也更方便讲解，因为安装的环境相对比较固定，可重复创建。

4.1.1 安装一个系统环境

为了不影响 x86 机器上已经安装的 Linux 系统，也为了能让制作过程运行在一个统一没有修改的环境下，先通过 Fedora 的包管理命令安装一个小型的系统，我们把这个系统称为初始系统，命令如下：

```
export DISTRO_URL=https://mirrors.tuna.tsinghua.edu.cn/fedora/releases/32/Everything/
x86_64/os/
sudo dnf install @core @c-development rpm-build git python3-devel texinfo zlib-devel \
        gettext-devel rpm-devel tcl ncurses-devel openssl-devel bc wget \
        meson ninja-build gperf help2man \
        --installroot /opt/distro --disablerepo="*" --repofrompath base,${DISTRO_URL} \
        --releasever 32 --nogpgcheck
unset DISTRO_URL
```

这里 dnf 命令通过指定网上的软件仓库来安装一个基本系统，目前最新的正式版是 Fedora 32，所以 DISTRO_URL 指定了一个 32 版本的源地址。

dnf 命令通过 sudo 命令获取 root 用户的权限来完成功能，请确保当前用户可以通过 sudo 来切换权限，或者可以直接切换 到 root 用户来完成 dnf 安装命令。

dnf 命令的相关说明如下。

- @core @c-development：以 @ 开头的参数代表了一个软件组，组内包含大量的软件包，组的信息包含在源信息中。这里指定了两个组 core 和 c-development，core 包含了系统基础软件包，c-development 包含了基于 C 语言开发的相关的软件包，这两个组可以使安装的系统具备最基本的编译软件的功能。

- rpm-build git ……：不带有 @ 的参数表示指定要安装的单个软件包的名称，该软件包所依赖的软件包也会一并安装到系统中，这里指定的软件包是 rpm-build、git 等，这些软件包会在后面的制作过程中起到作用。
- --disablerepo="*"：设置不使用的软件仓库名字。通常在 /etc/yum.repos.d 目录中会有多个文件，每个文件中都可以设置软件仓库，这些软件仓库可以分别设置名字，当用 dnf 命令进行软件包安装的时候会从指定的地址以及 /etc/yum.repos.d/ 目录的文件中进行软件仓库的设置。如果不想使用系统提供的软件仓库，就需要使用 disablerepo 参数来指定某个软件仓库关闭；如果要关闭多个默认的软件仓库，就需要对每个软件仓库的名字使用 disablerepo 参数来进行关闭；该参数也可以使用通配符来匹配要关闭的软件仓库，使用单独的 "*" 符号代表所有的软件仓库，即表示不使用系统中所有的软件仓库。该参数的关闭仅在当前命令中有效。
- --repofrompath base,${DISTRO_URL}：用来指定一个软件安装源，需要安装的软件包组和软件包都会从这个安装源里面获取。多次写该参数，即可以设置多个软件安装源。我们可以通过指定的软件包组和软件包从这些软件仓库中找到最合适的版本进行安装。该参数配合 --disablerepo="*" 使用，可以限制使用的软件仓库地址。
- --releasever 32：指定安装的版本，我们安装的是 Fedora 32，所以这里写 32。
- --nogpgcheck：软件包可能设置了签名，如果没有导入签名，安装会出现错误，通过 nogpgcheck 参数可以忽略签名继续进行安装。

若 DISTRO_URL 地址正确，那么会进行一段时间的信息下载，之后会让用户确认是否安装，用户若输入 y 即开始该系统的安装过程，当出现“完毕！”字样并回到输入命令状态时，初始系统安装完毕。

4.1.2 配置初始系统

初始系统安装完成后不能立即投入使用，还需要做一些工作。初始系统若想正常使用，需要在其中挂载一些基本的文件系统，命令如下：

```
pushd /opt/distro
    sudo mount -t devtmpfs dev dev
    sudo mount -t proc proc proc
    sudo mount -t sysfs sys sys
    sudo mount -t devpts devpts dev/pts  -o gid=5,mode=620
    sudo mount -t tmpfs shm dev/shm
    sudo mount -t tmpfs tmpfs tmp -o nosuid,nodev
    sudo mount -t tmpfs tmpfs run -o nosuid,nodev,mode=755
popd
sudo cp /etc/resolv.conf /opt/distro/etc/
```

首先，在 Linux 系统中有 3 个比较特殊的目录——/dev、/proc 和 /sys（目录前的 / 代表它们是根目录下的目录）。这些目录中的文件不是实际存放在硬盘上的，而是以挂载虚拟文件系统的方式从内核中导出的。

/dev 目录用于存放各种设备文件。在 Linux 系统中，用户都是通过文件的形式进行设备访问，设备文件的类型包括块设备、字节设备、虚拟设备等。

/proc 和 /sys 目录用于存放与内核数据相关的内容。Linux 系统通过内核自身的虚拟文件系统将内核中的信息以文件的形式体现出来，用户可以通过这些文件与内核进行交互。

其次，/dev 目录中还有两个目录 /dev/pts 和 /dev/shm。其中，/dev/pts 目录挂载了虚拟文件系统 devpts，该文件系统用于提供可用的终端接口文件，任何新创建的终端环境都会在其中创建一个对应的终端接口文件；而 /dev/shm 目录是共享内存的目录，通常挂载内存文件系统，因为是在内存中，所以在这个目录中操作文件非常快，有些软件会使用这个目录来做一些加速，但在实际操作 Linux 系统的时候很少直接操作该目录。

最后，还有挂载内存文件系统的 /tmp 目录。该目录是存放系统运行期间产生的一些临时文件的目录，通常这些文件不需要长期保留，所以放在内存中，在关机的时候就可以自动清理掉了。

/run 目录和 /tmp 目录有点儿类似，但是 /run 目录更加专用一些，/run 目录中主要存放一些程序运行状态的文件。这些状态文件在系统或者生成它们的程序运行期间一直是有用的，而不像 /tmp 目录中的文件很可能创建完就没有用了，所以 /run 目录里面的文件在系统运行期间还是很重要的。但是，当系统关机或者重启后这些文件就没有用了，因为这些文件的存在甚至会影响系统的启动，所以 /run 目录也采用内存文件系统，这样系统关机时这些文件就直接清理了，不会影响系统的再次启动，在需要这些文件的程序运行的时候重新创建它们就可以了。

在上面挂载的几个文件系统中，有文件系统使用了 -o 参数，并在后面跟上一些属性，如 /dev/pts 的 -o gid=5,mode=620。这主要是因为这些目录对其中产生的文件有一些要求，例如 /dev/pts 目录要求新创建的文件以 gid=5（编号为 5）的组（通常是 tty 用户组）作为组用户，并要求以 620（即创建的用户可读写不可执行，组内其他用户可写不可读不可执行，其他用户不可读写不可执行）的文件权限创建。

4.1.3 下载全部源代码

本书将通过编译源代码的方式来移植 Fedora 32 系统到龙芯机器上，Fedora 所有的源代码都存放在软件仓库中。我们知道，通过 dnf 命令可以从软件仓库中下载指定软件包的源代码，而源代码是从网络上下载的。如果觉得需要的时候再从网络下载会影响效率，那么可以将源代码全部下载到当前硬盘里，这样从硬盘上获取源代码的速度就快多了。

大多数 Fedora 的软件仓库都具备 rsync 服务，我们可以通过 rsync 命令来下载源代码的仓库，命令如下：

```
rsync -r --progress --delete --update \
```

```
        rsync://mirrors.bfsu.edu.cn/fedora/releases/32/Everything/source/tree/  /opt/srpms
```

rsync 命令可以分为 3 个主要部分：参数部分、源地址、目的地址。简单概括一下，rsync 的功能就是通过参数的设置把源地址中的文件同步到目的地址中。

上述命令中使用了 rsync 协议的域名网络地址，也就是源地址，我们准备的 /opt/srpms 目录就是目的地址，用来存放下载的源代码文件。

下面对上述命令中使用的参数进行简单说明。

- -r：递归参数，即如果下载的目录存在子目录，那么子目录中的文件也一同下载。
- --progress：在同步下载的过程中会显示下载进度，该参数使下载的显示更加友好，不会影响下载的功能。

rsync 命令可以多次运行，因此，对于一个已经存在文件的目的地址，--delete 和 --update 这两个参数是否设置会影响同步的结果。

- --delete：设置该参数时，若源地址中的文件或目录有被删除的，目的地址中对应的文件或目录也会被删除；不设置该参数，则源地址中删除的文件或目录不会导致目的地址中对应的文件和目录被删除。
- --update：若目的地址中有文件更新且比源地址中对应的文件更新，则设置该参数时会跳过这些更新的文件，不设置该参数时会用源地址中的旧文件覆盖目的地址中的新文件。

下载好全部源代码后，接下来考虑如何让初始系统轻松地访问下载的源代码文件，可以使用如下命令：

```
sudo mkdir -pv /opt/distro/opt/srpms
sudo mount --bind -o ro /opt/srpms /opt/distro/opt/srpms
```

通过 mount 命令的 --bind 参数可以将两个目录中的内容进行映射，即现在访问 /opt/distro/opt/srpms 目录和访问 /opt/srpms 目录是一样的，且对 /opt/srpms 目录的变更会同步在 /opt/distro/opt/srpms 目录中。使用 -o ro 参数，则 /opt/distro/opt/srpms 目录将作为只读目录，用户可以读取里面的文件，但不能进行任何修改。

使用 mount 命令可以在切换到 /opt/distro 中的系统后依然保持两个目录的同步，切换后原来的 /opt/distro/opt/srpms 目录将以 /opt/srpms 目录的形式出现在新系统中，里面包含了下载的全部源代码文件，且都是只读状态。

4.1.4 登录初始系统

初始系统准备就绪后，就可以切换到该系统中，使用如下命令：

```
sudo chroot /opt/distro /bin/env -i HOME=/root TERM="${TERM}" \
          PS1='\u:\w\$ ' /bin/bash --login +h
```

chroot 命令的作用是切换到指定目录中的系统，指定目录会成为运行环境中的根目录，该命令所使用的参数解释如下。

- /opt/distro：指定切换到 /opt/distro 目录，切换后该目录成为根目录。
- /bin/env -i：设置切换后的用户环境为空环境，即只有最基本的几个环境变量，这样可防止切换前的用户环境影响切换后的用户环境。
- HOME=/root：指定切换后增加一个 HOME 环境变量，并取值为 /root，HOME 变量用于指定当前用户的主目录。
- TERM="${TERM}"：指定切换后增加一个 TERM 环境变量，该变量将沿用切换前的设置。TERM 的作用是使一些和终端操作关系比较紧密的程序（如 vim 和 less 等）能正常执行。
- PS1='\u:\w\$ '：设置切换后 PS1 的取值。PS1 变量的作用是设置命令行的提示符：\u 表示显示用户名；\w 表示显示当前目录；\$ 是特殊的提示符号，如果为 root 用户则显示 #，如果为其他用户则显示 $。建议 $ 和单引号之间增加一个空格，这样命令和提示符之间有一个空格看起来会清晰一些。
- /bin/bash --login +h：使 chroot 程序在切换后运行 /tools/bin/bash 命令进入用户交互状态。--login 使 bash 以登录方式启动（bash 的登录方式与非登录方式的区别是，登录方式会执行 /etc/profile 和 ~/.bash_profile 文件，非登录方式只执行 ~/.bashrc）。bash 具有记住命令执行路径的功能，该功能开启时，再次执行同一条命令将不再根据 PATH 中的顺序进行搜索，这个功能会影响到目标系统的制作，可使用 +h 参数强制关闭该功能。

4.1.5 配置软件仓库

对于新安装好的系统，里面默认带有包管理工具，同时包含软件仓库的配置文件。这些配置文件使用的是默认设置，大多数情况下可以直接使用，但不同的用户所属网络不同会导致下载速度不同，为了获得更快的下载速度，建议修改软件仓库的配置。

软件仓库的配置文件存放在 /etc/yum.repos.d 目录中，一般会有多个文件，每个文件都可以设置多个软件仓库。但对于我们制作的目标系统来说，其中有些仓库是用不到的，可以将其关闭。

可以先关闭所有的软件仓库，然后根据需要打开对应的软件仓库就可以了。关闭所有软件仓库的命令如下：

```
sed -i 's@enabled=1@enabled=0@g' /etc/yum.repos.d/*.repo
```

接着打开需要的软件仓库，修改 fedora.repo 文件，在该文件中以类似 [xxx] 标记的是一个软件仓库的设置，我们可以看到开始的一段，内容如下：

```
[fedora]
name=Fedora $releasever - $basearch
#baseurl=http://download.fedoraproject.org/pub/fedora/linux/releases/$releasever/
Everything/$basearch/os/
metalink=https://mirrors.fedoraproject.org/metalink?repo=fedora-$releasever&arch=$basearch
enabled=0
metadata_expire=7d
```

```
repo_gpgcheck=0
type=rpm
gpgcheck=1
gpgkey=file:///etc/pki/rpm-gpg/RPM-GPG-KEY-fedora-$releasever-$basearch
skip_if_unavailable=False
```

[fedora] 是软件仓库名字的标记，方括号中的是软件仓库的名字。我们之前用 dnf 命令安装系统的时候有一个参数是 disablerepo，该参数后面需要跟一个名字，这个名字就是在这里定义的。

这段内容有两个地方需要注意：一个是 baseurl 或者 metalink 定义的软件仓库地址，另一个是 enabled 的设置。

- enabled：该设置决定这个软件仓库是否启用，当设置为 1 时启用，设置为 0 时不启用。
- baseurl：用来设置确定的软件仓库地址，当明确知道仓库的位置时可以设置该参数。该参数可以使用 HTTP(S) 协议的地址，如果软件仓库位于自己机器的硬盘上，也可以使用 FILE 协议来写地址，例如 file:///opt/myrepos 表示仓库在 /opt/myrepos 这个目录中。
- metalink：用来设置自动匹配的软件仓库，所设置的路径通常不是实际的软件仓库，但该文件会引导包管理工具获取一个推荐的软件仓库地址。

baseurl 和 metalink 是互斥的，即只使用其中一种软件仓库的设置方式，不使用的可以在该命令行前面加一个 # 注释掉，默认会注释掉 baseurl 的设置而采用 metalink 的设置。

当我们觉得 metalink 提供的软件仓库有点慢的时候，可以修改为使用 baseurl 的方式，并且填写一个比较快的软件仓库路径，例如可以进行如下设置：

```
baseurl=https://mirrors.tuna.tsinghua.edu.cn/fedora/releases/$releasever/Everything/$basearch/os/
```

这里 $releasever 和 $basearch 是两个变量，包管理工具工作的时候会使用当前的版本和架构名字替换，例如 $releasever 会替换成 32，如果是 x86 的机器，$basearch 会被替换为 x86_64，当然直接在地址路径里就写成 32 和 x86_64 也是可以的。

这里一定要注意，baseurl 前面的 # 要去除，并在 metalink 前面加上 #。

Fedora 是一个开源的 Linux 发行版，所有软件包的源代码也包含在软件仓库中，我们再来看 fedora.repo 文件的另一段设置：

```
[fedora-source]
name=Fedora $releasever - Source
#baseurl=http://download.fedoraproject.org/pub/fedora/linux/releases/$releasever/
Everything/source/tree/
metalink=https://mirrors.fedoraproject.org/metalink?repo=fedora-source-
$releasever&arch=$basearch
enabled=0
metadata_expire=7d
repo_gpgcheck=0
type=rpm
```

```
gpgcheck=1
gpgkey=file:///etc/pki/rpm-gpg/RPM-GPG-KEY-fedora-$releasever-$basearch
skip_if_unavailable=False
```

这里同样定义了一个名为 fedora-source 的软件仓库，这就是源代码的仓库，它跟 fedora 仓库相匹配。这里同样修改源代码仓库地址，将其设置为

```
baseurl=https://mirrors.tuna.tsinghua.edu.cn/fedora/releases/$releasever/
Everything/source/tree/
```

这里不需要 $basearch 的设置，因为源代码没有什么架构的含义。

如果下载了 Fedora Linux 的全部源代码，那么也可以通过设置 baseurl 为源代码设置下载目录。如源代码下载到 /opt/srpms 目录，那么 baseurl 可以设置为

```
baseurl=file:///opt/srpms/
```

仓库地址设置为本地目录可以使 dnf 命令下载文件更迅速。

源代码的仓库配置中 enabled 参数可以保持为 0，因为正常安装软件包的情况下用不上这个仓库，所以默认按照关闭的方式设置。当需要下载源代码包的时候，包管理工具会自动打开这个仓库，下载指定的软件源代码包。

通过上面的介绍我们已经了解了如何打开和关闭软件仓库，以及如何更改软件仓库的位置。在制作过程中，可以只开启 fedora.repo 中的 [fedora] 仓库，这已经可以满足我们制作目标系统的需求。如果要移植的版本已经发布有一段时间了，那么打开 fedora-updates.repo 这个文件中的 [update] 仓库也可以。

为了方便后续内容的说明，这里仅打开 [fedora] 仓库，即将 [fedora] 仓库设置中的 enabled 改为 1。

4.2 创作基地的搭建和设置

在初始系统上搭建一个创作基地，之后所有的制作工作都将在创作基地内完成。

4.2.1 设置环境变量

搭建创作基地前，首先确定这个基地具体建在什么地方，换个说法就是要创建一个目录。为了后续可以方便地访问这个目录，设置一个系统环境变量来指向该目录，可使用如下命令：

```
export SYSDIR=/opt/mydistro
```

export 用于设置环境变量，这里设置了 /opt/mydistro 作为环境变量 SYSDIR 的内容，方便之后通过引用 SYSDIR 来使用 /opt/mydistro 目录。

这样设置的好处是可以避免后续多次输入 /opt/distro。如果想使用其他目录或者特殊情况下不能使用 /opt/mydistro，只需要修改 SYSDIR 的内容就可在制作过程不变化的情况下使用新目录。

4.2.2 建立创作基地目录

创作基地设置完成后并不能立即使用，还需要将其真正地建立起来。我们可以通过下面的命令来建立创作基地目录。

```
mkdir -pv ${SYSDIR}
```

${SYSDIR} 的作用是引用刚刚定义好的环境变量，这样就可以根据 SYSDIR 中定义的内容来创建目录了。

后续制作临时系统时所创建的目录和文件几乎都存放在该创作基地目录中，从而避免文件随意存放导致混乱的问题。

4.2.3 创建必要的目录

为了方便制作，首先，在创作基地目录中建立一个用于存放源代码的目录 sources 和一个用于编译的目录 build，命令如下：

```
mkdir -pv ${SYSDIR}/sources
mkdir -pv ${SYSDIR}/build
```

然后，再创建两个目录，分别用于存放交叉编译环境和目标平台的临时系统，创建命令如下：

```
install -dv ${SYSDIR}/tools
install -dv ${SYSDIR}/cross-tools
ln -sv ${SYSDIR}/tools /
ln -sv ${SYSDIR}/cross-tools /
```

其中，install 命令可以用于建立目录，这里创建了两个非常重要的目录：tools 和 cross-tools。

这里把 tools 目录称为临时系统目录，我们制作的临时系统的目录和文件最后都存放在这个目录中。

ln -sv ${SYSDIR}/tools/ 是创建链接的命令，这是一个技巧化的步骤，我们想让所有与制作相关的内容都存放在创作基地中，但实际上我们需要以 /tools 这样直接的目录进行软件包参数的设置，所以建立一个链接文件来解决这个矛盾。当链接建立后，访问 /tools 相当于访问 ${SYSDIR}/tools 这个目录。

cross-tools 目录是用于存放交叉编译环境的，它也在根目录上创建了同名的链接文件，其作用与 /tools 相同，为了方便使用目录。

4.2.4 创建制作用户

为了让制作过程更加安全，建议使用普通用户来制作，最好的方法是创建一个用于制作的新普通用户，这样可防止误操作对主系统造成影响。

1. 新建用户和组

创建新用户的步骤如下：

```
groupadd loongson
useradd -s /bin/bash -g loongson -m -k /dev/null loongson
usermod -a -G wheel loongson
```

要建立名为 loongson 的用户用于制作目标系统，首先使用 groupadd 命令增加一个名为 loongson 的组，目的是为 loongson 用户提供普通权限的用户组。也可以将 loongson 加入主系统已经存在的组中。但为了使 loongson 用户按照预计的权限来进行制作，建议新建立一个组来安置 loongson 用户，这样也可使制作过程更加通用，适合于各种主系统。

useradd 命令用于给当前系统增加一个用户。其中，-s /bin/bash 表示将 /bin/bash 作为该用户登录后使用的交互程序；-g loongson 表示将建立的用户归于 loongson 组中；-m 表示建立用户目录，默认是在 /home 目录下建立与用户名相同的目录；-k /dev/null 表示不复制任何用户配置文件（-k 参数用于指定复制配置文件的模板目录）；最后的 loongson 表示要建立的用户名。

usermod 命令用于修改用户的配置，我们用这个命令将 loongson 用户加入 wheel 组中。-a 参数表示要给指定用户增加用户组，-G wheel 指定增加的用户组名。将 loongson 用户加入 wheel 组的目的是让 loongson 用户可以使用 sudo 命令来执行一些需要 root 权限才能执行的命令，方便后续的制作过程。

2. 设置用户密码

上一个步骤建立了制作目标系统的用户，但还没有给该用户设置登录密码，用户无法直接登录系统。我们可以使用 passwd 命令设置用户密码，命令如下：

```
passwd loongson
```

根据提示输入密码，期间会有需要确认密码的步骤，重复输入设置的密码即可。完成密码设置后返回命令行提示符。

> **注意：**
>
> 因为我们是使用 chroot 进入初始系统的，所以即使不设置 loongson 用户的密码对后面的步骤也没有影响，可以通过 root 用户直接切换为 loongson 用户。

3. 设置用户制作权限

为了使 loongson 用户可以制作目标系统，将创作基地目录的使用权限提供给 loongson 用户，命令如下：

```
chown -Rv loongson ${SYSDIR}
```

将创作基地目录设置为 loongson 用户所有，该用户就可以在创作基地中进行文件的建立和删除等操作，这样便具备了制作目标系统的基础。

设置完目录的所属用户再设置目录的读写权限，命令如下：

```
chmod -v a+wt ${SYSDIR}/{tools,cross-tools,sources,build}
```

chmod 的参数 a+wt 表示将目录权限设置为 1777（rwxrwxrwt），其中 a 表示对该目录的所属用户、所属组及其他用户进行权限设置，+w 代表增加写权限，而 t 代表设置粘贴位。设置为粘贴位的目录中建立的文件只有建立该文件的用户或者拥有 root 权限的用户才可以删除。

4.2.5 设置制作用户

1. 切换到制作用户

切换到制作用户使用如下命令：

```
su - loongson
```

使用 - 参数可以保证切换后的用户系统环境设置不会受到切换前用户环境设置的影响，这样可以保证不会因原用户的环境设置而导致制作出现问题。

2. 创建用户环境设置脚本

此步骤用于设置制作用户在制作期间所需要的各种环境变量。

> **注意：**
> 用户环境设置的好坏对于是否能正确地制作出目标系统起着关键作用，请对此步骤加以重视。

在创建制作用户时设置 /bin/bash 作为默认的交互程序。bash 命令的运行分为登录和非登录两种方式，区别在于使用的启动配置脚本文件，登录方式将自动执行 /etc/profile 和用户主目录下的 .bash_profile 文件，非登录方式只执行用户主目录下的 .bashrc 文件。

根据 bash 自动执行配置脚本文件的方式，设置制作系统用户的启动配置脚本文件时重点考虑如何在登录和非登录方式下都能够统一并正确地设置用户环境。

（1）.bash_profile 文件

```
cat > ~/.bash_profile << "EOF"
exec env -i HOME=${HOME} TERM=${TERM} PS1='\u:\w\$ ' /bin/bash
EOF
```

~ 代表当前用户的主目录，对于 loongson 用户来说就是 /home/loongson，~/.bash_profile 是 bash 命令在采用登录方式时自动执行的配置脚本文件。

这里使用了一个小技巧：在 ~/.bash_profile 脚本中再次以非登录方式执行一次 bash，可保证 loongson

用户无论是登录方式还是非登录方式都会执行 ~/.bashrc 文件，保证设置的环境是一致的。

使用 exec 命令调用 bash，防止 bash 递归调用。使用 env 命令是为了给非登录方式启动的 bash 设置几个环境变量。

（2）.bashrc 文件

因为制作用户必会执行 ~/.bashrc 文件，所以将制作用户所需要的环境在该文件中进行设置。

①开始编写 .bashrc 文件。

```
cat > ~/.bashrc << "EOF"
```

"EOF" 用于设置 cat 命令在读取到 EOF 后就结束文件的编辑并保存文件。

②关闭 bash 的 Hash 功能。

```
set +h
```

set +h 设置 bash 不开启 Hash 功能。Hash 功能会导致 bash 能够记住运行过的程序所在的路径，在制作系统的过程中会导致一些问题，例如在安装新命令后运行的还是老命令，而这不是我们想要的情况，所以需要关闭该功能。

③设置文件目录创建的掩码。

```
umask 022
```

umask 022 表示新建目录默认的权限为 0755（777-022），新建文件的权限为 0644（666-022）。

④设置关键目录的引用变量。

```
export SYSDIR="/opt/mydistro"
export BUILDDIR="${SYSDIR}/build"
export DOWNLOADDIR="${SYSDIR}/sources"
```

其中 SYSDIR 是创作基地目录，BUILDDIR 是用于编译软件包的目录，DOWN LOADDIR 是用于存储下载软件包的目录。

⑤设置语言环境。

```
export LC_ALL=POSIX
```

设置语言环境为 POSIX，使软件的信息输出符合 POSIX 标准。

⑥设置交叉编译选项（重要）。对将要进行的交叉编译目标给出定义，即确定要制作的目标系统运行在什么平台上。

```
export CROSS_HOST="$(echo $MACHTYPE \
            | sed "s/$(echo $MACHTYPE | cut -d- -f2)/cross/")"
export CROSS_TARGET="mips64el-unknown-linux-gnuabi64"
export MABI="64"
export BUILD_ARCH="-march=gs464v"
```

```
export BUILD_MABI="-mabi=${MABI}"
export BUILD32="-mabi=32 -mfp64"
export BUILD64="-mabi=64"
export BUILDN32="-mabi=n32"
```

CROSS_HOST 可根据当前系统平台设置一个合适的参数。CROSS_TARGET 是要进行制作的目标平台参数，这里设置为 mips64el-unknown-linux-gnuabi64，其中 mips64el 表示 CPU 的类型，即 64 位的 MIPS 指令，字节序是小端序。

细心的读者可能已经注意到我们定义的平台参数是以 gnuabi64 结尾的，前面在介绍交叉编译的时候曾经介绍过 linux-gnu 代表了 GNU/Linux 系统，而系统通常都会存在应用程序二进制接口（Application Binary Interface，ABI）的概念。如果平台参数的第一部分（这里是 mips64el）能够明确说明当前的 ABI，那就足够了。但在没有办法明确的情况下，例如 MIPS 中 64 和 N32 两种 ABI 都是使用 mips64el 的，就无法从这个平台参数中体现当前系统的 ABI。这种情况下，当系统只存在一个 ABI 时没有什么关系，但如果系统是一个 MultiLib 的系统（即多个 ABI 共存），则可能无法区分，特别是一些编译器会使用平台参数作为命令的名称。此时我们可以在平台参数最后的 gnu 部分增加 ABI 的表示，例如 64 位的 ABI 使用 abi64，N32 的 ABI 使用 abin32，因为 O32 在第一个参数中必须使用 mipsel（小端）或 mips（大端），没有其他公用这个参数的 ABI，所以依旧可以使用 gnu。

对于一个 MultiLib 的系统，多种 ABI 的库自然有独立的库目录进行分开存放，但是对于系统中的命令则一般不会有多种不同 ABI 的命令在一个系统里，所以通常情况下系统存在一个主 ABI，这个 ABI 除了存在对应的库目录外，系统中的命令也是按照这个 ABI 的标准进行编译链接的。这里设置的 CROSS_TARGET 实际上就是系统的主 ABI，即默认情况下会按照 64 位的 ABI 进行程序的编译链接。

另外，为方便编译还定义了 3 个环境变量，即 MABI、BUILD_ARCH 和 BUILD_MABI，其中 BUILD_ARCH 用于设置编译 CPU 指令集优化的选项，MABI 和 BUILD_MABI 用于帮助编译器确定使用什么 ABI 规范进行编译链接。

如果想采用 N32 的 ABI 而非 64 位，修改 MABI 的定义为

```
export MABI="n32"
```

这里定义使用 gs464v 作为指令集优化选项，gs464v 是龙芯 3A 系列 CPU 所支持的指令集名称。如果想为龙芯 2F 的 CPU 制作优化系统，可修改 BUILD_ARCH 为

```
export BUILD_ARCH="-march=loongson2f"
```

相应地，如果是龙芯 2E 的 CPU 可以修改为 loongson2e，最新的龙芯 3A4000 的 CPU 则可以使用 gs464v 来进行优化，同时该 CPU 也可以使用 gs464 或 gs464e 的优化设置。

需要注意的是，为 loongson2f 优化编译的系统无法在 loongson2e 上运行，同样为龙芯 3A4000 优化的 gs464v 无法在龙芯 3A4000 之前的龙芯 3A 的 CPU 上运行，所以我们需要根据目标机器的 CPU 进行设置。

⑦设置命令的搜索路径。

```
export PATH=/cross-tools/bin:/bin:/usr/bin
```

在制作过程中需要编译安装一些软件，如 GCC。这些软件本身就存在于系统中，只是不合适用来制作目标系统，需要重新编译安装这些软件。新安装的命令应该是优先运行的，设置 PATH 变量可满足该需求。

设置优先使用 /cross-tools/bin 目录中的命令，该目录中存放了交叉编译的相关命令。

⑧取消 CFLAGS 和 CXXFLAGS 设置。

```
unset CFLAGS
unset CXXFLAGS
```

防止环境中设置 CFLAGS 和 CXXFLAGS 两个变量，因为这两个环境变量会改变 GCC 对 C 和 C++ 程序编译的参数，所以为了以防万一，应强制取消这两个变量。

⑨结束文件编辑并保存。

```
EOF
```

输入 EOF 结束标识，结束 ~/.bashrc 的编辑并保存该文件。

（3）应用用户环境设置

```
source ~/.bash_profile
```

source 命令用于执行脚本文件，通常用于设置环境变量。source 不同于直接执行脚本文件的方式。直接执行脚本文件的方式会重新启动一个运行环境，在这个运行环境中设置环境变量，在脚本执行完毕退出后变量会失效，不能设置当前环境的变量。采用 source 命令执行脚本文件，使脚本在当前的运行环境中执行，脚本执行完毕退出后，设置的环境变量依旧在当前的运行环境中有效。

3．检查用户设置

在制作用户的环境设置完成后，为防止设置错误而导致制作出现问题，必须对环境变量的设置进行检查。执行如下命令：

```
export
```

以下是执行完 export 命令后显示的内容实例，需要注意，这里是以交叉编译 64 位 ABI 为例的，如果是设置为 N32 或者其他 ABI，相关的变量会有所不同。

```
declare -x BUILD32="-mabi=32 -mfp64"
declare -x BUILD64="-mabi=64"
declare -x BUILDN32="-mabi=n32"
declare -x BUILDDIR="/opt/mydistro/build"
declare -x BUILD_ARCH="-march=gs464v"
declare -x BUILD_MABI="-mabi=64"
declare -x CROSS_HOST="x86_64-cross-linux-gnu"
declare -x CROSS_TARGET="mips64el-unknown-linux-gnuabi64"
```

```
declare -x DOWNLOADDIR="/opt/mydistro/sources"
declare -x HOME="/home/loongson"
declare -x LC_ALL="POSIX"
declare -x MABI="64"
declare -x OLDPWD
declare -x PATH="/cross-tools/bin:/bin:/usr/bin"
declare -x PS1="\\u:\\w\\\$ "
declare -x PWD="/home/loongson"
declare -x SHLVL="1"
declare -x SYSDIR="/opt/mydistro"
declare -x TERM="linux"
```

以上输出仅作参考，实际输出可能略有不同，这里主要检查设置的变量显示的内容是否与设置的内容一致。

第 05 章

交叉工具链

本章将根据交叉编译的原理制作一个交叉工具链，并在交叉工具链的基础上完善交叉编译环境。

5.1 准备工作

5.1.1 交叉工具链制作的目的

临时系统需要运行在目标平台（龙芯平台）上，龙芯平台与当前的平台不兼容，因此需要进行交叉编译。交叉编译的前提是制作交叉工具链，本章制作的交叉工具链正是为下一步制作临时系统做准备。

因为交叉编译的过程都是由交叉工具链来完成的，所以交叉工具链的制作实际上决定了临时系统能否成功建立。交叉工具链的制作是我们制作和移植 Fedora Linux 系统真正的开端，应当细心和谨慎对待。

5.1.2 交叉工具链中软件的编译方法

1. 下载软件源代码包

```
dnf download --source package
```

该命令会从软件仓库里下载与系统中安装的 package 软件包版本相同的源代码包；若系统中没有安装 package 软件包，则会下载最新版本的 package 源代码包。

2. 安装源代码包

```
rpm -ivh package-1.0.0*.src.rpm
```

rpm 命令可以用来安装 RPM 格式的软件包。对于源代码类型的 RPM 软件包，安装过程会比较特殊，rpm 命令会把源代码包中的文件全部安装到当前用户的 rpmbuild 目录中（即 ~/rpmbuild），把 <包名称>.spec 文件放入 ~/rpmbuild/SPECS 目录中，其他所有文件均放到 ~/rpmbuild/SOURCES 目录中。

3. 解压软件源代码

```
rpmbuild -bp ~/rpmbuild/package.spec
```

rpmbuild 命令的使用我们之前进行过介绍，下面简单地回顾一下该命令的相关知识。

rpmbuild 命令用来编译指定 RPM 源代码包的命令，编译目标可以是一个打包的 RPM 源代码包，也可以是一个已经安装的源代码包，对于安装的源代码包则必须指定 SPEC 描述文件。

SPEC 描述文件是一个编译控制文件，里面包含了许多标记和脚本，用来控制软件包的配置、编译、打包等过程，可以说我们制作目标系统的过程基本上都在跟它打交道。

rpmbuild 命令的参数有很多，其中 -b 表示通过 SPEC 描述文件来进行工作而不是通过源代码包，该参数后还必须加上一个阶段参数，这里列举几个阶段参数。

- p：pre 阶段，即将软件源代码包解压，并按需要打入补丁。
- c：create 阶段，即编译代码的阶段，包括配置、编译。
- i：install 阶段，即安装阶段，该阶段会将编译好的软件包安装到特定的目录中，若软件包有测试过程则也是在该阶段进行。
- b：binary 阶段，即打包阶段，该阶段会将安装到特定目录中的文件整合打包成所编译架构的二进制 RPM 软件包，若安装的内容都是与架构无关的，则生成 noarch 无架构 RPM 软件包。
- s：source 阶段，重新打包成 src.rpm 源代码包。
- a：按照 p、c、i、b、s 的顺序完成所有的阶段。

p、c、i、b 阶段可以搭配 --short-circuit 参数，若不加该参数则代表从 p 阶段开始一直到 -b 指定的阶段为止进行执行。如 -bi 表示会按照 p、c、i 这个顺序执行各个阶段的工作，而如果加入了该参数，则代表仅执行 -b 参数后指定的阶段，如 -bi --short-circuit 表示仅执行 i 阶段的工作。

rpmbuild -bp 表示完成 p 阶段就结束，因为 p 是第一个阶段，所以不会存在默认执行其他阶段的情况，也就是把软件源代码包解压并打上需要的补丁，然后就退出了，解压并打好补丁的源代码目录存放在 ~/rpmbuild/BUILD 目录中。

4. 解压的源代码目录

采用 rpmbuild 命令解压的源代码目录通常都存放在 ~/rpmbuild/BUILD 目录中，如~ /rpmbuild/BUILD/package-1.0.0。

我们可以在该目录中进行后续的步骤，但需要注意的是 rpmbuild 命令再次执行的话会将源代码目录删除，然后重新解压缩打补丁。

如果想防止修改被意外的删除，可以将将解压的源代码目录移动到“创作基地”目录中，例如命令:

```
mv ~/rpmbuild/BUILD/package-1.0.0 ${BUILDDIR}/
```

这样可以防止一些意外情况的发生，如果不进行调试等操作，无需移动源代码目录。

5. 配置和编译软件包

根据具体软件包的配置和编译方法进行；在制作交叉编译器和临时系统的时候会使用手工的方式进行编译，而不会使用 rpmbuild 命令进行。

6. 安装软件包

交叉工具链的软件包编译完成后同样需要进行安装，安装时同样不使用 rpmbuild 命令，而是采用这种软件包自身设计的安装脚本命令或步骤来进行安装，如 make install。

5.1.3 安装交叉工具链所需的源代码包

下载制作交叉工具链所需要的源代码包。

```
pushd ${DOWNLOADDIR}
   dnf download --source kernel binutils gcc glibc gmp mpfr libmpc isl cloog pkg-config grub2
popd
```

dnf 命令下载多个软件包时可以把这些软件包的名字一起写出来，软件包名之间使用空格进行分隔。

安装交叉工具链需要的 RPM 源代码包文件如下：

```
pushd ${DOWNLOADDIR}
    rpm -ivh kernel-5.6.6-300.fc32.src.rpm
    rpm -ivh gcc-10.0.1-0.11.fc32.src.rpm
    rpm -ivh binutils-2.34-2.fc32.src.rpm
    rpm -ivh gmp-6.1.2-13.fc32.src.rpm
    rpm -ivh mpfr-4.0.2-3.fc32.src.rpm
    rpm -ivh libmpc-1.1.0-8.fc32.src.rpm
    rpm -ivh isl-0.16.1-10.fc32.src.rpm
    rpm -ivh cloog-0.18.4-8.fc32.src.rpm
    rpm -ivh glibc-2.31-2.fc32.src.rpm
    rpm -ivh pkgconf-1.6.3-3.fc32.src.rpm
    rpm -ivh grub2-2.04-12.fc32.src.rpm
popd
```

我们之前介绍过，RPM 源代码包文件可以使用 rpm 命令进行安装，所以这里统一使用 rpm 命令对这些文件进行安装。安装后所有的 SPEC 描述文件将存放在当前用户目录的 SPECS 目录中，而剩下的所有与编译和安装相关的文件都会存放在当前用户目录的 SOURCES 目录中。

这个步骤是后续具体对某个软件包进行解压操作的前提，会使用 rpmbuild 命令操作 SPECS 目录中的 SPEC 描述文件。

5.2 开始制作

本节将制作一个工作在初始系统中的交叉工具链，临时系统就通过这个交叉工具链制作出来。

5.2.1 内核头文件

内核头文件是一组用于描述内核功能函数、结构体等信息的文件，以帮助程序使用内核中的功能。

内核头文件在运行过程中没有任何作用，但对整个 Linux 系统的制作过程至关重要。内核头文件可以让编译器了解如何调用内核提供的各种功能，通过内核功能的接口调用来编译需要运行的程序。

1. 安装原因

因为采用交叉编译，所以编译程序不能使用初始系统中的内核头文件来编译目标系统中的软件包，特别是像Glibc等与内核紧密相关的软件包，交叉编译工具在为目标平台系统编译这些软件包时，需要预先提供Linux系统的内核头文件。

2. 安装过程

安装内核头文件的命令如下：

```
rpmbuild -bp ~/rpmbuild/SPECS/kernel.spec
pushd ~/rpmbuild/BUILD/kernel-5.6.fc32/linux-5.6.6-300.fc32.x86_64
    make mrproper
    make ARCH=mips headers
    find usr/include -name '.*' -delete
    rm usr/include/Makefile
    mkdir -pv /tools/include
    cp -rv usr/include/* /tools/include
popd
```

3. 安装步骤解释

安装过程可划分为以下几个步骤。

（1）通用步骤

```
rpmbuild -bp ~/rpmbuild/SPECS/kernel.spec
pushd ~/rpmbuild/BUILD/kernel-5.6.fc32/linux-5.6.6-300.fc32.x86_64
    ......
popd
```

制作交叉工具链以及临时系统的过程中用到的软件包，没有特殊情况都采用rpm命令安装源代码包，再使用rpmbuild命令准备好源代码目录，源代码目录默认存放在当前用户目录下的rpmbuild/BUILD目录中。

我们采用pushd和popd这对命令来切换当前目录，以方便进出源代码目录。这对切换目录的命令中间一般是配置、编译和安装该软件包的步骤。

准备源代码目录和切换目录的步骤都是标准的步骤，若无特殊情况后续软件包的这些步骤不再进行讲解，而是重点关注中间的制作步骤。

（2）清除内核中额外的信息

```
make mrproper
```

编译内核前建议执行该步骤，该步骤可以清除内核编译过程中所产生的各种临时文件，尽可能保证当前代码是“干净”的。

即使内核源代码没有操作过的目录，这里也建议在执行该步骤后再继续进行配置和编译。

（3）生成和安装头文件信息

```
make ARCH=mips headers
```

该步骤用于检查哪些头文件需要安装，ARCH=mips 用于告诉内核按照 MIPS 架构准备各种文件。因为龙芯采用兼容 MIPS 的指令集架构，所以指定内核安装 MIPS 架构的头文件符合制作龙芯的目标。

与 MIPS 架构相关的头文件会被提取出来，并安装在内核源代码目录的 usr/inclue 目录中。

（4）安装头文件

最终内核的头文件需要安装到 /tools/include 目录中，这样才方便被编译工具使用。可以使用下面的命令进行头文件的安装。

```
find usr/include -name '.*' -delete
rm usr/include/Makefile
mkdir -pv /tools/include
cp -rv usr/include/* /tools/include
```

使用 make ARCH=mips headers 命令安装的头文件会产生许多不需要的文件，需要把它们找出来并删除。头文件需要安装到 /tools/include 目录中，我们先创建该目录，然后再使用 cp 命令将头文件复制过去。

这样就为编译临时系统准备好了内核头文件，Glibc 编译时就可以知道内核的接口是如何进行调用的。

4．正确性检查

内核头文件是临时系统中第一个安装的软件包，检查起来比较容易，主要是确保生成头文件的步骤中不要漏掉 ARCH=mips，否则可能会因为当前不是 MIPS 平台而生成错误的头文件。安装后检查 /tools/include 目录中是否包括了许多目录，如 asm、asm-generic、linux 等目录。

> **注意：**
> 使用 rpmbuild 命令准备的源代码目录在完成编译安装后可以手工删除，如果存储空间充足，即使不删除也没有关系，因为当下一次编译同样的软件时，如果还使用 rpmbuild 命令来准备源代码目录，就会自动删除原来的目录，不会对新的源代码目录造成影响。

5.2.2 Binutils 交叉工具

Binutils 软件包包含了大量的二进制程序文件处理命令，如汇编程序命令等，这些命令用于汇编程序、转换二进制文件内容等。

1．安装原因

程序汇编、链接过程中使用的命令工具都包含在 Binutils 软件包中，当前初始系统中的 Binutils 并不一定具备生成目标平台代码的功能，因此必须制作一个可以产生目标平台代码的汇编命令工具集。

2. 安装过程

安装 Binutils 的命令如下：

```
rpmbuild -bp ~/rpmbuild/SPECS/binutils.spec
pushd ~/rpmbuild/BUILD/binutils-2.34/
    patch -Np1 -i ${DOWNLOADDIR}/0001-binutils-2.34-add-gs464v-support-1.patch
    mkdir -v build
    cd build
    CC=gcc AR=ar AS=as \
    ../configure --prefix=/cross-tools \
                 --build=${CROSS_HOST} --host=${CROSS_HOST} \
                 --target=${CROSS_TARGET} --with-sysroot=${SYSDIR}  \
                 --with-lib-path=/tools/lib64:/tools/lib32:/tools/lib \
                 --disable-nls --disable-static --disable-werror \
                 --enable-64-bit-bfd --enable-targets=mipsel-linux
    make configure-host
    make
    make install
    cp -v ../include/libiberty.h  /tools/include
popd
```

3. 安装步骤解释

安装过程可划分为以下几个步骤。

（1）应用补丁

当软件包需要增加功能支持、改进适应性以及修正问题时可采用补丁文件来改动代码，补丁文件中包含针对代码的修正内容，通过 patch 命令可以应用补丁对源代码进行修改。以下补丁的作用就是在 Binutils 中增加对龙芯 3A4000 的 gs464v 架构的支持。

```
patch -Np1 -i ${DOWNLOADDIR}/0001-binutils-2.34-add-gs464v-support-1.patch
```

patch 命令的几个常用参数如下。

- N：应用补丁到代码中。该参数还有一个与其相反的参数 R，可以反向将补丁从代码中去除。
- p：指定忽略补丁文件中目录的层数。该参数需要跟随一个数字，该数字代表了忽略补丁文件中目录的层数，这里使用的是 1，即代表补丁文件中最前面的目录会被忽略掉。
- i < 文件名 >：指定补丁的路径和文件名。

> **注意：**
>
> 这里应用补丁时必须使用补丁文件存放的真实路径，这里假定补丁文件存放在 ${DOWNLOADDIR} 设置的路径中，读者需要根据实际情况使用路径和文件名。
>
> 后续的软件包在应用补丁时也是如此，请读者注意使用正确的路径。

（2）创建编译目录

Binutils 的编译要求是不能在源代码目录中直接进行，必须新建一个空目录来进行编译。这里在源代码目录中创建一个新的目录来编译，方便不需要的时候一起删除。

```
mkdir -v build
cd build
```

GCC、Glibc 等个别软件包也有同样的编译要求。

（3）配置 Binutils

```
CC=gcc AR=ar AS=as \
../configure --prefix=/cross-tools \
             --build=${CROSS_HOST} --host=${CROSS_HOST} \
             --target=${CROSS_TARGET} --with-sysroot=${SYSDIR}   \
             --with-lib-path=/tools/lib64:/tools/lib32:/tools/lib \
             --disable-nls --disable-static --disable-werror \
             --enable-64-bit-bfd --enable-targets=mipsel-linux
```

交叉编译器的命令通常以目标平台的名称作为文件名开头，设置 CC=gcc AR=ar AS=as 是为了保证调用的编译器是本地平台的编译器而非交叉编译器，AR、AS 必须使用能处理本地指令格式的命令。这里强制设置 CC、AR 和 AS，只是为了防止重新编译该软件包或者系统当中存在其他的编译器时可能导致错误的命令调用，通常情况下省略这几个变量的设置是没有问题的。

下面对 configure 配置脚本中使用的参数进行简单的说明。

- --prefix=/cross-tools：将当前编译的 Binutils 安装到 cross-tools 目录中，该目录在本次编译临时系统的过程中用于存放交叉编译环境，为交叉编译而安装的软件包均存放在该目录中。
- --build=${CROSS_HOST}、--host=${CROSS_HOST} 和 --target=${CROSS_TARGET}：这 3 个参数用于指定 Binutils 运行的环境和编译的目标平台。变量 CROSS_HOST 设置的是当前平台，CROSS_TARGET 是目标平台，目标平台是运行在龙芯 CPU 上的 64 位 Linux 系统。这里可以看到 build 和 host 是相同的，host 和 target 不同，因此这是一个交叉编译工具。
- --with-sysroot=${SYSDIR}：设置 sysroot 目录，设置该参数后，编译链接时会使用设置的目录作为基础目录，可避免当前系统与目标系统路径冲突的问题。
- --with-lib-path=/tools/lib64:/tools/lib32:/tools/lib：设置本次编译出来的交叉版本的 ld 命令搜索库文件的目录列表，由于支持 Multilib 的制作，因此这里将 64、N32 和 32 这 3 种 ABI 库存放的目录都罗列出来。
- --disable-nls：本次编译的 Binutils 放弃多语言自适应输出的支持，输出内容将仅使用英文来显示，这主要是为了简化交叉工具链的制作。
- --disable-static：设置本次编译生成的 Binutils 不使用静态库，这也是为了简化交叉工具链的制作。

- --disable-werror：设置编译过程不使用 -werror 参数来增强语法检查功能，关闭强语法检查主要是因为有时候初始系统中自带的 gcc 命令可能会因为强语法检查导致 Binutils 编译失败。
- --enable-64-bit-bfd：如果要编译 64 位的目标平台系统则需要加入该参数，该参数设置 Binutils 对 64 位格式的文件进行支持。
- --enable-targets=mipsel-linux：设置 Binutils 的 BFD 在默认格式之外支持其他二进制文件的格式，这里设置的 mipsel-linux 代表了 Linux 系统 32 位小端的二进制格式，该参数也可以设置为 all，表示所有已知平台。建议该参数设置与 --enable-64-bit-bfd 参数同时使用，以便同时支持 64 位和 32 位格式的文件。

（4）编译

很多软件包，特别是 GNU 提供的软件包，使用 make 命令进行编译。make 命令支持多任务并行编译，可以通过 -j 参数指定，只需在参数后面加上指定的任务数，如 make -j8，表示有 8 个编译任务同时进行，这样可以大大加快编译速度。

不使用 -j 参数表示本次的编译仅有一个编译任务。

-j 参数也可以不加任务数量，表示 make 命令会不限制创建任务数来进行编译，仅受制于所编译程序本身的编译脚本能并行编译步骤的数量。但这样会造成极大的资源消耗，可能导致系统运行缓慢，所以不建议用不带具体数字的方式指定 make 的编译任务数量。

任务数量建议使用“CPU 核数 ×2”或“CPU 核数 ×2+1”的方式确定。如果机器没有其他工作在处理，并且 CPU 性能比较好，可以适当地增加编译任务数。

（5）安装

编译后的安装工作也使用 make 命令，通常使用 install 命令来指定要执行安装脚本的过程，如:

```
make install
```

make 命令会根据配置过程中设置的目录安装文件，Binutils 是在 configure 阶段用 prefix 参数指定的 /cross-tools，那么本次 Binutils 编译出来的文件将会安装到 /cross-tools 目录中。

（6）编译后的处理

采用 rpmbuild 命令准备的源代码目录都存放在当前用户目录的 rpmbuild/BUILD 目录中，在上面的步骤中编译和安装完 Binutils 后，直接使用 popd 命令即可返回原来的目录并结束任务。这时候 Binutils 的编译目录还存在原来的目录中，但这不要紧，因为如果下次还需要编译 Binutils，当再次使用 rpmbuild -bp 命令时就会删除原来的目录并重新准备一份源代码，所以没有主动删除也没有关系，当然手动删除对后面的步骤也没有影响。

不仅是 Binutils，后续制作的软件包也会采用同样的源代码目录管理方法。

4. 正确性检查

请检查/cross-tools/bin 目录下是否安装了以${CROSS_TARGET}开头的ld、as、ranlib等命令，如 CROSS_TARGET 定义为 mips64el-unknown-linux-gnuabi64，则在 /cross-tools/bin 目录中会出现类似 mips64el-unknown-linux-gnuabi64-ld 的命令。

5.2.3 任意精度算法库（GMP）

任意精度算法库（GMP）是一个开源的复杂数字算法的 C 语言库，支持任意精度和数字。

1. 安装原因

GCC 软件包必须有 GMP 软件包才能进行编译，因此在编译交叉工具链的 GCC 之前先完成 GMP 的编译和安装。

2. 安装过程

安装任意精度算法库的命令如下：

```
rpmbuild -bp ~/rpmbuild/SPECS/gmp.spec
pushd ~/rpmbuild/BUILD/gmp-6.1.2
    ./configure --prefix=/cross-tools --enable-cxx --disable-static
    make
    make install
popd
```

3. 安装步骤解释

安装过程中的核心步骤是配置 GMP。

```
./configure --prefix=/cross-tools --enable-cxx --disable-static
```

- --enable-cxx：使 GMP 开启 C++ 语言的支持。
- --disable-static：本次编译的 GMP 不生成静态库而仅产生动态函数库文件。

GMP 软件包不需要设置 host、build 参数，因为它用于提供 GCC 所需要的功能，而交叉编译链的 GCC 是在当前系统平台上运行的，所以 GMP 也是编译为当前系统平台上的二进制文件。

编译 GMP 的库文件是为了防止当前系统平台上的 GMP 可能不符合需要编译 GCC 的版本需求，如果当前系统中有 GMP 并且可以满足 GCC 编译的需求，这个步骤省略了也是可以的，但必须保证当前系统中安装了 GMP 的头文件。

后续编译及安装的 MPFR、LibMPC、ISL 和 CLooG 与 GMP 类似，若当前系统中已经安装了相应的库文件及头文件，则可以省略对于软件包的编译和安装，只要版本符合 GCC 的要求，一般没有问题。

5.2.4 高精度浮点数算法库（MPFR）

高精度浮点数算法库（MPFR）是一个开源的用于高精度浮点数算法的库。

1. 安装原因

同 GMP 一样，该软件包也是 GCC 编译必需的条件之一，因此在编译 GCC 之前先编译 MPFR 软件包。

2. 安装过程

安装 MPFR 的命令如下：

```
rpmbuild -bp ~/rpmbuild/SPECS/mpfr.spec
pushd ~/rpmbuild/BUILD/mpfr-4.0.2
    ./configure --prefix=/cross-tools \
              --disable-static --with-gmp=/cross-tools
    make && make install
popd
```

3. 安装步骤解释

安装过程的核心步骤是配置 MPFR。

```
./configure --prefix=/cross-tools \
            --disable-static --with-gmp=/cross-tools
```

- --with-gmp=/cross-tools：MPFR 软件包使用了 GMP 软件包提供的算法，在编译的时候需要用到 GMP 软件包的头文件和库文件，如果不指定会找不到正确的路径，通过将参数 --with-gmp 设置为 /cross-tools 可以使 MPFR 的配置程序找到所需要的文件。

5.2.5 任意高精度的复数计算库（LibMPC）

任意高精度的复数计算库（LibMPC）是一个开源的对任意高精度的复数进行计算和舍入的数学库。

1. 安装原因

同 GMP、MPFR 软件包的安装原因一样，GCC 必须在安装 LibMPC 后才能正常进行编译，同时本软件包的安装也为其他相关软件提供所需的库文件。

2. 安装过程

安装 LibMPC 的命令如下：

```
rpmbuild -bp ~/rpmbuild/SPECS/libmpc.spec
pushd ~/rpmbuild/BUILD/mpc-1.1.0
    ./configure --prefix=/cross-tools \
                --disable-static --with-gmp=/cross-tools
    make
    make install
popd
```

LibMPC 软件包是一个被 Fedora 重命名的软件包，其原来的名称为 MPC，因为和 Fedora 集成的另一个软件包冲突，而当前这个 MPC 软件包提供的是一组函数库文件，所以将该软件包在 Fedora 中的包名称重命名为 LibMPC。

5.2.6 集合和关系的数学算法库（ISL）

集合和关系的数学算法库（ISL）是一个开源的用于处理集合和关系的数学算法库，ISL 采用的开源协议是 MIT License。

1. 安装原因

虽然 ISL 软件包不是 GCC 编译所必需的库，但可以为 GCC 在集合和关系的相关算法上提供优化和帮助，所以建议编译 GCC 之前先编译 ISL 软件包。

2. 安装过程

安装 ISL 的命令如下：

```
rpmbuild -bp ~/rpmbuild/SPECS/isl.spec
pushd ~/rpmbuild/BUILD/isl/isl-0.16.1
    ./configure --prefix=/cross-tools --disable-static \
              --with-gmp-prefix=/cross-tools
    make
    make install
popd
```

Fedora 可能提供了多个版本的 ISL 软件包，我们需要为 GCC 编译的版本必须大于 0.15（此次使用的是 0.16.1 版本），因此编译时需要注意版本信息。

5.2.7 多面体数据转换程序库（CLooG）

多面体数据转换程序库（CLooG）是一个开源的程序库，应用该库提供的函数可将多面体的数据描述转换为可以编译的程序代码。

1. 安装原因

同 ISL 一样，CLooG 也不是 GCC 编译所必需的库，但它可以为 GCC 在将一些数据转换为代码上提供优化和帮助，因此建议在编译 GCC 之前先编译 CLooG 软件包。

2. 安装过程

安装 CLooG 的命令如下：

```
rpmbuild -bp ~/rpmbuild/SPECS/cloog.spec
pushd ~/rpmbuild/BUILD/cloog-0.18.4
    ./autogen.sh
    ./configure --prefix=/cross-tools --disable-static \
              --with-gmp-prefix=/cross-tools --with-isl-prefix=/cross-tools
    make
```

```
    make install
popd
```

3. 安装步骤解释

安装过程可划分为以下几个步骤。

（1）生成配置脚本

```
./autogen.sh
```

解压的源代码目录中没有常见的 configure 配置脚本，通过执行源代码目录中自带的 autogen.sh 脚本可以生成 configure 脚本。

（2）配置 CLooG

当 configure 脚本生成后，就可以如同其他软件包那样进行配置了。

```
./configure --prefix=/cross-tools --disable-static \
          --with-gmp-prefix=/cross-tools --with-isl-prefix=/cross-tools
```

- --with-gmp-prefix=/cross-tools：CLooG 软件包用到了 GMP 软件包提供的算法，编译的时候需要能正确地找到 GMP 的头文件和库文件，通过该参数指定查找 GMP 提供文件的基础目录位置。
- --with-isl-prefix=/cross-tools：ClooG 软件包也用到了 ISL 软件包提供的算法，该参数指定查找 ISL 的头文件和库文件的基础目录。

5.2.8 GCC 交叉工具（仅支持 C 语言）

GCC 软件包提供了一组包括 C、C++ 语言在内的多种编程语言的编译器，是 Linux 系统中最为常用的编译器。

1. 安装原因

与安装 Binutils 的原因一样，安装 GCC 也是为编译目标平台代码提供相应的交叉编译工具。GCC 是交叉工具链中的重要成员。

完整的 GCC 交叉编译器需要目标平台的 Glibc，目前还没有产生目标平台的 Glibc，因此现在无法编译出完整的 GCC 交叉编译器，但是编译目标平台的 Glibc 又需要 GCC 交叉编译器。为了解决这个矛盾，我们先为目标平台的 Glibc 提供交叉编译支持的不完整 GCC。

因为 Glibc 软件包使用 C 语言编写（包含了部分汇编代码），所以本次编译的 GCC 只需要提供 C 语言的支持即可。

2. 安装过程

安装 GCC 的命令如下：

```
rpmbuild -bp ~/rpmbuild/SPECS/gcc.spec
```

```
pushd ~/rpmbuild/BUILD/gcc-10.0.1-20200328/
    patch -Np1 -i ${DOWNLOADDIR}/0001-gcc-10.0.1-add-gs464v-support-3.patch
    for file in $(find gcc/config -name linux64.h -o -name linux.h -o -name sysv4.h)
    do
        cp -uv $file{,.orig}
        sed -e 's@/lib\(64\)\?\(32\)\?/ld@/tools&@g' -e 's@/usr@/tools@' $file.orig > $file
        rm $file.orig
    done
    sed -i.orig -e '/#define STANDARD_STARTFILE_PREFIX_1/s@"/lib@"/tools/lib@g' \
        -e '/#define STANDARD_STARTFILE_PREFIX_2/s@"\(.*\)"@""@g' \
        gcc/gcc.c gcc/config/mips/mips.h

    mkdir -p build
    cd build
    ../configure --prefix=/cross-tools --build=${CROSS_HOST} --host=${CROSS_HOST} \
                 --target=${CROSS_TARGET} --disable-nls \
                 --with-local-prefix=/tools --with-native-system-header-dir=/tools/include \
                 --with-mpfr=/cross-tools --with-gmp=/cross-tools --with-mpc=/cross-tools \
                 --with-cloog=/cross-tools --with-isl=/cross-tools \
                 --with-newlib --with-sysroot=${SYSDIR} --disable-shared --disable-libitm \
                 --disable-decimal-float --disable-libgomp --disable-libsanitizer \
                 --disable-libquadmath --disable-threads --disable-target-zlib \
                 --with-system-zlib --enable-checking=release --with-linker-hash-style=both \
                 --with-abi=${MABI} --with-nan=2008 --with-arch=gs464v \
                 --enable-languages=c
    make all-gcc all-target-libgcc
    make install-gcc install-target-libgcc
popd
```

3. 安装步骤解释

安装过程可划分为以下几个步骤。

（1）应用补丁

使用以下补丁为 GCC 增加对龙芯 3A4000 的 gs464v 架构的支持。

```
patch -Np1 -i ${DOWNLOADDIR}/0001-gcc-10.0.1-add-gs464v-support-3.patch
```

（2）修改 ld.so 默认的链接位置和头文件的查找路径

将默认的 /usr 或根目录的路径改为以 /tools 为基础的目录，使用如下命令：

```
for file in $(find gcc/config -name linux64.h -o -name linux.h -o -name sysv4.h)
do
```

```
    cp -uv $file{,.orig}
    sed -e 's@/lib\(64\)\?\(32\)\?/ld@/tools&@g' -e 's@/usr@/tools@' $file.orig > $file
    rm $file.orig
done
```

gcc/config 目录中存放了各种不同指令架构平台所使用的查找规则、链接路径等重要的信息，关于如何链接 ld.so 就在这里进行定义。我们找到这些文件，然后将默认使用 /lib、/lib32 或 /lib64 的目录改成 /tools/lib、/tools/lib32 或 /tools/lib64，如果之前是 /usr/lib、/usr/lib32 和 /usr/lib64 这样的目录，也同样换成 /tools/lib、/tools/lib32 和 /tools/lib64，用以配合临时系统文件的存放路径。

（3）修改链接库文件时使用的路径

```
sed -i.orig -e '/#define STANDARD_STARTFILE_PREFIX_1/s@"/lib@"/tools/lib@g' \
    -e '/#define STANDARD_STARTFILE_PREFIX_2/s@"\(.*\)"@""@g' \
    gcc/gcc.c gcc/config/mips/mips.h
```

这条命令主要针对 MIPS 的 MultiLib 链接支持进行修改，默认情况下不同的 ABI 链接的库存放路径不同：O32 对应 /lib 和 /usr/lib，N32 对应 /lib32 和 /usr/lib32，64 对应 /lib64 和 /usr/lib64。但在临时系统中所有的文件都存放在 /tools 目录下，因此 MultiLib 的存放路径改为了 O32 的 /tools/lib、N32 的 /tools/lib32 和 64 的 /tools/lib64，在交叉编译器进行编译链接时会根据编译的 ABI 到对应的目录中找到指定的且 ABI 相同的库文件进行链接。

这个链接路径在 gcc/gcc.c 文件中有定义，同时 MIPS 的架构还在 gcc/config/mips/mips.h 中有定义，我们分别将它们的路径设置都改成以 /tools 开头的目录。

（4）配置 GCC

```
../configure --prefix=/cross-tools --build=${CROSS_HOST} --host=${CROSS_HOST} \
            --target=${CROSS_TARGET} --disable-nls \
            --with-local-prefix=/tools --with-native-system-header-dir=/tools/include \
            --with-mpfr=/cross-tools --with-gmp=/cross-tools --with-mpc=/cross-tools \
            --with-cloog=/cross-tools --with-isl=/cross-tools \
            --with-newlib --with-sysroot=${SYSDIR} --disable-shared --disable-libitm \
            --disable-decimal-float --disable-libgomp  --disable-libsanitizer \
            --disable-libquadmath --disable-threads --disable-target-zlib \
            --with-system-zlib --enable-checking=release --with-linker-hash-style=both \
            --with-abi=${MABI} --with-nan=2008 --with-arch=gs464v \
            --enable-languages=c
```

- --build=${CROSS_HOST}、--host=${CROSS_HOST}、--target=${CROSS_TARGET}：build 和 host 相同，host 和 target 不同，表示制作一个交叉编译器。
- --with-local-prefix=/tools：这个参数的目的是把 /usr/local/include 从 gcc 的头文件搜索路径中删除，合并到 /tools/include 目录，这里只需要设置 /tools 就可以了，include 会在查找的过程中自动加上。

- --with-native-system-header-dir=/tools/include：设置标准的头文件在该参数指定的目录中查找。
- --with-mpfr=/cross-tools、--with-gmp=/cross-tools、--with-mpc=/cross-tools、--with-cloog=/cross-tools、--with-isl=/cross-tools ：这几个参数用来指定到哪个目录中找之前安装的 GMP、MPFR、LibMPC、ISL 和 ClooG，这里只要设置基础目录即可，通过基础目录会去相应的头文件和库文件存放的目录中找需要的文件。
- --with-newlib：默认的情况下编译 GCC 会依赖目标平台的 Glibc，当前要在没有 Glibc 的情况下编译 GCC，因此需要使用该参数，该参数告诉 GCC 使用 Newlib 替换 Glibc。Newlib 是一种针对嵌入式平台提供的 C 函数库实现，GCC 使用 Newlib 进行编译时不需要系统中存在 Newlib 函数库文件，借助该参数可以在没有目标平台 Glibc 的情况下编译出 GCC 的 C 语言支持。

> **注意：**
> --with-newlib 参数只能帮助 GCC 编译对 C 语言的支持，不过目前能支持 C 语言就足够了。

- --with-sysroot=${SYSDIR}：设置编译时查找头文件和库文件所使用的基础目录，在临时系统所存放的目录不是根目录时，设置该目录可保证也能正确地进行头文件的使用和库文件的链接，并且设置的基础目录不会影响到最后生成的文件。
- --disable-decimal-float、--disable-libgomp、--disable-libitm、--disable-libsanitizer、--disable-libquadmath、--disable-target-zlib：这组参数用来关闭 GCC 支持的功能，因为这些功能在本次不完整的编译中没有作用，若开启这些功能可能导致编译失败，所以都使用 disable 来关闭就可以了。
- --disable-shared：因本次编译的 GCC 采用 Newlib，所以需要关闭共享库才能编译成功。
- --disable-threads：本次生成的编译器不支持线程处理方式。
- --with-system-zlib：指定编译过程中链接系统内的 zlib 库，而不是使用 GCC 自带的 zlib 库。
- --enable-checking=release：设置在编译器内部对一致性检查的要求，从而生成对应的代码，这些代码不影响 GCC 编译出来的二进制文件，而仅针对 GCC 自身进行检查。该参数有多种取值，如 release、all 等，不同取值导致的检查内容不同，会对 GCC 的性能造成影响，针对正式发布的版本建议使用 release。
- --with-abi=${MABI}：告诉 GCC 使用什么默认支持的 ABI，如果在定义用户环境时设置变量 MABI 为 64，则 GCC 将默认使用 64 位的 ABI。
- --with-arch=gs464v：使用该参数指定的目标架构来优化编译使用的指令集，gs464 可用于所有的龙芯 3A 的 CPU。如果想针对 3A2000 和 3A3000 进行优化编译，则可以设置为 gs464e，针对 3A4000 且 GCC 中加入了对 gs464v 的支持则可以设置为 gs464v，若是没有 gs464v 支持的 GCC 则可以设置为 gs464e。
- --with-linker-hash-style=both：设置编译出来的二进制文件的 Hash Style 同时支持 Sysv 和 GNU Hash 两种模式，Sysv 是早期系统所使用的，GNU Hash 则是现代的系统所常用的。
- --enable-languages=c：目前编译环境不完善，必须强制只编译 C 语言的支持。
- --with-nan=2008：设置 GCC 编译时采用的 NaN（特殊非数字的编码）IEEE 754 浮点数据的处理标准，该参数不设置则默认为 Legacy 标准，龙芯 3A4000 之前采用的是 Legacy 标准，龙芯 3A4000 采用的是 2008 标准，因此若针对龙芯 3A4000 的 CPU 时应将参数指定为 2008。

（5）编译 GCC

编译本次的 GCC 使用如下命令：

```
make all-gcc all-target-libgcc
```

all-gcc 表示编译生成 gcc 相关命令，all-target-libgcc 表示编译 libgcc 函数库文件，两个编译目标可以写在同一条 make 编译命令中，make 命令会按照顺序从左到右对目标执行编译。

（6）安装 GCC

安装本次的 GCC 使用如下命令：

```
make install-gcc install-target-libgcc
```

install-gcc 表示安装所有编译生成的 gcc 相关命令，install-target-libgcc 安装 libgcc 相关的函数库文件。

这次编译的 GCC 因为没有 Glibc 的支持，所以是不完整的，不能直接使用 make install 来安装，否则会导致失败。我们只需要安装 GCC 和使用 Newlib 编译的 libgcc 就可以了，这样就有足够的能力完成后面 Glibc 的编译，等 Glibc 编译完成后再重新编译一个完整的 GCC，并把本次安装的部分覆盖即可。

4. 正确性检查

请检查 /cross-tools/bin 目录下是否安装了以 ${CROSS_TARGET} 开头的 gcc 命令，如 mips64el-unknown-linux-gnuabi64-gcc。

此时交叉工具链还不能将一般的 C 语言程序编译生成为可执行文件，这是因为 Newlib 函数库不安装在系统里，必要的文件并不存在，所以无法进行程序文件的链接。但目前已经可以用该交叉编译器编译 Glibc 等最基础的函数库软件包或者 Linux 内核，因为它们不依赖其他软件包中的函数库文件，可以称它们为“自给自足”的软件包。

5.2.9 目标系统的 Glibc

Glibc 是常规 Linux 系统的核心组件之一，它所实现的函数可作为内核和应用程序之间的桥梁。它对内核的调用进行了包装，最大程度实现了源代码级别的可移植性，UNIX 程序在不加修改或仅做极少修改的情况下就可以移植到 Linux 系统上，需要做的只是重新编译程序。Glibc 也可以运行在一些非 Linux 内核上，如 Hurd。使用 Glibc 可使 Linux 系统程序更容易地移植到以其他内核为基础的系统上。

1. 安装原因

建立目标系统的 Glibc，同时也使交叉工具链中的 GCC 能建立除 C 语言之外的支持，如完整的 C++ 语言。

目前 GCC 只有对 C 语言的支持，但已满足 Glibc 的编译条件。要使交叉工具链中的 GCC 是针对 Glibc 进行编译链接的，只有完成了目标系统的 Glibc 才能真正完成 GCC 的编译。

本步骤安装的 Glibc 也能给目标系统的其他软件包提供 C 函数库。

特别说明：我们要制作的临时系统和目标系统都是 MultiLib（即多 ABI 函数库共存）的系统，正常情况下应该对所有产生函数库文件的软件包都进行 MultiLib 的编译。但实际上多数库文件的 MultiLib 没有实际使用，为了简化制作步骤，同时又不影响 MultiLib 的最基本需求以及系统的可用性，我们在临时系统中只需要针对 Glibc 软件包展开 MultiLib 的编译就可以了，其他软件包可以参考 Glibc 的方法。

2. 安装过程

安装 Glibc 的命令如下：

```
rpmbuild -bp ~/rpmbuild/SPECS/glibc.spec
pushd ~/rpmbuild/BUILD/glibc-2.31-17-gab029a2801
    mkdir -v build-32
    pushd build-32
        echo "slibdir=/tools/lib" >> configparms
        BUILD_CC="gcc" CC="${CROSS_TARGET}-gcc ${BUILD32}" \
        CXX="${CROSS_TARGET}-gcc ${BUILD32}" \
        AR="${CROSS_TARGET}-ar" RANLIB="${CROSS_TARGET}-ranlib" \
        ../configure --prefix=/tools --host=${CROSS_TARGET} --build=${CROSS_HOST} \
                    --libdir=/tools/lib --libexecdir=/tools/lib/glibc --enable-add-ons \
                    --with-tls --enable-kernel=3.2 --with-binutils=/cross-tools/bin \
                    --with-headers=/tools/include --enable-obsolete-rpc --disable-werror
        make
        make install
    popd

    mkdir -v build-n32
    pushd build-n32
        echo "slibdir=/tools/lib32" >> configparms
        BUILD_CC="gcc" CC="${CROSS_TARGET}-gcc ${BUILDN32}" \
        CXX="${CROSS_TARGET}-gcc ${BUILDN32}" \
        AR="${CROSS_TARGET}-ar" RANLIB="${CROSS_TARGET}-ranlib" \
        ../configure --prefix=/tools --host=${CROSS_TARGET} --build=${CROSS_HOST} \
                    --libdir=/tools/lib32 --libexecdir=/tools/lib32/glibc /
                    --enable-add-ons \
                    --with-tls --enable-kernel=3.2 --with-binutils=/cross-tools/bin \
                    --with-headers=/tools/include --enable-obsolete-rpc
        make
        make install
    popd
```

```
    mkdir -v build-64
    pushd build-64
        echo "slibdir=/tools/lib64" >> configparms
        BUILD_CC="gcc" CC="${CROSS_TARGET}-gcc ${BUILD64}" \
        CXX="${CROSS_TARGET}-gcc ${BUILD64}" \
        AR="${CROSS_TARGET}-ar" RANLIB="${CROSS_TARGET}-ranlib" \
        ../configure --prefix=/tools --host=${CROSS_TARGET} --build=${CROSS_HOST} \
                     --libdir=/tools/lib64 --libexecdir=/tools/lib64/glibc --enable-add-ons \
                     --with-tls --enable-kernel=3.2 --with-binutils=/cross-tools/bin \
                     --with-headers=/tools/include --enable-obsolete-rpc
        make
        make install
    popd
popd
```

3. 安装步骤解释

Glibc 是临时系统中唯一采用 MultiLib 方式编译的软件包，将按照 O32、N32、64 的 ABI 进行编译和安装。

这里需要特别注意 ABI 编译和安装的顺序。在不同 ABI 的 Glibc 所安装的文件中会有相同路径的文件，为了使临时系统以 64 位 ABI 为主，我们最后编译和安装 64 位的 Glibc。对这些不同 ABI 都安装相同名字的文件能使最终保留的是 64 位 ABI（设置的主 ABI）编译的版本，例如保证 ldd 命令中的路径是 /tools/lib64。

每个 ABI 的编译和安装比较类似，大致分成了以下几个部分。

（1）创建编译目录

O32 是 MIPS 的 32 位 ABI 的标准，称为 O32（O 即 old）是为了和 N32（N 即 new）相对应，O32 也可以用 32 来表达。

为了让 3 种 ABI 编译时相互之间没有影响，建议创建不同的编译目录。这里建立一个 build-32 目录用于编译，同时使用 pushd 和 popd 进行目录的切换。

```
mkdir -v build-32
pushd build-32
    ......
popd
```

对于 N32 就建立 build-n32，而 64 就建立 build-64。

（2）设置安装的根目录

```
echo "slibdir=/tools/lib64" >> configparms
```

Glibc 软件包编译生成 ld*.so 和 libc.so* 等重要的库文件时会使用 slibdir 设置的目录进行存放，但配置脚本没有提供相应的配置参数来设置，如果不设置则会默认使用 ${prefix}/lib。但因为 Glibc 采用多库（MultiLib）的方式编译，所以不同的 ABI 必须使用不同的目录来存放库文件。好在配置脚本会读取 configparms 文件中的设置，slibdir 可以在其中进行设置，这样只要在每个 ABI 的支持编译时，通过设置 configparms 文件就可以解决不同 ABI 目录不同的问题。

（3）配置 Glibc

O32/N32/64 的配置命令十分相似，只有个别地方有些不同。以下是 64 位 ABI 的配置过程，首先以它为例来进行讲解。

```
BUILD_CC="gcc", CC="${CROSS_TARGET}-gcc ${BUILD64}" \
CXX="${CROSS_TARGET}-gcc ${BUILD64}" \
AR="${CROSS_TARGET}-ar" RANLIB="${CROSS_TARGET}-ranlib" \
../configure --prefix=/tools --host=${CROSS_TARGET} --build=${CROSS_HOST} \
            --libdir=/tools/lib64 --libexecdir=/tools/lib64/glibc --enable-add-ons \
            --with-tls --enable-kernel=3.2 --with-binutils=/cross-tools/bin \
            --with-headers=/tools/include --enable-obsolete-rpc
```

- BUILD_CC="gcc" CC="${CROSS_TARGET}-gcc ${BUILD64}"、CXX="${CROSS_TARGET}-gcc ${BUILD64}"、AR="${CROSS_TARGET}-ar”、RANLIB="${CROSS_TARGET}-ranlib"：这组变量设置 Glibc 的配置程序如何调用与交叉编译相关的命令。

编译和安装 Glibc 的过程中会用到一些命令，这些命令是 Glibc 自带的，需要在当前平台上运行。这些命令可将源代码编译为可执行文件，如果使用交叉编译器编译它们将导致无法运行在当前平台上，因此必须使用当前主系统的编译器来编译这些程序文件。BUILD_CC 的功能是告诉 Glibc 编译这些当前平台运行的程序使用什么编译器，这里设置使用主系统中的 gcc。

我们看到 CXX 设置的也是 ${CROSS_TARGET}-gcc，而不是 g++/c++，这是因为现在还没有编译 C++ 语言支持的命令，但目前 Glibc 中的代码都可以用 gcc 来处理，所以 CC 和 CXX 都设置成交叉编译器的 gcc 就可以了。

- --host=${CROSS_TARGET} --build=${CROSS_HOST}：这里已经明确 Glibc 是目标系统的组件，它运行在目标平台上，因此必须将 host 设置为目标平台，才能进行交叉编译，而 build 参数需要设置为本地平台参数。
- --prefix=/tools：本次编译和安装的 Glibc 是目标系统中的组件，因此使用 /usr 作为基础目录，但安装的时候要借助 install_root 参数保证安装在目标系统目录中。
- --libdir=/tools/lib64：设置与编译相关的文件存放的目录，如 crt1.o、crti.o、crtn.o 和静态函数库文件，对于不同的 ABI 该参数需要设置对应的目录。
- --libexecdir=/tools/lib64/glibc：将 getconf 命令程序的安装位置从默认的 /usr/libexec 更改为 /tools/lib64/glibc，因为 MultiLib 方式编译的几个 ABI 的 Glibc 都会生成这个文件，建议将它们放到各自存放 ABI 的库目录中。
- --enable-add-ons：打开 Glibc 所有附加组件的支持。
- --with-tls：新的内核及 Glibc 都推荐使用本地 POSIX 线程库（NPTL），但不是所有的平台都支持 NPTL。Glibc 在配置过程中会检查目标平台对 NPTL 的支持，其中包括 NPTL 所需的线程本地存储（Thread Local Storage，TLS）支持检查。但因交叉编译，配置程序可能无法正确地测试 TLS 支持，导致配置脚本禁用 NPTL。龙芯平台支持 NPTL 线程库，为了避免检测错误导致 NPTL 禁用，这里强制配置脚本使 Glibc 支持 TLS。

- --enable-kernel=3.2：设置 Glibc 支持的最低版本的 Linux 内核。若 Glibc 在低于指定版本的 Linux 内核中则无法运行，会提示内核版本太低。这里设置的最低版本为安装的内核版本号，如果实际安装的版本不同于本章所使用的版本，可根据该参数的含义及原则设置版本号。如果用户不设置该参数，配置脚本将自行设置（不同的 Glibc 版本会不同）。
- --with-binutils=/cross-tools/bin：设置 Glibc 的配置脚本使用指定目录中 Binutils 的相关命令来进行本次编译。
- --with-headers=/tools/include：设置 Glibc 目标平台内核头文件的存放目录。
- --enable-obsolete-rpc：安装 NIS 和 RPC 相关的头文件，若不设置该参数则不安装这些文件。

通过 64 位 ABI 的讲解，我们可以大体明白各配置参数的作用，下面说明 O32 和 N32 需要修改的地方。

O32 的配置如下：

```
echo "slibdir=/tools/lib" >> configparms
BUILD_CC="gcc" CC="${CROSS_TARGET}-gcc ${BUILD32}" \
CXX="${CROSS_TARGET}-gcc ${BUILD32}" \
AR="${CROSS_TARGET}-ar" RANLIB="${CROSS_TARGET}-ranlib" \
../configure --prefix=/tools --host=${CROSS_TARGET} --build=${CROSS_HOST} \
             --libdir=/tools/lib --libexecdir=/tools/lib/glibc --enable-add-ons \
             --with-tls --enable-kernel=3.2 --with-binutils=/cross-tools/bin \
             --with-headers=/tools/include --enable-obsolete-rpc --disable-werror
```

它与 64 位 ABI 的配置有以下几处不同。

- slibdir 的设置：不同 ABI 设置成对应的库存放目录即可。
- CC 和 CXX 设置的 ${CROSS_TARGET}-gcc ${BUILD32}：这里用 ${BUILD32} 代替了 ${BUILD64}，这两个都是之前就设置好的环境变量。两者在设置 mabi 时会不同，O32 将 -mabi=32 作为编译参数代替 64 位 ABI 的 -mabi=64，表示要让 GCC 编译器知道接下来将使用 O32 的 ABI 规则进行编译。
- --libdir=/tools/lib 和 --libexecdir=/tools/lib/glibc：这两个参数分别用于修改存放 O32 库函数的目录，和区分 N32 和 64 位库文件存放目录。

N32 的配置：编译 N32 的 ABI 库时同 O32 相似，将 gcc 命令的参数 mabi 设置为 n32，另外在 libdir 和 libexecdir 中设置为 /tools/lib32 作为存放目录。

4. 正确性检查

本软件包安装的正确性检查有两个方面：一是 Glibc 是否被正确地安装到目标系统存放目录中，二是检查 Glibc 安装的函数库文件是否为目标平台的二进制代码。确认这两方面的方法是检查库目录中是否安装了 Glibc 的函数库文件，然后使用如下命令：

```
file /tools/lib64/libc-2.31.so | cut -d ':' -f2
```

如果编译的指令格式为 64 位，则输出内容的一种可能形式如下：

```
ELF 64-bit LSB shared object, MIPS, MIPS64 rel2 version 1 (SYSV), dynamically
linked, interpreter /tools/lib64/ld-linux-mipsn8.so.1, for GNU/Linux 4.5.0, with
debug_info, not stripped
```

该信息可能因不同的 file 命令版本而在输出上存在细微差别，其重点内容是 ELF 64-bit LSB shared object, MIPS, MIPS64 rel2 version 1 (SYSV)，只要其中出现 64-bit 和 MIPS 的输出就说明指令格式是正确的。

这里还要特别注意 /tools/lib64/ld-linux-mipsn8.so.1 这个路径和文件，它是该二进制文件链接的 ld 库文件位置及文件名，/tools/lib64 是 64 位的 ABI 所使用的目录，其他 ABI 会使用其他目录，而 ld-linux-mipsn8.so.1 则是 ld 库的文件名。因为我们使用 NaN 的 2008 标准，所以文件名使用 ld-linux-mipsn8；如果使用的是 NaN Legacy 的标准（即旧标准），则文件名是 ld.so.1。这也间接说明了使用不同 NaN 标准的二进制不兼容，不同标准的二进制文件无法链接在一起。

这里还可以关注 for GNU/Linux 4.5.0 部分，这是配置 Glibc 参数 --enable-kernel 所指定的，但我们设置的是 3.2，这代表了这个 Glibc 的版本最低要求内核是 4.5.0。如果设置高于 4.5.0，则会显示设置的版本号。需要注意设置的版本号不要超过目标系统安装的 Linux 内核版本。

如果查看的是 N32 的库文件，则输出内容如下：

```
ELF 32-bit LSB shared object, MIPS, N32 MIPS64 rel2 version 1 (SYSV), dynamically
linked, interpreter /tools/lib32/ld-linux-mipsn8.so.1, for GNU/Linux 4.5.0, with debug_
info, not stripped
```

> **注意：**
> MIPS 后面的 N32 字样，O32 则没有该字样。

如果查看的是 O32 的库文件，则输出内容如下：

```
ELF 32-bit LSB shared object, MIPS, MIPS64 rel2 version 1 (SYSV), dynamically
linked, interpreter /tools/lib/ld-linux-mipsn8.so.1, for GNU/Linux 4.5.0, with
debug_info, not stripped
```

5.2.10 GCC 交叉工具（支持 C 语言和 C++ 语言）

1. 安装原因

目标系统的 Glibc 已安装完毕，即可制作一个以 Glibc 为基础的交叉工具链。虽然之前已经编译了 GCC，但设置以 Newlib 为基础进行编译，仅够用于编译“自给自足”的软件包，不能很好地配合 Glibc 的编译链接工作，且受条件限制仅支持 C 语言。此次需要重新生成一个新的 GCC 来建立工作良好的工具链。

GCC 除了 C 和 C++ 语言外还可以支持其他多种编程语言，如 FORTRAN 语言，因此此次编译不仅支持 C 和 C++ 语言，还增加了一些其他语言一起编译。

2. 安装过程

安装 GCC 的命令如下：

```
rpmbuild -bp ~/rpmbuild/SPECS/gcc.spec
pushd ~/rpmbuild/BUILD/gcc-10.0.1-20200328/
    patch -Np1 -i ${DOWNLOADDIR}/0001-gcc-10.0.1-add-gs464v-support-3.patch
    for file in $(find gcc/config -name linux64.h -o -name linux.h -o -name sysv4.h)
    do
       cp -uv $file{,.orig}
       sed -e 's@/lib\(64\)\?\(32\)\?/ld@/tools&@g' -e 's@/usr@/tools@' $file.orig > $file
       rm $file.orig
    done
    sed -i.orig -e '/#define STANDARD_STARTFILE_PREFIX_1/s@"/lib@"/tools/lib@g' \
        -e '/#define STANDARD_STARTFILE_PREFIX_2/s@"\(.*\)"@""@g' \
        gcc/gcc.c gcc/config/mips/mips.h

    mkdir -v build
    cd build
    ../configure --prefix=/cross-tools --build=${CROSS_HOST} --host=${CROSS_HOST} \
                 --target=${CROSS_TARGET} --with-sysroot=${SYSDIR} \
                 --with-local-prefix=/tools --with-native-system-header-dir=/tools/include \
                 --with-mpfr=/cross-tools --with-gmp=/cross-tools \
                 --with-cloog=/cross-tools --with-mpc=/cross-tools --with-isl=/cross-tools \
                 --enable-__cxa_atexit --enable-threads=posix --with-system-zlib \
                 --enable-libstdcxx-time --enable-checking=release \
                 --with-linker-hash-style=both \
                 --with-abi=64 --with-nan=2008 --with-arch=gs464v \
                 --enable-languages=c,c++,fortran,objc,obj-c++,lto
    make
    make install
popd
```

3. 安装步骤解释

安装过程的主要步骤是配置 GCC。

```
../configure --prefix=/cross-tools --build=${CROSS_HOST} --host=${CROSS_HOST} \
            --target=${CROSS_TARGET} --with-sysroot=${SYSDIR} \
            --with-local-prefix=/tools --with-native-system-header-dir=/tools/include \
            --with-mpfr=/cross-tools --with-gmp=/cross-tools \
```

```
        --with-cloog=/cross-tools --with-mpc=/cross-tools--with-isl=/cross-tools \
        --enable-__cxa_atexit --enable-threads=posix --with-system-zlib \
        --enable-libstdcxx-time --enable-checking=release \
        --with-linker-hash-style=both \
        --with-abi=64 --with-nan=2008 --with-arch=gs464v \
        --enable-languages=c,c++,fortran,objc,obj-c++,lto
```

- --enable-__cxa_atexit：设置本地静态和全局函数注册 C++ 析构函数时使用 __cxa_atexit 而不是 atexit，这是为了使析构函数的处理完全符合标准规定，使 C++ 共享库和 C++ 程序可以在其他 Linux 发行版中使用。
- --enable-libstdcxx-time：设置 C++ 的检查类型，配置脚本自动设置检查的类型。
- --enable-languages= c,c++,fortran,objc,obj-c++,lto：根据本章制作软件包的需求，支持包括 C 和 C++ 语言在内的多种编程语言。

4．正确性检查

交叉工具链目录中已安装了 gcc 的相关命令，本次安装仅检查新增的语言编译器。例如检查 C++，可以检查在 /cross-tools/bin 目录下是否安装了以 ${CROSS_TARGET} 开头的 g++ 命令，如 mips64el-unknown-linux-gnuabi64-g++。

随 C++ 编译器安装的还有 C++ 语言支持的函数库文件，检查 /cross-tools/${CROSS_TARGET}/lib64 目录中是否安装了以 libstdc++ 开头的函数库文件。

5.2.11 测试交叉工具链

Glibc 是目标平台的函数库，因此交叉工具链只能以外部依赖的形式出现。目前已完成了交叉工具链的制作过程，但为了确保交叉工具链正常工作，建议进行以下测试步骤。

1．创建测试文件

在测试之前先创建一个简单的测试文件，命令如下：

```
cat > ${DOWNLOADDIR}/test.c << "EOF"
#include <stdio.h>
main()
{
  printf("OK!\n");
  return 0;
}
EOF
```

在 ${DOWNLOADDIR} 目录下将创建一个名为 test.c 的 C 语言文件，该文件的功能为输出“OK!”并换行。

2. 正确性检查

生成用来检查编译过程的文件，使用如下命令：

```
mips64el-unknown-linux-gnuabi64-gcc ${DOWNLOADDIR}/test.c -v -Wl,--verbose &> dummy.
log
```

验证默认编译的是否为 64 位 ABI，使用如下命令：

```
file a.out
```

若输出为

```
ELF 64-bit LSB executable, MIPS, MIPS64 rel2 version 1 (SYSV), dynamically linked,
interpreter /tools/lib64/ld-linux-mipsn8.so.1
```

如果 ELF 后显示 64-bit，则表示是 64 位的 ABI，另外因为龙芯使用的是 MIPS 指令集，所以应当要有 MIPS 的字样。

检查编译出的文件所链接的 ld 库路径是否正确，使用如下命令：

```
mips64el-unknown-linux-gnuabi64-readelf -l a.out | grep ': /tools'
```

输出内容如下：

```
[Requesting program interpreter: /tools/lib64/ld-linux-mipsn8.so.1]
```

确保 ld 库的路径是以 /tools 开头的，如果使用的是 NaN 2008 的标准，那么文件名是 ld-linux-mipsn8.so.1；如果使用的是 NaN Legacy 的标准，则文件名是 ld.so.1。

检查链接的基础文件是否正确，使用如下命令：

```
grep -o '/tools/lib.*/crt[1in].*succeeded' dummy.log
```

正确的输出如下：

```
/tools/lib64/../lib64/crt1.o succeeded
/tools/lib64/../lib64/crti.o succeeded
/tools/lib64/../lib64/crtn.o succeeded
```

检查输出是否为 /tools 开头的路径，显示 lib64 是因为这次编译的是 64 位 ABI 的文件。如果是 N32，输出则是 lib32；如果是 O32，输出则是 lib。

检查头文件查找路径是否正确，使用如下命令：

```
grep -B1 "^ ${SYSDIR}/.*/include" dummy.log
```

输出内容如下：

```
#include <...> search starts here:
 /opt/mydistro/cross-tools/bin/../lib/gcc/mips64el-unknown-linux-gnuabi64/10.0.1/
include
 /opt/mydistro/cross-tools/bin/../lib/gcc/mips64el-unknown-linux-gnuabi64/10.0.1/
include-fixed
```

```
 /opt/mydistro/cross-tools/bin/../lib/gcc/mips64el-unknown-linux-
gnuabi64/10.0.1/../../../../mips64el-unknown-linux-gnuabi64/include
 /opt/mydistro/tools/include
```

检查链接库文件的目录是否正确，使用如下命令：

```
grep 'SEARCH.*/tools/lib' dummy.log | sed 's|; |\n|g'
```

输出内容如下：

```
SEARCH_DIR("=/cross-tools/mips64el-unknown-linux-gnuabi64/lib64")
SEARCH_DIR("/tools/lib64")
SEARCH_DIR("/tools/lib32")
SEARCH_DIR("/tools/lib")
SEARCH_DIR("=/cross-tools/mips64el-unknown-linux-gnuabi64/lib");
```

检查查找 C 库文件位置是否正确，使用如下命令：

```
grep "libc.so.6 " dummy.log
```

> **注意：**
> 数字 6 和双引号之间有一个空格，不要遗漏这个空格的输入。

输出内容如下：

```
attempt to open /opt/mydistro/tools/lib64/libc.so.6 succeeded
```

检查查找 ld 库文件的位置是否正确，使用如下命令：

```
grep found dummy.log
```

输出内容如下：

```
found ld-linux-mipsn8.so.1 at /opt/mydistro/tools/lib64/ld-linux-mipsn8.so.1
```

验证 32 位的 ABI，使用如下命令：

```
mips64el-unknown-linux-gnuabi64-gcc ${BUILD32} ${DOWNLOADDIR}/test.c
file a.out | cut -d: -f2 | awk -F', for' '{ print $1 }'
```

输出内容如下：

```
ELF 32-bit LSB executable, MIPS, MIPS64 rel2 version 1 (SYSV), dynamically linked,
interpreter /tools/lib/ld-linux-mipsn8.so.1
```

如果 ELF 显示 32-bit，则表示是 32 位的 ABI，链接的 ld 文件应当是 /tools/lib/ld-linux-mipsn8.so.1。

验证采用 N32 的 ABI 编译的文件，使用如下命令：

```
mips64el-unknown-linux-gnuabi64-gcc ${BUILDN32} ${DOWNLOADDIR}/test.c
file a.out | cut -d: -f2 | awk -F', for' '{ print $1 }'
```

输出内容如下：

```
ELF 32-bit LSB executable, MIPS, N32 MIPS64 rel2 version 1 (SYSV), dynamically
linked, interpreter /tools/lib32/ld-linux-mipsn8.so.1
```

如果 ELF 显示 32-bit 且在 MIPS 后显示了 N32，则表示是 N32 的 ABI，链接的 ld 文件应当是 /tools/lib32/ld-linux-mipsn8.so.1。

如果一切正常，删除测试文件，命令如下：

```
rm -v a.out dummy.log
```

> **注意：**
> 输入命令时注意其中的符号和空格。

如果测试结果一切正常，恭喜你，重要的一关已经通过，可以继续进行下面的制作步骤。如果出现任何不正确的情况，请找出原因并加以解决，否则不要继续操作。

5.2.12 Pkgconf 软件包

Pkgconf 软件包是一个用来获取已安装软件包信息的工具，它主要使用其他软件包提供的 pc 文件来获取对应软件包的相关信息，如库的安装路径、链接参数等。

1. 安装原因

在制作临时系统过程中，有些软件含有 pc 文件，用于提供与编译链接相关的信息，但需要 pkg-config 命令来获取。Pkgconf 软件包提供了 pkg-config 命令，我们要编译一个专门为临时系统提供处理 pc 文件的命令。

2. 安装过程

安装 Pkgconfig 软件包的命令如下：

```
rpmbuild -bp ~/rpmbuild/SPECS/pkgconf.spec
pushd ~/rpmbuild/BUILD/pkgconf-1.6.3/
    unset PKGPATH
    export PKGPATH+=/tools/lib{64,32,}/pkgconfig:
    export PKGPATH+=/tools/share/pkgconfig
    CC="gcc" ./configure --prefix=/cross-tools --with-pkg-config-dir=${PKGPATH}
    make
    make install
    ln -sv pkgconf /cross-tools/bin/pkg-config
    unset PKGPATH
popd
```

3. 安装步骤解释

安装过程可划分为以下几个步骤。

（1）配置 Pkgconf

```
export PKGPATH+=/tools/lib{64,32,}/pkgconfig:
export PKGPATH+=/tools/share/pkgconfig
CC="gcc" ./configure --prefix=/cross-tools --with-pkg-config-dir=${PKGPATH}
```

- --with-pkg-config-dir=${PKGPATH}：设置 pkg-config 命令到什么目录中查找指定的 pc 文件，目录可以是多个，由参数中的 : 符号分隔。

${PKGPATH} 是一个环境变量，该变量指定从目标系统存放目录的 /usr/lib64/pkgconfig 和 /usr/share/pkgconfig 等目录中顺序查询。

（2）创建兼容命令

```
ln -sv pkgconf /cross-tools/bin/pkg-config
```

Pkgconf 软件包默认安装的命令名叫作 pkgconf，但通常软件包引用的都是 pkg-config 命令。我们可以创建一个其他软件包默认使用的命令名，以便兼容大多数软件包的命令调用。

知识点——Linux 系统的 pc 文件

pc 文件是 Package Config 文件的缩写，一般以 pc 作为扩展名。该类型的名称一般就是软件包的名字，该类型的文件实际上就是一个变量名 = 取值的集合，它可以通过 pkg-config 或者 pkgconf 命令来简化及指定读取其中的信息。

pc 文件通常包含与其名称相关的软件包的各种信息，作为编译参数来使用的情况比较常见，此时文件中通常包含了头文件、函数库文件的位置以及链接库函数的方式或者依赖等信息，帮助编译器正确地完成编译和链接工作。

pc 文件如果用于编译，则通常存放在 /usr/lib{,32,64}/pkgconfig 目录中（根据 32 位还是 64 位 lib 目录可能不同）；如果是用来提供软件包的其他信息，则通常存放在 /usr/share/pkgconfig 目录中，临时系统中则可能使用以 /tools 开头的目录。

举个例子，如果想知道链接 ncursesw 库使用的参数是什么，则使用如下命令：

```
pkg-config --libs ncursesw
```

会返回如下信息：

```
-lncursesw
```

这条返回信息表示可以用 -lncursesw 参数来链接 ncursesw 函数库。

类似 --libs，还有 --cflags 参数可用来返回编译时建议增加的 CFLAGS 参数，一般会包含头文件的位置（通常在 /usr/include 有独立的目录时会出现）以及可能需要的特殊参数等。

当然，pc 文件也可以用来存放一些配置变量，我们可以通过命令直接获取相关的取值。pc 文件中只要是使用 = 来进行赋值的，我们都可以用 variable 参数来获取，如：

```
pkg-config --variable=abi_version ncursesw
```

会返回:

```
6
```

如果打开 ncursesw.pc 文件，就可以发现文件中有一条内容就是:

```
abi_version=6
```

依据此方式可以获取各种 pc 文件中包含的信息，我们还可以用 --print-variables 来获取指定文件中所有可以使用的配置变量名。

系统中有哪些可以使用 pc 文件，我们可以通过如下命令来获取:

```
pkg-config --list-all
```

这条命令将返回可以使用的文件名称以及该文件的简单介绍（这些介绍也包含在 pc 文件中）。

pkgconf 和 pkg-config 命令还有很多参数，可以通过 man pkgconf 命令来查看。

4. 正确性检查

检查命令如下:

```
type -p pkg-config
```

正确的返回结果如下:

```
/cross-tools/bin/pkg-config
```

5.2.13 Grub 软件包

Grub 软件包是一个可以在多种 CPU 架构平台上启动操作系统的启动器，龙芯平台支持使用 Grub 来管理启动操作，包括启动菜单、启动参数传递等。

1. 安装原因

我们需要通过 Grub 的命令工具将 Grub 的启动文件安装到存储设备上，但初始系统所带的 Grub 可能无法在目标系统上使用，因此这里重新编译一个 Grub，专门用来制作可以在龙芯机器上启动的 Grub 文件。

2. 安装步骤

安装 Grub 软件包的命令如下。

```
rpmbuild -bp ~/rpmbuild/SPECS/grub2.spec
pushd ~/rpmbuild/BUILD/grub-2.04/
    patch -Np1 -i ${DOWNLOADDIR}/grub-2.04-add-support-mips64-efi.patch
    autoreconf -fv
    mkdir -pv build
    cd build
```

```
    TARGET_CC="${CROSS_TARGET}-gcc -mno-msa" \
    ../configure --build=${CROSS_HOST} --host=${CROSS_HOST} \
                 --target=${CROSS_TARGET} --prefix=/cross-tools \
                 --program-transform-name=s,grub,${CROSS_TARGET}-grub, \
                 --with-platform=efi --with-utils=host --disable-werror
    make
    make install
popd
```

3. 安装步骤解释

安装过程可划分为以下几个步骤。

（1）补丁文件

grub-2.04-add-support-mips64-efi.patch 补丁提供了 Grub 对龙芯的支持。

（2）配置 Grub

```
TARGET_CC="${CROSS_TARGET}-gcc -mno-msa" \
../configure --build=${CROSS_HOST} --host=${CROSS_HOST} \
            --target=${CROSS_TARGET} --prefix=/cross-tools \
            --program-transform-name=s,grub,${CROSS_TARGET}-grub, \
            --with-platform=efi --with-utils=host --disable-werror
```

- TARGET_CC="${CROSS_TARGET}-gcc -mno-msa"：因为 Grub 不支持使用 MIPS 的 MSA 扩展指令，所以强制使用 -mno-msa 参数来防止编译器可能使用 MSA 的行为。
- --build=${CROSS_HOST}、--host=${CROSS_HOST}、--target=${CROSS_TARGET}：Grub 软件包是一个 target 参数有实际意义的软件包，这 3 个平台系统参数的设置表达了本次 Grub 虽然运行在当前平台系统上，但处理的目标是龙芯平台系统，这样可以让我们在当前平台系统上制作可以在龙芯平台上启动的系统引导程序。
- --program-transform-name=s,grub,${CROSS_TARGET}-grub,：用来调整安装命令的文件名，可以使用 sed 命令能够识别的字符串处理表达式来调整名称，这里设置文件名前面加上 CROSS_TARGET 变量设置的值，这样可以保证安装的命令名称不会跟当前系统的命令名称相同。
- --with-platform=efi：指定本次编译生成的是支持 UEFI 的模块。
- --with-utils=host：有 host、target、build 这 3 个选择，分别针对 --host、--target 和 --build 设置的 3 个平台系统参数。--with-utils 参数设置的值代表了 Grub 的命令运行的平台系统，默认使用 target，但我们需要编译的 Grub 命令是运行在当前平台系统上的。根据前面 3 个平台系统的设置，这里设置为 build 或者 host 都可以，设置为 host 更加合适。
- --disable-werror：防止编译器对代码的强语法检查导致的 Grub 编译失败。

4. 正确性检查

检查 Grub 命令是否安装正确，命令如下：

```
type -p ${CROSS_TARGET}-grub-mkimage
```

正确的返回结果是:

```
/cross-tools/bin/mips64el-unknown-linux-gnuabi64-grub-mkimage
```

检查 Grub 的模块是否安装正确，命令如下:

```
ls /cross-tools/lib/grub/
```

正确的返回结果是:

```
mips64el-efi
```

这个文件名表示架构是 mips64el（即可用于龙芯平台），并且是 UEFI 的支持模块。

第 06 章

制作一个临时系统

交叉工具链和编译环境已经制作完成，下面开始使用交叉编译环境制作龙芯平台的临时系统。

6.1 准备工作

开始编译软件包之前，需要准备好编译环境，包括环境变量的配置、必要文件的准备等，本小节就来完成这些必需的准备工作。

6.1.1 制作环境设置

下面设置几个与编译链接相关的参数，方便软件包中的配置脚本自动设置以交叉工具链进行软件包的编译。

1. 执行步骤

与编译链接相关的参数的设置命令如下：

```
cat >> ~/.bashrc << "EOF"
export CC="${CROSS_TARGET}-gcc"
export CXX="${CROSS_TARGET}-g++"
export AR="${CROSS_TARGET}-ar"
export AS="${CROSS_TARGET}-as"
export RANLIB="${CROSS_TARGET}-ranlib"
export LD="${CROSS_TARGET}-ld"
export STRIP="${CROSS_TARGET}-strip"
EOF
source ~/.bash_profile

pushd /cross-tools
    echo "[binaries]" > meson-cross.txt
    echo "c = '${CROSS_TARGET}-gcc'" >> meson-cross.txt
    echo "cpp = '${CROSS_TARGET}-g++'" >> meson-cross.txt
    echo "ar = '${CROSS_TARGET}-ar" >> meson-cross.txt
    echo "strip = '${CROSS_TARGET}-strip'" >> meson-cross.txt
    echo "pkgconfig = '/cross-tools/bin/pkg-config'" >> meson-cross.txt
    echo "[properties]" >> meson-cross.txt
    echo -n "c_args = ['" >> meson-cross.txt
    echo -n "${BUILD_ARCH} ${BUILD_MABI}" | sed "s@ ?*@','@g" >> meson-cross.txt
    echo "']" >> meson-cross.txt
```

```
    echo -n "cpp_args = ['" >> meson-cross.txt
    echo -n "${BUILD_ARCH} ${BUILD_MABI}" | sed "s@ ?*@','@g" >> meson-cross.txt
    echo "']" >> meson-cross.txt
    echo "sys_root = '${SYSDIR}'" >> meson-cross.txt

    cat >> meson-cross.txt << "EOF"
    [host_machine]
    system = 'linux'
    cpu_family = 'mips64'
    cpu = 'mips64el'
    endian = 'little'
    EOF
popd
```

2. 步骤解释

（1）在 ~/.bashrc 中加入交叉编译参数设置

将环境变量设置到 ~/.bashrc 中，方便重新进入时自动设置。

```
cat >> ~/.bashrc << "EOF"
……
EOF
```

cat 打开 ~/.bashrc 文件时使用 >> 符号，单个 > 符号表示清空文件的内容后建立新信息，而 >> 符号则是将新信息保存到原文件内容的最后。

环境变量 CC 是用于定义 C 语言编译器的命令，这里设置为

```
export CC="${CROSS_TARGET}-gcc"
```

${CROSS_TARGET} 是目标平台名称，如 mips64el-unknown-linux-gnuabi64。转换后是 mips64el-unknown-linux-gnuabi64-gcc，即交叉编译器。这样在使用 CC 作为默认编译器的情况下，会采用交叉编译器默认的 64 位龙芯指令格式进行编译。如果要换成 32 位或者 N32 的格式，则可以设置为以下内容：

```
export CC="${CROSS_TARGET}-gcc ${BUILD32}"
export CC="${CROSS_TARGET}-gcc ${BUILDN32}"
```

如果强制使用 64 位指令格式进行编译，也可以设置为如下内容：

```
export CC="${CROSS_TARGET}-gcc ${BUILD64}"
```

设置 CXX 环境变量用来定义 C++ 语言编译器的命令。

AR、AS、RANLIB、LD 和 STRIP 环境变量分别对应了 Binutils 工具中的 ar、as、ranlib、ld 和 strip 命令。这些命令也使用交叉工具链中的对应命令，这些命令都有目标平台名称的前缀。如 AS 定义如下。

```
export AS="${CROSS_TARGET}-as"
```

（2）应用交叉编译参数

目前只将交叉编译参数保存在 ~/.bashrc 中，但并没有将其应用到当前的环境中，使用下面的命令来应用这些参数设置。

```
source ~/.bash_profile
```

使用 source 命令应用环境变量参数，这里设置的 ~/.bash_profile 会自动应用 ~/.bashrc 中的内容，也可以直接应用 ~/.bashrc 文件。

（3）制作 Meson 配置工具的交叉编译文件

有一些软件使用 Meson 配置工具而不是传统的 configure 配置脚本来进行配置工作，例如 Systemd 软件包。这些软件包在进行交叉编译的时候不能直接通过命令行的参数来指定 build、host 等交叉编译参数，但 Meson 支持使用指定配置文件的方式来实现交叉编译参数的设置，通过下面这组命令可以生成一个交叉编译使用的配置文件。

```
pushd /cross-tools
    echo "[binaries]" > meson-cross.txt
    ……
popd
```

通过这组命令会在 /cross-tools 目录中创建 meson-cross.txt 文件， Meson 软件包需要使用该文件中的配置信息对其他软件包进行交叉编译。

> **注意：**
> 主系统中必须已安装 Meson 软件包，请检查该软件包是否存在，如果不存在则需要安装。

3. 正确性检查

使用 export 命令显示当前环境变量设置情况，如为龙芯 3A 处理器制作 64 位系统，输出如下：

```
declare -x AR="mips64el-unknown-linux-gnuabi64-ar"
declare -x AS="mips64el-unknown-linux-gnuabi64-as"
declare -x BUILD32="-mabi=32 -mfp64"
declare -x BUILD64="-mabi=64"
declare -x BUILDN32="-mabi=n32"
declare -x BUILD_ARCH="-march=gs464v"
declare -x BUILD_MABI="-mabi=64"
declare -x CC="mips64el-unknown-linux-gnuabi64-gcc"
declare -x CROSS_HOST="x86_64-cross-linux-gnu"
declare -x CROSS_TARGET="mips64el-unknown-linux-gnuabi64"
declare -x CXX="mips64el-unknown-linux-gnuabi64-g++"
declare -x DOWNLOADDIR="/opt/mydistro/sources"
declare -x HOME="/home/loongson"
declare -x LC_ALL="POSIX"
```

```
declare -x LD="mips64el-unknown-linux-gnuabi64-ld"
declare -x MABI="64"
declare -x OLDPWD
declare -x PATH="/cross-tools/bin:/bin:/usr/bin"
declare -x PS1="\\u:\\w\\\$ "
declare -x PWD="/home/loongson"
declare -x RANLIB="mips64el-unknown-linux-gnuabi64-ranlib"
declare -x SHLVL="1"
declare -x STRIP="mips64el-unknown-linux-gnuabi64-strip"
declare -x SYSDIR="/opt/mydistro"
declare -x TERM="linux"
```

输出内容主要是检查设置的几个变量内容是否正确。环境的检查非常重要，如果设置了错误的环境变量很可能导致后续的制作过程出现问题。

6.1.2 准备软件包

1. 下载源代码包

下载制作临时系统所需要的源代码包，使用如下命令：

```
pushd ${DOWNLOADDIR}
    dnf download --source zlib
    dnf download --source ncurses bzip2
    ......
    wget https://mirrors.tuna.tsinghua.edu.cn/kernel/v5.x/linux-5.4.44.tar.xz
popd
```

准备源代码包有两种方式。

一种是使用 dnf 命令进行下载，dnf 命令使用 download --source 参数从 Fedora 源代码仓库中下载源代码文件，参数后指定的是源代码包的名称。dnf 命令下载多个软件包时可以把这些软件包的名字一起写出来，软件包名之间使用空格来分隔即可。

另一种是直接从软件包的官方网站下载源代码包文件，这种方式用在要使用的软件包版本与 Fedora 源代码仓库中的版本不同时。我们打算使用一个官方长期维护的 Linux 内核版本，因为这与 Fedora 32 所使用的版本不一致，所以下载一个“原装”的 Linux 内核源代码而不使用 Fedora 提供的 RPM 源代码包文件。

需要下载的源代码包文件较多，这里不一一列举出来，读者可以根据接下来的制作步骤下载需要的源代码包文件。

2. 安装源代码包

为制作临时系统而下载的源代码包，可以通过 rpm 命令安装到当前用户目录中，以便后续进行使用，安装过程如下：

```
pushd ${DOWNLOADDIR}
   rpm -ivh zlib-1.2.11-21.fc32.src.rpm
   rpm -ivh ncurses-6.1-15.20191109.fc32.src.rpm
   rpm -ivh bzip2-1.0.8-2.fc32.src.rpm
   ......
popd
```

这些软件包的 RPM 源代码包安装到用户目录的 rpmbuild 目录中。除了与软件包名称相同的 SPEC 描述文件存放到 SPECS 目录外，其他文件都会存放到 SOURCES 目录中。

从软件官方网站下载的源代码包（如 Linux 内核）则可以暂时不处理，后面在具体制作时会用到。

6.2 临时系统的工具链

本节将完成临时系统的工具链所涉及的软件包的制作和安装。

6.2.1 任意精度算法库（GMP）

GMP 是一个开源的复杂数字算法的 C 语言库，支持任意精度和数字。GCC 软件包必须有 GMP 软件包才能进行编译，因此在编译目标系统的 GCC 之前先完成目标系统 GMP 的编译安装。

1. 安装过程

安装命令如下：

```
rpmbuild -bp ~/rpmbuild/SPECS/gmp.spec
pushd ~/rpmbuild/BUILD/gmp-6.1.2/
   ABI=${MABI} \
   ./configure --build=${CROSS_HOST} --host=${CROSS_TARGET} \
               --prefix=/tools --libdir=/tools/lib64 --enable-cxx
   make
   make install
popd
```

2. 安装步骤解释

安装过程的重点步骤是配置 GMP。

```
ABI=${MABI} \
./configure --build=${CROSS_HOST} --host=${CROSS_TARGET} \
            --prefix=/tools --libdir=/tools/lib64 --enable-cxx
```

- ABI=${MABI}：设置编译时使用的 ABI，我们强制使用之前定义的主 ABI，若不设置可能会自动探测到一个和主 ABI 不同的值。
- --build=${CROSS_HOST}、--host=${CROSS_TARGET}：告诉配置脚本此次编译目标平台上的 GMP，编译脚本会自动调用交叉编译器进行编译。

  这里同时设置了 host 和 build，不设置 build 也可以正常进行交叉编译。build 会自行检查当前的系统平台参数，但可能会出现没有设置 build 的警告提示。
- --prefix=/tools：之后的大量软件包都会使用 /tools 作为安装的基础目录，因为我们要制作的临时系统就是以 /toos 目录来存放的。
- --libdir=/tools/lib64：默认库文件会存放到 ${prefix}/lib 目录中，但因为本次编译的是 64 位 ABI 的库，在多库（Multilib）共存的环境中应当存放在 lib64 目录中，使用该参数可以强制安装库的目录路径。
- --enable-cxx：使 GMP 开启 C++ 语言的支持。

3. 正确性检查

确保 libgmp.{a,so}、libgmpxx.{a,so} 这几个函数库文件被正确地安装在 /tools/lib64 目录中。

6.2.2 高精度浮点数算法库（MPFR）

MPFR 是一个开源的高精度浮点数算法库。同 GMP 一样，该软件包也是 GCC 编译必须具备的条件之一，因此在编译 GCC 之前先编译 MPFR 软件包。

1. 安装过程

安装命令如下：

```
rpmbuild -bp ~/rpmbuild/SPECS/mpfr.spec
pushd ~/rpmbuild/BUILD/mpfr-4.0.2/
   ./configure --build=${CROSS_HOST} --host=${CROSS_TARGET} \
               --prefix=/tools --libdir=/tools/lib64
    make
    make install
popd
```

2. 正确性检查

确保 libmpfr.so 函数库文件被正确地安装在 /tools/lib64 目录中。

6.2.3 任意高精度的复数计算库（LibMPC）

LibMPC 软件包提供了开源的对任意高精度的复数计算和舍入的数学库。同 GMP、MPFR 软件包安装原因一样，GCC 必须在安装 LibMPC 后才能正常进行编译，同时本软件包的安装也为其他软件提供了任意高精度的复数算法库。

1. 安装过程

安装命令如下：

```
rpmbuild -bp ~/rpmbuild/SPECS/libmpc.spec
pushd ~/rpmbuild/BUILD/mpc-1.1.0/
   ./configure --build=${CROSS_HOST} --host=${CROSS_TARGET} \
               --prefix=/tools --libdir=/tools/lib64
    make
    make install
popd
```

2. 正确性检查

确保 libmpc.so 函数库文件被正确地安装在 /tools/lib64 目录中。

6.2.4 集合和关系算法库（ISL）

ISL 是一个开源的用于集合与关系的算法库，ISL 计算过程使用 GMP 提供的算法库，因此 ISL 的安装需要在 GMP 之后。GCC 可以使用 ISL 来简化一些计算，在编译 GCC 之前先编译 ISL 软件包。

1. 安装过程

安装命令如下：

```
rpmbuild -bp ~/rpmbuild/SPECS/isl.spec
pushd ~/rpmbuild/BUILD/isl/isl-0.16.1
   ./configure --build=${CROSS_HOST} --host=${CROSS_TARGET} \
               --prefix=/tools --libdir=/tools/lib64
    make
    make install
popd
```

2. 正确性检查

确保 libisl.so 函数库文件被正确地安装在 /tools/lib64 目录中。

6.2.5 多面体参数算法库（CLooG）

CLooG 是一个开源的用来将多面体参数转换为程序代码的算法库。该算法库使用 ISL 提供的算法，需要在 ISL 安装之后再进行编译，GCC 可以使用该算法库来简化某些过程的处理。

1. 安装过程

安装命令如下：

```
rpmbuild -bp ~/rpmbuild/SPECS/cloog.spec
pushd ~/rpmbuild/BUILD/cloog-0.18.4
   ./autogen.sh
   ./configure --build=${CROSS_HOST} --host=${CROSS_TARGET} \
               --prefix=/tools --libdir=/tools/lib64 --with-isl=system
    make
    make install
popd
```

2. 正确性检查

确保 libcloog-isl.so 函数库文件被正确地安装在 /tools/lib64 目录中。

6.2.6 ZIP 格式支持库（Zlib）

Zlib 软件包用于提供系统对 ZIP 压缩格式的支持，Binutils 和 GCC 都会用到该库提供的压缩算法。

1. 安装过程

安装命令如下：

```
rpmbuild -bp ~/rpmbuild/SPECS/zlib.spec
pushd ~/rpmbuild/BUILD/zlib-1.2.11
    patch -Rp1 -i ~/rpmbuild/SOURCES/zlib-1.2.11-firefox-crash-fix.patch
    patch -Rp1 -i ~/rpmbuild/SOURCES/zlib-1.2.11-optimized-CRC32-framework.patch
    ./configure --prefix=/tools --libdir=/tools/lib64
    make
    make install
popd
```

2. 安装步骤解释

安装过程可划分为以下几个步骤。

（1）取消补丁

通过 rpmbuild 命令准备好 Zlib 的源代码目录后，该代码打上了一些 RPM 源代码包中提供的补丁，但因为当前系统环境不符合某些补丁的使用条件，这些补丁会导致编译失败。这些补丁对 Zlib 的主体功能没有什么影响，为了顺利进行编译，可以取消这些补丁，命令如下：

```
patch -Rp1 -i ~/rpmbuild/SOURCES/zlib-1.2.11-firefox-crash-fix.patch
patch -Rp1 -i ~/rpmbuild/SOURCES/zlib-1.2.11-optimized-CRC32-framework.patch
```

取消补丁使用和打补丁同样的 patch 命令，所不同的是参数，-N 参数代表应用补丁，-R 参数代表反打补丁，即用 -R 参数打的补丁相当于取消 -N 参数打的补丁。

rpmbuild 命令应用的补丁都存放在当前用户目录的 rpmbuild/SOURCES 目录中，这里只需要取消两个影响当前环境编译 Zlib 的补丁即可，使用 -R 参数取消打过的补丁。

（2）配置 Zlib

```
./configure --prefix=/tools --libdir=/tools/lib64
```

Zlib 的配置脚本不支持大多数软件包所支持的 build、host 参数，因此 Zlib 的编译器通过环境变量 CC 来指定，当前我们的环境中已经定义了 CC 为交叉编译器的命令，所以只要通过配置脚本设置安装的基础目录以及库文件存放目录即可。

3. 正确性检查

检查 libz.so 函数库文件是否被正确地安装在 /tools/lib64 目录中。

6.2.7 汇编工具集（Binutils）

临时系统也需要具有编译程序的能力，因此需要在临时系统中安装工具链。本次安装的 Binutils 就是临时系统中工具链的重要组件。

> **注意：**
> 本次安装的 Binutils 只能在目标平台上运行，在制作目标系统的过程中并不会使用，因此本次编译的 Binutils 实际上是交叉编译的目标，而编译出来的 Binutils 并不是交叉汇编链接工具，而应该算是一个本地汇编链接工具，不过这个本地是针对目标平台系统而言的。

1. 安装过程

安装命令如下：

```
rpmbuild -bp ~/rpmbuild/SPECS/binutils.spec
pushd ~/rpmbuild/BUILD/binutils-2.34
patch -Np1 -i ${DOWNLOADDIR}/0001-binutils-2.34-add-gs464v-support-1.patch
    mkdir -v build
    cd build
    ../configure --build=${CROSS_HOST} --host=${CROSS_TARGET} \
                 --target=${CROSS_TARGET} --prefix=/tools --libdir=/tools/lib64 \
                 --with-lib-path=/tools/lib64:/tools/lib32:/tools/lib \
```

```
                --disable-nls --enable-shared \
                --enable-64-bit-bfd --enable-targets=mipsel-linux
    make configure-host
    make
    make install
    make -C ld clean
    make -C ld LIB_PATH=/lib64:/lib32:/lib
    cp -v ld/.libs/ld-new /tools/bin
    cp libiberty/libiberty.a /tools/lib64/
    cp ../include/libiberty.h /tools/include/
popd
```

2. 安装步骤解释

安装过程可划分为以下几个步骤。

（1）配置 Binutils

```
../configure --build=${CROSS_HOST} --host=${CROSS_TARGET} \
            --target=${CROSS_TARGET} --prefix=/tools --libdir=/tools/lib64 \
            --with-lib-path=/tools/lib64:/tools/lib32:/tools/lib \
            --disable-nls --enable-shared \
            --enable-64-bit-bfd --enable-targets=mipsel-linux
```

- --build=${CROSS_HOST}、--host=${CROSS_TARGET}、--target=${CROSS_TARGET}：这 3 个参数组合表达的含义是在当前平台（build 指定）上进行交叉编译，生成运行在目标平台（host 指定）上的代码，而编译出来的 Binutils 也是用于生成目标平台（target 指定）的代码，表示本次生成的 Binutils 是在目标系统中使用的，是一次“交叉编译一个目标平台上的本地汇编链接工具”的过程。
- --with-lib-path=/tools/lib64:/tools/lib32:/tools/lib：设置 ld 命令查找链接库文件的目录列表，多个目录使用 : 进行分隔。
- --enable-64-bit-bfd：如果目标平台是 64 位指令格式，必须使用该参数保证 Binutils 支持 64 位指令的处理。
- --enable-targets=mipsel-linux：指定额外支持的二进制格式，这里指定了 MIPS 32 位小端的格式支持。

（2）为将来调整工具链准备 ld 命令

```
make -C ld clean
make -C ld LIB_PATH=/lib64:/lib32:/lib
cp -v ld/.libs/ld-new /tools/bin
```

因为通过配置参数编译生成的 ld 命令使用的是 /tools 目录中的 lib64、lib32 和 lib，而当使用临时系统开始编译目标系统程序时应该链接根目录中的 lib64、lib32 和 lib，所以我们会在开始制作目标系统程序时调整工具链。为了方便调整工具链，我们提前准备好链接根目录的 ld 命令，并将该命令存放在 /tools/bin 目录且取名 ld-new，这样调整时只要修改文件名即可使用。

（3）复制 libiberty 的库和头文件

```
cp libiberty/libiberty.a /tools/lib64/
cp ../include/libiberty.h /tools/include/
```

有些软件会需要用到 libiberty 的库（如 Annobin 软件需要该库），默认该库不进行安装，我们手工将该库文件和头文件复制到临时系统中。

3. 正确性检查

确定 Binutils 软件包中的几个主要命令，如 ld、as、strip 命令是否安装到 /tools/bin 目录中。

4. 注意事项

请读者关注本次编译 Binutils 时采用的 build、host 和 target 的设置，不要设置错误。

6.2.8 编译器（GCC）

GCC 是 GNU 中的重要成员，包括对 C、C++、FORTRAN 等语言的编译支持，它是 Linux 系统下最常用的编译器。

要在目标系统中提供编译软件的功能，GCC 是必不可少的。此处为临时系统编译 GCC，为临时系统运行到目标平台时提供编译程序的能力。

1. 安装过程

安装命令如下：

```
rpmbuild -bp ~/rpmbuild/SPECS/gcc.spec
pushd ~/rpmbuild/BUILD/gcc-10.0.1-20200328/
   patch -Np1 -i ${DOWNLOADDIR}/0001-gcc-10.0.1-add-gs464v-support-3.patch
   for file in $(find gcc/config -name linux64.h -o -name linux.h -o -name sysv4.h)
   do
      cp -uv $file{,.orig}
      sed -e 's@/lib\(64\)\?\(32\)\?/ld@/tools&@g' -e 's@/usr@/tools@' $file.orig > $file
      rm $file.orig
   done
  sed -i.orig -e '/#define STANDARD_STARTFILE_PREFIX_1/s@"/lib@"/tools/lib@g' \
      -e '/#define STANDARD_STARTFILE_PREFIX_2/s@"\(.*\)"@""@g' \
      gcc/gcc.c gcc/config/mips/mips.h

  mkdir -v build
  cd build
  ../configure --build=${CROSS_HOST} --host=${CROSS_TARGET} --target=${CROSS_TARGET} \
            --prefix=/tools --libdir=/tools/lib64 --with-local-prefix=/tools \
```

```
                --with-native-system-header-dir=/tools/include --disable-libstdcxx-pch \
                --with-system-zlib --enable-checking=release --enable-__cxa_atexit \
                --enable-linker-build-id --with-linker-hash-style=both \
                --with-abi=64 --with-nan=2008 --with-arch=gs464v \
                --enable-languages=c,c++,fortran,objc,obj-c++,lto
  make
  make install

  ln -sv ../bin/cpp /tools/lib
  ln -sv gcc /tools/bin/cc
popd
```

2. 安装步骤解释

安装过程可划分为以下几个步骤。

（1）修改默认路径

将 ld.so 默认链接位置、头文件的查找路径以及链接库文件的路径都改成以 /tools 目录为基础。

```
for file in $(find gcc/config -name linux64.h -o -name linux.h -o -name sysv4.h)
do
    cp -uv $file{,.orig}
    sed -e 's@/lib\(64\)\?\(32\)\?/ld@/tools&@g' -e 's@/usr@/tools@' $file.orig > $file
    rm $file.orig
done
sed -i.orig -e '/#define STANDARD_STARTFILE_PREFIX_1/s@"/lib@"/tools/lib@g' \
            -e '/#define STANDARD_STARTFILE_PREFIX_2/s@"\(.*\)"@""@g' \
            gcc/gcc.c gcc/config/mips/mips.h
```

这部分的修改与之前制作交叉工具链相同。

（2）配置 GCC

```
../configure --build=${CROSS_HOST} --host=${CROSS_TARGET} --target=${CROSS_TARGET} \
            --prefix=/tools --libdir=/tools/lib64 --with-local-prefix=/tools \
            --with-native-system-header-dir=/tools/include --disable-libstdcxx-pch \
            --with-system-zlib --enable-checking=release --enable-__cxa_atexit \
            --enable-linker-build-id --with-linker-hash-style=both \
            --with-abi=64 --with-nan=2008 --with-arch=gs464v \
            --enable-languages=c,c++,fortran,objc,obj-c++,lto
```

GCC 的配置参数可以参考制作交叉工具链时对 GCC 配置参数的说明，下面列举几个本次编译的重要配置参数。

○ --build=${CROSS_HOST}、--host=${CROSS_TARGET}、--target=${CROSS_

TARGET}：同 Binutils 配置一样，本次编译生成的 GCC 运行在目标系统上，host 设置为目标平台，生成代码也是目标平台，交叉编译一个目标平台系统的本地编译工具。

- --disable-libstdcxx-pch：不为 libstdc++ 构建预编译头文件（PCH），这些文件不但占用的空间大，而且也很难被用到。
- --enable-linker-build-id：设置使用 GCC 编译生成的二进制程序增加上 BuildID 标记，每次生成的 BuildID 标记具有随机性，即同一个程序文件在同一个编译器每次生成的二进制文件中所具有的 BuildID 标记都不相同。

BuildID 标记的数值可以使用 file 命令进行查看。当没有使用 --enable-linker-build-id 参数的 GCC 编译生成的二进制文件时，使用 file 命令查看后出现的内容如下：

```
ELF 64-bit LSB executable, MIPS, MIPS64 rel2 version 1 (SYSV), dynamically linked, interpreter /
tools/lib64/ld-linux-mipsn8.so.1, for GNU/Linux 4.5.0, with debug_info, not stripped
```

而使用设置了该参数的 GCC 编译生成的二进制文件时，使用 file 命令查看后出现的内容如下：

```
ELF 64-bit LSB executable, MIPS, MIPS64 rel2 version 1 (SYSV), dynamically linked,
interpreter /tools/lib64/ld-linux-mipsn8.so.1, BuildID[sha1]=97062dee69801db7e53667
4f5c74bfa1d003fcc0, for GNU/Linux 4.5.0, with debug_info, not stripped
```

BuildID 标记是 RPM 包制作工具生成 debuginfo 包的基础，所以需要在临时系统的 GCC 上增加支持生成该标记的参数。

因为本次编译的 GCC 是运行在龙芯平台上的，在当前交叉编译的情况下无法直接验证 BuildID 标记生成的情况，所以可以等临时系统在龙芯平台运行之后再编译程序来查看。

（3）创建必要的链接文件

```
ln -sv ../bin/cpp /tools/lib
ln -sv gcc /tools/bin/cc
```

使用临时系统中的 cpp 命令（C 语言预处理命令）时会到 /tools/lib 目录中进行调用，为支持这样的调用在 /tools/lib 目录中建立一个指向 /tools/bin/cpp 命令的链接文件。

一些软件包在编译 C 语言文件时会调用 cc 命令，为兼容这样的调用，将 gcc 命令链接为一个 cc 命令。

3. 正确性检查

检查 gcc 命令是否被安装在目标系统的 /tools/bin 目录中，确认文件的指令格式是否为目标平台系统格式，使用下面的命令检查：

```
file /tools/bin/gcc | cut -d ':' -f2
```

如为 64 位系统，正常的返回结果如下：

```
ELF 64-bit LSB executable, MIPS, MIPS64 rel2 version 1 (SYSV), dynamically linked,
interpreter /tools/lib64/ld-linux-mipsn8.so.1, for GNU/Linux 4.5.0, with debug_
info, not stripped
```

6.3 基础库软件包

完成临时系统的基础工具链制作之后，建议先完成各种基础库的制作。这部分制作的软件包主要是为后续编译启动系统需要用到的软件组件，以及临时系统制作目标系统过程中用到的命令等所需要的库文件提供支持。

6.3.1 文本环境交互函数库（Ncurses）

Ncurses 是一种提供在控制台进行窗口绘制功能的函数库，这为字符终端下制作界面化的软件提供了支持，Linux 内核的配置界面就是通过函数库来实现的。它提供了许多相关的函数库及命令，程序员可以通过调用这些函数和命令方便地在字符终端下制作窗口、按钮等界面元素，同时该软件包还提供了一些非常有用的终端处理命令，如 clear 和 reset 命令。

1. 安装过程

安装命令如下：

```
rpmbuild -bp ~/rpmbuild/SPECS/ncurses.spec
pushd ~/rpmbuild/BUILD/ncurses-6.1-20191109
   ./configure --host=${CROSS_TARGET} --prefix=/tools --libdir=/tools/lib64 \
              --with-shared --without-debug --without-ada \
              --enable-pc-files --with-pkg-config-libdir=/tools/lib64/pkgconfig \
              --enable-widec --with-termlib=tinfo --disable-stripping
   make
   make install
   for lib in ncurses form panel menu ; do
        rm -vf /tools/lib64/lib${lib}.so
        echo "INPUT(-l${lib}w)" > /tools/lib64/lib${lib}.so
        ln -sfv ${lib}w.pc /tools/lib64/pkgconfig/${lib}.pc
   done
popd
```

2. 安装步骤解释

安装过程可划分为以下几个步骤。

（1）配置 Ncurses

```
./configure --host=${CROSS_TARGET} --prefix=/tools --libdir=/tools/lib64 \
           --with-shared --without-debug --without-ada \
           --enable-pc-files --with-pkg-config-libdir=/tools/lib64/pkgconfig \
           --enable-widec --with-termlib=tinfo --disable-stripping
```

- --host=${CROSS_TARGET}：host 指定为目标平台，编译的时候会以 CROSS_TARGET 变量设置的名字为前缀来调用相应的编译链接工具，这样就使得 Ncurses 软件包交叉编译为目标平台上的软件。

  这里只设置了 host，没有设置 build 及 target。不设置 build，该软件包会自己探测当前的系统平台进行设置；而没有设置 target，则是因为该软件包不需要 target，因为该软件包不具有对其他信息或文件处理成 target 指定目标的功能。

- --without-ada：不对 Ada 语言进行支持。
- --enable-pc-files：安装 Ncurses 软件包的 pc 文件，这样方便其他软件通过 pkg-config 命令获取 Ncurses 软件包的安装、链接参数等信息。
- --with-pkg-config-libdir=/tools/lib64/pkgconfig：强制指定 Ncurses 的 pc 文件存放到“/tools/lib64/pkgconfig”目录中，若不指定可能会存放到不合适的目录里。
- --enable-widec：使 Ncurses 支持宽字符集。
- --disable-stripping：安装时不进行去除调试符信息的操作，该操作使用 strip 命令，而当前系统的 strip 命令不能处理使用 MIPS 指令集的二进制程序。

（2）创建兼容库和 pc 文件

```
for lib in ncurses form panel menu ; do
    rm -vf /tools/lib64/lib${lib}.so
    echo "INPUT(-l${lib}w)" > /tools/lib64/lib${lib}.so
    ln -sfv ${lib}w.pc /tools/lib64/pkgconfig/${lib}.pc
done
```

有些软件需要链接不带有 w 结尾的库文件，如 VIM 软件包，为这些软件包创建一个兼容的库文件名及 pc 文件。

3. 正确性检查

检查 libncurses{,w} 库文件是否存放在 /tools/lib64 目录中，并检查 libncurses{,w}.pc 文件是否存放到 /tools/lib64/pkgconfig 目录里。

6.3.2 压缩工具（Bzip2）

Bzip2 软件包中包含对文件进行 bzip2 格式压缩和解压缩的工具，bzip2 格式的文件一般以 .bz2 为扩展名，是 Linux 系统下比较常见的压缩格式。对于文本文件，bzip2 格式比传统的 gzip 格式拥有更高的压缩比。

该软件包提供的函数库经常被其他软件包用来处理数据的压缩和解压缩，是一个非常重要的基础库。

1. 安装过程

安装命令如下：

```
rpmbuild -bp ~/rpmbuild/SPECS/bzip2.spec
pushd ~/rpmbuild/BUILD/bzip2-1.0.8
  sed -i.orig -e "/^all:/s/ test//" Makefile
  sed -i -e 's:ln -s -f $(PREFIX)/bin/:ln -s -f :' Makefile
  sed -i "s@(PREFIX)/man@(PREFIX)/share/man@g" Makefile
  sed -i 's@/lib\(/\| \|$\) @/lib64\1@g' Makefile
  make -f Makefile-libbz2_so CC="${CC}" CFLAGS="-D_FILE_OFFSET_BITS=64"
  make clean
  make CC="${CC}" AR="${AR}" RANLIB="${RANLIB}"
  make PREFIX=${SYSDIR}/tools install
  cp -av libbz2.so* /tools/lib64
  ln -sfv libbz2.so.1.0.8 /tools/lib64/libbz2.so.1
  ln -sfv libbz2.so.1 /tools/lib64/libbz2.so
  cp -v bzip2-shared /tools/bin/bzip2
  ln -sfv bzip2 /tools/bin/bunzip2
  ln -sfv bzip2 /tools/bin/bzcat
popd
```

2. 安装步骤解释

安装过程可划分为以下几个步骤。

（1）取消测试步骤

```
sed -i.orig -e "/^all:/s/ test//" Makefile
```

在交叉编译方式中无法进行软件包测试，因此取消测试步骤。

（2）修正函数库文件链接方式

```
sed -i -e 's:ln -s -f $(PREFIX)/bin/:ln -s -f :' Makefile
```

改为使用相对路径来建立链接文件。

（3）修正 man 手册文件的安装目录

```
sed -i "s@(PREFIX)/man@(PREFIX)/share/man@g" Makefile
```

将 man 手册文件安装到 /tools/man 目录改为安装到 /tools/share/man 目录中。

（4）修正函数库安装目录

```
sed -i 's@/lib\(/\| \|$\)@/lib64\1@g' Makefile
```

由于 Bzip2 软件包没有配置过程，因此无法使用 libdir 这样的参数设置库文件的存放路径，而默认使用 lib 目录，因为设置的主 ABI 是 64 位，所以修改成使用 lib64 目录来存放库文件。

（5）编译 Bzip2

```
make -f Makefile-libbz2_so CC="${CC}" CFLAGS="-D_FILE_OFFSET_BITS=64"
```

```
make clean
make CC="${CC}" AR="${AR}" RANLIB="${RANLIB}"
```

使用 Makefile-libbz2_so 文件产生 Bzip2 的共享函数库文件。

Bzip2 软件包没有配置过程，直接编译会使用主系统的 gcc 而无法交叉编译目标平台代码，因此必须强制设置 CC、AR 和 RANLIB 变量来指定为交叉编译工具。

共享函数库文件生成后，要继续生成静态函数库文件。在进行共享函数库文件的编译后会产生大量的临时文件，这会对编译静态函数库造成影响。编译前使用 make clean 命令清理这些临时文件，因为清理过程没有指定 Makefile-libbz2_so 文件，所以会使用默认的 Makefile 文件来处理清理工作，这样可以使 Makefile-libbz2_so 文件规则中生成的共享函数库文件得以保留。

make 命令默认使用 Makefile 文件进行编译控制，Bzip2 软件包中的 Makefile 文件将控制产生静态函数库文件，同样需要指定 CC 等变量来使用交叉编译器。

（6）安装 Bzip2

当 make clean 命令保留了动态链接库文件，而 make 命令又生成了静态链接库文件后，我们就可以将 Bzip2 的文件安装到系统里。

```
make PREFIX=${SYSDIR}/tools install
```

Bzip2 软件包没有 DESTDIR 参数，需要使用 PREFIX 参数指定安装的根目录，因为在根目录里创建了 /tools 的链接目录，所以 PREFIX 参数设置为 /tools 也可以完成安装。

安装步骤使用的是 Makefile 文件中的规则，因此只安装了静态库文件和静态链接的命令文件。此时我们再通过下面一组命令来安装动态链接库文件。

```
cp -av libbz2.so* /tools/lib64
ln -sfv libbz2.so.1.0.8 /tools/lib64/libbz2.so.1
ln -sfv libbz2.so.1 /tools/lib64/libbz2.so
```

接着我们安装动态链接的命令文件来代替已经安装到系统里的静态编译的命令文件，命令如下：

```
cp -v bzip2-shared /tools/bin/bzip2
ln -sfv bzip2 /tools/bin/bunzip2
ln -sfv bzip2 /tools/bin/bzcat
```

因为 bzip2 命令是一个多功能的命令，可以通过判断自己的名字来实现不同的功能，所以只要以不同名字的链接文件链接到 bzip2 命令文件上即可。

3. 正确性检查

检查 libbz2 库文件是否存放在 /tools/lib64 目录中，检查 bzip2 命令是否安装到 /tools/bin 目录中。

6.3.3 压缩工具（XZ）

XZ 软件包与 Bzip2 软件包十分类似，提供了对 LZMA 和 XZ 压缩格式处理的相关命令以及函数库文件，命令用来解压 XZ 格式的压缩文件，函数库则会被一些其他软件用来处理数据。

因为 xz 命令对文件的压缩比已经超过了 bzip2，所以现在大量的压缩包使用 xz 命令进行压缩，其压缩后的文件名默认以 .xz 为扩展名。

1. 安装过程

安装命令如下：

```
rpmbuild -bp ~/rpmbuild/SPECS/xz.spec
pushd ~/rpmbuild/BUILD/xz-5.2.5
   ./configure --host=${CROSS_TARGET} --prefix=/tools --libdir=/tools/lib64
   make
   make install
popd
```

2. 正确性检查

检查 liblzma 库文件是否存放在 /tools/lib64 目录中，检查 xz 命令是否安装到 /tools/bin 目录中。

6.3.4 行编辑支持库（Readline）

Readline 软件包提供了对命令行进行编辑并有历史记录功能的函数库，有些软件使用该函数库处理与用户的交互操作。

1. 安装过程

安装命令如下：

```
rpmbuild  -bp ~/rpmbuild/SPECS/readline.spec
pushd ~/rpmbuild/BUILD/readline-8.0
   ./configure --host=${CROSS_TARGET} --prefix=/tools --libdir=/tools/lib64
   make SHLIB_LIBS="-lncursesw"
   make SHLIB_LIBS="-lncursesw" install
popd
```

2. 安装步骤解释

安装过程的核心步骤是编译和安装的参数。

```
make SHLIB_LIBS="-lncursesw"
make SHLIB_LIBS="-lncursesw" install
```

SHLIB_LIBS 变量用来设置编译可链接的函数库，这里指定了"-lncursesw"，即 libncursesw 库，这是 Ncurses 的宽字符集支持库。安装到目标系统中的 Ncurses 函数库支持宽字符集的处理，在编译 Readline 时使用该函数库可以获得额外宽字符处理能力。

3. 正确性检查

检查 libhistory 和 libreadline 库文件是否安装到 /tools/lib64 目录中。

6.3.5 加密算法支持库（OpenSSL）

OpenSSL 软件包中包含了大量与加密和认证相关的算法，是一个非常重要和基础的加密算法函数库，目前有大量开源软件使用的加密算法基于该软件包提供的函数库。

1. 安装过程

安装命令如下：

```
rpmbuild  -bp ~/rpmbuild/SPECS/openssl.spec
pushd ~/rpmbuild/BUILD/openssl-1.1.1d
    ./Configure --prefix=/tools --libdir=/tools/lib64 shared zlib \
                enable-camellia enable-seed enable-rfc3779 enable-cms \
                enable-md2 enable-rc5 enable-ssl3 enable-ssl3-method \
                enable-weak-ssl-ciphers no-mdc2 no-ec2m \
                linux64-mips64
    make
    make install
popd
```

2. 安装步骤解释

安装过程的主要步骤是配置 OpenSSL。

```
./Configure --prefix=/tools --libdir=/tools/lib64 shared zlib \
            enable-camellia enable-seed enable-rfc3779 enable-cms \
            enable-md2 enable-rc5 enable-ssl3 enable-ssl3-method \
            enable-weak-ssl-ciphers no-mdc2 no-ec2m \
            linux64-mips64
```

OpenSSL 的配置基本是 Configure 配置脚本，不使用 GNU 标准的配置脚本，没有设置 build、host 参数，配置脚本还会根据环境变量 CC 来设置使用的编译工具命令。因为 CC 变量被设置成交叉编译工具的命令，所以编译就是交叉编译。

Configure 配置脚本的大多数功能参数使用不带 -- 的方式进行表达，本次配置的参数大多是开启或关闭某个加密算法功能，下面介绍几个特殊的参数。

- shared：需要编译生成共享函数库文件。
- zlib：压缩使用 Zlib 库提供的算法。

- linux64-mips64：确定编译的平台系统是 MIPS 64 位的 Linux 系统，配置脚本会找到对应的编译参数来配置编译命令。

3. 正确性检查

检查 openssl 命令是否被正确地安装在 /tools/bin 目录中。

检查 libssl 库文件是否安装到 /tools/lib64 目录中。

6.3.6 正则表达式处理库（PCRE）

PCRE 软件包提供了一组用来分析处理符合 Perl 标准的正则表达式的函数库，提供了 C 和 C++ 语言的调用接口，这些对于程序处理 Perl 语法和语义的正则表达式模式匹配非常有用。

1. 安装过程

安装命令如下：

```
rpmbuild  -bp ~/rpmbuild/SPECS/pcre.spec
pushd ~/rpmbuild/BUILD/pcre-8.44
   ./configure --host=${CROSS_TARGET} --prefix=/tools --libdir=/tools/lib64
   make
   make install
popd
```

2. 正确性检查

检查 libpcre、libpcrecpp 和 libpcreposix 库文件是否安装到 /tools/lib64 目录中。

6.3.7 SELinux 策略库（Libsepol）

Libsepol 软件包为内核的安全模型 SELinux 提供了策略操作的函数库，通过该函数库提供的接口，可以为一些安全工具提供 SELinux 安全策略的设置。该函数库是内核 SELinux 功能操作的基础库。

1. 安装过程

安装命令如下：

```
rpmbuild -bp ~/rpmbuild/SPECS/libsepol.spec
pushd ~/rpmbuild/BUILD/libsepol-3.0
   make PREFIX=/tools SHLIBDIR=/tools/lib64 LIBDIR=/tools/lib64
   make PREFIX=/tools SHLIBDIR=/tools/lib64 LIBDIR=/tools/lib64 install
popd
```

2. 安装步骤解释

安装过程的主要步骤是编译和安装 Libsepol 软件包。

```
make PREFIX=/tools SHLIBDIR=/tools/lib64 LIBDIR=/tools/lib64
make PREFIX=/tools SHLIBDIR=/tools/lib64 LIBDIR=/tools/lib64 install
```

该软件包没有配置脚本，make 命令将使用环境变量 CC 来调用编译器命令进行编译，同时因为该软件包的安装目录没有配置脚本进行设置，所以我们采用变量指定的方式，其中 SHLIBDIR 默认使用 /lib，LIBDIR 默认使用 ${PREFIX}/lib，根据临时系统的目录进行调整并进行安装。

3. 正确性检查

检查 libsepol 库文件是否安装到 /tools/lib64 目录中。

6.3.8 SELinux 文件级安全策略库（LibSELinux）

LibSELinux 软件包提供以内核安全模型 SELinux 来设置和读取文件级安全策略的函数库，该函数库可以为各种 SELinux 相关工具提供与文件级安全有关的功能接口。

Fedora 中的很多软件包支持 SELinux 策略，这些软件包几乎都要使用 LibSELinux 软件包，因此安装 LibSELinux 软件包是为了能顺利地编译那些支持 SELinux 的软件包。

1. 安装过程

安装命令如下：

```
rpmbuild -bp ~/rpmbuild/SPECS/libselinux.spec
pushd ~/rpmbuild/BUILD/libselinux-3.0
   make PREFIX=/tools SHLIBDIR=/tools/lib64 LIBDIR=/tools/lib64
   make PREFIX=/tools SHLIBDIR=/tools/lib64 LIBDIR=/tools/lib64 install
popd
```

2. 正确性检查

检查 libselinux 库文件是否安装到 /tools/lib64 目录中。

6.3.9 小型数据库（GDBM）

GDBM 软件包提供了一款小型数据库及用来操作的接口函数库。有些软件虽然需要数据库的支持，但又不至于使用大型数据库软件，此时 GDBM 软件包提供的数据库功能更加适合这些软件。

1. 安装过程

安装命令如下：

```
rpmbuild -bp ~/rpmbuild/SPECS/gdbm.spec
pushd ~/rpmbuild/BUILD/gdbm-1.18.1
   ./configure --host=${CROSS_TARGET} --prefix=/tools --libdir=/tools/lib64 \
```

```
            --enable-libgdbm-compat
    make
    make install
popd
```

2. 安装步骤解释

安装过程的主要步骤是配置 GDBM。

```
./configure --host=${CROSS_TARGET} --prefix=/tools --libdir=/tools/lib64 \
            --enable-libgdbm-compat
```

- --enable-libgdbm-compat：允许构建 libgdbm 的兼容库，并为 DBM 和 NDBM 数据库提供兼容接口的头文件，以便一些使用 DBM 数据库的软件包可以正确地编译、安装并运行。

3. 正确性检查

检查 libgdbm 库文件是否安装到 /tools/lib64 目录中。

6.3.10 便携式多功能库（NSPR）

NSPR（Netscape Portable Runtime）软件包类似基础 C 库，提供的函数库涵盖了大量与平台无关的基础功能，提供了时间计算、网络、内存管理等函数接口。

1. 安装过程

安装命令如下：

```
rpmbuild -bp ~/rpmbuild/SPECS/nspr.spec
pushd ~/rpmbuild/BUILD/nspr-4.25/nspr
  ./configure --host=${CROSS_TARGET} --prefix=/tools --libdir=/tools/lib64 \
            --with-pthreads --enable-64bit
  make CC="gcc" -C config
  make
  make install
popd
```

2. 安装步骤解释

安装过程可划分为以下几个步骤。

（1）配置 NSPR 软件包

```
./configure --host=${CROSS_TARGET} --prefix=/tools --libdir=/tools/lib64 \
            --with-pthreads --enable-64bit
```

- --with-pthreads：由系统的线程库（即 Glibc）提供，而不是 NSPR 源代码中自带的。
- --enable-64bit：打开 64 位的支持功能。

（2）编译 NSPR 软件包

虽然配置脚本已经设置编译使用交叉工具链，但是在 NSPR 源代码包的编译过程中会编译一个 nsinstall 命令，并用该命令完成编译过程的部分工作，而该命令也会使用交叉编译器进行编译，这导致产生的 nsinstall 命令无法运行在当前系统中。为了解决该问题，在编译其他源程序之前先用本地编译器编译 nsinstall 命令，使用如下方法：

```
make CC="gcc" -C config
```

强制设置临时 CC 环境变量为本地编译器命令，并使用 -C 参数来指定仅编译 config 目录中的源程序，config 目录中就是 nsinstall 命令的源代码，成功完成编译后，就可以正常编译 NSPR 源代码了。

因为 nsinstall 命令仅在编译安装过程中会被使用，并不会安装到临时系统中，所以无须再单独处理该命令。

3. 正确性检查

检查 libnspr4 和 libplc4 库文件是否安装到 /tools/lib64 目录中。

6.3.11 SQL 数据库（SQLite）

SQLite 软件包提供一个实现 SQL 数据库引擎的函数库，支持 SQL92 标准，通过单一磁盘文件实现了完整的 SQL 数据库存储，提供了 SQL 查询语言支持的接口。链接了 SQLite 的其他软件可以享受 SQL 数据库的强大功能和灵活性，同时又不需要复杂的数据库管理服务，SQLite 可谓是对数据库中数据量不大的软件提供了绝佳的选择。

1. 安装过程

安装命令如下：

```
rpmbuild -bp ~/rpmbuild/SPECS/sqlite.spec
pushd ~/rpmbuild/BUILD/sqlite-src-3310100
   ./configure --host=${CROSS_TARGET} --prefix=/tools --libdir=/tools/lib64 \
               --disable-tcl --enable-fts5
   make
   make install
popd
```

2. 安装步骤解释

安装过程的主要步骤是配置 SQLite 软件包。

```
./configure --host=${CROSS_TARGET} --prefix=/tools --libdir=/tools/lib64 \
            --disable-tcl --enable-fts5
```

○ --disable-tcl：关闭 TCL 语言的支持，因为临时系统中未安装 TCL 语言支持。

○ --enable-fts5：打开全文搜索功能的支持，该搜索功能是第五版。

3. 正确性检查

检查 libsqlite3 库文件是否安装到 /tools/lib64 目录中。

6.3.12 网络安全服务（NSS）

NSS（Network Security Services）软件包提供了一组与网络安全服务相关的函数库文件。该函数库旨在支持跨平台开发安全的客户端和服务器程序，支持 SSL v2 and v3、TLS、PKCS #5、PKCS #7、PKCS #11、PKCS #12、S/MIME、X.509 v3 证书和其他一些安全标准。

1. 安装过程

安装命令如下：

```
rpmbuild -bp ~/rpmbuild/SPECS/nss.spec
pushd ~/rpmbuild/BUILD/nss-3.51/nss
   make CC="gcc" -C coreconf/nsinstall BUILD_OPT=1 USE_64=1 \
        CPU_ARCH=${CROSS_TARGET} CROSS_COMPILE=1 OS_TEST=mips64el
   make CC="${CC}" CCC="${CXX}" BUILD_OPT=1 USE_64=1 \
        CPU_ARCH=${CROSS_TARGET} CROSS_COMPILE=1 OS_TEST=mips64el \
        NSPR_INCLUDE_DIR=/tools/include/nspr \
        USE_SYSTEM_ZLIB=1 NSS_USE_SYSTEM_SQLITE=1 \
        NSS_ENABLE_WERROR=0 all
   cat pkg/pkg-config/nss-config.in | sed -e "s,@prefix@,/tools,g" \
        -e "s,@MOD_MAJOR_VERSION@,$(cat lib/util/nssutil.h \
                   | grep "#define.*NSSUTIL_VMAJOR" | awk '{print $3}'),g" \
        -e "s,@MOD_MINOR_VERSION@,$(cat lib/util/nssutil.h \
                   | grep "#define.*NSSUTIL_VMINOR" | awk '{print $3}'),g" \
        -e "s,@MOD_PATCH_VERSION@,$(cat lib/util/nssutil.h \
                   | grep "#define.*NSSUTIL_VPATCH" | awk '{print $3}'),g" \
        > /tools/bin/nss-config
   cat pkg/pkg-config/nss.pc.in | sed -e "s,%prefix%,/tools,g" \
        -e 's,%exec_prefix%,${prefix},g' -e "s,%libdir%,/tools/lib64,g" \
        -e 's,%includedir%,${prefix}/include/nss,g' \
        -e "s,%NSS_VERSION%,$(cat lib/util/nssutil.h \
                    | grep "#define.*NSSUTIL_VERSION" | awk '{print $3}'),g" \
        -e "s,%NSPR_VERSION%,$(cat /tools/include/nspr/prinit.h \
                    | grep "#define.*PR_VERSION" | awk '{print $3}'),g" \
        > /tools/lib64/pkgconfig/nss.pc
popd
```

```
pushd ~/rpmbuild/BUILD/nss-3.51/dist
    install -v -m755 Linux*/lib/*.so /tools/lib64
    install -v -m644 Linux*/lib/libcrmf.a /tools/lib64
    install -v -m755 -d /tools/include/nss
    cp -v -RL {public,private}/nss/* /tools/include/nss
    chmod -v 644 /tools/include/nss/*
    install -v -m755 Linux*/bin/{certutil,pk12util} /tools/bin
popd
```

2. 安装步骤解释

安装过程可划分为以下几个步骤。

（1）编译 NSS 软件包

NSS 软件包的编译与 NSPR 类似，需要先编译 coreconf/nsinstall 命令。因为在编译过程中会执行该命令，所以必须使用本地编译器单独对其进行编译，命令如下：

```
make CC="gcc" -C coreconf/nsinstall BUILD_OPT=1 USE_64=1 \
    CPU_ARCH=${CROSS_TARGET} CROSS_COMPILE=1 OS_TEST=mips64el
```

其中主要是 CC 变量的设置，这里设置为 GCC 使用本地编译器，并用 -C 参数指定仅编译 coreconf 目录中的 nsinstall 命令，之后设置的变量是为了与交叉编译 NSS 软件包的变量设置保持一致，这样可以避免在接着编译整体 NSS 源代码包时出现问题，因为相关编译参数不同会导致 nsinstall 命令被重新编译。但因为仅编译一个命令程序，所以后面设置的参数实际上不会影响编译的程序。

接着我们对整个 NSS 源代码包进行编译，命令如下：

```
make CC="${CC}" CCC="${CXX}" BUILD_OPT=1 USE_64=1 \
    CPU_ARCH=${CROSS_TARGET} CROSS_COMPILE=1 OS_TEST=mips64el \
    NSPR_INCLUDE_DIR=/tools/include/nspr \
    USE_SYSTEM_ZLIB=1 NSS_USE_SYSTEM_SQLITE=1 \
    NSS_ENABLE_WERROR=0 all
```

NSS 源代码包交叉编译时需要指定的参数比较多，下面进行简单说明。

- BUILD_OPT=1：设置为 1 表示使用优化编译软件包，二进制文件不会生成不必要的调试信息。
- USE_64=1：设置为 1 表示支持 64 位系统。
- CPU_ARCH：指定程序运行系统的平台系统表达式。
- CROSS_COMPILE=1：设置为 1 表示本次为交叉编译模式，避免一些影响交叉编译的步骤出现。
- OS_TEST=mips64el：显式地告知交叉编译的目标架构是 MIPS 64 位小端。
- NSPR_INCLUDE_DIR：设置 NSPR 头文件存放的目录，因为 NSS 编译需要用到 NSPR，默认情况下会到 /usr 目录中查找，这里指定其到 /tools/include/nspr 目录中查找。

- USE_SYSTEM_ZLIB=1：设置为 1 表示使用临时系统提供的 ZLIB 库支持。
- NSS_USE_SYSTEM_SQLITE=1：设置为 1 表示使用临时系统提供的 SQLite 库支持。
- NSS_ENABLE_WERROR=0：设置为 0 表示不使用强语法检查，默认使用强语法检查可能会导致某些源程序文件编译失败。

（2）生成可用的 pc 文件

NSS 源代码包里有 pc 文件，pc 文件可以通过 pkg-config 命令来获取头文件、链接库文件的相关参数，但 NSS 源代码包中的 pc 文件的内容是手工进行修改的，制作步骤中两行较长的 cat 命令就是对 pc 文件的模板内容的修改，使其符合临时系统 NSS 的安装情况。

修改过程主要是将 pc 文件模板中的变量改成 NSS 的软件版本以及安装位置路径的内容。

（3）安装 NSS 软件包

NSS 编译生成的文件存放在源代码目录上级目录的 dist 目录里，我们切换到该目录中进行安装，步骤如下：

```
pushd ~/rpmbuild/BUILD/nss-3.51/dist
   install -v -m755 Linux*/lib/*.so /tools/lib64
   install -v -m644 Linux*/lib/libcrmf.a /tools/lib64
   install -v -m755 -d /tools/include/nss
   cp -v -RL {public,private}/nss/* /tools/include/nss
   chmod -v 644 /tools/include/nss/*
   install -v -m755 Linux*/bin/{certutil,pk12util} /tools/bin
popd
```

安装过程也是全手工方式，主要就是把函数库文件存放到 /tools/lib64 目录中，把头文件存放到 /tools/include/nss 目录中，头文件的目录需符合 pc 文件中的设置，把命令程序文件存放到 /tools/bin 目录中。

3. 正确性检查

NSS 软件包要安装多个库文件，我们不用一一检查，检查有代表性的 libnss3、libsoftokn3 和 libnssutil3 这 3 个库文件是否安装到 /tools/lib64 目录中即可。

6.3.13 命令行参数解析库（Popt）

Popt 软件包提供了一个用来解析命令行参数的函数库文件。使用该函数库可以简化参数解析的代码。

1. 安装过程

安装命令如下：

```
rpmbuild  -bp ~/rpmbuild/SPECS/popt.spec
pushd ~/rpmbuild/BUILD/popt-1.16
```

```
    ./configure --prefix=/tools --host=${CROSS_TARGET}  --libdir=/tools/lib64
    make
    make install
popd
```

2. 正确性检查

检查 libpopt 库文件是否安装到 /tools/lib64 目录中。

6.3.14 多种归档格式库（Libarchive）

Libarchive 软件包提供了可以读写多种归档格式的函数库文件，可以处理 tar、cpio、zip 等归档文件，这为需要处理多种打包格式的程序提供了有用的程序接口。

1. 安装过程

安装命令如下：

```
rpmbuild  -bp ~/rpmbuild/SPECS/libarchive.spec
pushd ~/rpmbuild/BUILD/libarchive-3.4.2
    ./configure --prefix=/tools --host=${CROSS_TARGET}  --libdir=/tools/lib64
    make
    make install
popd
```

2. 正确性检查

检查 libarchive 库文件是否安装到 /tools/lib64 目录中。

6.3.15 伯克利数据库（LibDB）

LibDB 软件包提供了一款嵌入式数据库，即伯克利数据库（Berkeley DB，也写作 LibDB），软件包中还提供了数据库操作的命令以及数据库操作接口的函数库。

Berkeley DB 支持 C、C++ 和 Perl 等语言接口，同时它也被许多应用程序使用，例如 Python 和 Perl，因此将它安装到临时系统中。

1. 安装过程

安装命令如下：

```
rpmbuild  -bp ~/rpmbuild/SPECS/libdb.spec
pushd ~/rpmbuild/BUILD/db-5.3.28
    patch -Rp1 -i ~/rpmbuild/SOURCES/db-5.3.28-rpm-lock-check.patch
```

```
    pushd build_unix
      ../dist/configure --host=${CROSS_TARGET} --prefix=/tools --libdir=/tools/lib64 \
                        --enable-cxx --enable-compat185 --enable-dbm --enable-sql
      make
      make install
    popd
popd
```

2．安装步骤解释

安装过程可划分为以下几个步骤。

（1）取消补丁

采用 rpmbuild 命令准备的源代码目录会启用一个与 RPM 相关的补丁，但当前还未在临时系统中安装 Rpm 软件包，因此取消该补丁，否则编译无法通过。

```
patch -Rp1 -i ~/rpmbuild/SOURCES/db-5.3.28-rpm-lock-check.patch
```

取消补丁使用 patch 命令的 -R 参数来操作补丁文件即可。

（2）配置 LibDB 软件包

LibDB 软件包的配置脚本在 dist 目录中，但建议进入源代码包的 build_unix 目录来配置脚本。进入目录后使用如下命令：

```
../dist/configure --host=${CROSS_TARGET} --prefix=/tools --libdir=/tools/lib64 \
                  --enable-cxx --enable-compat185 --enable-dbm --enable-sql
```

- --enable-cxx：打开 C++ 语言的支持功能。
- --enable-compat185：打开对 Berkeley DB 1.85 版本数据库文件格式的支持。
- --enable-dbm：打开对早期 Berkeley DB 版本函数库接口的支持，用来对某些老旧软件进行支持，在临时系统中不启用该参数也没有影响。
- --enable-sql：打开对 SQL 语句支持的功能。

3．正确性检查

检查 libdb、libdb_cxx 及 libdb_sql 库文件是否安装到 /tools/lib64 目录中。

6.3.16 权限管理库（Libcap）

Libcap 软件包提供的库文件实现了与 Linux 内核中 POSIX 1003.1E 功能的用户空间接口。这些接口功能可将 root 权限的所有能力划分为一系列的权限，并对这部分权限进行管理和赋权。

有些软件包提供的命令需要使用超出当前用户的权限或者限制当前用户的某些权限，Libcap 软件包提供的功能可以实现这样的需求。

1. 安装过程

安装命令如下:

```
rpmbuild -bp ~/rpmbuild/SPECS/libcap.spec
pushd ~/rpmbuild/BUILD/libcap-2.26
    make CC="${CC}" BUILD_CC="gcc" PAM_CAP=no RAISE_SETFCAP=no prefix=/tools
    make CC="${CC}" BUILD_CC="gcc" PAM_CAP=no RAISE_SETFCAP=no prefix=/tools install
popd
```

2. 安装步骤解释

安装过程的主要步骤是 Libcap 软件包的编译和安装。

Libcap 软件包没有配置脚本，只能直接进行编译和安装。

```
make CC="${CC}" BUILD_CC="gcc" PAM_CAP=no RAISE_SETFCAP=no prefix=/tools
make CC="${CC}" BUILD_CC="gcc" PAM_CAP=no RAISE_SETFCAP=no prefix=/tools install
```

通过设置临时变量的方式进行编译，编译和安装使用相同的变量设置，这样在编译和安装时不会因为变量设置不同而导致安装的文件不符合临时系统的要求。

CC 变量设置的是交叉编译器命令，BUILD_CC 设置的是本地编译器命令。Libcap 源代码包会临时编译一些程序来帮助完成编译过程，这些临时编译的程序运行在当前系统中。Libcap 编译脚本会使用 BUILD_CC 变量设置的编译器命令来编译这些需要在当前系统中运行的程序，如果不指定 BUILD_CC 变量，则会使用 CC 变量来编译，这样在交叉编译的情况下不符合运行要求，因此我们对 CC 和 BUILD_CC 变量分别指定合适的编译器命令。

PAM_CAP=no 表示不启用 PAM 支持功能，因为临时系统并未安装 PAM 软件包。

RAISE_SETFCAP 设置为 no 表示不在安装时对命令文件设置权限，因为设置权限的操作需要运行编译出来的 setcap 命令，而交叉编译生成的 setcap 命令无法在当前系统中运行，这样会导致安装过程失败。

3. 正确性检查

检查 libcap 库文件是否安装到 /tools/lib64 目录中。

6.3.17 HTTP 协议服务库（Libmicrohttpd）

Libmicrohttpd 软件包提供了一个可以实现 HTTP 1.1 版本协议的函数库，其他应用程序利用该函数库提供的接口，可以很容易地创建一个支持 HTTP 1.1 版本协议的服务。

1. 安装过程

安装命令如下:

```
rpmbuild  -bp ~/rpmbuild/SPECS/libmicrohttpd.spec
pushd ~/rpmbuild/BUILD/libmicrohttpd-0.9.70
```

```
    ./configure --prefix=/tools --host=${CROSS_TARGET}  --libdir=/tools/lib64
    make
    make install
popd
```

2. 正确性检查

检查 libmicrohttpd 库文件是否安装到 /tools/lib64 目录中。

6.3.18 传输数据协议库（CURL）

CURL 软件包提供了可以通过 URL 地址对 FTP、FTPS、HTTP、HTTPS、SCP、SFTP、TFTP、TELNET、DICT、LDAP、LDAPS 和 FILE 等网络协议的文件数据进行上传和下载等处理的功能，只要符合 URL 语法要求的地址，在其支持的协议范围内就可对文件数据进行处理。

该软件包提供了一个命令工具和一个库文件来实现以上功能，其他程序可以通过调用命令或者库文件提供的接口功能来处理网络文件数据。

1. 安装过程

安装命令如下：

```
rpmbuild  -bp ~/rpmbuild/SPECS/curl.spec
pushd ~/rpmbuild/BUILD/curl-7.69.1
    ./configure --prefix=/tools --host=${CROSS_TARGET}  --libdir=/tools/lib64
    make
    make install
popd
```

2. 正确性检查

检查 libcurl 库文件是否安装到 /tools/lib64 目录中。

6.3.19 ELF 格式支持工具（ELFUtils）

ELFUtils 软件包提供了可处理 EFI 格式文件和 DWARF 数据结构的工具与库文件，从而让使用 ELFUtils 软件包的工具具备处理二进制文件的能力。

因为 RPM 制作工具会通过该软件包提供的功能来处理打包的二进制文件，所以安装该软件包到临时系统中。

1. 安装过程

安装命令如下：

```
rpmbuild  -bp ~/rpmbuild/SPECS/elfutils.spec
pushd ~/rpmbuild/BUILD/elfutils-0.179
   patch -Np1 -i ${DOWNLOADDIR}/elfutils-fix-readelf-mips-support.patch
   ./configure --prefix=/tools --host=${CROSS_TARGET}  --libdir=/tools/lib64
   make
   make install
popd
```

2. 安装步骤解释

应用补丁文件：elfutils-fix-readelf-mips-support.patch。

因为我们制作的临时系统运行在龙芯平台上，所以该补丁文件需要打上补丁来完善对龙芯平台系统上二进制文件格式的支持。

3. 正确性检查

检查 libelf、libdw 库文件是否安装到 /tools/lib64 目录中。

6.3.20 压缩工具（LZ4）

LZ4 软件包提供了一套使用 LZ4 算法的无损压缩工具和库文件。

LZ4 无损压缩算法可以有效地利用 CPU 的多核优势，是一种非常快速的压缩算法。

因为 LZ4 属于无损压缩算法，所以与 BZIP 和 XZ 一样适用于文件的压缩；LZ4 软件包中提供了用于压缩和解压缩的命令工具，使用 LZ4 工具压缩的文件默认以 .lz4 为扩展名。

1. 安装过程

安装命令如下：

```
rpmbuild  -bp ~/rpmbuild/SPECS/lz4.spec
pushd ~/rpmbuild/BUILD/lz4-1.9.1
   make PREFIX=/tools LIBDIR=/tools/lib64
   make PREFIX=/tools LIBDIR=/tools/lib64 install
popd
```

2. 安装步骤解释

LZ4 软件包没有配置脚本，可直接使用 make 命令对其进行编译，通过指定 RPEFIX 变量来设置安装的基础目录，指定库文件安装的目录则通过 LIBDIR 变量。

在编译时就必须指定安装的路径，否则会导致安装的 pc 文件中的路径信息错误。

3. 正确性检查

检查 liblz4 库文件是否安装到 /tools/lib64 目录中。

6.3.21 压缩工具（Zstd）

Zstd 是 Zstandard 的缩写，其目标是以 Zlib 格式压缩比级别的情况实现数据的实时压缩，它提供了一组非常快速的压缩工具和库文件，并且该软件包提供的命令工具支持对 zst、gz、xz 和 lz4 格式文件的压缩和解压缩。

Zstd 可以作为 Zlib 库的替代方案，目前包括 GCC 在内的许多软件已经开始使用 Zstd 作为压缩数据的可选方案之一。

1. 安装过程

安装命令如下：

```
rpmbuild  -bp ~/rpmbuild/SPECS/zstd.spec
pushd ~/rpmbuild/BUILD/zstd-1.4.4
   sed -i "s@/lib\$@/lib64@g" lib/libzstd.pc.in
   make PREFIX=/tools LIBDIR=/tools/lib64
   make PREFIX=/tools LIBDIR=/tools/lib64 install
popd
```

2. 安装步骤解释

安装过程可划分为以下几个步骤。

（1）修改 pc 文件

```
sed -i "s@/lib\$@/lib64@g" lib/libzstd.pc.in
```

Zstd 源代码包自带的 pc 文件只能使用 ${PREFIX}/lib 作为库文件的存放目录，因此针对 64 位库文件存放的 lib64 目录需要强制写入 pc 文件中。我们修改 pc 文件的模板文件 pc.in，在编译时会生成 pc 文件。

（2）配置 Zstd

Zstd 软件包没有配置脚本，可直接使用 make 命令对其进行编译，通过指定 RPEFIX 变量来设置安装的基础目录，指定库文件安装的目录则通过 LIBDIR 变量。

3. 正确性检查

检查 libzstd 库文件是否安装到 /tools/lib64 目录中。

6.3.22 XML 解析库（Expat）

Expat 软件包提供了用于解析 XML 的 C 库，有些软件的代码在解析 XML 数据时使用该软件包提供的函数库，安装该软件包可使这些软件正常编译。

1. 安装过程

安装命令如下：

```
rpmbuild -bp ~/rpmbuild/SPECS/expat.spec
pushd ~/rpmbuild/BUILD/libexpat-R_2_2_8/expat
   ./configure --host=${CROSS_TARGET} --prefix=/tools --libdir=/tools/lib64
   make
   make install
popd
```

2. 正确性检查

检查 libexpat 库文件是否安装到 /tools/lib64 目录中。

6.4 基本命令软件包

临时系统的基本命令部分需要用到在启动阶段和常规使用系统时的一些命令，这个部分的制作主要是把这些软件包安装到临时系统中。

6.4.1 用户交互环境工具（Bash）

Bash 软件包中包含交互命令 bash，Bash 是目前 Linux 系统中使用最为广泛的一种终端用户交互环境程序（Shell）。

1. 安装过程

安装命令如下：

```
rpmbuild  -bp ~/rpmbuild/SPECS/bash.spec
pushd ~/rpmbuild/BUILD/bash-5.0
   cat > config.cache << "EOF"
   ac_cv_func_mmap_fixed_mapped=yes
   ac_cv_func_strcoll_works=yes
   ac_cv_func_working_mktime=yes
   bash_cv_func_sigsetjmp=present
   bash_cv_getcwd_malloc=yes
   bash_cv_job_control_missing=present
   bash_cv_printf_a_format=yes
   bash_cv_sys_named_pipes=present
   bash_cv_ulimit_maxfds=yes
   bash_cv_under_sys_siglist=yes
   bash_cv_unusable_rtsigs=no
   gt_cv_int_divbyzero_sigfpe=yes
```

```
    EOF

    ./configure --host=${CROSS_TARGET} --prefix=/tools --without-bash-malloc \
            --with-installed-readline --cache-file=config.cache
    make RL_LIBDIR=/tools/lib64
    make install
    ln -sfv bash /tools/bin/sh
popd
```

2. 安装步骤解释

安装过程可划分为以下几个步骤。

（1）设置编译参数

```
    cat > config.cache << "EOF"
ac_cv_func_mmap_fixed_mapped=yes
……
gt_cv_int_divbyzero_sigfpe=yes
EOF
```

configure 配置脚本在交叉编译的情况下无法正确检测出某些参数，这里可通过设置 config.cache 文件进行手工设置。

（2）配置 Bash

```
./configure --host=${CROSS_TARGET} --prefix=/tools --without-bash-malloc \
        --with-installed-readline --cache-file=config.cache
```

- --without-bash-malloc：不使用 Bash 软件包自带的 malloc 内存分配算法，而使用 Glibc 中提供的该算法。
- --with-installed-readline：不使用 Bash 软件包中提供的 Readline 函数库，而使用目标系统中安装的 Readline 函数库。
- --cache-file=config.cache：配置过程对指定文件中设置的参数不再进行检测和设置，指定文件的内容必须在配置脚本执行前准备好。

（3）编译 Bash

```
make RL_LIBDIR=/tools/lib64
```

因为默认情况下编译 Bash 时链接的库文件使用的是 ${prefix}/lib 目录中的，也就是 /tools/lib 目录中查找需要的库文件，但这不符合 64 位库存放位置的要求，所以这里通过设置 RL_LIBDIR 变量强制使用 /tools/lib64 目录中的库文件。

（4）设置 Bash

为 Bash 建立一个名为 sh 的链接文件，使用命令如下：

```
ln -sfv bash /tools/bin/sh
```

sh 是类 UNIX 下标准的 Shell 名称，许多软件会直接调用该命令，建立该链接文件可用 bash 命令模拟标准的 Shell 命令。

3. 正确性检查

检查 bash 命令是否被正确地安装到 /tools/bin 目录中。

6.4.2 常用命令工具集（Coreutils）

Coreutils 软件包中包含了许多 Linux 系统下的常用命令，这些常用命令大多也是类 UNIX 系统的常用命令，如 ls 命令、cp 命令。

1. 安装过程

安装命令如下：

```
rpmbuild -bp ~/rpmbuild/SPECS/coreutils.spec
pushd ~/rpmbuild/BUILD/coreutils-8.32
   ./configure --host=${CROSS_TARGET} --prefix=/tools \
             --enable-install-program=hostname \
             fu_cv_sys_stat_statfs2_frsize=yes
   make
   make install
pop
```

2. 安装步骤解释

安装过程的主要步骤是配置 Coreutils。

```
./configure --host=${CROSS_TARGET} --prefix=/tools \
          --enable-install-program=hostname \
          fu_cv_sys_stat_statfs2_frsize=yes
```

- --enable-install-program=hostname：默认情况下不会安装 hostname 命令，设置该参数强制编译安装。
- fu_cv_sys_stat_statfs2_frsize=yes：由于在交叉编译的环境下，配置脚本对目标系统某些参数的探测会出现错误，因此通过直接指定某些参数的值，可以强制配置脚本使用指定的值，而不用再通过脚本进行探测。

3. 正确性检查

检查 ls、cp、hostname 命令是否被正确地安装在 /tools/bin 目录中。

6.4.3 文件类型查询工具（File）

File 软件包中包含了一个用于判断文件类型的命令：file。该命令非常有用，可以帮助用户快速了解文件的格式，对二进制文件的识别特别有效。

1. 安装过程

安装命令如下：

```
rpmbuild -bp ~/rpmbuild/SPECS/file.spec
pushd ~/rpmbuild/BUILD/file-5.38
   ./configure --host=${CROSS_TARGET} --prefix=/tools --libdir=/tools/lib64
   make
   make install
popd
```

2. 正确性检查

检查 file 命令是否被正确地安装在 /tools/bin 目录中。

6.4.4 文件查找工具（Findutils）

Findutils 软件包提供了一个根据条件进行文件查找的命令：find。该命令是 Linux 系统中的常用命令之一，在目标系统的启动过程中也会用到该命令。

1. 安装过程

安装命令如下：

```
rpmbuild -bp ~/rpmbuild/SPECS/findutils.spec
pushd ~/rpmbuild/BUILD/findutils-4.7.0
   cat > config.cache << EOF
   gl_cv_func_wcwidth_works=yes
   gl_cv_header_working_fcntl_h=yes
   ac_cv_func_fnmatch_gnu=yes
   EOF

   ./configure --host=${CROSS_TARGET} --prefix=/tools --cache-file=config.cache
   make
   make install
popd
```

2. 正确性检查

检查 find 命令是否被正确地安装在 /tools/bin 目录中。

6.4.5 文本处理工具（Gawk）

Gawk 软件包提供了功能强大的文本处理命令：(g)awk。该命令是脚本中处理文本相关事务最常用的命令之一。

1. 安装过程

安装命令如下：

```
rpmbuild -bp ~/rpmbuild/SPECS/gawk.spec
pushd ~/rpmbuild/BUILD/gawk-5.0.1
   sed -i "/SUBDIRS/s@test@@g" Makefile.{in,am}
   ./configure --host=${CROSS_TARGET} --prefix=/tools
   make
   make install
popd
```

2. 安装步骤解释

安装过程中要去掉测试阶段。

```
sed -i "/SUBDIRS/s@test@@g" Makefile.{in,am}
```

这里通过 sed 命令将 test 目录的制作步骤去掉，如果不去掉则会在编译后进行测试，测试过程会调用刚刚编译好的 gawk 命令。因为当前是交叉编译，所以刚编译好的 gawk 命令无法在当前的系统平台上运行，从而导致测试失败。

3. 正确性检查

检查 gawk 命令是否被正确地安装在 /tools/bin 目录中。

6.4.6 国际化语言支持工具（Gettext）

Gettext 软件包用于提供系统的国际化和本地化支持，程序使用它可方便地实现本地化支持（NLS），使程序以用户的本国语言进行输出。

1. 安装过程

安装命令如下：

```
rpmbuild -bp ~/rpmbuild/SPECS/gettext.spec
pushd ~/rpmbuild/BUILD/gettext-0.20.1
   cat > config.cache << EOF
   am_cv_func_iconv_works=yes
   gl_cv_func_wcwidth_works=yes
   gt_cv_func_printf_posix=yes
   gt_cv_int_divbyzero_sigfpe=yes
   gl_cv_terminfo=libncures
   EOF
   sed -i -e 's/\(gl_cv_libcroco_force_included=\)no/\1yes/' \
```

```
        -e 's/\(gl_cv_libxml_force_included=\)no/\1yes/' \
        libtextstyle/configure
    LDFLAGS="-ltinfo" ./configure --host=${CROSS_TARGET} --prefix=/tools \
            --libdir=/tools/lib64 --disable-static --cache-file=config.cache
    make
    make install
popd
```

2. 安装步骤解释

安装过程的主要步骤是修正配置脚本。

```
sed -i -e 's/\(gl_cv_libcroco_force_included=\)no/\1yes/' \
        -e 's/\(gl_cv_libxml_force_included=\)no/\1yes/' \
        libtextstyle/configure
```

在使用 rpmbuild 命令准备 Gettext 源代码目录时会修改 libtextstyle 目录中的配置脚本，这个修改会因为临时系统缺少条件而编译失败，所以我们再将修改的部分使用上述脚本修改回来即可。

3. 正确性检查

检查 gettext 和 msgfmt 命令是否被正确地安装在 /tools/bin 目录中。

6.4.7 文本匹配搜索工具（Grep）

Grep 软件包中包含了用于搜索文件内容和对文本内容进行筛选的命令：grep。该命令的功能非常强大，掌握它将非常有助于使用 Linux 系统进行工作。

1. 安装过程

安装命令如下：

```
rpmbuild -bp ~/rpmbuild/SPECS/grep.spec
pushd ~/rpmbuild/BUILD/grep-3.3
    ./configure --host=${CROSS_TARGET} --prefix=/tools
    make
    make install
popd
```

2. 正确性检查

检查 grep、egrep 及 fgrep 命令是否被正确地安装在 /tools/bin 目录中。

6.4.8 压缩工具（Gzip）

Gzip 软件包中包含了压缩和解压 GZIP 格式文件的一组程序。GZIP 格式压缩文件一般以 .gz 为扩展名，是 Linux 系统中最为常见的压缩格式之一。

1. 安装过程

安装命令如下：

```
rpmbuild -bp ~/rpmbuild/SPECS/gzip.spec
pushd ~/rpmbuild/BUILD/gzip-1.10
    ./configure --host=${CROSS_TARGET} --prefix=/tools
    make
    make install
popd
```

2. 正确性检查

检查 gzip 命令是否被正确地安装在 /tools/bin 目录中。

6.4.9 文本流编辑工具（Sed）

Sed 软件包中包含的 sed 命令是 Linux 或 UNIX 系统中最常用的文本流编辑器，常作为 Bash 脚本文件中的重要命令。

1. 安装过程

安装命令如下：

```
rpmbuild -bp ~/rpmbuild/SPECS/sed.spec
pushd ~/rpmbuild/BUILD/sed-4.5
    ./configure --host=${CROSS_TARGET} --prefix=/tools
    make
    make install
popd
```

2. 正确性检查

检查 sed 命令是否被正确地安装在 /tools/bin 目录中。

6.4.10 Linux 系统常用工具集（Util-linux）

Util-linux 软件包中包含了许多 Linux 系统下的专用工具，如文件系统、管理硬盘、分区和得到内核消息的命令。这些命令对目标系统来说非常有用。

1. 安装过程

安装命令如下：

```
rpmbuild -bp ~/rpmbuild/SPECS/util-linux.spec
pushd ~/rpmbuild/BUILD/util-linux-2.35.1
   ./configure --host=${CROSS_TARGET} --prefix=/tools --libdir=/tools/lib64 \
               --disable-chfn-chsh --disable-login --disable-nologin --disable-su \
               --disable-setpriv --disable-runuser --disable-pylibmount --disable-static \
               --without-python --without-systemd --disable-makeinstall-chown
   make
   make install
popd
```

2. 安装步骤解释

安装过程的主要步骤是配置 Util-linux。

```
./configure --host=${CROSS_TARGET} --prefix=/tools --libdir=/tools/lib64 \
           --disable-chfn-chsh --disable-login --disable-nologin --disable-su \
           --disable-setpriv --disable-runuser --disable-pylibmount --disable-static \
           --without-python --without-systemd --disable-makeinstall-chown
```

- --disable-*：不编译安装这些命令，因为有其他软件包提供了这些命令更合适的版本。
- --without-python：因为临时系统没有安装 Python，所以与 Python 相关的一些文件不进行编译和安装。
- --without-systemd：因为临时系统还没有安装 Systemd，所以 Util-linux 软件包中一些跟 Systemd 相关的部分无法完成编译安装。
- --disable-makeinstall-chown：默认的安装过程中会有修改文件所属用户和组的步骤，但是制作临时系统的普通用户没有设置文件所属的权限，这样会导致安装出现错误，因此设置该参数取消设置权限的步骤。

3. 正确性检查

检查 mount 及 umount 命令是否被正确地安装在 /tools/bin 目录中。检查 fdisk 命令是否被正确地安装在 /tools/sbin 目录中。

6.4.11 Linux 内核模块管理工具（Kmod）

Kmod 软件包中包含了可处理 Linux 内核模块的命令，是大多数 Linux 系统中必不可少的组件。在动态加载内核模块时需要 Kmod 软件包提供的用于处理内核模块的命令。

1. 安装过程

安装命令如下：

```
rpmbuild -bp ~/rpmbuild/SPECS/kmod.spec
pushd ~/rpmbuild/BUILD/kmod-27
   ./configure --host=${CROSS_TARGET} --prefix=/tools --libdir=/tools/lib64 \
          --with-xz --with-zlib
   make
   make install
   for target in depmod insmod lsmod modinfo modprobe rmmod; do
       ln -sfv ../bin/kmod /tools/sbin/$target
   done
   ln -sfv kmod /tools/bin/lsmod
popd
```

2. 安装步骤解释

安装过程可划分为以下几个步骤。

（1）配置 Kmod

```
./configure --host=${CROSS_TARGET} --prefix=/tools --libdir=/tools/lib64 \
            --with-xz --with-zlib
```

○ --with-xz：使处理内核模块的相关命令开启，支持 XZ 格式压缩的模块。

○ --with-zlib：使处理内核模块的相关命令开启，支持 ZIP 格式压缩的模块。

（2）调整 Kmod 安装的命令

安装 Kmod 后需要生成几个 Linux 内核模块管理工具，使用如下命令：

```
for target in depmod insmod lsmod modinfo modprobe rmmod; do
     ln -sfv ../bin/kmod /tools/sbin/$target
done
ln -sfv kmod /tools/bin/lsmod
```

将 depmod、insmod 等命令存放在临时系统的 /tools/sbin 目录下，因为这些命令都是属于超级用户管理系统的命令，所以应放在 sbin 目录下。

在临时系统的 /tools/bin 目录下额外创建了一个 lsmod 链接文件，该命令指向 kmod 命令，lsmod 链接文件存放在 /tools/bin 目录下是为了让普通权限的用户可查看当前内核启用了哪些模块。

我们可以看到 Linux 内核模块管理命令都是链接到 kmod 命令的链接文件，这是因为 kmod 命令是一个多功能的命令，并且可以根据自身文件名来判断默认使用的功能。

3. 正确性检查

检查 modprobe、depmod 命令是否被正确地安装在 /tools/sbin 目录中。检查 lsmod 命令是否被正确地安装在 /tools/bin 目录中。

6.4.12　文本编辑器（VIM）

VIM 软件包中包含了一个功能强大的文本交互式编辑器。

1. 安装过程

安装命令如下：

```
rpmbuild -bp ~/rpmbuild/SPECS/vim.spec
pushd ~/rpmbuild/BUILD/vim82
   echo '#define SYS_VIMRC_FILE "/tools/etc/vimrc"' >> src/feature.h
   cat > src/auto/config.cache << EOF
   vim_cv_getcwd_broken=no
   vim_cv_memmove_handles_overlap=yes
   vim_cv_stat_ignores_slash=no
   vim_cv_terminfo=yes
   vim_cv_tgetent=zero
   vim_cv_toupper_broken=no
   vim_cv_tty_group=world
   EOF
   ./configure --host=${CROSS_TARGET} --prefix=/tools --with-tlib=ncurses LIBS="-ltinfo"
   makemake install

   ln -sv vim /tools/bin/vi
   cat > /tools/etc/vimrc << "EOF"
   "Begin /tools/etc/vimrc
   set nocompatible
   set backspace=2
   set ruler
   syntax on
   "End /tools/etc/vimrc
   EOF
popd
```

2. 安装步骤解释

安装过程可划分为以下几个步骤。

（1）修改配置文件 vimrc 默认安装位置

```
echo '#define SYS_VIMRC_FILE "/tools/etc/vimrc"' >> src/feature.h
```

设置配置文件 vimrc 默认的存放位置为 /tools/etc 目录。

（2）交叉编译方式下强制设置 VIM 软件包的一些配置结果

```
cat > src/auto/config.cache << EOF
vim_cv_getcwd_broken=no
……
vim_cv_tty_group=world
EOF
```

VIM 软件包强制设置的方法和其他一些软件包略有区别，VIM 是将文件存放在 src/auto 目录中，名字依旧是 config.cache，但在 configure 配置脚本的参数中不用指定该文件，配置脚本会自动判断是否有该文件，如果有就会读取其中的内容。

这里设置的内容都是为了保证不会因交叉编译方式下的设置错误而导致编译出来的程序文件在目标平台上出现问题。设置这些参数后，configure 配置脚本不再尝试猜测这些设置参数的取值，而是直接用该文件中设置的值。

（3）配置 VIM

```
./configure --host=${CROSS_TARGET} --prefix=/tools --with-tlib=ncurses LIBS="-ltinfo"
```

配置过程会根据 src/auto/config.cache 中的内容来指定参数的值。

- --with-tlib=ncurses：设置终端功能使用的功能库（Terminal Library），这里设置使用 Ncurses 函数库提供的功能。
- LIBS="-ltinfo"：交叉编译时可能会出现链接库文件的缺失，这里通过指定 LIBS 临时变量可以强制在链接时链接需要用到的库文件。

（4）提供对 vi 命令的兼容

使用命令如下：

```
ln -sv vim /tools/bin/vi
```

vim 可用来代替经典的 vi 编辑程序，建立一个 vi 链接文件，可使习惯通过 vi 命令启动编辑器的用户方便地使用 vim。

（5）建立最基本的 vim 配置文件

```
cat > /tools/etc/vimrc << "EOF"
"Begin /tools/etc/vimrc
……
"End /tools/etc/vimrc
EOF
```

以上步骤建立的是最基本的 vim 配置文件，以方便用户使用。

3. 正确性检查

检查 vim 命令是否被正确地安装在 /tools/bin 目录中。

6.4.13 命令路径查询工具（Which）

Which 软件包提供了一个命令：which。该命令可以查询指定命令的完整路径。

1. 安装过程

安装命令如下：

```
rpmbuild -bp ~/rpmbuild/SPECS/which.spec
pushd ~/rpmbuild/BUILD/which-2.21
   ./configure --host=${CROSS_TARGET} --prefix=/tools
   make
   make install
popd
```

2. 正确性检查

检查 which 命令是否被正确地安装在 /tools/bin 目录中。

6.4.14 网络管理工具（IPRoute）

IPRoute 软件包中包含了一些基于 IPv4 网络的命令工具，该软件包提供的 ip 命令将帮助临时系统设置 IP 地址。

1. 安装过程

安装命令如下：

```
rpmbuild -bp ~/rpmbuild/SPECS/iproute.spec
pushd ~/rpmbuild/BUILD/iproute2-5.5.0
   sed -i "/ARPD/d" Makefile
   /configure
   make CC="${CC}" HOSTCC="gcc" PREFIX=/tools \
        KERNEL_INCLUDE=/tools/include DBM_INCLUDE=/tools/include \
        SBINDIR=/tools/sbin CONFDIR=/tools/etc
   make CC="${CC}" HOSTCC="gcc" PREFIX=/tools \
        KERNEL_INCLUDE=/tools/include DBM_INCLUDE=/tools/include \
        SBINDIR=/tools/sbin CONFDIR=/tools/etc install
popd
```

2. 安装步骤解释

安装过程可划分为以下几个步骤。

（1）去掉 arpd 的制作和安装

```
sed -i "/ARPD/d" Makefile
```

在安装 arpd 命令时会遇到路径权限的问题，在临时系统中不需要用到该软件，通过去掉 arpd 的制作和安装可以避免安装问题。

（2）配置 IPRoute

```
./configure
```

IPRoute 软件包的配置脚本使用无须附带任何参数，该配置脚本会通过 pkg-config 命令查询临时系统中安装的软件包，并以此确定 IPRoute 软件包编译哪些命令。

（3）编译和安装 IPRoute

```
make CC="${CC}" HOSTCC="gcc" PREFIX=/tools \
     KERNEL_INCLUDE=/tools/include DBM_INCLUDE=/tools/include \
     SBINDIR=/tools/sbin CONFDIR=/tools/etc
make CC="${CC}" HOSTCC="gcc" PREFIX=/tools \
     KERNEL_INCLUDE=/tools/include DBM_INCLUDE=/tools/include \
     SBINDIR=/tools/sbin CONFDIR=/tools/etc install
```

指定 HOSTCC 为本地编译器命令，使得在编译和安装过程中，编译在当前系统环境下运行的命令时能使用正确的本地编译器，而不是交叉编译器。

编译和安装都使用相同的变量，这样可以确保在安装过程中不会因为变量设置不同而出现问题。

3. 正确性检查

检查 ip 命令是否被正确地安装在 /tools/sbin 目录中。

6.4.15 网络地址自动获取工具（DHCPCD）

DHCPCD 软件包中包含了用于自动从网络获取 IP 设置的命令。安装该软件包可使临时系统具备自动获取 IP 地址的能力。

1. 安装过程

安装命令如下：

```
rpmbuild -bp ~/rpmbuild/SPECS/dhcpcd.spec
pushd ~/rpmbuild/BUILD/dhcpcd-6.11.3
   ./configure --host=${CROSS_TARGET} --prefix=/tools \
               --libdir=/tools/lib64 --localstatedir=/tools/var
   make
   make install
popd
```

2. 安装步骤解释

将 localstatedir 路径参数设置为 /tools/var，这是为了将自动获取 IP 地址过程中的临时文件

存放在 /tools/var 目录中，而不是存放在默认的 /var 目录中，从而使临时系统中的软件所使用的目录尽量采用 /tools 目录作为基础目录。

3. 正确性检查

检查 dhcpcd 命令是否被正确地安装在 /tools/sbin 目录中。

6.4.16 验证工具（FIPSCheck）

FIPSCheck 软件包提供了实现 FIPS-140-2 标准的模块验证和完整性检查，并提供了验证命令工具及库文件。

临时系统安装该软件包，是因为在移植制作 Fedora 系统的过程中有些软件包会通过 fipscheck 命令进行验证，例如 Linux 内核模块，便于临时系统对 Linux 内核进行打包制作。

1. 安装过程

安装命令如下：

```
rpmbuild -bp ~/rpmbuild/SPECS/fipscheck.spec
pushd ~/rpmbuild/BUILD/fipscheck-1.5.0
   ./configure --host=${CROSS_TARGET} --prefix=/tools --libdir=/tools/lib64
   make
   make install
popd
```

2. 正确性检查

检查 fipscheck、fipshmac 命令是否被正确地安装在 /tools/bin 目录中。

6.4.17 主机互联工具（OpenSSH）

OpenSSH 软件包中包含使用安全加密算法的网络连接客户端（ssh）和服务端（sshd）程序，是网络中进行数据安全传输时最为常用的工具。

安装该软件包是为了使临时系统也可以通过 sshd 命令开启远程登录的服务，方便系统的制作。

1. 安装过程

安装命令如下：

```
tar xvf ~/rpmbuild/SOURCES/openssh-8.2p1.tar.gz -C ${BUILDDIR}
pushd ${BUILDDIR}/openssh-8.2p1
   ./configure --host=${CROSS_TARGET} --prefix=/tools   \
              --with-privsep-path=/tools/var/lib/sshd --with-pid-dir=/tools/var/run \
              --disable-strip --with-md5-passwords
```

```
    make
    make DESTDIR=${SYSDIR} install-nokeys host-key
    cd ..
    rm -rf openssh-8.2p1
popd
```

2. 安装步骤解释

安装过程可划分为以下几个步骤。

（1）配置 OpenSSH

```
./configure --host=${CROSS_TARGET} --prefix=/tools  \
        --with-privsep-path=/tools/var/lib/sshd --with-pid-dir=/tools/var/run \
        --disable-strip --with-md5-passwords
```

- --disable-strip：当前是交叉编译的环境，因此安装过程中不进行命令程序 strip 操作，因为调用了错误的命令会而导致安装失败，strip 操作可以在系统安装完成后统一进行。
- --with-md5-passwords：开启 OpenSSH 的 MD5 密码认证支持。
- --with-privsep-path=/tools/var/lib/sshd：为在运行期间 OpenSSH 软件包中的程序产生的临时文件指定存放目录。
- --with-pid-dir=/tools/var/run：设置 sshd 服务运行过程中进程的 pid 文件的存放目录，默认使用 /var/run 目录，但为了让临时系统的软件都以 /tools 作为基础目录，这里将其改为 /tools/var/run 目录。

（2）安装 OpenSSH

```
make DESTDIR=${SYSDIR} install-nokeys host-key
```

这里没有直接使用 install 命令来安装 OpenSSH，是因为这样会使用临时系统里的 sshd 命令进行配置文件的检查。但因为是交叉编译，sshd 命令不能运行在当前系统平台环境下，否则会导致安装失败，所以这里替换成了 install-nokeys 和 host-key 两个过程来安装，make 命令支持将两个过程的名称放在一条命令中，并按顺序执行这两个过程的情况。

install-nokeys 过程只进行程序命令文件和配置文件的安装，host-key 过程会自动在 /etc/ssh 目录中为当前系统生成密钥文件，这些文件在建立 SSH 服务时需要用到。

3. 正确性检查

检查 sshd 命令是否被正确地安装在 /tools/sbin 目录中。

6.4.18 提权执行工具（Sudo）

Sudo（Superuser do）软件包提供了允许系统管理员授予某些用户或用户组以根（root）用户的身份运行指定或所有命令的能力。在需要提权的命令之前应用该软件包提供的 sudo 命令，即可按照设置提权到 root 用户权限执行命令。

在临时系统中安装该软件包，是为了在使用普通用户编译软件包之后，可以通过提权到 root 用户来将软件包安装到系统中，有时候也需要临时提权到 root 用户来创建一些目录或文件。

1. 安装过程

安装命令如下：

```
rpmbuild -bp ~/rpmbuild/SPECS/sudo.spec
pushd ~/rpmbuild/BUILD/sudo-1.9.0b4
   ./configure --host=${CROSS_TARGET} --prefix=/tools --sysconfdir=/tools/etc \
              --with-rundir=/tools/var/run --with-vardir=/tools/var \
              --enable-tmpfiles.d=/tools/lib/tmpfiles.d --with-editor=/tools/bin/vi
   make
   make install \
            install_uid=$(id -u) install_gid=$(id -g) \
            sudoers_uid=$(id -u) sudoers_gid=$(id -g)
popd
```

2. 安装步骤解释

安装过程可划分为以下几个步骤。

（1）配置 Sudo 软件包

```
./configure --host=${CROSS_TARGET} --prefix=/tools --sysconfdir=/tools/etc \
           --with-rundir=/tools/var/run --with-vardir=/tools/var \
           --enable-tmpfiles.d=/tools/lib/tmpfiles.d --with-editor=/tools/bin/vi
```

- --sysconfdir=/tools/etc：设置 Sudo 的配置文件存放到 /tools/etc 目录中，默认使用 /etc 目录。
- --with-rundir=/tools/var/run：设置执行临时文件存放目录为 /tools/var/run 目录，而不是默认的 /var/run 目录。
- --with-vardir=/tools/var：把 /var 目录设置到 /tools/var 目录，以便与临时系统的基础目录相配合。
- --enable-tmpfiles.d=/tools/lib/tmpfiles.d：设置临时文件的配置目录，该目录中存放了许多软件临时目录的设置。
- --with-editor=/tools/bin/vi：指定编辑 Sudo 配置文件时使用的交互编辑器，这里设置为 vi，即 vim。

（2）安装 Sudo 软件包

```
make install \
     install_uid=$(id -u) install_gid=$(id -g) \
     sudoers_uid=$(id -u) sudoers_gid=$(id -g)
```

$() 用来获取执行命令的返回结果，其中 $(id -u) 将返回用户的用户 id，$(id -g) 将返回用户所在的组 id。

Sudo 软件包安装的时候会设置文件的所属用户和组为 root，但由于当前交叉编译使用的是普通用户，没有权限设置文件权属为 root，因此将安装的文件所属的用户和组设置为当前用户和组，这样可以避免安装过程中因为权限不够引发的问题。

3. 正确性检查

检查 sudo 命令是否被正确地安装在 /tools/bin 目录中。

6.5 文件系统工具

在将系统转移到龙芯机器过程中，硬盘各分区创建文件系统所需要的各种命令应在文件系统工具这一部分安装。

6.5.1 Ext 文件系统工具（E2fsprogs）

E2fsprogs 软件包中包含了一组用于处理 EXT2/3/4 文件系统的相关命令工具。临时系统安装该工具是为了能格式化 boot 分区。通常 boot 分区采用 Ext 文件系统，因为各种常见的启动工具（例如 Grub）都支持该文件系统。

1. 安装过程

安装命令如下：

```
rpmbuild -bp ~/rpmbuild/SPECS/e2fsprogs.spec
pushd ~/rpmbuild/BUILD/e2fsprogs-1.45.5
   mkdir -v build
   cd build
   ../configure --host=${CROSS_TARGET} --prefix=/tools --libdir=/tools/lib64 \
                --sysconfdir=/tools/etc --sbindir=/tools/sbin \
                --enable-elf-shlibs --disable-libblkid --disable-libuuid \
                --disable-uuidd --disable-fsck
   make
   make install
popd
```

2. 安装步骤解释

安装过程主要是配置 E2fsprogs。建议使用空目录编译 E2fsprogs，为管理方便，在源代码目录中创建一个空目录，命令如下。

```
mkdir -v build
```

配置编译参数如下：

```
../configure --host=${CROSS_TARGET} --prefix=/tools --libdir=/tools/lib64 \
             --sysconfdir=/tools/etc --sbindir=/tools/sbin \
             --enable-elf-shlibs --disable-libblkid --disable-libuuid \
             --disable-uuidd --disable-fsck
```

- --enable-elf-shlibs：指定生成共享库文件，可为其他软件编译提供支持。
- --disable-libblkid、--disable-libuuid、--disable-uuidd、--disable-fsck：libblkid、libuuid、uuidd 和 fsck 这些函数库和命令已经由 Util-Linux 软件包提供了，在 E2fsprogs 中不需要再编译和安装它们。

3．正确性检查

检查 mkfs.ext3 命令是否被正确地安装在 /tools/sbin 目录中。

6.5.2 Xfs 文件系统工具（Xfsprogs）

Xfsprogs 软件包中包含对 XFS 文件系统进行处理的相关命令，如格式化、文件系统检查等。

XFS 文件系统是一个优秀的文件系统，安装 Xfsprogs 软件包可以帮助我们将磁盘分区格式化为 XFS 文件系统。

1．安装过程

安装命令如下：

```
rpmbuild -bp ~/rpmbuild/SPECS/xfsprogs.spec
pushd ~/rpmbuild/BUILD/xfsprogs-5.4.0
   DEBUG=-DNDEBUG INSTALL_USER=root INSTALL_GROUP=root \
       ./configure --host=${CROSS_TARGET} --prefix=/tools --enable-readline
   make
   make DESTDIR=${SYSDIR} install
   make DESTDIR=${SYSDIR} install-dev
popd
```

2．安装步骤解释

安装过程可划分为以下几个步骤。

（1）编译 Xfsprogs

Xfsprogs 软件包进行配置时，需要设置几个变量，命令如下。

```
DEBUG=-DNDEBUG INSTALL_USER=root INSTALL_GROUP=root \
      ./configure --host=${CROSS_TARGET} --prefix=/tools --enable-readline
```

- DEBUG=-DNDEBUG：关闭与生成调试（debug）相关的符号。
- INSTALL_USER=root INSTALL_GROUP=root：设置安装文件的所属用户和组，这

里设定为使用 root 用户和 root 组。

○ --enable-readline：本次编译使用系统的 Readline 函数库来开启相关功能。

（2）安装 Xfsprogs 软件包

在安装 Xfsprogs 软件包的时候，若没有设置 DESTDIR 变量，则会进行文件权属设置。但当前用户的权限无法满足要求，而当安装步骤设置 DESTDIR 变量后，安装脚本则认为不是安装到当前系统，因此安装过程不需要进行文件的权属设置，这样才能成功安装文件，安装命令如下：

```
make DESTDIR=${SYSDIR} install
```

SYSDIR 变量设置的是临时系统存放目录，因为 /tools 指向 ${SYSDIR}/tools，所以 DESTDIR 使用 SYSDIR 设置的目录与不设置 DESTDIR 直接安装到 tools 路径是一样的。

默认情况下 Xfsprogs 不安装静态函数库和头文件，需要使用下面的命令来进行安装。

```
make DESTDIR=${SYSDIR} install-dev
```

3. **正确性检查**

检查 mkfs.xfs 命令是否被正确地安装在 /tools/sbin 目录中。

6.5.3 Dos 文件系统工具（Dosfstools）

Dosfstools 软件包中包含对 FAT 文件系统进行处理的相关命令，如格式化、文件系统检查等。

安装 Dosfstools 软件包可以帮助我们将磁盘分区格式化为 FAT 文件系统。FAT 文件系统是一个常见的文件系统，很多 U 盘设备会默认使用 FAT 文件系统。将 Dosfstools 安装到临时系统的最主要原因是 UEFI 分区也是 FAT 文件系统格式，在临时系统启动龙芯机器后可以使用 FAT 格式化命令创建 UEFI 分区的文件系统。

1. **安装过程**

安装命令如下：

```
rpmbuild -bp ~/rpmbuild/SPECS/dosfstools.spec
pushd ~/rpmbuild/BUILD/dosfstools-4.1
   ./configure --host=${CROSS_TARGET} --prefix=/tools --enable-compat-symlinks
   make
   make install
popd
```

2. **安装步骤解释**

安装过程的主要步骤是配置 Dosfstools 软件包。

```
./configure --host=${CROSS_TARGET} --prefix=/tools --enable-compat-symlinks
```

○ --enable-compat-symlinks：设置在安装的时候创建 dosfsck、dosfslabel、fsck.msdos、fsck.vfat、mkdosfs、mkfs.msdos 和 mkfs.vfat 命令的符号链接文件，在一

些程序中使用 FAT 文件系统时可能会调用这些命令，创建它们来保证这些程序的兼容性。

3. 正确性检查

检查 mkfs.vfat 命令是否被正确地安装在 /tools/sbin 目录中。

6.6 开发相关工具

对于临时系统来说还有一个重大的任务，那就是在临时系统中编译制作目标系统，即 Fedora 龙芯版。因此编译软件包的能力是必须具备的，而除了最基础的工具链之外，编译软件包还需要一些辅助工具命令来帮助完成准备源代码、配置、编译、安装和打包等主要过程的操作，本节将介绍最基本的辅助工具软件包的安装。

6.6.1 语法分析工具（Bison）

Bison 包含了一个语法分析程序生成器：Bison，它还可作为 yacc 语法分析命令的替代品。

1. 安装过程

安装命令如下：

```
rpmbuild -bp ~/rpmbuild/SPECS/bison.spec
pushd ~/rpmbuild/BUILD/bison-3.5
    ./configure --host=${CROSS_TARGET} --prefix=/tools
    make
    make fnstall
popd
```

2. 正确性检查

检查 bison 命令和 yacc 命令是否被正确地安装在 /tools/bin 目录中。

6.6.2 测试工具（Check）

Check 软件包是一个 C 语言的单元测试框架。许多软件包将 Check 软件包作为单元测试的开发框架，安装 Check 软件包以保证使用它的软件包能正确地进行编译测试验证。

1. 安装过程

安装命令如下：

```
rpmbuild -bp ~/rpmbuild/SPECS/check.spec
pushd ~/rpmbuild/BUILD/check-0.14.0
```

```
    ./configure --host=${CROSS_TARGET} --prefix=/tools --libdir=/tools/lib64
    make
    make install
popd
```

2. 正确性检查

检查 checkmk 命令是否被正确地安装在 /tools/bin 目录中。

6.6.3 文件比较工具（Diffutils）

Diffutils 软件包提供了一个用于提取两个文件或目录之间不同之处的命令：diff，该命令常用来制作源代码的补丁文件。

1. 安装过程

安装命令如下：

```
rpmbuild -bp ~/rpmbuild/SPECS/diffutils.spec
pushd ~/rpmbuild/BUILD/diffutils-3.7
    sed -i.orig "s@\/help2man@\/help2man --no-discard-stderr@g" man/Makefile.in
    ./configure --host=${CROSS_TARGET} --prefix=/tools
    make
    make install
popd
```

2. 安装步骤解释

修改一个手册文件生成过程中可能出现的错误，命令如下：

```
sed -i.orig "s@\/help2man@\/help2man --no-discard-stderr@g" man/Makefile.in
```

编译过程中可能会出现制作手册文件错误而导致失败的情况，使用 sed 命令调整 help2man 命令的调用参数，这样可以避免制作过程被中断。

3. 正确性检查

检查 diff 命令是否被正确地安装在 /tools/bin 目录中。

6.6.4 编译过程控制工具（Make）

Make 软件包中包含了用于处理 Makefile 格式文件的命令：make。Makefile 格式的文件中包含各种控制流程，可使任务的处理过程自动化，在 Linux 系统中主要用于编译软件包的控制。

因为在我们要制作的系统中绝大多数软件源代码包都是用 make 命令编译的，所以必须将该命令安装到临时系统中。

1. 安装过程

安装命令如下：

```
rpmbuild -bp ~/rpmbuild/SPECS/make.spec
pushd ~/rpmbuild/BUILD/make-4.2.1
    autoreconf -iv
    ./configure --host=${CROSS_TARGET} --prefix=/tools
    make
    make install
popd
```

2. 正确性检查

检查 make 命令是否被正确地安装在 /tools/bin 目录中。

6.6.5 补丁文件使用工具（Patch）

Patch 软件包中包含一个根据补丁文件的内容来修改或创建文件的命令：patch。许多情况下，编译软件包时都会为软件包应用补丁文件，patch 命令就是应用补丁文件时最常用的命令。

在 rpmbuild 命令准备各个软件源代码包时会经常使用 patch 命令进行补丁的修订，将 Patch 软件包安装到临时系统也是为了能处理源代码包使用的补丁文件。

1. 安装过程

安装命令如下：

```
rpmbuild -bp ~/rpmbuild/SPECS/patch.spec
pushd ~/rpmbuild/BUILD/patch-2.7.6
    autoreconf -iv
    ./configure --host=${CROSS_TARGET} --prefix=/tools
    make
    make install
popd
```

2. 正确性检查

检查 patch 命令是否被正确地安装在 /tools/bin 目录中。

6.6.6 文件打包工具（Tar）

Tar 软件包中包含了一个归档程序：tar，该程序是最常用的打包或解包命令，目标系统安装的软件包源代码几乎都是使用 tar 进行打包的。

需要注意，打包并不会压缩文件，通常在把一个或多个文件打包后再对打包文件进行压缩；解包的过程则刚好相反，先把文件解压缩成打包文件，再将打包文件进行解包，还原为原来的一个或多个文件。

1. 安装过程

安装命令如下：

```
rpmbuild -bp ~/rpmbuild/SPECS/tar.spec
pushd ~/rpmbuild/BUILD/tar-1.32
    ./configure --host=${CROSS_TARGET} --prefix=/tools
    make
    make install
popd
```

2. 正确性检查

检查 tar 命令是否被正确地安装在 /tools/bin 目录中。

6.6.7 信息阅读工具（Texinfo）

Texinfo 软件包中包含了读取、写入、转换 Info 文档的程序。安装 Texinfo 软件包到临时系统中，是因为在一些源代码包的编译和安装过程中会使用该软件包提供的程序来处理文档文件，在进行处理时，若没有相应的命令可能会导致编译或安装失败。

1. 安装过程

安装命令如下：

```
rpmbuild -bp ~/rpmbuild/SPECS/texinfo.spec
pushd ~/rpmbuild/BUILD/texinfo-6.7
    sed -i.orig "/SUBDIRS/s@ info@@g" Makefile.am
    autoreconf -iv
    ./configure --host=${CROSS_TARGET} --prefix=/tools
    make LIBS="-lz"
    make install
popd
```

2. 正确性检查

检查 info 命令是否被正确地安装在 /tools/bin 目录中。

6.6.8 宏处理工具（M4）

M4 软件包中包含了一个宏处理命令工具：m4，许多软件源代码包的配置会使用到该命令。

1. 安装过程

安装命令如下：

```
rpmbuild -bp ~/rpmbuild/SPECS/m4.spec
pushd ~/rpmbuild/BUILD/m4-1.4.18
   ./configure --host=${CROSS_TARGET} --prefix=/tools
   make
   make install
popd
```

2. 正确性检查

检查 m4 命令是否被正确地安装在 /tools/bin 目录中。

6.6.9 软件包安装信息读取工具（Pkgconf）

Pkgconf 软件包用于读取某些软件包的安装信息，安装信息包含在以 .pc 作为扩展名的信息文件中。

我们在临时系统中安装 Pkgconf 软件包，是因为临时系统在编译目标系统的软件包时，有很多软件包的配置过程会使用 Pkgconf 提供的命令来获取其依赖软件包安装的情况和配置信息。

1. 安装过程

安装命令如下：

```
rpmbuild -bp ~/rpmbuild/SPECS/pkgconf.spec
pushd ~/rpmbuild/BUILD/pkgconf-1.6.3/
   unset PKGPATH
   export PKGPATH+=/tools/lib{64,32,}/pkgconfig:
   export PKGPATH+=/tools/share/pkgconfig
   ./configure --host=${CROSS_TARGET} --prefix=/tools --libdir=/tools/lib64 \
            --with-pkg-config-dir=${PKGPATH}
   make
   make install
   ln -sv pkgconf /tools/bin/pkg-config
   unset PKGPATH
popd
```

2. 安装步骤解释

安装过程可划分为以下几个步骤。

（1）查找 pc 文件的路径设置

使用一个变量来保存路径，命令如下：

```
export PKGPATH+=/tools/lib{64,32,}/pkgconfig:
export PKGPATH+=/tools/share/pkgconfig
```

搜索的路径通常都是在 lib 目录的 pkgconfig 目录中，这是为了兼容 Multilib 创建的多个 lib 目录，这些 lib 目录都作为查找目录来设置，另外一个特殊的目录是 ${prefix}/share/pkgconfig，因为是临时系统，所以是 /tools/share/pkgconfig 目录。

> **注意：**
>
> 搜索路径使用 : 符号进行分割，所以第一条 PKGPATH 变量设置命令的最后一个 : 符号不要漏掉。

（2）配置 Pkgconf 软件包

```
./configure --host=${CROSS_TARGET} --prefix=/tools --libdir=/tools/lib64 \
           --with-pkg-config-dir=${PKGPATH}
```

- --with-pkg-config-dir：用来设置 pc 文件查找路径，可以支持多个路径进行查询，每个路径使用 : 符号分割。因为之前已经准备好了路径变量，所以这里直接使用该变量即可。

（3）创建兼容命令

Pkgconf 软件包默认安装的命令名并不常用，需要通过下面的命令创建一个链接文件。

```
ln -sv pkgconf /tools/bin/pkg-config
```

链接的文件名为 pkg-config，该命令是多数软件调用的命令，创建这个链接文件可以兼容大多数软件包调用的需要。

3. 正确性检查

检查 pkg-config 命令是否被正确地安装在 /tools/bin 目录中。

6.6.10 自动化配置脚本生成工具（Autoconf）

Autoconf 软件包用于帮助生成自动配置源代码的 Shell 脚本。

通常软件的源代码包已经生成好了配置脚本，名称通常是 configure，但如果没有创建配置脚本或者因为需要而改变了部分内容则要重新生成配置脚本，那么 Autoconf 软件包中的命令工具就可以用来生成或更新配置脚本。将该软件包安装到临时系统就是为了解决可能发生的配置脚本更新需求。

1. 安装过程

安装命令如下：

```
rpmbuild -bp ~/rpmbuild/SPECS/autoconf.spec
pushd ~/rpmbuild/BUILD/autoconf-2.69
```

```
    ./configure --host=${CROSS_TARGET} --prefix=/tools
    make
    make install
popd
```

2．正确性检查

检查 autoconf 命令是否被正确地安装在 /tools/bin 目录中。

6.6.11 自动化编译脚本生成工具（Automake）

Automake 软件包可以用来产生 Makefile 文件的模板文件，该软件包与 Autoconf 软件包通常是配合使用的，所以与其一同安装到临时系统里。

1．安装过程

安装命令如下：

```
rpmbuild -bp ~/rpmbuild/SPECS/automake.spec
pushd ~/rpmbuild/BUILD/automake-1.16.1/
    ./configure --host=${CROSS_TARGET} --prefix=/tools
    make
    make install
popd
```

2．正确性检查

检查 automake 命令是否被正确地安装在 /tools/bin 目录中。

6.6.12 GNU 通用库支持工具（Libtool）

Libtool 软件包中包含了处理通用函数库的命令，该命令简化了使用共享函数库的过程，它将共享函数库使用的复杂性隐藏在统一、可移植的接口中。

1．安装过程

安装命令如下：

```
rpmbuild -bp ~/rpmbuild/SPECS/libtool.spec
pushd ~/rpmbuild/BUILD/libtool-2.4.6
    ./configure --host=${CROSS_TARGET} --prefix=/tools --libdir=/tools/lib64
    make
    make install
popd
```

2. 正确性检查

检查 libtool 命令是否被正确地安装在 /tools/bin 目录中。

6.6.13 程序生成工具（Flex）

Flex 软件包中包含了一个能按照模式化的文本来生成相应程序的工具：flex，该命令工具可用于软件代码的自动生成。

1. 安装过程

安装命令如下：

```
rpmbuild -bp ~/rpmbuild/SPECS/flex.spec
pushd ~/rpmbuild/BUILD/flex-2.6.4
    sed -i '/doc /d' Makefile.am
    autoreconf -fv
    cat > config.cache << EOF
    ac_cv_func_malloc_0_nonnull=yes
    ac_cv_func_realloc_0_nonnull=yes
    EOF
    ./configure --host=${CROSS_TARGET} --prefix=/tools --libdir=/tools/lib64 \
                --cache-file=config.cache
    make
    make install
popd
```

2. 安装步骤解释

安装过程可划分为以下几个步骤。

（1）修改编译脚本文件

安装文档时可能会遇到错误而导致安装失败，使用下面的命令来避免。

```
sed -i '/doc /d' Makefile.am
```

因为在临时系统中不安装文档不会影响功能，所以可以通过去除 doc 目录的安装来解决可能出现的问题。

（2）更新配置编译脚本

这里更新配置编译脚本的原因主要是，自带的编译脚本对 aclocal 命令版本的需求可能与当前系统中的该命令版本不一致，从而导致编译出错。此外我们删除了 doc 目录的安装，这也需要更新配置编译脚本。

```
autoreconf -fv
```

使用 autoreconf 命令可以完整地更新 configure 配置脚本与 Makefile.in 编译脚本模板，-f 参数是强制更新所有相关文件，-v 参数则是显示更新过程信息。

3. 正确性检查

检查 flex 命令是否被正确地安装在 /tools/bin 目录中。

6.6.14 脚本语言（TCL）

TCL 软件包提供了一个功能强大的脚本语言，即 TCL（Tool Command Language），它可用于创建将各种应用程序、协议、设备和框架结合在一起的集成应用程序。

1. 安装过程

安装命令如下：

```
rpmbuild -bp ~/rpmbuild/SPECS/tcl.spec
pushd ~/rpmbuild/BUILD/tcl8.6.10/unix
    ./configure --host=${CROSS_TARGET} --prefix=/tools --libdir=/tools/lib64 \
                --mandir=/tools/share/man
    make
    make install
    make install-private-headers
    ln -sfv tclsh8.6 /tools/bin/tclsh
    ln -svf libtcl8.6.so /tools/lib64/libtcl.so
popd
```

2. 安装步骤解释

安装过程可划分为以下几个步骤。

（1）配置 TCL 软件包

TCL 支持多种操作系统，针对 Linux 系统的源代码存放在 unix 目录中，进入 unix 目录后再使用配置命令。

（2）安装私有头文件

软件包默认不会安装 TCL 私有头文件，但是有些软件包会使用到这些头文件，所以我们额外安装它们，使用如下命令：

```
make install-private-headers
```

TCL 安装脚本中有安装私有头文件的单独步骤，指定 install-private-headers 就可以将这些头文件安装到临时系统中。

（3）创建链接命令文件和库文件

通常其他程序调用 TCL 的命令是 tclsh，所以我们创建一个不带版本号的 tclsh 命令文件，使用如下命令：

```
ln -sfv tclsh8.6 /tools/bin/tclsh
```

另外其他软件如果需要链接 TCL 的库文件，也会使用不带版本号的文件名，因此也要创建一个不带版本号的 libtcl.so 库文件，使用如下命令：

```
ln -svf libtcl8.6.so /tools/lib64/libtcl.so
```

3. 正确性检查

检查 tclsh 命令是否被正确地安装在 /tools/bin 目录中。

6.6.15 编程语言（Lua）

Lua 是一种强大的轻量级编程语言，简单、高效且易于移植，常用于扩展应用程序，也常作为一种通用的、独立的语言。

安装 Lua 软件包到临时系统中主要是因为 RPM 包管理工具会使用到该语言。

1. 安装过程

安装命令如下：

```
rpmbuild -bp ~/rpmbuild/SPECS/lua.spec
pushd ~/rpmbuild/BUILD/lua-5.3.5
  ./configure --host=${CROSS_TARGET} --prefix=/tools --libdir=/tools/lib64 \
              --with-compat-module --with-readline
  make
  make install
popd
```

2. 安装步骤解释

安装过程的主要步骤是配置 Lua 软件包。

```
./configure --host=${CROSS_TARGET} --prefix=/tools --libdir=/tools/lib64 \
           --with-compat-module --with-readline
```

○ --with-compat-module：开启对 Lua 早期版本的兼容模块选项。

○ --with-readline：使用 Readline 函数库来处理用户交互的操作。

3. 正确性检查

检查 lua 命令是否被正确地安装在 /tools/bin 目录中。

6.6.16 文件打包工具（Cpio）

Cpio 软件包中包含了一个可以创建或还原 CPIO 格式的打包命令：cpio。该软件包与 Tar 软件包的功能类似，都是将一个或多个文件（包括目录）打包成一个文件，并且解包后能还原成原来的文件和目录结构。

安装 Cpio 软件包到临时系统中，是因为 RPM 包文件使用 CPIO 格式进行打包，且内核的 Initramfs 辅助系统也使用 CPIO 格式进行打包。

1. 安装过程

安装命令如下：

```
rpmbuild -bp ~/rpmbuild/SPECS/cpio.spec
pushd ~/rpmbuild/BUILD/cpio-2.13
   autoreconf -fv
   ./configure --host=${CROSS_TARGET} --prefix=/tools --enable-mt
   make
   make install
popd
```

2. 安装步骤解释

安装过程的主要步骤是配置 Cpio 软件包。

```
./configure --host=${CROSS_TARGET} --prefix=/tools --enable-mt
```

○ --enable-mt：指定编译和安装 mt 命令。

3. 正确性检查

检查 cpio 命令是否被正确地安装在 /tools/bin 目录中。

6.6.17 用户交互环境工具（TCSH）

TCSH 软件包提供了一个用户命令交互环境，该交互环境与 Bash 的交互环境使用的控制程序语言不同，TCSH 使用了 C 语言语法的控制语句，这对于熟悉 C 语言的用户来说会比较容易。

1. 安装过程

安装命令如下：

```
rpmbuild -bp ~/rpmbuild/SPECS/tcsh.spec
pushd ~/rpmbuild/BUILD/tcsh-6.22.02
   ./configure --host=${CROSS_TARGET} --prefix=/tools
   make
   make install
popd
```

2. 正确性检查

检查 tcsh 命令是否被正确地安装在 /tools/bin 目录中。

6.7 包管理工具

安装了大量库文件和命令文件后，RPM 包管理工具的制作条件就基本满足了，接下来完成 RPM 包管理工具的制作。

6.7.1 RPM 包管理工具（RPM）

RPM 软件包包含了一组用来管理 RPM 包文件体系的工具，如制作、安装、检索等相关的功能。

我们要制作移植的 Fedora 系统就是采用 RPM 包管理工具来对系统内的所有文件进行管理和控制，可以说 RPM 包管理工具是 Fedora 发行版必不可少的组成部分。

在制作临时系统这一阶段就将 RPM 包管理工具制作出来，是因为临时系统可以启动龙芯机器后将不再需要初始系统，这时候就需要临时系统中提供的 rpmbuild 命令来处理 RPM 源代码文件，rpmbuild 命令就包含在 RPM 软件包中。另外，在启动龙芯机器后，安装了该软件包的临时系统可具备制作 RPM 包文件的条件。

1. 安装过程

安装命令如下：

```
rpmbuild -bp ~/rpmbuild/SPECS/rpm.spec
pushd ~/rpmbuild/BUILD/rpm-4.15.1
   patch -Np1 -i ${DOWNLOADDIR}/rpm-4.15.1-add_gnuabi_for_host_os.patch
   patch -Np1 -i ${DOWNLOADDIR}/rpm-4.15.1-add_32bit_msg_for_mipsel.patch
   patch -Np1 -i ${DOWNLOADDIR}/rpm-4.15.1-add_mipsn32el.patch
   patch -Np1 -i ${DOWNLOADDIR}/rpm-4.15.1-add_mips_dwarf.patch
   autoreconf -fv
   ./configure --host=${CROSS_TARGET} --prefix=/tools --libdir=/tools/lib\64 \
               --with-vendor=redhat
   make
   make install
   sed -i -e "s@-%{__isa_bits}@-n%{__isa_bits}@g" \
          -e "/^%_libexecdir/s@libexec\$@libexec32@g" \
          -e "s/_transaction_color/& 4/g" \
          /tools/lib/rpm/platform/mipsn32el-linux/macros
   sed -i  "/_transaction_color/s@3@7@g" \
          /tools/lib/rpm/platform/mips64el-linux/macros
popd
```

2. 安装步骤解释

安装过程可划分为以下几个步骤。

（1）应用补丁文件

- rpm-4.15.1-add_gnuabi_for_host_os.patch：避免 MIPS 使用的平台系统表达式影响到各个平台在 platform 目录里的目录名称。
- rpm-4.15.1-add_32bit_msg_for_mipsel.patch：该补丁为 32 位格式的 MIPS 程序在 RPM 包信息中打上 (32bit) 的字样。
- rpm-4.15.1-add_mipsn32el.patch：增加 MIPS 中对 N32 ABI 的支持。
- rpm-4.15.1-add_mips_dwarf.patch：增加 RPM 包管理工具在处理二进制文件时对 MIPS 文件中的 DWARF 数据段的支持。

（2）配置 RPM 软件包

```
autoreconf -fv
./configure --host=${CROSS_TARGET} --prefix=/tools --libdir=/tools/lib64 \
          --with-vendor=redhat
```

因为补丁修改了 configure.ac 文件，所以使用 autoreconf 命令重新生成 configure 脚本文件。

- --with-vendor=redhat：设置的字符串将用于 RPM 包制作工具存放定制配置文件的目录名，例如设置为 redhat，那么 RPM 包管理工具中的各种制作工具会优先使用 ${prefix}/lib/rpm/redhat 目录中的配置文件，该参数的设置是为了配合 Fedora 系统里的 redhat-rpm-config 软件包默认安装的目录。

（3）修改 MIPS 的 N32 ABI 的 RPM 包制作配置文件

每个平台都在 RPM 的配置文件目录的 platform 目录里有一个单独的目录，所以 MIPS N32 对应的文件在 /tools/lib/rpm/platform/mipsn32el-linux 目录中，修改的命令如下：

```
sed -i -e "s@-%{__isa_bits}@-n%{__isa_bits}@g" \
       -e "/^%_libexecdir/s@libexec\$@libexec32@g" \
       -e "s/_transaction_color/& 4/g" \
       /tools/lib/rpm/platform/mipsn32el-linux/macros
sed -i  "/_transaction_color/s@3@7@g" \
         /tools/lib/rpm/platform/mips64el-linux/macros
```

平台配置目录中只有 macros 这一个文件，在该文件中定义了大量的目录位置。其中 MIPS 32 和 MIPS N32 在编译 Glibc 时会在 libexec 目录中存在文件冲突，解决的方法是将 N32 的 libexec 目录修改为 libexec32。

3. 正确性检查

检查 rpm 和 rpmbuild 命令是否被正确地安装在 /tools/bin 目录中。

6.7.2 配置 RPM 包管理工具

1. 目录修正

安装到临时系统中的 RPM 软件包的 prefix 参数设置为 /tools，这虽然可以保证 RPM 软件包的所有文件都安装到存放临时系统的目录中，但也会导致 RPM 的多项配置文件的路径也设置成了以 /tools 开头。在临时系统启动目标机器后，这会影响到制作 rpm 文件使用的目录，因此需要修改 /tools/lib/rpm/ 中多处带有 /tools 路径的地方，将这些 /tools 都修改为 /usr，因为 /usr 才是常规系统中使用的目录。

修改过程的命令如下：

```
pushd /tools/lib/rpm/
   for i in $(find -name "macros")
   do
       sed -i 's@/tools@/usr@g' $i
       sed -i '/%_sysconfdir/s@%{_prefix}@@g' $i
       sed -i '/%_localstatedir/s@%{_prefix}@@g' $i
       sed -i '/%_var/s@%{_prefix}@@g' $i
       sed -i '/%_sharedstatedir/s@%{_prefix}/com@/var/lib@g' $i
   done
   sed -i 's@/tools@/usr@g' macros.d/*
   sed -i "s@mips64el-unknown-linux-gnuabi64-@@g" macros
popd
```

需要修改的文件比较多，我们采用查找文件的方式进行修改，修改的内容说明如下：

- 将 /tools 改为 /usr；
- 将 sysconfdir 设置的路径改为 /etc；
- 将 localstatedir 设置的路径改为 /var；
- 将 var 设置的路径改为 /var；
- 将 sharedstatedir 设置的路径改为 /var/lib。

这些内容修改后，基本上就与 Fedora 常规系统中的路径设置相同了，从而为使用 RPM 包制作工具将临时系统向目标系统过渡做好了准备。

2. 创建临时配置信息

RPM 包制作工具的配置内容是通过一个个配置文件进行设置的，其中有一个重要的目录，即配置目录中的 macros.d 目录。该目录可以用来存放各个软件包提供的配置文件，从而丰富 RPM 包制作工具的设置内容。

在一些软件包的 SPEC 描述文件中，会使用到其他软件包放置在 RPM 包配置目录中的文件设置内容。通常在制作前检查依赖时会要求安装提供这些设置内容的软件包，这在各种 RPM 软件包完整的软件仓库中是没有问题的，但是在我们刚开始移植的阶段，则可能出现找不到对应设置的错误。为了避免前期找不到设置内容的错误，此处创建一个临时系统中使用的临时配置文件，文件内容如下：

```
cat > /tools/lib/rpm/macros.d/macros.tmp << "EOF"
%__python3 /usr/bin/python3
%__perl %{_bindir}/perl
%perl_archlib    %(eval "`%{__perl} -V:installarchlib`"; echo $installarchlib)
%perl_privlib    %(eval "`%{__perl} -V:installprivlib`"; echo $installprivlib)
%_emacs_sitestartdir /usr/share/emacs/site-lisp/site-start.d
%_emacs_sitelispdir /usr/share/emacs/site-lisp
EOF
```

临时配置文件就创建在 /tools/lib/rpm/macros.d/ 目录中，文件名为 macros.tmp，这样可以尽量保证不会与其他软件包安装的文件名发生冲突。

临时配置文件中设置的内容是为了在对应配置文件的软件包安装之前为一些需要用到的软件包提供相应的变量设置，等包含设置的软件包安装后就删除这其中对应的内容。

这里需要注意，/tools/lib/rpm 目录是临时系统中 RPM 包管理工具使用的目录，在目标系统的 RPM 包管理工具制作完成后将不再使用。

6.8 系统启动的支持

至此，临时系统已经基本完成，但临时系统还需要肩负起启动龙芯机器的重任，因此接下来将要制作与系统启动相关的软件包。

6.8.1 启动管理器（Systemd）

Systemd 是代替 Sysinit 用来控制操作系统启动、运行和关闭的控制程序。Systemd 支持并行启动，可以更快地完成系统的启动，已经被越来越多的主流 Linux 操作系统默认使用。因此，我们制作的临时系统也将采用 Systemd 作为启动管理器。

1. 安装过程

安装命令如下：

```
rpmbuild -bp ~/rpmbuild/SPECS/systemd.spec
pushd ~/rpmbuild/BUILD/systemd-stable-245.4
   sed -i 's@/usr/local/@/tools/@g' src/basic/path-util.h
   mkdir build
   cd build
   CC="gcc" CXX="g++" \
```

```
    meson --prefix=/tools --sysconfdir=/tools/etc --localstatedir=/tools/var \
          --libdir=/tools/lib64 -Dblkid=true -Ddefault-dnssec=no -Dfirstboot=false \
          -Dinstall-tests=false -Dkmod-path=/tools/bin/kmod -Dldconfig=false \
          -Dmount-path=/tools/bin/mount -Drootprefix=/tools -Drootlibdir=/tools/lib64 \
          -Dsplit-usr=true -Dsulogin-path=/tools/sbin/sulogin -Dsysusers=false \
          -Dumount-path=/tools/bin/umount -Db_lto=false \
          -Dsysvinit-path=/tools/etc/init.d -Dsysvrcnd-path=/tools/etc/rc.d \
          -Dcreate-log-dirs=false -Dbinfmt=false -Dtimesyncd=false \
          --cross-file /cross-tools/meson-cross.txt ..
    ninja
    DESTDIR=${SYSDIR} ninja install
popd
```

2. 安装步骤解释

安装过程可划分为以下几个步骤。

（1）修改 init 启动时的命令搜索路径

默认情况下，init 启动时查找命令的路径是根目录（/）、/usr 目录和 /usr/local 目录中的 sbin 与 bin 目录，但因为临时系统中的各个命令都存放在 /tools/bin 或者 /tools/sbin 目录中，所以若不写全路径是无法从临时系统目录中找到命令来执行的。我们需要把临时系统的路径加入查找路径中，使用如下命令：

```
sed -i 's@/usr/local/@/tools/@g' src/basic/path-util.h
```

因为 /usr/local/ 目录在后续的制作过程中暂时不会使用到，所以可以将默认搜索 /usr/local/ 目录改为搜索 /tools/ 目录，这样就可以将临时系统可执行命令的存放路径加入搜索路径中。

（2）配置 Systemd

```
CC="gcc" CXX="g++" \
meson --prefix=/tools --sysconfdir=/tools/etc --localstatedir=/tools/var \
      --libdir=/tools/lib64 -Dblkid=true -Ddefault-dnssec=no -Dfirstboot=false \
      -Dinstall-tests=false -Dkmod-path=/tools/bin/kmod -Dldconfig=false \
      -Dmount-path=/tools/bin/mount -Drootprefix=/tools -Drootlibdir=/tools/lib64 \
      -Dsplit-usr=true -Dsulogin-path=/tools/sbin/sulogin -Dsysusers=false \
      -Dumount-path=/tools/bin/umount -Db_lto=false \
      -Dsysvinit-path=/tools/etc/init.d -Dsysvrcnd-path=/tools/etc/rc.d \
      -Dcreate-log-dirs=false -Dbinfmt=false -Dtimesyncd=false \
      --cross-file /cross-tools/meson-cross.txt ..
```

Systemd 软件包使用 meson 进行配置，该命令类似 configure 配置脚本的功能，同样可以提供对软件包进行细致配置的参数。该配置参数主要针对 Systemd 软件包中提供的功能进行设置，配置参数如果设置为 true，代表对应的命令编译安装；如果设置为 false，则代表不编译（这通常是因为有其他软件包提供了更好的版本，或者当前的环境无法编译通过）。

-D*-path= 这类设置通常是 Systemd 所需命令或目录的实际路径名。

参数中还有几个设置路径参数都需要设置为以 /tools 目录开头，否则安装时会默认以根目录 / 为基础目录创建目录和文件。

下面说明几个比较重要的参数。

- CC='gcc'：这个环境变量的设置是为了覆盖当前已经设置的 CC 环境变量的内容。原因有两个方面：一方面，当前设置的 CC 变量是目标系统平台的交叉编译器，而 meson 命令在进行交叉编译时使用指定配置文件的方式并不使用环境变量；另一方面，在 Systemd 的编译过程中需要编译一些当前系统平台上可以运行的程序以帮助完成编译过程，因为 CC 变量的存在，这些程序的编译会使用 CC 变量的设置进行编译，所以需要设置一个临时 CC 变量来暂时覆盖 CC 环境变量，以保证这些程序编译出来能够在当前系统平台上运行。
- -Ddefault-dnssec=no：关闭实验性 DNSSEC 支持。
- --cross-file /cross-tools/meson-cross.txt：cross-file 参数用来指定一个交叉编译的配置文件。该文件我们之前已经在 /cross-tools 目录中准备好，名字为 meson-cross.txt，且已经根据龙芯平台设置好了参数，这里直接使用即可。

（3）编译和安装 Systemd

Systemd 没有使用其他软件常用的 make 命令来进行编译安装，而是使用 ninja 命令，命令如下：

```
ninja
DESTDIR=${SYSDIR} ninja install
```

ninja 命令的使用和 make 命令类似，只是 ninja 命令通常跟 meson 进行搭配。

同样，ninja 命令支持使用 DESTDIR 来设置安装的根目录，但和 make 命令不同，DESTDIR 必须以变量的形式来设置，而不能以命令参数的形式，也就是说 DESTDIR 必须写在 ninja 命令的前面。

3．正确性检查

检查 init 命令是否被正确地安装在 /tools/sbin 目录中。检查 systemctl 命令是否被正确地安装在 /tools/bin 目录中。

6.8.2 消息总线系统（D-Bus）

D-Bus 是一种消息总线系统框架，提供应用程序相互通信的机制。D-Bus 作为守护进程，可用于系统硬件消息、应用程序之间 IPC 通信等。D-Bus 的消息总线构建在一个通用的一对一消息传递框架之上，任何两个应用程序都可以使用该框架直接进行通信。

1．安装过程

安装命令如下：

```
rpmbuild -bp ~/rpmbuild/SPECS/dbus.spec
pushd ~/rpmbuild/BUILD/dbus-1.12.16
   ./configure --host=${CROSS_TARGET} --prefix=/tools \
               --with-console-auth-dir=/tools/run/console
   make
   make install
popd
```

2. 安装步骤解释

安装过程的主要步骤是配置 D-Bus。

```
./configure --host=${CROSS_TARGET} --prefix=/tools \
         --with-console-auth-dir=/tools/run/console
```

- --with-console-auth-dir=/tools/run/console：设置认证过程使用的目录，这里设置为临时系统的基础目录。

3. 正确性检查

检查 dbus-daemon 命令是否被正确地安装在 /tools/bin 目录中。

6.8.3 密码管理工具（Shadow-Utils）

Shadow-Utils 软件包中包含了对用户密码安全进行处理的相关命令，可使目标系统的用户密码通过影子密码文件来进行保护。

临时系统安装 Shadow-Utils 软件包，主要是因为其包含的 login 命令可以作为用户登录系统的交互命令。

1. 安装过程

安装命令如下：

```
rpmbuild -bp ~/rpmbuild/SPECS/shadow-utils.spec
pushd ~/rpmbuild/BUILD/shadow-4.8.1
   patch -Rp1 -i ~/rpmbuild/SOURCES/shadow-4.8.1-audit-update.patch
   sed -i 's/groups$(EXEEXT) //' src/Makefile.in
   find man -name Makefile.in -exec sed -i 's/groups\.1 / /' {} \;
   sed -i 's@#ENCRYPT_METHOD DES@ENCRYPT_METHOD SHA512@' etc/login.defs
   ./configure --host=${CROSS_TARGET} --prefix=/tools --with-group-name-max-length=32
   make
   make install
popd
```

2. 安装步骤解释

安装过程可划分为以下几个步骤。

（1）取消补丁文件

- shadow-4.8.1-audit-update.patch：该补丁文件使用到了 Audit 软件包，但临时系统未安装会导致编译过程出现错误。

（2）取消 groups 的安装

不安装 groups 命令相关的部分，Coreutils 软件包中已提供了更好的版本，命令如下：

```
sed -i 's/groups$(EXEEXT) //' src/Makefile.in
find man -name Makefile.in -exec sed -i 's/groups\.1 / /' {} \;
```

（3）修改默认的密码加密算法

```
sed -i 's@#ENCRYPT_METHOD DES@ENCRYPT_METHOD SHA512@' etc/login.defs
```

使用更加安全的密码加密方法 SHA512 替换默认的 Crypt 算法，SHA512 允许密码的长度超过 8 位。

（4）配置 Shadow

```
./configure --host=${CROSS_TARGET} --prefix=/tools --with-group-name-max-length=32
```

- --with-group-name-max-length=32：可使组的名字达到 32 个字符的长度。

3. 正确性检查

检查 login 命令是否被正确地安装在 /tools/bin 目录中。

6.8.4 Linux 内核

为临时系统准备启动目标机器的 Linux 内核。

1. 安装过程

安装命令如下：

```
tar xvf ${DOWNLOADDIR}/linux-5.4.44.tar.xz -C ${BUILDDIR}
pushd ${BUILDDIR}/linux-5.4.44
   patch -Np1 -i${DOWNLOADDIR}/univt-3.0-core-for-kernel-5.x.patch
   patch -Np1 -i${DOWNLOADDIR}/univt-fontfile-for-kernel-5.x.patch
   patch -Np1 -i${DOWNLOADDIR}/linux-5.4-add-loongson-support.patch
   tar xvf ${DOWNLOADDIR}/kernel-firmware-5.4.tar.gz
   sed -i.orig -e '/incompatible-pointer-types/d' -e '/Wimplicit-fallthrough/d' Makefile
   make mrproper
   cp ${DOWNLOADDIR}/kernel-mips64el.config .config
   PATH=/bin:$PATH make ARCH=mips CROSS_COMPILE=${CROSS_TARGET}- menuconfig
```

```
    make ARCH=mips CROSS_COMPILE=${CROSS_TARGET}-
    make ARCH=mips CROSS_COMPILE=${CROSS_TARGET}- \
         INSTALL_MOD_PATH=/tools modules_install
    mkdir -pv /tools/boot
    cp -a vmlinuz /tools/boot/vmlinuz
    cd ..
    rm -rf linux-5.4.44
popd
```

2. 安装步骤解释

本次制作 Linux 内核没有使用 rpmbuild 命令来准备源代码目录，而是直接解压并使用 Linux 内核官方源代码文件。原因主要是 Fedora 内核版本更新较快，且使用的不是内核长期维护版本，这对于还没有完全被 Linux 内核官方支持的架构平台来说并不会获得更好的效果，因此在内核官方完全支持龙芯平台之前，建议不使用 Fedora 提供的 RPM 源代码包进行 Linux 内核的制作，而是选择 Linux 内核最新的长期维护版本进行制作。

安装过程可划分为以下几个步骤。

（1）应用补丁

- univt-3.0-core-for-kernel-5.x.patch：在字符终端下通过内核的 FrameBuffer 驱动显示中、日、韩等语言文字，建议应用该补丁，这将极大地方便查看系统的中文信息输出。
- univt-fontfile-for-kernel-5.x.patch：针对文字显示补丁提供字体文件，如应用了显示补丁则必须应用该补丁。
- linux-5.4-add-loongson-support.patch：为 Linux 内核提供了支持龙芯 CPU 的修正。

（2）安装额外的固件文件

```
tar xvf ${DOWNLOADDIR}/kernel-firmware-5.4.tar.gz
```

对于龙芯机器来说，还需要一些内核源代码之外的固件文件才能正常启动，因此我们将这些固件文件都解压到内核源代码目录中，方便编译过程中进行使用。

（3）修改编译参数

因为编译内核使用的编译器版本较新，所以编译过程中会出现一些语法检查较严而提示的错误，解决方法如下：

```
sed -i.orig -e '/incompatible-pointer-types/d' -e '/Wimplicit-fallthrough/d'
Makefile
```

避免编译过程语法检查导致的问题，去除两个编译参数即可。

（4）清除内核源代码

```
make mrproper
```

删除源代码目录中的多余文件，包括编译产生的文件。对于一个新解压的目录，不使用该命令也没问题，但使用了也没有任何不好的影响。

（5）默认配置文件

```
cp ${DOWNLOADDIR}/kernel-mips64el.config .config
```

复制针对龙芯 3A 处理器的特定的内核配置文件，方便目标系统平台的内核定制过程。

（6）对内核进行交互式的配置

```
PATH=/bin:$PATH make ARCH=mips CROSS_COMPILE=${CROSS_TARGET}- menuconfig
```

启动文本模式下的内核设置交互界面，该界面需要主系统具有 Ncurses 开发文件。其中，ARCH=mips 指定内核让用户按照 MIPS 处理器的要求进行配置，默认情况下会使用当前的 CPU 平台进行配置；CROSS_COMPILE 参数设置交叉编译器命令的前缀，这里设置为 ${CROSS_TARGET}-，转换过来就是 mips64el-unknown-linux-gnuabi64-，正是制作的交叉编译器相关命令的前缀。

需要注意的是这条命令前加上了 PATH 环境变量的临时设置，主要是因为启动内核交互配置需要用到 Ncurses 软件包提供的库文件，而库文件查找是通过 pkg-config 进行的。目前默认的 pkg-config 使用的是临时系统中的命令，查找的目录是临时系统中的目录，也就是龙芯平台的库文件，它不能链接到当前系统运行的交互配置程序上，因此，在 make 命令前修改 PATH 环境变量，就是为了能让 pkg-config 使用的是当前系统 /bin 目录中的命令，这样才能正确地链接交互配置程序。

（7）编译内核

```
make ARCH=mips CROSS_COMPILE=${CROSS_TARGET}-
```

按照 ARCH 所指定的 mips 选项，并使用符合指定前缀要求的交叉编译器来编译内核。

（8）安装内核模块

```
make ARCH=mips CROSS_COMPILE=${CROSS_TARGET}- \
    INSTALL_MOD_PATH=/tools modules_install
```

安装内核模块时同样需要指定 ARCH 和 CROSS_COMPILE 参数，否则内核会将其判断为新的架构而重新编译。INSTALL_MOD_PATH 用于指定安装内核模块的基础目录，默认是根目录，本次安装需指定为临时系统存放目录。

（9）安装内核

```
mkdir -pv /tools/boot
cp -a vmlinuz /tools/boot/vmlinuz
```

将编译出来的内核（文件名为 vmlinuz）存放到临时系统的 /tools/boot 目录中。该目录是一个暂时存放内核的目录，在后续完成启动系统的过程中将把内核文件存放到合适的目录中。内核文件若进行了压缩，名称为 vmlinuz（非压缩的内核文件名称为 vmlinux）。

3．正确性检查

检查内核文件 vmlinuz 是否被正确地安装在 /tools/boot 目录中。检查目标系统的 /tools/lib/modules 目录中是否存在与安装的内核版本相匹配的内核模块目录。

6.8.5　启动器（GRUB）

GRUB 软件包是一个启动器，可以在多种 CPU 架构平台上用于启动操作系统，支持 Legacy 和 UEFI 两种启动方式。龙芯目前已经可以支持 UEFI 的固件，因此临时系统以支持 UEFI 的 GRUB 来启动龙芯机器。

在制作交叉工具链期间也制作了一套 GRUB，生成该套 GRUB 的命令将用于在当前系统环境中生成用来启动龙芯机器的启动文件。而本次制作的 GRUB 是为在临时系统启动龙芯机器后生成启动文件而准备的，例如把 GRUB 安装到龙芯机器的硬盘上。

1. 安装过程

安装命令如下：

```
rpmbuild -bp ~/rpmbuild/SPECS/grub2.spec
pushd ~/rpmbuild/BUILD/grub-2.04/
   patch -Np1 -i ${DOWNLOADDIR}/grub-2.04-add-support-mips64-efi.patch
   sed -i.orig -e 's,-specs=/usr/lib/rpm/redhat/redhat-annobin-cc1 ,,g' grub-core/
lib/gnulib/Makefile.am gnulib/gnulib-tool
   sed -i.orig -e 's,-Werror ,,g' grub-core/lib/gnulib/Makefile.am
   autoreconf -ifv
   mkdir -pv build
   cd build
   CC="${CC} -mno-msa" \
   ../configure --host=${CROSS_TARGET} --prefix=/tools \
               --with-platform=efi --with-utils=host --disable-werror
   make
   make install
popd
```

2. 安装步骤解释

安装过程可划分为以下几个步骤。

（1）应用补丁文件

- grub-2.04-add-support-mips64-efi.patch：该补丁提供了 GRUB 对龙芯 UEFI 固件支持的能力。

（2）修改编译问题

因为使用 rpmbuild 准备的软件源代码目录，所以使用了临时系统还未提供的软件包，需要进行修改才能编译通过。使用如下命令进行修改：

```
sed -i.orig -e 's,-specs=/usr/lib/rpm/redhat/redhat-annobin-cc1 ,,g' grub-core/lib/
gnulib/Makefile.am gnulib/gnulib-tool
```

该命令去除了 GCC 的 annobin 插件的需求，临时系统未安装该插件。

另一个需要修改的原因是，GCC 版本较新导致语法要求严格，可使用如下命令进行处理：

```
sed -i.orig -e 's,-Werror ,,g' grub-core/lib/gnulib/Makefile.am
```

去除强语法检查的编译参数后就可以顺利编译了。

（3）配置 GRUB

```
CC="${CC} -mno-msa" \
../configure --host=${CROSS_TARGET} --prefix=/tools \
            --with-platform=efi --with-utils=host --disable-werror
```

- CC="${CC} -mno-msa"：GRUB 软件包不能使用启用 MSA 指令进行编译，在配置过程中通过设置 CC 变量的方式增加 -mno-msa 强制关闭 MSA 指令的使用。
- --with-utils=host：设置 GRUB 软件包编译生成的各种操作程序运行的平台是什么。该参数有 3 个选择：host、target、build，分别针对 --host、--target 和 --build 设置的 3 个平台系统参数，这里设置为 host 代表程序运行的目标平台是 --host 参数指定的平台，即龙芯平台。
- --with-platform=efi：设置 GRUB 采用支持 UEFI 的方式编译模块。

3．正确性检查

检查 grub-mkimage 命令是否被正确地安装在 /tools/bin 目录中。

第 07 章

在龙芯上启动临时系统

交叉编译的临时系统已经具备基本的功能，接下来开始将临时系统迁移到真正的龙芯机器上。

7.1 设置临时系统

为了让临时系统能够正常地启动龙芯机器，我们考虑将临时系统存放在移动介质上（此处选择的是 U 盘）。为了能让其启动，还需要进行一些设置。

1. 复制临时系统

为了能方便地将设置完成的临时系统复制到移动介质中，我们新创建一个用于临时系统的目录，使用如下命令：

```
mkdir -pv ${SYSDIR}/usb-system
pushd ${SYSDIR}/usb-system
```

接下来把目前制作好的临时系统复制到该目录中，使用如下命令：

```
cp -a ${SYSDIR}/tools ./
```

目前临时系统的所有文件都在 tools 目录中，复制该目录即可。

2. 创建基本目录

接着创建一个系统启动过程中最基本的目录，命令如下：

```
mkdir -pv boot dev sys proc tmp etc root home usr/{bin,sbin,lib}
ln -sfv usr/bin ./
ln -sfv usr/sbin ./
ln -sfv usr/lib ./
```

其中，boot 目录存放内核及与内核启动相关的文件。dev、sys 和 proc 目录用来挂载内核文件系统，分别对应 devtmpfs、sysfs 和 proc 文件系统。lib 目录用来存放如内核模块等重要的文件。tmp 目录则用来存放一些系统使用过程中产生的临时文件。

因为在系统启动和使用过程中有些命令会强制调用这一最基本目录中的程序，所以创建了 bin、sbin 目录。

这里有一个重要的目录设置需要注意：/usr 目录中的 bin、sbin 以及 lib 目录在根目录中创建了同名的链接。这样做最主要的原因是，在 Fedora 发行版中，这几个目录就是以这样的形式创建的，这也导致了访问 /bin 目录与访问 /usr/bin 目录一样，访问 /sbin 目录与访问 /usr/sbin 目录一样，/lib 目录与 /usr/lib 目录的内容同步。

3. 创建必要的链接文件

作为最基本的 Shell 脚本解释程序，bash 和 sh 的很多程序都是从 bin 目录中直接调用，因此我们建立指向 /tools/bin 的链接，以保证这些程序能正常执行。

```
ln -sfv /tools/bin/bash bin/
```

```
ln -sfv bash bin/sh
```

init 是系统启动的第一个程序，默认内核会从 /sbin 目录中执行该程序，我们创建 Systemd 软件包提供的 init 命令的一个链接到 /sbin 目录中，这样可以让内核正常运行该程序。

```
ln -sfv /tools/sbin/init sbin/
```

接着还需要创建一些命令的链接。

```
ln -sfv /tools/bin/agetty sbin/
ln -sfv /tools/bin/login bin/
ln -sfv /tools/bin/env bin/
ln -sfv /tools/sbin/modprobe sbin/
```

其中，agetty 命令用来在 init 启动完成后创建多个终端，可以使用 Alt+F1~F6 键切换终端。login 命令用来给终端提供用户登录的交互。env 命令用来设置各种环境变量。modprobe 命令用来为 Udev 提供加载模块的操作。

4. 安装内核

首先把内核安装到用于启动的目录中，命令如下：

```
mv tools/boot/vmlinuz boot/
```

内核通常都存放在根目录中的 boot 目录下，当前目录位置将来会作为 U 盘上的系统根目录。

系统启动后可能会加载内核模块，因此需要把内核模块放在正确的位置上，命令如下：

```
mkdir -pv lib/modules
mv tools/lib/modules/* lib/modules/
```

把模块目录移动到 lib 目录下，它相当于将来 U 盘的系统根目录。

5. 设置必要的目录

首先要处理 var 目录，处理过程如下：

```
mv tools/var ./
ln -sfv ../var tools/var
```

这是调整 var 目录的位置，因为 var 目录在系统启动和使用过程中用来存放系统的启动状态、日志等信息，而部分程序强制使用 /var 这个路径，所以将该目录从 tools 目录中移出来。

因为临时系统中的部分程序会使用 /tools/var 目录，所以还要保留该目录。同时为了让该目录中的文件保持同步，我们在 /tools 目录中创建一个链接文件。

接着还要处理 run 和 tmp 目录，处理过程如下：

```
mv var/run ./
ln -sfv ../run var/
rm -rf var/tmp
ln -sfv ../tmp var/
```

因为系统默认使用 /run 目录，且会挂载临时文件系统，所以将 var 目录中的 run 目录移动到根目录中，并且在 var 目录中创建一个链接到 /run 的文件。tmp 目录的处理也是出于同样的原因，处理方式相同。

6. 创建日志文件

系统启动过程中需要将一些启动日志信息存放到特定的文件中，创建这些日志文件的步骤如下：

```
mkdir -pv var/log
touch var/log/{btmp,lastlog,wtmp}
chmod -v 664 var/log/lastlog
```

7. 创建用户和组文件

创建最基本的用户文件，以便临时系统登录，步骤如下：

```
cat > etc/passwd << "EOF"
root::0:0:root:/root:/bin/bash
bin:x:1:1:bin:/dev/null:/bin/false
daemon:x:6:6:Daemon User:/dev/null:/bin/false
messagebus:x:18:18:D-Bus Message Daemon User:/var/run/dbus:/bin/false
sshd:x:50:50:sshd PrivSep:/var/lib/sshd:/bin/false
systemd-bus-proxy:x:72:72:systemd Bus Proxy:/:/bin/false
systemd-journal-gateway:x:73:73:systemd Journal Gateway:/:/bin/false
systemd-journal-remote:x:74:74:systemd Journal Remote:/:/bin/false
systemd-journal-upload:x:75:75:systemd Journal Upload:/:/bin/false
systemd-network:x:76:76:systemd Network Management:/:/bin/false
systemd-resolve:x:77:77:systemd Resolver:/:/bin/false
systemd-timesync:x:78:78:systemd Time Synchronization:/:/bin/false
systemd-coredump:x:79:79:systemd Core Dumper:/:/bin/false
nobody:x:99:99:Unprivileged User:/dev/null:/bin/false
EOF
```

对于临时系统来说，这些用户大多数是必需的，例如 Systemd 启动过程中会需要多个不同用户来启动不同的服务，而 sshd 用户用来启动 SSH 登录服务。

接着创建组文件。

```
cat > etc/group << "EOF"
root:x:0:
bin:x:1:daemon
sys:x:2:
kmem:x:3:
tape:x:4:
tty:x:5:
daemon:x:6:
```

```
floppy:x:7:
disk:x:8:
lp:x:9:
dialout:x:10:
audio:x:11:
video:x:12:
utmp:x:13:
usb:x:14:
cdrom:x:15:
adm:x:16:
messagebus:x:18:
systemd-journal:x:23:
input:x:24:
mail:x:34:
sshd:x:50:
kvm:x:61:
systemd-bus-proxy:x:72:
systemd-journal-gateway:x:73:
systemd-journal-remote:x:74:
systemd-journal-upload:x:75:
systemd-network:x:76:
systemd-resolve:x:77:
systemd-timesync:x:78:
systemd-coredump:x:79:
saslauth:x:81:
wheel:x:97:
nogroup:x:99:
users:x:100:
EOF
```

以上用户组大多数在临时系统中会使用到，例如 wheel 用户组就是为 sudo 认证提供的。

8. 设置主机名

我们为临时系统创建了一个主机名，方便一些程序获取名称。设置步骤如下：

```
echo "Sunhaiyong" > etc/hostname
```

9. 设置 hosts 文件

hosts 文件能够帮助与网络相关的程序对主机名进行 IP 地址解析。设置步骤如下：

```
cat > etc/hosts << "EOF"
```

```
127.0.0.1   Sunhaiyong localhost
EOF
```

10. 设置域名解析文件

```
ln -sfv /tools/lib/systemd/resolv.conf etc/resolv.conf
```

使用 dhcp 等服务设置的网络会在临时系统存放目录中完成域名解析文件的创建。我们建立一个到域名解析文件标准存放位置的链接文件，这样当域名解析文件存在时就可以用域名访问互联网的网址了。

11. 设置 bash 下的键盘功能键设置

bash 行为的定义通过 /etc/inputrc 文件来设置，该文件不会直接被 bash 使用，需要通过 INPUTRC 环境变量来设置。其中，键盘功能键的定义使用 Readline 函数库中提供的功能，Readline 函数库的键盘功能键定义方式可以参考 man readline 或 info readline 提供的信息。

创建按键配置文件的过程如下：

```
cat > tools/etc/inputrc << "EOF"
set horizontal-scroll-mode Off
set meta-flag On
set input-meta On
set convert-meta Off
set output-meta On
set bell-style none
"\e[1~": beginning-of-line
"\e[4~": end-of-line
"\e[5~": beginning-of-history
"\e[6~": end-of-history
"\e[3~": delete-char
"\e[2~": quoted-insert
"\eOd": backward-word
"\eOc": forward-word
"\eOH": beginning-of-line
"\eOF": end-of-line
"\e[H": beginning-of-line
"\e[F": end-of-line
EOF
```

设置简介如下。

① set horizontal-scroll-mode Off 表示命令输入时自动进行换行显示，便于阅读完整的长命令。

②通过下面的设置来保留字符的第 8 位，以保证输入和显示中文等字符。

```
set meta-flag On
set input-meta On
set convert-meta Off
set output-meta On
```

③设置提示音表现方式，这里设置为没有声音提示，设置命令如下：

```
set bell-style none
```

其中，none 可以换为 visible（可见方式，以屏幕的闪烁进行提示）和 audible（可听方式，发出嘀嘀声）。

④定义键盘的操作功能，以下内容定义了 Home(\e[1 ~)、End(\e[4 ~)、Page Up(\e[5 ~)、Page Down（\e[6 ~ ）、Insert（\e[2 ~ ）、Delete（\e[3 ~ ）键位的功能。

```
"\e[1~": beginning-of-line
"\e[4~": end-of-line
"\e[5~": beginning-of-history
"\e[6~": end-of-history
"\e[3~": delete-char
"\e[2~": quoted-insert
```

⑤以下内容则定义键盘适应某些终端，如 xterm 或 Konsole 等。

```
"\eOd": backward-word
"\eOc": forward-word
"\eOH": beginning-of-line
"\eOF": end-of-line
"\e[H": beginning-of-line
"\e[F": end-of-line
```

12. 设置 Bash Shell 启动文件

为 bash 交互环境启动过程建立环境设置脚本文件 /etc/profile，该文件在用户登录调用 bash 命令时自动执行。设置步骤如下：

```
cat > etc/profile << "EOF"
export LANG=zh_CN.UTF-8
export LC_ALL=zh_CN.UTF-8
export INPUTRC=/tools/etc/inputrc
export PS1='\u:\w\$ '
export PATH=/usr/sbin:/usr/bin:/tools/sbin:/tools/bin
EOF
```

相关设置介绍如下。

（1）本地语言设置

```
export LANG=zh_CN.UTF-8
export LC_ALL=zh_CN.UTF-8
```

设置使用中文的 UTF-8 编码（zh_CN.UTF-8）。如果想使用 GB 编码的中文，可设置为 zh_CN.GB18030 或 zh_CN.GBK；如果想使用英文环境，可以设置为 en_US.UTF-8。

（2）设置键盘配置文件

```
export INPUTRC=/tools/etc/inputrc
```

这里已经建立好了 /tools/etc/inputrc 文件及内容，将该文件设置到 INPUTRC 变量上，即可使 bash 的定义文件发生作用。

（3）设置用户提示符信息

```
export PS1='\u:\w\$ '
```

设置命令行提示信息为 <用户命令>：<当前路径><用户级别提示符>。其中用户级别提示符对于 root 级别的用户显示为 #，普通用户显示为 $。

（4）设置命令搜索路径顺序

```
export PATH=/usr/sbin:/usr/bin:/tools/sbin:/tools/bin
```

将 /tools/sbin 和 /tools/bin 的执行顺序放在最后，这样为目标系统编译的软件包能逐渐代替临时系统中对应的软件包。

13. 安装 GRUB 模块

若使用 grub-install 命令安装，会自动将 GRUB 模块存放到 /boot/grub 目录中，这样在 GRUB 动态加载模块时会到该目录中查找。但目前无法使用 grub-install 命令对目录进行安装，所以我们需要手工把所有模块都放在相应的目录里。

```
mkdir -pv boot/grub
cp -a tools/lib/grub/mips64el-efi boot/grub
```

编译为 UEFI 支持的 GRUB 模块会以架构名称和 efi 对目录进行命名，龙芯是 MIPS64 小端，因此 GRUB 安装时会将所有模块存放到 lib/grub/mips64el-efi 目录中，简单的做法是将该目录直接复制到 boot/grub 目录里即可。

14. 设置与 Systemd 启动相关的文件

Systemd 安装到系统后并不是直接设置好的，还需要对其进行一些修改才能适合临时系统的使用。

对 Systemd 启动进行的相关设置主要有以下几点。

（1）创建一个 Machine ID

Machine ID 的文件名为 machine-id，通常存放在 /etc 目录中。systemd-journald 会用到 Machine ID，因此为临时系统创建该文件。创建 Machine ID 文件非常简单，Systemd 提供了专门的命令。

```
systemd-machine-id-setup --root=${PWD}
```

该命令的 --root 参数用来指定基础目录，默认会在 /etc 目录中创建文件，现在指定参数后将在当前目录的 etc 目录里创建文件。

设置 Machine ID 还有一个重要的原因，就是在 Systemd 启动阶段如果发现没有 Machine ID，那么除了自动创建该文件外，还会将一些服务作为默认启动的服务增加到启动阶段，而这些增加的启动服务对于临时系统来说可有可无，但可能会因为临时系统无法满足需求而出现问题。为了避免问题出现，我们手工创建 Machine ID 文件，这样就可以避免 Systemd 自行创建启动服务了。

（2）创建一个终端启动文件

我们通过创建 Machine ID 文件来阻止 System 自动添加启动服务，但这也使得终端启动服务没有添加到启动阶段，因此需要手工进行添加，使用如下命令：

```
if [ ! -d tools/etc/systemd/system/getty.target.wants ]; then
    mkdir -pv tools/etc/systemd/system/getty.target.wants/
    ln -sfv /tools/lib/systemd/system/console-getty.service \
                    tools/etc/systemd/system/getty.target.wants/
fi
```

将终端启动的服务添加到启动阶段，只要在 etc/systemd/system/ 目录中创建 getty.target.wants 目录，并在其中创建一个真实的终端启动服务文件的链接就可以了，Systemd 在启动阶段会自动启动该目录中的所有服务文件。

（3）设置终端和登录命令

在终端启动服务文件中指定使用 /sbin/agetty 命令来创建终端，而 agetty 命令又指定调用 /bin/login 来创建用户登录交互环境，为了满足指定调用命令，创建这两个命令的链接。

```
ln -sfv /tools/sbin/agetty sbin/
ln -sfv /tools/bin/login bin/
```

这两个命令在临时系统里都已经准备就绪，链接到指定的目录即可。

15. 结束临时系统的设置

设置完成后使用如下命令退出目录。

```
popd
```

7.2 打包临时系统

首先，对已经制作好的部分进行打包，打包是为了能够方便地把临时系统部署到龙芯机器上。我们使用 tar 命令进行打包，命令如下：

```
pushd ${SYSDIR}/usb-system
   sudo tar --xattrs-include='*' --owner=root --group=root -cjpf \
          ${SYSDIR}/mips64el-tools-system-1.0.tar.bz2 *
popd
```

- --xattrs-include='*'：加入该参数是为了在打包系统的时候能保留一些特权命令的权限属性，例如 ping 命令等。如果没有使用该参数则会导致权限的丢失，例如 ping 命令会无法在非 root 用户权限下正常使用。
- --owner=root、--group=root：这两个参数的含义是打包时所有文件和目录使用 root 用户名和 root 用户组，这样解压缩的时候就会以 root:root 作为目录和文件的所属，因为我们打包的是一个系统，使用 root:root 来压缩符合预期。若压缩的时候想保留目录文件的所属用户和组的 ID 号，可以使用 --numeric-owner 参数。
- -cjpf：这实际上是 4 个简写参数：c 表示创建 tar 包；j 表示对 tar 包进行 bzip2 格式的压缩；p 表示打包时保留文件权限；f 参数后面必须跟上一个文件名，就是打包文件的名字。

这里使用 sudo 命令来临时获得 root 用户的权限，此时需要输入密码，即当前使用的用户设置的密码。若当前用户具备调用 root 权限的能力并且密码正确，命令会得到执行。

打包好的压缩文件先保存，后续步骤会使用到。

7.3 制作基于 U 盘的启动系统

制作启动 U 盘的目的是方便在一台没有系统或者没有合适系统的龙芯机器上成功启动制作的临时系统，并方便将临时系统部署到龙芯机器上。

1. U 盘分区

为了让龙芯机器能够顺利地启动 U 盘，U 盘需分区以便 BIOS 进行识别。目前龙芯机器有两种 BIOS，一种是以 PMON 为主的传统 BIOS，另一种是 UEFI 的 BIOS。因为目前龙芯机器多以 UEFI 作为 BIOS，所以我们制作的 U 盘必须能支持 UEFI 的启动。

插入 U 盘，若 U 盘被识别，假设其在当前系统中被命名为 /dev/sdb，使用 cfdisk 命令进行分区，需要使用 root 权限（通过 sudo 命令可以临时获得 root 用户权限），分区命令如下：

```
sudo /sbin/cfdisk /dev/sdb
```

如果 U 盘没有被使用过，则会出现选择分区类型的选项，如图 7.1 所示。

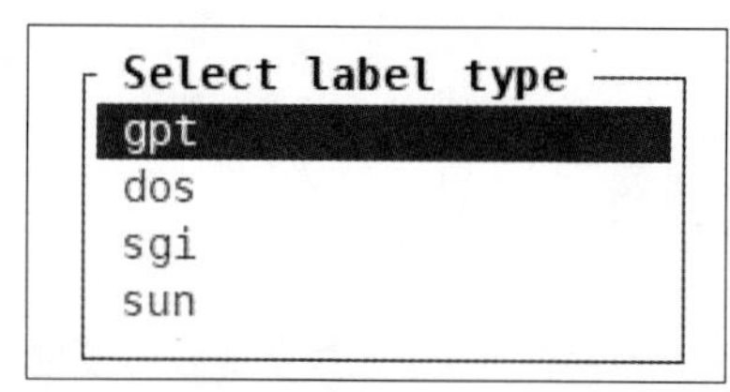

图 7.1　分区类型选择

这里选择“gpt”类型，这时会进入分区界面，如图 7.2 所示。

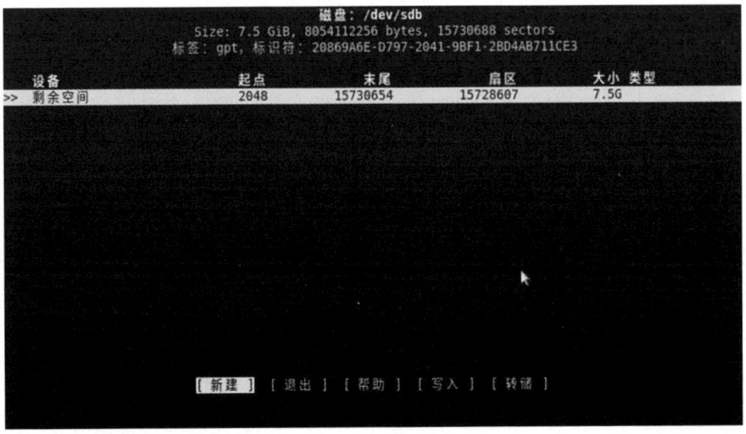

图 7.2　cfdisk 的分区界面

如果 U 盘存放过文件，那么会直接进入分区界面，有可能已经存在分区了。建议这个时候不要直接修改 U 盘的分区，因为后续步骤可能会造成 U 盘中现有数据的丢失。建议备份 U 盘中的数据，然后使用强制重新分区的参数，命令如下：

```
sudo /sbin/cfdisk -z /dev/sdb
```

> **注意：**
>
> 使用 -z 参数对已有数据十分危险，因为该参数无论 U 盘之前是否存在分区都会将其作为一个新盘重新进行分区设置，这会导致之前的分区和数据丢失。

再次警告：不要使用有数据的 U 盘进行后续的制作，如果要用一定要确认 U 盘中的数据已经备份或者数据丢失后也没有损失。

接下来开始创建和设置分区。我们制作的 U 盘分区采用 UEFI 的标准，要求第一个分区是 EFI System 类型的分区，从第二个分区开始是系统自己决定的类型。为了简单化，直接把第二个分区用于存放全部的临时系统，不再单独划分 boot 分区等。分区后的界面如图 7.3 所示。

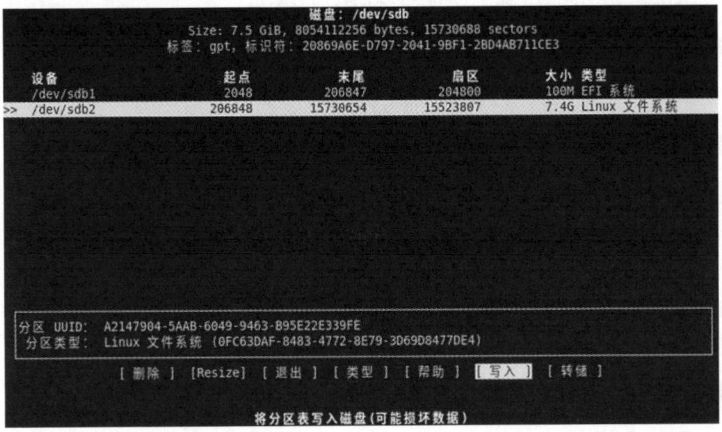

图 7.3　cfdisk 创建分区后的界面

分区设置完成后选择界面中的“Write”（写入）选项，并输入 yes 就可保存现在的分区设置。

2. 格式化分区

完成分区后，还需要对分区进行格式化才可以正常使用。对于 EFI System 分区，对应使用的文件系统是 FAT32；若 U 盘的设备名是 /dev/sdb，那么它的第一个分区设备名就是 /dev/sdb1。可以使用如下命令进行格式化：

```
sudo mkfs.vfat /dev/sdb1
```

经过短暂的格式化，第一个分区就准备好了，接着我们将第二个分区也进行格式化。由于第二个分区需要存放 GNU/Linux 系统，因此采用常用的 EXT4 文件系统比较合适，使用命令如下：

```
sudo mkfs.ext4 /dev/sdb2
```

分区格式化完成后，还需要挂载才能使用。

3. 挂载分区

挂载分区需要注意一点：要让各个分区挂载的位置在这个系统启动后是一样的。

先创建一个制作 U 盘启动系统的目录，这个目录可以理解为临时系统的根目录，创建命令如下：

```
mkdir -pv ${BUILDDIR}/tools-system
```

接着将 U 盘的第二个分区挂载到该目录上，因为分区时将第二个分区用于存放全部临时系统，也即将其作为临时系统的根分区，命令如下：

```
sudo mount /dev/sdb2 ${BUILDDIR}/tools-system
```

接着创建 EFI 分区挂载目录，在 GNU/Linux 系统中建议将 EFI 分区挂载到 BOOT 分区的 EFI 目录。因为没有创建 BOOT 分区，所以就在 U 盘的根文件系统中创建 boot 目录，并在其中创建 EFI 目录，命令如下：

```
sudo mkdir -pv ${BUILDDIR}/tools-system/boot/efi
```

现在将 U 盘的第一个分区挂载到 EFI 目录上。

```
sudo mount /dev/sda1 ${BUILDDIR}/tools-system/boot/efi
```

下面在制作 U 盘启动系统的目录中创建可以启动的系统。

4. 安装临时系统

之前我们已经把临时系统进行了打包，那么此时只要把临时系统解压到 U 盘上就可以了，使用如下命令：

```
pushd ${BUILDDIR}/tools-system
    sudo tar xpvf ${SYSDIR}/mips64el-tools-system-1.0.tar.bz2
popd
```

解压时间视 U 盘写入速度而定，在解压完成后建议使用 sync 命令同步数据。

5. 复制临时系统打包文件副本

打包好的临时系统压缩文件主要有两个用处：第一，方便部署到 U 盘上，通过上面的步骤我们看到直接解压到 U 盘即可；第二，为部署到龙芯机器的硬盘上做准备。

我们计划在临时系统启动龙芯机器后，在龙芯机器的硬盘上再部署一套临时系统，部署方式也采用将临时系统打包文件解压的方式，所以把打包好的压缩文件存放到 U 盘启动系统中，命令如下：

```
cp ${SYSDIR}/mips64el-tools-system-1.0.tar.bz2 ${BUILDDIR}/tools-sysem/tools/
```

将压缩的临时系统文件存放到 U 盘的 /tools 目录中，后续部署硬盘时就可以方便地使用了。

6. 安装 GRUB

UEFI 支持的 GRUB 需要在 EFI 分区中生成启动文件方可通过 UEFI 的固件启动 U 盘，创建可启动的 U 盘使用如下步骤：

```
pushd ${BUILDDIR}/tools-system
   mkdir -pv boot/efi/EFI/BOOT
   ${CROSS_TARGET}-grub-mkimage --directory '/tools/lib/grub/mips64el-efi' \
                                --prefix '(,gpt2)/boot/grub' \
                                --output 'boot/efi/EFI/BOOT/BOOTMIPS.EFI' \
                                --format 'mips64el-efi' \
                                --compression 'auto'  'ext2' 'part_gpt'
popd
```

龙芯的 UEFI 固件启动的 EFI 文件路径是第一个分区的 EFI/BOOT/BOOTMIPS.EFI，因此按照这个要求创建目录，并且生成用于启动的 BOOTMIPS.EIF 文件。

生成 EFI 文件的方式通常有两种，一种是使用 grub-install 命令自动创建，另一种是使用 grub-mkimage 命令手工创建。我们采用手工方式，使用的命令参数和取值说明如下。

- --directory '/tools/lib/grub/mips64el-efi'：指定当前命令生成 EFI 文件时所需模块的来源目录，这里设置的是临时系统存放 GRUB 模块的目录，该目录内存放的模块文件应当符合要制作的架构目标。
- --prefix '(,gpt2)/boot/grub'：设置 EFI 文件读取 GRUB 模块和菜单文件的存放位置。(,gpt2) 代表 EFI 文件所在存储设备的第二分区，且分区类型为 gpt；/boot/grub 则是该分区里的目录路径，模块目录与菜单文件都存放在该目录中。
- --output 'boot/efi/EFI/BOOT/BOOTMIPS.EFI'：指定生成的 EFI 文件的存放路径以及文件名，这里设置的文件名要符合龙芯机器的 UEFI 固件默认读取的文件名。
- --format 'mips64el-efi'：设置生成的 EFI 文件的二进制格式，指定为 mips64el-efi，代表是 MIPS64 小端的 EFI。
- --compression 'auto'：选择以哪种压缩算法制作 EFI 文件，使用 auto 设置将自动选择一个合适的压缩算法。
- 'ext2'、'part_gpt'：加入 EFI 文件的模块列表，这里可以增加其他的模块。这些模块主要是在 EFI 文件不具备加载模块的条件时才加入的。例如模块都存放在 ext2/3 文件系统的分区中，那么 EFI 文件需要能识别 ext2/3 文件系统才能从里面加载其他模块，因此 ext 模块需要直接加入 EFI 文件中，才能让 EFI 文件在不加载模块的情况下就可以识别 ext2/3 文件系统。

7. 制作 GRUB 启动菜单

GRUB 的菜单文件也是必不可少的。GRUB 支持的菜单功能非常强大，但当前我们只需要通过临时系统能启动龙芯机器就可以了，所以创建一个相对简单的菜单文件。

菜单文件命名为 grub.cfg，存放在 EFI 设置分区的 boot/grub 目录中。菜单文件的创建步骤和内容如下：

```
pushd ${BUILDDIR}/tools-system
   cat > boot/grub/grub.cfg << "EOF"
   menuentry 'My Distro GNU/Linux Tools System' {
          set root='hd0,gpt2'
          echo  'Loading Linux Kernel ...'
          linux  /boot/vmlinuz root=/dev/sdb2 rootdelay=10 swiotlb=16384 rw
          boot
   }
   EOF
popd
```

- menuentry：每个 menuentry 为 GRUB 提供一个启动选项，该选项的标题是紧随其后的字符串，大括号中包含的条目则是该选项被选择后运行的 GRUB 命令。
- set root='hd0,gpt2'：设置当前 GRUB 使用的根分区，这里设置 'hd0,gpt2' 作为存放内核的磁盘分区。hd0 代表能识别的第一个磁盘设备，磁盘设备从 0 开始编号；gpt2 代表该磁盘上的第二个 GPT 分区，GPT 分区在 GRUB 中从 1 开始编号。'hd0,gpt2' 所对应的 Linux 下的分区是 /dev/sda2。
- linux：用于读取指定的 Linux 内核文件，同时该参数可以为内核提供启动时的内核参数。这里使用了几个参数。

  root=/dev/sdb2：指定根文件系统的分区。

  rootdelay=10：让内核等待 10 秒再进入根文件系统进行启动，这 10 秒是给 U 盘提供的准备时间。如果直接进入可能会导致内核在 U 盘分区准备好之前就启动根文件系统，这样会导致启动失败。

  swiotlb=16384：在龙芯机器上使用较大内存时需要添加该参数。

  rw：让根文件系统以可读写的方式进行加载。若不设置该参数，则临时系统可能会因为部分服务无法写入文件而启动失败。
- boot：龙芯 UEFI 固件要求的启动内核命令，若没有该命令，临时系统将不会真正地进入启动内核的环节。

8. 卸载 U 盘

完成 U 盘的系统安装和设置后，切记不要直接拔出 U 盘，一定要先对写入 U 盘的数据进行同步，即保证数据写入了 U 盘设备中，使用如下命令：

```
sync
```

同步完成后要卸载 U 盘挂载的分区，使用如下命令：

```
sudo umount -R ${BUILDDIR}/tools-system
```

umount 命令用来卸载被 mount 命令挂载的文件系统，使用 -R 参数可通过递归的方式卸载指定目录中所有挂载的文件系统。

卸载完成后就可以拔出 U 盘，准备启动龙芯机器了。

> **注意：**
> 做到这里如果一切顺利，那么恭喜你，交叉编译工作暂时告一段落了，x86 的机器暂时也不需要了，但建议保留这个用来交叉编译的系统和环境，因为在后续的制作中也许还有用得上的时候。

7.4 遗漏的软件包

在后续制作目标系统的过程中，我们也许会突然发现缺少某个软件的支持。例如想在目标系统中增加用来下载文件的 wget 命令，可以使用下面的步骤来弥补之前未在临时系统中安装对应软件包的情况。

1. 制作步骤

```
rpmbuild -bp ~/rpmbuild/SPECS/wget.spec
pushd ~/rpmbuild/BUILD/wget-1.20.3
    ./configure --prefix=/tools --with-ssl=openssl
    make
    make install
    make DESTDIR=${PWD}/dest install
    pushd ${PWD}/dest
        sudo tar --xattrs-include='*' --owner=root --group=root -cjpf \
                ${BUILDDIR}/tmp-tools-wget.tar.bz2 *
    popd
popd
```

2. 步骤解释

制作过程中进行了两次安装步骤，一次是正常安装到临时系统中，即

```
make install
```

这主要是为了在重新打包临时系统时可以把遗漏的软件包一并重新打包。

除了正常安装到临时系统中之外，还单独进行了一次安装，即

```
make DESTDIR=${PWD}/dest install
```

这次安装使用 DESTDIR 参数指定安装的基础目录，该参数指定的目录是 ${PWD}/dest，其

中 ${PWD} 代表当前目录。这就是说在当前目录中创建了一个 dest 目录，该目录中仅包含当前软件包需要安装到临时系统中的全部文件。这次安装是为了在之前打包好的临时系统安装到目标机器后，可以将该软件包补充到目标机器的临时系统里。这个过程还需要配合以下步骤：

```
pushd ${PWD}/dest
    sudo tar --xattrs-include='*' --owner=root --group=root -cjpf \
              ${BUILDDIR}/tmp-tools-wget.tar.bz2 *
popd
```

该步骤将软件包中需要安装到临时系统中的文件打包成一个单独的压缩文件，并存放在创作基地的制作目录中。打包采用与临时系统完全相同的参数，这个过程需要使用 root 用户权限。

DESTDIR 目录可以用来分离各个软件包安装的文件，借此可以了解软件包究竟安装了哪些文件。

打包文件需要复制到目标机器的系统中，然后解压缩到根目录中，因为在打包的 dest 目录中是按照根目录的目录树存放文件的。

7.5 安装临时系统

1. 使用 U 盘启动系统

把制作好的 LiveUSB 插入龙芯机器，开机并通过 BIOS 引导启动 U 盘上的系统，此时出现如图 7.4 所示的界面。

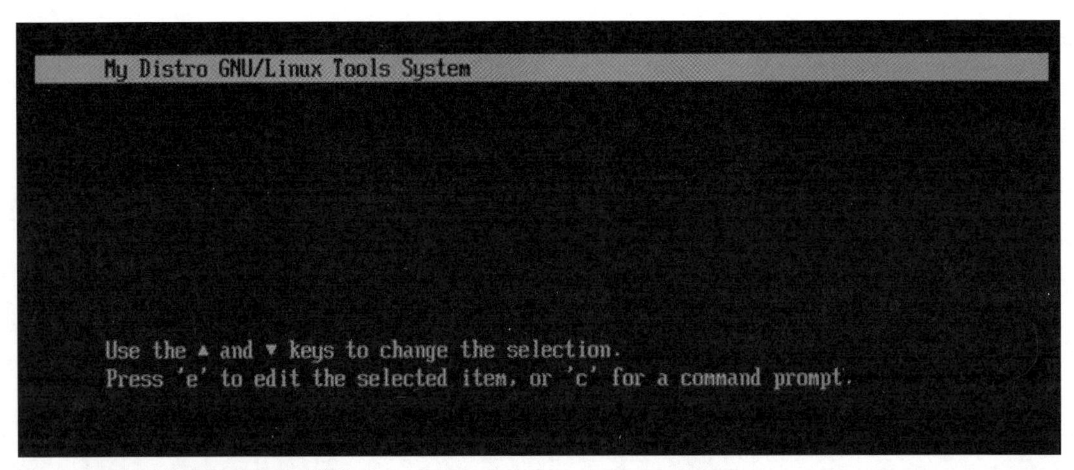

图 7.4　BIOS 引导启动 U 盘上的系统

按 Enter 键开始启动系统，启动过程中会出现一段时间的停顿，这个是 rootdelay 参数设置的时间，目的是让 U 盘的分区准备就绪。之后开始启动系统，最终出现登录提示。我们直接使用 root 用户登录，因为没有设置密码，所以会跳过密码输入直接进入登录状态，如图 7.5 所示。

```
[   12.375000] systemd[1]: Started Journal Service.
[  OK  ] Started Journal Service.
[  OK  ] Finished Repartition Root Disk.
[  OK  ] Finished Create Static Device Nodes in /dev.
[  OK  ] Reached target Local File Systems (Pre).
[  OK  ] Reached target Local File Systems.
         Starting Flush Journal to Persistent Storage...
         Starting Load/Save Random Seed...
         Starting udev Kernel Device Manager...
[  OK  ] Finished Flush Journal to Persistent Storage.
         Starting Create Volatile Files and Directories...
[  OK  ] Finished Create Volatile Files and Directories.
         Starting Update UTMP about System Boot/Shutdown...
[  OK  ] Started udev Kernel Device Manager.
         Starting Network Service...
[  OK  ] Finished Update UTMP about System Boot/Shutdown.
[  OK  ] Started Network Service.
         Starting Network Name Resolution...
[  OK  ] Finished udev Coldplug all Devices.
[  OK  ] Reached target System Initialization.
[  OK  ] Started Daily Cleanup of Temporary Directories.
[  OK  ] Reached target Timers.
[  OK  ] Listening on D-Bus System Message Bus Socket.
[  OK  ] Reached target Sockets.
[  OK  ] Reached target Basic System.
[  OK  ] Started Console Getty.
[  OK  ] Reached target Login Prompts.
[  OK  ] Started D-Bus System Message Bus.
         Starting Login Service...
[  OK  ] Started Login Service.
[  OK  ] Reached target Multi-User System.
         Starting Update UTMP about System Runlevel Changes...
[  OK  ] Finished Update UTMP about System Runlevel Changes.
[  OK  ] Started Network Name Resolution.
[  OK  ] Reached target Network.
[  OK  ] Reached target Host and Network Name Lookups.
[  OK  ] Finished Load/Save Random Seed.

Sunhaiyong login: root
root:~# _
```

图 7.5　root 用户无密码登录

2. 配置硬盘分区

假设使用的龙芯机器中的硬盘是一个新盘，或者确定硬盘中的数据可以删除，接下来我们就可以对龙芯机器中的硬盘进行分区。假设硬盘的设备名是 sda，使用如下命令进行分区：

```
cfdisk /dev/sda
```

也可以进行强制初始化分区，使用如下命令：

```
cfdisk -z /dev/sda
```

强制初始化分区的方法会无视硬盘中的已有分区和数据，从而导致硬盘上的所有数据丢失，需慎重确认。

初始化分区时首先要设置分区类型，我们依然设置为 gpt 类型，如图 7.6 所示。

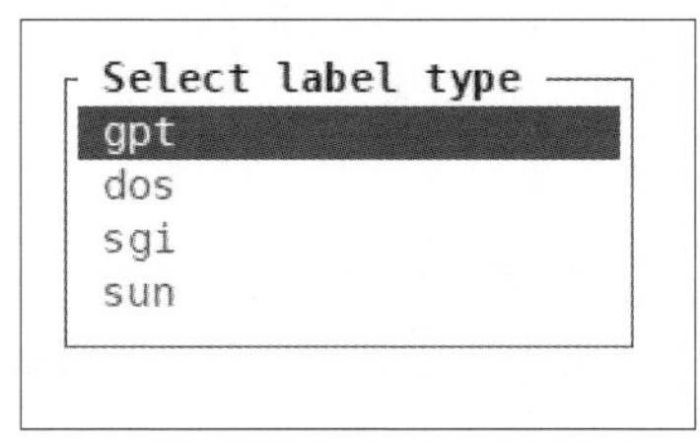

图 7.6　分区类型选择

接着进入分区设置界面，我们计划一下分区的设置，有以下多种方案可供选择。

（1）粗犷型分区

粗犷型分区的特点是分区少，简单明了，例如图 7.7 所示的分区。

```
                                   Disk: /dev/sda
              Size: 931.53 GiB, 1000204886016 bytes, 1953525168 sectors
            Label: gpt, identifier: 68A1C019-B341-304A-9650-F102900B3F99

    Device                   Start           End        Sectors     Size Type
>>  /dev/sda1                 2048         22527          20480      10M EFI System
    /dev/sda2                22528       1046527        1024000     500M Linux filesystem
    /dev/sda3              1046528    1953525134     1952478607     931G Linux filesystem
```

图 7.7　粗犷型分区设置

在粗犷型分区中，除了 EFI 分区和 Boot 分区，其他都是根文件系统的分区。这一分区方式的好处是对硬盘空间的使用最为充分，而坏处是在空间不足的时候可能导致无法启动成功。

第一个分区建议设置成 EFI System 类型，因为这是 UEFI 默认的要求。图 7.7 中设置分区的大小为 10MB，在实际制作时若硬盘空间充裕建议可以增加，如增加到 100MB。

将第二个分区作为 Boot 分区，Boot 分区实际只需要存放启动内核以及 GRUB 的菜单和模块。即使将来安装多个内核也不会需要太多的空间，因此 Boot 分区创建时我们只设置了 500MB 的空间。

（2）自律型分区

与粗犷型分区相反，自律型分区则讲究合理使用空间，即给空间占用较多的目录单独创建分区，例如图 7.8 所示的分区。

```
                                   Disk: /dev/sda
              Size: 931.53 GiB, 1000204886016 bytes, 1953525168 sectors
            Label: gpt, identifier: 904E1107-98BB-8540-B84F-9ECA0CBC18E2

    Device                   Start           End        Sectors     Size Type
>>  /dev/sda1                 2048         22527          20480      10M EFI System
    /dev/sda2                22528       1046527        1024000     500M Linux filesystem
    /dev/sda3              1046528      34600959       33554432      16G Linux swap
    /dev/sda4             34600960     244316159      209715200     100G Linux filesystem
    /dev/sda5            244316160    1953525134     1709208975     815G Linux filesystem
```

图 7.8　自律型分区设置

在自律型分区中，除了 EFI 分区、Boot 分区和粗犷型分区保持一致外，还创建了独立的 swap 分区。除创建根文件系统的分区外又创建了另一个分区，这个分区可以为 home 目录作为独立的文件系统进行挂载。因为我们后续制作软件包生成的文件都存放在 home 目录中，所以 home 目录可以划分相对多一些的空间。

实际中还有将 usr 目录以及 var 目录作为独立分区的文件系统进行挂载的情况。

让根文件系统使用独立分区，这种方式虽然没有充分使用硬盘的空间，但可以在其他分区都被占满的情况下，保证系统依旧正常启动。

3．格式化分区

本次制作我们将采用粗犷型分区的方案，因为自律型分区更加适合平时使用的系统，而我们将要完成的是制作系统，粗犷型分区简单且易于讲解，磁盘的空间利用率也比较高。

分区设置好后，还需要进行格式化。

（1）UEFI 分区格式化

UEFI 分区默认要求是磁盘的第一个分区，并且 UEFI 要求第一个分区使用 FAT 格式的文件系统。我们在分区的时候将分区类型选择为 EFI System，只要再格式化为 FAT 格式即可，使用如下命令：

```
mkfs.vfat /dev/sda1
```

mkfs.vfat 命令用来格式化 FAT32 文件系统，后面跟上分区即可完成格式化。

（2）格式化 Boot 分区

因为 Boot 分区是由 GRUB 直接加载并读取其中内核文件的，所以 Boot 分区的文件系统必须在 GRUB 支持的文件系统范围内。由于历史原因，ext2/3 文件系统成为 GRUB 支持较好的文件系统之一，在 Linux 系统中通常将 ext2/3 文件系统作为 Boot 分区的文件系统。

格式化 Boot 分区使用如下命令：

```
mkfs.ext3 /dev/sda2
```

mkfs.ext3 命令用来格式化 ext3 文件系统。早期为了节省空间，Boot 分区都采用 ext2 文件系统，但随着存储空间不断扩大，ext3 文件系统具有与 ext2 文件系统非常好的兼容性而且支持文件系统日志，所以 ext3 文件系统已经取代了 ext2 文件系统。

使用 mkfs.ext3 命令格式化一个已经具有文件系统的分区时，会提示用户是否继续，若确定原文件系统内没有数据，可以确认进行格式化。

（3）格式化根分区

根分区的文件系统通常有多种选择，这是因为根分区的文件系统通常由 Linux 内核进行识别和挂载；根分区可以支持的文件系统种类就比较多了，通常使用的有 ext4、xfs、btrfs 等，我们这里采用 xfs 作为根分区的文件系统，读者可以根据自己的需要选择文件系统。

格式化根分区的命令如下：

```
mkfs.xfs /dev/sda3
```

mkfs.xfs 用来格式化 xfs 文件系统。若原来分区上已经存在文件系统，则需要使用 -f 参数强制进行格式化。

4．挂载磁盘分区

当文件系统都格式化完成后，接下来就如同之前制作 U 盘启动系统一样将临时系统安装到硬盘上。

（1）创建挂载目录

创建一个目录，该目录用来挂载硬盘上的几个分区。

```
mkdir -p /mnt
```

使用 -p 参数可以保证无论是否存在 /mnt 目录都可以执行。

> **注意：**
> 因为当前的根目录是 U 盘系统提供的，所以在根目录创建的目录不会影响硬盘上的系统。

（2）挂载根分区

第一个挂载的分区用来作为硬盘系统的根分区，挂载命令如下：

```
mount /dev/sda3 /mnt
```

此时，/mnt 是一个空的目录（也许会有创建文件系统时产生的特殊目录，例如 ext 文件系统会默认存在 lost+found 这个目录）。

（3）创建 boot 目录

Boot 分区通常挂载到根目录的 boot 目录上，因为当前 /mnt 挂载的是刚刚格式化的根分区，没有 boot 目录，所以我们主动创建该目录，使用如下命令：

```
mkdir -pv /mnt/boot
```

（4）挂载 Boot 分区

创建完 boot 目录后就可以挂载 Boot 分区，我们计划将第二个分区作为 Boot 分区，因此将 sda2 分区挂载到 boot 目录上。

```
mount /dev/sda2 /mnt/boot
```

把 /boot 目录作为一个独立的分区挂载到系统的方式存在一个问题：GRUB 直接访问 boot 分区时使用 / 路径，而在系统中该分区挂载在 /boot 目录下，必须使用 /boot 路径来访问，这样造成了访问路径的不一致。为了解决这个问题，可对 boot 目录自身建立链接，这种目录称为循环目录。循环目录的创建方式如下：

```
ln -sfv . /mnt/boot/boot
```

这样无论 /boot 中的内容是否存在于一个单独的分区中，都可以使用 /boot 来统一读取文件，在系统中或启动器中访问 /boot 都是完全一样的内容。

（5）创建 efi 目录

UEFI 需要一个独立的分区来存放与 UEFI 相关的启动文件，如果要对这些启动文件进行维护和更新，也需要挂载该分区，该分区在 Linux 系统中通常挂载到 /boot/efi 目录中，我们为其创建对应的目录。

```
mkdir -pv /mnt/boot/efi
```

这里注意不要在创建 boot 目录的同时创建 efi 目录，否则创建的 efi 目录实际上存在于根分区文件系统里，而不是在 Boot 分区的文件系统里，所以 efi 目录一定要在 Boot 分区挂载到 boot 目录后再创建。

（6）挂载 EFI 分区

创建 /boot/efi 目录后，就可以开始挂载 EFI 分区了。因为 EFI 分区需要使用 FAT 文件系统，若当前启动的内核没有将 FAT 文件系统编译到内核中，则需要使用模块加载的方式增加对 FAT 文件系统的支持。挂载模块的命令如下：

```
modprobe vfat
```

当内核支持 FAT 文件系统后，就跟其他文件系统一样使用 mount 命令将其挂载到 boot/efi 目录中。

```
mount /dev/sda1 /mnt/boot/efi
```

根据我们之前的分区，第一个分区就是 EFI 分区。

5. 解压缩临时系统

分区挂载准备就绪，接下来就和制作 U 盘系统一样，将临时系统解压到准备的硬盘分区挂载目录中即可。之前我们已经在 U 盘系统的 /tools 目录中存放了一份临时系统的压缩文件，直接进行解压缩就可以了，命令如下：

```
tar xpvf /tools/mips64el-tools-system-1.0.tar.bz2 -C /mnt/
```

解压缩完成后，建议使用 sync 命令同步一下写入数据。

6. 设置 fstab 文件

为了便于在重新启动系统时自动挂载分区，应创建挂载规则文件，命令如下：

```
cat > /mnt/etc/fstab << "EOF"
/dev/sda3       /              xfs       defaults                    0       0
/dev/sda2       /boot          ext3      defaults                    0       0
/dev/sda1       /boot/efi      vfat      umask=0077,shortname=winnt  0       0
EOF
```

这里的设置是根据分区的情况来进行的，仅作参考。如果读者创建的分区和文件系统与本书不同，请根据实际情况进行设置。

7. 设置 Systemd 启动项目

对于新安装好的临时系统，还需要处理 Systemd 启动项目。这次设置的 Systemd 不是根目录上的 U 盘系统，而是针对硬盘上安装的临时系统，它目前挂载在 /mnt 目录中，Systemd 提供的设置命令可通过 --root 参数来指定要设置的系统当前挂载的根目录位置。

首先创建 Machine ID 文件，使用命令如下：

```
systemd-machine-id-setup --root=/mnt
```

将创建 /mnt/tools/etc/machine-id 文件，文件中包含了一个随机数，即临时系统的 ID 号。

接着设置硬盘临时系统启动的模式，使用命令如下：

```
systemctl set-default multi-user --root=/mnt
```

systemctl 命令可以通过 set-default 功能来设置当前启动模式，可以是支持多用户启动、单用户启动等模式。

为了让临时系统可以使用网络功能，还需要在启动阶段完成一些与网络相关的服务。这些服务默认没有启用，可以手工进行添加，添加命令如下：

```
systemctl preset systemd-resolved --root=/mnt
systemctl preset systemd-networkd --root=/mnt
```

systemctl 命令可以通过 preset 功能来设置与指定功能相关的服务，将其加入启动服务的列表中，这里加入了域名解析和网络设备的服务。

8. 为硬盘安装 GRUB

现在系统安装到硬盘了，但是硬盘的系统并不能通过 BIOS 进行启动，因为没有安装启动器。这个时候在临时系统里安装的 GRUB 就派上用场了。因为要将 GRUB 启动文件安装到正常的分区中，所以可以使用 GRUB 提供的 grub-install 命令直接安装，安装命令如下：

```
grub-install --efi-directory=/mnt/boot/efi --boot-directory=/mnt/boot --removable
```

- --efi-directory=/mnt/boot/efi：指定一个挂载了 EFI 分区的目录，硬盘的 EFI 挂载在 /mnt/boot/eif 上，指定该目录即可。
- --boot-directory=/mnt/boot：指定 Boot 分区挂载目录，这里指定 /mnt/boot 目录即可。
- --removable：让 grub-install 命令生成符合标准命名的 EFI 文件。若不使用该参数将会生成以 grub 开头的 EFI 文件，然而非标准命名的 EFI 文件将无法在龙芯的 UEFI 平台上获取到，也就无法启动。

龙芯机器上不同的 UEFI 固件可能会支持不同名称的 EFI 文件，为了兼容我们复制多个 EFI 文件名，复制文件命令如下：

```
cp -a /mnt/boot/efi/EFI/BOOT/BOOTMIPS{64EL,}.EFI
```

将 BOOTMIPS64EL.EFI 复制成一个名为 BOOTMIPS.EFI 的文件，这里不使用链接文件是因为 FAT 文件系统不支持链接文件。

这里要注意 EFI 分区中的 /EFI/BOOT 目录是 UEFI 固件标准读取 EFI 文件的目录，grub-install 命令使用默认文件名方式创建 EFI 文件时会自动创建该目录。

9. GRUB 启动菜单

与 U 盘系统的启动菜单一样，我们手工创建一个启动菜单，内容如下：

```
cat > /mnt/boot/grub/grub.cfg << "EOF"
menuentry 'My Distro GNU/Linux Tools System' {
      set root='hd0,gpt2'
      echo  'Loading Linux Kernel ...'
      linux   /vmlinuz root=/dev/sda3 swiotlb=16384 rw
      boot
}
EOF
```

需要注意该文件的如下内容：

```
set root='hd0,gpt2'
```

该行内容要与实际情况相符，假设只有一个硬盘，那么硬盘名称是 hd0，我们把硬盘的第二分区作为 Boot 分区，所以这里分区写的是 gpt2（gpt 是分区类型，2 是分区编号）。

另外因为采用硬盘进行启动，所以无须在内核启动参数中加入 rootdelay，这可以节省不少启动时间。

10. 存放源代码

源代码仓库很大，我们可以通过各种方式（如移动硬盘）将源代码仓库复制到龙芯机器硬盘上的系统中。

在硬盘系统中创建一个目录 opt/srpms 来存放这些源代码。

```
mkdir -pv /mnt/opt/srpms
```

最好把源代码仓库中的所有 RPM 源代码包文件都复制到该目录中，后续将使用该目录作为 RPM 源代码包文件的来源，方便制作讲解。

11. 卸载磁盘分区

当一切就绪后，别忘了将硬盘卸载后再继续，卸载命令如下：

```
umount -R /mnt
```

使用 -R 参数，umount 命令可以将指定目录中的所有挂载的文件系统都卸载。

> **注意：**
> 此时再输入一个 sync 命令是一个好习惯。

7.6 启动龙芯机器

完成硬盘临时系统的安装后，就可以关闭龙芯机器，然后拔掉 U 盘，重新开机，等待机器启动。

若系统没有问题，则启动过程如 U 盘系统第一次启动一样，进入等待用户登录状态。此时可以使用 root 用户进行登录，由于没有设置密码会跳过输入密码环节直接进入系统。

因为这个系统后续将用来制作 Fedora 系统，所以为了有利于后续的制作过程，还需要进行一些设置。

1. 设置 root 用户密码

安全起见，设置 root 用户密码会比较好，直接使用如下命令：

```
passwd
```

不带任何参数的 passwd 命令是设置当前用户的密码，我们当前使用 root 用户进行登录，所以设置的是 root 用户的密码。

多次输入相同的密码后，若提示密码设置成功，则之后使用 root 用户登录都需要输入设置的密码才行。

2. 创建制作用户

当我们计划用这个临时系统制作 Fedora 发行版时，首先应创建一个制作用户，尽量不要使用 root 用户进行制作。创建新用户的命令如下：

```
useradd -m -s /bin/bash -U -G wheel sunhaiyong
```

使用 useradd 命令创建新用户，该用户的名字是 sunhaiyong，该命令参数的含义如下。

- -m：创建用户主目录，主目录将来会用于制作和存放各个软件包的 rpm 文件。
- -s /bin/bash：设置默认使用的交互环境程序，通常使用 bash 作为交互环境，这里也不例外，指定时使用命令的完整路径 /bin/bash。
- -U：在创建用户的同时创建一个与用户名相同的组。
- -G wheel：在创建用户的同时将用户加入该参数指定的组中。wheel 组用来作为 sudo 认证的组，加入该组后，通过 sudo 的配置文件，创建的用户将可以通过输入密码或者无密码的方式以 root 权限执行命令，这在普通用户安装 RPM 软件包时是必需的。

创建用户完成后，设置该用户的登录密码。

```
passwd sunhaiyong
```

因为当前是 root 用户，所以 passwd 命令需要指定用户名。

3. 设置网络

硬盘临时系统虽然启动成功了，但是当前系统没有配置网络，无法从网络上获取文件和数据，这样可能对制作系统造成不便。如果当前网络环境提供了动态 IP 设置服务，那么解决这个问题非常方便，使用如下命令：

```
dhcpd
```

dhcpd 命令可以发出 DHCP 标准的网络数据包，用以获取 DHCP 服务提供的 IP 设置信息，如果获取成功将会设置对应网络接口的 IP 地址。

当获取到 IP 地址后，可以使用 ip 命令来查看 IP 地址：

```
ip addr
```

此时反馈的信息中可能包含以下信息：

```
2: eth0: <BROADCAST,MULTICAST,UP,LOWER_UP> mtu 1500 qdisc mq state UP group default qlen 1000
    link/ether 00:23:9e:05:b9:6e brd ff:ff:ff:ff:ff:ff
    inet 172.100.3.31/24 brd 172.25.1.255 scope global eth0
       valid_lft forever preferred_lft forever
    inet6 fe80::a7eb:bbdd:350c:afe7/64 scope link
       valid_lft forever preferred_lft forever
```

其中，172.100.3.31 就是 eth0 网络接口设置的 IP 地址。

4. 设置远程登录

如果想通过其他机器远程登录这台龙芯机器进行制作，那么就需要启动 SSHD 服务。该服务已经在临时系统中准备就绪，只是需要手工启动，启动方式如下：

```
ssh-keygen -A
/tools/sbin/sshd
```

第一次启动 SSHD 服务必须创建一个密钥，创建密钥使用 ssh-keygen 命令。该命令直接使用 -A 参数可以快速生成密钥，生成密钥后运行 sshd 命令即可启动 SSHD 服务。

这里注意两点：ssh-keygen 命令只需要在第一次运行 SSHD 服务之前运行一次即可，哪怕是重新启动机器也不用再次运行；sshd 命令的启动必须使用完整的命令路径，否则无法启动。

现在我们可以在另一台机器上，通过 ssh 命令登录到这台龙芯机器的临时系统中进行操作，但默认的安全设置下 root 用户无法通过 ssh 登录，而新创建的普通用户可以登录。

5. 设置 sudo 权限

默认的配置下，sudo 命令并不能给 wheel 组的用户提供提权功能，需要修改 sudo 的配置文件。修改 sudo 配置文件的方法如下：

```
sudoedit /tools/etc/sudoers
```

由于不能直接使用 vi 命令修改 sudoers 文件的权限，因此需要通过 visudo 或者 sudoedit 指定该文件进行修改。

在修改状态下找到下面这行内容：

```
# %wheel ALL=(ALL) ALL
```

将这行内容最前面的 # 去除，即取消该行的注释，保存退出即可。

6. 切换用户

```
su - sunhaiyong
```

使用 - 来切换用户，可以使切换后的用户环境变量不受切换前用户的影响。命令结束后提示符将显示用户的名字，这代表切换用户成功。

接着测试用户的 sudo 权限，使用如下命令：

```
sudo ls /
```

如果当前用户第一次使用 sudo 命令，则可能出现如下提示信息：

```
We trust you have received the usual lecture from the local System
Administrator. It usually boils down to these three things:

    #1) Respect the privacy of others.
    #2) Think before you type.
    #3) With great power comes great responsibility.

Password:
```

光标会停在 Password: 的后面，此时输入为用户 sunhaiyong 设置的密码即可。如果显示了根目录的内容，则代表 sudo 权限正确。

短时间内再次使用 sudo 命令，将没有提示信息和密码输入的要求；如果超过 5 分钟（默认），则会再次提示输入密码，但提示信息将不再出现，仅显示“Password:”字样。

若不想输入密码即可获得权限，需要修改下面这行内容：

```
# %wheel ALL=(ALL) NOPASSWD: ALL
```

将这行最前面的 # 去除，保存退出即可。

设置完成后，使用 sudo 命令将不再需要输入密码，可立即使用 root 权限执行命令。这样的操作具有一定的风险，请读者慎重设置。

7. 设置用户环境变量

接下来就要为制作 Fedora 系统准备用户环境了，通过设置 ~/.bashrc 和 ~/.bash_profile 文件，将建立基本的制作环境。

文件的设置内容如下：

```
cat > ~/.bash_profile << "EOF"
exec env -i HOME=${HOME} TERM=${TERM} PS1='\u:\w\$ ' /bin/bash
EOF
cat > ~/.bashrc << "EOF"
set +h
umask 022
export LC_ALL=POSIX
export PATH=/sbin:/bin:/usr/sbin:/usr/bin:/tools/sbin:/tools/bin
export SOURCESDIR=/opt/srpms/Packages
export BUILDDIR=/opt/build
unset CFLAGS CXXFLAGS
EOF
```

这里的重点是设置 PATH 路径，将 /tools 的命令路径放在最后将有利于目标系统中的软件包覆盖临时系统中的软件包。

设置 SOURCESDIR 环境变量为存放 RPM 源代码包文件的目录，方便制作时获取文件。

设置 BUILDDIR 目录是为了在制作系统过程中方便存放和获取一些跟制作系统相关的文件。

这两个文件设置完成后并不会立即有效，还需要去执行其中的设置内容，使用如下命令：

```
source ~/.bash_profile
```

source 命令用于执行脚本文件，通常用于设置环境变量，source 命令不同于直接执行脚本文件的方式。直接执行脚本的方式会重新启动一个运行环境，在这个运行环境中设置环境变量，在脚本执行完毕退出后变量会失效，不能设置当前环境的变量。采用 source 命令去执行脚本文件使脚本在当前的运行环境中执行，脚本退出后设置的环境变量依旧在当前的运行环境中有效。

因为 ~/.bashrc 会在以非登录的方式进入系统时执行，也即 source 命令重启运行环境的时候会自动执行该脚本，这样我们创建的两个设置脚本文件就都被执行了。

当系统重新启动，或者用户重新登录时这两个文件也会被执行，所以后续以 sunhaiyong 这个用户名登录的时候不用再执行 source 命令，除非是修改了文件内容后需要立即应用的情况。

至此一切准备就绪，我们将开始进入制作目标系统的阶段。

第三阶段

制作目标系统

第 08 章

目标系统工具链

8.1 为编译做准备

在开始着手编译目标系统（Fedora 发行版）前还有一些事情要做。

1. 制作目录与权限

创建一个在制作过程中方便存放、获取与制作相关文件的目录，该目录被称为制作目录。

```
sudo mkdir ${BUILDDIR}
sudo chown sunhaiyong:sunhaiyong ${BUILDDIR}
```

在当前制作用户的环境变量中，我们已经设置了制作目录的变量，只要以该变量的值创建目录即可。创建完该目录后还需要将目录的权属设置为制作用户，因为创建的目录基于根目录，设置权属也需要权限，所以这两条命令都需要使用 sudo 命令来获取 root 权限。

> **注意：**
> 从现在开始，对系统中的文件或目录进行操作，例如安装软件包或者创建链接文件等，都必须获取 root 权限；因为当前制作用户已经设置了通过 sudo 命令临时获取 root 权限，所以在需要 root 权限的命令前加上（也必须加上）sudo 命令来执行即可。

2. 命令链接

在修改 RPM 包管理工具配置文件时，我们将所有与 /tools 相关的路径都去除了 /tools，或者将 /tools 改成了 /usr，所以 RPM 制作过程中调用的命令会使用 /usr/bin 或者 /bin 作为路径。我们将为制作过程中涉及的命令创建链接文件，这样在目标系统安装对应软件包时会覆盖该命令文件。

创建命令链接的步骤如下：

```
sudo ln -sv /tools/bin/xz /bin/
sudo ln -sv /tools/bin/tar /bin/
sudo ln -sv /tools/bin/chmod /bin/
sudo ln -sv /tools/bin/patch /bin/
sudo ln -sv /tools/bin/mkdir /bin/
sudo ln -sv /tools/bin/rm /bin/
sudo ln -sv /tools/bin/gzip /bin/
sudo ln -sv /tools/bin/bzip2 /bin/
sudo ln -sv /tools/bin/make /bin/
sudo ln -sv /tools/bin/install /bin/
sudo ln -sv /tools/bin/id /bin/
sudo ln -sv /tools/bin/hostname /bin/
sudo ln -sv /tools/bin/m4 /bin/
sudo ln -sv /tools/bin/strip /bin/
sudo ln -sv /tools/bin/objdump /bin/
sudo ln -sv /tools/bin/sed /bin/
```

```
sudo ln -sv /tools/bin/pwd /bin/
sudo ln -sv /tools/bin/grep /bin/
sudo ln -sv /tools/bin/file /bin/
sudo ln -sv /tools/bin/cat /bin/
sudo ln -sv /tools/bin/true /bin/
sudo ln -sv /tools/bin/awk /bin/
sudo ln -sv /tools/bin/stty /bin/
sudo ln -sv /tools/bin/cp /bin/
sudo ln -sv /tools/bin/env /bin/

sudo ln -sv /tools/sbin/groupadd /sbin/
sudo ln -sv /tools/sbin/useradd /sbin/
```

这些命令链接大多是 RPM 包管理工具配置文件中出现的，例如 make tar 等，也有个别命令是在即将进行的完善临时系统过程中会用到的，例如 pwd 命令就是编译 Perl 时需要的。

创建的命令链接都在 /bin 和 /sbin 目录中，而没有 /usr/bin 或者 /usr/sbin 目录，但实际上我们会看到 RPM 包管理工具配置文件中会既有 /bin 也有 /usr/bin 这样的命令调用，那上面的步骤会不会创建了错误的链接？

要回答这个问题就要先回到之前创建目录时将 /bin 和 /sbin 分别链接到 /usr/bin 和 /usr/sbin 的时候了，因为 Fedora 发行版的这几个目录就是这样制作的链接，所以为了后续与 Fedora 系统的目录结构保持一致，我们先创建的目录也采用这样的链接。这样做的结果就是 /bin 和 /usr/bin 是同一个目录，同样，/sbin 和 /usr/sbin 也是同一个目录。

基于上述的情况，创建的链接都放在 /bin 和 /sbin 目录中，这与放在 /usr/bin 和 /usr/sbin 目录中是一样的，因此无论调用的命令是 /usr/bin 还是 /bin 的路径都可以正常运行。

3. 准备编译测试文件

为了验证编译器的工作是否符合预期，我们准备一个测试用的文件，程序创建步骤和内容如下：

```
cat > ${BUILDDIR}/test.c << "EOF"
#include <stdio.h>
int main ()
{
        printf("OK!\n");
        return 0;
}
EOF
```

上述步骤将在制作目录中生成一个 test.c 的 C 程序文件。

4. 创建 mock 组和 mockbuild 用户

Fedora 发行版提供的大量源代码包都是 RPM 格式的，打包的时候会使用 mock 工具。

mock 工具创建文件时使用 mockbuild 用户和 mock 组，因此基本上所有的源代码包都是打包进了这个用户和组的信息，如果安装源代码包的系统中没有这个用户和组则会出现大量的警告信息。为了避免出现这些信息，我们手工创建这个用户和组即可，命令如下：

```
sudo groupadd mock
sudo useradd -g mock  mockbuild
```

这个用户和组的创建除了可以避免警告信息的出现，在后续的构建系统中也会使用到。

5. 初始化 RPM 数据库

RPM 包管理工具要正常工作，除了安装和配置外还需要进行初始化的工作。

各软件包的 RPM 文件安装到系统中后，文件中的信息都会存放到 RPM 数据库中，因此在开始制作和安装 RPM 文件前需要先完成数据库的初始化。使用如下命令进行初始化：

```
sudo rpmdb --initdb
```

初始化使用 rpmdb 命令，该命令用来对 RPM 包管理工具的数据库进行操作。该命令最主要的功能是初始化（initdb）、重建（rebuilddb）、导出（exportdb）和导入（importdb）数据库。

通常除了最开始对数据库进行初始化是必需的，其他几种功能并不是必须进行的。但在漫长的制作移植系统的过程中，对于数据可能出现的损坏，我们要知道数据库可以进行重建、导出和导入的操作，必要的时候可以用来应付突发情况。

8.2 完善临时系统

我们采用交叉编译的方式将临时系统制作出来了，但是有些软件不适合交叉编译，所以在交叉编译阶段并没有将这些软件制作进来。但当临时系统完成对龙芯机器的启动之后，就可以用本地编译的方式将这些软件编译出来了。

注意完善临时系统的软件包安装的基础目录也必须是 /tools 目录，而不是 /usr 目录，否则就是安装到目标系统中了。虽然现在目标系统没有冲突的文件存在，但是软件包应该通过 RPM 文件，而不要通过软件包源代码中的安装脚本安装到目标系统中。通过脚本安装的文件将无法通过 rpm 命令进行管理，这可能造成目标系统文件的混乱。

细心的读者可能会注意到刚刚还为目标系统链接了大量的命令文件，这些文件不是也无法通过 rpm 命令进行管理吗？

没错，这些手工创建的文件的确无法通过 rpm 命令进行管理，但是因为这些文件都是手工创建的，所以创建了哪些文件我们比较清楚，且这些文件都集中在某几个目录中，易于查找，这样在该软件包的 RPM 文件安装到系统后是否覆盖了对应的命令比较容易确认。而通过软件源代码包中的脚本安装的文件通常数量众多，目录分散，查找起来相对困难，对应软件包的 RPM 文件安装后是否完整覆盖这些文件较难确认。

使用 /tools 目录则是为了与临时系统一起进行管理。

如果读者将本节安装的文件存放到其他非常规目录中也是可以的，但是要处理好 PATH 环境变量。这种方式除了能将交叉编译和本地编译的临时系统软件包分开管理外并没有特别的好处，因此不针对这样的方式进行讲解，读者可以自行尝试。

本节将介绍本地编译完善临时系统所需要的软件包，这些软件包也同样以安装 RPM 源代码包文件的方式进行准备以方便制作，准备过程如下：

```
rpm -ivh ${SOURCESDIR}/p/perl-5.30.2-452.fc32.src.rpm
rpm -ivh ${SOURCESDIR}/p/python3-3.8.2-2.fc32.src.rpm
......
```

因为 RPM 源代码包文件都是存放在当前用户目录中的，所以不需要使用 sudo 命令获取权限，下面分别对这些软件包进行制作讲解。

8.2.1 脚本语言工具（Perl）

Perl 软件包提供了综合 C 语言、sed、awk 和 bash 特性和能力于一体的强大的脚本编程语言 Perl。许多软件（包括 RPM 包管理工具）会使用 Perl 语言作为脚本程序的编写语言，这些脚本程序需要使用 Perl 软件包安装的 perl 命令来进行解释执行。

因为 Perl 软件包交叉编译较为麻烦，我们在临时系统安装到龙芯机器后再编译 Perl 软件包。另外目前还未进行目标系统的制作，Perl 软件包需要先安装到临时系统中。

1. 制作步骤

```
tar xvf ~/rpmbuild/SOURCES/perl-5.30.2.tar.xz -C ${BUILDDIR}
pushd ${BUILDDIR}/perl-5.30.2
    sh Configure -des -Dprefix=/tools -Darchlib=/tools/lib64/perl5 \
                 -Dman1dir=/tools/share/man/man1 -Dman3dir=/tools/share/man/man3 \
                 -Uloclibpth -Ulocincpth
    make
    sudo make install
    cd ..
    rm -rf perl-5.30.2
popd
sudo ln -sfv /tools/bin/perl /bin/
```

> **注意：**
>
> Perl 软件包不使用 rpmbuild 命令来准备源代码目录，这主要是因为 Perl 的 spec 文件会删除一些源代码目录和文件而导致编译失败，所以采用直接解压 Perl 源代码文件的方式来避免问题。

2. 步骤解释

（1）配置 Perl 软件包

Perl 软件包使用 Configure 脚本文件进行配置，因为默认该文件没有执行权限，所以使用 sh 命令来执行 Configure 脚本文件。

```
sh Configure -des -Dprefix=/tools -Darchlib=/tools/lib64/perl5 \
             -Dman1dir=/tools/share/man/man1 -Dman3dir=/tools/share/man/man3 \
             -Uloclibpth -Ulocincpth
```

- -Dprefix=/tools：在 Perl 软件包配置参数中使用 Dprefix 来表示类似其他软件包的 --prefix 参数，这里设置 /tools 目录代表 Perl 安装到临时系统目录中。
- -Darchlib=/tools/lib64/perl5：设置 Perl 的扩展库文件存放路径，这里也设置安装到临时系统目录中。
- -Dman1dir=/tools/share/man/man1、-Dman3dir=/tools/share/man/man3：Perl 软件安装的手册文件必须指定目录，否则可能会安装到不合适的路径中。
- -Duseshrplib：指定编译生成共享函数库 libperl。
- -Dusethreads：指定本次编译的 Perl 支持线程。
- -Uloclibpth、-Ulocincpth：取消对 /usr/local 下相应目录的使用。

> **注意：**
> 不建议使用 root 用户进行 Perl 软件包的配置，不然有可能会在配置过程中停住等待输入，若出现该现象，可以输入 exit 退出输入状态并继续进行配置。

（2）安装 Perl

```
sudo make install
```

当前使用的用户不是 root 用户，没有权限将软件包安装到系统中，无论是临时系统还是目标系统。但我们已经为当前用户设置了 sudo 权限，可以通过 sudo 命令来临时获取 root 权限，这样就可以把软件包安装到系统中了。

（3）创建链接命令

大多数软件在调用 perl 命令的时候都会使用 /usr/bin/perl 路径，因此我们为兼容这些程序的调用创建该路径的链接文件，使用如下命令：

```
sudo ln -sfv /tools/bin/perl /bin/
```

> **注意：**
> 创建的文件存放在 /usr/bin 目录中，因此必须使用 sudo 命令来获取 root 权限。

3. 正确性检查

检查 perl 命令是否被正确地安装在 /tools/bin 目录中。

8.2.2 脚本语言（Python3）

Python 是一种强大的脚本语言，现在越来越多的软件包使用 Python 作为配置、安装及测试脚本，甚至直接使用 Python 作为主要编程语言，为此我们在临时系统中安装具有最基本功能的 Python。

Python 目前主要有 Python2 和 Python3 两个系列，两者并不兼容，因此安装 Python2 还是 Python3 取决于需要用到的版本。

因为 Fedora 系统已经不再使用 Python2，所以我们制作的临时系统和目标系统也仅安装 Python3。Python2 和 Python3 可以在一个系统中共存，读者也可自行尝试安装 Python2。

1. 制作步骤

```
tar xvf ~/rpmbuild/SOURCES/Python-3.8.2.tar.xz -C ${BUILDDIR}
pushd ${BUILDDIR}/Python-3.8.2
    ./configure --prefix=/tools --libdir=/tools/lib64 --enable-shared \
                --with-system-expat --with-ensurepip=yes
    make
    sudo make install
    sudo ln -sfv /tools/lib64/python3.8/lib-dynload /tools/lib/python3.8/
    cd ..
    rm -rf Python-3.8.2
popd
sudo ln -sfv /tools/bin/python3 /bin/
```

> **注意：**
>
> Python 软件包不使用 rpmbuild 命令来准备源代码目录，因为过程中打入的补丁会导致为临时系统编译时出现失败的情况，所以改用直接解压 Python 的源代码文件的方式来准备。

2. 步骤解释

（1）配置 Python3

```
./configure --prefix=/tools --libdir=/tools/lib64 --enable-shared \
            --with-system-expat --with-ensurepip=yes
```

在对源代码包进行配置的时候，龙芯机器上运行的临时系统不再需要指定 --host 参数，因为此时都是本地编译。

- --with-system-expat：使 Python 在编译的时候链接到系统上的 Expat 库。
- --with-ensurepip=yes：设置为 yes 表示编译生成 pip 和 setuptools 工具程序，它们可以简化 Python 模块的下载和安装过程。

（2）创建一个 Python 的兼容目录

```
sudo ln -sfv /tools/lib64/python3.8/lib-dynload /tools/lib/python3.8/
```

3. 正确性检查

检查 python3 命令是否被正确地安装在 /tools/bin 目录中。

8.2.3 版本管理工具（Git）

Git 软件包中包含了一组版本管理相关工具。Git 是一个分布式的版本管理工具集，目前已经有许多重要的开源软件使用 Git 进行源代码的版本管理，如 Linux 内核、X.org 软件等。

在临时系统中安装 Git 软件包，是因为 rpmbuild 命令在准备源代码目录时会经常使用打补丁的功能，而不少软件包在打补丁时会使用到 Git 软件包提供的 git 命令，例如 Linux 内核。

1. 制作步骤

```
tar xvf ~/rpmbuild/SOURCES/git-2.26.0.tar.xz -C ${BUILDDIR}
pushd ${BUILDDIR}/git-2.26.0
    ./configure --prefix=/tools
    make
    sudo make install
    cd ..
    rm -rf git-2.26.0
popd
sudo ln -sfv /tools/bin/git /bin/
```

> **注意：**
> Git 软件包不使用 rpmbuild 命令来准备源代码目录，因为过程中会修改和删除一些源代码文件而导致为临时系统编译时出现失败的情况，本次采用直接解压源代码文件的方式来准备。

2. 正确性检查

检查 git 命令是否被正确地安装在 /tools/bin 目录中。

8.2.4 文件下载工具（Wget）

Wget 软件包中包含了一个可以从网络上获取文件的命令：wget。安装该软件包可更方便地从网络下载文件。

在临时系统中安装该命令工具是因为在制作目标系统的过程中，Fedora 提供的软件可能不符合要求而需要从网络下载文件，例如适合的 Linux 内核版本文件。

1. 制作步骤

```
rpmbuild -bp ~/rpmbuild/SPECS/wget.spec
pushd ~/rpmbuild/BUILD/wget-1.20.3
    ./configure --prefix=/tools --with-ssl=openssl
    make
    sudo make install
popd
```

2. 步骤解释

制作过程中的关键步骤是配置 Wget 软件包。

```
./configure --prefix=/tools --with-ssl=openssl
```

- --with-ssl=openssl：涉及 URL 地址使用加密协议时，通过 OpenSSL 软件包提供的功能来进行处理。

3. 正确性检查

检查 wget 命令是否被正确地安装在 /tools/bin 目录中。

8.2.5 文本匹配搜索工具（Grep）

实际上，Grep 软件包在交叉编译临时系统的时候已经编译过了，这里再次编译的原因是在 Perl 软件包安装到临时系统后可以为 grep 命令增加对 Perl 语言的支持，这在后续编译一些软件包的时候会用上。

1. 制作步骤

```
rpmbuild -bp ~/rpmbuild/SPECS/grep.spec
pushd ~/rpmbuild/BUILD/grep-3.3
    ./configure --prefix=/tools
    make
    sudo make install
popd
```

2. 正确性检查

检查 grep 命令是否被正确地安装在 /tools/bin 目录中。

8.2.6 程序调试工具（GDB）

GDB 软件包提供了一组用于二进制程序的工具，其中 gdb 命令是最为常用的调试工具。

在临时系统中安装 GDB 软件包，主要是因为在制作过程中 rpmbuild 命令生成 debuginfo 文件需要用到 GDB 软件包提供的 gdb-add-index 命令。

1. 制作步骤

```
tar xvf ~/rpmbuild/SOURCES/gdb-9.1.tar.xz -C ${BUILDDIR}
pushd ${BUILDDIR}/gdb-9.1
    mkdir build
    cd build
    ../configure --prefix=/tools --libdir=/tools/lib64 \
            --with-system-readline --enable-64-bit-bfd
    make
    sudo make install
popd
```

> **注意：**
> GDB 软件包不使用 rpmbuild 命令来准备源代码目录，因为过程中会修改和删除一些源代码文件而导致为临时系统编译时出现失败的情况，此次使用直接解压源代码文件的方式来准备。

2. 步骤解释

配置 GDB 软件包

```
./configure --prefix=/tools --libdir=/tools/lib64 \
         --with-system-readline --enable-64-bit-bfd
```

- --with-system-readline：使用系统中安装的 Readline 函数库来处理与用户的输入交互，而不是用 GDB 源代码包中所带的。
- --enable-64-bit-bfd：开启 64 位的 bfd 支持功能，该参数对应 Binutils 相同参数的功能。

3. 正确性检查

检查 gdb-add-index 命令是否被正确地安装在 /tools/bin 目录中。

8.2.7 DWARF 调试信息工具（DWZ）

DWZ 软件包中包含了 DWARF 调试信息的命令工具，可用于读取和优化 ELF 共享库文件与 ELF 可执行文件。

临时系统安装 GDB 软件包的主要原因是，在制作过程中 rpmbuild 命令生成 debuginfo 文件会用到 DWZ 软件包提供的 dwz 命令。

1. 制作步骤

```
rpmbuild -bp ~/rpmbuild/SPECS/dwz.spec
pushd ~/rpmbuild/BUILD/dwz
    make prefix=/tools
    sudo make prefix=/tools install
popd
```

2. 正确性检查

检查 dwz 命令是否被正确地安装在 /tools/bin 目录中。

8.2.8 进程查询工具（Procps-ng）

Procps-ng 软件包中包含了一组用来查询当前系统进程的相关的命令工具，如 top、ps 等命令。

该软件包安装到临时系统中主要是为了方便在制作过程中查看进程信息，它并不是一个制作过程中必需的软件包。但从对系统运行情况了解的角度出发，建议安装该软件包。

1. 制作步骤

```
rpmbuild -bp ~/rpmbuild/SPECS/procps-ng.spec
pushd ~/rpmbuild/BUILD/procps-ng-3.3.15
    ./configure --prefix=/tools --libdir=/tools/lib64
    make CFLAGS="-I/tools/include/ncursesw"
    sudo make install
popd
```

2. 正确性检查

检查 ps、top 命令是否被正确地安装在 /tools/bin 目录中。

8.3 编译第一个 RPM 源代码包

之前的准备都是为了能顺利地编译 Fedora 的源代码包，Fedora 的源代码包通常以 .src.rpm 作为扩展名，通常也称为 RPM 源代码包或 SRPM 包。

下面要开始完成第一个 RPM 源代码包的编译，选择的软件包是 generic-release。该软件包是 Fedora 系统专用的，提供了系统的名称、版本等相关信息，有很多软件会通过这些信息判断当前的操作系统以便做出正确的行为。

8.3.1 编译方法

RPM 源代码包使用 rpmbuild 命令进行编译，该命令通常有两种编译方法。

1. 编译 SPEC 描述文件

RPM 源代码包实际上是一个包含了多个文件的打包压缩文件，可以通过 rpm 命令将 RPM 源代码包进行解包，例如对 Generic-Release 源代码包进行解包，命令如下：

```
rpm -ivh ${SOURCEDIR}/g/generic-release-32-0.1.src.rpm
```

当进度条显示完成后，RPM 源代码包会被分解成多个文件并存放到用户目录的 ~/rpmbuld/SOURCES 目录中。但其中有一个文件比较特殊，该文件通常以软件包的名称命名并以 .spec 作为扩展名存放在 ~/rpmbuild/SPECS 目录中，我们称它为 SPEC 描述文件。

我们要编译操作的文件就是这个 SPEC 描述文件，该文件提供了关于如何进行编译的大量信息和脚本，rpmbuild 命令会通过解析该文件来确定如何进行该源代码包的编译和打包。编译的命令如下：

```
rpmbuild -bb ~/rpmbuild/SPECS/generic-release.spec
```

这个编译方式是不是有点眼熟呢?

之前制作临时系统的章节中就有大量类似的命令，但之前我们都是使用 -bp 参数，这实际上是对源代码包进行预处理阶段的工作。我们回顾一下常用的处理阶段。

- -bp：预处理阶段，通常是将软件包进行解压，同时打上补丁文件。
- -bc：编译阶段，即对软件包进行编译。
- -bi：安装阶段，即对软件包进行安装，主要是打包前的安装准备，并不是真的安装到当前系统中。
- -bb：打包阶段，对安装阶段产生的临时目录进行打包，以生成可以用来安装到系统的 RPM 文件。

以上 4 个阶段是有顺序的，按照 bp、bc、bi、bb 的顺序进行。若指定某个阶段则会自动将之前的阶段按照顺序执行，除非使用了 --short-circuit 参数，该参数会跳过指定阶段之前的所有阶段而仅执行指定阶段的处理步骤。

- -bs：重新制作 RPM 源代码包。
- -ba：包含了上述所有阶段，即在打包完成后重新制作 RPM 源代码包。

2. 直接编译 RPM 源代码包

实际上，直接编译 RPM 源代码包就是一次性完成 SEPC 描述文件的多个阶段的编译。编译方式也比较简单，例如编译 Generic-Release 软件包，就可以使用如下命令：

```
rpmbuild --rebuild ${SOURCEDIR}/g/generic-release-32-0.1.src.rpm
```

generic-release-32-0.1.src.rpm 就是 RPM 源代码包的完整文件名，直接使用 --rebuild 参数即可进行编译，编译完成后在当前用户的 ~/rpmbuild/RPMS 目录中根据不同的架构生成对应架构名称的目录，并把生成的 RPM 文件保存在对应架构名称的目录中。

对于龙芯的架构，可能产生的架构目录如下。

- mips64el：若 RPM 文件中包含了 MIPS 小端的 64 位 ABI 指令的二进制文件，则存放在该目录中，文件名也将以 mips64el.rpm 作为扩展名。
- mipsn32el：若 RPM 文件中包含了 MIPS 小端的 N32 的 ABI 指令的二进制文件，则存放在该目录中，文件名也将以 mipsn32el.rpm 作为扩展名。
- mipsel：若 RPM 文件中包含了 MIPS 小端的 32 位 ABI 指令的二进制文件，则存放在该目录中，文件名也将以 mipsel.rpm 作为扩展名。

- noarch：若 RPM 文件中不包含任何特定架构才能运行和使用的文件，则会存放在该目录中，文件名以 noarch.rpm 作为扩展名。

3. 两种编译方法的用处

编译 SPEC 描述文件的方式可以将编译的过程分成多个阶段，方便进行 RPM 源代码包的调试、修改，在移植系统的过程中会经常用到。

直接编译 RPM 源代码包的方式则适合不需要修改的源代码包，同时当调试或修改源代码包后也需要将其重新生成的 RPM 源代码包进行直接编译，这可以有效地验证 RPM 源代码包是否可以正确编译生成 RPM 包文件。

8.3.2 软件版本和修订版本

所有的软件都会以版本的形式区别变更，例如 1.0、1.1，通常在软件发生变化后变更版本。除了软件本身的版本之外，在 Fedora 的软件包版本体系中还包括了修订版本，代表该软件包在 Fedora 当前系统版本中的修订情况，通常以 -<数字>（即一个 - 加上一组数字）来表示，如 generic-release-32-0.1.src.rpm，其中 32 是软件自身的版本，而 0.1 则是修订版本。

8.3.3 SPEC 描述文件的修改

在编译或者移植 RPM 源代码包的过程中，免不了要修改 SPEC 描述文件中的内容，例如需要修改其中的参数，或者增加补丁等内容。因为 SPEC 描述文件是纯文本文件，所以修改的方法就是使用文本编辑工具直接进行编辑并保存，也可以使用文本操作命令进行修改。

例如修改 Generic-Release 软件包中的发行版名称，需要修改 Generic-Release.spec 中的对应内容。

我们通过临时系统提供的 vi 命令打开 ~/rpmbuild/SPECS/generic-releases.spec。

```
vi ~/rpmbuild/SPECS/generic-releases.spec
```

然后找到下面这行内容：

```
%%dist        %%{?distprefix}.fc%{dist_version}%%{?with_bootstrap:~bootstrap}
```

将其修改为如下内容：

```
%%dist      %%{?distprefix}.fc%{dist_version}%%{?with_bootstrap:~bootstrap}.loongson
```

保存并退出即可。

当然如果可以用类似 sed 的文本处理命令来完成修改也是可以的，例如上面这个修改可以使用如下命令：

```
sed -i '/%%dist/s@bootstrap}$@&.loongson@g' ~/rpmbuild/SPECS/generic-release.spec
```

两种方法的修改结果是相同的，选择其中一种修改方法就可以了。

修改了 RPM 源代码包中的文件（例如 SPEC 描述文件）后，建议更新源代码包的修订版本。

同样修改 generic-release.spec 文件，找到 Release: 设置的数字，将该数字进行增加，例如当前是 0.1，可以变更为 0.2。

```
sed -i '/Release:/s@0.1$@0.2@g' ~/rpmbuild/SPECS/generic-release.spec
```

大多数软件的修订版本由数字和 %{?dist} 组成，此时我们可以修改数字，也可以在最后增加 "." + 数字，或者两者都进行修改，只要版本发生变化即可。

大多数 RPM 源代码包的 %{?dist} 就使用了 /usr/lib/rpm/macros.d/macros.dist（我们制作的临时系统则是 /tools/lib/rpm/macros.d/macros.dist）中 dist 定义的内容。

8.3.4 使用 SPEC 描述文件进行编译

修改好SEPC描述文件后，我们就可以开始编译Generic-Releases源代码了，使用如下命令：

```
rpmbuild -bb ~/rpmbuild/SPECS/generic-releases
```

编译过程中会有大量的输出，如果编译顺利，最后通常会出现类似下面的内容：

```
……（略）
Wrote: /home/sunhaiyong/rpmbuild/RPMS/noarch/generic-release-32-0.2.noarch.rpm
Wrote: /home/sunhaiyong/rpmbuild/RPMS/noarch/generic-release-common-32-0.2.noarch.
rpm
Wrote: /home/sunhaiyong/rpmbuild/RPMS/noarch/generic-release-notes-32-0.2.noarch.
rpm
Executing(%clean): /bin/sh -e /var/tmp/rpm-tmp.1Sbxt6
+ umask 022
+ cd /home/sunhaiyong/rpmbuild/BUILD
+ /bin/rm -rf /home/sunhaiyong/rpmbuild/BUILDROOT/generic-release-32-0.2.mips64el
+ RPM_EC=0
++ jobs -p
+ exit 0
```

这里忽略了其他输出内容，有兴趣的读者可以自行查看，这里仅简单地说一下上述信息中的重要内容。

正常编译完成后，会生成 RPM 文件，这些文件的存放目录以及文件名都显示出来了，Wrote: 字样的后面就是 RPM 文件的存放地址。

注意：

如果某次编译中断后重新编译，该软件包和后续一些软件可能出现创建文件的错误，这可能是因为中断编译前生成了对应的文件，导致再次生成时出现错误，可以尝试删除 ~/rpmbuild/BUILDROOT 目录并再次重新编译。~/rpmbuild/BUILDROOT 目录是 rpmbuild 命令在安装阶段默认使用的临时目录，可以删除，当编译进入安装阶段时会重新创建。

8.3.5 重新制作 RPM 源代码包

在确定修改后的软件包可以正常编译后，就要考虑保存修改的成果。我们可以使用 rpmbuild 命令的 -bs 参数来重新制作 RPM 源代码包。例如重新打包 Generic-Release，使用如下命令：

```
rpmbuild -bs ~/rpmbuild/SPECS/generic-release.spec
```

重新打包的过程中可能会出现一些警告信息，但如果成功显示新生成的 RPM 源代码包存放的地址，例如：

```
Wrote: /home/sunhaiyong/rpmbuild/SRPMS/generic-release-32-0.2.src.rpm
```

我们可以保存这个 RPM 源代码包，将来再重新编译该软件包时就可以直接编译该 RPM 源代码包。

```
rpmbuild --rebuild /home/sunhaiyong/rpmbuild/SRPMS/generic-release-32-0.2.src.rpm
```

8.3.6 RPM 文件的安装

当编译生成 RPM 文件后，就可以考虑是否安装了。这里其实有不少情况需要考虑，下面简单地说明一下。

1. 单一文件的安装

例如，生成了以下 3 个 RPM 文件：

```
Wrote: /home/sunhaiyong/rpmbuild/RPMS/noarch/generic-release-32-0.2.noarch.rpm
Wrote: /home/sunhaiyong/rpmbuild/RPMS/noarch/generic-release-common-32-0.2.noarch.
rpm
Wrote: /home/sunhaiyong/rpmbuild/RPMS/noarch/generic-release-notes-32-0.2.noarch.
rpm
```

此时，安装 generic-release-notes-32-0.2.noarch.rpm 可以使用如下命令：

```
sudo rpm -ivh ~/rpmbuild/RPMS/noarch/generic-release-notes-32-0.2.noarch.rpm
```

此时会出现如下信息：

```
Verifying...                          ################################# [100%]
Preparing...                          ################################# [100%]
Updating / installing...
   1:generic-release-notes-32-0.2     ################################# [100%]
```

这说明该软件包成功地安装到了系统中，没有问题。可以通过以下命令查看 RPM 软件包的安装情况。

```
rpm -ql generic-release-notes
```

会显示如下内容：

```
/usr/share/doc/generic-release-notes-32
/usr/share/doc/generic-release-notes-32/README.Generic-Release-Notes
```

这是该 RPM 文件安装到系统中的文件列表。

2. 依赖其他 RPM 文件

若安装 generic-release-32-0.2.noarch.rpm 文件，则会提示如下内容：

```
error: Failed dependencies:
        generic-release-common = 32-0.2 is needed by generic-release-32-0.2.noarch
```

这说明 generic-release-32-0.2.noarch.rpm 的安装依赖其他 RPM 文件，直接安装会失败。

3. 多 RPM 文件同时安装

当需要依赖其他 RPM 文件才能安装的时候，我们可以通过在 rpm 安装命令中增加其他 RPM 文件来满足依赖。

```
sudo rpm -ivh ~/rpmbuild/RPMS/noarch/generic-release-32-0.2.noarch.rpm \
              ~/rpmbuild/RPMS/noarch/generic-release-common-32-0.2.noarch.rpm
```

此时显示的信息如下：

```
error: Failed dependencies:
        fedora-repos(32) is needed by generic-release-common-32-0.2.noarch
```

这里虽然还是提示缺少 RPM 文件的依赖，但是之前 generic-release-common-32-0.2 的依赖问题没有了。这是因为本次安装同时安装了 generic-release-common 文件，所以该依赖问题解决了。fedora-repos(32) 的依赖问题则是 generic-release-common 文件安装时带来的，若此时有 fedora-repos(32) 对应的 RPM 文件则可以一起安装解决依赖问题。

rpm 命令支持通配符，即可以使用 * 和 ? 等通配符代表多个文件，只要符合通配条件的文件就可进行同时安装。

4. 强制 RPM 文件安装

当需要的依赖 RPM 文件没有或者暂时制作不出来的时候，也可以采用强制安装的方式，使用 rpm 命令的 --nodeps 参数即可。例如，安装 generic-release-32-0.2.noarch.rpm 文件，可用下面的命令：

```
sudo rpm -ivh ~/rpmbuild/RPMS/noarch/generic-release-32-0.2.noarch.rpm --nodeps
```

这样就忽略了对 generic-release-common 的依赖进行安装，出现安装过程的输出。

```
Verifying...                          ################################# [100%]
Preparing...                          ################################# [100%]
Updating / installing...
   1:generic-release-32-0.2           ################################# [100%]
```

这种强制安装在前期的制作过程中会经常使用，因为很难保证要安装的软件包有完整的依赖包进行安装。但到了系统完成阶段则应该避免使用强制安装，因为我们最终要达成系统的依赖完整。

5. 删除已安装的 RPM 文件

当安装的 RPM 文件有问题，或者我们不需要了，可以使用 rpm 命令来删除已经安装的 RPM 文件。例如我们要删除安装的 generic-release 文件，可以使用如下命令：

```
sudo rpm -evh generic-release
```

此时若系统安装了 generic-release，则会出现如下信息：

```
Preparing...                          ################################# [100%]
Cleaning up / removing...
   1:generic-release-32-0.2           ################################# [100%]
```

若不想看到太多的输出，也可以仅使用 -e 作为参数，此时若存在该 RPM 文件则会删除但不会有任何输出信息。

若当前系统已经删除了 generic-release 文件，或者系统没有安装的时候，会出现如下内容：

```
error: package generic-release is not installed
```

此时应当检查输入的名字是否正确，或者是否已经删除了该 RPM 文件。

同样 rpm 命令也可以一起删除多个已安装的 RPM 文件。

我们需要注意，无论是安装还是删除 RPM 文件，都必须使用 root 权限，因此需要采用 sudo 命令切换到 root 权限进行安装和删除。

6. 暂时不需要安装的 RPM 文件

并不是每一个 RPM 源代码包生成了 RPM 文件就要立刻进行安装，虽然大多数情况下我们都是为了安装而编译软件包的，但有些时候编译出来的 RPM 文件并不一定需要马上安装。因为有些软件包只是用来充实系统的软件仓库，现在根本用不上；有些软件包需要其他软件包一起才能进行安装，因此需要等到其他软件包也编译完成后再一起安装；还有一些是因为源代码仓库中有多个相同功能的软件包，所以需要根据具体情况决定安装某个软件包，例如一些软件包编译出来后暂时并不需要进行安装，因为其他相同功能的软件包可能已经存在了，但也许在其他情况下就需要用到该软件包。

本次编译的 Generic-Release 软件包暂时不需要安装，因为后续会安装其他相同功能的软件包。

8.4 RPM 文件制作环境完善

我们要完成的 Fedora 系统的所有文件（除了运行期间自动生成的文件）都是通过 RPM 文件安装到系统中的，因此从现在开始将都会使用 rpmbuild 命令来制作 RPM 文件，而完善 RPM 文件制作所需要的环境是第一步。

8.4.1 RPM 扩展包（Redhat-Rpm-Config）

RPM 文件制作的各种相关文件都在之前安装的 Rpm（软件名称）软件包中，其中，/tools/lib/rpm 目录存放了制作 RPM 文件时用到的环境变量、脚本、行为配置等文件，这些都是通用性设置与行为的文件。

因为 Fedora 系统有一些自己独特的设置和脚本步骤，所以设计一个专门的软件包，用来包含 Fedora 系统自身特有的设置或者改变通用设置和行为的文件。系统安装这些文件将对之后制作的 RPM 文件产生一定的影响，例如编译时候的参数、安装目录的位置等，这个功能的软件包在 Fedora 中就是 Redhat-Rpm-Config 软件包。

8.4.2 修改源代码包

在编译 Generic-Release 源代码包的时候，我们已经了解了如何修改 SPEC 描述文件，但修改 RPM 源代码包并不仅限于 SPEC 描述文件。RPM 源代码包在安装到系统中时会存放在两个地方：一个是 ~/rpmbuild/SPECS，是以软件名称命名的 SPEC 描述文件；另一个是 ~/rpmbuild/SOURCES，是除了 SPEC 描述文件之外的其他文件。

我们这次要修改的是 Redhat-Rpm-Config 软件包，需要修改的文件不是 SPEC 描述文件，而是存放在 SOURCES 目录中的文件。

先安装 RPM 源代码包，使用如下命令：

```
rpm -ivh ${SOURCEDIR}/r/redhat-rpm-config-150-1.fc32.src.rpm
```

我们的目的是改动编译器使用的参数，该参数定义在 rpmrc 文件中，修改 ~/rpmbuild/SOURCES/rpmrc，修改内容如下。

①找到 optflags: mips64el 这行，把它修改为如下内容：

```
optflags: mips64el %{__global_compiler_flags} -march=gs464v -mabi=64 -D_FILE_OFFSET_
BITS=64
```

②找到 optflags: mipsel 这行，把它修改为如下内容：

```
optflags: mipsel %{__global_compiler_flags} -march=gs464v -mabi=32 -mfp64 -D_FILE_
OFFSET_BITS=64
```

③为了增加编译 N32 的 ABI 支持，在 optflags: mips64el 一行下增加如下内容：

```
optflags: mipsn32el %{__global_compiler_flags} -march=gs464v -mabi=n32 -D_FILE_
OFFSET_BITS=64
```

因为龙芯使用的是 MIPS 兼容指令，所以修改的目标是 mipsel、mipsn32el、mips64el，分别代表了 32、N32 和 64 的 ABI。需要说明的是，mipsn32el 不是 N32 的标准表达式，仅用在我们移植的系统中作为 N32 的区分标记。

下面说明一下针对龙芯修改的参数。

- -march=gs464v：设置编译时使用的指令集。
- -D_FILE_OFFSET_BITS=64：防止一些软件包在编译时没有打开对大文件支持的特性。

redhat-annobin-cc1 和 redhat-hardened-ld 这两个文件中设置的默认编译及链接参数在龙芯系统上可能会导致一些异常问题，因此我们将这两个文件的内容清空，使用如下命令：

```
echo '' > ~/rpmbuild/SOURCES/redhat-annobin-cc1
echo '' > ~/rpmbuild/SOURCES/redhat-hardened-ld
```

修改 macros.nodejs-srpm，增加对 MIPS 的支持，使用如下命令：

```
sed -i "/%nodejs_arches/s@\$@& %{mips}@g" ~/rpmbuild/SOURCES/macros.nodejs-srpm
```

以上修改完成后，保存退出，同时建议将 SPEC 描述文件中的 Release 数字增加，然后就可以重新生成新的 RPM 源代码包了，使用如下命令：

```
rpmbuild -bs ~/rpmbuild/SPECS/redhat-rpm-config.spec
```

该命令会在 ~/rpmbuild/SRPMS 目录中创建一个新的 Redhat-Rpm-Config 的 RPM 源代码文件。

8.4.3 强制编译源代码包

顺利完成了第一个 RPM 源代码包的编译后，我们要认清一个现实：没有依赖直接就可以编译的 RPM 源代码包在前期是很少见的，现实情况是大多数的源代码包都会有这样或那样的依赖关系。

但是对我们来说，并不是没有完整的依赖关系就无法进行源代码包的编译。事实上，很多基础软件包所缺失的依赖关系并不是真的没有，我们所制作的临时系统中包含了许多编译软件过程中所需要用到的工具命令，这些实际上就是一些软件包的依赖。但是当前这些命令工具的信息没有进入 RPM 的数据库中，数据库中的信息是通过 RPM 文件安装时导入进去的。

实际上，很多源代码包的依赖只是缺少 RPM 数据库中的信息，而当前系统已经提供了需要的工具，这个时候就可以通过强制忽略依赖问题的方式进行编译，例如此时我们要编译的 Redhat-Rpm-Config。

Redhat-Rpm-Config 软件包是一个 Fedora 系统上用到的 RPM 工具扩展配置包，在继续进行各种 RPM 源代码包的编译前，我们需要先完善一下 RPM 工具的配置环境。

因为重新生成了 Redhat-Rpm-Config 的源代码包，所以编译命令如下：

```
rpmbuild --rebuild ~/rpmbuild/SRPMS/redhat-rpm-config-150-2.fc32.loongson.src.rpm
```

会出现下面的信息：

```
error: Failed build dependencies:
        perl-generators is needed by redhat-rpm-config-150-1.noarch
```

这说明编译 Redhat-Rpm-Config 需要 perl-generators 这个依赖关系，但当前还没有编译出需要的依赖文件，此时可以使用 --nodeps 参数进行编译，命令如下：

```
rpmbuild --rebuild ~/rpmbuild/SRPMS/redhat-rpm-config-150-2.fc32.loongson.src.rpm --nodeps
```

经过一串信息的输出，生成了对应的 RPM 文件。

```
Wrote: /home/sunhaiyong/rpmbuild/RPMS/noarch/kernel-rpm-macros-150-2.fc32.loongson.
noarch.rpm
Wrote: /home/sunhaiyong/rpmbuild/RPMS/noarch/redhat-rpm-config-150-2.fc32.loongson.
noarch.rpm
```

接着通过 rpm 命令进行安装。

```
sudo rpm -ivh ~/rpmbuild/RPMS/noarch/kernel-rpm-macros-150-2.fc32.loongson.noarch.rpm \
             ~/rpmbuild/RPMS/noarch/redhat-rpm-config-150-2.fc32.loongson.noarch.rpm
```

我们会看到大量的依赖错误，同样用 --nodeps 参数忽略。

```
sudo rpm -ivh ~/rpmbuild/RPMS/noarch/kernel-rpm-macros-150-2.fc32.loongson.noarch.rpm \
             ~/rpmbuild/RPMS/noarch/redhat-rpm-config-150-2.fc32.loongson.noarch.rpm \
         --nodpes
```

此时 Redhat-Rpm-Config 软件包强制安装完成。

创建一些链接文件，以保证编译 RPM 源代码包时可以正确地调用相关命令。创建方式如下：

```
sudo ln -sfv /usr/lib/rpm/redhat /tools/lib/rpm/
sudo ln -sv /tools/lib/rpm/rpmdeps /usr/lib/rpm/
sudo ln -sfv /tools/lib/rpm/debugedit /usr/lib/rpm/
for i in $(ls /tools/lib/rpm/brp-* /tools/lib/rpm/check-* /tools/lib/rpm/find-*)
do
   sudo ln -sv $i /usr/lib/rpm/
done
```

修改一些内容以便符合当前的系统环境。

```
sudo sed -i "s@/usr@/tools@g" /usr/lib/rpm/redhat/rpmrc
```

该命令用来设置新安装的 /usr/lib/rpm/redhat/rpmrc 文件调用原来的 rpmrc 文件的路径，因为原来的文件存放在 /tools/lib/rpm 目录中，所以修改 /usr 为 /tools 来正确地包含文件。

接着处理库文件的缓存问题，因为在临时系统的阶段库文件分别存放在 /tools/lib* 和 /usr/lib* 目录中，且存在同名同 ABI 的文件，这可能产生错误的缓存，为此我们需要修改相关的脚本文件，命令如下：

```
sudo sed -i "s@^/sbin/ldconfig@#&@g" /usr/lib/rpm/redhat/brp-ldconfig
```

通过注释 /sbin/ldconfig 的调用可避免错误收集库文件缓存的问题。

8.5 发行版信息包

8.5.1 发行版仓库源信息包（Fedora-Repos）

Fedora-Repos 软件包中包含了发行版的仓库地址文件，通过修改这些文件可以连接自己制作的软件仓库，方便将来安装需要的软件包。

当前还没有创建软件仓库，属于系统移植的早期阶段，暂时还不知道或者还没有准备好用来当作仓库的地址，所以本次不修改该软件包，等有了仓库地址后再重新制作本软件包。

Fedora-Repos 软件包原始的仓库信息不会对当前移植系统产生影响，在不进行内容修改的情况下，本次编译采用直接编译 RPM 源代码包的方式，命令如下：

```
rpmbuild --rebuild ${SOURCESDIR}/f/fedora-repos-32-1.src.rpm
```

若编译正常，将生成 4 个 RPM 文件。

```
Wrote: /home/sunhaiyong/rpmbuild/RPMS/noarch/fedora-repos-ostree-32-1.noarch.rpm
Wrote: /home/sunhaiyong/rpmbuild/RPMS/noarch/fedora-repos-rawhide-32-1.noarch.rpm
Wrote: /home/sunhaiyong/rpmbuild/RPMS/noarch/fedora-repos-32-1.noarch.rpm
Wrote: /home/sunhaiyong/rpmbuild/RPMS/noarch/fedora-gpg-keys-32-1.noarch.rpm
```

这几个文件都可以先不安装，因为系统中暂时还用不到这几个文件，而且接下来我们还需要用它们做安装示范。

8.5.2 发行版版本信息包（Fedora-Release）

Fedora-Release 软件包具有和 Generic-Release 相同的功能，且两者在当前系统中只能存在其一，即二者是冲突包。但当前我们打算移植 Fedora 系统，在保留 Fedora 系统信息方面该软件包比 Generic-Release 更加适合，因此选择安装该软件包到系统中。

安装该软件包需要修改 SPEC 描述文件，因此先对该源代码包进行解包，命令如下：

```
rpm -ivh ${SOURCESDIR}/f/fedora-release-32-1.src.rpm
```

（1）修改 SPEC 描述文件

我们需要对该软件包进行一些改动，修改 SPEC 描述文件。

```
sed -i '/%%dist/s@bootstrap}}$@&.loongson@g' ~/rpmbuild/SPECS/fedora-release.spec
sed -i '/Release:/s@1$@2@g' ~/rpmbuild/SPECS/fedora-release.spec
```

（2）编译软件包

通过 SPEC 描述文件进行编译。

```
rpmbuild -bb ~/rpmbuild/SPECS/fedora-release.spec
```

（3）重新制作源代码包

若编译没有问题，则重新制作源代码包。

```
rpmbuild -bs ~/rpmbuild/SPECS/fedora-release.spec
```

重新生成的源代码包会保存在 ~/rpmbuild/SRPMS 目录中，后续使用 rpmbuild 命令重新生成的所有源代码包都会存放在该目录下。

> **注意：**
> 该软件包还包含了许多与发行版相关的信息，例如技术支持网站等；如果读者想自行定制新的发行版，那么可以修改这些信息。

8.5.3 安装循环依赖

Fedora-Release 软件包生成的 RPM 文件比较多，并不需要全部安装，只安装 fedora-release-32-2 和 fedora-release-common-32-2 这两个文件即可。

```
sudo rpm -ivh ~/rpmbuild/RPMS/noarch/fedora-release-32-2.noarch.rpm\
              ~/rpmbuild/RPMS/noarch/fedora-release-common-32-2.noarch.rpm
```

但会提示如下错误：

```
error: Failed dependencies:
        fedora-repos(32) >= 1 is needed by fedora-release-common-32-2.noarch
```

我们发现 fedora-repos 正是之前编译的 Fedora-Repos 软件包，这个时候我们重新考虑先安装 Fedora-Repos 的安装文件，使用如下命令：

```
sudo rpm -ivh ~/rpmbuild/RPMS/noarch/fedora-repos-32-1.noarch.rpm
```

会提示如下错误：

```
error: Failed dependencies:
        fedora-gpg-keys >= 32-1 is needed by fedora-repos-32-1.noarch
        system-release(32) is needed by fedora-repos-32-1.noarch
```

其中 fedora-gpg-keys 比较好找，它是和 Fedora-Repos 一起被编译出来的安装包，然而 system-release 的依赖引起了我们的注意。

我们查找了 Fedora 的全部源代码包但没有同名的，这是由某个源代码包生成出来的，再查询一下 Fedora-Release 包，使用如下命令：

```
rpm -qp --provides ~/rpmbuild/RPMS/noarch/fedora-release-32-2.noarch.rpm
```

输出内容如下：

```
base-module(platform:f32)
fedora-release = 32-2
fedora-release-variant = 32-2
system-release
system-release(32)
```

--provides 参数用来查看 RPM 文件对外提供的依赖，也就是有软件包需要上面输出的某个依赖，那么安装该 RPM 文件即可满足依赖需求。

在上面的输出中我们看到了 system-release(32)，这代表这个依赖存在于 fedora-release 安装文件中，安装 fedora-release 文件即可。

从这里也可以看出，rpm 命令在查找依赖的时候并不是根据文件名，而是根据 RPM 文件中的信息来确定依赖的。

那么问题又来了，安装 fedora-release 文件的时候依赖 fedora-repos，而安装 fedora-repos 文件的时候又依赖 fedora-release，无论先安装哪个都不能消除依赖错误，这种现象就是安装的循环依赖。

要解决安装时的循环依赖问题就可以采用 rpm 命令的多文件同时安装的模式，在安装命令中同时加上 fedora-repos 和 fedora-release 即可消除相互之间的循环依赖。同样，我们把 fedora-gpg-kery 和 fedora-release-common 文件也一并安装，使用如下安装命令：

```
sudo rpm -ivh ~/rpmbuild/RPMS/noarch/fedora-release-32-2.noarch.rpm \
              ~/rpmbuild/RPMS/noarch/fedora-release-common-32-2.noarch.rpm \
              ~/rpmbuild/RPMS/noarch/fedora-repos-32-1.noarch.rpm \
              ~/rpmbuild/RPMS/noarch/fedora-gpg-keys-32-1.noarch.rpm
```

安装过程的输出如下：

```
Verifying...                          ################################# [100%]
Preparing...                          ################################# [100%]
Updating / installing...
```

```
    1:fedora-gpg-keys-32-1          ################################# [ 25%]
    2:fedora-release-common-32-2    ################################# [ 50%]
    3:fedora-release-32-2           ################################# [ 75%]
    4:fedora-repos-32-1             ################################# [100%]
```

我们看到 4 个 RPM 文件一次性安装到系统里了，这就是通过 rpm 命令同时安装多个文件解决安装包之间循环依赖问题的方法。

8.6 循环依赖

制作完目标系统的工具链之后，编译的软件包实际上没有一个固定的顺序，但这只是在一定程度上的，并不是随便编译哪个软件包都可以，不少软件包之间会存在某个软件包比另一个软件包需要先编译安装到系统中的情况。

这个先后编译顺序被一个称为依赖的逻辑所控制，即被依赖的软件包需要先于依赖它的软件包编译和安装。例如：有 A 软件包和 B 软件包，B 软件包依赖 A 软件包，那么必须先编译和安装 A 软件包才能编译和安装 B 软件包。A 软件包也可以被称为 B 软件包的依赖条件。

我们在制作 Linux 系统的时候，如果能按照编译和安装 A 软件包、编译和安装 B 软件包然后再继续编译和安装其他软件包这样的顺序制作下去当然非常惬意，但是实际情况往往不会这么简单，在依赖的逻辑中有一种称为循环依赖的大问题会等着每一个制作 Linux 系统的人。

8.6.1 什么是循环依赖

在制作 Linux 系统的过程中，我们会发现有许多软件包存在编译依赖，例如编译 A 软件包需要 B 软件包，而编译 B 软件包需要 C 软件包，编译 C 软件包的时候又需要 A 软件包，成了一个编译依赖的环，称为循环依赖，如图 8.1 所示。

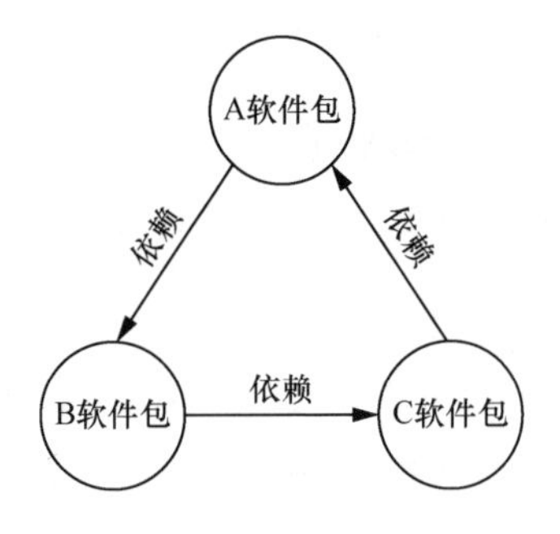

图 8.1　循环依赖示意图

需要说明的是，并不是只有 3 个软件包间会形成循环依赖，3 个以上的软件包之间也同样会产生这样的循环依赖，但基本特点和 3 个软件包形成的循环依赖类似。

循环依赖另一个比较典型的情况是，编译 A 软件包依赖 B 软件包，编译 B 软件包依赖 A 软件包，这种情况可以称为相互依赖，如图 8.2 所示。

而更为极端的一种循环依赖是，编译 A 软件包依赖 A 软件包本身，这种情况通常称为自依赖，如图 8.3 所示。

图 8.2　相互依赖示意图　　　　图 8.3　自依赖示意图

实际情况中，这 3 种循环依赖都是很常见的，特别是 3 个以上软件包的循环依赖会经常遇到。而相互依赖也很多，例如 Util-Linux 和 Systemd 这两个包就存在相互依赖的关系；对于自依赖的软件包虽然不及上面两种多，但是也有不少，例如 GCC 就是一个典型的自依赖软件包，编译 GCC 的时候系统里面必须要有 GCC。

上面只是循环依赖的示意图，真实的情况会复杂许多，可能在几个软件包之间就存在数个循环依赖，但无论涉及的软件包有多少，每个循环依赖都是可以独立出来单独分析的。

8.6.2　依赖条件的类型

那么当我们遇见这些循环依赖的软件包时该如何处理呢？

循环依赖是以依赖条件进行体现的，在讨论如何处理循环依赖之前先来了解一下依赖条件的几种类型。

1. 核心依赖条件

这种类型的依赖条件最为重要，也就是说如果没有安装 A 软件包核心依赖的 B 软件包，那么 A 软件包将无法完成编译。

举个例子，制作工具链中的 GMP 软件包就是 GCC 软件包的核心依赖条件，如果系统中没有安装 GMP 软件包，则无法进行 GCC 编译，在配置阶段就会提示错误。

2. 可选组件依赖条件

核心依赖与可选组件依赖类似计算机的 CPU 和网络接口，没有 CPU 就不算是一台计算机，而没有网络接口并不影响计算机的处理功能，只是不能连接网络了，但作为一台单机处理计算任务并没有问题。

但如果可选组件依赖是一个被其他软件使用到的部分，那可选组件依赖也可以算是核心依赖了。

例如要使用浏览器，那么没有网络接口的计算机几乎是没有用处的，这个时候网络接口就是必备的了，也就是核心功能。

所以可选组件依赖在不同的条件下可能会发生变化，但在这里把可选组件作为可以去除且不影响软件主要功能的部分来进行讲解，避免出现混乱。

那么现在也就清楚了，可选组件依赖条件就是说 A 软件包中的某个可选组件是否可用依赖于 B 软件包是否在当前系统中已安装，但即使没有 B 软件包的存在，A 软件包的核心功能依旧可以使用。

3. 测试依赖条件

很多软件包源代码中都提供了测试脚本，用来验证编译出来的程序是否工作正常，测试过程有时候也需要一些外部的命令提供测试帮助。

测试过程都是在软件包编译完成后才进行的，因此测试过程本身并不影响软件的编译，也不会对功能的增减产生影响。

举个例子，Binutils 软件包的测试就会使用到 BC 软件包，如果没有 BC 软件包并不影响 Binutils 软件包的编译和安装，也不影响任何功能，但是无法对编译出来的程序和库文件进行验证以保证功能正确，这个就是测试依赖条件对软件包的影响。

4. 运行依赖条件

核心依赖条件和可选组件依赖条件主要是针对编译和安装过程来说的，在生成 RPM 软件包之后还存在一种依赖问题，就是运行依赖条件。

运行依赖条件与编译和安装过程中的依赖条件存在不同之处，有时会有重复的部分，也可能增加编译时没有的依赖条件。运行依赖条件也分为核心和可选组件的依赖条件类型，只不过是在运行软件的时候体现出来。

5. 附加依赖条件

这类依赖条件主要出现在 RPM 源代码包的 SPEC 描述文件中，例如对源代码文件进行校验，对生成的文件进行某种处理，这样就可能使用到一些命令。这些命令就成为这个软件包的依赖条件，因为这类依赖条件是加上去的，并不是软件本身源代码包所需要的，我们把这类依赖类型称为附加依赖条件。

8.6.3 破坏与还原

通过对依赖条件的分类，我们可以大致了解不同依赖产生的原因，那么现在所要面对的问题就是怎么解决这些依赖条件。

解决的方法必须与具体的循环依赖情况相结合，但不管是什么解决方法都有一个共同点，那就是通过找到突破点来破坏循环依赖中的这个循环结构。

虽然破坏循环依赖可以帮助我们创建系统，但因为破坏循环结构是过程而不是我们想要的结果，所以我们还需要在破坏后还原循环依赖。

下面分别针对不同形式的循环依赖来整理一下破坏和还原的思路。

1. 3 个或 3 个以上的软件包循环依赖的情况

（1）核心依赖下的循环依赖

这种情况下，如果循环依赖中的每条依赖关系都是核心依赖，我们姑且称其为硬性依赖（依赖关系十分坚硬，难以直接突破）。这种依赖最适合的解决思路就是跳出当前系统约束的框架，就如同在三维世界中可以轻易突破二维的圆密闭的区域一样，我们可以通过另一个系统来破坏当前系统中的这个循环依赖结构。

在我们的这个具体情况中，可以选择循环依赖中的某个软件包，通过交叉编译生成这个软件包并安装到临时系统中，就可以轻易地将硬性依赖钻出一个洞，然后在忽略该软件包依赖的情况下顺着这条循环依赖的路线把其他软件包都完成。

通过交叉编译来完成某个软件包的过程说起来简单，实际操作过程中还需要了解一些方式和方法。

第一种：某个软件包对其他软件包的核心依赖可能是一些命令，那么就可以借助进行交叉编译的系统来满足这个需求，并成功生成该软件包。

第二种：解除核心依赖的条件，选定的软件包所需求的核心依赖可能只是包管理工具编译软件包时使用的参数导致的，那么交叉编译该软件包时可以通过参数等常规手段简化该软件包，从而满足依赖它的软件包的需求。

第三种：如果仅靠参数无法解除核心依赖的问题，那么可能需要通过一些非常规的方式来解决，如通过修改源代码或者修改编译步骤等方式对软件包进行拆分处理，把能够满足其他软件包的部分文件生成出来，而不是把软件包的文件都生成出来。

还原的过程也就是在循环中全部的软件包编译和安装完成后，再把交叉编译生成的软件包也在当前的系统中编译一遍并安装，这样也相当于将临时系统中对应的软件替换了。

（2）存在可选依赖条件的循环依赖

如果在循环依赖中存在可选依赖条件，我们姑且称其为软性依赖（找到并拿掉关键的一块将整体崩溃），这种循环依赖就相对好处理许多。找到这个使用可选依赖条件的软件包，让其在不使用依赖条件的情况下编译一个不完整的软件包并安装到系统中。在这个过程中可能会修改 SPEC 描述文件的内容，如去除某些步骤或者修改编译参数等。

当成功编译和安装其中一个软件包后，该循环依赖就被破坏了，然后再沿着循环依赖关系中的依赖路径编译和安装其中的各个软件包。

循环依赖中的软件包都编译完成后，不要忘记把之前没有完整编译的软件包重新完整编译一遍，以完成循环依赖的还原。

（3）存在测试依赖条件的循环依赖

这种情况的循环依赖非常容易处理，其原因是测试过程虽然有助于检验软件的正确性，但不是必需的步骤。甚至在一些特殊情况下，如环境不允许，还需要跳过测试，没有经过测试过程并不会对软件包的安装和功能造成影响。解决这种依赖条件的方法就是利用能跳过的这个特点，在编译软件包时不进行测试步骤。

SPEC 描述文件中对测试过程使用 %check 标记来定义，这部分定义的脚本在 RPM 软件包制作工具中可以使用 --nocheck 参数来跳过，我们编译软件包时加上该参数就可以解决依赖条件的问题。

因为测试步骤的跳过不影响软件的功能，本质上并没有破坏软件的完整性，所以并不需要还原的过程。但既然没有进行软件的测试步骤，那么软件的正确性是存在不确定性的，从可靠性的角度出发，在测试依赖条件得到满足后，重新编译软件包并进行测试是弥补这个问题的一个好习惯。

（4）存在运行依赖条件的循环依赖

运行依赖条件是由编译打包生成的 RPM 文件提供的依赖条件产生的，形成循环依赖通常有两种情况。

第一种是运行条件的循环依赖与编译时候的循环依赖是一致的，这种情况可根据依赖条件的类型使用前几种解决方式处理。

第二种情况是 RPM 文件中比编译依赖多出来的依赖条件所形成的循环依赖，这通常代表了该软件包在运行过程中会用到其他软件包提供的命令或者文件。这种依赖条件也分为核心依赖和可选组件的依赖，解决方法也是类似的。

可以看出运行时循环依赖的处理方式与编译时循环依赖的处理方式是相同的，所不同的是如果是可选组件的依赖则完全可以通过强制安装 RPM 文件的方式进行解决，因为这些 RPM 文件本身就是编译完成的。但如果运行依赖条件产生了核心依赖条件，那么就可能需要借助临时系统的帮助（极大可能需要交叉编译软件包）来保证核心功能工作正常，从而帮助循环依赖中其他软件包的编译和安装。

还原过程就是把运行依赖条件产生的循环依赖中的所有软件包进行编译和安装。

（5）存在附加依赖条件的循环依赖

这类依赖条件通常需要查看软件包的 SPEC 描述文件才能确认，导致依赖条件的原因也多种多样，例如有的处理或校验源代码文件，有的对生成的二进制文件进行处理，甚至可能仅用到了某软件包提供的一个配置文件也会将这个软件包作为依赖条件。

这些依赖条件功能多样，需要仔细辨认，但大部分都是可以通过某种手段来代替、忽略或者取消的，例如手工生成需要的配置文件，修改 SPEC 描述文件时删除其中的一些步骤，但需要注意的是这些操作不会对软件包造成实质性的功能影响。

（6）多种依赖条件类型混合的循环依赖

多数情况下我们遇到的循环依赖中的各个依赖条件可能不会一样，因此在解决依赖问题时，哪种依赖处理起来比较简单安全就用哪种，没有统一的规定，需要根据实际情况进行选择。这也导致同样一组软件包，要将它们全部编译和安装可能有多种顺序。

2. 两个软件包之间相互依赖的情况

实际上，两个软件包之间的相互依赖就是一种特殊的循环依赖，只不过软件包的数量只有两个，因此解决方法也与循环依赖一样。但因为数量关系，所以依赖情况的确定就比较容易，要么是硬性依赖，要么是软性依赖。

对于软性依赖，解决方法就是找到其中一个可以不完整编译的软件包并先进行编译和安装，然后再编译和安装另外一个软件包，最后再重新编译不完整编译的那个软件包来还原。

对于硬性依赖，即如果碰到两个软件包都不能在不完整的情况下编译时，我们除了考虑借助临时系统外，还可以考虑采用一些其他方法：如使用其中一个软件包早期的版本来编译，因为早期版本可能没有另外一个软件包的依赖；使用其中一个软件包已经编译好的早期版本来临时安装；或者如果其中一个软件包是无平台架构相关性的，可以使用其他平台架构上已经编译好的版本临时安装使用；等等。

上述解决硬性依赖的方法也适合 3 个或更多软件包循环依赖的情况。

如果其中有一方的依赖是测试依赖类型，通过跳过测试的参数可轻松解决。如果一方是附加依赖类型，可修改该软件包的 SPEC 描述文件临时去除依赖进行编译和安装，然后将两个软件包都进行编译来完成还原。

如果一个软件包生成了 RPM 文件后与某个软件包产生了循环依赖，也就是一个 RPM 源代码包和一个 RPM 安装包，那么依旧要确认双方的依赖是硬性还是软性，从而选择解决方案。

如果是两个或多个 RPM 安装包形成了循环依赖，在使用 rpm 命令安装时，只要把这些 RPM 安装包用一条命令一起安装到系统中就可以解决循环依赖问题。

刚刚编译过的 Fedora-Release 和 Fedora-Repos 这两个软件包可以作为一个很好的例子来说明运行依赖的情况。两个源代码包编译时并不存在相互依赖，在安装 Fedora-Release 软件包编译生成的 fedora-release-common 安装包时，提示需要 fedora-repos，安装失败；当安装 Fedora-Repos 软件包编译生成的 fedora-repos 安装包时，同样提示需要 fedora-release。此时无论单独安装哪个安装包都会提示依赖错误，这就是一个运行依赖类型的循环依赖，只要将这个循环依赖涉及的所有安装包一起安装就满足了依赖条件，可顺利地安装到系统中。

3. 自依赖的软件包

自依赖是一种最为特殊的循环依赖，自依赖大多数情况下都是软性依赖，只有一些特殊的软件包会是硬性依赖。

基础的编程语言类的软件包很多都是自依赖的，其中一些核心的软件包则属于硬性依赖，例如 GCC。这种软件包的自依赖通常可通过交叉编译的方式解决，或者采用该平台上已经编译好的该软件包的早期版本来解决编译依赖问题，然后在当前软件包成功编译和安装后，再重新编译一遍，以完成自依赖的还原。

自依赖的软件很少出现仅有自依赖的情况，大多数情况下会同时作为其他循环依赖中的一员，因此解决自依赖的软件包对于解决涉及的其他循环依赖也有很大的好处。

8.6.4 循环依赖解决建议

循环依赖的数量很多，且有些循环依赖涉及较多软件，多种循环依赖相互交错导致情况复杂。但读者不要对循环依赖产生畏惧心理，实际上如果选择了正确的突破口，可以一次性解决多个循环依赖的问题。虽然在突破口的选择上没有固定模式，但还是可以总结出一些可供参考的方法的。

1. 选择依赖条件较少的软件包

虽然不绝对，但是花在解决依赖条件少的软件包上的精力会少一些。

2. 选择依赖条件是临时系统中存在的

既然临时系统中都已经提供了依赖条件，那就能用的就用，能省很多精力，这也是解决硬性依赖的好方法。虽然硬性依赖中的软件包在没有外援的情况下较难突破，但是借助临时系统会轻松许多，虽然不绝对，但突破一处这样的软件包通常可以连带解决很多依赖。

3. 多个软件包共同依赖的软件包优先

如果发现某个软件包是许多软件包共同的依赖条件，那么这样的软件包就非常值得优先解决。

选择好了突破口，接下来看看突破口的解决方法。

（1）使用 BootStrap（自举）方式编译

有不少 RPM 的源代码包中 SPEC 描述文件会提供自举或类似的制作方式。这种方式通常依赖条件较少，容易达成编译的条件，例如 Binutils 进行制作时，若正常进行编译会提示如下的依赖条件：

```
/usr/bin/pod2man is needed by binutils-2.34-3.fc32.loongson.1.mips64el
bc is needed by binutils-2.34-3.fc32.loongson.1.mips64el
coreutils is needed by binutils-2.34-3.fc32.loongson.1.mips64el
dejagnu is needed by binutils-2.34-3.fc32.loongson.1.mips64el
flex is needed by binutils-2.34-3.fc32.loongson.1.mips64el
gettext is needed by binutils-2.34-3.fc32.loongson.1.mips64el
perl is needed by binutils-2.34-3.fc32.loongson.1.mips64el
sed is needed by binutils-2.34-3.fc32.loongson.1.mips64el
sharutils is needed by binutils-2.34-3.fc32.loongson.1.mips64el
texinfo >= 4.0 is needed by binutils-2.34-3.fc32.loongson.1.mips64el
```

可见依赖的内容有点多，而且有几个软件包之前都没有编译过。但是如果我们使用 --with bootstrap 参数进行制作时，依赖条件的提示会变成如下内容：

```
coreutils is needed by binutils-2.34-3.fc32.loongson.1.mips64el
findutils is needed by binutils-2.34-3.fc32.loongson.1.mips64el
perl is needed by binutils-2.34-3.fc32.loongson.1.mips64el
sed is needed by binutils-2.34-3.fc32.loongson.1.mips64el
```

这样依赖条件就大大减少了，那些没编译过的软件包也没有了，剩下的软件包之前已经安装到临时系统中，因此现在依赖条件都满足了，编译生成 Binutils 的 RPM 文件就会非常简单了。

所以如果软件包出现大量的依赖，特别是许多没有编译过的依赖条件，可以优先检查该软件包的 SPEC 描述文件中是否提供了自举的制作方法，看能否简化依赖条件。

（2）去除相关依赖，以较少依赖的方式进行编译

很多 RPM 源代码包中都会提供 --with、--without 及 --define 参数来开关某些选项或功能，从而减少依赖条件。这样的参数我们应当充分利用，因为这样不需要修改 SPEC 描述文件即可简化依赖条件，只有在确实没有参数能进行控制的情况下我们才考虑修改 SPEC 描述文件。

去除相关依赖还有一种粗暴但很有用的方法，就是忽略依赖条件强制编译。虽然提示的依赖条件没满足，但有时候这些依赖条件在软件包编译过程中会进行判断，如果当前系统没有相应的依赖存在，那么软件包的配置脚本会自动关闭相关的功能继续完成编译和安装，这通常说明这些依赖条件都不是核心依赖。如果能直接完成打包，那么就算成功解决依赖问题；如果打包时出现了一些错误，例如找不到文件等，那么修改 SPEC 描述文件中的打包部分来删除这些文件的打包也可以作为解决依赖的一种方法。

忽略依赖强制编译有时候也能通过错误提示来判断如何处理，例如某些依赖仅仅是附加依赖，那么错误提示往往都是出现在编译之外的位置，这个时候去除相关的步骤，或者使用其他步骤来代替也许就能解决依赖的问题。

去除依赖的几种方式是比较常用的突破手段，作为突破口的软件包通过传递制作参数或者修改 SPEC 描述文件来减少依赖，将其所在的循环依赖破坏掉。虽然编译的软件包可能缺少某些功能或文件，但如果能满足循环依赖中下一个软件包的依赖条件，那么循环依赖完成后重新编译该软件就可以了。

（3）完善临时系统

通过交叉编译生成临时系统中的相应软件包的方式非常有效，但缺点是增加了临时系统的制作复杂性，所以解决硬性依赖还是应尽量减少这种突破方式。

对于临时系统已经存在的软件包应尽量多熟悉，这样会更容易判断出某个软件包提示的依赖条件是否存在于临时系统中。

解决循环依赖的问题有时确实比较复杂，但不要退缩，在后续的具体制作过程中我们会分享解决的方法。

8.7 标准化系统软件包

当前运行的临时系统是存放在 /tools 目录中的，根目录中手工创建的一些目录和文件是为了能正常地编译软件包，并没有创建完整的根目录结构。而最终的系统需要创建完整的根文件系统，Fedora 不需要手工一步一步创建，有专门创建基本目录结构的源代码包，我们接下来创建这个软件包。

8.7.1 ISO 代码标准（ISO-Codes）

该软件包提供了包括 ISO 639 语言代码列表、ISO 4217 货币代码表、ISO 3166 地区代码表和 ISO 3166-2 子区域列表等代码文件。

该软件包存在编译依赖问题，需要 gettext 和 python3，这两个软件包都存在于当前的临时系统，因此可以进行强制编译。

```
rpmbuild --rebuild ${SOURCESDIR}/i/iso-codes-4.4-2.fc32.src.rpm --nodeps
```

编译后生成 iso-codes 和 iso-codes-devel RPM 文件，将这两个文件都安装到系统中。

```
rpm -ivh ~/rpmbuild/RPMS/noarch/iso-codes-*
```

此时会提示如下内容：

```
error: Failed dependencies:
        xml-common is needed by iso-codes-4.4-2.fc32.loongson.noarch
```

经过检查，xml-common 并不属于目前已经编译生成的 RPM 文件，因此这次进行强制安装。

```
sudo rpm -ivh ~/rpmbuild/RPMS/noarch/iso-codes-* --nodeps
```

至此，ISO-Codes 软件包的安装完成。

8.7.2 基础配置文件集合（Setup）

Setup 软件包提供了系统的一些重要文件，如用户、组文件以及用户启动配置文件等。

该软件包存在一些编译依赖错误，但这些依赖都存在于临时系统中，因此可以通过强制忽略的方式进行编译，命令如下：

```
rpmbuild --rebuild ${SOURCESDIR}/s/setup-2.13.6-2.fc32.src.rpm --nodeps
```

编译完成后仅生成一个 RPM 文件，该文件没有安装依赖问题，可以直接安装到系统中，命令如下：

```
sudo rpm -ivh ~/rpmbuild/RPMS/noarch/setup-2.13.6-2.fc32.loongson.noarch.rpm
```

安装过程中会出现如下信息：

```
Verifying...                          ################################# [100%]
Preparing...                          ################################# [100%]
Updating / installing...
   1:setup-2.13.6-2.fc32.loongson     warning: /etc/group created as /etc/group.rpmnew
warning: /etc/hosts created as /etc/hosts.rpmnew
warning: /etc/passwd created as /etc/passwd.rpmnew
warning: /etc/profile created as /etc/profile.rpmnew
################################# [100%]
```

这里出现了几条警告信息，原因是该软件包安装的 /etc/group、/etc/passwd、/etc/hosts 以及 /etc/profile 这几个文件在当前系统中已经存在了，如果直接覆盖有可能影响当前正在使用的系统，因此保留现有的问题，而把 RPM 文件中的对应文件复制为带 rpmnew 扩展名的文件，以保证不会覆盖当前系统正在使用的文件。

这几个文件目前都是根据当前的临时系统创建的，但对于整个系统制作过程来讲还是符合要求的，因此即使没有被更新也不会影响制作的系统，安装该 RPM 文件后不用再特地调整文件。

8.7.3 根目录结构（Filesystem）

Filesystem 软件包提供创建系统根目录结构的功能，通过该软件包可以创建 Fedora Linux 的根目录结构，方便后续各种软件包的安装和运行。

在以 64 位系统作为目标时，该软件包支持 32 位 ABI 和 64 位 ABI 的多库共存（Multilib），但因为龙芯平台不仅是 64 位系统，还支持除了 32 位 ABI 之外的 N32，所以该软件包需要进行修改，以便支持这 3 种 ABI 的共存。

1. 修改 ~/rpmbuild/SPECS/filesystem.spec 文件

①找到如下一行内容：

```
ln -snf usr/%{_lib} %{_lib}
```

在该行下增加如下内容：

```
%ifarch mips64el
mkdir -p usr/lib32
ln -snf usr/lib32 lib32
%endif
```

②找到如下一行内容：

```
ln -snf usr/%{_lib} usr/lib/debug/%{_lib}
```

在该行下增加如下内容：

```
%ifarch mips64el
ln -snf usr/lib32 usr/lib/debug/lib32
%endif
```

③找到如下一行内容：

```
posix.mkdir("/usr/%{_lib}")
```

在该行下增加如下内容：

```
%ifarch mips64el
posix.mkdir("/usr/lib/debug/usr/lib32")
posix.mkdir("/usr/lib32")
%endif
```

④找到如下一行内容：

```
posix.symlink("usr/%{_lib}", "/%{_lib}")
```

在该行下增加如下内容：

```
%ifarch mips64el
posix.symlink("usr/lib32", "/usr/lib/debug/lib32")
posix.symlink("usr/lib32", "/lib32")
%endif
```

⑤找到如下两行内容：

```
%ifarch x86_64 ppc64 sparc64 s390x aarch64 ppc64le mips64 mips64el riscv64
/%{_lib}
```

在该两行下增加如下内容：

```
%ifarch mips64el
/lib32
%endif
```

⑥找到如下一行内容：

```
%ghost /usr/lib/debug/usr/%{_lib}
```

在该行下增加如下内容：

```
%ifarch mips64el
%ghost /usr/lib/debug/lib32
%ghost /usr/lib/debug/usr/lib32
%endif
```

⑦找到如下两行内容：

```
%ifarch x86_64 ppc64 sparc64 s390x aarch64 ppc64le mips64 mips64el riscv64
%attr(555,root,root) /usr/%{_lib}
```

在该两行下增加如下内容：

```
%ifarch mips64el
%attr(555,root,root) /usr/lib32
%endif
```

⑧修改软件包的版本号，将

```
Release: 2%{?dist}
```

改为

```
Release: 3%{?dist}.1
```

⑨建议加入 changelog 信息，这可以帮助后续检查变更。加入 changelog 信息的方法是找到 %changelog 一行，然后在该行下方加入如下内容：

```
* Mon Jun  1 2020 Sun haiyong <sunhy@lemote.com> - 3.14-3
- add N32 ABI support for MIPS64EL.
```

上述内容表示在 2020 年 6 月 1 日加入了 MIPS64EL 的 N32 ABI 库的存放目录。

改完后保存为 filesystem.spec 并退出。

2. 编译 Filesystem 软件包

编译依赖 ISO-Code 软件包，因为目前该软件包已经安装，所以 Filesystem 软件包编译时没有依赖错误，使用如下命令：

```
rpmbuild -bb ~/rpmbuild/SPECS/filesystem.spec
```

编译会生成 3个软件包：filesystem-3.14-3.fc32.loongson.1.mips64el.rpm、filesystem-content-3.14-3.fc32.loongson.1.mips64el.rpm 和 filesystem-afs-3.14-3.fc32.loongson.1.mips64el.rpm。

这次 Filesystem 生成的 RPM 文件的扩展名不再是 noarch.rpm，而是 mips64el.rpm，这意味着这些软件包是架构相关的。虽然这些文件里面没有架构相关的二进制文件，但在修改 SPEC 描述文件的过程中，我们可发现目录创建的过程中是有个别架构判断的，因此不同的架构生成的目录结构有可能不同，这也就是为什么这几个文件的扩展名会以架构进行命名。

生成文件没有错误后，重新生成 RPM 源代码包。

```
rpmbuild -bs ~/rpmbuild/SPECS/filesystem.spec
```

命令执行完毕会在 ~/rpmbuild/SRPMS 目录中生成新的 Filesystem 源代码包。

3. 安装

我们只需要安装 filesystem 这个 RPM 文件就可以了，该文件存在安装依赖 /bin/sh，虽然还没有编译存在该依赖信息的 RPM 文件，但是该依赖对于当前的临时系统来说满足要求，因此可以强制进行安装。

> **注意：**
> 该软件包安装过程引发的根目录变化还是很明显的，可以在安装之前查看 / 和 /usr 的目录情况，然后再用下面的命令进行安装。

```
sudo rpm -ivh \
   ~/rpmbuild/RPMS/mips64el/filesystem-3.14-3.fc32.loongson.1.mips64el.rpm --nodeps
```

至此，Fedora 系统的基本目录结构创建完毕，再次查看 / 和 /usr 目录，可以发现多出了很多目录。

8.7.4 基础系统虚包（Basesystem）

Basesystem 源代码包文件应该是我们遇到的第一个特殊的源代码包，其特殊之处在于该源代码包生成的 RPM 文件中不带有任何实际安装到系统中的文件，我们将这种不安装任何实际文件的软件包称为虚包。

虚包的制作方式与其他软件包完全一样，使用 rpmbuild 命令进行编译，命令如下：

```
rpmbuild --rebuild ${SOURCESDIR}/b/basesystem-11-9.fc32.src.rpm
```

并且虚包同其他软件包一样会生成 RPM 文件，该 RPM 文件就是虚包。虚包可以同其他包含实际文件的 RPM 文件一样进行安装，并且虚包也同样具有依赖关系的条件。例如 Basesystem 生成的虚包就依赖 Setup 和 Filesystem 这两个 RPM 文件，只不过现在满足了条件可以直接进行安装，命令如下：

```
sudo rpm -ivh ~/rpmbuild/RPMS/noarch/basesystem-11-9.fc32.loongson.noarch.rpm
```

虚包这一没有文件但可以具备依赖条件的特征，特别适合用来整合一组关系紧密但不相互依赖的软件包，例如 Basesystem 软件包安装的时候必须安装 Setup 和 Filesystem，这样无形之中就将基础配置文件和系统根目录结构这两个组成基本系统的要素整合在一起。

虚包对于用户而言非常友好，要求安装 Basesystem 软件包即是要求安装 Setup 和 Filesystem，这相比分别列出要安装的软件包更加简便明了。特别是其他一些包含了更多软件包的虚包，对用户来说是非常省事直观的设计。

8.8 目标系统的工具链

如果你已经坚持到了这个部分，那么恭喜你，你已经完成了很多工作，而下面将要开展的制作将是非常重要的一部分：目标系统的工具链。这部分会完成临时系统中的工具链的替换，而替换后的工具链将用来完成整个 Fedora 发行版的编译工作。

8.8.1 内核头文件（Kernel-Header）

Kernel-Header 软件包不生成任何可执行程序，安装的都是 Linux 内核的头文件，因为它是 Glibc 软件包的依赖条件。Glibc 是基础 C 库，必须了解其工作的内核文件的接口信息，而这些信息就存放在内核头文件中。

这个软件包我们需要进行特殊处理，因为 Fedora 发行版的内核更新比较频繁，而 Linux 内核还没有完全支持龙芯处理器的各个型号以及主流机型。这种情况下要移植到龙芯机器上，就不能使用 Fedora 发行版提供的内核软件包，而是需要准备符合龙芯机器的内核源代码，并重新制作出 RPM 源代码包。

这里选择的 Linux 内核版本是 Linux 内核官方目前最新的长期维护版本。长期维护版本不是最新的版本，但在维护期内持续更新，非长期维护版本内核的维护周期通常在半年左右，而长期维护版本的维护周期至少有 2 年，有的甚至超过 6 年，而这期间一般会出现新的长期维护版本。

本书编写时最新的长期维护版本是 5.4，我们下载其最新的修订版本。Linux 内核目前使用 3 个数字来标注版本号，第一个数字是主版本（目前最新的是 5），第二个数字是次版本，第三个数字是修订版本。长期维护版本是主版本号和次版本号的组合，版本的更新会以修订版本来表示，修订版本按照数字流水号进行更新，因此我们要下载文件的版本是长期维护版本号对应的最高数字的修订版本。

1. 下载并安装源代码包

下载 5.4 版本的最新修订版本，命令如下：

```
wget -c https://mirrors.tuna.tsinghua.edu.cn/kernel/v5.x/linux-5.4.44.tar.xz
```

使用 -c 参数是为了确保在下载中断后可以断点续传。

下载完成后我们开始制作该版本的 SRPM 文件，即 RPM 源代码文件，因为 RPM 源代码文件都是以 src.rpm 作为扩展名的，所以将其简称为 SRPM 文件。

对于 Kernel-Header 的这个 SRPM 文件，没有必要从头制作，可以借用现成的文件。首先安装 Fedora 自带的 SRPM 文件，使用如下命令：

```
rpm -ivh ${SOURCESDIR}/k/kernel-headers-5.6.6-300.fc32.src.rpm
```

Fedora 自带的 Kernel-Headers 文件的版本高于要制作的内核版本，但没有关系，这个版本之间的差异对我们要制作的系统没有任何影响。

2. 修改 SPEC 描述文件

接下来修改该软件包的 SPEC 描述文件，因为需要修改多处，且部分内容不易使用命令来修改，所以我们将使用文本编辑工具直接编辑该文件。

```
vi ~/rpmbuild/SPECS/kernel-headers.spec
```

以下将根据需要修改的内容进行描述，读者需要根据描述的内容在文本编辑工具自行在文件中进行修改。

（1）变更内核版本

修改 %global baserelease 后面的数字为 1。

修改 %define base_sublevel 后面的数字为 4。

修改 %define stable_update 6 后面的数字为 44。

（2）加入 MIPS 的支持

在 ARCH_LIST 的变量中加入 mips，找到 ARCH_LIST 定义的位置，改为如下内容：

```
ARCH_LIST="mips arm arm64 powerpc s390 x86"
```

找到 case $ARCH in 并在这行下加入如下内容：

```
mips*)
       ARCH=mips
       ;;
```

修改完成，保存文件退出（vi 在命令模式时使用 :wq 进行保存退出操作）。

3. 修改内核头文件的打包压缩文件

Fedora 发行版 Kernel-Headers 的 SRPM 文件中并没有支持 MIPS 架构的头文件，此时需要将其加入 SRPM 包中。

分析原 Kernel-Headers 的 SRPM 文件得知，该源代码包的主要文件是一个与软件包名称及版本号相同的压缩文件，解压后发现该文件有多个目录，每个目录对应一个架构的全部头文件，这样我们只要增加 MIPS 架构的头文件到压缩包中就可以了。

增加 MIPS 架构头文件的方法是直接从内核源代码中提取，步骤如下：

```
tar xvf linux-5.4.44.tar.xz -C ${BUILDDIR}
pushd ${BUILDDIR}/linux-5.4.44
    for arch in mips x86 arm arm64 powerpc s390
    do
        make mrproper
        make ARCH=${arch} headers
        mkdir -pv dest/arch-${arch}
        cp -a usr/include dest/arch-${arch}/
        find dest/arch-${arch}/include -name '.*' -delete
        rm dest/arch-${arch}/include/Makefile
    done
    pushd dest
        tar -cJf ~/rpmbuild/SOURCES/kernel-headers-5.4.44-1.tar.xz *
    popd
    cd ..
    rm -rf linux-5.4.44
popd
```

步骤的相关解释如下。

因为内核版本发生了变化，所以如果考虑该软件包兼容原来的架构支持，我们要从新版本内核中提取 MIPS 和其他原来支持架构的头文件并分目录进行保存，这个过程如下：

```
for arch in mips x86 arm arm64 powerpc s390
do
    make mrproper
    make ARCH=${arch} headers
    mkdir -pv dest/arch-${arch}
    cp -a usr/include dest/arch-${arch}/
    find dest/arch-${arch}/include -name '.*' -delete
    rm dest/arch-${arch}/include/Makefile
done
```

通过循环将多个架构的头文件依次提取到 dest 目录，每个架构创建独立的目录，并按照原先压缩文件中目录的命名方式 arch-<架构>来创建目录，把对应架构的所有头文件都复制到该目录中即可。注意清理不需要的文件，避免把多余的文件安装到系统中。

创建完成后，还需要生成对应软件包名称和版本的打包压缩文件。

```
tar -cJf ~/rpmbuild/SOURCES/kernel-headers-5.4.44-1.tar.xz *
```

该压缩文件使用 XZ 格式，tar 命令中使用 J 参数即可生成该压缩格式的打包文件。打包文件必须存放到 ~/rpmbuild/SOURCES 目录中，这样 rpmbuild 命令才能在制作时找到该文件。

4. SRPM 文件重制

SPEC 描述文件和源代码文件都准备好之后，我们重新生成 SRPM 文件，便于今后使用，使用如下命令：

```
rpmbuild -bs ~/rpmbuild/SPECS/kernel-headers.spec
```

rpmbuild 命令使用 -bs 参数并指定我们修改过的 SPEC 描述文件，然后就可以生成 SRPM 文件了。该文件将存放在 ~/rpmbuild/SRPMS 目录中，生成的文件名是 kernel-headers-5.4.44-1.fc32.loongson.src.rpm。

5. 生成和安装 RPM 文件

我们做好了新的 SRPM 文件，下面就开始通过该文件生成安装用的 RPM 文件，使用如下命令：

```
rpmbuild --rebuild ~/rpmbuild/SRPMS/kernel-headers-5.4.44-1.fc32.loongson.src.rpm
```

经过一段时间的制作会出现以下信息：

```
Wrote: /home/sunhaiyong/rpmbuild/RPMS/mips64el/kernel-headers-5.4.44-1.fc32.
loongson.mips64el.rpm
Wrote: /home/sunhaiyong/rpmbuild/RPMS/mips64el/kernel-cross-headers-5.4.44-1.fc32.
loongson.mips64el.rpm
```

这代表完成了制作并告诉了用户新生成的 RPM 文件的存放路径和文件名。

接着安装 RPM 文件到系统中，使用如下命令：

```
sudo rpm -ivh \
   ~/rpmbuild/RPMS/mips64el/kernel-headers-5.4.44-1.fc32.loongson.mips64el.rpm
```

这里要重点说明的是，并不是 SRPM 文件生成的所有 RPM 文件都要安装到系统中，因为有些是用不上的，还有可能会出现相互冲突的 RPM 文件，所以安装 RPM 文件要有所选择，根据需要进行安装。

在 Kernel-Header 生成的 RPM 文件中，Kernel-Cross-Headers 是安装其他架构的内核头文件，暂时用不上，这里只安装 Kernel-Headers 这个 RPM 文件就够了。

如果读者顺利地完成了 Kernel-Header 的制作过程，那么基本上对修改 SPEC 描述文件、修改源代码包、重新创建 SRPMS 等操作都有所了解了。在后续的制作过程中还会经常出现修改这些制作的操作，学习后我们会掌握得更加熟练。

8.8.2 基础 C 库（Glibc）

Glibc 软件包大概算是最基础的依赖条件了，它也将是我们用 rpmbuild 命令完整制作、使用编译器进行编译的第一个软件包，这是因为之前制作的软件包都不带有二进制文件。

Glibc 与 GCC 就是一个非常典型的循环依赖，还是一个相互依赖，Glibc 需要 GCC 来进行编译，GCC 中的程序和库也需要 Glibc 提供的基础库，但因为在临时系统中已经有了 GCC，所以这个循环依赖被轻松地突破了，Glibc 可以通过临时系统中的 GCC 来完成编译。

我们计划制作的系统使用多库（Multilib）支持，所以从基础库开始就需要以 Multlib 的方式来制作，也就是 Glibc 必须完成 64、N32 和 32 这 3 种 ABI 的编译并安装到系统中。

在开始编译之前先创建几个库文件的链接，命令如下：

```
for i in lib lib32 lib64
do
    sudo ln -sfv /tools/${i}/ld-linux-mipsn8.so.1 /${i}/
done
```

所有的动态链接的程序都会链接到 ld-linux-mipsn8.so.1（使用 nan=2008 时的文件名，若 nan=legacy 时文件名为 ld.so.1）这个库文件，然后通过这个库文件来查找其他用到的库文件。

从临时系统中创建 ld-linux-mipsn8.so.1 的链接文件到目标系统中，可以解决在制作 Glibc 的过程中可能因为执行某些编译出来的程序时找不到库文件而导致执行失败的问题，并且在 Glibc 安装后会被覆盖掉，不会影响到后续的制作过程。

1. 修改 SPEC 描述文件

将 Glibc 移植到龙芯上需要修改 SRPM 中的 SPEC 描述文件，因此需要先安装 Glibc 的

SRPM 包文件，使用 rpm 命令进行安装。

```
rpm -ivh ${SOURCESDIR}/g/glibc-2.31-2.fc32.src.rpm
```

接着就可以修改 ~/rpmbuild/SPECS/glibc.spec 文件。因为修改的内容比较多，所以可以使用本书提供的修改好的文件。为了方便读者理解修改内容，下面对修改的主要部分进行说明。

（1）去除对 SystemTap 软件包的依赖

因为当前临时系统未安装 SystemTap 软件包，所以本次编译 Glibc 时去除 SystemTap 的依赖，找到 --enable-systemtap，将其改为 --disable-systemtap 即可。

（2）MIPS 的多种 ABI 共存的支持

找到如下一行内容：

```
%define target %{_target_cpu}-redhat-linux
```

并在该行下面加入平台系统表达式的定义，内容如下：

```
%ifarch mipsn32el
%define target mips64el-redhat-linux-gnuabin32
%endif
%ifarch mipsel
%define target mipsel-redhat-linux-gnuabi32
%endif
```

%ifarch 是 SPEC 描述文件中使用的判断语句，用来判断当前的架构是否符合条件，%ifarch 语句后跟着的架构表示若符合条件将执行它及与它配对的 %endif 之间的步骤。

%define 是 SPEC 描述文件中使用的定义语句。该语句有两个参数：一个参数是新定义的变量名；另一个参数是变量定义的内容，这里与 %ifarch 语句配合用来定义 target 变量在不同架构的情况下设置的内容。

接着找到如下一行内容：

```
GXX=g++
```

在该行之下加入以下几行内容：

```
%ifarch mips64el
GCC="gcc -mabi=64"
GXX="g++ -mabi=64"
%endif
%ifarch mipsn32el
GCC="gcc -mabi=n32"
GXX="g++ -mabi=n32"
%endif
%ifarch mipsel
GCC="gcc -mabi=32"
```

```
GXX="g++ -mabi=32"
%endif
```

这部分是为了让 Glibc 在编译不同 ABI 时能使用正确的编译参数。

然后找到 rpm_inherit_flags 的定义，并在定义的内容中加入下面 3 行内容：

```
-mabi=64 \
-mabi=n32 \
-mabi=32 \
```

加入的这 3 行信息是为了使 MIPS 的 ABI 指定参数能传递到编译器。

找到 transfiletriggerin 定义，修改为如下内容：

```
%transfiletriggerin common -P 2000000 -- /lib /usr/lib /lib64 /usr/lib64 /lib32 /
usr/lib32
```

找到 transfiletriggerpostun 定义，修改为如下内容：

```
%transfiletriggerpostun common -P 2000000 -- /lib /usr/lib /lib64 /usr/lib64 /lib32
/usr/lib32
```

以上两处修改是为了增加支持 MIPS 架构中 N32 ABI 库文件存放的目录。

接着在 Glibc 的配置参数中加入以下内容：

```
%ifarch mipsn32el
              --libexecdir=%{_libexecdir} \
%endif
```

增加的参数用来区分 MIPS 的 N32 和 32 位 ABI 提供的一些重名文件的存放路径，避免产生文件路径冲突。

建议将增加的参数放在配置参数的中间部分，例如加在 --disable-profile 一行下面。这里特别注意参数行后面的 \ 符号，其代表后面还有接续的参数。

配合区分 N32 和 32 位 ABI 冲突文件的修改，还需要修改以下打包时的目录指定方式，找到下面一行：

```
%dir %{_prefix}/libexec/getconf
```

修改为

```
%dir %{_libexecdir}/getconf
```

使用 %{_libexecdir} 代替 %{_prefix}/libexec 可以达到区分不同 ABI 的目的。

（3）修改编译参数

找到 BuildFlagsNonshared 的定义，并将其修改为

```
BuildFlagsNonshared=""
```

该变量的设置会导致编译过程中强制使用 GCC 的 Annobin 插件，但该插件并没有安装在临时系统中，这会导致编译失败，清空变量的设置可以取消对 Annobin 插件的要求。

在本次修改的SPEC描述文件中，部分内容是为了符合当前依赖条件不足的情况而临时修改的，不用重新生成 SRPM 文件，等后续依赖条件都满足后再修改 SPEC 描述文件，只保留必要的修改，然后再重新生成 Glibc 的 SRPM 文件。

2. 编译 Glibc

Glibc 的多库支持是通过多次编译 Glibc 来完成的，每个 ABI 的支持都需要完整地编译一次 Glibc。

（1）64 位的 Glibc

因 SPEC 描述文件中修改的内容较多，在本书配套的资源中会提供相应的参考文件，文件名通常采用软件包名 -bootstrap 的形式，通常适合早期阶段制作软件包时使用，后续的部分软件包的参考文件命名亦是如此，读者可自行查看和使用。

编译 Glibc 的 64 位版本，使用如下命令：

```
rpmbuild -bb ${BUILDDIR}/glibc-bootstrap.spec --with bootstrap --nodeps
```

- --with bootstrap：设置该参数是因为 Glibc 的完整编译还会生成一些工具命令，这些命令需要一些 Glibc 之外的库文件，这意味着需要额外的依赖条件。在当前临时系统还缺乏各种库的情况下，这些命令的编译条件无法满足，但 Glibc 的 RPM 源代码包支持以 BootStrap 的方式进行编译，这可以大大减少依赖条件。设置成 BootStrap 方式后，依赖条件在当前临时系统中已经都满足了，可以进行编译。
- --nodeps：虽然 BootStrap 方式满足编译条件，但因为 RPM 文件并不知道当前临时系统所安装的包，所以需要通过 nodeps 参数忽略依赖强制进行编译。

编译完成后会产生 200 多个 RPM 文件，其中大部分都是语言包，下面把几个重点包简单介绍一下。

```
glibc-2.31-2.fc32~bootstrap.loongson.mips64el.rpm
glibc-devel-2.31-2.fc32~bootstrap.loongson.mips64el.rpm
glibc-common-2.31-2.fc32~bootstrap.loongson.mips64el.rpm
glibc-static-2.31-2.fc32~bootstrap.loongson.mips64el.rpm
glibc-headers-2.31-2.fc32~bootstrap.loongson.mips64el.rpm
glibc-utils-2.31-2.fc32~bootstrap.loongson.mips64el.rpm
```

上面这部分都是 Glibc 主要的 RPM 文件，忽略文件名从版本号（2.31）开始的内容。其中，仅有 glibc 的文件是主文件，里面包含了 Glibc 的主要文件，如各个基础库和配置文件；文件名带有 static 的是包含了静态库的 RPM 文件；文件名带有 devel 和 headers 的是包含了开发用的库文件以及头文件；文件名带有 common 和 utils 的则是一些命令工具。

```
nscd-2.31-2.fc32~bootstrap.loongson.mips64el.rpm
nss_db-2.31-2.fc32~bootstrap.loongson.mips64el.rpm
nss_hesiod-2.31-2.fc32~bootstrap.loongson.mips64el.rpm
glibc-nss-devel-2.31-2.fc32~bootstrap.loongson.mips64el.rpm
```

这部分是 Glibc 提供的一组与名称服务（Name Service）相关的基础库和工具。

```
libnsl-2.31-2.fc32~bootstrap.loongson.mips64el.rpm
compat-libpthread-nonshared-2.31-2.fc32~bootstrap.loongson.mips64el.rpm
```

这部分是 Glibc 提供的用于提高兼容性的库文件。

```
glibc-locale-source-2.31-2.fc32~bootstrap.loongson.mips64el.rpm
glibc-minimal-langpack-2.31-2.fc32~bootstrap.loongson.mips64el.rpm
glibc-all-langpacks-2.31-2.fc32~bootstrap.loongson.mips64el.rpm
glibc-langpack-*-2.31-2.fc32~bootstrap.loongson.mips64el.rpm
```

以上这组是 Glibc 提供的语言包，glibc-langpack-* 实际上表示的是一组文件。这是各种语言单独打包的文件列表，有近 200 个文件，这里不一一列出，在不想安装全部语言包的情况下只安装其中需要的语言包就可以了。locals-source 中包含了各个语言包的原始文件；minimal-langpack 只包含了满足最基本需要的语言包； all-langpacks 包含了全部语言的语言包文件，安装这一个文件就相当于把全部的语言包都安装上了。

```
glibc-debuginfo-2.31-2.fc32~bootstrap.loongson.mips64el.rpm
```

以上一行内容包含了 Glibc 文件中各种库和命令带有调试信息的文件，几乎所有带有二进制程序的软件包都会生成类似名称的文件，这些文件在调试程序的过程中才需要用到，平常使用系统的时候不需要安装，我们制作系统的过程中通常也不需要安装。

（2）N32 的 Glibc

Glibc 的 N32 编译方法如下：

```
rpmbuild -bb ${BUILDDIR}/glibc-bootstrap.spec --target mipsn32el --with bootstrap \
            --nodeps --nocheck
```

- --target：指定目标架构，这里 mipsn32el 是为 MIPS N32 ABI 自定义的名称。

  在 RPM 配置目录（临时系统中是 /tools/lib/rpm 目录）中有一个 platform 目录，用来存放各种架构的制作配置文件，各个架构以架构名称命名的目录用来分别存放各自的配置文件。当 --target 指定为 mipsn32el 时，在制作过程中 mipsn32el-linux 目录中存放的 macros 文件会被读取，并采用其中各种参数、路径等设置来配合制作过程。

  另外，该参数还会采用 redhat/rpmrc 文件中使用指定架构名称定义的编译参数，编译参数将传递给编译器。我们在 mipsn32el 的定义中设置了 -mabi=n32，所以编译时会把二进制文件编译为 N32 的格式。

- --nocheck：会导致不进行测试过程。前面介绍过，测试过程不影响软件包的编译结果和功能，只是对编译出来的结果进行验证。有时软件包的测试内容非常多、时间耗费也很多，还有可能因为测试环境或测试依赖的软件包缺失导致测试失败，所以对一些编译结果比较有把握的软件包或无法进行测试的软件包跳过测试也是允许的。

与 64 位的 Glibc 一样，N32 在编译完成后会产生 200 多个 RPM 文件，软件包的功能也是与 64 位的 Glibc 一样的，只是里面的二进制程序是 N32 的，这些 RPM 文件存放在 ~/rpmbuild/RPMS/mipsn32el 目录中。

（3）32 位的 Glibc

```
rpmbuild -bb ${BUILDDIR}/glibc-bootstrap.spec --target mipsel --with bootstrap \
                --nodeps --nocheck
```

制作 32 位的 Glibc 与制作 N32 的方式几乎一样，只是 --target 指定的架构为 mipsel，这是 32 位 MIPS 的标准表达方式。同样，在 platform 目录中有一个 mipsel-linux 目录与之对应，在 rpmrc 中也同样要定义 mipsel 的编译参数，参数中应设置了 -mabi=32，以保证产生的二进制文件是 32 位的。

与 64 位和 N32Glibc 一样，32 位 Glibc 编译后也会产生 200 多个 RPM 文件，二进制程序是 32 位的，并存放在 ~/rpmbuild/RPMS/mipsel 目录中。

3. 安装 Glibc

既然我们制作了 3 种 ABI 的 Glibc，那么安装 Glibc 必然是将这 3 种 ABI 都安装到系统中，这样的系统才是多库共存，安装命令如下：

```
sudo rpm -ivh $(ls ~/rpmbuild/RPMS/mips64el/*-2.31-2.* \
             | grep -v 'debuginfo') \
             $(ls ~/rpmbuild/RPMS/mips{n32,}el/*-2.31-2.* \
             | grep -v -e 'lang' -e 'debuginfo' -e 'common' -e 'utils' ) \
             --nodeps
```

这条命令是一次性将 Glibc 的 3 个 ABI 都安装到系统中，因为 Glibc 生成的 RPM 文件实在太多了，如果手工一个一个输入文件来安装实在是费力费时，所以我们采用通配符和条件筛选的方式来安装。

要了解上面的命令，需要先将整个命令拆开，我们来看其中的一部分。

```
$(ls ~/rpmbuild/RPMS/mips64el/*-2.31-2.* \
                      | grep -v'debuginfo') \
```

- ls ~/rpmbuild/RPMS/mips64el/*-2.31-2.*：这是通配了 Glibc 的版本筛选出来的 RPM 文件，前提是目前为止产生 RPM 文件的软件包并不多，所以文件名符合 -2.31-2 的文件都是 Glibc 软件包产生的，从而使用该通配符可以简单地把 Glibc 生成的软件包都筛选出来。
- grep -v 'debuginfo'：通过管道符（|），将筛选出来的文件列表用 grep 命令进行处理。这里 -v 参数用来反转匹配结果，即 grep 匹配出来的文件将是不符合条件的文件列表；指定的 debuginfo 是调试程序时才需要使用的，正常使用的系统不需要安装。

使用 $() 可以将命令执行的结果作为命令参数来使用。

同样，对 mipsn32el 和 mipsel 两个分别存放 N32 和 32 位文件的目录也可筛选出要安装的 Glibc 文件列表，内容如下：

```
$(ls ~/rpmbuild/RPMS/mips{n32,}el/*-2.31-2.* \
                 | grep -v -e 'lang' -e 'debuginfo' -e 'common' -e 'utils' ) \
```

○ grep -v -e 'lang' -e 'debuginfo' -e 'common' -e 'utils'：筛选的方法与 64 位类似，但因为需要多指定几个文件名中的关键字，每个 -e 参数用来指定一个匹配条件的关键字。这里除了 debuginfo 还多出了 lang、common 和 utils 关键字。lang 对应的语言包是共用的，只需要安装一套即可，不需要 3 个 ABI 制作出来的语言包都安装；common 和 utils 对应的 RPM 文件中包含的内容都是命令，与 64 位无法同时出现在系统中，因此直接不安装就可以了。

将筛选出来的全部文件进行统一安装，需要使用 rpm 命令。

```
sudo rpm -ivh …… --nodeps
```

Glibc 生成的部分 RPM 文件在当前还缺少运行依赖条件，但这并不会影响后续的制作，所以使用 --nodeps 参数强行忽略依赖进行安装。

8.8.3 调整工具链

完成基础 C 库的编译安装后，就要调整工具链了，目前工具链链接的 ld 文件是 /tools 目录中的，现在是转到根目录的时候了。因为制作临时系统时已经考虑到后面调整回根目录的过程，所以调整还是比较简单的，步骤如下：

```
sudo mv -v /tools/bin/ld{,-old}
sudo mv -v /tools/bin/ld{-new,}
sudo mv -v /tools/$(gcc -dumpmachine)/bin/ld{,-old}
sudo ln -sv /tools/bin/ld /tools/$(gcc -dumpmachine)/bin/ld
gcc -dumpspecs | sed -e 's@/tools@@g' -e '/\*cpp:/{n;s@$@ -isystem /usr/include@}' \
            > ${BUILDDIR}/specs
sudo mv -v ${BUILDDIR}/specs $(dirname $(gcc --print-libgcc-file-name))/
```

1. 步骤解析

（1）将 ld-new 文件覆盖当前临时系统中的 ld 文件

使用如下命令：

```
sudo mv -v /tools/bin/ld{,-old}
sudo mv -v /tools/bin/ld{-new,}
sudo mv -v /tools/$(gcc -dumpmachine)/bin/ld{,-old}
sudo ln -sv /tools/bin/ld /tools/$(gcc -dumpmachine)/bin/ld
```

ld-new 是临时系统阶段编译 Binutils 时保留的文件，用于替代 ld 命令，ld-new 使用 /lib64、/lib32 和 /lib 作为库文件链接的目录。上述步骤中将原先的 ld 命令重命名为 ld-old，是为了在需要调试的情况下，可以方便地退回到之前的 ld 命令。

（2）修改 gcc 命令的编译配置

```
gcc -dumpspecs | sed -e 's@/tools@@g' -e '/\*cpp:/{n;s@$@ -isystem /usr/include@}' \
               > ${BUILDDIR}/specs
sudo mv -v ${BUILDDIR}/specs $(dirname $(gcc --print-libgcc-file-name))/
```

gcc -dumpspecs 命令导出 GCC 当前默认的编译配置内容，我们的目的是对导出的内容进行修改。管道符（|）起到了命令之间的通道作用，管道符左边命令产生的结果输出将作为右边命令的输入内容，管道符将 GCC 的配置内容传递给后面的 sed 命令进行处理。

sed 命令修改 GCC 导出的内容，命令中 's@/tools@@g' 是为了将 /tools 这个目录前缀去除；'/*cpp:/{n;s@$@ -isystem /usr/include@}' 是为了让 GCC 编译时从 /usr/include 中查找使用头文件，而不是从 /tools/include 中去查找。

修改后的内容保存为文件，命名为 specs，将该文件存放到 $(dirname $(gcc --print-libgcc-file-name))/ 命令所确定的目录中。该目录中存在名字为 specs 的文件时，gcc 命令会使用该文件中的配置内容来替换默认的配置内容，这样就完成了工具链的调整。

2. 创建链接文件

虽然现在目标系统中已经有了 Glibc 的各个函数库，但还没有 GCC 的一些库文件，例如 C++ 的库文件，而调整后的工具链不再去临时系统中找库文件，这会导致编译时因为找不到库文件而出错。为了在完成目标系统中的 GCC 前能正常、顺利地完成过渡，我们创建几个临时链接库文件，步骤如下：

```
for i in lib lib32 lib64
do
    sudo ln -sv /tools/${i}/libssp.so{,.0} /${i}/
    sudo ln -sv /tools/${i}/libgcc_s.so{,.1} /${i}/
    sudo ln -sv /tools/${i}/libstdc++.so{,.6} /${i}/
done
for i in lib lib32
do
    sudo ln -sv /${i}/lib{gmp,mpfr,mpc,isl,z,zstd}.so /tools/${i}/
done
```

这些临时链接的库文件在 GCC 制作出安装文件后可通过安装进行覆盖或手工删除，不会影响到后续的制作。

3. 测试工具链

这个环节最重要的步骤是检查调整是否正确，检查过程一定要进行。如果测试中有任何步骤的输出不正确，在查明原因或修正之前都不要继续，否则可能无法完成最终系统的制作。

（1）检查 specs 文件

使用如下命令：

```
cat $(dirname $(gcc --print-libgcc-file-name))/specs | grep tools
```

这条命令用来检查配置内容中的 /tools 路径是否都被去除了，只要有输出就代表未正确调整。

（2）检查调整是否正确

使用如下命令：

```
cc ${BUILDDIR}/test.c -v -Wl,--verbose &> dummy.log
readelf -l a.out | grep ': /lib'
```

如果输出的内容为

```
[Requesting program interpreter: /lib64/ld-linux-mipsn8.so.1]
```

则表示调整正确。

同时也检查一下 N32 和 32 位程序编译的调整情况，先检查 N32 的情况，使用如下命令：

```
cc -mabi=n32 ${BUILDDIR}/test.c -v -Wl,--verbose &> dummy.log
readelf -l a.out | grep ': /lib'
```

输出的内容应如下：

```
[Requesting program interpreter: /lib32/ld-linux-mipsn8.so.1]
```

接着检查 32 位程序编译的调整情况，使用如下命令：

```
cc -mabi=32 ${BUILDDIR}/test.c -v -Wl,--verbose &> dummy.log
readelf -l a.out | grep ': /lib'
```

输出的内容应如下：

```
[Requesting program interpreter: /lib/ld-linux-mipsn8.so.1]
```

8.8.4 ZIP 格式支持库（Zlib）

作为调整工具链后第一个编译的软件包，Zlib 可以说是验证工具链调整后是否工作正常的最好材料。

1. 修改 SPEC 描述文件

先用 rpm 命令安装 Zlib 的源代码包文件。

```
rpm -ivh ${SOURCESDIR}/z/zlib-1.2.11-21.fc32.src.rpm
```

接着就可以对 SPECS 目录中的 zlib.spec 文件进行修改。

（1）在 MIPS 架构中去除几个补丁

Zlib 的 SRPM 文件中包含了几个不适用于 MIPS 架构的补丁，在 SPEC 文件中找到以下内容：

```
%patch7 -p1
%patch8 -p1
%patch9 -p1
```

将这部分内容修改为

```
%ifnarch %{mips}
%patch7 -p1
%patch8 -p1
%patch9 -p1
%endif
```

%ifnarch 与 %ifarch 一样都是 SPEC 描述文件中的判断语句。不同的是 %ifnarch 表示后面跟着的架构不运行它及与它配对的 %endif 之间的步骤。此处 %ifnarch 后加上 %{mips}，就表示当制作架构为 MIPS 时，这几个补丁不会被应用。

（2）更改修订号

找到以下一行内容：

```
Release: 21%{?dist}
```

将其修改为如下内容：

```
Release: 22%{?dist}.1
```

版本管理的一个好习惯是，有任何修改都应该增加版本号。SPEC 描述文件中 Release 代表了修订次数，我们将 21 修改为 22，在 %{?dist} 后加上的“.1”不是必需的，这里主要是为了方便区分修改过和没修改过的 SRPM 文件。

2. SRPM 文件重制和编译

SPEC 描述文件修改之后重新生成 SRPM 文件，便于今后使用，使用如下命令：

```
rpmbuild -bs ~/rpmbuild/SPECS/zlib.spec
```

该命令正常完成后会输出以下信息：

```
Wrote: /home/sunhaiyong/rpmbuild/SRPMS/zlib-1.2.11-22.fc32.loongson.1.src.rpm
```

这些信息表示 SRPM 文件重制完成以及重制后的文件存放的目录和文件名。

接着通过重制的 SRPM 文件分别编译 64、N32 和 32 位的 Zlib，步骤如下：

```
rpmbuild --rebuild ~/rpmbuild/SRPMS/zlib-1.2.11-22.fc32.loongson.1.src.rpm --nodeps
rpmbuild --rebuild ~/rpmbuild/SRPMS/zlib-1.2.11-22.fc32.loongson.1.src.rpm \
        --nodeps --target mipsn32el
rpmbuild --rebuild ~/rpmbuild/SRPMS/zlib-1.2.11-22.fc32.loongson.1.src.rpm \
        --nodeps --target mipsel
```

与 Glibc 编译的方式一样，不同的 ABI 使用不同的 --target 参数进行指定即可，并且生成的 RPM 文件会分别存放在对应名称的目录中。

这里仅以 64 位生成的文件列表为例，编译会产生如下文件：

```
minizip-compat-devel-1.2.11-22.fc32.loongson.1.mips64el.rpm
minizip-compat-1.2.11-22.fc32.loongson.1.mips64el.rpm
```

```
zlib-1.2.11-22.fc32.loongson.1.mips64el.rpm
zlib-static-1.2.11-22.fc32.loongson.1.mips64el.rpm
zlib-devel-1.2.11-22.fc32.loongson.1.mips64el.rpm
zlib-debuginfo-1.2.11-22.fc32.loongson.1.mips64el.rpm
minizip-compat-debuginfo-1.2.11-22.fc32.loongson.1.mips64el.rpm
zlib-debugsource-1.2.11-22.fc32.loongson.1.mips64el.rpm
```

Zlib 产生的 RPM 安装文件与 Glibc 产生的安装文件存在一个共同点，就是会产生不以软件包名称开头的文件名，而且有时候名称之间完全看不出关联。存在这种现象的软件包数量并不少，这当我们制作移植 Fedora 发行版时，在软件仓库不完善的情况下，如果编译或安装某个 RPM 文件时提示缺少依赖条件，会出现不知道哪个软件包能生成需要的依赖条件的情况。

这个问题常见的解决思路有如下两种。

①通过 rpmfind.net 等专门查找 RPM 文件信息的网站搜索缺少的依赖条件，通过反馈的结果来获取软件包的信息。

②在 x86 的系统上安装一个相同版本的 Fedora 系统，通过 dnf provides < 依赖 > 命令来查询提供依赖的 RPM 文件，下载该文件并使用 rpm -qp -i <RPM 文件 > 来查询生成该文件的软件包名称。

以上方法也适合查找那些根本不是文件名的依赖条件，例如前面接触的 system-release 依赖条件，该依赖条件实际上是 fedora-release 这一 RPM 文件提供的。我们接触这类依赖条件时，若找不到对应名字的 RPM 文件，可尝试使用上面的方法来查询。

3. 安装 Zlib

Zlib 也是多个 ABI 库共存的，因此也一次性都安装到系统中，使用如下命令：

```
sudo rpm -ivh $(ls ~/rpmbuild/RPMS/mips{64,n32,}el/{minizip,zlib}-* \
            | grep -v -e 'debug') \
            --nodeps
```

- mips{64,n32,}el：这是一种紧缩式的表达方式，实际对应的是 mips64el、mipsn32el 和 mipsel，这样就可以访问到 3 种 ABI 对应的存放目录。这里特别要注意 32 后面的逗号（,）不要漏掉，否则 mipsel 将没有被表示出来。
- {minizip,zlib}-*：这同样是一种紧缩式表达方式，对应的是 minizip- 和 zlib- 开头的所有文件，这就覆盖了 Zlib 软件包生成的所有文件。

8.8.5 哈希密码函数库（Libxcrypt）

Libxcrypt 是一个单路轻量化的哈希密码函数库，支持大量较现代的哈希算法，例如 yescrypt、gost-yescrypt、scrypt、bcrypt、sha512crypt、sha256crypt 等，其轻量化的特点非常适合用于登录和用户密码管理。

Libxcrypt 还被用作 Glibc 中 libcrypt 库的替代品，在 Fedora 系统中 Glibc 不再提供 libcrypt 函数库，而 Libxcrypt 也同时提供了对 Glibc 的 libcrypt 兼容的接口和算法，以保证一些老的程序能继续正常工作。

我们在目标系统的工具链中增加对 Libxcrypt 软件包的编译安装，就是为了让其代替 Glibc 中的 libcrypt 库来工作。

1. 编译 Libxcrypt 软件包

既然是替代 Glibc 中的库文件，那么同样按照 3 个 ABI 分别进行编译，编译步骤如下：

```
rpmbuild --rebuild ${SOURCESDIR}/l/libxcrypt-4.4.16-1.fc32.src.rpm --nodeps
rpmbuild --rebuild ${SOURCESDIR}/l/libxcrypt-4.4.16-1.fc32.src.rpm --nodeps \
                   --target mipsn32el
rpmbuild --rebuild ${SOURCESDIR}/l/libxcrypt-4.4.16-1.fc32.src.rpm --nodeps \
                   --target mipsel
```

这里仅以 64 位生成的文件列表为例，编译会产生如下的文件：

```
libxcrypt-4.4.16-1.fc32.loongson.mipsn32el.rpm
libxcrypt-devel-4.4.16-1.fc32.loongson.mipsn32el.rpm
libxcrypt-static-4.4.16-1.fc32.loongson.mipsn32el.rpm
libxcrypt-compat-4.4.16-1.fc32.loongson.mipsn32el.rpm
libxcrypt-compat-debuginfo-4.4.16-1.fc32.loongson.mipsn32el.rpm
libxcrypt-debuginfo-4.4.16-1.fc32.loongson.mipsn32el.rpm
libxcrypt-debugsource-4.4.16-1.fc32.loongson.mipsn32el.rpm
```

Libxcrypt 软件包生成的 RPM 文件非常具有代表性，以文件名中版本号之前的字符串作为特征名。下面简单介绍各种特征名代表的含义与包含的文件。

- 软件名：例如这里是 libxcrypt，该命名方式的文件用来存放软件包必须安装的命令文件、库文件、配置文件等；有些软件包也会将该名称的文件作为虚包，虚包则包含了该软件包制作生成的其他一些文件或者不包含任何文件。
- devel：包含了开发程序使用的头文件、库文件等，有些软件包会根据需要生成多个不同组件的 devel 包文件。
- static：包含软件包提供的各种静态库文件，有时一个软件包会生成多个以 static 命名的包文件。
- compat：一般提供对早期版本的兼容函数库文件，为一些老程序提供接口兼容支持。
- debuginfo：RPM 包制作工具生成的与软件包中二进制程序对应的调式信息文件会存放在使用该名称的文件中。
- debugsource：RPM 包制作工具会将二进制程序编译时使用的源代码文件存放在该名称的文件中。

还有以下一些常见的特征名。

- common：存放软件包支撑运行的文件，例如配置文件、使用的数据库文件、状态文件以及一些与配置查询相关的命令程序等。

○ headers：通常仅包含开发用的头文件。

○ libs：包含软件包提供的可选安装的共享库文件，有时一个软件包会生成多个 libs 命名的包文件，这通常是将软件包按照组件进行了拆分。

○ doc：包含软件包提供的各种文档文件。

2. 安装 Libxcrypt 软件包

```
sudo rpm -ivh $(ls ~/rpmbuild/RPMS/mips*/libxcrypt-* | grep -v -e 'debug') --nodeps
```

此处使用列举多个 ABI 目录的方式，并使用 mips* 通配符表达，在正常情况下这种表达方式与 mips{64,n32,}el 是一样的。通配符写法虽然在多数情况下没有问题，但还是存在一些风险，如果有人创建了 mips 开头的其他目录，又刚好在其中存放了一些 RPM 文件，那么可能会出现安装了预期之外的文件的情况。

8.8.6 汇编工具集（Binutils）

现在开始制作工具链主角之一的 Binutils 软件包。

1. 修改 SPEC 描述文件

（1）增加补丁

为了让 Binutils 支持最新的龙芯特有的指令集架构 gs464v，需要打一个补丁文件。在 SPEC 描述文件中加入补丁文件，需要分为以下两个步骤。

第一个步骤是定义一个唯一的补丁编号，并设置这个编号对应的补丁文件名，例如在 Binutils 上加一个补丁，只需在 SPEC 描述文件中加入以下定义：

```
Patch21: 0001-binutils-2.34-add-gs464v-support-1.patch
```

补丁定义应该在默认标记部分加入，定义的名称形式为 Patch（注意大小写）+ 数字。定义的名称不能重复，注意使用冒号（:）来分隔名称和内容。如果 SPEC 描述文件中已经有补丁的定义，那么在原有的补丁定义之后加入新的定义，只要后面的数字不同于原来补丁定义中的数字即可；如果原来没有补丁定义，那么可以找到文件定义，即 Source+ 数字的定义，在此之后加入新的补丁定义。

第二个步骤是引用补丁定义。定义了补丁之后它并不会直接应用到源代码中，还要在需要打补丁的步骤中加入对补丁的引用，引用补丁定义的写法如下：

```
%patch21 -p1
```

对补丁定义的引用通常都在 %prep 标记部分中，即在准备源代码目录的阶段把补丁应用到源代码当中去。

引用补丁定义使用 %patch+ 数字，这个数字必须和补丁定义的数字相同，这样才是一对匹配的补丁使用方式。-p 是补丁应用的目录深度，具体深度由紧跟着的数字决定，数字 1 表示忽略补丁中目录的第一层，2 就是忽略两层目录，0 就是不忽略任何一层目录，具体使用什么数字与具体的补丁相关，通常使用 0 和 1 的较多，我们这次使用的补丁需要使用数字 1。

（2）取消 Binutils 的 gold 支持

gold 是一个更快速的 ld 命令的实现，但目前在龙芯上工作不正常，所以在制作时屏蔽掉，在 SPEC 描述文件中找到以下内容：

```
%ifnarch riscv64
%bcond_without gold
```

因为使用了 %ifnarch 来设置不适用的架构，所以在架构定义中增加 MIPS，修改为以下内容即可：

```
%ifnarch riscv64 %{mips}
%bcond_without gold
```

%{mips} 定义代表了全部 MIPS 架构，包括 mips、mipsel、mips64、mips64el 等，默认使用的是 mips64el，所以可以屏蔽 gold 的编译安装。

（3）启用 64 位 BFD 支持

在 Binutils 中，64 位的系统需要打开 64 位 BFD 的支持，目前 SPEC 描述文件中没有对 MIPS 的 64 位定义开启支持，需要增加进去，找到以下这行：

```
case %{binutils_target} in i?86*|sparc*|ppc*|s390*|sh*|arm*|aarch64*|riscv*)
```

修改为

```
case %{binutils_target} in i?86*|sparc*|ppc*|s390*|sh*|arm*|aarch64*|riscv*|mips64*)
```

这里增加 mips64* 这个条件即可。

除了开启 64 位 BFD 的支持外，还需要对 BFD 的定义进行修改，同样在 SPEC 描述文件中没有加入 MIPS64 的支持，需要增加进去，找到以下这行：

```
%ifarch %{ix86} x86_64 ppc %{power64} s390 s390x sh3 sh4 sparc sparc64 arm
```

在架构列表的最后加入 MIPS64，内容如下：

```
%ifarch %{ix86} x86_64 ppc %{power64} s390 s390x sh3 sh4 sparc sparc64 arm %{mips64}
```

因为这里使用 %ifarch 进行设置，所以加入 %{mips64} 来包含所有 MIPS64 的架构。

（4）加入 N32 支持

当使用 mipsn32el 作为 target 参数进行 RPM 制作时，mipsn32el 是我们为 RPM 系统方便制作 N32 ABI 的软件包而增加的架构定义，但这并不符合实际的情况，然而实际情况是 N32 与 64 位都是用 mips64el 作为架构定义，这就无法进行区分了，所以在定义了 mipsn32el 来进行区分后，就需要在编译的时候转换架构定义的名称使其能正确地进行编译。

为 Binutils 增加对 N32 编译时的架构转换。

在 %build 标记定义之前增加以下内容：

```
%ifarch mipsn32el
%define _target_platform mips64el-%{_vendor}-%{_host_os}%{_gnu}
%endif
```

（5）增加修订版本号

建议将 Release 定义的修订版本改为 3%{?dist}.1。

2. 重制 SRPM 文件

因为修改 SPEC 描述文件时增加了补丁，而 rpmbuild 命令是从 ~/rpmbuild/SOURCES 目录中查找定义的补丁文件名，所以重新制作 SRPM 文件时也必须保证该补丁文件存放在该目录中，我们把文件复制进去即可。

```
cp ${BUILDDIR}/0001-binutils-2.34-add-gs464v-support-1.patch ~/rpmbuild/SOURCES/
```

> **注意：**
> 补丁的名字一定要与 SPEC 描述文件中的一致。

因为 Binutils 对 SPEC 描述文件的修改符合长期使用的目标，所以建议重新制作 SRPM 以方便后续的制作使用。

```
rpmbuild -bs ~/rpmbuild/SPECS/binutils.spec
```

如果一切顺利该命令将生成 binutils-2.34-3.fc32.loongson.1.src.rpm 文件。

3. 支持多库的 Binutils

细心的读者一定发现，在制作临时系统的时候就是按照支持多库的方式进行制作的，而那时制作的 Binutils 和 GCC 都是只编译了 64 位版本。这是因为 Binutils 提供的命令支持不同格式文件的处理，包括 MIPS 的 32、N32 和 64 位 ABI 的格式，而 GCC 本身支持以 Multilib 方式进行制作。所以虽然只编译了一次 GCC，也就是 gcc 命令本身是 64 位格式的，但 GCC 会自动生成 32、N32 和 64 位格式的库文件。

然而在 Fedora 发行版中一个常见的规则就是，一个文件中只放一种格式的二进制程序文件，而软件包编译一次只会生成一种二进制格式和无架构格式的文件，并且二进制格式是由 rpmbuild 命令的 --target 参数指定的（不指定使用默认的二进制格式）。

Fedora 发行版的这个规则对 Binutils 来说没有问题，因为编译生成的程序只有一种二进制格式，但对 GCC 来说就存在问题了。因为 Multilib 的方式会生成 3 种格式的二进制程序文件，无法在满足 Fedora 发行版打包规则的前提下一次性制作出来，所以 GCC 就必须编译 3 次，每次只打包一种二进制格式的程序文件，且每次 rpmbuild 命令都要指定对应的 --target 参数。因此调用的强制 ABI 参数不同也就导致编译 GCC 时会以指定的 ABI 格式编译，例如 N32 格式。

我们以 GCC 按照 N32 格式进行编译时为例，除了会以 Multilib 方式生成多种 ABI 格式的各种库之外，还有一些库是 gcc 命令运行时使用的。这些库并不会按照 Multlib 生成多种格式，只会跟着 gcc 命令的格式进行编译，也就是编译成 N32 的格式。这就又带来了另一个问题，当 gcc 命令编译程序时会调用 ld 命令并可能加载插件来生成二进制文件，而插件通常是一些和 GCC 相同的二进制格式的库文件，例如 liblto_plugin.so，然而调用的 ld 命令如果是 64 位格式的程序文件，那就是 64 位程序调用 N32 的库文件。我们知道程序和库的 ABI 不同时不能相互调用，因此就会导致 ld 命令报错，GCC 编译失败。

从上面这个问题来看，解决的方式就是提供一个 N32 的 ld 命令来配合编译 N32 的 GCC，N32 的 ld 命令自然要把 Binutils 也按照 N32 编译一套，对于 32 位也是同样的，因此 Binutils 在 Fedora 发行版中要按照不同 ABI 编译 3 次。

（1）64 位版的 Binutils

先制作一个 64 位版的 Binutils，使用如下命令：

```
rpmbuild --rebuild ~/rpmbuild/SRPMS/binutils-2.34-3.fc32.loongson.1.src.rpm \
        --with bootstrap --nodeps --nocheck
```

使用 BootStrap 方式制作 Binutils 时会大量减少依赖条件，而剩下的依赖条件目前已经安装或者在临时系统中提供了，此时可以使用 --nodeps 参数来忽略依赖条件进行安装。

这次编译因为没有指定 --target 参数，所以生成的是 64 位格式的二进制程序，64 位的 Binutils 是属于常驻系统的。

（2）N32 位版的 Binutils

制作 N32 的 Binutils 与之前制作过 N32 的软件包有所不同，除了在 64 位制作参数的基础上增加 --target mipsn32el 之外还需要通过 --define 参数指定 binutils_target 的值，制作命令如下：

```
rpmbuild --rebuild ~/rpmbuild/SRPMS/binutils-2.34-3.fc32.loongson.1.src.rpm \
        --define "binutils_target mips64el-redhat-linux-gnuabin32" --target mipsn32el \
        --with bootstrap --nodeps --nocheck
```

使用 --define 定义的参数不是随便设置的，必须在 SPEC 描述文件中有相关的处理才有意义。我们回过头来查看 Binutils 的 SPEC 描述文件，会发现其中有如下这部分内容：

```
%if 0%{!?binutils_target:1}
%define binutils_target %{_target_platform}
%define isnative 1
%define enable_shared 1
%else
%define cross %{binutils_target}-
%define isnative 0
%define enable_shared 0
%endif
```

这段代码的意思是当 binutils_target 被定义了，就设置 cross 为 binutils_target 设置的值加上一个横杠（-），同时设置 isnative 为 0，接着我们查看配置脚本部分。

```
%if %{isnative}
  --with-sysroot=/ \
%else
  --enable-targets=%{_host} \
  --with-sysroot=%{_prefix}/%{binutils_target}/sys-root \
  --program-prefix=%{cross} \
%endif
```

这段代码就是判断当 isnative 为 0 时设置以下 3 个参数。

- --enable-targets=%{_host}：设置支持的格式目标，这里设置的是当前系统环境的平台系统参数。
- --with-sysroot=%{_prefix}/%{binutils_target}/sys-root：设置生成的 Binutils 使用的 SYSROOT 目录。在之前的章节中我们介绍过 SYSROOT 可以在链接库文件时增加一个目录来分离当前系统与目标系统的文件，这里设置此参数说明在使用本次编译的 Binutils 链接文件时在该参数指定的目录中查找。
- --program-prefix=%{cross}：用来设置编译生成的命令文件名称的前缀，即 ld 会被安装为 %{cross}ld，而 %{cross} 是被设置为 binutils_target 设置的值加上一个横杠（-），所以根据我们设置的 binutils_target 的值，ld 命令最终会改为 mips64el-redhat-linux-gnuabin32-ld。

变更文件名可以说是非常重要的一个设置，以 ld 命令为例，如果不修改文件名，当 N32 的 Binutils 安装到系统后就与 64 位的 Binutils 安装的 ld 命令冲突了，因为两个软件包都是 /bin/ld，这就无法同时存在，导致编译 GCC 时出现问题。如果采用修改文件名的方式，则两个 ld 的名字不一样也不会产生冲突，在编译 GCC 时只要设置引用参数就可以在需要的时候分别进行调用。

（3）32 位版的 Binutils

制作 32 位版本的 Binutils 与 N32 的 Binutils 使用完全一样的方法，就是参数设置的不同，制作命令如下：

```
rpmbuild --rebuild ~/rpmbuild/SRPMS/binutils-2.34-3.fc32.loongson.1.src.rpm \
        --define "binutils_target mipsel-redhat-linux-gnuabi32" --target mipsel \
        --with bootstrap --nodeps --nocheck
```

> **注意：**
> binutils_target 和 --target 的设置不要写错。

4. 安装 Binutils 软件包

编译完成 3 种 ABI 的 Binutils 安装包后，我们就要开始安装 Binutils 了，使用如下命令进行安装。

```
sudo rpm -ivh $(ls~/rpmbuild/RPMS/mips{64,n32,}el/binutils-*|grep -v -e 'debug')--nodeps
```

该安装方式与之前软件包的安装完全一致，但是在安装的时候会出现找不到 /usr/sbin/alternatives 命令的提示，这是因为该命令所在的软件包还未安装。该命令对 Binutils 来说是用来创建 ld 命令的链接，我们后面手工创建链接即可，所以先忽略该问题，这对后面的制作没有影响。

5. 创建链接文件和目录

（1）创建 ld 命令的链接

在安装 Binutils 时，缺少 /usr/sbin/alternatives 会导致 ld 命令没有被创建出来，需要手工创建这个文件，创建方法如下：

```
sudo ln -sv ld.bfd /bin/ld
```

将 ld 命令链接到 ld.bfd 就可以了，因为 ld.bfd 就是我们平常要使用的 ld 命令，创建的链接在 /bin 目录中，但同时也在 /usr/bin 目录中，这样无论用 /bin/ld 调用还是用 /usr/bin/ld 调用都是一样的。

同样，N32 和 32 位的 ld 也要创建相应的链接，创建命令如下：

```
sudo ln -sv mips64el-redhat-linux-gnuabin32-ld.bfd \
            /bin/mips64el-redhat-linux-gnuabin32-ld
sudo ln -sv mipsel-redhat-linux-gnuabi32-ld.bfd \
            /bin/mipsel-redhat-linux-gnuabi32-ld
```

链接的文件名与 64 位是类似的，都是链接到对应的 ld.bfd 命令文件上。

（2）创建 SYSROOT 链接目录

在编译 N32 和 32 位 Binutils 时用到了 --with-sysroot 选项参数，我们要依据当时的设置创建对应的目录，创建目录如下：

```
sudo mkdir -pv /usr/mips64el-redhat-linux-gnuabin32/sys-root/
sudo mkdir -pv /usr/mipsel-redhat-linux-gnuabi32/sys-root/
```

只创建目录是不够的，还需要让 N32 和 32 位的 ld 命令在链接库文件时能找到正确的文件，我们还要在其中创建对应 ABI 的库文件存放目录链接，方法如下：

```
sudo ln -sv /lib32 /usr/mips64el-redhat-linux-gnuabin32/sys-root/
sudo ln -sv /lib /usr/mipsel-redhat-linux-gnuabi32/sys-root/
```

这里一定要注意，N32 的库文件目录链接到 N32 的 Binutils 设置的 SYSROOT 目录中，32 位的也一样要注意，否则链接程序时就会出现 ABI 不匹配导致无法链接的情况。

8.8.7 任意精度算法库（GMP）

作为 GCC 的核心依赖条件之一，GMP 软件包需要先于 GCC 进行编译和安装。

1. 修改 gmp.h 文件

该文件对不同的 ABI 内容会不一样，所以在 GMP 软件包的制作过程中会根据不同的 ABI 生成不同文件名的头文件，但应用程序是通过 gmp.h 这个统一的入口文件来判断使用哪个 ABI 的头文件的。

gmp.h 文件存放在 ~/rpmbuild/SOURCES 目录中，其内容已经包含了 MIPS 的支持，但是没有 N32 的支持，需要我们加入进去，找到以下的代码：

```
#elif defined(__mips64) && defined(__MIPSEL__)
#include "gmp-mips64el.h"
```

将其修改为

```
#elif defined(__mips64) && defined(__MIPSEL__)
#if _MIPS_SIM == _ABI64
#include "gmp-mips64el.h"
#else
#include "gmp-mipsn32el.h"
#endif
```

对编译器提供的变量 _MIPS_SIM 赋值，当值为 _ABI64 时代表了 64 位，否则代表是 N32 的 ABI。

2. 修改 gmp-mparam.h 文件

与 gmp.h 相同的原因，gmp-mparam.h 也需要加入对 N32 的支持，查找到该文件以下的代码：

```
#elif defined(__mips64) && defined(__MIPSEL__)
#include "gmp-mparam-mips64el.h"
```

将其修改为

```
#elif defined(__mips64) && defined(__MIPSEL__)
#if _MIPS_SIM == _ABI64
#include "gmp-mparam-mips64el.h"
#else
#include "gmp-mparam-mipsn32el.h"
#endif
```

增加了在判断为 N32 时调用 gmp-mparam-mipsn32el.h 头文件的内容。

3. 修改 SPEC 描述文件

（1）取消编译 32 位软件包时的测试过程

因为在 32 位环境下，GMP 软件包测试程序会出现错误，进而导致制作过程终止，所以需设置在制作 32 位软件包时关闭测试过程，从 %check 标记部分中找到下面这行内容：

```
%ifnarch ppc
```

将其修改为

```
%ifnarch ppc mipsel
```

（2）配合生成头文件的 N32 支持文件

在修改 gpm.h 和 gpm-mparam.h 时加入了对 N32 的支持文件名称，名称为 gmpmipsn32el.h 和 gmp-mparam-mipsn32el.h。相应地，要修改 SPEC 描述文件的内容来满足这两个文件的生成条件，找到 basearch 定义的部分，在这部分中加入以下内容：

```
%ifarch mipsn32el
basearch=mipsn32el
%endif
```

这样在 rpmbuild 命令用 target 指定 mipsn32el 时，将生成对应的头文件。

（3）增加 ABI 的指定

GMP 源代码的配置脚本在设置 ABI 时会探测出错误的设置，为了避免错误，在 SPEC 描述文件中设置 ABI 环境变量来让配置脚本不进行探测而直接使用变量的值。找到调用配置脚本的以下内容：

```
%configure --enable-cxx --enable-fat
```

在这行之前加入以下内容：

```
%ifarch mips64el
export ABI=64
%endif
%ifarch mipsn32el
export ABI=n32
%endif
%ifarch mipsel
export ABI=o32
%endif
```

完成 SPEC 描述文件的修改，建议修改软件包的修订版本，保存文件。

4. 重制 SRPM 文件和编译

```
rpmbuild -bs ~/rpmbuild/SPECS/gmp.spec
```

重制文件为 gmp-6.1.2-14.fc32.loongson.1.src.rpm。

为满足安装多库的要求，编译 3 个不同 ABI 的 RPM 安装包文件。

```
rpmbuild --rebuild ~/rpmbuild/SRPMS/gmp-6.1.2-14.fc32.loongson.1.src.rpm --nodeps
rpmbuild --rebuild ~/rpmbuild/SRPMS/gmp-6.1.2-14.fc32.loongson.1.src.rpm \
         --target mipsn32el --nodeps
rpmbuild --rebuild ~/rpmbuild/SRPMS/gmp-6.1.2-14.fc32.loongson.1.src.rpm \
         --target mipsel --nodeps
```

5. 安装 GMP 软件包

```
sudo rpm -ivh $(ls ~/rpmbuild/RPMS/mips{64,n32,}el/gmp-* | grep -v -e 'debug')--nodeps
```

GMP 软件包的安装方法与之前的软件包一样。

8.8.8 高精度浮点数算法库（MPFR）

MPFR 软件包也是 GCC 的核心依赖条件之一，需要先于 GCC 进行编译和安装。

1. 编译 MPFR 软件包

按照多库支持的方式编译，MPFR 软件包不需要做任何修改，直接进行编译。

```
rpmbuild --rebuild ${SOURCESDIR}/m/mpfr-4.0.2-3.fc32.src.rpm --nodeps
rpmbuild --rebuild ${SOURCESDIR}/m/mpfr-4.0.2-3.fc32.src.rpm \
        --target mipsn32el --nodeps
rpmbuild --rebuild ${SOURCESDIR}/m/mpfr-4.0.2-3.fc32.src.rpm \
        --target mipsel --nodeps --nocheck
```

2. 安装 MPFR 软件包

```
sudo rpm -ivh $(ls ~/rpmbuild/RPMS/mips{64,n32,}el/mpfr-* | grep -v -e 'debug') --nodeps
```

安装时缺少的运行依赖可以忽略，使用 --nodeps 参数强制安装。

8.8.9 任意高精度的复数计算库（LibMPC）

LibMPC 软件包同样是 GCC 的核心依赖条件之一，需要先于 GCC 进行编译和安装。

1. 编译 LibMPC 软件包

```
rpmbuild --rebuild ${SOURCESDIR}/l/libmpc-1.1.0-8.fc32.src.rpm --nodeps
rpmbuild --rebuild ${SOURCESDIR}/l/libmpc-1.1.0-8.fc32.src.rpm \
        --target mipsn32el --nodeps
rpmbuild --rebuild ${SOURCESDIR}/l/libmpc-1.1.0-8.fc32.src.rpm \
        --target mipsel --nodeps --nocheck
```

以 mips64el 为例，该软件包生成的 RPM 安装包文件如下：

```
rpmbuild/RPMS/noarch/libmpc-doc-1.1.0-8.fc32.loongson.noarch.rpm
rpmbuild/RPMS/mips64el/libmpc-devel-1.1.0-8.fc32.loongson.mips64el.rpm
rpmbuild/RPMS/mips64el/libmpc-1.1.0-8.fc32.loongson.mips64el.rpm
rpmbuild/RPMS/mips64el/libmpc-debuginfo-1.1.0-8.fc32.loongson.mips64el.rpm
rpmbuild/RPMS/mips64el/libmpc-debugsource-1.1.0-8.fc32.loongson.mips64el.rpm
```

这里需要注意的是，在这之前制作的软件包生成的 RPM 文件要么都是 noarch，即无架构的；要么都是当前架构的，例如 mips64el。而这次的软件包生成了两种 RPM 文件，即有架构和无架构的。后续还会经常遇到这样的软件包，虽然这种情况很常见，但一定要清楚制作一次只能生成一种带有架构类型的文件，不会同时生成两种不同架构的文件，所以这才会要求 3 种 ABI 要分别制作 3 次。

这种有架构和无架构同时生成的软件包也有一个需要考虑的问题，那就是在分别制作 64、N32 和 32 位的软件包时都会生成无架构（即 noarch）的文件，且因为 noarch 的名称不会变化，所以会生成 3 次同目录同名文件，这是否会产生冲突？

事实上，这个问题从机制上来说无法保证不冲突，即新创建的会覆盖老的，而里面包含的文件又不一定完全一样。但通常 noarch 代表里面包含的文件无架构相关性，也就是不同架构编译出来的文件应该是一致的，所以大多数情况下无论哪个架构生成的无架构文件被保留下来都是一样的。这也代表了即使使用 x86 架构编译生成的文件也可以直接在 MIPS 架构的系统上安装和使用。

有架构和无架构的文件会分别存放在不同的目录中，所以安装的时候不要漏掉了其中的某个文件。

2. 安装 LibMPC 软件包

```
sudo rpm -ivh $(ls ~/rpmbuild/RPMS/{mips{64,n32,}el,noarch}/libmpc-* \
             | grep -v -e 'debug') \
             --nodeps
```

这里安装时使用的目录表达方式改成了 {mips{64,n32,}el,noarch}，注意 {} 的使用位置，这就是将 noarch 目录中的文件也包含到安装文件列表中。

因为 libmpc-doc 是一个包含文档的 RPM 文件，所以即使暂时不安装也没有影响。

8.8.10 集合和关系的数学算法库（ISL）

虽然 ISL 软件包不是 GCC 的核心依赖条件，但 GCC 的 SPEC 描述文件将 ISL 作为编译的依赖条件。就 ISL 软件包的制作而言，依赖条件要么已经安装，要么在临时系统中已经满足，因此建议在 GCC 编译前对 ISL 软件包进行编译和安装。

1. 编译 ISL 软件包

```
rpmbuild --rebuild ${SOURCESDIR}/i/isl-0.16.1-10.fc32.src.rpm --nodeps
rpmbuild --rebuild ${SOURCESDIR}/i/isl-0.16.1-10.fc32.src.rpm \
         --target mipsn32el --nodeps
rpmbuild --rebuild ${SOURCESDIR}/i/isl-0.16.1-10.fc32.src.rpm \
         --target mipsel --nodeps
```

2. 安装 ISL 软件包

```
sudo rpm -ivh $(ls ~/rpmbuild/RPMS/mips*/isl-* | grep -v -e 'debug')
```

该软件包安装时没有依赖问题，可以不用 --nodeps 参数来安装。

8.8.11 压缩工具（XZ）

XZ 软件包提供了一组对 LZMA 和 XZ 压缩格式进行处理的相关命令以及库文件，因为它是 ZSTD 软件包的依赖条件之一，所以需要先于 ZSTD 进行编译和安装。

1. 编译 XZ 软件包

```
rpmbuild --rebuild ${SOURCESDIR}/x/xz-5.2.5-1.fc32.src.rpm --nodeps
rpmbuild --rebuild ${SOURCESDIR}/x/xz-5.2.5-1.fc32.src.rpm \
        --target mipsn32el --nodeps
rpmbuild --rebuild ${SOURCESDIR}/x/xz-5.2.5-1.fc32.src.rpm --target mipsel --nodeps
```

2. 安装 XZ 软件包

```
sudo rpm -ivh $(ls ~/rpmbuild/RPMS/mips*/xz-* | grep -v -e 'debug') --nodeps
```

8.8.12 压缩工具（LZ4）

LZ4 软件包提供了一组支持 LZ4 算法的无损压缩工具和库文件，因为它是 ZSTD 软件包的依赖条件之一，所以需要先于 ZSTD 进行编译和安装。

1. 编译 LZ4 软件包

```
rpmbuild --rebuild ${SOURCESDIR}/l/lz4-1.9.1-2.fc32.src.rpm --nodeps
rpmbuild --rebuild ${SOURCESDIR}/l/lz4-1.9.1-2.fc32.src.rpm \
        --target mipsn32el --nodeps
rpmbuild --rebuild ${SOURCESDIR}/l/lz4-1.9.1-2.fc32.src.rpm --target mipsel --nodeps
```

2. 安装 LZ4 软件包

```
sudo rpm -ivh $(ls ~/rpmbuild/RPMS/mips*/lz4-* | grep -v -e 'debug') --nodeps
```

8.8.13 压缩工具（ZSTD）

ZSTD 软件包提供的库文件是 GCC 的 LTO 压缩算法来源之一，另一个来源是 Zlib 软件包，在 GCC 编译前安装 ZSTD 才能开启 GCC 中的 LTO 使用 ZSTD 算法库。

1. 修改 SPEC 描述文件

在 %prep 标记块的最后加上以下内容：

```
sed -i "/libdir/s@/lib\$@/%{_lib}@g" lib/libzstd.pc.in
```

这行代码是为了修改 libzstd.pc 文件中提供的 libdir 路径，因为该路径默认使用 lib，在 64 位系统中要改成 lib64。

重新制作 SRPM 以方便后续的制作使用。

```
rpmbuild -bs ~/rpmbuild/SPECS/zstd.spec
```

如果一切顺利，该命令将生成 zstd-1.4.4-3.fc32.loongson.1.src.rpm 文件。

2. 编译 ZSTD 软件包

```
rpmbuild --rebuild ~/rpmbuild/SRPMS/zstd-1.4.4-3.fc32.loongson.1.src.rpm --nodeps
rpmbuild --rebuild ~/rpmbuild/SRPMS/zstd-1.4.4-3.fc32.loongson.1.src.rpm \
                  --target mipsn32el --nodeps
rpmbuild --rebuild ~/rpmbuild/SRPMS/zstd-1.4.4-3.fc32.loongson.1.src.rpm \
                  --target mipsel --nodeps
```

3. 安装 ZSTD 软件包

```
sudo rpm -ivh $(ls ~/rpmbuild/RPMS/mips*/{lib,}zstd-* | grep -v -e 'debug') --nodeps
```

8.8.14 编译器（GCC）

现在开始制作工具链的主角——GCC。

1. 修改 SPEC 描述文件

为了配合 MIPS 的 3 个 ABI，GCC 按照多库进行编译。因为 SPEC 描述文件需要进行大量的修改，建议使用本书提供的修改好的文件。为了方便读者理解修改内容，下面对修改的主要部分进行说明。

（1）增加补丁

与 Binutils 一样，要支持最新的龙芯特有的指令集架构 gs464v，需要打一个补丁文件，在 SPEC 描述文件中加补丁文件的定义。

```
Patch21: 0001-gcc-10.0.1-add-gs464v-support-3.patch
```

同时在 %prep 标记部分加入对补丁定义的引用，引用如下：

```
%patch21 -p1
```

使用 -p1 的方式应用补丁文件。

（2）取消 C++ 文档的制作

C++ 文档制作时需要用到一些文档生成工具，这些工具目前还没有安装在目标系统或临时系统里，但这部分文档不影响 GCC 的功能，暂时可以先不制作。找到以下这行内容：

```
%global build_libstdcxx_docs 1
```

将其修改为

```
%global build_libstdcxx_docs 0
```

（3）增加 GCC 对 MIPS 的多库编译支持

将 MIPS64 设置为多库编译及制作方式，查找以下这行内容：

```
%global multilib_64_archs sparc64 ppc64 ppc64p7 x86_64
```

在其后面的列表中增加 MIPS64 的支持。

```
%global multilib_64_archs sparc64 ppc64 ppc64p7 x86_64 %{mips64}
```

multilib_64_archs 定义了使用 Multilib 制作方式的架构，Multilib 与非 Multilib 的制作步骤略有不同。

开启 Multilib 还需要在 GCC 的配置脚本中加入 --enable-multilib 参数，找到以下这行：

```
%ifarch ppc64le %{mips} s390x
```

修改为

```
%ifarch ppc64le s390x
```

将 MIPS 的架构从该判断条件中去除，否则在 MIPS 架构制作 GCC 时会使用 --disable-multilib 参数进行配置，这样会关闭多库的支持。

要支持 Multilib 的编译，就必须去除强制 ABI 的参数，找到 OPT_FLAGS 的设置步骤，在其中加入以下这行：

```
OPT_FLAGS=`echo $OPT_FLAGS|sed -e 's/-mabi=64//g;s/-mabi=32//g;s/-mabi=n32//g'`
```

OPT_FLAGS 是传递给 GCC 编译的编译参数，通过上面的命令可以将 -mabi=64/n32/32 的强制参数都删除，保证在编译 GCC 时指定 ABI 的参数由 GCC 自己的配置脚本设置，而不是由 RPM 包制作工具传递进去。还需要设置 MIPS 的 3 种 ABI 平台系统表达式，增加以下内容：

```
%ifarch mips64el
%global _gnu -gnuabi64
%endif
%ifarch mipsel
%global _gnu -gnuabi32
%endif
%ifarch mipsn32el
%global _gnu -gnuabin32
%global gcc_target_platform mips64el-%{_vendor}-%{_target_os}%{_gnu}
%endif
```

以上定义最主要是为了区别 64 和 N32 的平台系统表达式，如果不使用 gnuabi64 和 gnuabin32 加以区分，两者使用的平台表达式完全一致，会对后面的制作造成干扰。这部分设置 MIPS 的平台系统表达式应该放在以下内容的前面：

```
%ifnarch sparcv9 ppc ppc64p7
%global gcc_target_platform %{_target_platform}
%endif
```

同时这部分内容还需要按照以下内容进行修改：

```
%ifnarch sparcv9 ppc ppc64p7 mipsn32el
%global gcc_target_platform %{_target_platform}
%endif
```

这是为了防止 mipsn32el 的定义被覆盖，而在 %ifnarch 中加入 mipsn32el 这个条件。

设置各个 ABI 对应的 gcc_target_platform 变量时一定要注意与 Binutils 制作时设置的变量 binutils_target 保持一致。

再修改编译时使用编译器增加的强制使用 ABI 参数，找到以下定义：

```
CC=gcc
CXX=g++
```

在后面加上以下内容：

```
%ifarch mipsn32el
CC="gcc -mabi=n32"
CXX="g++ -mabi=n32"
%endif
%ifarch mipsel
CC="gcc -mabi=32"
CXX="g++ -mabi=32"
%endif
```

这部分增加的编译器参数主要是在编译 N32 和 32 位的 GCC 时使用的，保证编译时使用的是正确的 ABI 设置。

（4）增加 N32 的 Glibc 依赖条件

找到以下这行：

```
BuildRequires: /lib/libc.so.6 /usr/lib/libc.so /lib64/libc.so.6 /usr/lib64/libc.so
```

修改为

```
%ifarch %{mips64}
BuildRequires: /lib/libc.so.6 /usr/lib/libc.so /lib64/libc.so.6 /usr/lib64/libc.so
/lib32/libc.so.6 /usr/lib32/libc.so
%else
BuildRequires: /lib/libc.so.6 /usr/lib/libc.so /lib64/libc.so.6 /usr/lib64/libc.so
%endif
```

增加 /lib32/libc.so.6 和 /usr/lib32/libc.so 是为了在编译 MIPS64 的 GCC 时系统中要安装

上 N32 的 Glibc，加上默认定义的 64 和 32 位的 Glibc，在编译 MIPS64 的 Multilib 时必须 3 种 ABI 的 Glibc 都已安装。

（5）设置 Hash Style

MIPS 支持链接时的 Hash Style 可以指定为 sysv、gnu 或 both。早期 MIPS 只支持 sysv，为了让系统可以兼容以前使用 sysv 编译链接的程序，我们设置为 both，这样既可以兼容以前的程序，也可以使用 gnu 编译链接的程序。

在 GCC 的配置脚本部分找到以下这部分内容：

```
%ifnarch %{mips}
        --with-linker-hash-style=gnu \
%endif
```

修改为

```
%ifnarch %{mips}
        --with-linker-hash-style=gnu \
%else
        --with-linker-hash-style=both \
%endif
```

Hash Style 设置为 both 代表同时兼容 sysv 和 gnu 两种 Hash Style。如果想让制作出来的系统仅使用 gnu 的 Hash Style，那么去掉 %ifnarch %{mips} 及对应的 %endif 条件就可以了。

（6）设置龙芯上不同 ABI 编译的 GCC 使用的默认编译参数

在配置脚本部分找到以下内容：

```
%ifarch mips mipsel
        --with-arch=mips32r2 --with-fp-32=xx \
%endif
%ifarch mips64 mips64el
        --with-arch=mips64r2 --with-abi=64 \
%endif
```

将其修改为

```
%ifarch mips
        --with-arch=mips32r2 --with-fp-32=xx \
%endif
%ifarch mips64
        --with-arch=mips64r2 --with-abi=64 \
%endif
%ifarch mipsel
        --with-arch=gs464v --with-abi=32 --with-nan=2008 \
```

```
%endif
%ifarch mips64el
        --with-arch=gs464v --with-abi=64 -with-nan=2008 \
%endif
%ifarch mipsn32el
        --with-arch=gs464v --with-abi=n32 -with-nan=2008 \
%endif
```

可以看到对 mipsel 和 mips64el 进行单独设置，同时还增加了 mipsn32el 的设置，这部分修改主要是龙芯机器专用的。这部分不是 MIPS 通用的设置，按照修改后的设置 GCC 将不能运行在龙芯之外的 MIPS 架构上。

- --with-arch：设置默认的 -march 参数，这里设置的 gs464v 是龙芯 3A4000 使用的指令集架构名称，如果要让龙芯 3A2000 或 3A3000 的 CPU 运行编译的程序，需要将该参数设置为 gs464e。
- --with-abi：设置默认的 ABI，如果这里设置为 64，代表在不指定 ABI 参数时将编译 64 位 ABI 的程序。
- --with-nan：设置 NaN 的标准，默认是 legacy，这里设置为 2008，这与具体 CPU 的设计有关，龙芯 3A4000 的 CPU 需要指定为 2008，而龙芯 3A4000 之前的龙芯 CPU 应设置为 legacy。

（7）设置龙芯上不同 ABI 编译 GCC 的参数

在制作 Binutils 时就分析过 GCC 在编译过程中会调用 ld 命令，在不同 ABI 编译 GCC 时调用不同的 ld 命令来配合制作，因此找到编译 GCC 的这行命令：

```
make %{?_smp_mflags} BOOT_CFLAGS="$OPT_FLAGS" profiledbootstrap
```

将其修改为

```
%ifarch mipsn32el
make %{?_smp_mflags} BOOT_CFLAGS="$OPT_FLAGS" LD_FOR_TARGET=%{gcc_target_platform}-
ld profiledbootstrap
%else
%ifarch mipsel
make %{?_smp_mflags} BOOT_CFLAGS="$OPT_FLAGS" LD_FOR_TARGET=%{gcc_target_platform}-ld
%else
make %{?_smp_mflags} BOOT_CFLAGS="$OPT_FLAGS" profiledbootstrap
%endif
%endif
```

由以上内容可以看出，在编译 N32 和 32 位的 GCC 时设置了 LD_FOR_TARGET 参数，该参数在编译 GCC 各种语言的库文件时使用，设置为 %{gcc_target_platform}-ld。为了正确调用命令，在之前定义 gcc_target_platform 变量时一定要与 Binutils 制作时设置的 binutils_target 保持一致。

（8）去除文档文件的编译

因为部分文档文件的编译会使用到还没有安装的依赖条件，所以这次编译 GCC 去除这部分的步骤，找到以下内容进行注释或删除。

```
make jit.sphinx.html
make jit.sphinx.install-html jit_htmldir='pwd'/../../rpm.doc/libgccjit-devel/html
```

找到打包时的文件描述并注释或者删除。

```
%doc rpm.doc/libgccjit-devel/*
```

（9）修改文件的打包

GCC 文件打包的修改涉及的内容非常多，这里不一一详细写出来，读者可以参考本书提供的 SPEC 描述文件来详细了解。下面大致说明修改的思路，主要有两个方向。

第一个方向：增加涉及 N32 格式文件的打包，GCC 原来的 SPEC 描述文件中并没有涉及 N32 格式文件的打包，主要是针对各种架构中的 64 和 32 位文件的打包，而一般使用 Multilib 方式打包的都是 64 位的，32 位都不使用 Multilib。

我们姑且在 Multilib 的方式中把 64 位作为主 ABI，而 32 位作为从属 ABI，主 ABI 只能有一个，所以 N32 也被作为从属 ABI 进行打包，然后就可以按照 32 位文件的处理步骤和打包方式对 N32 进行处理和打包。

第二个方向：如何融合 3 个 ABI 的 GCC？这实际上也和第一个方向的处理方式类似，我们先了解以 64 位为主 ABI 的时候是如何处理 32 位程序的。

实际上在制作 64 位的 GCC 时已经生成了 N32 及 32 位的库文件，这些库文件大多是各种语言的库文件，例如 libgcc、libstdc++ 等。以 64 位为主 ABI 情况下的 32 位库文件为例，64 位的库文件都是存放在 /usr/lib/gcc/<64 位平台系统表达式 >/<GCC 主版本号 >/ 目录中的，而 32 位的库文件则存放在该目录下的名称为 32 的目录中，N32 则是 n32 这个目录名。

在对编译为 64 位的 GCC 进行打包时因为 RPM 文件打包规则将只打包 64 位的库文件，对 64 位的库文件也会处理一下，静态库文件保持不动，动态库文件将移动到 /lib64 目录中，在原来的位置保留一个链接文件。而对于 N32 和 32 位的库文件则不打包，并且删除生成的库文件（实际操作中保留了部分最基本的库文件和二进制文件，所以客观地说 64 位打包的文件中还保留了部分非 64 位的二进制文件），但同时会为删除的动态库文件创建链接文件，链接的位置是 /lib32 和 /lib 目录中的库文件名（库文件名与 64 位的相同），而静态库文件则链接到 /usr/lib/gcc/<N32 或 32 位平台系统表达式 >/<GCC 主版本号 > 目录中的同名文件。

虽然此时除了 64 位，N32 与 32 位的静态库文件和动态库文件都不存在，但是当安装了以 N32 和 32 位 ABI 编译并打包的 GCC 后这些库文件就都有了，于是完整的 Multlib 环境就可以使用了。

2. 复制补丁文件

因为修改 SPEC 描述文件时增加了补丁，在用 rpmbuild 命令制作 GCC 软件包时该补丁要存

放在 ~/rpmbuild/SOURCES 目录中才能正常使用，我们把文件复制进去即可。

```
cp ${BUILDDIR}/0001-gcc-10.0.1-add-gs464v-support-3.patch ~/rpmbuild/SOURCES/
```

> **注意：**
> 补丁的名字一定要与 SPEC 描述文件中补丁定义的一致。

3. 编译 GCC 软件包

在本次修改的 SPEC 描述文件中，部分内容是为了解决当前依赖条件不足而临时修改的，所以建议不重新生成 GCC 的 SRPM 文件，等后续依赖条件满足后再修改 SPEC 描述文件。这时只需要保留必要的修改，然后再重新生成新的 SRPM 文件。

为了符合 Fedora 发行版 RPM 制作的方式，GCC 要为 64、N32 和 32 位的 ABI 分别编译一次。

```
rpmbuild -bb ${BUILDDIR}/gcc-bootstrap.spec --nodeps
rpmbuild -bb ${BUILDDIR}/gcc-bootstrap.spec --nodeps --target mipsn32el
rpmbuild -bb ${BUILDDIR}/gcc-bootstrap.spec --nodeps --target mipsel
```

GCC 的 SPEC 描述文件中没有提供类似 Binutils 的 --with bootstrap 选项参数来减少依赖条件，但 GCC 本身的依赖条件目前已经满足，可以使用 --nodeps 参数强制完成编译。

GCC 的测试过程时间比较长，而且几乎无法保证所有的测试项目都通过，其中部分测试项目的条件当前系统无法满足而导致失败，如果想跳过测试阶段可以采用 --nocheck 参数来实现。

4. 安装 GCC 软件包

GCC 生成的 RPM 文件还是比较多的，各种语言的编译器都独立进行了打包，而接下来并不需要安装 GCC 的全部文件，我们只需要最基本的 C、C++ 语言的支持，所以按照下面的步骤进行安装。

```
sudo rpm -ivh $(find ~/rpmbuild/RPMS/mips{64,n32,}el/ -name "libgcc-*" \
            -o -name "libstdc++-*" -o -name "libgomp-*" \
            -o -name "libatomic-*" -o -name "libgfortran-*" \
            | grep -v 'debug') \
        ~/rpmbuild/RPMS/mips64el/gcc-10.0.1-0.12.fc32.loongson.1.mips64el.rpm \
        ~/rpmbuild/RPMS/mips64el/gcc-c++-10.0.1-0.12.fc32.loongson.1.mips64el.rpm \
        ~/rpmbuild/RPMS/mips64el/gcc-gfortran-10.0.1-0.12.fc32.loongson.1.mips64el.rpm \
        ~/rpmbuild/RPMS/mips64el/cpp-10.0.1-0.12.fc32.loongson.1.mips64el.rpm \
        --nodeps
```

安装分为两个部分：第一部分是将 3 种 ABI 中与 C、C++ 和 Fortran 语言相关的库文件安装到系统中；第二部分则安装编译器命令，因为命令只需要安装 64 位的即可，所以单独列出进行安装。

5. 收尾清理工作

当目标系统安装好 GCC 后，临时系统中的 GCC 就不需要了，有 PATH 路径的设置会优先使用目标系统中的 gcc 命令，但是临时系统中还存在 mips64el-unknown-linux-gnuabi64- 开头的 gcc 命令。为防止意外使用到这些命令，对文件名进行修改，使用以下步骤：

```
for i in $(ls /tools/bin/mips64el-unknown-linux-gnuabi64-*)
do
   sudo mv $i{,.bak}
done
```

虽然删除这些文件也可以达到目的，但我们还是选择保留它们，这样如果后续需要重新使用这些命令时，可以再把文件名修改回来。

修改 RPM 的配置文件以配合防止调用临时系统 GCC 命令的目的，修改如下：

```
sudo sed -i "s@mips64el-unknown-linux-gnuabi64-@@g" /tools/lib/rpm/macros
```

这样就保证 RPM 制作工具使用目标系统中的 GCC 了。

6. 测试工具链

完成 GCC 的安装后，建议对工具链再进行一次简单的测试，使用如下命令：

```
gcc ${BUILDDIR}/test.c
file a.out
```

输出的内容如下：

```
a.out: ELF 64-bit LSB executable, MIPS, MIPS64 rel2 version 1 (SYSV), dynamically
linked, interpreter /lib64/ld-linux-mipsn8.so.1, BuildID[sha1]=d4738fb67f233ec3e3d6
eadb8c97bd3c687fbcdf, for GNU/Linux 4.5.0, not stripped
```

这里主要观察文件是否为 64-bit，链接的是否是 /lib64/ld-linux-mipsn8.so.1，是否有 BuildID（具体字符串会不一样）。

执行 a.out 文件，如果可以输出“OK！”，则代表 GCC 可用。

接着再验证 N32 格式文件的编译，使用如下命令：

```
gcc -mabi=n32 ${BUILDDIR}/test.c
file a.out
```

输出的内容如下：

```
a.out:ELF 32-bit LSB executable, MIPS, N32 MIPS64 rel2 version 1 (SYSV),
dynamically linked, interpreter /lib32/ld-linux-mipsn8.so.1, BuildID[sha1]=c4f40382
c95ebec66e0fbe78ba4f405ef3cdd184, for GNU/Linux 4.5.0, not stripped
```

检查是不是 32-bit，有没有带 N32 字样，链接的库是否为 /lib32/ld-linux-mipsn8.so.1。执行 a.out 文件，如果可以输出“OK！”，代表编译正确。

32 位的编译也需要检查，命令如下：

```
gcc -mabi=32 ${BUILDDIR}/test.c
file a.out
```

输出的内容如下：

```
a.out:ELF 32-bit LSB executable, MIPS, MIPS64 rel2 version 1 (SYSV), dynamically
linked, interpreter /lib/ld-linux-mipsn8.so.1, BuildID[sha1]=d19faaf7cbbf8657628840
30f1a05fddb25465b5, for GNU/Linux 4.5.0, not stripped
```

同样检查是不是 32-bit，但是不能带有 N32 的字样，链接的库文件是 /lib/ld-linux-mipsn8.so.1。执行 a.out 文件，如果可以输出“OK！”，代表编译正确。

测试完成，使用如下命令删除测试文件。

```
rm a.out
```

8.8.15 重新编译工具链

前面编译的软件包都是使用临时系统中的工具链编译的，现在已经完成目标系统的工具链了，建议将当前已经编译过的软件包重新编译一遍，只需要重新编译带有二进制程序和库文件的软件包即可，这实际上就是将目标系统的工具链重新编译一遍，这个过程同时也可以用来验证目标系统的工具链是否正常。

1. 重新制作 Glibc 软件包

（1）制作

```
rpmbuild -bb ${BUILDDIR}/glibc-bootstrap.spec --with bootstrap --nodeps
rpmbuild -bb ${BUILDDIR}/glibc-bootstrap.spec --with bootstrap --nodeps \
             --target mipsn32el  --nocheck
rpmbuild -bb ${BUILDDIR}/glibc-bootstrap.spec --with bootstrap --nodeps \
             --target mipsel --nocheck
```

制作的过程与之前完全一样，注意使用 --with bootstrap 参数。

（2）更新安装

制作生成的各种 RPM 文件存放位置和文件名都没有变化，因此会覆盖之前编译生成的文件。但因为 Glibc 已经安装到系统中了，再次安装属于更新安装，安装参数需要做一些改变。更新安装命令如下：

```
sudo rpm -Uvh $(ls ~/rpmbuild/RPMS/mips64el/*-2.31-2.* \
            | grep -v 'debuginfo') \
            $(ls ~/rpmbuild/RPMS/mips{n32,}el/*-2.31-2.* \
            | grep -v -e 'lang' -e 'debuginfo' -e 'common' -e 'utils' ) \
            --nodeps --force
```

更新过程针对所有的 ABI，文件的匹配和上次安装时相同，所不同的有以下两个地方。

- U 参数：使用 U 参数代替了 i 参数，i 参数代表用于新安装，U 参数用于升级安装。若继续使用 i 参数，则会有已安装文件和新安装文件之间的冲突提示，使用 U 参数可避免这种冲突。
- --force 参数：增加该参数是因为，使用升级安装时若要安装的版本小于等于已安装的版本时不会进行更新，所以需要使用该参数强制进行更新。若要安装的版本大于已安装的版本则不需要使用该参数。由于我们没有改变软件包的版本，因此需要使用该参数强制更新。

2. 重新制作 Binutils 软件包

（1）制作

因为之前已经重制过 Binutils 的 SRPM 文件，所以这次直接使用重制后的 SRPM 文件来生成 RPM 文件，命令如下：

```
rpmbuild --rebuild ~/rpmbuild/SRPMS/binutils-2.34-3.fc32.loongson.1.src.rpm \
                --with bootstrap --nodeps
rpmbuild --rebuild ~/rpmbuild/SRPMS/binutils-2.34-3.fc32.loongson.1.src.rpm \
                --define "binutils_target mips64el-redhat-linux-gnuabin32" \
                --with bootstrap --nodeps --nocheck --target mipsn32el
rpmbuild --rebuild ~/rpmbuild/SRPMS/binutils-2.34-3.fc32.loongson.1.src.rpm \
                --define "binutils_target mipsel-redhat-linux-gnuabi32" \
                --with bootstrap --nodeps --nocheck --target mipsel
```

> **注意：**
> 制作 N32 和 32 位版本的 Binutils 时，使用 --define 参数设置 binutils_target 为 ABI 对应的平台系统表达式。

（2）更新安装

```
sudo rpm -Uvh $(ls ~/rpmbuild/RPMS/mips{64,n32,}el/binutils-*
             | grep -v -e 'debug') --nodeps --force
```

Binutils 更新时也同样会出现找不到 /usr/sbin/alternatives 的提示，这里可以忽略这个错误继续更新。

（3）创建链接文件

在使用 U 参数进行更新安装时，除了安装过程的信息外，还会出现删除原来安装文件的信息，信息内容如下：

```
Cleaning up / removing...
   5:binutils-devel-2.34-3.fc32.loongs################################# [ 63%]
   6:binutils-2.34-3.fc32.loongson.1   ################################# [ 75%]
   7:binutils-2.34-3.fc32.loongson.1   ################################# [ 88%]
   8:binutils-2.34-3.fc32.loongson.1   ################################# [100%]
```

这实际上代表了原来的文件会被清除，然后安装新版本的文件。这对于大多数软件包的更新都没什么问题，但对于现在安装的 Binutils 还是会产生一个小问题。安装的过程中没有找到 /usr/sbin/alternatives 命令，这导致 ld 命令没有产生，而删除软件包的过程是会将 ld 命令删除的，这就是说采用更新安装后 ld 命令没有了。

不过这个问题也不难解决，只需要手工重新建立 ld 命令的链接就可以了。使用如下命令来完成 Binutils 的更新：

```
sudo ln -sv  ld.bfd /bin/ld
sudo ln -sv  mips64el-redhat-linux-gnuabin32-ld.bfd /bin/mips64el-redhat-linux-gnuabin32-ld
sudo ln -sv  mipsel-redhat-linux-gnuabi32-ld.bfd /bin/mipsel-redhat-linux-gnuabi32-ld
```

因为同时更新安装了 N32 和 32 位的 Binutils，所以这两个 Binutils 对应的 ld 命令也要创建链接文件。

3．重新制作 Zlib 软件包

（1）制作

Zlib 软件包使用重制后的 SRPM 文件进行制作。

```
rpmbuild --rebuild ~/rpmbuild/SRPMS/zlib-1.2.11-22.fc32.loongson.1.src.rpm --nodeps
rpmbuild --rebuild ~/rpmbuild/SRPMS/zlib-1.2.11-22.fc32.loongson.1.src.rpm --nodeps \
                   --target mipsn32el
rpmbuild --rebuild ~/rpmbuild/SRPMS/zlib-1.2.11-22.fc32.loongson.1.src.rpm --nodeps \
                   --target mipsel
```

（2）更新安装

```
sudo rpm -Uvh $(ls ~/rpmbuild/RPMS/mips{64,n32,}el/zlib-* | grep -v -e 'debug') \
                   --nodeps --force
```

制作时没有发生版本的变更，更新安装时需要使用 --force 参数配合 U 参数进行强制升级更新。

4．重新制作 Libxcrypt 软件包

（1）制作

```
rpmbuild --rebuild ${SOURCESDIR}/l/libxcrypt-4.4.16-1.fc32.src.rpm --nodeps
```

```
rpmbuild --rebuild ${SOURCESDIR}/l/libxcrypt-4.4.16-1.fc32.src.rpm --nodeps \
         --target mipsn32el
rpmbuild --rebuild ${SOURCESDIR}/l/libxcrypt-4.4.16-1.fc32.src.rpm --nodeps \
         --target mipsel
```

（2）更新安装

```
sudo rpm -Uvh $(ls ~/rpmbuild/RPMS/mips*/libxcrypt-* | grep -v -e 'debug') --force
```

5. 重新制作 GMP 软件包

（1）制作

```
rpmbuild --rebuild ~/rpmbuild/SRPMS/gmp-6.1.2-14.fc32.loongson.1.src.rpm --nodeps
rpmbuild --rebuild ~/rpmbuild/SRPMS/gmp-6.1.2-14.fc32.loongson.1.src.rpm --nodeps \
                  --target mipsn32el
rpmbuild --rebuild ~/rpmbuild/SRPMS/gmp-6.1.2-14.fc32.loongson.1.src.rpm --nodeps \
                 --target mipsel
```

（2）更新安装

```
sudo rpm -Uvh $(ls ~/rpmbuild/RPMS/mips{64,n32,}el/gmp-* | grep -v -e 'debug') \
                  --nodeps --force
```

6. 重新制作 MPFR 软件包

（1）制作

```
rpmbuild --rebuild ${SOURCESDIR}/m/mpfr-4.0.2-3.fc32.src.rpm
rpmbuild --rebuild ${SOURCESDIR}/m/mpfr-4.0.2-3.fc32.src.rpm --target mipsn32el
rpmbuild --rebuild ${SOURCESDIR}/m/mpfr-4.0.2-3.fc32.src.rpm \
         --target mipsel --nocheck
```

（2）更新安装

```
sudo rpm -Uvh $(ls ~/rpmbuild/RPMS/mips*/mpfr-* | grep -v -e 'debug') --force
```

7. 重新制作 LibMPC 软件包

（1）制作

```
rpmbuild --rebuild ${SOURCESDIR}/l/libmpc-1.1.0-8.fc32.src.rpm
rpmbuild --rebuild ${SOURCESDIR}/l/libmpc-1.1.0-8.fc32.src.rpm --target mipsn32el
rpmbuild --rebuild ${SOURCESDIR}/l/libmpc-1.1.0-8.fc32.src.rpm \
         --target mipsel --nocheck
```

（2）更新安装

```
sudo rpm -Uvh $(ls ~/rpmbuild/RPMS/mips*/libmpc-* | grep -v -e 'debug') --force
```

8. 重新制作 ISL 软件包

（1）制作

```
rpmbuild --rebuild ${SOURCESDIR}/i/isl-0.16.1-10.fc32.src.rpm --nodeps
rpmbuild --rebuild ${SOURCESDIR}/i/isl-0.16.1-10.fc32.src.rpm --nodeps \
         --target mipsn32el
rpmbuild --rebuild ${SOURCESDIR}/i/isl-0.16.1-10.fc32.src.rpm --nodeps \
         --target mipsel
```

（2）更新安装

```
sudo rpm -Uvh $(ls ~/rpmbuild/RPMS/mips*/isl-* | grep -v -e 'debug') --force
```

9. 重新制作 XZ 软件包

（1）制作

```
rpmbuild --rebuild ${SOURCESDIR}/x/xz-5.2.5-1.fc32.src.rpm --nodeps
rpmbuild --rebuild ${SOURCESDIR}/x/xz-5.2.5-1.fc32.src.rpm --nodeps --target mipsn32el
rpmbuild --rebuild ${SOURCESDIR}/x/xz-5.2.5-1.fc32.src.rpm --nodeps --target mipsel
```

（2）更新安装

```
sudo rpm -Uvh $(ls ~/rpmbuild/RPMS/mips*/xz-* |  grep -v -e 'debug') --nodeps --force
```

10. 重新制作 LZ4 软件包

（1）制作

```
rpmbuild --rebuild ${SOURCESDIR}/l/lz4-1.9.1-2.fc32.src.rpm
rpmbuild --rebuild ${SOURCESDIR}/l/lz4-1.9.1-2.fc32.src.rpm --target mipsn32el
rpmbuild --rebuild ${SOURCESDIR}/l/lz4-1.9.1-2.fc32.src.rpm --target mipsel
```

（2）更新安装

```
sudo rpm -Uvh $(ls ~/rpmbuild/RPMS/mips*/lz4-* |  grep -v -e 'debug') --force
```

11. 重新制作 ZSTD 软件包

（1）制作

```
rpmbuild --rebuild ~/rpmbuild/SRPMS/zstd-1.4.4-3.fc32.loongson.1.src.rpm --nodeps
rpmbuild --rebuild ~/rpmbuild/SRPMS/zstd-1.4.4-3.fc32.loongson.1.src.rpm \
                   --nodeps --target mipsn32el
rpmbuild --rebuild ~/rpmbuild/SRPMS/zstd-1.4.4-3.fc32.loongson.1.src.rpm \
                   --nodeps --target mipsel
```

（2）更新安装

```
sudo rpm -Uvh $(ls ~/rpmbuild/RPMS/mips*/zstd-* ~/rpmbuild/RPMS/mips*/libzstd-* \
             | grep -v -e 'debug') --nodeps --force
```

12. 重新制作 GCC 软件包

重新编译 GCC 也是有必要的，毕竟上一次使用的是临时系统的 GCC 编译目标系统的 GCC，这次也是验证目标系统的 GCC 是否能完成自我编译，如果可以正常完成，那么我们就比较有信心这套工具链能完成后续的制作了。

（1）制作

```
rpmbuild -bb ${BUILDDIR}/gcc-bootstrap.spec --nodeps
rpmbuild -bb ${BUILDDIR}/gcc-bootstrap.spec --nodeps --nocheck --target mipsn32el
rpmbuild -bb ${BUILDDIR}/gcc-bootstrap.spec --nodeps --nocheck --target mipsel
```

如果想节省制作时间，那么可以使用 --nocheck 参数跳过测试阶段。

（2）更新安装

由于 GCC 软件包生成的 RPM 文件比较多，为了简化安装时的输入会使用通配符来筛选文件。如果在制作时变更了版本号，会导致生成的文件名与上一次制作时生成的文件名不同，不会覆盖原来的文件；如果通配符使用不当会将两次编译生成的文件都筛选出来，这就会导致安装过程中出现文件冲突，要避免这一点在通配符中增加版本号的信息会更合适。

因为本次制作与上次制作并没有修改任何文件，所以没有进行版本的变更，生成的 RPM 文件覆盖了原来的 RPM 文件，这样我们使用通配符匹配文件时就没有匹配错误版本的顾虑了。

```
sudo rpm -Uvh $(find ~/rpmbuild/RPMS/mips{64,n32,}el/ -name "libgcc-*" \
            -o -name "libstdc++-*" -o -name "libgomp-*" \
            -o -name "libatomic-*" -o -name "libgfortran-*" \
             | grep -v 'debug') --force
sudo rpm -Uvh ~/rpmbuild/RPMS/mips64el/gcc-10.0.1-0.12.fc32.loongson.1.mips64el.rpm \
        ~/rpmbuild/RPMS/mips64el/gcc-c++-10.0.1-0.12.fc32.loongson.1.mips64el.rpm \
        ~/rpmbuild/RPMS/mips64el/gcc-gfortran-10.0.1-0.12.fc32.loongson.1.mips64el.rpm \
        ~/rpmbuild/RPMS/mips64el/cpp-10.0.1-0.12.fc32.loongson.1.mips64el.rpm \
        --nodeps --force
```

如果版本号更新了，那么就不用使用 --force 参数强制安装，没修改版本号那就还需要这个参数配合。

（3）清理不需要的库文件

完成了整个工具链的重新编译和安装后，可以将一些不需要的链接文件清除，清除命令如下：

```
sudo rm -fv /lib{64,32,}/libssp.so*
```

目标系统的 GCC 不需要安装 libssp 库文件，删除即可。

我们还可以检查一下是否还有链接到 /tools 下的库文件，使用如下命令：

```
ls -l /lib{64,32,}/ | grep /tools
```

如果上述命令没有任何输出，代表已经没有链接到 /tools 下的库文件了，如果有链接到 /tools

目录中的库文件，那么就要检查一下前面的步骤是否有遗漏并进行处理。

到这里我们完成了目标系统最基本的工具链的制作，接下来要制作的就是可以使用的目标系统。

第 09 章

残破的目标系统

接下来的制作阶段的目标是制作一个可以使用的目标系统，该目标系统可以在没有临时系统的情况下独立运作。因为这时需要破坏大量的依赖才可以创建出目标系统，所以制作出来的目标系统也是“残破的”。但不要紧，有了这个“残破的”目标系统，就可以逐渐完善和恢复各种依赖，最终形成一个完整的目标系统。

9.1 制作阶段须知

在开始接下来的制作过程前，我们先说明一下制作过程中需要了解的事情，这对读者理解后续的步骤会有一些帮助。

9.1.1 多库支持（Multilib）

以制作完成目标系统工具链作为节点，在此之前工具链中的软件包都是按照多库的方式进行制作。对于整个目标系统来说，这些只是很小一部分软件包，但系统已经完成了多库支持的基础工作，接下来制作的软件包将不会再制作多种 ABI 的安装包文件，而是仅制作主 ABI（也就是 64 位）的安装包文件。

这个转变，既为了简化本书的制作和讲解过程，也与目前龙芯系统的实际情况相符。对更多软件包的 N32 和 32 位的支持并没有太多实际用处，工具链中提供的几个多库软件也已经可以满足一些简单应用的需要。如果读者对后续软件包的多库制作有需求或感兴趣，可以按照工具链中软件包的制作方法自行进行制作。

9.1.2 修改 SRPM 文件

将 Fedora 移植到龙芯的过程必然不是一帆风顺的，各种软件包的 SRPM 文件也不一定都支持龙芯或 MIPS，这就免不了需要进行修改。对于在工具链制作过程中涉及的软件包，我们详细地介绍了如何修改 SPEC 描述文件、源代码或其他配置文件。

需要修改的 SRPM 文件在后续的制作中还会不断地出现，为了突出重点，后文将不再介绍如何安装源代码包，如何查找需要修改的文件。这些过程读者可以参考工具链相关软件包的制作。

后续的软件包制作只是针对性地说明需要修改的文件和修改哪些内容，通常都是采用编辑工具（如 vim）进行修改，因此不再给出编辑工具的操作说明，读者需自行掌握编辑工具的操作方法。如果需要利用命令来修改文件，则会给出相应的操作命令。至于是否需要重制 SRPM 文件，则根据情况进行说明。若不需要重制 SRPM 文件，在制作时会使用修改后的 SPEC 描述文件来介绍制作命令。

重制 SRPM 文件通常需要修改 SPEC 描述文件中的修订版本号。该版本号通常在 Release 定义中设置，可直接修改其中版本号的数字，并重新使用 rpmbuild 命令结合 -bs 参数指定修改后的 SPEC 描述文件。重制后的 SRPM 文件会自动存放在当前用户的 ~/rpmbuid/SRPMS 目录中。

因为修改和重制过程对于各个软件包来说步骤几乎是一样的，所以在后续的步骤介绍中将仅对需要的步骤进行简单说明。

9.1.3 自举（BootStrap）

在制作目标系统工具链的过程中，部分软件包使用了制作参数 --with bootstrap，目的是使用称为自举（BootStrap）的方式来制作软件包。这种自举制作与 GCC 中的自举编译不太一样：自举编译是指自己编译自己以确保功能的正确性；而自举制作则是一种尽量减少对外部软件包依赖的制作方式，特别适合系统制作之初各种软件包缺乏的情况，从而完成软件包的制作。

自举编译是 GCC 的源代码包自身提供的编译方式，而自举制作并不是软件包的源代码包文件自身提供的制作手段，而是由 SPEC 描述文件提供的制作参数。一般来说，提供了自举参数的 SPEC 描述文件会在配置脚本的参数以及部分制作步骤中尽量减少外部软件包的依赖，这样虽然生成的软件包在功能上可能有所缺失，但软件包核心的功能是可用的，这就为那些需要该软件包作为依赖条件的软件包提供了保障。

并不是所有软件包的 SPEC 描述文件都提供了对自举制作的支持。具体哪些软件包支持，哪些不支持，只能通过查看描述文件或通过参数观察依赖变化来了解，这就有点麻烦了。基于没有提供该制作参数的软件包使用该参数也不会有影响的原则，对所有的软件包都加上该参数来制作会比较省事。

每个软件包的制作都加上这个参数还是显得有点麻烦，Fedora 系统对于这个参数的使用都是通过判断 with_bootstrap 变量的设置来实现的。这就给我们带来了方便，借助 RPM 包制作工具的配置文件，可以通过默认设置该变量的方式来让 RPM 包制作工具默认用自举的方式来制作每一个软件包。

设置默认自举制作方式的方法，就是找一个配置文件，在其中加入 with_bootstrap 变量的定义即可。这里我们选择 /tools/lib/rpm/platform/mips64el-linux/macros 文件，主要是因为接下来要制作的软件包都只生成 64 位 ABI 的版本，所以都会用到这个配置文件中的设置。设置的命令如下：

```
sudo bash -c 'echo "%with_bootstrap 1" >> /tools/lib/rpm/platform/mips64el-linux/macros'
```

因为有管道操作，所以 sudo 命令需要借助 bash 命令的 -c 参数来实现管道操作的正确执行。

该变量设置好之后，不再需要对软件包使用 --with bootstrap 参数来启用自举制作方式。需要注意，类似 GCC 源代码包自身的 bootstrap 配置参数开关与此无关。

在配置文件中加入 with_bootstrap 变量定义还带来了另一个变化，如果读者注意到了的话，之前使用自举方式制作软件包时生成的 RPM 文件有 ~bootstrap 关键字。这实际上是 Fedora-release 软件包安装的文件 /tools/lib/rpm/macros.d/macros.dist 导致的，查看该文件的内容时会有以下定义：

```
%dist   %{!?distprefix0:%{?distprefix}}%{expand:%{lua:for i=0,9999 do
print("%{?distprefix" .. i .."}") end}}.fc%{fedora}%{?with_bootstrap:~bootstrap}.loongson
```

%dist 几乎是每个软件包的 SPEC 描述文件在设置修订号时都会用到的变量，并且该变量定义的内容会出现在文件名中。

%dist 变量中有这样一段定义 %{?with_bootstrap:~bootstrap} 需要我们关注，其意思是当定义了 with_bootstrap 变量，dist 就会增加 ~bootstrap 字符串，也意味着文件名中将出现这个字符串，这与之前使用自举制作参数的软件包会生成带有 ~bootstrap 关键字作为文件名的文件相符合；而如果没有使用自举制作参数，则文件名中不会有该关键字。

另外从这个定义来看，with_bootstrap 设置为 1 和设置为 0 都是一样的，因为条件中仅判断是否设置了该变量，而与设置的值是多少没关系。此处设置为 1 只是为了方便理解，如果要取消默认设置则不是设置为 0，因为这同样是设置了该变量，而必须将这行删除或注释掉才行。

将 with_bootstap 作为默认设置的变量还带来了一个意外的好处。所有制作的软件包生成文件的文件名都带有 ~bootstrap 关键字，在相同版本号的情况下，带有这个关键字的版本和没有该关键字的版本比较时，RPM 包管理工具会认为带有 ~bootstrap 的版本低（主要是 ~ 符号起的作用）。在后续去除默认自举制作方式来重新编译软件包时，生成的 RPM 文件将被判断为版本更新，这样就可以使用升级的方式来更新软件包，而不需要像之前更新工具链中的软件包一样使用强制参数来更新了。

9.1.4 循环依赖

在制作过程中，依赖问题会一直陪伴左右，其中最为恼人的就是循环依赖。循环依赖隐藏在各种依赖中，且数量和类型众多，还经常多个一起出现。在接下来的制作过程中，我们会不断地碰到循环依赖，也会不断地去解决它。

有些软性依赖在使用自举制作方式时就顺带解决了，其中还会有不少自依赖的情况。但因为循环依赖数量太多，有时又关联复杂，所以对于剩下的循环依赖我们会通过一些典型例子来说明解决方式，但不会将所有的循环依赖都一一展开讲解。

循环依赖并不是一成不变的，在软件更新的过程中可能会去除一些循环依赖，也可能会增加新的循环依赖。所以如果在制作更新的系统时遇到之前没见过的循环依赖，请读者不要惊讶，采用我们介绍过的处理手段通常是能顺利解决的。

9.1.5 补丁文件

在制作龙芯上的 Fedora 系统时，需要对许多软件包进行修改以便支持龙芯。其中部分软件包涉及源代码的修改，甚至修改的源代码还比较多，一个个地手工修改太麻烦，通常我们会使用补丁来进行修改。限于篇幅，本书无法对每个修改都进行讲解，因此仅对补丁文件的大致目的进行说明。

补丁的来源大致有以下几种。

①从 SRPM 文件中获取补丁。将其安装到系统后可以从 SOURCES 目录中获取 SRPM 文件中打包的补丁。

②从网络获取补丁。部分补丁可以从网络中获取，例如软件官方提供的补丁。

③根据制作的实际情况临时制作的补丁。

为方便读者获取，本书涉及的从网络获取的补丁以及临时制作的补丁，会在本书配套资源中提供，读者在需要的时候可以自行取用，书中不再特别交代补丁的来源。为简化制作步骤，后文默认补丁已经取出并存放在相应的目录中（即制作步骤中使用补丁的目录），据此来完成制作步骤的讲解。

9.1.6 制作顺序

从这里开始，各个软件包的制作顺序并不是固定的，本书给出的制作顺序只是一个参考。虽然软件包的制作还是存在一定顺序的制约，但在这些制约下，很多软件包之间谁先或谁后完成对制作和安装不会有什么影响。这主要受依赖关系的制约，以及循环依赖中作为突破口解决的软件等的影响，所以我们应把握制作顺序的原则，即“有序但不教条，可变但不混乱”。

根据顺序可调整的原则，在对临时系统进行“转正”的过程中，我们会参考但并不会一成不变地按照临时系统制作软件包的顺序，也会增加一些临时系统中没有的软件包，毕竟使用制作工具进行软件包的编译和安装会带来更多的依赖条件。

9.1.7 软件包的测试

在软件包的制作过程中，很多软件包通常会使用自带的测试方法进行测试。这个测试环节通常在打包阶段之前进行，这也意味着如果测试发生了错误，则制作过程会被终止，无法生成用于安装的 RPM 文件。

软件包的测试过程非常重要，可以帮助我们了解软件包的功能是否正常，这在移植系统过程中非常重要，通过测试可以发现系统移植到新架构上导致的一些问题。但同时问题也会随之而来，测试程序有可能适应性不够，在一些新架构或系统环境不够完整的情况下，可能会发生测试错误。正确的解决方案当然是修改测试程序或完善系统环境，但在实际情况中，测试程序使用的编程语言不尽相同，这可能也难以一时修改。另外制作过程也很难立即满足测试条件，所以在有些不得已的情况下，我们可以选择跳过测试过程。

跳过测试过程，可以通过使用 --nocheck 参数或设置 testsuites 等与测试相关的变量来达成。在后面的制作过程中，正常情况下是会进行测试的；但如果某个软件包确实无法完成测试时，我们也会跳过测试过程。

另外，可以观察后续其他软件使用跳过测试过程的软件包时是否出现了错误，通过这种方式也算间接进行了测试。

9.2 基础目标系统

通过 RPM 制作工具，把临时系统中包含的软件制作成 RPM 文件再安装到目标系统中的过程称为转正。把整个临时系统都进行转正就是接下来要完成的步骤，当工具链完成转正之后，我们把目光集中到临时系统的其他软件包上。临时系统中的各个软件包进行转正之后，临时系统便完成了它的使命。

以下过程大致按照软件的类别进行制作，但因为软件包之间存在着错综复杂的依赖关系，所以无法完全按照分类进行制作，会出现在某类软件制作中穿插一些其他类别软件的情况，但这并不影响整体的制作过程。

9.2.1 系统交互环境

本小节将制作与用户直接相关的交互环境（如 Bash），以及制作交互环境时需要的依赖软件包。

1. Ncurses 软件包

（1）制作软件包

在使用 Ncurses 的 RPM 源代码包进行编译时会有依赖问题，如果按照本书介绍的步骤制作，那么在制作 Ncurses 时可能出现如下依赖提示：

```
gnupg2 is needed by ncurses-6.1-15.20191109.fc32~bootstrap.loongson.mips64el
gpm-devel is needed by ncurses-6.1-15.20191109.fc32~bootstrap.loongson.mips64el
pkgconfig is needed by ncurses-6.1-15.20191109.fc32~bootstrap.loongson.mips64el
```

这代表 GNUPG2、GPM-Devel、Pkgconfig 这 3 个软件包未安装到目标系统中。

而如果我们去编译 GNUPG2 和 GPM（GPM-Devel 属于 GPM 软件包）时，会出现许多依赖提示，其中也会出现对 Ncurses 的依赖，如 GNUPG2 软件包的提示。

```
......
ncurses-devel is needed by gnupg2-2.2.19-1.fc32~bootstrap.loongson.mips64el
......
```

再看 GPM 的提示。

```
......
ncurses-devel is needed by gpm-1.20.7-21.fc32~bootstrap.loongson.mips64el
......
```

这表明 Ncurses 软件包与 GPM 和 GNUPG2 软件包都存在相互依赖的关系，并且是典型的相互依赖。

接下来要进行的就是破坏循环依赖了，本着优先解决依赖条件少的软件包的原则，我们尝试解决 Ncurses 的依赖问题。先查看一下 SPEC 描述文件，发现 Ncurses 软件包中并没有通过制作参数来减少依赖的设置，那么就采用暴力手段试试，直接忽略依赖编译 Ncurses，使用如下命令：

```
rpmbuild --rebuild ${SOURCESDIR}/n/ncurses-6.1-15.20191109.fc32.src.rpm --nodeps
```

此时会出现如下的错误信息：

```
......
+ /tools/lib/rpm/redhat/gpgverify --keyring=/home/sunhaiyong/rpmbuild/SOURCES/
dickey-invisible-island.txt --signature=/home/sunhaiyong/rpmbuild/SOURCES/
ncurses-6.1-20191109.tgz.asc --data=/home/sunhaiyong/rpmbuild/SOURCES/
ncurses-6.1-20191109.tgz
/tools/lib/rpm/redhat/gpgverify: line 97: gpg2: command not found
......
```

我们再对比 SPEC 描述文件，发现是在准备源代码目录阶段对源代码压缩文件进行校验时出现的错误。因为 gpg2 这个命令在当前系统中不存在，这就是 Ncurses 软件包依赖条件 GNUPG2 的来由，而源代码压缩包在完好的情况下不进行校验并不会影响里面的源代码。本着这个观点，该依赖条件是附加依赖，可以通过修改 SPEC 描述文件的方式来解决。

那么我们的解决方案就出来了，修改 SPEC 描述文件，去除以下这行：

```
%{gpgverify} --keyring=%{SOURCE2} --signature=%{SOURCE1} --data=%{SOURCE0}
```

然后再次重新编译 Ncurses，这次注意，不能再指定 SRPM 文件进行编译了，否则会导致 SPEC 描述文件被重新覆盖而恢复回去，这次指定修改后的 SPEC 描述文件进行制作。

```
rpmbuild -bb ~/rpmbuild/SPECS/ncurses.spec --nodeps
```

编译过程一切顺利，并且完成了打包生成 RPM 文件的过程，这说明剩下的依赖条件 GPM-Devel 是一个可选类型的依赖。既然编译过程中没有该依赖条件的情况下 Ncurses 会自动解决，那么我们也就不对该依赖进行处理了，等以后依赖条件完善了再重新编译 Ncurses 来恢复依赖就可以了。

由于对 Ncurses 的 SPEC 描述文件的修改部分只是一个破坏依赖条件的内容，因此不要将 Ncurses 软件包进行 SRPM 的重制。

（2）安装步骤

完成制作过程后，接着就要开始安装生成的 RPM 文件了，使用如下命令：

```
sudo rpm -ivh $(ls ~/rpmbuild/RPMS/{mips64el,noarch}/ncurses-* | grep -v "debug") --nodeps
```

因为只生成了 MIPS 64 位的安装包文件，所以只要对 mips64el 和 noarch 两个目录筛选需要安装的文件即可。

2. Readline 软件包

（1）制作软件包

```
rpmbuild --rebuild ${SOURCESDIR}/r/readline-8.0-4.fc32.src.rpm
```

在完成 Ncurses 软件包的编译和安装后，Readline 软件包就完全没有依赖问题了，不需要使用强制参数来进行编译。

（2）安装步骤

```
sudo rpm -ivh $(ls ~/rpmbuild/RPMS/mips64el/readline-* | grep -v "debug")
```

不但制作时没有任何依赖错误，安装过程中也没有任何依赖问题，在没有任何强制参数的情况下就可以顺利地完成安装。

3. Bash 软件包

Bash 作为最常用的交互环境工具，将目标系统的 Bash 安装好后就完成了交互环境的转正。

（1）制作软件包

现在制作 Bash 软件包时还会有依赖条件问题，但这些依赖条件都是临时系统中提供的，所以现在满足制作 Bash 软件包的要求，但需要使用强制编译的参数，使用如下命令：

```
rpmbuild --rebuild ${SOURCESDIR}/b/bash-5.0.11-2.fc32.src.rpm --nodeps --nocheck
```

此时的系统环境还无法支撑 Bash 的测试过程，为避免测试无法完成而导致制作失败，先采用 --nocheck 参数跳过测试过程。

（2）安装步骤

```
sudo rpm -ivh $(ls ~/rpmbuild/RPMS/mips64el/bash-* | grep -v "debug")
```

安装过程中没有依赖问题，可以直接安装，这也可以看出制作过程中的依赖问题并不影响 Bash 的执行，所以使用临时系统中的依赖条件来完成制作没有什么问题。

（3）切换交互环境

在安装好 Bash 后并不是就开始使用它了，此时使用的还是临时系统中的 bash 命令提供的交互环境，接下来我们就要把交互环境切换到刚刚安装的 bash 命令上，使用如下命令进行切换。

```
exec /bin/bash
```

exec 命令在执行时会将当前已经执行的 Shell 程序终止并执行指定的程序，这里指定了 /bin/bash，也就是用目标系统的 bash 命令代替了临时系统中的 bash 命令继续进行与用户的交互操作。

9.2.2 常用系统工具

有大量的软件包会使用几种常见的脚本语言工具，优先制作和安装依赖较多的脚本语言软件包有助于推进系统的制作。

1. Bzip2 软件包

（1）制作软件包

```
rpmbuild --rebuild ${SOURCESDIR}/b/bzip2-1.0.8-2.fc32.src.rpm
```

Bzip2 软件包的依赖十分简单，只要系统中安装了 GCC 就可以了，所以当目标系统的 GCC 安装到系统后，该软件包就没有任何依赖错误了。

（2）安装步骤

Bzip2 和 Bash 就是可以相互交换编译顺序的软件包，如果在 Bzip2 之前先安装了 Bash，则 Bzip2 安装时没有依赖问题，但若在 Bash 之前编译 Bzip2，虽然 Bzip2 在制作阶段没有依赖错误，但是在安装时产生了新的运行依赖，依赖信息如下：

```
/usr/bin/sh is needed by bzip2-1.0.8-2.fc32~bootstrap.loongson.mips64el
```

这个运行依赖需要一个 Shell 程序，名称为 /usr/bin/sh，这通常是 Bash 软件包提供的，而 Bash 存在于临时系统中，且已经在 /bin 目录（等同于 /usr/bin）中创建了 sh 的链接，所以该运行依赖已经满足，可以安装，使用如下命令：

```
sudo rpm -ivh $(ls ~/rpmbuild/RPMS/mips64el/bzip2-* | grep -v "debug") --nodeps
```

因为 Bzip2 软件包生成的 RPM 文件都是带架构的，所以只要筛选 mips64el 目录中的文件进行安装即可。

在依赖没解决时安装 Bzip2 的包文件需要使用 --nodeps 强制安装参数，等后续安装了 Bash 软件包则该运行依赖条件就恢复了。

2. TCL 软件包

TCL 常作为软件包测试脚本使用的语言工具。

（1）制作软件包

制作 TCL 软件包的依赖问题不多，但有对 SystemTap 软件包的依赖，该依赖目前没有满足，但查看 TCL 的 SPEC 描述文件发现可以通过参数来取消该依赖，这样就可以使用如下命令进行制作：

```
rpmbuild --rebuild ${SOURCESDIR}/t/tcl-8.6.10-1.fc32.src.rpm \
                    --define 'sdt 0' --nodeps
```

- --define 'sdt 0'：将 sdt 变量设置为 0，在 TCL 的 SPEC 描述文件中可以取消对 SystemTap 软件包的依赖。

取消 SystemTap 依赖后，TCL 剩下的依赖条件在临时系统中都提供了，可以忽略依赖进行编译。

（2）安装步骤

```
sudo rpm -ivh $(ls ~/rpmbuild/RPMS/{mips64el,noarch}/tcl-* | grep -v "debug")
```

安装过程中没有依赖问题，可以顺利地安装进系统，不需要使用 --nodeps 参数。

3. Libdb 软件包

Libdb 软件包是一个数据库软件包，因为之后要编译的 Perl 脚本语言包会依赖该软件包，所以它先于 Perl 软件包进行制作和安装。

（1）修改 SPEC 描述文件

在 Libdb 软件包的依赖条件中，目前没有满足 java-devel、chrpath 这两个，通过查看 SPEC 描述文件发现，java 的依赖可以通过修改配置脚本的参数来关闭，而 chrpath 则是一个处理库文件的步骤，属于附加依赖，因此这两个依赖都可以直接去除。

①去除 java 的依赖。

将配置参数中的 --enable-java 改为 --disable-java，然后将与 java 有关的处理步骤以及打包文件列表中的与 java 相关的文件都删除。

②去除 chrpath 的依赖。

创建一个脚本命令来代替 chrpath 命令，创建步骤如下：

```
cat > chrpath << "EOF"
#!/bin/bash
exit 0
EOF
sudo mv chrpath /bin/
sudo chmod +x /bin/chrpath
```

这是因为 chrpath 对文件的处理过程并不会对功能产生影响，所以通过一个什么都不做的脚本来避开依赖。

因为去除 chrpath 的依赖只是为了临时解决依赖问题而采取的措施，所以该软件包不要重制 SRPM 文件。

（2）制作软件包

```
rpmbuild -bb ~/rpmbuild/SPECS/libdb-bootstrap.spec --nodeps
```

制作过程中虽然还会出现一些依赖问题的提示，但都是在临时系统中满足的依赖条件，可以使用强制参数进行制作。

（3）安装步骤

```
sudo rpm -ivh $(ls ~/rpmbuild/RPMS/{mips64el,noarch}/libdb-* | grep -v "debug")
```

4. Gdbm 软件包

Gdbm 软件包也是因为要编译的 Perl 软件包会依赖它，所以先于 Perl 软件包进行制作和安装。

（1）制作软件包

```
rpmbuild --rebuild ${SOURCESDIR}/g/gdbm-1.18.1-3.fc32.src.rpm --nodeps
```

该软件包的制作依赖条件 gettext 和 libtool 都在临时系统中提供了，强制进行制作即可。

（2）安装步骤

```
sudo rpm -ivh $(ls ~/rpmbuild/RPMS/mips64el/gdbm-* | grep -v "debug") --nodeps
```

虽然制作依赖条件都没有出现在运行依赖中，但运行依赖又多出一个 info 的依赖条件，该条件由 Texinfo 软件包提供且存在于临时系统中，所以这里也忽略依赖条件强制安装 Gdbm 的包文件。

5. Perl 软件包

（1）修改 SPEC 描述文件

在 SPEC 描述文件的 Multilib 支持中增加 MIPS64，方法是找到以下这行：

```
%global multilib_64_archs aarch64 %{power64} s390x sparc64 x86_64
```

将其改为

```
%global multilib_64_archs aarch64 %{power64} s390x sparc64 x86_64 %{mips64}
```

同时更新修订版本号，保存文件之后重制 SRPM 文件。

（2）制作软件包

Perl 软件包是一个自依赖的软件包，但不是硬性依赖，实际上自依赖是 SPEC 描述文件中定义的，并不像 GCC 那样是源代码层面上的自依赖，这就为我们破坏自依赖提供了比较好的方案。

```
rpmbuild --rebuild ${SOURCESDIR}/p/perl-5.30.2-452.fc32.src.rpm \
                --define "perl_bootstrap 1" --without perl_enables_systemtap \
                --without perl_enables_groff --nodeps
```

- --define "perl_bootstrap 1"：与其他软件不一样，Perl 相关的软件包用来定义自举制作方式的变量是 perl_bootstrap，这也是 SPEC 描述文件中定义的，Perl 的自举方式制作出来的软件包与其他用类似方式制作的软件包有一些不一样，若不采用该方式制作 Perl，则会导致生成的 Perl 软件包不完整而无法完成后续 Perl 相关软件包的制作，该制作方式适合第一次在目标系统中制作 Perl 软件包时使用。
- --without perl_enables_systemtap：取消对 SystemTap 的依赖条件。
- --without perl_enables_groff：取消对 Groff 软件包的依赖条件。

（3）安装步骤

```
sudo rpm -ivh $(ls ~/rpmbuild/RPMS/{mips64el,noarch}/perl-* \
            | grep -v "debug")--nodeps
```

现在安装 Perl 时还有运行依赖问题也比较正常，忽略依赖强制安装，等后续逐渐完善的依赖条件可以恢复依赖。

（4）删除临时设置

在配置临时系统的 RPM 包管理工具时，设置了临时配置文件。配置文件中定义了一些变量，因为接下来部分软件包的安装会用到这些变量，而包含这些变量的配置文件还没安装到系统中，其中就包含了 Perl 相关变量的定义。在本次制作和安装 Perl 的过程中安装了 perl-macros 包文件，里面包含了相同的变量定义，现在可以通过如下命令去除临时配置文件中的变量定义：

```
sudo sed -i "/perl/d" /tools/lib/rpm/macros.d/macros.tmp
```

通过 sed 命令将含有 perl 关键字的所有行都删除，删除后可以通过 cat 命令查看删除的结果。

```
cat /tools/lib/rpm/macros.d/macros.tmp
```

显示的内容应不会有与 Perl 相关的变量定义。

（5）安装和 Perl 与 Fedora 发行版包管理工具相关的软件包

在所有用到 Perl 软件包的 SPEC 描述文件中或多或少都会用到 RPM 包管理工具提供的与 Perl 相关的变量定义或者执行脚本，这些变量或脚本的定义所在的文件是以单独软件包的形式提供的，下面将安装这些与 RPM 包管理与制作相关的软件包。

①Perl-srpm-macros。

该软件包提供了 RPM 包制作工具中使用 perl 命令等的变量定义，制作和配置步骤如下：

```
rpmbuild --rebuild ${SOURCESDIR}/p/perl-srpm-macros-1-34.fc32.src.rpm
sudo rpm -ivh ~/rpmbuild/RPMS/noarch/perl-srpm-macros-*
```

因为只生成了一个文件，所以直接指定该文件而不用通过筛选来安装。

②Perl-Fedora-VSP。

该软件包提供了一个给 RPM 包管理工具使用的 Perl 模块，也是制作 Perl-generators 软件包的依赖条件，制作和配置步骤如下：

```
rpmbuild --rebuild ${SOURCESDIR}/p/perl-Fedora-VSP-0.001-17.fc32.src.rpm \
        --define "perl_bootstrap 1" --nodeps
sudo rpm -ivh ~/rpmbuild/RPMS/noarch/perl-Fedora-VSP-*
```

该软件包与 Perl-generators 软件包形成了相互依赖，但可以通过 perl_bootstrap 参数来破坏相互依赖，在剩余的依赖由临时系统提供后强制进行制作。

③Perl-generators。

该软件包提供了 RPM 包管理和制作中与 Perl 相关的脚本文件，经常被作为依赖条件声明在 Perl 相关的软件包中。尽快完成该软件包的制作和安装可以减少后续软件包的依赖问题。制作和配置步骤如下：

```
rpmbuild --rebuild ${SOURCESDIR}/p/perl-generators-1.11-5.fc32.src.rpm \
                  --define "perl_bootstrap 1" --nodeps
sudo rpm -ivh ~/rpmbuild/RPMS/noarch/perl-generators-*
```

该软件包不但与 Perl-Fedora-VSP 软件包形成相互依赖，而且是一个自依赖的软件包，但这种自依赖可以通过 perl_bootstrap 制作参数来解决。

6. Python-RPM-Macros 软件包

（1）制作和安装软件包

Python-RPM-Macros 软件包提供了 RPM 包制作工具中使用 python 命令等的变量定义，制作和配置步骤如下：

```
rpmbuild --rebuild ${SOURCESDIR}/p/python-rpm-macros-3-55.fc32.src.rpm
sudo rpm -ivh $(ls ~/rpmbuild/RPMS/noarch/python*-macros* | grep -v "debug")
```

安装时注意文件名的筛选，避免漏掉要安装的文件。

（2）临时系统使用变量定义

由于该软件包安装的文件都存放在 /usr/lib/rpm/macros.d 目录中，该目录不是当前临时系统中 RPM 软件包的变量定义配置文件的存放目录，我们需要把安装的文件复制到临时系统中。使用如下命令进行复制：

```
sudo cp -a /usr/lib/rpm/macros.d/macros.py* /tools/lib/rpm/macros.d/ -iv
```

复制完成后清理临时配置文件中相关的变量设置，使用如下命令：

```
sudo sed -i "/python/d" /tools/lib/rpm/macros.d/macros.tmp
```

可以在清理后检查一下 macros.tmp 文件，确认是否已经删除与 python 有关的变量定义。

7. Unzip 软件包

该软件包并未在临时系统中制作，但后续会有 ZIP 格式的源代码包需要解压缩，所以现在就安装提供该功能的软件包。

（1）制作软件包

```
rpmbuild --rebuild ${SOURCESDIR}/u/unzip-6.0-47.fc32.src.rpm
```

该软件包也没有依赖问题，可以直接制作生成包文件。

（2）安装步骤

该软件包在安装时无依赖问题，可以直接进行安装。

```
sudo rpm -ivh $(ls ~/rpmbuild/RPMS/mips64el/unzip-* | grep -v "debug")
```

8. Zip 软件包

Zip 软件包与 Unzip 软件包属于配合性的软件包，Zip 软件包也没有安装在临时系统中，但有些软件包在制作过程中会将一些文件进行 ZIP 格式的压缩，这就会用到该软件包。

（1）制作软件包

```
rpmbuild --rebuild ${SOURCESDIR}/z/zip-3.0-26.fc32.src.rpm
```

制作过程没有依赖问题，一切顺利。

（2）安装步骤

```
sudo rpm -ivh $(ls ~/rpmbuild/RPMS/mips64el/zip-* | grep -v "debug")
```

由于安装了 Unzip 软件包，在安装 Zip 软件包时运行依赖得到了满足，可以在不使用强制安装参数的情况下完成安装。

9. Help2man 软件包

Help2man 提供了一个脚本程序 help2man，该程序可以根据其他程序使用 --help 和 --version 输出的信息来创建简单的手册文件。

有不少软件源代码包会使用 help2man 程序来生成手册文件，因此我们安装该软件包，制作和安装软件包的步骤如下：

```
rpmbuild --rebuild ${SOURCESDIR}/h/help2man-1.47.13-1.fc32.src.rpm
sudo rpm -ivh ~/rpmbuild/RPMS/noarch/help2man-1.47.13-1.fc32.loongson.noarch.rpm
```

目前制作和安装该软件包没有任何依赖问题。

10. M4 软件包

制作和安装软件包的步骤如下：

```
rpmbuild --rebuild ${SOURCESDIR}/m/m4-1.4.18-12.fc32.src.rpm --nodeps
sudo rpm -ivh $(ls ~/rpmbuild/RPMS/mips64el/m4-* | grep -v "debug")
```

该软件包在制作时提示的依赖条件都由临时系统提供，安装时没有运行依赖的问题。

11. Autoconf 软件包

（1）制作软件包

在制作目标系统上的 Autoconf 软件包时会遇到需要 Emacs 及 Erlang 的依赖条件，然而在尝试先制作依赖条件时会发现这些软件包的依赖条件非常多，而且还与 Autoconf 形成了相互依赖，根据优先解决依赖条件少的软件包来突破循环依赖，我们采用强制编译 Autoconf 软件包的方法，制作步骤如下：

```
rpmbuild --rebuild ${SOURCESDIR}/a/autoconf-2.69-33.fc32.src.rpm \
                    --without autoconf_enables_emacs --nodeps --nocheck
```

- --without autoconf_enables_emacs：取消对 Emacs 软件包的支持，同时也解决了对 Emacs 的依赖条件。
- --nodeps：忽略依赖条件强制进行制作。在该软件包中有 ErLang 的依赖条件，但该依赖条件没有相应的制作参数来取消，我们发现忽略依赖条件强制制作并不会影响 Autoconf 软件包的制作，因此不需要修改 SPEC 描述文件而只需要通过 --nodeps 参数忽略该依赖条件即可。
- --nocheck：Autoconf 软件包的测试过程时间较长，且在当前系统的环境中会出现个别测试错误，这里采用 --nocheck 参数跳过测试，完成打包步骤。

（2）安装步骤

```
sudo rpm -ivh ~/rpmbuild/RPMS/noarch/autoconf-2.69-*
```

虽然制作过程有没满足的依赖条件，但安装时没有提示运行依赖问题。

12. Automake 软件包

（1）制作软件包

Automake 软件包在制作时会报出大量的制作依赖问题，但查看 SPEC 描述文件后发现，这些依赖大多数在测试软件包时才会用到，可以通过参数进行回避。采用回避依赖问题参数的制作命令如下：

```
rpmbuild --rebuild ${SOURCESDIR}/a/automake-1.16.1-14.fc32.src.rpm --without check --nodeps
```

- --without check：由 SPEC 描述文件提供，使用该参数的同时会导致测试阶段被跳过，但因为没有足够依赖条件的支撑也无法完成测试，所以这里加上该参数进行制作。虽然该参数与 --nochek 参数一样都使 Automake 软件包跳过了测试阶段，但 --nocheck 参数不会减少依赖条件的显示。

不进行测试的话依赖条件明显减少，剩下的依赖条件都可由临时系统提供，可以强制进行软件包的制作。

（2）安装步骤

```
sudo rpm -ivh ~/rpmbuild/RPMS/noarch/automake-1.16.1-*
```

作为与 Autoconf 配合的软件包，Automake 当然是制作完成就立即安装。

13. Texinfo 软件包

（1）修改 SPEC 描述文件

Texinfo 软件包会依赖几个 Perl 扩展的软件包，但是当前系统中并没有安装这些依赖条件，SPEC 描述文件中并没有提供相关的参数来取消依赖，但通过修改软件的配置脚本参数可以达到目的。找到以下内容：

```
%configure --with-external-Text-Unidecode \
           --with-external-libintl-perl \
           --with-external-Unicode-EastAsianWidth \
```

将这段配置脚本改为

```
%configure --without-external-Text-Unidecode \
           --without-external-libintl-perl \
           --without-external-Unicode-EastAsianWidth \
```

保存 SPEC 描述文件但不用重制 SRPM 文件。

（2）制作和安装软件包

```
rpmbuild -bb ~/rpmbuild/SPECS/texinfo.spec --nodeps
sudo rpm -ivh $(ls ~/rpmbuild/RPMS/mips64el/{tex,}info-6.7-* | grep -v "debug")
```

安装时注意，该软件包除了生成以软件名开头的文件之外还会生成以 info 开头的文件名，需一并进行安装。

14. Libtool 软件包

（1）制作软件包

```
rpmbuild --rebuild ${SOURCESDIR}/l/libtool-2.4.6-33.fc32.src.rpm
```

该软件包的测试过程时间比较长，如果想快速完成该软件包的制作，可以使用制作参数跳过测试阶段。

（2）安装步骤

```
sudo rpm -ivh $(ls ~/rpmbuild/RPMS/mips64el/libtool-* | grep -v "debug") --nodeps
```

虽然制作时没有依赖问题，但是安装时产生了新的运行依赖，好在这些运行依赖临时系统都提供了，等相应的依赖条件被安装到目标系统中就可以恢复依赖了。

15. Pkgconf 软件包

（1）制作软件包

制作 Pkgconf 软件包时会有 atf-tests、kyua 的依赖问题，且当前系统中无法满足依赖需求，但通过查看 SPEC 描述文件可发现，这两个依赖与 Pkgconf 软件包的测试过程有关，因此跳过测试过程进行编译可以回避依赖问题。

```
rpmbuild --rebuild ${SOURCESDIR}/p/pkgconf-1.6.3-3.fc32.src.rpm --nocheck --nodeps
```

通过 --nocheck 参数就可以不进行测试步骤，也就不会用到没有满足的依赖条件了。

（2）安装步骤

```
sudo rpm -ivh $(ls ~/rpmbuild/RPMS/{mips64el,noarch}/{lib,}pkgconf-* | grep -v "debug")
```

因为依赖条件在制作时的测试阶段才需要，所以在安装时运行依赖是没有问题的。

16. Lua 软件包

制作和安装软件包的步骤如下：

```
rpmbuild --rebuild ${SOURCESDIR}/l/lua-5.3.5-7.fc32.src.rpm
sudo rpm -ivh $(ls ~/rpmbuild/RPMS/mips64el/lua-* | grep -v "debug")
```

17. Diffutils 软件包

制作和安装软件包的步骤如下：

```
rpmbuild --rebuild ${SOURCESDIR}/d/diffutils-3.7-4.fc32.src.rpm
sudo rpm -ivh $(ls ~/rpmbuild/RPMS/mips64el/diffutils-* | grep -v "debug")
```

18. Attr 软件包

制作和安装软件包的步骤如下：

```
rpmbuild --rebuild ${SOURCESDIR}/a/attr-2.4.48-8.fc32.src.rpm --nodeps
sudo rpm -ivh $(ls ~/rpmbuild/RPMS/mips64el/{lib,}attr-* | grep -v "debug")
```

该软件包生成的文件有两种名字开头，安装时注意筛选，保证全都安装到系统中。

19. Acl 软件包

（1）制作软件包

```
rpmbuild --rebuild ${SOURCESDIR}/a/acl-2.2.53-5.fc32.src.rpm --nocheck --nodeps
```

由于当前系统不满足测试要求，该软件包的测试阶段会出现失败的情况，需要通过 --nocheck 参数跳过测试完成打包制作。

（2）安装步骤

```
sudo rpm -ivh $(ls ~/rpmbuild/RPMS/mips64el/{lib,}acl-* | grep -v "debug")
```

该软件包会生成两种名字开头的文件，安装时注意文件筛选，保证全都安装到系统中。

20. Tar 软件包

（1）制作软件包

该软件包制作时还存在没有安装的依赖条件：policycoreutils，且暂时无法完成该软件包的制作，查看 SPEC 描述文件得知通过制作参数可以解决依赖问题。使用如下命令进行制作：

```
rpmbuild --rebuild ${SOURCESDIR}/t/tar-1.32-4.fc32.src.rpm --without check \
                --without selinux --nodeps
```

- --without check：在 SPEC 描述文件中通过 check 参数的设置可以解决一个与测试相关的依赖条件，但软件包也因此无法进行测试，在不测试和无法完成测试两种选择中只能选择不测试来完成软件包的制作。

剩余的依赖问题在临时系统中都提供了，可以强制忽略。

（2）安装步骤

```
sudo rpm -ivh $(ls ~/rpmbuild/RPMS/mips64el/tar-* | grep -v "debug")
```

21. Cpio 软件包

制作和安装软件包步骤如下：

```
rpmbuild --rebuild ${SOURCESDIR}/c/cpio-2.13-4.fc32.src.rpm --nodeps
sudo rpm -ivh $(ls ~/rpmbuild/RPMS/mips64el/cpio-* | grep -v "debug")
```

22. Bison 软件包

（1）制作软件包

Bison 与 Flex 软件包互相依赖，但 Bison 软件包忽略依赖可以完成制作，等 Flex 软件包安装后即可恢复依赖。

```
rpmbuild --rebuild ${SOURCESDIR}/b/bison-3.5-2.fc32.src.rpm --nodeps
```

该软件包在制作过程中进行测试的时间比较长。

（2）安装步骤

```
sudo rpm -ivh $(ls ~/rpmbuild/RPMS/mips64el/bison-* | grep -v "debug")
```

23. Flex 软件包

完成了 Bison 软件包的制作和安装，接着也制作和安装相互依赖的 Flex 软件包，步骤如下：

```
rpmbuild --rebuild ${SOURCESDIR}/f/flex-2.6.4-4.fc32.src.rpm --nodeps
sudo rpm -ivh $(ls ~/rpmbuild/RPMS/mips64el/flex-* | grep -v "debug")
```

24. Ed 软件包

制作和安装软件包的步骤如下：

```
rpmbuild --rebuild ${SOURCESDIR}/e/ed-1.14.2-8.fc32.src.rpm
sudo rpm -ivh $(ls ~/rpmbuild/RPMS/mips64el/ed-* | grep -v "debug")
```

25. Patch 软件包

（1）修改 SPEC 描述文件

SPEC 描述文件中对 Patch 源代码增加了 SELinux 的支持，但目标系统还没有安装 SELinux 软件包，因此去除这个补丁来进行制作，找到如下这行：

```
%patch100 -p1 -b .selinux
```

删除或者注释这行即可继续制作软件包。

（2）制作和安装软件包

```
rpmbuild -bb ~/rpmbuild/SPECS/patch.spec --nodeps
sudo rpm -ivh $(ls ~/rpmbuild/RPMS/mips64el/patch-* | grep -v "debug")
```

26. Check 软件包

Check 软件包在制作过程中存在几个没有满足的依赖条件，但软件包的源代码在没有这些依赖条件时会自动关闭相关的功能，这样我们就可以通过强制忽略参数来完成制作，制作和安装软件包步骤如下：

```
rpmbuild --rebuild ${SOURCESDIR}/c/check-0.14.0-3.fc32.src.rpm --nodeps
sudo rpm -ivh $(ls ~/rpmbuild/RPMS/{mips64el,noarch}/check-* | grep -v "debug")
```

27. Make 软件包

Make 软件包也可以使用强制忽略依赖的参数处理几个还没有安装的依赖条件，制作和安装的步骤如下：

```
rpmbuild --rebuild ${SOURCESDIR}/m/make-4.2.1-16.fc32.src.rpm --nodeps
sudo rpm -ivh $(ls ~/rpmbuild/RPMS/mips64el/make-* | grep -v 'debug')
```

28. TCSH 软件包

制作和安装软件包的步骤如下：

```
rpmbuild  --rebuild ${SOURCESDIR}/t/tcsh-6.22.02-3.fc32.src.rpm --nodeps
sudo rpm -ivh $(ls ~/rpmbuild/RPMS/mips64el/tcsh-* | grep -v "debug") --nodeps
```

安装时会依赖几个命令相关的运行条件，先强制安装该软件包，等以后依赖的命令安装到系统后就恢复依赖了。

29. Sed 软件包

制作和安装软件包的步骤如下：

```
rpmbuild --rebuild ${SOURCESDIR}/s/sed-4.5-5.fc32.src.rpm --nodeps
sudo rpm -ivh $(ls ~/rpmbuild/RPMS/mips64el/sed-* | grep -v "debug")
```

30. Grep 软件包

制作和安装软件包的步骤如下：

```
rpmbuild --rebuild ${SOURCESDIR}/g/grep-3.3-4.fc32.src.rpm --nodeps
sudo rpm -ivh $(ls ~/rpmbuild/RPMS/mips64el/grep-* | grep -v "debug")
```

31. Findutils 软件包

制作和安装软件包的步骤如下：

```
rpmbuild --rebuild ${SOURCESDIR}/f/findutils-4.7.0-3.fc32.src.rpm --nodeps
sudo rpm -ivh $(ls ~/rpmbuild/RPMS/mips64el/findutils-* | grep -v "debug")
```

32. File 软件包

（1）制作软件包

File 软件包在制作时需要 Python，但使用临时系统中的 Python 会因为缺少制作该软件包的模块而制作失败。使用 SPEC 描述文件中提供的参数可以解决这个问题。使用如下命令制作：

```
rpmbuild --rebuild ${SOURCESDIR}/f/file-5.38-2.fc32.src.rpm --without python3
```

- --without python3：用来取消 File 软件包制作 Python 相关支持的步骤，这样也就不需要 Python 这个依赖条件了，另外由于 Fedora 32 中已经不再制作 Python2 的软件包，因此直接取消 Python3 的支持即可。

（2）安装步骤

```
sudo rpm -ivh $(ls ~/rpmbuild/RPMS/mips64el/file-* | grep -v "debug")
```

9.2.3 系统基础软件包

这部分的软件包相对比较杂，都是一些系统的基础软件包，例如 OpenSSL、Python3、Coreutils 等，以及与这些软件包相关的依赖软件包。

1. NSPR 软件包

（1）修改 SPEC 描述文件

NSPR 软件包存在一个 xmlto 的依赖问题，Xmlto 软件包还没有制作和安装到系统中，因此在使用该命令的时候会发生错误，通过查看发现该命令的使用目的是生成一个手册文件，手册文件并不会影响软件包的功能，因此这个依赖是附加依赖，我们可以通过删除或者替换命令的方法临时解决这个依赖问题。

在 SPEC 描述文件中找到以下这行内容：

```
xmlto man ${m}
```

将这行替换为

```
touch nspr-config.1
```

这里使用了替换命令的方法，使用 touch 命令也产生了一个同样名字的文件，只是这个文件没有内容，但可以帮助临时解决依赖问题，使 NSPR 软件包顺利完成制作。

（2）编译和安装软件包

使用修改后的 SPEC 文件制作该软件包。

```
rpmbuild -bb ~/rpmbuild/SPECS/nspr.spec --nodeps
sudo rpm -ivh $(ls ~/rpmbuild/RPMS/mips64el/nspr-* | grep -v "debug")
```

2. Sqlite 软件包

制作和安装软件包的步骤如下：

```
rpmbuild --rebuild ${SOURCESDIR}/s/sqlite-3.31.1-1.fc32.src.rpm --nocheck
sudo rpm -ivh $(ls ~/rpmbuild/RPMS/mips64el/{sqlite,lemon}-* | grep -v "debug")
sudo rpm -ivh $(ls ~/rpmbuild/RPMS/noarch/sqlite-* | grep -v "debug")
```

该软件包生成了有架构和无架构的文件，开头的文件名也不止一种，安装时注意不要遗漏。

3. PCRE 软件包

（1）修改 SPEC 描述文件

SPEC 描述文件中有一个附加依赖，可以通过删除以下这行内容来临时解决这个依赖问题。

```
%{gpgverify} --keyring='%{SOURCE2}' --signature='%{SOURCE1}' --data='%{SOURCE0}'
```

临时修改的方案不用重制 SRPM 文件。

（2）制作和安装软件包

```
rpmbuild -bb ~/rpmbuild/SPECS/pcre.spec --nodeps
sudo rpm -ivh $(ls ~/rpmbuild/RPMS/{mips64el,noarch}/pcre-* | grep -v "debug")
```

4. Libsepol 软件包

制作和安装软件包的步骤如下：

```
rpmbuild --rebuild ${SOURCESDIR}/l/libsepol-3.0-3.fc32.src.rpm
sudo rpm -ivh $(ls ~/rpmbuild/RPMS/mips64el/libsepol-* | grep -v "debug")
```

5. Libgpg-error 软件包

制作和安装软件包的步骤如下：

```
rpmbuild --rebuild ${SOURCESDIR}/l/libgpg-error-1.36-3.fc32.src.rpm --nodeps
sudo rpm -ivh $(ls ~/rpmbuild/RPMS/mips64el/libgpg-error-* | grep -v "debug")
```

6. Libgcrypt 软件包

制作和安装软件包的步骤如下：

```
rpmbuild --rebuild ${SOURCESDIR}/l/libgcrypt-1.8.5-3.fc32.src.rpm --nodeps
sudo rpm -ivh $(ls ~/rpmbuild/RPMS/mips64el/libgcrypt-* | grep -v "debug")
```

7. Expect 软件包

制作和安装软件包的步骤如下：

```
rpmbuild --rebuild ${SOURCESDIR}/e/expect-5.45.4-11.fc32.src.rpm --nodeps
sudo rpm -ivh $(ls ~/rpmbuild/RPMS/mips64el/expect-* | grep -v "debug")
```

8. Screen 软件包

制作和安装软件包的步骤如下：

```
rpmbuild --rebuild ${SOURCESDIR}/s/screen-4.8.0-2.fc32.src.rpm --nodeps
sudo rpm -ivh $(ls ~/rpmbuild/RPMS/mips64el/screen-* | grep -v "debug") --nodeps
```

9. Dejagnu 软件包

制作和安装软件包的步骤如下：

```
rpmbuild --rebuild ${SOURCESDIR}/d/dejagnu-1.6.1-7.fc32.src.rpm
sudo rpm -ivh ~/rpmbuild/RPMS/noarch/dejagnu-*
```

10. Libffi 软件包

（1）修改 SPEC 描述文件

在 multilib_arches 中增加 %{mips64} 的架构支持。

增加修订版本号并保存文件。

（2）修改 ~/rpmbuild/SOURCES/ffi-multilib.h 文件

在其中加入以下内容：

```
#elif defined(__MIPSEL__) && defined (__mips64)
# if _MIPS_SIM == _ABI64
#include "ffi-mips64el.h"
# else
#include "ffi-mipsn32el.h"
# endif
#elif defined(__MIPSEL__)
#include "ffi-mipsel.h"
```

（3）修改 ~/rpmbuild/SOURCES/ffitarget-multilib.h 文件

在其中加入以下内容：

```
#elif defined(__MIPSEL__) && defined (__mips64)
# if _MIPS_SIM == _ABI64
#include "ffitarget-mips64el.h"
# else
#include "ffitarget-mipsn32el.h"
# endif
#elif defined(__MIPSEL__)
#include "ffitarget-mipsel.h"
```

（4）制作和重制 SRPM 文件

```
rpmbuild -ba ~/rpmbuild/SPECS/libffi.spec --nocheck
```

（5）安装软件包

```
sudo rpm -ivh $(ls ~/rpmbuild/RPMS/mips64el/libffi-* | grep -v "debug")
```

11. Lksctp-tools 软件包

制作和安装软件包的步骤如下：

```
rpmbuild --rebuild ${SOURCESDIR}/l/lksctp-tools-1.0.18-4.fc32.src.rpm
sudo rpm -ivh $(ls ~/rpmbuild/RPMS/mips64el/lksctp-tools-* | grep -v "debug")
```

12. OpenSSL 软件包

（1）修改 SPEC 描述文件

找到以下内容：

```
%ifarch mips mipsel
sslarch="linux-mips32 -mips32r2"
%endif
%ifarch mips64 mips64el
sslarch="linux64-mips64 -mips64r2"
%endif
```

修改为

```
%ifarch mips mipsel
sslarch="linux-mips32"
%endif
%ifarch mips64 mips64el
sslarch="linux64-mips64"
%endif
```

这是因为工具链设置了龙芯的专用指令集架构参数，所以原来设置的编译参数会出现不兼容的问题，去除不兼容的参数即可。

因为修改内容符合长期使用的条件，所以重制 SRPM 文件。

```
rpmbuild -bs ~/rpmbuild/SPECS/openssl.spec
```

重制的 SRPM 文件将存放在 ~/rpmbuild/SRPMS 目录中。

（2）制作和安装软件包

```
rpmbuild --rebuild ~/rpmbuild/SRPMS/openssl-1.1.1d-*.src.rpm --nodeps
sudo rpm -ivh $(ls ~/rpmbuild/RPMS/mips64el/openssl-* \
            | grep -v -e "debug" -e "perl") --nodeps
```

安装时特意去除了带有 perl 特征的文件，因为该文件安装存在运行依赖，且暂时不需要使用该文件，所以暂时不安装。

13. Libxml2 软件包

Libxml2、Python3、Expat、Xmlto 和 Libxslt 形成了一个循环依赖，我们要找一个突破口来解决这个循环依赖问题。综合考虑依赖问题的数量和功能影响，我们选择 Libxml2 软件包作为突破口进行解决。

（1）修改 SPEC 描述文件

目前安装在临时系统中的 Python 功能并不完整，某些时候这可能与完整功能的 Python 在生成文件方面会有所差异，导致在打包时出现与预期不同的情况。

根据临时 Python 的支持功能情况，需要修改 SPEC 描述文件，这次使用命令的方式修改文件，命令如下：

```
sed -i.orig "/__pycache/d" ~/rpmbuild/SPECS/libxml2.spec
```

该命令将去除__pycache 目录相关的处理过程和打包列表，原因是当前的临时 Python 不产生该目录。

（2）制作和安装软件包

```
rpmbuild -bb ~/rpmbuild/SPECS/libxml2.spec --nodeps
sudo rpm -ivh $(ls ~/rpmbuild/RPMS/mips64el/libxml2-* | grep -v -e "debug")
```

14. Libxslt 软件包

制作和安装软件包的步骤如下：

```
rpmbuild --rebuild ${SOURCESDIR}/l/libxslt-1.1.34-1.fc32.src.rpm
sudo rpm -ivh $(ls ~/rpmbuild/RPMS/mips64el/libxslt-* | grep -v -e "debug")
```

15. Sgml-common 软件包

制作和安装软件包的步骤如下：

```
rpmbuild --rebuild ${SOURCESDIR}/s/sgml-common-0.6.3-54.fc32.src.rpm
sudo rpm -ivh ~/rpmbuild/RPMS/noarch/{sg,x}ml-common-* --nodeps
```

16. Docbook-dtds 软件包

制作和安装软件包的步骤如下：

```
rpmbuild --rebuild ${SOURCESDIR}/d/docbook-dtds-1.0-75.fc32.src.rpm
sudo rpm -ivh ~/rpmbuild/RPMS/noarch/docbook-dtds-* --nodeps
```

17. Docbook-style-xsl 软件包

制作和安装软件包的步骤如下：

```
rpmbuild --rebuild ${SOURCESDIR}/d/docbook-style-xsl-1.79.2-11.fc32.src.rpm
sudo rpm -ivh ~/rpmbuild/RPMS/noarch/docbook-style-xsl-*
```

18. Xmlto 软件包

制作和安装软件包的步骤如下：

```
rpmbuild --rebuild ${SOURCESDIR}/x/xmlto-0.0.28-13.fc32.src.rpm --nodeps
sudo rpm -ivh $(ls ~/rpmbuild/RPMS/mips64el/xmlto-* | grep -v -e "debug") --nodeps
```

因为存在运行依赖问题，没有安装 noarch 目录时生成 xmlto 的包文件，安装上也不能使用，暂时不安装。

19. Expat 软件包

制作和安装软件包的步骤如下：

```
rpmbuild --rebuild ${SOURCESDIR}/e/expat-2.2.8-2.fc32.src.rpm
sudo rpm -ivh $(ls ~/rpmbuild/RPMS/mips64el/expat-* | grep -v "debug")
```

20. Python3 软件包

（1）修改 SPEC 描述文件

①针对平台系统表达式设置做一个修改，找到以下这行：

```
%global _configure $topdir/configure
```

在该行的下面加入以下这行：

```
sed -i "/mips64el-linux-gnu$/s@gnu@gnuabi64@g" %{_configure}
```

对配置脚本中平台系统表达式进行修改，是为了与本书定义的 64 位 MIPS 小端的平台表达式相匹配。

②修改一处软件包配置参数，找到以下这行：

```
--with-dtrace \
```

将其改为

```
--without-dtrace \
```

因为当前缺少相关软件包的支持，所以该修改将强制关闭 dtrace 的功能支持。

③去除与依赖相关的步骤和打包文件，分别找到以下两行内容并删除：

```
%gpgverify -k2 -s1 -d0
%{_datadir}/applications/idle3.desktop
```

这些都因缺少依赖条件而会导致制作出错。注意这两行内容并不在一起，应分别找到并删除。

修改后保存文件并退出编辑状态。

④去除一些模块文件的制作和打包，通过如下命令修改一些内容：

```
sed -i -e "/_uuid\./d" -e "/_tkinter\./d" -e "/nis\./d" \
    -e "/desktop-file-install/d" -e "/appstream-util/d" ~/rpmbuild/SPECS/python3.spec
```

该命令的修改是因为当前还不能全部满足制作 Python3 的依赖条件，有些模块文件会因为缺少安装依赖条件而没有生成，我们需要暂时从打包文件的列表中删除这些文件。

（2）制作软件包

```
rpmbuild -bb ~/rpmbuild/SPECS/python3.spec --without rpmwheels --nodeps --nocheck
```

本次制作过程中有部分测试内容因为依赖条件不满足而出现错误，从而导致制作失败，所以我们这次跳过测试完成制作。

- --without rpmwheels：该制作参数的设置可以在本次制作中去除与 RPM 包管理工具相关的部分文件，因为目标系统中还没有制作和安装 RPM 软件包。

（3）安装软件包

```
sudo rpm -ivh $(ls ~/rpmbuild/RPMS/mips64el/python3*-3.8.2-* | grep -v "debug")
```

> **注意：**
> 筛选文件名时加上版本号，避免意外安装了不是该软件包生成的文件。

21. Libxml2

当循环依赖被解决后，就可以尝试重新编译 Libxml2 软件包，以让循环依赖恢复。

制作和安装软件包的步骤如下：

```
rpmbuild --rebuild ${SOURCESDIR}/l/libxml2-2.9.10-3.fc32.src.rpm --nodeps
sudo rpm -ivh $(ls ~/rpmbuild/RPMS/mips64el/libxml2-* | grep -v "debug")
```

22. NSS 软件包

（1）修改 SPEC 描述文件

通过查看 SPEC 描述文件，我们会发现该软件包与 NSPR 软件包类似，需要使用 Xmlto 软件包提供的命令对某些步骤进行处理，在制作 NSPR 软件包时我们去除了相关的步骤。

目前已经完成了 Xmlto 软件包的安装和制作，不再需要对使用 xmlto 命令的步骤进行处理了，这就使得在逐步完善系统中的软件包的同时各种依赖条件得以解决，最终可以在满足全部依赖后重新编译软件包来完成依赖关系的恢复。

①编译参数的设置。

虽然该软件包的依赖问题不需要修改了，但是还需要处理一些在制作过程中可能产生的错误，以下增加的一行设置是为解决编译过程中因强制语法检查而产生的错误。

```
export XCFLAGS="$XCFLAGS -Wno-error=unused-function"
```

保存修改的文件并退出编辑状态。

②使用命令删除一些影响制作的内容。

```
sed -i -e "/\/shlibsign -i/d" -e "/.chk$/d" ~/rpmbuild/SPECS/nss.spec
```

去除对一些库文件生成校验文件的过程，这部分步骤可能导致制作过程中出现错误，进而导致制作失败，去除后并不影响软件包的功能。

（2）制作和安装软件包

该软件包第一次制作的时候会存在自依赖，好在自依赖可以通过强制编译忽略。

```
rpmbuild -bb ~/rpmbuild/SPECS/nss.spec --nodeps
sudo rpm -ivh $(ls ~/rpmbuild/RPMS/mips64el/nss-* | grep -v -e "debug") --nodeps
```

制作中的测试过程会比较耗时，请耐心等待完成，如果不想等待可以通过 --nocheck 参数跳过测试阶段。

23. PCRE2 软件包

（1）修改 SPEC 描述文件

PCRE2 软件包的依赖条件中有 gnupg2，前面也遇到过几次同样的依赖条件，这次采用命令的方式对 SPEC 描述文件进行修改。

```
sed -i "/gpgverify/d" ~/rpmbuild/SPECS/pcre2.spec
```

去除校验源代码的步骤即可进行制作。

（2）制作和安装软件包

```
rpmbuild -bb ~/rpmbuild/SPECS/pcre2.spec --nodeps --nocheck
sudo rpm -ivh $(ls ~/rpmbuild/RPMS/{mips64el,noarch}/pcre2-* | grep -v -e "debug")
```

24. LZO 软件包

制作和安装软件包的步骤如下：

```
rpmbuild --rebuild ${SOURCESDIR}/l/lzo-2.10-2.fc32.src.rpm
sudo rpm -ivh $(ls ~/rpmbuild/RPMS/mips64el/lzo-* | grep -v "debug")
```

25. LibICU 软件包

（1）修改 SPEC 描述文件

查找并删除以下这行内容：

```
%doc source/__docs/%{name}/html/*
```

删除这行的原因是该软件包使用 doxygen 命令制作文档文件，但该命令还没有安装在系统中，无法正确地完成文档创建，从而会导致打包时出现错误。

（2）制作和安装软件包

```
rpmbuild -bb  ~/rpmbuild/SPECS/icu.spec  --nodeps
sudo rpm -ivh $(ls ~/rpmbuild/RPMS/mips64el/{lib,}icu-* | grep -v "debug")
```

26. Boost 软件包

（1）制作软件包

虽然 Boost 软件包有几个依赖条件，且都还没有安装到系统中，但这些依赖条件都不是核心依赖，可以通过放弃部分功能模块的方式完成制作，使用如下制作命令：

```
rpmbuild --rebuild ${SOURCESDIR}/b/boost-1.69.0-15.fc32.src.rpm \
                    --without mpich --without openmpi --without python3
```

- --without mpich：不启用支持 mpich 的接口功能。
- --without openmpi：不启用支持 openmpi 的接口功能。
- --without python3：不启用支持 python3 的接口功能，因当前 Python 还缺少一些模块支持。

（2）安装软件包

```
sudo rpm -ivh $(ls ~/rpmbuild/RPMS/mips64el/boost-* | grep -v "debug")
```

27. CMake 软件包

（1）制作软件包

如果不加制作参数会出现大量的依赖问题，这些依赖条件中还会有数个循环依赖，但好在这些依赖条件都不是核心依赖。使用以下制作命令可以完成制作过程：

```
rpmbuild --rebuild ${SOURCESDIR}/c/cmake-3.17.0-1.fc32.src.rpm \
                    --without gui --without emacs --without rpm \
                    --without X11-test --without sphinx --nodeps
```

- --without gui：关闭图形化的功能。
- --without emacs：不制作 Emacs 的接口文件。
- --without rpm：不制作与 RPM 包管理工具相关的部分，因为目标系统中还未安装 RPM 包管理工具，同时该设置也会将 Python 支持取消。
- --without X11-test：既然关闭了图形化的功能，那么也关闭图形测试功能。
- --without sphinx：不使用 Sphinx 工具制作文档文件，因为相关工具还没有制作和安装到系统中。

（2）安装软件包

```
sudo rpm -ivh $(ls ~/rpmbuild/RPMS/{mips64el,noarch}/cmake-* | grep -v "debug") --nodeps
```

28. Hostname 软件包

制作和安装软件包的步骤如下：

```
rpmbuild --rebuild ${SOURCESDIR}/h/hostname-3.23-2.fc32.src.rpm
sudo rpm -ivh $(ls ~/rpmbuild/RPMS/mips64el/hostname-* | grep -v "debug")
```

29. Coreutils 软件包

（1）制作软件包

Coreutils 软件包提供了大量的常用命令，在制作时发现有许多依赖目前还没有满足，但是该软件包可以通过强制编译来完成，源代码配置过程中会自动去除没有满足依赖而不能使用的命令。

```
rpmbuild --rebuild ${SOURCESDIR}/c/coreutils-8.32-3.fc32.1.src.rpm --nodeps --nocheck
```

在当前缺少依赖条件的情况下，测试过程中会有部分测试无法完成，这里使用 --nocheck 参数跳过测试过程。

（2）安装软件包

```
sudo rpm -ivh $(ls ~/rpmbuild/RPMS/mips64el/coreutils-* | grep -v -e "debug" -e "single")
```

该软件包生成的文件中存在两个相互冲突的文件：coreutils 和 coreutils-single，这两个文件只能安装其中之一，因为我们选择安装 coreutils，所以从安装文件列表中去除带有 "single" 关键字的文件。

30. Python-Setuptools 软件包

制作和安装软件包的步骤如下：

```
rpmbuild --rebuild ${SOURCESDIR}/p/python-setuptools-41.6.0-2.fc32.src.rpm --without tests
sudo rpm -ivh ~/rpmbuild/RPMS/noarch/python3-setuptools-*
```

31. Re2c 软件包

制作和安装软件包的步骤如下：

```
rpmbuild --rebuild ${SOURCESDIR}/r/re2c-1.1.1-4.fc32.src.rpm
sudo rpm -ivh $(ls ~/rpmbuild/RPMS/mips64el/re2c-* | grep -v "debug")
```

32. Ninja-Build 软件包

（1）修改 SPEC 描述文件

```
sed -i "s@{rpmmacrodir}@{_rpmmacrodir}@g" ~/rpmbuild/SPECS/ninja-build.spec
```

修改与 RPM 包管理工具相关的配置文件并安装到临时系统中，这是因为当前使用的 RPM 包管理工具是临时系统提供的，只有把配置文件安装到临时系统对应的目录中才可以生效。

（2）制作和安装软件包

```
rpmbuild -bb ~/rpmbuild/SPECS/ninja-build.spec
sudo rpm -ivh $(ls ~/rpmbuild/RPMS/mips64el/ninja-build-* | grep -v "debug")
```

33. Meson 软件包

（1）制作和安装软件包

```
rpmbuild --rebuild ${SOURCESDIR}/m/meson-0.54.0-1.fc32.src.rpm
```

```
sudo rpm -ivh ~/rpmbuild/RPMS/noarch/meson-*
```

（2）复制包制作配置文件

Meson 软件包提供了供 RPM 包制作工具使用的配置文件，但因其安装到了目标系统中，暂时无法使用，可使用如下命令将配置文件复制到临时系统的 RPM 配置目录中：

```
sudo cp -aiv /usr/lib/rpm/macros.d/macros.meson /tools/lib/rpm/macros.d/
```

这样之后有软件包在制作时使用到为 meson 命令设置的变量就不会出错了。

34. Dos2unix 软件包

制作和安装软件包的步骤如下：

```
rpmbuild --rebuild ${SOURCESDIR}/d/dos2unix-7.4.1-2.fc32.src.rpm --nodeps
sudo rpm -ivh $(ls ~/rpmbuild/RPMS/mips64el/dos2unix-* | grep -v "debug")
```

35. Swig 软件包

（1）制作软件包

```
rpmbuild --rebuild ${SOURCESDIR}/s/swig-4.0.1-7.fc32.src.rpm --without testsuite --nodeps
```

- --without testsuite：关闭测试步骤，因为测试过程中有大量的依赖条件无法满足，无法成功完成测试，关闭测试也会同时将这些依赖条件去除。

（2）安装软件包

```
sudo rpm -ivh $(ls ~/rpmbuild/RPMS/mips64el/{ccache-,}swig-* | grep -v "debug")
```

36. Less 软件包

制作和安装软件包的步骤如下：

```
rpmbuild --rebuild ${SOURCESDIR}/l/less-551-3.fc32.src.rpm
sudo rpm -ivh $(ls ~/rpmbuild/RPMS/mips64el/less-* | grep -v "debug")
```

37. Gzip 软件包

制作和安装软件包的步骤如下：

```
rpmbuild --rebuild ${SOURCESDIR}/g/gzip-1.10-2.fc32.src.rpm
sudo rpm -ivh $(ls ~/rpmbuild/RPMS/mips64el/gzip-* | grep -v "debug")
```

38. Libpaper 软件包

制作和安装软件包的步骤如下：

```
rpmbuild --rebuild ${SOURCESDIR}/l/libpaper-1.1.24-26.fc32.src.rpm --nodeps
sudo rpm -ivh $(ls ~/rpmbuild/RPMS/mips64el/libpaper-* | grep -v "debug")
```

39. Chrpath 软件包

（1）修改 SPEC 描述文件

在 %install 标记段的最后加上以下步骤：

```
%ifarch %{mips}
mv %{buildroot}/%{_bindir}/chrpath{,-orig}
cat > %{buildroot}/%{_bindir}/chrpath << "EOF"
#!/bin/sh
exit 0
EOF
%endif
chmod +x %{buildroot}/%{_bindir}/chrpath
```

修改打包文件列表，找到以下这行内容。

```
%{_bindir}/chrpath
```

修改为

```
%{_bindir}/chrpath*
```

增加修订版本号并保存文件。

（2）重新制作 SRPM 文件

```
rpmbuild -bs ~/rpmbuild/SPECS/chrpath.spec
```

（3）制作和安装软件包

```
rpmbuild --rebuild ~/rpmbuild/SRPMS/chrpath-*
sudo rpm -ivh $(ls ~/rpmbuild/RPMS/mips64el/chrpath-* | grep -v "debug")
```

40. Psutils 软件包

制作和安装软件包的步骤如下：

```
rpmbuild --rebuild ${SOURCESDIR}/p/psutils-1.23-17fc32.src.rpm --nodeps
sudo rpm -ivh $(ls ~/rpmbuild/RPMS/{mips64el,noarch}/psutils-* | grep -v "debug")
```

41. Libedit 软件包

制作和安装软件包的步骤如下：

```
rpmbuild --rebuild ${SOURCESDIR}/l/libedit-3.1-32.20191231cvs.fc32.src.rpm --nodeps
sudo rpm -ivh $(ls ~/rpmbuild/RPMS/mips64el/libedit-* | grep -v "debug")
```

42. multilib-rpm-config 软件包

制作和安装软件包的步骤如下：

```
rpmbuild --rebuild ${SOURCESDIR}/m/multilib-rpm-config-1-15.fc32.src.rpm
sudo rpm -ivh ~/rpmbuild/RPMS/noarch/multilib-rpm-config-*
```

43. LLVM 软件包

（1）增加补丁文件

0001-llvm-10.0.0-add-gs464v-support.patch：用于增加对龙芯 3A4000 的 gs464v

架构支持。

（2）修改 SPEC 描述文件

①增加龙芯相关的编译参数。

找到以下内容：

```
%cmake .. -G Ninja \
        -DBUILD_SHARED_LIBS:BOOL=OFF \
```

更改为

```
%cmake .. -G Ninja \
%ifarch %{mips}
        -DLLVM_HOST_TRIPLE=%{_host} \
%endif
        -DBUILD_SHARED_LIBS:BOOL=OFF \
```

这样可以指定当前编译 LLVM 使用的架构平台系统表达式与 GCC 一致，以便 LLVM 使用 GCC 提供的头文件和库文件。

增加编译参数所使用的架构条件，找到以下内容：

```
%ifarch s390 %{arm} %ix86
        -DCMAKE_C_FLAGS_RELWITHDEBINFO="%{optflags} -DNDEBUG" \
        -DCMAKE_CXX_FLAGS_RELWITHDEBINFO="%{optflags} -DNDEBUG" \
%endif
```

在架构条件中增加 %{mips}，以便在龙芯机器上设置编译时使用的参数。

②去除对 python-sphinx 的依赖。

找到以下这几行内容并删除。

```
-DLLVM_ENABLE_SPHINX:BOOL=ON \
-DSPHINX_WARNINGS_AS_ERRORS=OFF \
-DLLVM_INSTALL_SPHINX_HTML_DIR=%{_pkgdocdir}/html \
-DSPHINX_EXECUTABLE=%{_bindir}/sphinx-build-3
```

> **注意：**
> 以上这几行并不都在一起，需要单独找到对应行并进行删除。

Sphinx 用来生成文档文件，因为文档的缺失并不会影响软件包的功能，所以在破坏依赖的选择中去除文档是优先考虑的方式。

当然没有生成文档步骤的话要对应去除一些文档处理的步骤，找到以下内容并删除。

```
ln -s llvm-config.1 %{buildroot}%{_mandir}/man1/llvm-config-%{__isa_bits}.1
mv %{buildroot}%{_mandir}/man1/tblgen.1 %{buildroot}%{_mandir}/man1/llvm-tblgen.1
```

还需要去除这些没生成的文档文件的打包文件列表，分别找到以下内容并删除。

```
%exclude %{_mandir}/man1/llvm-config*
%{_mandir}/man1/*
%{_mandir}/man1/llvm-config*
%files doc
%doc %{_pkgdocdir}/html
```

以上内容不在一起，需要分别找出进行删除。

（3）制作和安装软件包

```
rpmbuild -bb ~/rpmbuild/SPECS/llvm.spec --nodeps --nocheck
sudo rpm -ivh $(ls ~/rpmbuild/RPMS/mips64el/llvm-* | grep -v "debug") --nodeps
```

安装时会有两个依赖问题。

一个是 python3-lit，这个依赖条件是运行依赖，提供该依赖条件的 Python-Lit 软件包与 LLVM 形成了相互依赖，故这里通过强制安装来破坏相互依赖。

另一个是没有 /usr/sbin/alternatives 命令的问题，该问题会导致 LLVM 安装后不会自动生成 llvm-config 命令的链接。我们需要手工强制创建命令，使用如下命令：

```
sudo ln -sv llvm-config-64 /usr/bin/llvm-config
```

44. Python-Lit 软件包

制作和安装软件包的步骤如下：

```
rpmbuild --rebuild ${SOURCESDIR}/p/python-lit-0.9.0-4.fc32.src.rpm
sudo rpm -ivh ~/rpmbuild/RPMS/noarch/python3-lit-*
```

该软件包的安装将恢复与 LLVM 软件包安装时的循环依赖。

45. Clang 软件包

（1）增加补丁文件

0001-clang-add-gs464v-support.patch：用于增加对龙芯 3A4000 的 gs464v 架构支持。

（2）修改 SPEC 描述文件

去除对 python-sphinx 的依赖，找到以下这几行内容并删除。

```
-DLLVM_BUILD_DOCS=ON \
-DLLVM_ENABLE_SPHINX=ON \
-DSPHINX_WARNINGS_AS_ERRORS=OFF \
```

同时要去除对文档文件打包的文件列表，找到以下几行内容并删除。

```
%{_mandir}/man1/clang.1.gz
%{_mandir}/man1/diagtool.1.gz
```

（3）制作和安装软件包

```
rpmbuild -bb ~/rpmbuild/SPECS/clang.spec --nodeps
sudo rpm -ivh $(ls ~/rpmbuild/RPMS/{mips64el,noarch}/clang-* | grep -v "debug") --nodeps
```

46. Ccache 软件包

制作和安装软件包的步骤如下：

```
rpmbuild --rebuild ${SOURCESDIR}/c/ccache-3.7.7-1.fc32.src.rpm
sudo rpm -ivh $(ls ~/rpmbuild/RPMS/mips64el/ccache-3.* | grep -v "debug") --nodeps
```

因为之前有软件包生成的文件名以 ccache 开头，所以安装时将版本号加入匹配条件。

47. Nasm 软件包

制作和安装软件包的步骤如下：

```
rpmbuild --rebuild ${SOURCESDIR}/n/nasm-2.14.02-3.fc32.src.rpm \
                   --without documentation --nodeps
sudo rpm -ivh $(ls ~/rpmbuild/RPMS/mips64el/nasm-* | grep -v "debug")
```

- --without documentation：Nasm 软件包提供了 documentation 变量的设置，可以用来去除大量文档制作需要的依赖条件。

48. Gperf 软件包

制作和安装软件包的步骤如下：

```
rpmbuild --rebuild ${SOURCESDIR}/g/gperf-3.1-9.fc32.src.rpm
sudo rpm -ivh $(ls ~/rpmbuild/RPMS/mips64el/gperf-* | grep -v "debug")
```

49. Libutempter 软件包

制作和安装软件包的步骤如下：

```
rpmbuild --rebuild ${SOURCESDIR}/l/libutempter-1.1.6-18.fc32.src.rpm
sudo rpm -ivh $(ls ~/rpmbuild/RPMS/mips64el/libutempter-* | grep -v "debug") --nodeps
```

50. Libpipeline 软件包

制作和安装软件包的步骤如下：

```
rpmbuild --rebuild ${SOURCESDIR}/l/libpipeline-1.5.2-2.fc32.src.rpm
sudo rpm -ivh $(ls ~/rpmbuild/RPMS/mips64el/libpipeline-* | grep -v "debug")
```

9.2.4 图形相关软件包

这部分将制作一些最基础的图形相关的软件包，以及与之相关的依赖软件包。为了保证能顺利地完成这些图形软件包的制作和安装，在制作过程中会穿插制作一些虽然与图形无关却是一些图形相关软件包所依赖的软件包。

1. Giflib 软件包

制作和安装软件包的步骤如下：

```
rpmbuild --rebuild ${SOURCESDIR}/g/giflib-5.2.1-4.fc32.src.rpm
sudo rpm -ivh $(ls ~/rpmbuild/RPMS/mips64el/giflib-* | grep -v "debug")
```

2. Libpng 软件包

制作和安装软件包的步骤如下：

```
rpmbuild --rebuild ${SOURCESDIR}/l/libpng-1.6.37-3.fc32.src.rpm
sudo rpm -ivh $(ls ~/rpmbuild/RPMS/mips64el/libpng-* | grep -v "debug") --nodeps
```

3. Libjpeg-turbo 软件包

制作和安装软件包的步骤如下：

```
rpmbuild --rebuild ${SOURCESDIR}/l/libjpeg-turbo-2.0.4-1.fc32.src.rpm
sudo rpm -ivh $(ls ~/rpmbuild/RPMS/mips64el/{lib,turbo}jpeg-* | grep -v "debug")
```

4. Jbigkit 软件包

制作和安装软件包的步骤如下：

```
rpmbuild --rebuild ${SOURCESDIR}/j/jbigkit-2.1-18.fc32.src.rpm
sudo rpm -ivh $(ls ~/rpmbuild/RPMS/mips64el/jbigkit-* | grep -v "debug")
```

5. Libtiff 软件包

制作和安装软件包的步骤如下：

```
rpmbuild --rebuild ${SOURCESDIR}/l/libtiff-4.1.0-2.fc32.src.rpm
sudo rpm -ivh $(ls ~/rpmbuild/RPMS/mips64el/libtiff-* | grep -v "debug")
```

6. Lcms2 软件包

制作和安装软件包的步骤如下：

```
rpmbuild --rebuild ${SOURCESDIR}/l/lcms2-2.9-7.fc32.src.rpm
sudo rpm -ivh $(ls ~/rpmbuild/RPMS/mips64el/lcms2-* | grep -v "debug")
```

7. Libmng 软件包

制作和安装软件包的步骤如下：

```
rpmbuild --rebuild ${SOURCESDIR}/l/libmng-2.0.3-11.fc32.src.rpm
sudo rpm -ivh $(ls ~/rpmbuild/RPMS/mips64el/libmng-* | grep -v "debug")
```

8. Xorg-X11-Util-Macros 软件包

制作和安装软件包的步骤如下：

```
rpmbuild --rebuild ${SOURCESDIR}/x/xorg-x11-util-macros-1.19.2-6.fc32.src.rpm
sudo rpm -ivh ~/rpmbuild/RPMS/noarch/xorg-x11-util-macros-*
```

9. Xorg-X11-Proto-Devel 软件包

制作和安装软件包的步骤如下：

```
rpmbuild --rebuild ${SOURCESDIR}/x/xorg-x11-proto-devel-2019.1-3.fc32.src.rpm
sudo rpm -ivh ~/rpmbuild/RPMS/noarch/xorg-x11-proto-devel-*
```

10. LibXau 软件包

制作和安装软件包的步骤如下：

```
rpmbuild --rebuild ${SOURCESDIR}/l/libXau-1.0.9-3.fc32.src.rpm
sudo rpm -ivh $(ls ~/rpmbuild/RPMS/mips64el/libXau-* | grep -v "debug")
```

11. LibXdmcp 软件包

制作和安装软件包的步骤如下：

```
rpmbuild --rebuild ${SOURCESDIR}/l/libXdmcp-1.1.3-3.fc32.src.rpm
sudo rpm -ivh $(ls ~/rpmbuild/RPMS/mips64el/libXdmcp-* | grep -v "debug")
```

12. XCB-Proto 软件包

制作和安装软件包的步骤如下：

```
rpmbuild --rebuild ${SOURCESDIR}/x/xcb-proto-1.13-10.fc32.src.rpm
sudo rpm -ivh ~/rpmbuild/RPMS/noarch/xcb-proto-*
```

13. LibXCB 软件包

制作和安装软件包的步骤如下：

```
rpmbuild --rebuild ${SOURCESDIR}/l/libxcb-1.13.1-4.fc32.src.rpm --nodeps
sudo rpm -ivh $(ls ~/rpmbuild/RPMS/mips64el/libxcb-* | grep -v "debug")
```

14. Xorg-X11-Xtrans-Devel 软件包

制作和安装软件包的步骤如下：

```
rpmbuild --rebuild ${SOURCESDIR}/x/xorg-x11-xtrans-devel-1.4.0-3.fc32.src.rpm
sudo rpm -ivh ~/rpmbuild/RPMS/noarch/xorg-x11-xtrans-devel-*
```

15. LibX11 软件包

制作和安装软件包的步骤如下：

```
rpmbuild --rebuild ${SOURCESDIR}/l/libX11-1.6.9-3.fc32.src.rpm
sudo rpm -ivh $(ls ~/rpmbuild/RPMS/{mips64el,noarch}/libX11-* | grep -v "debug")
```

16. Freetype 软件包

制作和安装软件包的步骤如下：

```
rpmbuild --rebuild ${SOURCESDIR}/f/freetype-2.10.1-2.fc32.src.rpm
sudo rpm -ivh $(ls ~/rpmbuild/RPMS/mips64el/freetype-* | grep -v "debug") --nodeps
```

17. Fonts-Rpm-Macros 软件包

（1）制作和安装软件包

```
rpmbuild --rebuild ${SOURCESDIR}/f/fonts-rpm-macros-2.0.3-1.fc32.src.rpm
sudo rpm -ivh ~/rpmbuild/RPMS/noarch/fonts-*-2.0.3*  --nodeps
```

该软件包生成的文件新生成的依赖条件与 Fontconfig 软件包产生了相互依赖，所以只能采用强制方式安装软件包。

（2）RPM 包管理工具配置文件的设置

由于该软件包安装的 RPM 配置文件都存放在 /usr/lib/rpm/macros.d 目录中，我们需要把安装的文件复制到临时系统中，以便当前的 RPM 包制作工具可以使用。

```
sudo cp -a /usr/lib/rpm/macros.d/macros.fonts-* /tools/lib/rpm/macros.d/ -iv
```

该软件包与 Fontconfig 软件包存在相互依赖，这也是因为 Fontconfig 软件包在制作时用到了 Fonts-Rpm-Macros 软件包安装的 RPM 配置文件。

18. Fontconfig 软件包

Fontconfig 软件包与 Font-Rpm-Macros 软件包之间的相互依赖因后者已经安装而被破坏了，因此我们就可以顺利地进行前者的制作了。制作和安装软件包的步骤如下：

```
rpmbuild --rebuild ${SOURCESDIR}/f/fontconfig-2.13.92-8.fc32.src.rpm --nodeps
sudo rpm -ivh $(ls ~/rpmbuild/RPMS/mips64el/fontconfig-* | grep -v "debug") --nodeps
```

19. Pixman 软件包

制作和安装软件包的步骤如下：

```
rpmbuild --rebuild ${SOURCESDIR}/p/pixman-0.38.4-2.fc32.src.rpm
sudo rpm -ivh $(ls ~/rpmbuild/RPMS/mips64el/pixman-* | grep -v "debug")
```

20. Libimagequant 软件包

（1）修改 SPEC 描述文件

在 %prep 标记段里加入以下步骤：

```
sed -i "/libdir/s@lib\$@%{_lib}@g" imagequant.pc.in
```

该修改是为了制作时在多库共存的情况下使用正确目录中的文件。

增加修订版本号并保存文件，然后重制 SRPM 软件包。

（2）制作和安装软件包

```
rpmbuild --rebuild ~/rpmbuild/SRPMS/libimagequant-2.12.6-*.src.rpm
sudo rpm -ivh $(ls ~/rpmbuild/RPMS/mips64el/libimagequant-* | grep -v "debug")
```

21. LibICE 软件包

制作和安装软件包的步骤如下：

```
rpmbuild --rebuild ${SOURCESDIR}/l/libICE-1.0.10-3.fc32.src.rpm
sudo rpm -ivh $(ls ~/rpmbuild/RPMS/mips64el/libICE-* | grep -v "debug")
```

22. LibSM 软件包

（1）修改 SPEC 描述文件

将配置脚本参数 --with-libuuid 改成 --without-libuuid，以忽略对 libuuid 的依赖条件。

（2）制作和安装软件包

```
rpmbuild -bb ~/rpmbuild/SPECS/libSM.spec  --nodeps
sudo rpm -ivh $(ls ~/rpmbuild/RPMS/mips64el/libSM-* | grep -v "debug")
```

23. LibXrender 软件包

制作和安装软件包的步骤如下：

```
rpmbuild --rebuild ${SOURCESDIR}/l/libXrender-0.9.10-11.fc32.src.rpm
sudo rpm -ivh $(ls ~/rpmbuild/RPMS/mips64el/libXrender-* | grep -v "debug")
```

24. LibXext 软件包

制作和安装软件包的步骤如下：

```
rpmbuild --rebuild ${SOURCESDIR}/l/libXext-1.3.4-3.fc32.src.rpm
sudo rpm -ivh $(ls ~/rpmbuild/RPMS/mips64el/libXext-* | grep -v "debug")
```

25. LibXt 软件包

制作和安装软件包的步骤如下：

```
rpmbuild --rebuild ${SOURCESDIR}/l/libXt-1.2.0-1.fc32.src.rpm
sudo rpm -ivh $(ls ~/rpmbuild/RPMS/mips64el/libXt-* | grep -v "debug")
```

26. LibXpm 软件包

制作和安装软件包的步骤如下：

```
rpmbuild --rebuild ${SOURCESDIR}/l/libXpm-3.5.13-2.fc32.src.rpm --nodeps
sudo rpm -ivh $(ls ~/rpmbuild/RPMS/mips64el/libXpm-* | grep -v "debug")
```

27. LibXmu 软件包

制作和安装软件包的步骤如下：

```
rpmbuild --rebuild ${SOURCESDIR}/l/libXmu-1.1.3-3.fc32.src.rpm
sudo rpm -ivh $(ls ~/rpmbuild/RPMS/mips64el/libXmu-* | grep -v "debug")
```

28. LibXaw 软件包

制作和安装软件包的步骤如下：

```
rpmbuild --rebuild ${SOURCESDIR}/l/libXaw-1.0.13-14.fc32.src.rpm --nodeps
sudo rpm -ivh $(ls ~/rpmbuild/RPMS/mips64el/libXaw-* | grep -v "debug")
```

29. LibXfixes 软件包

制作和安装软件包的步骤如下：

```
rpmbuild --rebuild ${SOURCESDIR}/1/libXfixes-5.0.3-11.fc32.src.rpm
sudo rpm -ivh $(ls ~/rpmbuild/RPMS/mips64el/libXfixes-* | grep -v "debug")
```

30. LibXi 软件包

制作和安装软件包的步骤如下：

```
rpmbuild --rebuild ${SOURCESDIR}/1/libXi-1.7.10-3.fc32.src.rpm --nodeps
sudo rpm -ivh $(ls ~/rpmbuild/RPMS/mips64el/libXi-* | grep -v "debug")
```

31. LibXft 软件包

制作和安装软件包的步骤如下：

```
rpmbuild --rebuild ${SOURCESDIR}/1/libXft-2.3.3-3.fc32.src.rpm
sudo rpm -ivh $(ls ~/rpmbuild/RPMS/mips64el/libXft-* | grep -v "debug")
```

32. LibXinerama 软件包

制作和安装软件包的步骤如下：

```
rpmbuild --rebuild ${SOURCESDIR}/1/libXinerama-1.1.4-5.fc32.src.rpm
sudo rpm -ivh $(ls ~/rpmbuild/RPMS/mips64el/libXinerama-* | grep -v "debug")
```

33. LibXtst 软件包

制作和安装软件包的步骤如下：

```
rpmbuild --rebuild ${SOURCESDIR}/1/libXtst-1.2.3-11.fc32.src.rpm
sudo rpm -ivh $(ls ~/rpmbuild/RPMS/mips64el/libXtst-* | grep -v "debug")
```

34. Glib2 软件包

（1）修改 SPEC 描述文件

去除尚未满足的依赖条件，找到以下配置参数内容。

```
-Ddtrace=true \
-Dsystemtap=true \
-Dgtk_doc=true \
-Dfam=true \
```

修改为

```
-Ddtrace=false \
-Dsystemtap=false \
-Dgtk_doc=false \
-Dfam=false \
```

修改上述参数后还需要增加配置参数。

```
-Dlibmount=disabled \
-Dselinux=disabled \
```

去除依赖条件的同时还要删除相关的操作步骤和打包文件列表。找到以下这些内容并删除。

```
touch %{buildroot}%{_libdir}/gio/modules/giomodule.cache


%dir %{_libdir}/gio
%dir %{_libdir}/gio/modules
%{_datadir}/systemtap/


%files doc
%doc %{_datadir}/gtk-doc/html/*


%files fam
%{_libdir}/gio/modules/libgiofam.so
```

但需要注意这些内容并不全在一起，部分内容需要单独找出并进行删除。

（2）制作和安装软件包

```
rpmbuild -bb ~/rpmbuild/SPECS/glib2.spec  --nodeps
sudo rpm -ivh $(ls ~/rpmbuild/RPMS/mips64el/glib2-* | grep -v "debug") --nodeps
```

35. Cairo 软件包

（1）修改 SPEC 描述文件

①去除对 Libsvg 软件包的依赖。

将 --enable-libsvg 修改为 --disable-libsvg，并删除以下打包文件列表。

```
%{_includedir}/cairo/cairo-svg.h
%{_libdir}/pkgconfig/cairo-svg.pc
```

②修正对 BFD 头文件的引用。

在配置参数中增加 ac_cv_header_bfd_h=no 可避免使用 Binutils 软件包安装的 BFD 头文件，因为该软件包存在代码兼容问题，当探测到该头文件并且其被使用了时，可能导致该软件包编译失败。

也可以通过卸载 binutils-devel 来达到相同的目的，若卸载该软件包则可以不增加上述配置参数。

（2）制作和安装软件包

```
rpmbuild -bb ~/rpmbuild/SPECS/cairo.spec  --nodeps
sudo rpm -ivh $(ls ~/rpmbuild/RPMS/mips64el/cairo-* | grep -v "debug")
```

36. GD 软件包

（1）修改 SPEC 描述文件

在 %prep 标记段内加入以下步骤：

```
sed -i "/gd_lib_ldflags/s@/lib@/%{_lib}@g" configure.ac
```

该步骤用来保证在多库的系统环境中使用正确的目录，必须加在 autoreconf 命令之前才有效。

（2）制作和安装软件包

```
rpmbuild -ba~/rpmbuild/SPECS/gd.spec --nodeps --nocheck
sudo rpm -ivh $(ls ~/rpmbuild/RPMS/mips64el/gd-* | grep -v "debug") --nodeps
```

37. Libcroco 软件包

制作和安装软件包的步骤如下：

```
rpmbuild --rebuild ${SOURCESDIR}/l/libcroco-0.6.13-3.fc32.src.rpm
sudo rpm -ivh $(ls ~/rpmbuild/RPMS/mips64el/libcroco-* | grep -v "debug")
```

38. Jbig2dec 软件包

制作和安装软件包的步骤如下：

```
rpmbuild --rebuild ${SOURCESDIR}/j/jbig2dec-0.17-4.fc32.src.rpm
sudo rpm -ivh $(ls ~/rpmbuild/RPMS/mips64el/jbig2dec-* | grep -v "debug")
```

39. OpenJPEG2 软件包

（1）修改 SPEC 描述文件

该软件包需要的文档制作工具暂时还没有安装在系统中，制作过程中将不产生文档手册文件，需要去除这些文件的打包列表，找到以下内容并删除。

```
%files devel-docs
%doc %{_target_platform}/doc/html
```

（2）制作和安装软件包

```
rpmbuild -bb ~/rpmbuild/SPECS/openjpeg2.spec --nodeps
sudo rpm -ivh $(ls ~/rpmbuild/RPMS/mips64el/openjpeg2-* | grep -v "debug")
```

40. Graphite2 软件包

（1）修改 SPEC 描述文件

该文件因系统中缺少相应的文档制作工具会导致手册文档制作失败，找到以下制作文档的步骤并删除。

```
make docs
sed -i -e 's!<a id="id[a-z]*[0-9]*"></a>!!g' doc/manual.html
```

同时删除文档文件的打包列表。找到以下内容并删除。

```
%doc doc/manual.html
```

（2）制作和安装软件包

```
rpmbuild -bb ~/rpmbuild/SPECS/graphite2.spec --nodeps --nocheck
sudo rpm -ivh $(ls ~/rpmbuild/RPMS/mips64el/graphite2-* | grep -v "debug")
```

41. Python-Mako 软件包

制作和安装软件包的步骤如下:

```
rpmbuild --rebuild ${SOURCESDIR}/p/python-mako-1.1.1-1.fc32.src.rpm --nodeps --nocheck
rpm -ivh ~/rpmbuild/RPMS/noarch/python3-mako-*
```

42. Gobject-Introspection 软件包

（1）修改 SPEC 描述文件

去除制作文档的配置参数，找到以下内容:

```
%meson -Ddoctool=enabled -Dgtk_doc=true -Dpython=%{__python3}
```

将其修改为

```
%meson -Ddoctool=disabled -Dgtk_doc=false -Dpython=%{__python3}
```

设置 Dgtk_doc 配置参数为 false，放弃制作文档文件，并去除文档文件的打包列表。找到以下内容并删除。

```
%dir %{_datadir}/gtk-doc
%dir %{_datadir}/gtk-doc/html
%{_datadir}/gtk-doc/html/gi/
```

（2）制作和安装软件包

```
rpmbuild -bb ~/rpmbuild/SPECS/gobject-introspection.spec --nodeps
sudo rpm -ivh $(ls ~/rpmbuild/RPMS/mips64el/gobject-introspection-* \
             | grep -v "debug")
```

43. Harfbuzz 软件包

制作和安装软件包的步骤如下:

```
rpmbuild --rebuild ${SOURCESDIR}/h/harfbuzz-2.6.4-3.fc32.src.rpm --nodeps
sudo rpm -ivh $(ls ~/rpmbuild/RPMS/mips64el/harfbuzz-* | grep -v "debug")
```

44. T1lib 软件包

制作和安装软件包的步骤如下:

```
rpmbuild --rebuild ${SOURCESDIR}/t/t1lib-5.1.2-26.fc32.src.rpm
sudo rpm -ivh $(ls ~/rpmbuild/RPMS/mips64el/t1lib-* | grep -v "debug")
```

45. T1utils 软件包

制作和安装软件包的步骤如下:

```
rpmbuild --rebuild ${SOURCESDIR}/t/t1utils-1.41-3.fc32.src.rpm
sudo rpm -ivh $(ls ~/rpmbuild/RPMS/mips64el/t1utils-* | grep -v "debug")
```

46. Xaw3d 软件包

制作和安装软件包的步骤如下:

```
rpmbuild --rebuild ${SOURCESDIR}/x/Xaw3d-1.6.3-2.fc32.src.rpm
sudo rpm -ivh $(ls ~/rpmbuild/RPMS/mips64el/Xaw3d-* | grep -v "debug")
```

47. LibXcomposite 软件包

制作和安装软件包的步骤如下：

```
rpmbuild --rebuild ${SOURCESDIR}/l/libXcomposite-0.4.5-2.fc32.src.rpm
sudo rpm -ivh $(ls ~/rpmbuild/RPMS/mips64el/libXcomposite-* | grep -v "debug")
```

9.2.5 文档相关软件包

这部分将制作一些制作和生成文档文件相关的软件包，以及与之相关的依赖软件包。虽然这些依赖软件包可能与制作文档没有什么关系，但为了保证与制作文档相关的软件包能顺利完成制作，在制作过程中会穿插这些依赖软件包的制作。

1. Texlive 软件包

（1）制作软件包

```
rpmbuild --rebuild ${SOURCESDIR}/t/texlive-2019-19.fc32.src.rpm
```

（2）安装软件包

Texlive 软件包会产生 5000 多个安装文件，这些文件之间的依赖关系错综复杂，且会依赖很多其他软件包生成的安装文件，因此该软件包制作完成后，生成的安装文件暂时不安装，在后续完成了仓库管理工具后再使用，现在就让这几千个安装文件暂时安静地待在用户目录中。

2. Gettext 软件包

（1）修改 SPEC 描述文件

Gettext 软件包依赖 Emacs 软件包，但 Emacs 软件包还没有安装在系统中，因此需要去除与之相关的制作步骤。找到以下内容并删除。

```
install -d ${RPM_BUILD_ROOT}%{_emacs_sitestartdir}
mv ${RPM_BUILD_ROOT}%{_emacs_sitelispdir}/%{name}/start-po.el ${RPM_BUILD_ROOT}%{_
emacs_sitestartdir}
rm ${RPM_BUILD_ROOT}%{_emacs_sitelispdir}/%{name}/start-po.elc
```

删除步骤的同时一并删除与 Emacs 相关的打包文件列表。找到以下内容并删除。

```
%files -n emacs-%{name}
%dir %{_emacs_sitelispdir}/%{name}
%{_emacs_sitelispdir}/%{name}/*.elc
%{_emacs_sitelispdir}/%{name}/*.el
%{_emacs_sitestartdir}/*.el
```

（2）制作和安装软件包

```
rpmbuild -bb ~/rpmbuild/SPECS/gettext.spec  --nocheck --nodeps
sudo rpm -ivh $(ls ~/rpmbuild/RPMS/{mips64el,noarch}/gettext-* \
             ~/rpmbuild/RPMS/mips64el/libtextstyle-* | grep -v "debug")
```

该软件包产生了多种不同开头的文件名，安装时注意不要漏掉。

3. Adobe-Mappings-Cmap 软件包

制作和安装软件包的步骤如下：

```
rpmbuild --rebuild ${SOURCESDIR}/a/adobe-mappings-cmap-20171205-7.fc32.src.rpm --nodeps
sudo rpm -ivh ~/rpmbuild/RPMS/noarch/adobe-mappings-cmap-*
```

4. Adobe-Mappings-PDF 软件包

制作和安装软件包的步骤如下：

```
rpmbuild --rebuild ${SOURCESDIR}/a/adobe-mappings-pdf-20180407-5.fc32.src.rpm --nodeps
sudo rpm -ivh ~/rpmbuild/RPMS/noarch/adobe-mappings-pdf-*
```

5. Ghostscript 软件包

制作和安装软件包的步骤如下：

```
rpmbuild --rebuild ${SOURCESDIR}/g/ghostscript-9.52-1.fc32.src.rpm --nodeps
sudo rpm -ivh $(ls ~/rpmbuild/RPMS/mips64el/{ghostscript,libgs}-* | grep -v "debug") --nodeps
```

6. Libsigsegv 软件包

制作和安装软件包的步骤如下：

```
rpmbuild --rebuild ${SOURCESDIR}/l/libsigsegv-2.11-10.fc32.src.rpm
sudo rpm -ivh $(ls ~/rpmbuild/RPMS/mips64el/libsigsegv-* | grep -v "debug")
```

7. Poppler-Data 软件包

制作和安装软件包的步骤如下：

```
rpmbuild --rebuild ${SOURCESDIR}/p/poppler-data-0.4.9-5.fc32.src.rpm  --nodeps
sudo rpm -ivh $(ls ~/rpmbuild/RPMS/noarch/poppler-* | grep -v "debug")
```

8. Poppler 软件包

（1）修改 SPEC 描述文件

去除制作文档步骤，找到以下配置参数：

```
-DENABLE_GTK_DOC=ON
```

将其改为

```
-DENABLE_GTK_DOC=OFF
```

去除因没有依赖条件而无法生成的打包文件列表，找到以下多个打包文件列表组并删除。因为内容较多，使用省略号来代表列表组内的全部文件。

```
%files glib-doc
……
%files qt
……
%files qt-devel
……
%files qt5
……
%files qt5-devel
……
```

（2）制作和安装软件包

```
rpmbuild -bb ~/rpmbuild/SPECS/poppler.spec --nodeps --nocheck
sudo rpm -ivh $(ls ~/rpmbuild/RPMS/mips64el/poppler-* | grep -v "debug")
```

9. Zziplib 软件包

（1）修改 SPEC 描述文件

①去除对 Python2 的依赖。

因为目前系统中仅安装了 Python3，找到以下内容并删除。

```
find . -name '*.py' | xargs sed -i 's@#! /usr/bin/python@#! %__python2@g;s@#! /usr/bin/env python@#! %__python2@g'
export PYTHON=%__python2
```

②去除对 SDL 的依赖。

找到配置参数 --enable-sdl，将其改为 --disable-sdl，即关闭该软件包对 SDL 的支持即可。

③取消制作文档文件。

在 %build 标记段中增加以下操作步骤：

```
sed -i "/SUBDIRS/s@docs@@g" Makefile.am
autoreconf -iv
```

以上两个步骤必须加在 %configure 配置之前才有效。

不生成文档文件后，还需要去除文档打包列表。找到以下内容并删除。

```
%{_mandir}/man3/*
```

（2）制作和安装软件包

```
rpmbuild -bb ~/rpmbuild/SPECS/zziplib.spec --nodeps
```

```
sudo rpm -ivh $(ls ~/rpmbuild/RPMS/mips64el/zziplib-* | grep -v "debug") --nodeps
```

10. Teckit 软件包

（1）修改 SPEC 描述文件

```
sed -i "/gpgverify/d" ~/rpmbuild/SPECS/teckit.spec
```

去除对源代码包的校验过程，因为当前系统缺少校验需要的命令。

（2）制作和安装软件包

```
rpmbuild -bb ~/rpmbuild/SPECS/teckit.spec --nodeps
sudo rpm -ivh $(ls ~/rpmbuild/RPMS/mips64el/teckit-* | grep -v "debug")
```

11. FFCall 软件包

制作和安装软件包的步骤如下：

```
rpmbuild --rebuild ${SOURCESDIR}/f/ffcall-2.2-3.fc32.src.rpm --nodeps
sudo rpm -ivh $(ls ~/rpmbuild/RPMS/mips64el/ffcall-* | grep -v "debug")
```

12. Clisp 软件包

（1）修改 SPEC 描述文件

该软件包存在大量的依赖问题，我们需要逐一去除。

①去除 fastcgi 模块的处理步骤，找到并删除以下内容。

```
for obj in fastcgi fastcgi_wrappers; do
  rm -f ${obj}.o
  ln -s ../fastcgi/${obj}.o ${obj}.o
done
```

②去除与 Emacs 相关的步骤，因为当前系统中尚未安装 Emacs 软件包，找到并删除以下内容。

```
pushd %{buildroot}%{_datadir}/emacs/site-lisp
%{_emacs_bytecompile} *.el
popd
```

保存文件并退出。

③去除暂时无法生成的模块，执行如下命令：

```
sed -i -e "/dbus/d" -e "/fastcgi/d" -e "/libsvm/d" \
    -e "/pari/d" -e "/gtk2/d" -e "/postgresql/d" ~/rpmbuild/SPECS/clisp.spec
```

我们只需要保留该软件包最基本的功能即可。

（2）制作和安装软件包

```
rpmbuild -bb ~/rpmbuild/SPECS/clisp.spec --nodeps
sudo rpm -ivh $(ls ~/rpmbuild/RPMS/mips64el/clisp-* | grep -v "debug")
```

13. Potrace 软件包

制作和安装软件包的步骤如下：

```
rpmbuild --rebuild ${SOURCESDIR}/p/potrace-1.16-2.fc32.src.rpm
sudo rpm -ivh $(ls ~/rpmbuild/RPMS/{mips64el,noarch}/potrace-* | grep -v "debug")
```

14. Perl-Devel-CheckLib 软件包

制作和安装软件包的步骤如下：

```
rpmbuild --rebuild ${SOURCESDIR}/p/perl-Devel-CheckLib-1.14-2.fc32.src.rpm \
                   --nodeps --nocheck
sudo rpm -ivh ~/rpmbuild/RPMS/noarch/perl-Devel-CheckLib-*
```

15. Perl-XML-Parser 软件包

制作和安装软件包的步骤如下：

```
rpmbuild --rebuild ${SOURCESDIR}/p/perl-XML-Parser-2.46-2.fc32.src.rpm --nocheck --nodeps
sudo rpm -ivh $(ls ~/rpmbuild/RPMS/mips64el/perl-XML-Parser-* | grep -v "debug")
```

16. Perl-XML-XPath 软件包

制作和安装软件包的步骤如下：

```
rpmbuild --rebuild ${SOURCESDIR}/p/perl-XML-XPath-1.44-5.fc32.src.rpm --nodeps --nocheck
sudo rpm -ivh ~/rpmbuild/RPMS/noarch/perl-XML-XPath-*
```

17. Texlive-Base 软件包

（1）修改 SPEC 描述文件

取消生成 xindy 及相关命令的制作，因为当前的系统环境没有足够的制作条件。找到以下配置参数：

```
--enable-xindy
```

修改为

```
--disable-xindy
```

关闭 xindy 的参数后还需要去除相关的打包文件列表。找到以下内容并删除。

```
%license gpl.txt
%{_bindir}/tex2xindy
%{_bindir}/texindy
%{_bindir}/xindy
%{_bindir}/xindy.mem
```

（2）制作软件包

```
rpmbuild -bb ~/rpmbuild/SPECS/texlive-base.spec --nodeps
```

（3）安装软件包

Texlive-Base 软件包也会生成大量的安装包文件，我们暂时不需要安装生成的全部文件，仅安装几个必需的包文件，安装步骤如下：

```
pushd ~/rpmbuild/RPMS
   sudo rpm -ivh mips64el/texlive-base-20190410-* \
                 mips64el/texlive-lib-20190410-* \
                 mips64el/texlive-kpathsea-20190410-* \
                 noarch/texlive-tetex-20190410-* \
                 noarch/texlive-texconfig-20190410-* \
                 noarch/texlive-texlive.infra-20190410-*
popd
```

其余的包文件与 Texlive 软件包生成的包文件的处理方式一样，先放在用户目录中，等后续制作完成仓库管理工具后再使用。

18. Gawk 软件包

（1）修改 SPEC 描述文件

该软件包生成文档所需要的命令工具还未安装在系统中，暂时无法完成文档的生成，所以找到以下步骤并删除。

```
%make_build -C doc pdf
install -m 0644 -p doc/gawk.{pdf,ps}     %{buildroot}%{_docdir}/%{name}
install -m 0644 -p doc/gawkinet.{pdf,ps} %{buildroot}%{_docdir}/%{name}
```

以上步骤并不在一起，需要分别找到并删除。

在去除了文档处理的相关步骤后，也要去除文档文件的打包列表。

```
%doc %{_docdir}/%{name}/gawk.{pdf,ps}
%doc %{_docdir}/%{name}/gawkinet.{pdf,ps}
```

（2）制作和安装软件包

```
rpmbuild -bb ~/rpmbuild/SPECS/gawk.spec --nodeps
sudo rpm -ivh $(ls ~/rpmbuild/RPMS/{mips64el,noarch}/gawk-* | grep -v "debug")
```

19. Groff 软件包

制作和安装软件包的步骤如下：

```
rpmbuild --rebuild ${SOURCESDIR}/g/groff-1.22.3-21.fc32.src.rpm --nodeps
sudo rpm -ivh $(ls ~/rpmbuild/RPMS/mips64el/groff-* | grep -v -e "debug" -e "perl")
```

20. Xapian-Core 软件包

制作和安装软件包的步骤如下：

```
rpmbuild --rebuild ${SOURCESDIR}/x/xapian-core-1.4.14-1.fc32.src.rpm --nodeps
sudo rpm -ivh $(ls ~/rpmbuild/RPMS/mips64el/xapian-core-* | grep -v "debug")  --nodeps
```

21. QPDF 软件包

（1）修改 SPEC 描述文件

去除对 Gnutls 软件包的依赖，找到配置参数部分将 --enable-crypto-gnutls 改为 --enable-crypto-native 即可。

（2）制作和安装软件包

```
rpmbuild -bb ~/rpmbuild/SPECS/qpdf.spec --nodeps
sudo rpm -ivh $(ls ~/rpmbuild/RPMS/{mips64el,noarch}/qpdf-* | grep -v "debug") --nodeps
```

22. TK 软件包

制作和安装软件包的步骤如下：

```
rpmbuild --rebuild ${SOURCESDIR}/t/tk-8.6.10-3.fc32.src.rpm
sudo rpm -ivh $(ls ~/rpmbuild/RPMS/mips64el/tk-* | grep -v "debug")  --nodeps
```

23. Graphviz 软件包

（1）修改 SPEC 描述文件

①更改内置制作开关。

制作 Graphviz 软件包需要大量的依赖条件，现在系统还无法满足全部依赖条件，但这些依赖条件都不是核心依赖，可有可无，因此可以修改 SPEC 描述文件中的一些内置开关选项。找到以下内容：

```
%global OCAML  1
%global DEVIL  1
%global ARRRR  1
%global GTS    1
%global LASI   1
```

将它们修改为

```
%global OCAML  0
%global DEVIL  0
%global ARRRR  0
%global GTS    0
%global LASI   0
```

这样就去除了大量的依赖。

②模拟生成手册文件。

找到以下两行内容。

```
qpdf --empty --static-id --pages $f.pdf -- $f.pdf.$$
mv -f $f.pdf.$$ $f.pdf
```

将其替换为

```
touch $f.pdf
```

目的是通过创建空的手册文件来保证打包时不会出现找不到这些手册文件的问题。

③去除部分在打包列表中并未生成的文件。

找到以下这部分内容并删除。

```
%files guile
%{_libdir}/graphviz/guile/
%{_mandir}/man3/gv.3guile*

%files java
%{_libdir}/graphviz/java/
%{_mandir}/man3/gv.3java*

%{_libdir}/graphviz/lua/
%{_mandir}/man3/gv.3lua*

%files ruby
%{_libdir}/graphviz/ruby/
%{_libdir}/*ruby*/*
%{_mandir}/man3/gv.3ruby*
```

该软件包虽然去除了不少打包的文件，但并未影响核心功能，在制作系统的早期阶段已足够用。

（2）制作和安装软件包

```
rpmbuild -bb ~/rpmbuild/SPECS/graphviz.spec  --without php --nodeps
sudo rpm -ivh $(ls ~/rpmbuild/RPMS/mips64el/graphviz-* | grep -v "debug") --nodeps
```

24. Doxygen 软件包

（1）修改 SPEC 描述文件

该软件包制作过程中的部分步骤在当前系统环境中无法完成，找到以下部分的内容并删除。

```
convert addon/doxywizard/doxywizard.ico doxywizard.png
mkdir -m755 -p $icondir/{16x16,32x32,48x48,128x128}/apps
install -m644 -p -D doxywizard-6.png $icondir/16x16/apps/doxywizard.png
install -m644 -p -D doxywizard-5.png $icondir/32x32/apps/doxywizard.png
install -m644 -p -D doxywizard-4.png $icondir/48x48/apps/doxywizard.png
install -m644 -p -D doxywizard-3.png $icondir/128x128/apps/doxywizard.png
```

删除的步骤主要用来生成软件图标文件，这只在图形桌面环境中才需要使用，删除后并不影响当前系统使用。

同样，因为未生成图标文件，所以打包文件列表中也要将相应的文件去除。找到并删除以下内容。

```
%{_datadir}/icons/hicolor/*/apps/doxywizard.png
```

（2）制作和安装软件包

```
rpmbuild -bb ~/rpmbuild/SPECS/doxygen.spec --define "_module_build 1" --nodeps --nocheck
sudo rpm -ivh $(ls ~/rpmbuild/RPMS/mips64el/doxygen-* | grep -v "debug")
```

使用 _module_build 参数可以去除对 QT5 的依赖。

25. Symlinks 软件包

制作和安装软件包的步骤如下：

```
rpmbuild --rebuild ${SOURCESDIR}/s/symlinks-1.7-2.fc32.src.rpm
sudo rpm -ivh $(ls ~/rpmbuild/RPMS/mips64el/symlinks-* | grep -v "debug")
```

26. Asciidoc 软件包

制作和安装软件包的步骤如下：

```
rpmbuild --rebuild \
    ${SOURCESDIR}/a/asciidoc-8.6.10-0.14.20180605git986f99d.fc32.src.rpm \
    --nodeps
sudo rpm -ivh ~/rpmbuild /RPMS /noarch/asciidoc-* --nodeps
```

27. Opensp 软件包

制作和安装软件包的步骤如下：

```
rpmbuild --rebuild ${SOURCESDIR}/o/opensp-1.5.2-34.fc32.src.rpm --nodeps
sudo rpm -ivh $(ls ~/rpmbuild/RPMS/mips64el/opensp-* | grep -v "debug")
```

28. OpenJade 软件包

制作和安装软件包的步骤如下：

```
rpmbuild --rebuild ${SOURCESDIR}/o/openjade-1.3.2-62.fc32.src.rpm
sudo rpm -ivh $(ls ~/rpmbuild/RPMS/mips64el/openjade-* | grep -v "debug")
```

29. Linuxdoc-tools 软件包

制作和安装软件包的步骤如下：

```
rpmbuild --rebuild ${SOURCESDIR}/l/linuxdoc-tools-0.9.72-9.fc32.src.rpm
sudo rpm -ivh $(ls ~/rpmbuild/RPMS/mips64el/linuxdoc-tools-* | grep -v "debug") --nodeps
```

30. Elinks 软件包

（1）修改 SPEC 描述文件

找到配置参数 --with-gssapi，将其改为 --without-gssapi，因为当前系统并未提供 Krb5，所以需要关闭该参数。

（2）制作和安装软件包

```
rpmbuild -bb ~/rpmbuild/SPECS/elinks.spec --nodeps
sudo rpm -ivh $(ls ~/rpmbuild/RPMS/mips64el/elinks-* | grep -v "debug") --nodeps
```

（3）手工创建链接文件

由于缺少 /usr/sbin/alternatives 的依赖，该软件包在安装时没有生成正确的执行文件，需要手工进行创建，创建命令如下：

```
sudo ln -sv elinks /bin/links
```

创建 links 链接文件可以保证其他软件调用 elinks 时能找到正确的命令。

31. Python3-Libxml2 软件包

Python3-Libxml2 包含在 Libxml2 软件包中，之前已经编译过 Libxml2 软件包，但因为当时 Python 软件包未准备就绪，导致该软件包生成的 Python3-Libxml2 软件包并不能在目标系统中正常工作，所以并未进行安装。现在为了满足之后制作软件包的需要，重新编译该软件包并安装其中与 Python 相关的文件。

制作和安装软件包的步骤如下：

```
rpmbuild --rebuild ${SOURCESDIR}/l/libxml2-2.9.10-3.fc32.src.rpm --nodeps
sudo rpm -Uvh $(ls ~/rpmbuild/RPMS/mips64el/{python3-,}libxml2-* | grep -v "debug") --force
```

由于是重新安装，需要使用 U 更新参数并配合 --force 强制参数进行安装操作。

32. Itstool 软件包

制作和安装软件包的步骤如下：

```
rpmbuild --rebuild ${SOURCESDIR}/i/itstool-2.0.6-3.fc32.src.rpm
sudo rpm -ivh ~/rpmbuild/RPMS/noarch/itstool-*
```

33. Docbook-Style-Dsssl 软件包

制作和安装软件包的步骤如下：

```
rpmbuild --rebuild ${SOURCESDIR}/d/docbook-style-dsssl-1.79-29.fc32.src.rpm
sudo rpm -ivh ~/rpmbuild/RPMS/noarch/docbook-style-dsssl-*
```

34. Perl-SGMLSpm 软件包

制作和安装软件包的步骤如下：

```
rpmbuild --rebuild ${SOURCESDIR}/p/perl-SGMLSpm-1.03ii-48.fc32.src.rpm
sudo rpm -ivh ~/rpmbuild/RPMS/noarch/perl-SGMLSpm-*
```

35．Docbook-Utils 软件包

制作和安装软件包的步骤如下：

```
rpmbuild --rebuild ${SOURCESDIR}/d/docbook-utils-0.6.14-49.fc32.src.rpm
sudo rpm -ivh ~/rpmbuild/RPMS/noarch/docbook-utils-0.6*
```

36．Docbook5-Style-Xsl 软件包

制作和安装软件包的步骤如下：

```
rpmbuild --rebuild ${SOURCESDIR}/d/docbook5-style-xsl-1.79.2-9.fc32.src.rpm
sudo rpm -ivh ~/rpmbuild/RPMS/noarch/docbook5-style-xsl-*
```

37．Oniguruma 软件包

（1）修改 SPEC 描述文件

在 %prep 标记段内增加以下一行内容：

```
sed -i "/AM_LDFLAGS/s@/lib@/%{_lib}@g" {test,sample}/Makefile.in
```

在当前多库共存的环境中，该步骤可以使该软件包能从正确的目录中链接库文件。

该内容适合作为正式的步骤加入 SPEC 描述文件中，因此增加修订版本号并保存文件，然后重制 SRPM 文件。

（2）制作和安装软件包

```
rpmbuild --rebuild ~/rpmbuild/SRPMS/oniguruma-6.9.4-2.*.src.rpm
sudo rpm -ivh $(ls ~/rpmbuild/RPMS/mips64el/oniguruma-* | grep -v "debug")
```

38．Slang 软件包

制作和安装软件包的步骤如下：

```
rpmbuild --rebuild ${SOURCESDIR}/s/slang-2.3.2-7.fc32.src.rpm
sudo rpm -ivh $(ls ~/rpmbuild/RPMS/mips64el/slang-* | grep -v "debug")
```

39．Lynx 软件包

制作和安装软件包的步骤如下：

```
rpmbuild --rebuild ${SOURCESDIR}/l/lynx-2.8.9-7.fc32.src.rpm --nodeps
sudo rpm -ivh $(ls ~/rpmbuild/RPMS/mips64el/lynx-* | grep -v "debug")
```

9.2.6 系统安全组件

接下来的这部分软件包与系统安全相关。系统安全涉及范围较广，如用户管理、用户登录、数据传输、访问控制、密钥认证等，涉及的软件包并不仅限于本节制作的软件包，恰恰相反，本节制作的软件包仅仅是系统安全软件包之中很小的一部分，它们主要是为了满足系统启动和常规使用中

最基本的安全功能需要。

1. Words 软件包

制作和安装软件包的步骤如下：

```
rpmbuild --rebuild ${SOURCESDIR}/w/words-3.0-35.fc32.src.rpm
sudo rpm -ivh  ~/rpmbuild/RPMS/noarch/words-*
```

2. Cracklib 软件包

制作和安装软件包的步骤如下：

```
rpmbuild --rebuild ${SOURCESDIR}/c/cracklib-2.9.6-22.fc32.src.rpm
sudo rpm -ivh $(ls ~/rpmbuild/RPMS/mips64el/cracklib-* | grep -v "debug")
```

3. Libtirpc 软件包

Libtirpc、PAM 和 Krb5 软件包形成了一个循环依赖，直接单独编译其中任何一个软件包都无法完成，只能寻找它们之中的突破口，从依赖条件数量少的着手。我们优先从 Libtirpc 软件包的身上寻找突破口。

（1）修改 SPEC 描述文件

首先找到软件包的配置命令。查找以下一行内容：

```
%configure
```

修改为

```
%configure --disable-gssapi
```

这实际上去除了对 Krb5 软件包的依赖，保存文件并退出编辑状态。

接着还要去除打包列表文件中未生成的文件，使用如下命令来删除。

```
sed -i "/_gss.h/d" ~/rpmbuild/SPECS/libtirpc.spec
```

（2）制作和安装软件包

```
rpmbuild -bb ~/rpmbuild/SPECS/libtirpc.spec --nodeps
sudo rpm -ivh $(ls ~/rpmbuild/RPMS/mips64el/libtirpc-* | grep -v "debug")
```

4. Libnsl2 软件包

制作和安装软件包的步骤如下：

```
rpmbuild --rebuild ${SOURCESDIR}/l/libnsl2-1.2.0-6.20180605git4a062cf.fc32.src.rpm
sudo rpm -ivh $(ls ~/rpmbuild/RPMS/mips64el/libnsl2-* | grep -v "debug")
```

5. Libyaml 软件包

制作和安装软件包的步骤如下：

```
rpmbuild --rebuild ${SOURCESDIR}/l/libyaml-0.2.2-3.fc32.src.rpm
sudo rpm -ivh $(ls ~/rpmbuild/RPMS/mips64el/libyaml-* | grep -v "debug")
```

6. Procps-NG 软件包

（1）修改 SPEC 描述文件

将配置脚本参数 --with-systemd 改成 --without-systemd，即去除对 Systemd 软件包的依赖条件。

（2）制作和安装软件包

```
rpmbuild -bb ~/rpmbuild/SPECS/procps-ng.spec --nodeps
sudo rpm -ivh $(ls ~/rpmbuild/RPMS/{mips64el,noarch}/procps-ng-* | grep -v "debug")
```

7. Which 软件包

制作和安装软件包的步骤如下：

```
rpmbuild --rebuild ${SOURCESDIR}/w/which-2.21-19.fc32.src.rpm
sudo rpm -ivh $(ls ~/rpmbuild/RPMS/mips64el/which-* | grep -v "debug")
```

8. Checksec 软件包

制作和安装软件包的步骤如下：

```
rpmbuild --rebuild ${SOURCESDIR}/c/checksec-2.1.0-2.fc32.src.rpm
sudo rpm -ivh  ~/rpmbuild/RPMS/noarch/checksec-*
```

9. Rubypick 软件包

制作软件包的步骤如下：

```
rpmbuild --rebuild ${SOURCESDIR}/r/rubypick-1.1.1-12.fc32.src.rpm
```

可以先不急着安装 Rubypick 软件包，因为存在与 Ruby 软件包运行依赖之间的相互依赖，可等下一个软件包制作完成后一起安装。

10. Ruby 软件包

（1）修改 SPEC 描述文件

找到以下这行内容：

```
mv %{buildroot}%{ruby_libdir}/gems %{buildroot}%{gem_dir}
```

将其修改为

```
if [ -d %{buildroot}%{ruby_libdir}/gems ]; then
    mv %{buildroot}%{ruby_libdir}/gems %{buildroot}%{gem_dir}
fi
```

这个修改用来解决当 rubygems 包文件已经安装在系统中时制作 Ruby 软件包出现错误的问题。

增加修订版本号并重制 SPRM 文件。

（2）制作软件包

```
rpmbuild --rebuild ~/rpmbuild/SRPMS/ruby-2.7.1-*.src.rpm \
```

```
                --without systemtap --define "with_hardening_test 0" --nodeps
```

- --without systemtap：去除对 SystemTap 软件包的依赖条件。
- --define "with_hardening_test 0"：在该软件包的测试过程中会对二进制文件进行验证，但因验证过程未支持 MIPS64 的二进制格式文件，所以检查会出现错误，通过设置该参数可以跳过这个检查步骤。

（3）安装软件包

```
sudo rpm -ivh $(ls ~/rpmbuild/RPMS/mips64el/ruby{,gem}-* \
                ~/rpmbuild/RPMS/noarch/ruby{gem{,s},pick}-* | grep -v "debug")
```

以上安装过程将连同 Rubypick 软件包生成的安装文件一并安装。

11. Libselinux 软件包

制作和安装软件包的步骤如下：

```
rpmbuild --rebuild ${SOURCESDIR}/l/libselinux-3.0-3.fc32.src.rpm --nodeps)
sudo rpm -ivh $(ls ~/rpmbuild/RPMS/mips64el/libselinux-* | grep -v "debug")
```

12. Libcap-ng 软件包

制作和安装软件包的步骤如下：

```
rpmbuild --rebuild ${SOURCESDIR}/l/libcap-ng-0.7.10-2.fc32.src.rpm
sudo rpm -ivh $(ls ~/rpmbuild/RPMS/mips64el/libcap-ng-* | grep -v "debug")
```

13. PAM 软件包

（1）制作软件包

```
rpmbuild --rebuild ${SOURCESDIR}/p/pam-1.3.1-24.fc32.src.rpm \
                --define "WITH_AUDIT 0" --nodeps
```

- --define "WITH_AUDIT 0"：去除了与 Audit 相关功能的支持。

（2）安装软件包

安装过程中产生了新的依赖条件，需要使用强制参数进行安装。

```
sudo rpm -ivh $(ls ~/rpmbuild/RPMS/mips64el/pam-* | grep -v "debug") --nodeps
```

新产生的运行依赖条件是 libpwquality，而 Libpwquality 软件包在编译时的依赖条件中又包含了 PAM 软件包，运行依赖条件和编译依赖条件产生了循环依赖。按照以前介绍的破坏循环的方式是强制安装 PAM 软件包，然后再编译 Libpwquality 软件包并安装以恢复依赖关系。

14. Libpwquality 软件包

安装该软件包以便完成与 PAM 软件包形成的循环依赖。

制作和安装软件包的步骤如下：

```
rpmbuild --rebuild ${SOURCESDIR}/l/libpwquality-1.4.2-2.fc32.src.rpm
sudo rpm -ivh $(ls ~/rpmbuild/RPMS/mips64el/{python3-,lib}pwquality-* | grep -v "debug")
```

Libpwquality 软件包安装完成后就恢复了与 PAM 软件包的循环依赖条件。

15. Audit 软件包

（1）修改 SPEC 描述文件

将配置参数 --enable-gssapi-krb5=yes 改为 --enable-gssapi-krb5=no，以此去除对 Krb5 软件包的依赖。

将配置参数 --enable-zos-remote 改为 --disable-zos-remote，以此去除对 OpenLDAP 软件包的依赖。

对应地要去除打包文件列表中没有生成的文件。

```
%config(noreplace) %attr(640,root,root) /etc/audit/plugins.d/audispd-zos-remote.conf
%config(noreplace) %attr(640,root,root) /etc/audit/zos-remote.conf
%attr(750,root,root) /sbin/audispd-zos-remote
```

（2）制作和安装软件包

```
rpmbuild -bb ~/rpmbuild/SPECS/audit.spec --nodeps
sudo rpm -ivh $(ls ~/rpmbuild/RPMS/mips64el/{python3-,}audit-* | grep -v "debug") --nodeps
```

16. Lmdb 软件包

制作和安装软件包的步骤如下：

```
rpmbuild --rebuild ${SOURCESDIR}/l/lmdb-0.9.24-1.fc32.src.rpm
sudo rpm -ivh $(ls ~/rpmbuild/RPMS/mips64el/lmdb-* | grep -v "debug")
```

17. Popt 软件包

制作和安装软件包的步骤如下：

```
rpmbuild --rebuild ${SOURCESDIR}/p/popt-1.16-19.fc32.src.rpm
sudo rpm -ivh $(ls ~/rpmbuild/RPMS/mips64el/popt-* | grep -v "debug")
```

18. Libuser 软件包

（1）修改 SPEC 描述文件

将配置参数 --with-ldap 修改为 --without-ldap，以此去除对 OpenLDAP 软件包的依赖。

（2）制作和安装软件包

```
rpmbuild -bb ~/rpmbuild/SPECS/libuser.spec --nodeps --nocheck
sudo rpm -ivh $(ls ~/rpmbuild/RPMS/mips64el/libuser-* | grep -v "debug")
```

19. Libsemanage 软件包

制作和安装软件包的步骤如下：

```
rpmbuild --rebuild ${SOURCESDIR}/l/libsemanage-3.0-3.fc32.src.rpm
sudo rpm -ivh $(ls ~/rpmbuild/RPMS/mips64el/libsemanage-* | grep -v "debug")
```

20. Shadow-Utils 软件包

（1）修改 SPEC 描述文件

在打包文件列表中找到以下两行内容：

```
%attr(0755,root,root) %caps(cap_setgid=ep) %{_bindir}/newgidmap
%attr(0755,root,root) %caps(cap_setuid=ep) %{_bindir}/newuidmap
```

将它们修改为

```
%attr(0755,root,root) %{_bindir}/newgidmap
%attr(0755,root,root) %{_bindir}/newuidmap
```

这是因为当前的 RPM 包制作工具还没有支持 %caps 标记设置文件权限，进而会导致错误，所以去除该标记以便完成制作。

（2）制作和安装软件包

```
rpmbuild -bb ~/rpmbuild/SPECS/shadow-utils.spec
sudo rpm -ivh $(ls ~/rpmbuild/RPMS/mips64el/shadow-utils-* | grep -v "debug")
```

21. Libutempter 软件包

制作和安装软件包的步骤如下：

```
rpmbuild --rebuild ${SOURCESDIR}/l/libutempter-1.1.6-18.fc32.src.rpm
sudo rpm -ivh $(ls ~/rpmbuild/RPMS/mips64el/libutempter-* | grep -v "debug")
```

22. Util-Linux 软件包

制作和安装软件包的步骤如下：

```
rpmbuild --rebuild ${SOURCESDIR}/u/util-linux-2.35.1-7.fc32.src.rpm --nodeps
sudo rpm -ivh \
        $(ls ~/rpmbuild/RPMS/mips64el/{util-linux,lib{smartcols,fdisk,mount,blkid,uuid}}-* \
        | grep -v "debug")
```

该软件包生成的安装文件的名称前缀较多，安装筛选文件时需要注意。

23. Libev 软件包

制作和安装软件包的步骤如下：

```
rpmbuild --rebuild ${SOURCESDIR}/l/libev-4.31-2.fc32.src.rpm
sudo rpm -ivh $(ls ~/rpmbuild/RPMS/mips64el/libev-* | grep -v -e "debug" -e "libevent")
```

24. Libevent 软件包

制作和安装软件包的步骤如下：

```
rpmbuild --rebuild ${SOURCESDIR}/l/libevent-2.1.8-8.fc32.src.rpm
sudo rpm -ivh $(ls ~/rpmbuild/RPMS/mips64el/libevent-* | grep -v "debug")
```

25. Libverto 软件包

制作和安装软件包的步骤如下：

```
rpmbuild --rebuild ${SOURCESDIR}/l/libverto-0.3.0-9.fc32.src.rpm --nodeps
sudo rpm -ivh $(ls ~/rpmbuild/RPMS/mips64el/libverto-* | grep -v "debug")
```

26. Fuse 软件包

制作和安装软件包的步骤如下：

```
rpmbuild --rebuild ${SOURCESDIR}/f/fuse-2.9.9-9.fc32.src.rpm --nodeps
sudo rpm -ivh $(ls ~/rpmbuild/RPMS/mips64el/fuse-* | grep -v "debug") --nodeps
```

27. E2fsprogs 软件包

（1）修改 SPEC 描述文件

该软件包可以在没有满足依赖的情况下完成编译，但需要从打包列表文件中去除没有生成的文件，使用如下命令完成删除操作：

```
sed -i -e "/exclude/d" -e "/_unitdir/d" \
       -e "/_udevdir/d" -e "/e2scrub_fail/d" ~/rpmbuild/SPECS/e2fsprogs.spec
```

（2）制作和安装软件包

```
rpmbuild -bb  ~/rpmbuild/SPECS/e2fsprogs.spec  --nodeps
sudo rpm -ivh $(ls ~/rpmbuild/RPMS/mips64el/{e2fsprogs,lib{ss,com_err}}-* | grep -v "debug")
```

28. Keyutils 软件包

制作和安装软件包的步骤如下：

```
rpmbuild --rebuild ${SOURCESDIR}/k/keyutils-1.6-4.fc32.src.rpm
sudo rpm -ivh $(ls ~/rpmbuild/RPMS/mips64el/keyutils-* | grep -v "debug")
```

29. Krb5 软件包

（1）修改 SPEC 描述文件

将配置参数 --with-ldap 修改为 --without-ldap，以此去除对 OpenLDAP 软件包的依赖。

去除制作手册文件的步骤，找到并删除以下几行内容。

```
sphinx-build -a -b man   -t pathsubs doc build-man
sphinx-build -a -b html  -t pathsubs doc build-html
for section in 1 5 8 ; do
     install -m 644 build-man/*.${section} \
              $RPM_BUILD_ROOT/%{_mandir}/man${section}/
done
```

删除与手册文件和 OpenLDAP 相关的打包列表文件。

```
%doc build-html/*
%{_libdir}/krb5/plugins/kdb/kldap.so
%{_libdir}/libkdb_ldap.so
%{_libdir}/libkdb_ldap.so.*
%{_sbindir}/kdb5_ldap_util
```

（2）制作和安装软件包

```
rpmbuild -bb ~/rpmbuild/SPECS/krb5.spec --nodeps --nocheck
sudo rpm -ivh $(ls ~/rpmbuild/RPMS/mips64el/{krb5,libkadm5}-* | grep -v "debug") --nodeps
```

30. Libksba 软件包

制作和安装软件包的步骤如下：

```
rpmbuild --rebuild ${SOURCESDIR}/l/libksba-1.3.5-11.fc32.src.rpm
sudo rpm -ivh $(ls ~/rpmbuild/RPMS/mips64el/libksba-* | grep -v "debug")
```

31. Libassuan 软件包

制作和安装软件包的步骤如下：

```
rpmbuild --rebuild ${SOURCESDIR}/l/libassuan-2.5.3-3.fc32.src.rpm
sudo rpm -ivh $(ls ~/rpmbuild/RPMS/mips64el/libassuan-* | grep -v "debug")
```

32. Npth 软件包

制作和安装软件包的步骤如下：

```
rpmbuild --rebuild ${SOURCESDIR}/n/npth-1.6-4.fc32.src.rpm
sudo rpm -ivh $(ls ~/rpmbuild/RPMS/mips64el/npth-* | grep -v "debug")
```

33. Gnupg2 软件包

制作和安装软件包的步骤如下：

```
rpmbuild --rebuild ${SOURCESDIR}/g/gnupg2-2.2.19-1.fc32.src.rpm --nodeps
sudo rpm -ivh $(ls ~/rpmbuild/RPMS/mips64el/gnupg2-* | grep -v "debug")
```

34. Libtasn1 软件包

制作和安装软件包的步骤如下：

```
rpmbuild --rebuild ${SOURCESDIR}/l/libtasn1-4.16.0-1.fc32.src.rpm --nodeps
sudo rpm -ivh $(ls ~/rpmbuild/RPMS/mips64el/libtasn1-* | grep -v "debug")
```

35. Libcap 软件包

制作和安装软件包的步骤如下：

```
rpmbuild --rebuild ${SOURCESDIR}/l/libcap-2.26-7.fc32.src.rpm
sudo rpm -ivh $(ls ~/rpmbuild/RPMS/mips64el/libcap*-2.26-* | grep -v "debug")
```

因为有 libcap 开头的其他软件包，所以进行安装文件的筛选时加上版本号。

36. Bash-Completion 软件包

制作和安装软件包的步骤如下：

```
rpmbuild --rebuild ${SOURCESDIR}/b/bash-completion-2.8-8.fc32.src.rpm
sudo rpm -ivh ~/rpmbuild/RPMS/noarch/bash-completion-*
```

37. Newt 软件包

制作和安装软件包的步骤如下：

```
rpmbuild --rebuild ${SOURCESDIR}/n/newt-0.52.21-6.fc32.src.rpm
sudo rpm -ivh $(ls ~/rpmbuild/RPMS/mips64el/{python3-,}newt-* | grep -v "debug")
```

38. Beakerlib 软件包

制作和安装软件包的步骤如下：

```
rpmbuild --rebuild ${SOURCESDIR}/b/beakerlib-1.18-8.fc32.src.rpm --nodeps
sudo rpm -ivh $(ls ~/rpmbuild/RPMS/noarch/beakerlib-* | grep -v "debug") --nodeps
```

39. Chkconfig 软件包

制作和安装软件包的步骤如下：

```
rpmbuild --rebuild ${SOURCESDIR}/c/chkconfig-1.11-6.fc32.src.rpm
sudo rpm -ivh $(ls ~/rpmbuild/RPMS/mips64el/{chkconfig,ntsysv,alternatives}-* \
            | grep -v "debug")
```

该软件包安装完成后，类似 Binutils、Elinks 这样的软件包在安装时就没有 /usr/sbin/alternatives 这样的依赖问题了。

40. P11-Kit 软件包

（1）修改 SPEC 描述文件

修改配置参数。该软件包使用 meson 命令进行配置，找到对应的配置步骤，修改以下参数。

- 将 -Dgtk-doc=true 改为 -Dgtk-doc=false，这样可以去除 gtk-doc 的依赖条件。
- 将 -Dman=true 改为 -Dman=false，这是为了修正当前系统环境中生成手册文件时出现的错误。
- 增加 -Dsystemd=disabled 配置参数，这是为了去除 systemd 的依赖条件。

去除打包列表中未生成的文件。找到并删除以下内容。

```
%{_mandir}/man1/trust.1.gz
%{_mandir}/man8/p11-kit.8.gz
%{_mandir}/man5/pkcs11.conf.5.gz
```

（2）制作和安装软件包

```
rpmbuild -bb ~/rpmbuild/SPECS/p11-kit.spec --nodeps
sudo rpm -ivh $(ls ~/rpmbuild/RPMS/mips64el/p11-kit-* | grep -v "debug")
```

41. Fipscheck 软件包

制作和安装软件包的步骤如下：

```
rpmbuild --rebuild ${SOURCESDIR}/f/fipscheck-1.5.0-8.fc32.src.rpm
sudo rpm -ivh $(ls ~/rpmbuild/RPMS/mips64el/fipscheck-* | grep -v "debug")
```

42. Nettle 软件包

制作和安装软件包的步骤如下：

```
rpmbuild --rebuild ${SOURCESDIR}/n/nettle-3.5.1-5.fc32.src.rpm
sudo rpm -ivh $(ls ~/rpmbuild/RPMS/mips64el/nettle-* | grep -v "debug")
```

43. CA-Certificates 软件包

制作和安装软件包的步骤如下：

```
rpmbuild --rebuild ${SOURCESDIR}/c/ca-certificates-2020.2.40-3.fc32.src.rpm
sudo rpm -ivh ~/rpmbuild/RPMS/noarch/ca-certificates-*
```

44. Libunistring 软件包

制作和安装软件包的步骤如下：

```
rpmbuild --rebuild ${SOURCESDIR}/l/libunistring-0.9.10-7.fc32.src.rpm
sudo rpm -ivh $(ls ~/rpmbuild/RPMS/mips64el/libunistring-* | grep -v "debug")
```

45. Gc 软件包

制作和安装软件包的步骤如下：

```
rpmbuild --rebuild ${SOURCESDIR}/g/gc-8.0.4-3.fc32.src.rpm
sudo rpm -ivh $(ls ~/rpmbuild/RPMS/mips64el/gc-* | grep -v "debug")
```

46. Guile 软件包

制作和安装软件包的步骤如下：

```
rpmbuild --rebuild ${SOURCESDIR}/g/guile-2.0.14-19.fc32.src.rpm --nocheck
sudo rpm -ivh $(ls ~/rpmbuild/RPMS/mips64el/guile-* | grep -v "debug")
```

47. Autogen 软件包

制作和安装软件包的步骤如下：

```
rpmbuild --rebuild ${SOURCESDIR}/a/autogen-5.18.16-4.fc32.src.rpm --nodeps
sudo rpm -ivh $(ls ~/rpmbuild/RPMS/mips64el/autogen-* | grep -v "debug")
```

48. Trousers 软件包

（1）修改 SPEC 描述文件

在 %prep 标记段的最后加入以下步骤：

```
sed -i -e "/tcsd_sa_int/d" -e "/tcsd_sa_chld/d" src/include/tcsd.h
```

该步骤用于修正一个语法问题导致的编译错误，以便完成软件包的编译。

（2）制作和安装软件包

```
rpmbuild -bb ~/rpmbuild/SPECS/trousers.spec --nodeps
sudo rpm -ivh $(ls ~/rpmbuild/RPMS/mips64el/trousers-* | grep -v "debug") --nodeps
```

49. Gnutls 软件包

（1）制作软件包

```
rpmbuild --rebuild ${SOURCESDIR}/g/gnutls-3.6.13-1.fc32.src.rpm \
                    --without guile --without dane --nodeps
```

- --without guile：去除对 Guile 软件包的依赖。
- --without dane：不创建该软件包的 dane 模块部分，这样可以去除一些现在还没有安装到系统中的依赖条件。

（2）安装软件包

```
sudo rpm -ivh $(ls ~/rpmbuild/RPMS/mips64el/gnutls-* | grep -v "debug") --nodeps
```

50. Crypto-Policies 软件包

制作和安装软件包的步骤如下：

```
rpmbuild --rebuild ${SOURCESDIR}/c/crypto-policies-20191128-5.gitcd267a5.fc32.src.rpm \
                    --nodeps --nocheck
sudo rpm -ivh ~/rpmbuild/RPMS/noarch/crypto-policies-*
```

51. Libseccomp 软件包

制作和安装软件包的步骤如下：

```
rpmbuild --rebuild ${SOURCESDIR}/l/libseccomp-2.4.2-3.fc32.src.rpm --nodeps
sudo rpm -ivh $(ls ~/rpmbuild/RPMS/mips64el/libseccomp-* | grep -v "debug")
```

52. Fakechroot 软件包

（1）修改 SPEC 描述文件

在 %build 标记段的开始处加入以下设置步骤：

```
CFLAGS="$(echo %{optflags} | sed 's@-D_FILE_OFFSET_BITS=64@@g')"
```

去除编译参数 _FILE_OFFSET_BITS 可以避免在编译 Fakechroot 软件包时出现错误。

（2）制作和安装软件包

```
rpmbuild -bb ~/rpmbuild/SPECS/fakechroot.spec
sudo rpm -ivh $(ls ~/rpmbuild/RPMS/mips64el/fakechroot-* | grep -v "debug")
```

53. Libpq 软件包

（1）修改 SPEC 描述文件

使用命令来修改 SPEC 描述文件，命令如下：

```
sed -i "/ldap/d" ~/rpmbuild/SPECS/libpq.spec
```

该命令用来去除对 OpenLDAP 软件包的依赖。

（2）制作和安装软件包

```
rpmbuild -bb ~/rpmbuild/SPECS/libpq.spec
sudo rpm -ivh $(ls ~/rpmbuild/RPMS/mips64el/libpq-* | grep -v "debug")
```

54. Mariadb-Connector-C 软件包

制作和安装软件包的步骤如下：

```
rpmbuild --rebuild \
            ${SOURCESDIR}/m/mariadb-connector-c-3.1.7-2.20200316gitfbf1db6.fc32.src.rpm \
            --nodeps
sudo rpm -ivh $(ls ~/rpmbuild/RPMS/{mips64el,noarch}/mariadb-connector-c-* \
            | grep -v "debug")
```

55. Cyrus-Sasl 软件包

（1）修改 SPEC 描述文件

找到以下这行设置。

```
%global bootstrap_cyrus_sasl 0
```

将其改为

```
%global bootstrap_cyrus_sasl 1
```

上述设置可令该软件包以最精简的方式进行制作，这样在制作过程中会减少大量的依赖条件。

（2）制作和安装软件包

```
rpmbuild -bb ~/rpmbuild/SPECS/cyrus-sasl.spec
sudo rpm -ivh $(ls ~/rpmbuild/RPMS/mips64el/cyrus-sasl-* | grep -v "debug")
```

56. UnixODBC 软件包

制作和安装软件包的步骤如下：

```
rpmbuild --rebuild ${SOURCESDIR}/u/unixODBC-2.3.7-6.fc32.src.rpm
sudo rpm -ivh $(ls ~/rpmbuild/RPMS/mips64el/unixODBC-* | grep -v "debug")
```

57. OpenLDAP 软件包

制作和安装软件包的步骤如下：

```
rpmbuild --rebuild ${SOURCESDIR}/o/openldap-2.4.47-4.fc32.src.rpm --nodeps
sudo rpm -ivh $(ls ~/rpmbuild/RPMS/mips64el/openldap-* | grep -v -e "debug" -e "server")
```

制作系统的过程中用不上 OpenLDAP 的 server 服务包文件，而且该服务包文件目前还存在运行依赖问题，在这种情况下我们选择不安装，筛选条件中将其去除。

58. Stunnel 软件包

制作和安装软件包的步骤如下：

```
rpmbuild --rebuild ${SOURCESDIR}/s/stunnel-5.56-2.fc32.src.rpm --nodeps --nocheck
sudo rpm -ivh $(ls ~/rpmbuild/RPMS/mips64el/stunnel-* | grep -v "debug") --nodeps
```

59. Byacc 软件包

制作和安装软件包的步骤如下：

```
rpmbuild --rebuild ${SOURCESDIR}/b/byacc-1.9.20191125-2.fc32.src.rpm
sudo rpm -ivh $(ls ~/rpmbuild/RPMS/mips64el/byacc-* | grep -v "debug")
```

60. Checkpolicy 软件包

制作和安装软件包的步骤如下：

```
rpmbuild --rebuild ${SOURCESDIR}/c/checkpolicy-3.0-3.fc32.src.rpm
sudo rpm -ivh $(ls ~/rpmbuild/RPMS/mips64el/checkpolicy-* | grep -v "debug")
```

9.2.7 包管理工具

1. Sharutils 软件包

制作和安装软件包的步骤如下：

```
rpmbuild --rebuild ${SOURCESDIR}/s/sharutils-4.15.2-17.fc32.src.rpm
sudo rpm -ivh $(ls ~/rpmbuild/RPMS/mips64el/sharutils-* | grep -v "debug")
```

2. Libarchive 软件包

制作和安装软件包的步骤如下：

```
rpmbuild --rebuild ${SOURCESDIR}/l/libarchive-3.4.2-1.fc32.src.rpm
sudo rpm -ivh $(ls ~/rpmbuild/RPMS/mips64el/{libarchive,bsd{cat,cpio,tar}}-* \
             | grep -v "debug")
```

3. Brotli 软件包

制作和安装软件包的步骤如下：

```
rpmbuild --rebuild ${SOURCESDIR}/b/brotli-1.0.7-10.fc32.src.rpm
sudo rpm -ivh $(ls ~/rpmbuild/RPMS/mips64el/{python3-,lib,}brotli-* | grep -v "debug")
```

4. Cmocka 软件包

制作和安装软件包的步骤如下：

```
rpmbuild --rebuild ${SOURCESDIR}/c/cmocka-1.1.5-3.fc32.src.rpm
sudo rpm -ivh $(ls ~/rpmbuild/RPMS/mips64el/{lib,}cmocka-* | grep -v "debug")
```

5. LibSSH 软件包

（1）修改 SPEC 描述文件

通过修改编译参数来去除软件包的部分测试步骤。找到以下编译参数：

```
-DCLIENT_TESTING=ON \
-DSERVER_TESTING=ON \
```

将其改为

```
-DCLIENT_TESTING=OFF \
-DSERVER_TESTING=OFF \
```

因为当前系统环境缺少必要的测试条件，所以关闭该软件包对 Client 和 Server 部分的测试过程。

（2）制作和安装软件包

```
rpmbuild -bb ~/rpmbuild/SPECS/libssh.spec --nodeps
sudo rpm -ivh $(ls ~/rpmbuild/RPMS/{mips64el,noarch}/libssh-* | grep -v "debug")
```

6. Libidn2 软件包

制作和安装软件包的步骤如下：

```
rpmbuild --rebuild ${SOURCESDIR}/l/libidn2-2.3.0-2.fc32.src.rpm
sudo rpm -ivh $(ls ~/rpmbuild/RPMS/mips64el/{lib,}idn2-* | grep -v "debug")
```

7. Publicsuffix-List 软件包

制作和安装软件包的步骤如下：

```
rpmbuild --rebuild ${SOURCESDIR}/p/publicsuffix-list-20190417-3.fc32.src.rpm --without dafsa
sudo rpm -ivh ~/rpmbuild/RPMS/noarch/publicsuffix-list-*
```

8. Libpsl 软件包

（1）修改 SPEC 描述文件

修改配置参数，将 --enable-gtk-doc 改为 --disable-gtk-doc，取消使用 gtk-doc 命令制作手册文件的操作，这样就可以忽略对 GTK-Doc 软件包的依赖。

由于没有生成手册文件，因此需要去除打包列表中的相应文件。找到以下内容并删除。

```
%{_mandir}/man3/libpsl.3*
```

（2）制作和安装软件包

```
rpmbuild -bb ~/rpmbuild/SPECS/libpsl.spec --nodeps --nocheck
sudo rpm -ivh $(ls ~/rpmbuild/RPMS/mips64el/{lib,}psl-* | grep -v "debug") --nodeps
```

9. CURL 软件包

制作和安装软件包的步骤如下：

```
rpmbuild --rebuild ${SOURCESDIR}/c/curl-7.69.1-1.fc32.src.rpm --nodeps
sudo rpm -ivh $(ls ~/rpmbuild/RPMS/mips64el/{lib,}curl-* | grep -v -e "debug" -e "minimal")
```

生成的 curl 和 curl-minimal 这两个安装包文件之间是冲突的，不能同时安装，这里选择安装 curl 包文件。

10. Libmicrohttpd 软件包

制作和安装软件包的步骤如下：

```
rpmbuild --rebuild ${SOURCESDIR}/l/libmicrohttpd-0.9.70-1.fc32.src.rpm
sudo rpm -ivh $(ls ~/rpmbuild/RPMS/mips64el/libmicrohttpd-* | grep -v "debug")
```

11. Elfutils 软件包

（1）修改 SPEC 描述文件

①增加补丁定义。

```
Patch01:  elfutils-fix-readelf-mips-support.patch
```

该补丁用来修正该软件包中的命令读取 MIPS 指令格式的二进制文件时的错误，以保证 RPM 包制作工具可以正确地提取 MIPS 二进制格式文件中的信息。

该补丁文件需要复制到 ~/rpmbuild/SOURCES/ 目录中。

②增加对补丁的使用。

在 %prev 标记段内增加以下这行定义。

```
%patch01 -p1
```

增加修订版本号后保存文件，并重制 SRPM 文件。

（2）制作和安装软件包

```
rpmbuild --rebuild ~/rpmbuild/SRPMS/elfutils-0.179-2.*.src.rpm --nodeps --nocheck
sudo rpm -ivh $(ls ~/rpmbuild/RPMS/{mips64el,noarch}/elfutils-* | grep -v "debug")
```

12. Tss2 软件包

制作和安装软件包的步骤如下：

```
rpmbuild --rebuild ${SOURCESDIR}/t/tss2-1331-4.fc32.src.rpm
sudo rpm -ivh $(ls ~/rpmbuild/RPMS/mips64el/tss2-* | grep -v "debug")
```

13. Ima-Evm-Utils 软件包

制作和安装软件包的步骤如下：

```
rpmbuild --rebuild ${SOURCESDIR}/i/ima-evm-utils-1.2.1-3.fc32.src.rpm
sudo rpm -ivh $(ls ~/rpmbuild/RPMS/mips64el/ima-evm-utils-* | grep -v "debug")
```

14. Autoconf-Archive 软件包

制作和安装软件包的步骤如下：

```
rpmbuild --rebuild ${SOURCESDIR}/a/autoconf-archive-2019.01.06-5.fc32.src.rpm
sudo rpm -ivh ~/rpmbuild/RPMS/noarch/autoconf-archive-*
```

15. Dbus 软件包

（1）修改 SPEC 描述文件

①去除对部分文档制作命令的依赖。

找到配置参数部分，将 --enable-ducktype-docs 改为 --disable-ducktype-docs，这样可以去除对相关文档制作命令的依赖。

②修正 Systemd 服务文件的存放目录。

找到以下这两行处理步骤：

```
rm -f %{buildroot}%{_userunitdir}/dbus.{socket,service}
rm -f %{buildroot}%{_userunitdir}/sockets.target.wants/dbus.socket
```

将其改为

```
rm -f %{buildroot}%{_libdir}/systemd/user/dbus.{socket,service}
rm -f %{buildroot}%{_libdir}/systemd/user/sockets.target.wants/dbus.socket
```

因为当前系统的 RPM 包制作工具使用的还是临时系统提供的，相关的路径设置会使用临时系统中的目录，例如 Systemd 相关的服务存放目录，所以上面对路径的修改实际上就是将文件存放在目标系统 Systemd 的目录中，这样在 Systemd 安装完成后就能够正确地找到这些服务文件。

③去除未生成的文件列表。

一些文件因当前系统缺少相应的软件包而没有生成，找到并删除以下内容。

```
%{_sysusersdir}/dbus.conf
%exclude %{_pkgdocdir}/dbus.devhelp
%{_tmpfilesdir}/dbus.conf
```

（2）制作和安装软件包

```
rpmbuild -bb  ~/rpmbuild/SPECS/dbus.spec --nodeps
sudo rpm -ivh $(ls ~/rpmbuild/RPMS/{mips64el,noarch}/dbus-* | grep -v "debug") --nodeps
```

16. Crontabs 软件包

制作和安装软件包的步骤如下：

```
rpmbuild --rebuild ${SOURCESDIR}/c/crontabs-1.11-22.20190603git.fc32.src.rpm
sudo rpm -ivh ~/rpmbuild/RPMS/noarch/crontabs-*
```

17. Logrotate 软件包

制作和安装软件包的步骤如下：

```
rpmbuild --rebuild ${SOURCESDIR}/l/logrotate-3.15.1-3.fc32.src.rpm --nodeps
sudo rpm -ivh $(ls ~/rpmbuild/RPMS/mips64el/logrotate-* | grep -v "debug") --nodeps
```

18. RPM 软件包

（1）修改 SPEC 描述文件

①增加补丁文件的定义。

```
Patch1001: rpm-4.15.1-add_gnuabi_for_host_os.patch
Patch1002: rpm-4.15.1-add_mipsn32el.patch
Patch1003: rpm-4.15.1-add_mips_dwarf.patch
Patch1004: rpm-4.15.1-add_32bit_msg_for_mipsel.patch
```

相应地需要把这些补丁文件存放到 ~/rpmbuild/SOURCES/ 目录中。

②去除创建包信息数据库的步骤，找到以下内容并删除。

```
./rpmdb --dbpath=$RPM_BUILD_ROOT/var/lib/rpm --initdb
```

此时创建数据库会发生找不到配置文件的错误，所以这次制作我们跳过这个步骤。

因为未创建数据库，所以需要找到以下打包文件列表并删除。

```
%attr(0755, root, root) %dir /var/lib/rpm
%attr(0644, root, root) %ghost %config(missingok,noreplace) /var/lib/rpm/*
%attr(0644, root, root) %ghost /var/lib/rpm/.*.lock
```

③在 %install 标记段内增加对 mipsn32el 架构的处理步骤。

```
%ifarch %{mips}
sed -i -e "/__isa_bits/s@-%@-n%@g" \
      -e "/_libexecdir/s@/libexec\$@/libexec32@g" \
      -e "s/_transaction_color/& 4/g" \
      ${RPM_BUILD_ROOT}%{rpmhome}/platform/mipsn32el-linux/macros
%endif
```

这组修改是为了在 RPM 包管理工具中区分 N32 与 32，使两种不同的 ABI 文件不会发生冲突。

（2）制作和安装软件包

```
rpmbuild -bb ~/rpmbuild/SPECS/rpm.spec
sudo rpm -ivh $(ls ~/rpmbuild/RPMS/{mips64el,noarch}/rpm-*4.15.1-2* \
            | grep -v "debug") --nodeps
sudo rpm -ivh $(ls ~/rpmbuild/RPMS/mips64el/python3-rpm-*4.15.1-2* \
            | grep -v "debug") --nodeps
```

为了继续使用 BootStrap 制作方式，使用如下命令增加相应的参数设置：

```
sudo bash -c 'echo "%with_bootstrap 1" >> /usr/lib/rpm/platform/mips64el-linux/macros'
```

仅对 64 位的配置文件增加 with_bootstrap 参数即可。

（3）复制配置文件

因为目标系统是新安装的 RPM 包管理工具，所以在该工具的配置目录中仅有自身安装的配置文件，然而在之前的制作中生成了不少 RPM 的配置文件，为了让这些配置文件中的配置信息在后续的制作中继续生效，需要将这些配置文件都复制到当前 RPM 包管理工具所用的配置目录中。使用如下命令：

```
sudo rm -rf /usr/lib/rpm/macros.d
sudo cp -a /tools/lib/rpm/macros.d /usr/lib/rpm/
```

从现在开始，后面的软件包将由目标系统中的 rpm/rpmbuild 命令工具来制作，这就完成了 RPM 包管理工具往目标系统中的转换。

（4）重新编译部分软件包

有些软件包的一部分安装文件存放在临时系统的 RPM 配置目录中，当切换到目标系统的 RPM 包管理工具后，这些配置文件会因为配置目录发生变化而不能使用，为了将这些配置文件顺利地切换到目标系统，可将配置文件直接复制到当前使用的配置目录中，但这种方式只是临时的解决方案，接下来我们通过重新编译相关的几个软件包来正式安装这些配置文件。

①Perl-Generators 软件包。

制作和安装软件包的步骤如下：

```
rpmbuild --rebuild ${SOURCESDIR}/p/perl-generators-1.11-5.fc32.src.rpm
sudo rpm -Uvh $(ls ~/rpmbuild/RPMS/noarch/perl-generators-* | grep -v "debug") --force
```

注意：

这里 rpm 命令使用 U 更新参数和 --force 强制参数来配合更新安装，重新安装的软件包都需要使用这种方式进行安装。

②Redhat-Rpm-Config 软件包。

制作和安装软件包的步骤如下：

```
rpmbuild --rebuild ~/rpmbuild/SRPMS/redhat-rpm-config-150-2.fc32.loongson.src.rpm
sudo rpm -Uvh ~/rpmbuild/RPMS/noarch/{kernel-rpm-macros,redhat-rpm-config}-* \
            --nodeps --force
```

③Python-Rpm-Generators 软件包。

制作和安装软件包的步骤如下：

```
rpmbuild --rebuild ${SOURCESDIR}/p/python-rpm-generators-10-4.fc32.src.rpm
sudo rpm -Uvh ~/rpmbuild/RPMS/noarch/python3-rpm-generators-* --force
```

④Fonts-RPM-Macros 软件包。

制作和安装软件包的步骤如下：

```
rpmbuild --rebuild ${SOURCESDIR}/f/fonts-rpm-macros-2.0.3-1.fc32.src.rpm
sudo rpm -Uvh ~/rpmbuild/RPMS/noarch/fonts-*-2.0.3* --force --nodeps
```

⑤Ruby 软件包。

制作和安装软件包的步骤如下：

```
rpmbuild --rebuild ~/rpmbuild/SRPMS/ruby-2.7.1-* --without systemtap --nodeps --nocheck
sudo rpm -Uvh ~/rpmbuild/RPMS/noarch/rubygems-devel-* --force
```

⑥Lua 软件包。

制作和安装软件包的步骤如下：

```
rpmbuild --rebuild ${SOURCESDIR}/l/lua-5.3.5-7.fc32.src.rpm
sudo rpm -Uvh  $(ls ~/rpmbuild/RPMS/mips64el/lua-* | grep -v "debug") --force
```

19. DWZ 软件包

制作和安装软件包的步骤如下：

```
rpmbuild --rebuild ${SOURCESDIR}/d/dwz-0.13-2.fc32.src.rpm
sudo rpm -ivh $(ls ~/rpmbuild/RPMS/mips64el/dwz-* | grep -v "debug")
```

20. Babeltrace 软件包

制作和安装软件包的步骤如下：

```
rpmbuild --rebuild ${SOURCESDIR}/b/babeltrace-1.5.7-6.fc32.src.rpm
sudo rpm -ivh $(ls ~/rpmbuild/RPMS/mips64el/{lib,}babeltrace-* | grep -v "debug")
```

21. Xxhash 软件包

制作和安装软件包的步骤如下：

```
rpmbuild --rebuild ${SOURCESDIR}/x/xxhash-0.7.3-1.fc32.src.rpm
sudo rpm -ivh $(ls ~/rpmbuild/RPMS/mips64el/xxhash-* | grep -v "debug")
```

22. GDB 软件包

（1）修改 SPEC 描述文件

①去除文档文件的制作和打包。

因为当前系统不满足该软件包制作文档文件的条件，所以找到并删除以下步骤。

```
make %{?_smp_mflags} \
     -C gdb/doc {gdb,annotate}{.info,/index.html,.pdf} MAKEHTMLFLAGS=--no-split
MAKEINFOFLAGS=--no-split V=1
```

同时去除打包文件列表中的文档文件。

```
%doc %{gdb_build}/gdb/doc/{gdb,annotate}.{html,pdf}
```

②去除 inprocess-agent 的支持。

找到 have_inproctrace 0 的架构定义条件，并加入 MIPS 架构，改为以下内容：

```
%ifarch %{arm} %{mips}
%global have_inproctrace 0
```

（2）制作和安装软件包

```
rpmbuild -bb ~/rpmbuild/SPECS/gdb.spec  --nodeps
sudo rpm -ivh $(ls ~/rpmbuild/RPMS/{mips64el,noarch}/gdb-* | grep -v "debug")
```

9.2.8 启动相关软件包

1. Kmod 软件包

制作和安装软件包的步骤如下：

```
rpmbuild --rebuild ${SOURCESDIR}/k/kmod-27-1.fc32.src.rpm --nodeps
sudo rpm -ivh $(ls ~/rpmbuild/RPMS/mips64el/kmod-* | grep -v "debug")
```

2. Libaio 软件包

（1）修改 SPEC 描述文件

①增加补丁定义。

```
Patch3: 0001-libaio-add-support-for-mips64el.patch
```

该补丁用来增加对 MIPS 的支持。

②应用补丁。

```
%patch3 -p0
%patch3 -p1
```

本软件包会复制两个源代码目录，这两个源代码目录都需要打补丁。

完成修改后，增加修订版本号并保存文件，重制 SRPM 文件。

（2）制作和安装软件包

```
rpmbuild --rebuild ~/rpmbuild/SRPMS/libaio-*
sudo rpm -ivh $(ls ~/rpmbuild/RPMS/mips64el/libaio-* | grep -v "debug")
```

3. Libqb 软件包

制作和安装软件包的步骤如下：

```
rpmbuild --rebuild ${SOURCESDIR}/l/libqb-1.0.5-5.fc32.src.rpm --nodeps
sudo rpm -ivh $(ls ~/rpmbuild/RPMS/mips64el/libqb-* | grep -v "debug")
```

4. Libnl3 软件包

制作和安装软件包的步骤如下：

```
rpmbuild --rebuild ${SOURCESDIR}/l/libnl3-3.5.0-2.fc32.src.rpm
sudo rpm -ivh $(ls ~/rpmbuild/RPMS/mips64el/{python3-,}libnl3-* | grep -v "debug")
```

5. Kronosnet 软件包

制作和安装软件包的步骤如下：

```
rpmbuild --rebuild ${SOURCESDIR}/k/kronosnet-1.15-1.fc32.src.rpm
sudo rpm -ivh $(ls ~/rpmbuild/RPMS/mips64el/lib{knet1,nozzle1}-* | grep -v "debug")
```

6. Corosync 软件包

（1）修改 SPEC 描述文件

在 %prep 标记段的最后加入以下步骤：

```
sed -i "/unistd.h/a#include <stddef.h>" $(grep -rl "unistd.h" * | grep "\.c$")
sed -i "/config.h/a#include <stddef.h>" exec/{icmap,ipc_glue,totempg}.c
```

通过修改源代码文件来支持当前系统所使用的 Glibc 版本，否则会导致编译失败。

修改完成后，更新修订版本号并保存文件，重制 SRPM 文件。

（2）制作和安装软件包

```
rpmbuild --rebuild ~/rpmbuild/SRPMS/corosync-* --without systemd --without snmp
sudo rpm -ivh $(ls ~/rpmbuild/RPMS/mips64el/corosync{,lib}-* | grep -v "debug")
```

7. Device-Mapper-Persistent-Data 软件包

制作软件包的步骤如下：

```
rpmbuild --rebuild ${SOURCESDIR}/d/device-mapper-persistent-data-0.8.5-3.fc32.src.rpm
```

先不安装该软件包，将其与下面要制作的 LVM2 软件包一起安装。

8. LVM2 软件包

（1）修改 SPEC 描述文件

①更改内置选项设置，可以去除一些依赖条件，找到以下参数设置：

```
%global enable_lvmdbusd 1
%global enable_lvmlockd 1
```

将其更改为

```
%global enable_lvmdbusd 0
%global enable_lvmlockd 0
```

②修改配置参数。

找到配置参数的设置部分，将 --enable-udev_sync 改为 --disable-udev_sync，这样可以去除对 Systemd 软件包的依赖。

③修改打包文件列表。

从打包文件列表中去除因缺少部分依赖条件而没有生成的文件。找到并删除以下内容。

```
%{_udevdir}/11-dm-lvm.rules
%{_udevdir}/69-dm-lvm-metad.rules
%{_udevdir}/10-dm.rules
```

```
%{_udevdir}/13-dm-disk.rules
%{_udevdir}/95-dm-notify.rules
```

（2）制作和安装软件包

```
rpmbuild -bb ~/rpmbuild/SPECS/lvm2.spec --nodeps
sudo rpm -ivh $(ls ~/rpmbuild/RPMS/mips64el/{device-mapper,lvm2}-* \
              | grep -v "debug") --nodeps
```

该安装过程会将前面制作的 Device-Mapper-Persistent-Data 软件包一并安装。

9. JSON-C 软件包

制作和安装软件包的步骤如下：

```
rpmbuild --rebuild ${SOURCESDIR}/j/json-c-0.13.1-9.fc32.src.rpm
sudo rpm -ivh $(ls ~/rpmbuild/RPMS/mips64el/json-c-* | grep -v "debug")
```

10. Argon2 软件包

制作和安装软件包的步骤如下：

```
rpmbuild --rebuild ${SOURCESDIR}/a/argon2-20171227-4.fc32.src.rpm
sudo rpm -ivh $(ls ~/rpmbuild/RPMS/mips64el/{lib,}argon2-* | grep -v "debug")
```

11. Cryptsetup 软件包

（1）修改 SPEC 描述文件

找到并删除以下打包列表中的文件：

```
%{_tmpfilesdir}/cryptsetup.conf
```

因为目标系统尚未安装 Systemd，所以部分文件无法生成。

（2）制作和安装软件包

```
rpmbuild -bb ~/rpmbuild/SPECS/cryptsetup.spec
sudo rpm -ivh $(ls ~/rpmbuild/RPMS/mips64el/{integrity,verity,crypt}setup-* \
              | grep -v "debug")
```

12. Libpcap 软件包

制作和安装软件包的步骤如下：

```
rpmbuild --rebuild ${SOURCESDIR}/l/libpcap-1.9.1-3.fc32.src.rpm --nodeps
sudo rpm -ivh $(ls ~/rpmbuild/RPMS/mips64el/libpcap-* | grep -v "debug")
```

13. Libmnl 软件包

制作和安装软件包的步骤如下：

```
rpmbuild --rebuild ${SOURCESDIR}/l/libmnl-1.0.4-11.fc32.src.rpm
sudo rpm -ivh $(ls ~/rpmbuild/RPMS/mips64el/libmnl-* | grep -v "debug")
```

14. Libnftnl 软件包

制作和安装软件包的步骤如下：

```
rpmbuild --rebuild ${SOURCESDIR}/l/libnftnl-1.1.5-2.fc32.src.rpm --nodeps
sudo rpm -ivh $(ls ~/rpmbuild/RPMS/mips64el/libnftnl-* | grep -v "debug")
```

15. Libnfnetlink 软件包

制作和安装软件包的步骤如下：

```
rpmbuild --rebuild ${SOURCESDIR}/l/libnfnetlink-1.0.1-17.fc32.src.rpm
sudo rpm -ivh $(ls ~/rpmbuild/RPMS/mips64el/libnfnetlink-* | grep -v "debug")
```

16. Libnetfilter_Conntrack 软件包

制作和安装软件包的步骤如下：

```
rpmbuild --rebuild ${SOURCESDIR}/l/libnetfilter_conntrack-1.0.7-4.fc32.src.rpm
sudo rpm -ivh $(ls ~/rpmbuild/RPMS/mips64el/libnetfilter_conntrack-* | grep -v "debug")
```

17. Iptables 软件包

制作和安装软件包的步骤如下：

```
rpmbuild --rebuild ${SOURCESDIR}/i/iptables-1.8.4-7.fc32.src.rpm --nodeps
sudo rpm -ivh $(ls ~/rpmbuild/RPMS/mips64el/iptables-* | grep -v "debug")
```

18. Qrencode 软件包

制作和安装软件包的步骤如下：

```
rpmbuild --rebuild ${SOURCESDIR}/q/qrencode-4.0.2-5.fc32.src.rpm --nodeps
sudo rpm -ivh $(ls ~/rpmbuild/RPMS/mips64el/qrencode-* | grep -v "debug")
```

19. Libxkbfile 软件包

制作和安装软件包的步骤如下：

```
rpmbuild --rebuild ${SOURCESDIR}/l/libxkbfile-1.1.0-3.fc32.src.rpm
sudo rpm -ivh $(ls ~/rpmbuild/RPMS/mips64el/libxkbfile-* | grep -v "debug")
```

20. Xorg-X11-Xkb-Utils 软件包

制作和安装软件包的步骤如下：

```
rpmbuild --rebuild ${SOURCESDIR}/x/xorg-x11-xkb-utils-7.7-32.fc32.src.rpm
sudo rpm -ivh $(ls ~/rpmbuild/RPMS/mips64el/xorg-x11-xkb-* | grep -v "debug")
```

21. Xkeyboard-Config 软件包

制作和安装软件包的步骤如下：

```
rpmbuild --rebuild ${SOURCESDIR}/x/xkeyboard-config-2.29-1.fc32.src.rpm --nodeps
sudo rpm -ivh $(ls ~/rpmbuild/RPMS/noarch/xkeyboard-config-* | grep -v "debug")
```

22. Libxkbcommon 软件包

制作和安装软件包的步骤如下：

```
rpmbuild --rebuild ${SOURCESDIR}/l/libxkbcommon-0.10.0-2.fc32.src.rpm --nodeps
sudo rpm -ivh $(ls ~/rpmbuild/RPMS/mips64el/libxkbcommon-* | grep -v "debug")
```

23. Console-Setup 软件包

制作和安装软件包的步骤如下：

```
rpmbuild --rebuild ${SOURCESDIR}/c/console-setup-1.194-2.fc32.src.rpm
sudo rpm -ivh ~/rpmbuild/RPMS/noarch/{bdf2psf,console-setup}-* --nodeps
```

运行依赖 Kbd 软件包，但是 Kbd 软件包编译依赖 console-setup，所以只能先强制安装 console-setup。

24. Kbd 软件包

制作和安装软件包的步骤如下：

```
rpmbuild --rebuild ${SOURCESDIR}/k/kbd-2.2.0-1.fc32.src.rpm
sudo rpm -ivh $(ls ~/rpmbuild/RPMS/{mips64el,noarch}/kbd-* | grep -v "debug")
```

25. Systemd 软件包

制作和安装软件包的步骤如下：

```
rpmbuild --rebuild ${SOURCESDIR}/s/systemd-245.4-1.fc32.src.rpm --nodeps --nocheck
sudo rpm -ivh $(ls ~/rpmbuild/RPMS/{mips64el,noarch}/systemd-* \
            | grep -v "debug") --nodeps
```

有大量软件包依赖 Systemd 软件包，所以当 Systemd 软件包安装到系统中，部分之前去除 Systemd 依赖的软件包可以重新制作，以恢复跟 Systemd 的依赖关系。

26. Dbus-Broker 软件包

（1）修改 SPEC 描述文件

修改配置参数，将 -Ddocs=true 改为 -Ddocs=false，这样可以去除制作文档的步骤。

去除打包列表文件中的文档文件。找到并删除以下内容。

```
%{_mandir}/man1/dbus-broker.1*
%{_mandir}/man1/dbus-broker-launch.1*
```

（2）制作和安装软件包

```
rpmbuild -bb ~/rpmbuild/SPECS/dbus-broker.spec --nodeps
sudo rpm -ivh $(ls ~/rpmbuild/RPMS/mips64el/dbus-broker-* | grep -v "debug")
```

27. Dbus 软件包（重新制作）

在完成 Systemd 软件包的安装后，建议重制和安装 Dbus 软件包，以打开对 Systemd 的支持。

（1）修改 SPEC 描述文件

修改配置参数，将 --enable-ducktype-docs 改为 --disable-ducktype-docs，去除制作文档的步骤。

（2）制作和安装软件包

```
rpmbuild -bb ~/rpmbuild/SPECS/dbus.spec --without tests --nodeps
sudo rpm -Uvh $(ls ~/rpmbuild/RPMS/mips64el/dbus-* | grep -v "debug") --force
```

28. IPSet 软件包

制作和安装软件包的步骤如下：

```
rpmbuild --rebuild ${SOURCESDIR}/i/ipset-7.6-1.fc32.src.rpm
sudo rpm -ivh $(ls ~/rpmbuild/RPMS/{mips64el,noarch}/ipset-* | grep -v "debug")
```

29. Intltools 软件包

制作和安装软件包的步骤如下：

```
rpmbuild --rebuild ${SOURCESDIR}/i/intltool-0.51.0-16.fc32.src.rpm
sudo rpm -ivh ~/rpmbuild/RPMS/noarch/intltool-*
```

30. Desktop-File-Utils 软件包

制作和安装软件包的步骤如下：

```
rpmbuild --rebuild ${SOURCESDIR}/d/desktop-file-utils-0.24-2.fc32.src.rpm --nodeps
sudo rpm -ivh $(ls ~/rpmbuild/RPMS/mips64el/desktop-file-utils-* \
                | grep -v "debug") --nodeps
```

31. Xaw3d 软件包

制作和安装软件包的步骤如下：

```
rpmbuild --rebuild ${SOURCESDIR}/x/Xaw3d-1.6.3-2.fc32.src.rpm
sudo rpm -ivh $(ls ~/rpmbuild/RPMS/mips64el/Xaw3d-* | grep -v "debug")
```

32. Emacs 软件包

（1）修改 SPEC 描述文件

修改编译参数，去除 --with-x-toolkit=gtk3 和 --with-xwidgets 这两个编译参数，因为这两个参数需要的依赖条件还没有安装到目标系统中，会导致编译失败。

（2）制作和安装软件包

```
rpmbuild -bb ~/rpmbuild/SPECS/emacs.spec --nodeps
sudo rpm -ivh $(ls ~/rpmbuild/RPMS/{mips64el,noarch}/emacs-* | grep -v "debug") --nodeps
```

33. Vala 软件包

制作和安装软件包的步骤如下：

```
rpmbuild --rebuild ${SOURCESDIR}/v/vala-0.48.3-1.fc32.src.rpm
```

```
sudo rpm -ivh $(ls ~/rpmbuild/RPMS/mips64el/{lib,}vala* | grep -v "debug")
```

34. Libsecret 软件包

制作和安装软件包的步骤如下：

```
rpmbuild --rebuild ${SOURCESDIR}/l/libsecret-0.20.2-2.fc32.src.rpm --nodeps
sudo rpm -ivh $(ls ~/rpmbuild/RPMS/mips64el/libsecret-* | grep -v "debug")
```

35. Perl-Error 软件包

制作和安装软件包的步骤如下：

```
rpmbuild --rebuild ${SOURCESDIR}/p/perl-Error-0.17029-1.fc32.src.rpm
sudo rpm -ivh ~/rpmbuild/RPMS/noarch/perl-Error-*
```

36. Perl-TermReadKey 软件包

制作和安装软件包的步骤如下：

```
rpmbuild --rebuild ${SOURCESDIR}/p/perl-TermReadKey-2.38-6.fc32.src.rpm
sudo rpm -ivh $(ls ~/rpmbuild/RPMS/mips64el/perl-TermReadKey-* | grep -v "debug")
```

37. Xorg-X11-Xauth 软件包

制作和安装软件包的步骤如下：

```
rpmbuild --rebuild ${SOURCESDIR}/x/xorg-x11-xauth-1.1-3.fc32.src.rpm
sudo rpm -ivh $(ls ~/rpmbuild/RPMS/mips64el/xorg-x11-xauth-* | grep -v "debug")
```

38. Libusbx 软件包

制作和安装软件包的步骤如下：

```
rpmbuild --rebuild ${SOURCESDIR}/l/libusbx-1.0.23-1.fc32.src.rpm
sudo rpm -ivh $(ls ~/rpmbuild/RPMS/mips64el/libusbx-* | grep -v "debug")
```

39. Hidapi 软件包

制作和安装软件包的步骤如下：

```
rpmbuild --rebuild ${SOURCESDIR}/h/hidapi-0.9.0-3.fc32.src.rpm
sudo rpm -ivh $(ls ~/rpmbuild/RPMS/mips64el/hidapi-* | grep -v "debug")
```

40. Libcbor 软件包

（1）修改 SPEC 描述文件

```
sed -i '/man/d' ~/rpmbuild/SPECS/libcbor.spec
```

（2）制作和安装软件包

```
rpmbuild -bb ~/rpmbuild/SPECS/libcbor.spec --nodeps
sudo rpm -ivh $(ls ~/rpmbuild/RPMS/mips64el/libcbor-* | grep -v "debug")
```

41. Libfido2 软件包

制作和安装软件包的步骤如下：

```
rpmbuild --rebuild ${SOURCESDIR}/l/libfido2-1.3.1-1.fc32.src.rpm
sudo rpm -ivh $(ls ~/rpmbuild/RPMS/mips64el/{lib,}fido2-* | grep -v "debug")
```

42. OpenSSH 软件包

（1）修改 SPEC 描述文件

更改内置选项设置，可以去除一些依赖条件。找到以下参数设置：

```
%global no_gnome_askpass 0
%global gtk2 1
```

将其改为

```
%global no_gnome_askpass 1
%global gtk2 0
```

这两个内置参数都与图形相关，而当前安装的图形库还没有支持该软件包的图形依赖的条件，因此无法完成相关功能的制作。关闭内置参数可以去除相关的制作过程，以保证软件包主体功能可以制作出来。

（2）制作和安装软件包

```
rpmbuild -bb ~/rpmbuild/SPECS/openssh.spec
sudo rpm -ivh $(ls ~/rpmbuild/RPMS/mips64el/{openssh,pam_ssh_agent_auth}-* \
              | grep -v "debug")
```

43. Git 软件包

制作和安装软件包的步骤如下：

```
rpmbuild --rebuild ${SOURCESDIR}/g/git-2.26.0-1.fc32.src.rpm --without tests \
                 --without docs
sudo rpm -ivh $(ls ~/rpmbuild/RPMS/mips64el/git-2*  \
                 ~/rpmbuild/RPMS/mips64el/git-core-* \
                 ~/rpmbuild/RPMS/noarch/perl-Git-2* \
                 ~/rpmbuild/RPMS/noarch/git-core-doc-* | grep -v "debug")
```

该软件包会产生不少安装包文件，但其中部分文件存在运行依赖问题，所以我们只选择安装具有最基本功能的包文件即可。

44. Libusb 软件包

制作和安装软件包的步骤如下：

```
rpmbuild --rebuild ${SOURCESDIR}/l/libusb-0.1.5-16.fc32.src.rpm
sudo rpm -ivh $(ls ~/rpmbuild/RPMS/mips64el/libusb-* | grep -v "debug")
```

45. EFI-RPM-Macros 软件包

（1）修改 SPEC 描述文件

加入如下补丁定义。

```
Patch0: 0001-efi-rpm-macros-4-add-mips64el_efi.patch
```

该补丁用来在 UEFI 的启动架构中加入对 mips64el 的支持。

文件修改完成后，增加修订版本号并保存，重制 SRPMS 文件。

（2）制作和安装软件包

```
rpmbuild --rebuild ~/rpmbuild/SRPMS/efi-rpm-macros-*
sudo rpm -ivh ~/rpmbuild/RPMS/noarch/efi-*
```

46. Efivar 软件包

（1）修改 SPEC 描述文件

在 %prep 标记段的最后增加以下步骤：

```
sed -i "s@-march=native@@g" src/include/defaults.mk
```

该步骤用来调整编译器参数以保证完成制作，若使用 -march=native，可能会与当前编译器参数冲突而导致链接库文件时出现问题。

文件修改完成后，增加修订版本号并保存。

（2）制作软件包

这次尝试采用 -ba 参数来制作软件包，使用如下命令：

```
rpmbuild -ba ~/rpmbuild/SPECS/efivar.spec --nodeps
```

-ba 参数通过指定 SPEC 描述文件来完成软件包的制作后，会同时重制该软件包的 SRPM 文件并保存在 ~/rpmbuild/SRPMS 目录中。

（3）安装软件包

```
sudo rpm -ivh $(ls ~/rpmbuild/RPMS/mips64el/efivar-* | grep -v "debug")
```

47. Pesign 软件包

（1）修改 SPEC 描述文件

找到以下这行内容：

```
ExclusiveArch: %{ix86} x86_64 ia64 aarch64 %{arm}
```

将其改为

```
ExclusiveArch: %{ix86} x86_64 ia64 aarch64 %{arm} mips64el
```

只有这样该软件包才可以进行制作，否则包制作工具会认为它是不支持的架构而拒绝进行制作。

（2）制作和安装软件包

```
rpmbuild -ba ~/rpmbuild/SPECS/pesign.spec
```

```
sudo rpm -ivh $(ls ~/rpmbuild/RPMS/mips64el/pesign-* | grep -v "debug")
```

48. Linux-Atm 软件包

制作和安装软件包的步骤如下：

```
rpmbuild --rebuild ${SOURCESDIR}/l/linux-atm-2.5.1-26.fc32.src.rpm
sudo rpm -ivh $(ls ~/rpmbuild/RPMS/mips64el/linux-atm-* | grep -v "debug")
```

49. Psmisc 软件包

制作和安装软件包的步骤如下：

```
rpmbuild --rebuild ${SOURCESDIR}/p/psmisc-23.3-3.fc32.src.rpm
sudo rpm -ivh $(ls ~/rpmbuild/RPMS/mips64el/psmisc-* | grep -v "debug")
```

50. IPRoute 软件包

制作和安装软件包的步骤如下：

```
rpmbuild --rebuild ${SOURCESDIR}/i/iproute-5.5.0-1.fc32.src.rpm
sudo rpm -ivh $(ls ~/rpmbuild/RPMS/mips64el/iproute-* | grep -v "debug")
```

51. IPUtils 软件包

制作和安装软件包的步骤如下：

```
rpmbuild --rebuild ${SOURCESDIR}/i/iputils-20190515-5.fc32.src.rpm
sudo rpm -ivh $(ls ~/rpmbuild/RPMS/mips64el/iputils-* | grep -v "debug")
```

52. Libmaxminddb 软件包

制作和安装软件包的步骤如下：

```
rpmbuild --rebuild ${SOURCESDIR}/l/libmaxminddb-1.3.2-2.fc32.src.rpm
sudo rpm -ivh $(ls ~/rpmbuild/RPMS/mips64el/libmaxminddb-* | grep -v "debug")
```

53. IPCalc 软件包

制作和安装软件包的步骤如下：

```
rpmbuild --rebuild ${SOURCESDIR}/i/ipcalc-0.4.0-2.fc32.src.rpm --nocheck
sudo rpm -ivh $(ls ~/rpmbuild/RPMS/mips64el/ipcalc-* | grep -v "debug")
```

54. DHCP 软件包

制作和安装软件包的步骤如下：

```
rpmbuild --rebuild ${SOURCESDIR}/d/dhcp-4.4.2-5.b1.fc32.src.rpm
sudo rpm -ivh $(ls ~/rpmbuild/RPMS/{mips64el,noarch}/dhcp-* | grep -v "debug")
```

55. Dracut 软件包

制作和安装软件包的步骤如下：

```
rpmbuild --rebuild ${SOURCESDIR}/d/dracut-050-26.git20200316.fc32.src.rpm
sudo rpm -ivh $(ls ~/rpmbuild/RPMS/mips64el/dracut-* | grep -v "debug") --nodeps
```

56. OS-Prober 软件包

制作软件包的步骤如下：

```
rpmbuild --rebuild ${SOURCESDIR}/o/os-prober-1.77-4.fc32.src.rpm
```

先不急着安装该软件包，等 Grub2 软件包制作完成后一起安装。

57. Grub2 软件包

（1）修改 SPEC 描述文件

增加补丁文件的定义。

```
Source20: grub-2.04-add-support-mips64-efi.patch
```

该补丁用来使 Grub2 的 UEFI 启动增加对龙芯机器的支持，使用 Source 来定义是因为该软件包采用 git 命令打补丁。git 命令打补丁要求较严，可能会出现打补丁出错的情况。

修改完成后，增加修订版本号并保存文件。

（2）修改 grub.macros 文件

Grub2 软件包的制作行为定义方式比较特殊，其他软件包都包含在 SPEC 描述文件中，而 Grub2 的主要行为定义在 grub.macros 文件中，该文件存放在 ~/rpmbuild/SOURCES 目录中，接下来的一些修改将在该文件中进行。

①应用补丁文件。

这里采用一种与之前软件包不同的应用补丁的方式。先找到以下这行：

```
./bootstrap    \
```

在这行上面加入如下内容：

```
patch -Np1 -i %{SOURCE20}     \
```

在 bootstrap 命令之前打入补丁，因为使用 Source 来定义补丁，所以打补丁使用 patch 命令直接操作。需要注意的是，应用 Source 定义的文件时需要使用大写的 SOURCE，后面的数字必须与 SPEC 描述文件中定义的数字一致。

②在 UEFI 支持的架构中增加新的架构。

找到以下定义支持 UEFI 的内容：

```
%global efi_only aarch64 %{arm} riscv64
```

将其修改为

```
%global efi_only aarch64 %{arm} riscv64 mips64el
```

这样就在 UEFI 支持的架构中增加了对龙芯机器（mips64el）的支持。

③ EFI 模块使用的定义。

找到以下内容：

```
%ifarch aarch64 %{arm} riscv64
%global efi_modules " "
```

将其修改为

```
%ifarch aarch64 %{arm} riscv64 mips64el
%global efi_modules " "
```

因为有部分模块在 MIPS 架构中没有生成，使用时会导致出错，所以需要在这里增加 mips64el 的定义，可以不使用那些没生成的模块。

④增加 MIPS64EL 的 EFI 模式制作定义。

找到其他架构定义的地方，增加以下定义内容：

```
%ifarch mips64el
%global with_emu_arch 0
%global efiarch mips64el
%global target_cpu_name mips64el
%global grub_target_name mips64el-efi
%global package_arch efi-mips64el
%endif
```

修改完成后保存退出。

（3）制作和安装软件包

使用 -ba 参数，在完成制作后重制 SRPM 文件。

```
rpmbuild -ba ~/rpmbuild/SPECS/grub2.spec --nodeps
sudo rpm -ivh $(ls ~/rpmbuild/RPMS/{mips64el,noarch}/grub2-* \
                   ~/rpmbuild/RPMS/mips64el/os-prober-* \
                   | grep -v -e "debug" -e "cdboot")
```

安装时可以不安装文件名中包含 cdboot 的文件，因为该文件中提供了光盘设备启动时使用的 EFI 文件，当前的硬盘用不上。

58. Tzdata 软件包

（1）修改 SPEC 描述文件

因为当前系统中没有安装 JAVA 软件包，所以需要去除与 JAVA 相关的步骤。找到以下内容（因内容较多，使用省略号代表中间的内容）：

```
JAVA_FILES="rearguard/africa rearguard/antarctica rearguard/asia \
......
$JAVA_FILES javazic-1.8/tzdata_jdk/gmt javazic-1.8/tzdata_jdk/jdk11_backward
```

以及如下内容：

```
cp -prd javazi $RPM_BUILD_ROOT%{_datadir}/javazi
mkdir -p $RPM_BUILD_ROOT%{_datadir}/javazi-1.8
install -p -m 644 tzdb.dat $RPM_BUILD_ROOT%{_datadir}/javazi-1.8/
```

以上制作步骤都删除，同时找到并删除如下打包文件列表中的内容。

```
%files java
%{_datadir}/javazi
%{_datadir}/javazi-1.8
```

（2）制作和安装软件包

```
rpmbuild -bb ~/rpmbuild/SPECS/tzdata.spec --nodeps
sudo rpm -ivh ~/rpmbuild/RPMS/noarch/tzdata-*
```

59. BC 软件包

制作和安装软件包的步骤如下：

```
rpmbuild --rebuild ${SOURCESDIR}/b/bc-1.07.1-10.fc32.src.rpm
sudo rpm -ivh $(ls ~/rpmbuild/RPMS/mips64el/bc-* | grep -v "debug")
```

60. Dwarves 软件包

制作和安装软件包的步骤如下：

```
rpmbuild --rebuild ${SOURCESDIR}/d/dwarves-1.17-1.fc32.src.rpm
sudo rpm -ivh $(ls ~/rpmbuild/RPMS/mips64el/{lib,}dwarves*-* | grep -v "debug")
```

61. Libical 软件包

（1）修改 SPEC 描述文件

①修正 PC 文件路径问题。

在 %prep 标记段的最后加上以下步骤。

```
sed -i "/libdir/s@/lib\"@/%{_lib}\"@g" CMakeLists.txt
```

此步骤用来修正该软件包 .pc 文件中的 libdir 的路径问题。

②去除文档制作的步骤。

找到 cmake 参数，在其中加入新参数 -DENABLE_GTK_DOC=OFF，用来关闭文档制作的步骤。

没有生成文档，相应地需要去除打包列表中的文档部分。找到并删除以下内容。

```
%files glib-doc
%{_datadir}/gtk-doc/html/%{name}-glib
```

（2）制作和安装软件包

```
rpmbuild -bb ~/rpmbuild/SPECS/libical.spec --nodeps --nocheck
sudo rpm -ivh $(ls ~/rpmbuild/RPMS/mips64el/libical-* | grep -v "debug") --nodeps
```

62. Bluez 软件包

（1）修改 SPEC 描述文件

因为当前系统中没有提供 CUPS 软件包，所以去除以下打包文件列表。

```
%files cups
%_cups_serverbin/backend/bluetooth
```

（2）制作和安装软件包

```
rpmbuild -bb ~/rpmbuild/SPECS/bluez.spec --nodeps
sudo rpm -ivh $(ls ~/rpmbuild/RPMS/mips64el/bluez-* | grep -v "debug")
```

63. Net-Tools 软件包

制作和安装软件包的步骤如下：

```
rpmbuild --rebuild ${SOURCESDIR}/n/net-tools-2.0-0.56.20160912git.fc32.src.rpm
sudo rpm -ivh $(ls ~/rpmbuild/RPMS/mips64el/net-tools-* | grep -v "debug")
```

64. TinyXml2 软件包

制作和安装软件包的步骤如下：

```
rpmbuild --rebuild ${SOURCESDIR}/t/tinyxml2-7.0.1-4.fc32.src.rpm
sudo rpm -ivh $(ls ~/rpmbuild/RPMS/mips64el/tinyxml2-* | grep -v "debug")
```

65. Cppcheck 软件包

（1）修改 SPEC 描述文件

因为缺少依赖条件，所以无法生成手册文件。找到以下内容：

```
%doc AUTHORS man/manual.html man/reference-cfg-format.html
```

将其改为

```
%doc AUTHORS
```

这样打包时不会出现找不到文件的错误。

（2）制作和安装软件包

```
rpmbuild -bb  ~/rpmbuild/SPECS/cppcheck.spec --nodeps
sudo rpm -ivh $(ls ~/rpmbuild/RPMS/mips64el/cppcheck-1* | grep -v "debug")
```

66. Libkcapi 软件包

（1）修改 SPEC 描述文件

因为缺少依赖条件，所以无法生成手册文档文件。找到以下内容：

```
README.md CHANGES.md TODO doc/%{name}.p{df,s}
%{__cp} -pr lib/doc/html %{buildroot}%{_pkgdocdir}
```

将其改为

```
README.md CHANGES.md TODO
```

（2）制作和安装软件包

```
rpmbuild -bb ~/rpmbuild/SPECS/libkcapi.spec --nodeps --nocheck
sudo rpm -ivh $(ls ~/rpmbuild/RPMS/mips64el/libkcapi-* | grep -v "debug")
```

67. Linux-Firmware 软件包

制作和安装软件包的步骤如下:

```
rpmbuild --rebuild ${SOURCESDIR}/l/linux-firmware-20200316-106.fc32.src.rpm
sudo rpm -ivh ~/rpmbuild/RPMS/noarch/*-firmware-*
```

68. GNU-EFI 软件包

(1)修改 SPEC 描述文件

在 %build 标记段的开始处加入以下步骤:

```
sed -i "s/-Werror//g" Make.defaults
```

该步骤用来去除 -Werror 编译参数,从而避免强制语法检查导致的编译失败。

(2)制作和安装软件包

```
rpmbuild -bb ~/rpmbuild/SPECS/gnu-efi.spec
sudo rpm -ivh ~/rpmbuild/RPMS/{mips64el,noarch}/gnu-efi-*
```

69. Xfsprogs 软件包

制作和安装软件包的步骤如下:

```
rpmbuild --rebuild ${SOURCESDIR}/x/xfsprogs-5.4.0-3.fc32.src.rpm
sudo rpm -ivh $(ls ~/rpmbuild/RPMS/mips64el/xfsprogs-* | grep -v "debug")
```

70. Sudo 软件包

制作和安装软件包的步骤如下:

```
rpmbuild --rebuild ${SOURCESDIR}/s/sudo-1.9.0-0.1.b4.fc32.src.rpm --nodeps
sudo rpm -ivh $(ls ~/rpmbuild/RPMS/mips64el/sudo-* | grep -v "debug")
```

71. Kernel 软件包

Fedora 自带的 Kernel 软件包无法适用于龙芯机器,需要对其进行大幅度改造,改造前先安装 Kernel 的 SRPM 文件。

```
rpm -ivh ${SOURCESDIR}/k/kernel-5*
```

这样我们就有了一个 SPEC 描述文件的模板,它被改造成适合龙芯机器上使用的内容。

(1)修改 SPEC 描述文件

如果将 Kernel 软件包的 SPEC 描述文件改造成适合龙芯机器,有不少内容需要修改,下面是主要的修改内容,读者可以大体了解修改的内容。

①允许 MIPS 架构制作 Kernel 软件包。

找到以下这行内容:

```
ExclusiveArch: x86_64 s390x %{arm} aarch64 ppc64le
```

将其改为

```
ExclusiveArch: x86_64 s390x %{arm} aarch64 ppc64le %{mips}
```

只有这样该软件包才可以进行制作，否则会认为是不支持的架构而拒绝进行制作。

②修改版本号。

找到以下版本信息设置参数。

```
%define base_sublevel 6
%define stable_update 6
%global baserelease 300
```

将其修改为

```
%define base_sublevel 4
%define stable_update 44
%global baserelease 1
```

实际上就是将原来的 5.6.6-300 改成了 5.4.44-1，因为大版本 5 没有变化，所以不需要修改。

③关闭内核配置文件的检查。

因为版本的变更会导致内核配置文件不匹配，检查时会出现错误，所以需要修正一下。找到以下设置内容。

```
%define with_configchecks %{?_without_configchecks:    0} %{?!_without_configchecks:  1}
```

将其修改为

```
%define with_configchecks %{?_without_configchecks:    0} %{?!_without_configchecks:  0}
```

这样设置可以强制关闭对内核配置文件的检查，且不检查并不会对制作出来的内核造成影响。

④增加 mips64el 架构的设置参数。

找到其他架构设置相关参数的位置，增加以下内容：

```
%ifarch mips64el
%define asmarch mips
%define hdrarch mips
%define make_target vmlinuz
%define kernel_image vmlinuz
%define skip_nonpae_vdso 1
%define with_debuginfo 0
%define all_arch_configs kernel-%{version}-mips64el*.config
%endif
```

这部分内容主要定义了编译内核时使用的架构名、内核名称以及配置文件名称等信息。

⑤新增 MIPS 架构相关文件。

增加对模块进行处理的文件，每个架构都需要提供一个与架构名称相关的文件。增加文件的定义如下：

```
Source88: filter-mips64el.sh.fedora
```

对于 mips64el 而言，这个文件内容可以是空的，因为不需要有额外的处理工作，但必须存在这个文件，否则会出错。

增加龙芯机器使用的内核配置文件，文件定义如下：

```
Source61: kernel-mips64el-fedora.config
```

该文件可以从一个配置好的内核源代码目录中获取。涉及选项内容较多，此处不一一列举，读者可以参考本书附带的内核配置文件。

增加内核固件集合文件的定义，内容如下：

```
Source71: kernel-firmware-5.%{base_sublevel}.tar.gz
```

增加这个文件主要是因为龙芯机器中的一些设备需要内核固件文件才能正常工作，也就是加入这个文件才能让内核正常启动龙芯机器。

⑥龙芯补丁文件。

内核目前还不完全支持龙芯 3A 系列的机器，所以需要增加相应的补丁文件。在 SPEC 描述文件中增加以下补丁定义：

```
Patch0010: linux-5.4-add-loongson-support.patch
Patch0011: univt-3.0-core-for-kernel-5.x.patch
Patch0012: univt-fontfile-for-kernel-5.x.patch
```

这里需要说明的是，因为变更了内核版本，所以原来定义的补丁文件不一定都能够在修改后的内核版本上应用，因此我们去除了所有原来定义的补丁，而只增加了支持龙芯机器的补丁文件。

（2）复制文件

根据 SPEC 描述文件中的修改内容，需要准备以下文件。

- linux-5.4.tar.xz：Linux-5.4.0 内核源代码文件。
- patch-5.4.44.xz：从 Linux-5.4.0 到 Linux-5.4.44 之间的差异文件。
- linux-5.4-add-loongson-support.patch：支持龙芯机器的补丁文件。
- univt-3.0-core-for-kernel-5.x.patch：支持龙芯机器的补丁文件。
- univt-fontfile-for-kernel-5.x.patch：支持龙芯机器的补丁文件。
- filter-mips64el.sh.fedora：针对 mips64el 架构的模块处理脚本，该文件内容可以为空。
- kernel-mips64el-fedora.config：常规的内核配置文件。
- kernel-firmware-5.4.tar.gz：支持龙芯的固件集合文件。

将这些文件都存放到 ~/rpmbuild/SOURCES 目录中，以便制作时能顺利地找到并使用。

（3）制作软件包并重制 SRPM 文件

```
rpmbuild -ba ~/rpmbuild/SPECS/kernel.spec
```

对 SPEC 描述文件的修改都可以长期使用而非临时的修改，所以我们使用 -ba 参数制作 Kernel 软件包，这样在制作完成后会重制 Kernel 软件包的 SRPM 文件。

（4）安装软件包

```
rpm -ivh $(ls ~/rpmbuild/RPMS/mips64el/kernel-* | grep -v "headers")
```

因为 kernel-headers 这个安装包文件不是制作 Kernel 软件包时生成的，而是之前使用 Kernel-Headers 软件包生成的，所以筛选需要安装的文件时应剔除该文件。

9.2.9 配置和重启系统

在完成一堆软件包的安装后，现在的目标系统已经可以代替临时系统来完成后续制作了。接下来我们要将目标系统作为一个正常的系统来启动计算机。

1. 更新配置文件

（1）Systemd 启动服务

在安装完 Systemd 之后并不会设置默认的启动服务，这会影响到系统的启动。根据 Systemd 启动时的判断，若没有 /etc/machine-id 文件，则会自动创建该文件同时设置默认的启动服务，这正是我们现在要对目标系统做的事情，所以通过删除该文件来触发这个行为，命令如下：

```
sudo rm /etc/machine-id
```

设置默认启动服务的行为并不会在删除文件时立即触发，而是在重新启动系统的时候发生。

（2）用户环境设置文件

我们在创建目标系统的时候曾经创建了 /etc/profile，该文件用来设置用户登录后的环境变量。受当时系统环境的约束，我们手工创建了临时文件，但现在可以通过安装 Setup 软件包更新该文件了，更新步骤如下：

```
sudo rm /etc/profile
sudo rpm -Uvh ~/rpmbuild/RPMS/noarch/setup-* --force
```

因为 /etc/profile 文件属于配置文件，若系统中已经存在该文件，则 rpm 命令在安装时不会覆盖已经存在的文件，所以我们先删除原来的设置文件再安装即可。因为 Setup 软件包已经安装过，所以需要使用 U 和 --force 参数配合更新软件包。

2. 设置 Grub

（1）设置 Grub 启动菜单

制作临时系统的时候我们曾经手工创建了一个 Grub 启动菜单文件，但这个文件相对简陋，而通过 Kernel 软件包创建了正式的内核文件后，就需要更新启动菜单文件了。我们现在可以通过 Grub 的命令来自动创建启动菜单文件，命令如下：

```
sudo GRUB_ENABLE_BLSCFG=true grub2-mkconfig -o /boot/efi/EFI/fedora/grub.cfg
```

使用 grub2-mkconfig 命令通过 -o 参数来指定生成的启动菜单文件的位置和命名，该命令会依据 /etc/grub.d/ 目录中的各个脚本来生成菜单文件。

- GRUB_ENABLE_BLSCFG=true：指定启动项是动态生成的还是静态创建好的，如果该参数设置为 true，则启动时会读取 /boot/loader/entries/ 目录中的配置文件自动创建启动项，这样菜单文件可以在不用更新的情况下就实现增减内核时更新启动项；而如果该参数设置为 false 或者不设置，则会把启动项写入 grub.cfg 中，之后增减内核时都需要重新生成 grub.cfg 才能更新启动项。

（2）复制启动用的 EFI 文件

龙芯机器的 UEFI 固件目前尚未支持更改 EFI 文件名的功能，因此安装 Grub 时生成的 EFI 启动文件的文件名不能被龙芯机器找到，需要通过如下命令来进行处理：

```
sudo cp /boot/efi/EFI/fedora/grubmips64el.efi /boot/efi/EFI/BOOT/BOOTMIPS.EFI
```

龙芯机器的 UEFI 固件会默认从启动存储设备第一个分区的 /EFI/BOOT 目录中加载名为 BOOTMIPS.EFI 的文件并执行。在当前环境中，我们已经将第一分区挂载到 /boot/efi/EFI 目录上，现在只要将安装 Grub 软件包时生成的 grubmips64el.efi 文件复制到相应的目录中，并命名为 BOOTMIPS.EFI 即可。

3. 重新启动机器

到目前为止，我们已经做好了启动目标系统的准备工作，接下来就是重新启动系统。如果之前的工作没有问题，机器很快就会进入 Grub 的启动选项界面，这里会将系统中安装的内核作为选项显示出来，如图 9.1 所示。

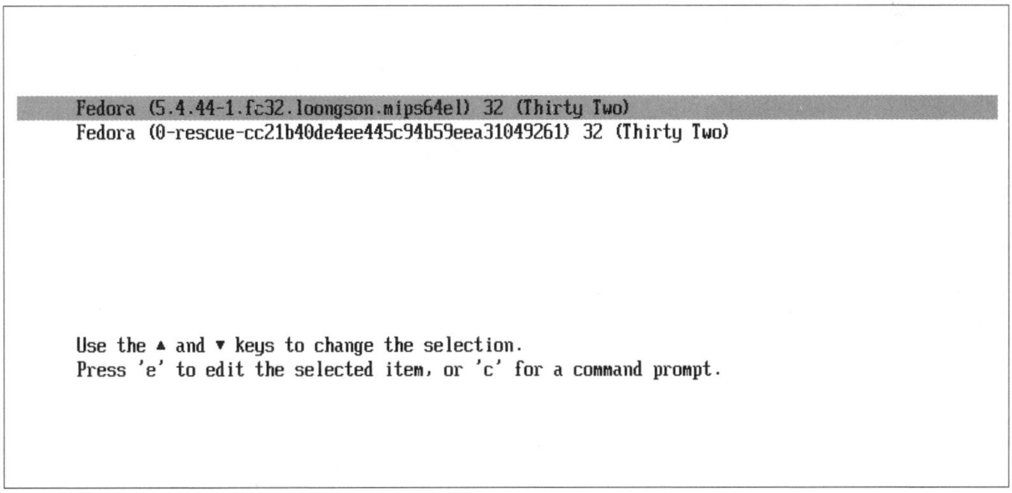

```
Fedora (5.4.44-1.fc32.loongson.mips64el) 32 (Thirty Two)
Fedora (0-rescue-cc21b40de4ee445c94b59eea31049261) 32 (Thirty Two)




Use the ▲ and ▼ keys to change the selection.
Press 'e' to edit the selected item, or 'c' for a command prompt.
```

图 9.1　目标系统的启动选项

选择第一个启动项后就会开始加载并执行内核、Initramfs 以及系统中的各种启动服务，如图 9.2 所示。

```
[    7.527343] systemd[1]: Detected architecture mips64.

Welcome to Fedora 32 (Thirty Two)!

[    7.542968] systemd[1]: Set hostname to <SunGenhu>.
[    7.929687] systemd[1]: /usr/lib/systemd/system/sssd.service:13: PIDFile= references a path below legacy directory /var/run/,
 updating /var/run/sssd.pid âfiÔ /run/sssd.pid; please update the unit file accordingly.
[    7.980468] systemd[1]: /usr/lib/systemd/system/sssd-kcm.socket:7: ListenStream= references a path below legacy directory /va
r/run/, updating /var/run/.heim_org.h5l.kcm-socket âfiÔ /run/.heim_org.h5l.kcm-socket; please update the unit file accordingly.
[    7.988281] systemd[1]: /usr/lib/systemd/system/pcscd.socket:5: ListenStream= references a path below legacy directory /var/r
un/, updating /var/run/pcscd/pcscd.comm âfiÔ /run/pcscd/pcscd.comm; please update the unit file accordingly.
[    8.144531] systemd[1]: initrd-switch-root.service: Succeeded.
[    8.148437] systemd[1]: Stopped Switch Root.
[  OK  ] Stopped Switch Root.
[    8.160156] systemd[1]: systemd-journald.service: Scheduled restart job, restart counter is at 1.
[    8.160156] systemd[1]: Created slice system-getty.slice.
[    8.167968] systemd[1]: Created slice system-modprobe.slice.
[  OK  ] Created slice system-getty.slice.
[  OK  ] Created slice system-modprobe.slice.
[    8.179687] systemd[1]: Created slice system-systemd\x2dfsck.slice.
[    8.183593] systemd[1]: Created slice User and Session Slice.
[    8.183593] systemd[1]: Condition check resulted in Dispatch Password Requests to Console Directory Watch being skipped.
[  OK  ] Created slice system-systemd\x2dfsck.slice.
[  OK  ] Created slice User and Session Slice.
[    8.191406] systemd[1]: Started Forward Password Requests to Wall Directory Watch.
[  OK  ] Started Forward Password Requests to Wall Directory Watch.
[    8.199218] systemd[1]: Set up automount Arbitrary Executable File Formats File System Automount Point.
[    8.199218] systemd[1]: Stopped target Switch Root.
[    8.207031] systemd[1]: Stopped target Initrd File Systems.le System Automount Point.

[    8.214843] systemd[1]: Stopped target Initrd Root File System.
[    8.218750] systemd[1]: Reached target Slices.
[    8.222656] systemd[1]: Listening on Device-mapper event daemon FIFOs.

[    8.226562] systemd[1]: Listening on LVM2 poll daemon socket.
[  OK  ] Stopped target Initrd File Systems.
[    8.230468] systemd[1]: Listening on multipathd control socket.
[  OK  ] Stopped target Initrd Root File System.
[  OK  ] Reached target Slices.
[    8.234375] systemd[1]: Listening on Process Core Dump Socket.
[    8.242187] systemd[1]: Listening on initctl Compatibility Named Pipe.
[    8.246093] systemd[1]: Listening on udev Control Socket.
[    8.253906] systemd[1]: Listening on udev Kernel Socket.

[  OK  ] Listening on LVM2 poll daemon socket.
[  OK  ] Listening on multipathd control socket.
[    8.265625] systemd[1]: Listening on User Database Manager Socket.
```

图 9.2　目标系统启动过程

最终启动完成后会出现用户登录的界面，等待用户输入登录信息，如图 9.3 所示。

```
Fedora 32 (Thirty Two)
Kernel 5.4.44-1.fc32.loongson.mips64el on an mips64 (tty1)

SunGenhu login:
```

图 9.3　等待用户登录

至此，我们完成了一个非常重要的阶段，但接下来还有相当漫长的路要走，我们可以休整一下状态，准备进入下面的制作环节。

第 10 章

完善目标系统

10.1 临时软件仓库

接下来我们要创建一个临时的软件仓库，这个软件仓库用来收集现阶段已经制作好的软件包安装文件，以便使用软件仓库的命令进行软件包的安装、更新和删除等。虽然当前的很多软件包都是在破坏依赖条件后制作的，但有了这个软件仓库后，当前的目标系统就很接近一个常规的发行版了。

10.1.1 仓库管理工具

在创建软件仓库之前，还需要制作和安装几个与软件仓库相关的软件包，这样才能顺利地创建和使用软件仓库。

1. Zchunk 软件包

制作和安装软件包的步骤如下：

```
rpmbuild --rebuild ${SOURCESDIR}/z/zchunk-1.1.5-2.fc32.src.rpm
sudo rpm -ivh $(ls ~/rpmbuild/RPMS/mips64el/zchunk-* | grep -v "debug")
```

2. Libsolv 软件包

（1）修改 SPEC 描述文件

增加如下补丁定义：

```
Patch01:        0001-libsolv-0.7.11-add_mips_support.patch
```

该补丁用来增加包管理工具对 MIPS 的 3 种 ABI 共存安装方式的支持。

修改完成后，增加修订版本号并保存文件，重制 SRPM 文件。

（2）制作和安装软件包

```
rpmbuild --rebuild ~/rpmbuild/SRPMS/libsolv-*
sudo rpm -ivh $(ls ~/rpmbuild/RPMS/mips64el/{lib,python3-}solv-* | grep -v "debug")
```

3. Python-Coverage 软件包

制作和安装软件包的步骤如下：

```
rpmbuild --rebuild ${SOURCESDIR}/p/python-coverage-5.0.3-2.fc32.src.rpm
sudo rpm -ivh $(ls ~/rpmbuild/RPMS/mips64el/python3-coverage-* | grep -v "debug")
```

4. Python-Nose 软件包

制作和安装软件包的步骤如下：

```
rpmbuild --rebuild ${SOURCESDIR}/p/python-nose-1.3.7-30.fc32.src.rpm
sudo rpm -ivh ~/rpmbuild/RPMS/noarch/python3-nose-*
```

5. Gpgme 软件包

（1）修改 SPEC 描述文件

找到以下配置参数：

```
--enable-languages=cpp,qt,python
```

将其修改为

```
--enable-languages=cpp,python
```

这里去除了对 QT 的支持模块，主要是因为当前系统未安装 QT 软件包，无法制作相关的支持模块。

去除了 QT 支持后还需要去除以下两组打包文件：

```
%files -n q%{name}
......
%files -n q%{name}-devel
......
```

因为两组打包文件中列出的文件内容较多，所以这里使用省略号来代替里面的文件列表。

（2）制作和安装软件包

```
rpmbuild -bb ~/rpmbuild/SPECS/gpgme.spec --nodeps
sudo rpm -ivh $(ls ~/rpmbuild/RPMS/mips64el/gpgme{,pp}-* \
                   ~/rpmbuild/RPMS/mips64el/python3-gpg-* | grep -v "debug")
```

6. Librepo 软件包

（1）制作软件包

```
rpmbuild --rebuild ${SOURCESDIR}/l/librepo-1.11.1-4.fc32.src.rpm \
                   --without pythontests --nodeps
```

通过 --without pythontests 参数可以减少 Python 的相关软件包的大量依赖条件，因为当前系统无法满足这些依赖条件，而这会影响软件包的制作。

（2） 安装软件包

```
sudo rpm -ivh $(ls ~/rpmbuild/RPMS/mips64el/{python3-,}librepo-* | grep -v "debug")
```

7. Tix 软件包

制作和安装软件包的步骤如下：

```
rpmbuild --rebuild ${SOURCESDIR}/t/tix-8.4.3-27.fc31.src.rpm
sudo rpm -ivh $(ls ~/rpmbuild/RPMS/mips64el/tix-* | grep -v "debug")
```

8. Python27 软件包

该软件包是 Python2 脚本语言的解释器，后续有个别软件包会使用 Python 语言编写的程序，需要该软件包来解释执行。

（1）修改 SPEC 描述文件

去除对 SystemTap 的依赖，将 %global with_systemtap 1 改为 %global with_systemtap 0。

在 %prep 标记段的最后加入以下步骤：

```
sed -i "/SSL/s@/lib @/%{_lib}@g" Modules/Setup.dist
```

该步骤用来修正部分模块在多库共存环境中链接库文件时出现的错误。

（2）制作软件包

```
rpmbuild -bb ~/rpmbuild/SPECS/python27.spec \
            --without rpmwheels --without tests --nodeps
```

- --without rpmwheels：取消对 Python-Setuptools 和 Python-Pip 这两个还没有安装的软件包的依赖。

（3）安装软件包

```
sudo rpm -ivh $(ls ~/rpmbuild/RPMS/mips64el/python27-* | grep -v "debug")
```

9. Pycairo 软件包

制作和安装软件包的步骤如下：

```
rpmbuild --rebuild ${SOURCESDIR}/p/pycairo-1.18.2-4.fc32.src.rpm --nodeps --nocheck
sudo rpm -ivh $(ls ~/rpmbuild/RPMS/mips64el/python3-cairo-* | grep -v "debug")
```

10. Pygobject3 软件包

制作和安装软件包的步骤如下：

```
rpmbuild --rebuild ${SOURCESDIR}/p/pygobject3-3.36.0-2.fc32.src.rpm
sudo rpm -ivh $(ls ~/rpmbuild/RPMS/mips64el/python3-gobject-* | grep -v "debug")
```

11. Libmodulemd 软件包

（1）修改 SPEC 描述文件

在 meson 的参数中增加以下参数：

```
-Dwith_docs=false \
```

增加该参数会取消制作文档的步骤，同时去除以下这些打包文件列表：

```
%dir %{_datadir}/gtk-doc
%dir %{_datadir}/gtk-doc/html
%{_datadir}/gtk-doc/html/modulemd-2.0/
```

（2）制作和安装软件包

```
rpmbuild -bb ~/rpmbuild/SPECS/libmodulemd.spec --nodeps
sudo rpm -ivh $(ls ~/rpmbuild/RPMS/mips64el/libmodulemd-* | grep -v "debug")
```

12. Cppunit 软件包

制作和安装软件包的步骤如下：

```
rpmbuild --rebuild ${SOURCESDIR}/c/cppunit-1.15.1-3.fc32.src.rpm
sudo rpm -ivh $(ls ~/rpmbuild/RPMS/mips64el/cppunit-* | grep -v "debug")
```

13. Libdnf 软件包

（1）修改 SPEC 描述文件

去除与制作文档相关的步骤，首先使用如下命令处理 SPEC 描述文件：

```
sed -i "/gtk-doc/d" ~/rpmbuild/SPECS/libdnf.spec
```

接着编辑文件，在 %prep 标记段的最后加入以下步骤：

```
sed -i "/docs\/hawkey/d" CMakeLists.txt
```

该步骤可以去除源代码编译时使用 sphinx 命令生成文档文件的步骤。

最后在 cmake 命令的编译参数中加入 -DWITH_GTKDOC=OFF 的参数设置。

（2）制作和安装软件包

```
rpmbuild -bb ~/rpmbuild/SPECS/libdnf.spec --nodeps
sudo rpm -ivh $(ls ~/rpmbuild/RPMS/mips64el/{python3-,}libdnf-* \
                  ~/rpmbuild/RPMS/mips64el/python3-hawkey-* | grep -v "debug")
```

14. Libcomps 软件包

（1）修改 SPEC 描述文件

去除制作文档的步骤，找到并删除如下内容：

```
make %{?_smp_mflags} pydocs
```

这样就去除了对 sphinx 命令生成文档的依赖，对应地还需要删除如下文件列表：

```
%files -n python-%{name}-doc
%doc build-doc/src/python/docs/html
```

（2）制作和安装软件包

```
rpmbuild -bb ~/rpmbuild/SPECS/libcomps.spec --nodeps
sudo rpm -ivh $(ls ~/rpmbuild/RPMS/mips64el/{python3-,}libcomps-* | grep -v "debug")
```

15. Augeas 软件包

制作和安装软件包的步骤如下：

```
rpmbuild --rebuild ${SOURCESDIR}/a/augeas-1.12.0-3.fc32.src.rpm
sudo rpm -ivh $(ls ~/rpmbuild/RPMS/mips64el/augeas-* | grep -v "debug")
```

16. Libtar 软件包

制作和安装软件包的步骤如下：

```
rpmbuild --rebuild ${SOURCESDIR}/l/libtar-1.2.20-19.fc32.src.rpm
sudo rpm -ivh $(ls ~/rpmbuild/RPMS/mips64el/libtar-* | grep -v "debug")
```

17．Satyr 软件包

制作和安装软件包的步骤如下：

```
rpmbuild --rebuild ${SOURCESDIR}/s/satyr-0.30-2.fc32.src.rpm \
        --without python3 --nocheck
sudo rpm -ivh $(ls ~/rpmbuild/RPMS/mips64el/satyr-* | grep -v "debug")
```

18．Libmodman 软件包

制作和安装软件包的步骤如下：

```
rpmbuild --rebuild ${SOURCESDIR}/l/libmodman-2.0.1-21.fc32.src.rpm
sudo rpm -ivh $(ls ~/rpmbuild/RPMS/mips64el/libmodman-* | grep -v "debug")
```

19．Libproxy 软件包

（1）修改 SPEC 描述文件

该软件包可以通过强制参数完成制作过程，但需要去除以下这几组打包文件列表。因为这几组打包文件需要的依赖条件在目前的系统中并未安装，相关的文件没有生成。

```
%files mozjs
……
%files networkmanager
……
%files webkitgtk4
……
```

（2）制作和安装软件包

```
rpmbuild -bb ~/rpmbuild/SPECS/libproxy.spec --nodeps
sudo rpm -ivh $(ls ~/rpmbuild/RPMS/mips64el/libproxy-* \
            | grep -v -e "debug" -e "kde" -e "pacrunner")
```

安装时除了不安装与调试信息相关的文件外，带 kde 和 pacrunner 关键字的文件也不安装，因为这些文件存在的运行依赖条件暂时无法满足，且这些文件暂时也用不上，所以不予安装。

20．Xmlrpc-C 软件包

制作和安装软件包的步骤如下：

```
rpmbuild --rebuild ${SOURCESDIR}/x/xmlrpc-c-1.51.0-10.fc32.src.rpm
sudo rpm -ivh $(ls ~/rpmbuild/RPMS/mips64el/xmlrpc-c-* | grep -v "debug")
```

21．Mailx 软件包

制作和安装软件包的步骤如下：

```
rpmbuild --rebuild ${SOURCESDIR}/m/mailx-12.5-33.fc32.src.rpm
sudo rpm -ivh $(ls ~/rpmbuild/RPMS/mips64el/mailx-* | grep -v "debug")
```

22. Libreport 软件包

（1）修改 SPEC 描述文件

在 %build 标记段的 configure 配置参数中加入 --without-gtk 参数，以屏蔽 GTK3 的依赖，同时去除以下打包文件和文件组列表：

```
%config(noreplace) %{_sysconfdir}/%{name}/forbidden_words.conf
%config(noreplace) %{_sysconfdir}/%{name}/ignored_words.conf
%{_includedir}/libreport/problem_details_widget.h
%{_includedir}/libreport/problem_details_dialog.h
%{_includedir}/libreport/problem_utils.h
%files gtk
......
%files gtk-devel
......
```

另外需要增加一条文件列表：

```
%exclude %{_mandir}/man1/report-gtk.1.gz
```

这是因为虽然去除了与 gtk 相关的文件，但会导致没有对一个与 gtk 相关的手册文件进行打包，造成打包出错。%exclude 标记后面的文件在打包时会被忽略，从而完成打包工作。

（2）制作和安装软件包

```
rpmbuild -bb ~/rpmbuild/SPECS/libreport.spec --nodeps --nocheck
sudo rpm -ivh $(ls ~/rpmbuild/RPMS/{mips64el,noarch}/libreport-* | grep -v "debug")
```

23. Dnf 软件包

该软件包提供的命令可以使用软件仓库来安装软件。

（1）修改 SPEC 描述文件

在 %build 标记段的开始处加入以下步骤：

```
sed -i '/(doc)/d' CMakeLists.txt
```

该步骤用来强制去除源代码中的文档制作过程。

找到并删除以下步骤：

```
make doc-man
```

这就去除了软件包制作过程中的文档制作步骤。

修改完成后保存文件，接着使用如下命令处理 SPEC 描述文件：

```
sed -i '/mandir/d' ~/rpmbuild/SPECS/dnf.spec
```

该命令用来将打包文件列表中与文档文件相关的文件删除。

（2）制作和安装软件包

```
rpmbuild -bb ~/rpmbuild/SPECS/dnf.spec --nodeps
```

```
sudo rpm -ivh ~/rpmbuild/RPMS/noarch/{python3-,}dnf-* ~/rpmbuild/RPMS/noarch/yum-*
```

24. Python-Wheel 软件包

制作和安装软件包的步骤如下：

```
rpmbuild --rebuild ${SOURCESDIR}/p/python-wheel-0.33.6-3.fc32.src.rpm
sudo rpm -ivh ~/rpmbuild/RPMS/noarch/python3-wheel-*
```

25. Python-Pip 软件包

制作和安装软件包的步骤如下：

```
rpmbuild --rebuild ${SOURCESDIR}/p/python-pip-19.3.1-2.fc32.src.rpm \
                    --without tests --without doc
sudo rpm -ivh ~/rpmbuild/RPMS/noarch/python{,3}-pip-*
```

26. Python-Six 软件包

制作和安装软件包的步骤如下：

```
rpmbuild --rebuild ${SOURCESDIR}/p/python-six-1.14.0-2.fc32.src.rpm \
                    --without tests --without python2
sudo rpm -ivh ~/rpmbuild/RPMS/noarch/python3-six-*
```

27. Python-Setuptools_Scm 软件包

制作和安装软件包的步骤如下：

```
rpmbuild --rebuild ${SOURCESDIR}/p/python-setuptools_scm-3.3.3-7.fc32.src.rpm \
                    --without tests
sudo rpm -ivh ~/rpmbuild/RPMS/noarch/python3-setuptools_scm-*
```

28. Python-Dateutil 软件包

（1）修改 SPEC 描述文件

去除如下文档制作命令：

```
make -C docs html
```

去除与文档相关的打包文件列表：

```
%files doc
%license LICENSE
%doc docs/_build/html
```

（2）制作和安装软件包

```
rpmbuild -bb ~/rpmbuild/SPECS/python-dateutil.spec --without tests --nodeps
sudo rpm -ivh ~/rpmbuild/RPMS/noarch/python3-dateutil-*
```

29. Python-Distro 软件包

制作和安装软件包的步骤如下：

```
rpmbuild --rebuild ${SOURCESDIR}/p/python-distro-1.4.0-5.fc32.src.rpm --nocheck --nodeps
```

```
sudo rpm -ivh ~/rpmbuild/RPMS/noarch/python3-distro-*
```

30. Dnf-Plugins-Core 软件包

安装该 Dnf 的插件后，就可以使 dnf 命令具备 builddep 功能。该功能可以自动分析制作源代码包所需要的依赖条件，并尝试从软件仓库中下载依赖条件并安装到系统。

（1）修改 SPEC 描述文件

删除以下步骤：

```
make doc-man
```

在 %build 标记段的开始处加入以下步骤：

```
sed -i '/(doc)/d' CMakeLists.txt
```

以上步骤可以去除制作文档文件的过程。

修改完成后保存文件，接着使用如下命令处理 SPEC 描述文件：

```
sed -i '/mandir/d' ~/rpmbuild/SPECS/dnf-plugins-core.spec
```

该命令用来将打包文件列表中与文档文件相关的文件删除。

（2）制作和安装软件包

```
rpmbuild -bb ~/rpmbuild/SPECS/dnf-plugins-core.spec --nodeps
sudo rpm -ivh $(ls ~/rpmbuild/RPMS/noarch/{python3-,}dnf-plugin* \
                  ~/rpmbuild/RPMS/noarch/dnf-utils-* | grep -v -e "debug" -e "local")
```

筛选安装文件时，需要注意排除带有 local 字样的文件，因为安装该文件后会对本书后续的制作过程略有影响，建议不要安装。

10.1.2 创建本地仓库

当完成仓库管理工具的制作和安装后，目标系统就已经具备发行版的基本雏形了，可以使用软件仓库进行软件包的安装。

但现在我们还没有真正可以在当前目标系统中使用的软件仓库，因为当前目标系统是针对龙芯进行移植的，并且使用了龙芯专用的编译参数，所以网络上可能并没有真正可以用在当前目标系统中的软件仓库，我们需要自己创建一个软件仓库供当前目标系统使用。

1. 设置环境变量

设置一个仓库目录的环境变量，以便后续步骤指定目录，命令如下：

```
export REPODIR=/var/repo
echo "export REPODIR=/var/repo" >> ~/.bashrc
```

在当前交互环境中设置变量的同时不要忘记将变量存放到 ~/.bashrc 文件中，这样在下次登录当前用户时就自动设置好了仓库目录的变量。

2．创建仓库目录

使用如下命令创建仓库的目录：

```
sudo mkdir -pv ${REPODIR}
```

创建分别存放普通软件包和调试软件包的仓库目录：

```
sudo mkdir -pv ${REPODIR}/os/Packages
sudo mkdir -pv ${REPODIR}/debug/Packages
```

os 仓库用于存放在系统中使用的各种软件包；debug 仓库用于存放各个软件包在制作时生成的调试包，一般文件名中包含 debuginfo 或 debugsource 等关键字。

各个仓库中创建的 Packages 目录用来存放所有可安装的 RPM 包文件。

设置仓库的权属为当前的制作用户，使用如下命令：

```
sudo chown sunhaiyong -R ${REPODIR}
```

之后软件仓库可以使用 sunhaiyong 这个用户进行操作，方便后续步骤的制作。

3．将软件包复制到仓库

我们制作的软件包所生成的各种以 .rpm 为扩展名的文件都存放在当前用户的 ~/rpmbuild/RPMS 目录中，使用如下命令将文件都复制到仓库中：

```
cp -a ~/rpmbuild/RPMS/{mips{64,n32,}el,noarch}/*.rpm ${REPODIR}/os/Packages/
```

复制时不要忘记目前的部分软件包是以多库的方式制作的，要将几种 ABI 的文件都复制到仓库中。因为各 ABI 生成的文件名有区别，所以可以存放在同一个目录中，不用担心发生冲突。

等待一段时间完成复制后，我们将调试类的软件包和普通使用的软件包分开存放。使用以下命令：

```
mv ${REPODIR}/os/Packages/*-debug{info,source}-* ${REPODIR}/debug/Packages/
```

完成软件包的转移后，可以将 ~/rpmbuild/RPMS 目录删除，但考虑后续可能会用到这些软件包，也可以仅更换一个目录名字，步骤如下：

```
mv ~/rpmbuild/RPMS{,.bak}
```

这样做的目的是方便将后续制作的软件包迁移到仓库中，新制作的软件包会重新生成存放安装包文件的目录，只要将这些新生成的文件放到仓库中就完成了更新。

现在我们的本地仓库“驻地”已经建设完成，但是目前还不能工作，需要再做一些配置才行。

10.1.3 仓库配置文件

软件仓库一个很重要的信息就是仓库的存放位置，软件仓库的工具是通过配置文件来获取仓库位置的，而配置文件默认的存放路径在 /etc/yum.repos.d 目录中，我们需要设置的文件都在这个目录中。

我们先进入这个目录。

```
pushd /etc/yum.repos.d
```

会看到在该目录中已经有一些文件了，以当前 Fedora 32 为例，有以下文件：

```
fedora.repo
fedora-updates.repo
fedora-updates-testing.repo
fedora-modular.repo
fedora-updates-modular.repo
fedora-updates-testing-modular.repo
fedora-cisco-openh264.repo
```

这些文件都以 .repo 作为扩展名，是通过 fedora-repos 包文件安装到系统中的，但这些文件中的设置地址并不能使用。一方面是因为默认的地址是 Fedora 官方仓库的地址，而我们制作的 mips64el 架构当前官方仓库中并未提供，所以不能使用；另一方面是因为我们要移植的系统并不一定有现成可用的仓库，所以需要自己重新打造，这样也就不需要使用已有的仓库。

既然这些配置好的仓库不能用，那么就需要关闭这些仓库，避免对后续的制作造成影响。仓库的开放和关闭可以通过仓库的参数 enabled 来设置：0 表示关闭，1 表示开放。因此关闭仓库的方法也比较简单，使用如下命令：

```
sudo sed -i "/enabled=1/s@1@0@g" *.repo
```

将所有仓库文件中的 enabled 都强制设置为 0，即可关闭所有的仓库。

接着为本地仓库创建一个配置文件，步骤如下：

```
cat >> ${BUILDDIR}/local.repo << "EOF"
[localrepo]
name=Fedora $releasever - $basearch - LocalRepo
baseurl=file:///var/repo/os/
enabled=1
type=rpm
gpgcheck=0
EOF
```

- [localrepo]：该仓库的唯一命名，在仓库管理工具中指定仓库时使用。
- name：该仓库的名称，主要用来显示。
- baseurl：仓库地址，该地址是一个使用有效的 URL 协议的地址，如本地系统的目录使用 file:// 协议，协议后跟上仓库目录的绝对路径。这里我们只设置了普通安装文件的仓库，对于调试文件的仓库暂时用不上，可以不予设置。
- enabled：设置为 1 代表启用，设置为 0 代表不启用。
- type：设置仓库是 RPM 的软件仓库。
- gpgcheck：指定是否启用软件包的 GPG 校验，设置为 0 代表不校验，1 代表必须校验。

当需要校验时各个软件包必须加上签名；因为当前制作的包文件并未增加签名，所以设置为不校验。

把这个本地仓库的配置文件存放在仓库配置目录中。

```
sudo cp ${BUILDDIR}/local.repo ./
```

此时完成仓库配置，退回原来的目录。

```
popd
```

10.1.4 仓库索引文件

仓库的配置文件虽然已经设置好了仓库目录，但现在的仓库并不能直接使用。因为包管理工具通过仓库安装软件时，并不是遍历仓库中的所有文件再找出需要安装的文件，而是通过一种索引文件来获取仓库中的软件包信息并确定需要安装的文件。

通过仓库安装软件最重要的是能够自动分析依赖关系，从而将指定软件需要的软件包一起进行安装。如果不通过索引文件，则每次打开仓库都需要提取所有软件包的依赖并导出名称信息来确定需要安装的软件包，这样是非常低效率的。所以提前将仓库中所有文件的元数据提取出来并创建成一个索引文件，可以大大地提高安装和分析依赖的效率。

创建索引文件可以通过 createrepo_c 命令来完成，该命令属于 Createrepo_C 软件包。若当前系统未安装该软件包，我们需要对它进行制作和安装。

1. Drpm 软件包

制作和安装软件包的步骤如下：

```
rpmbuild  --rebuild ${SOURCESDIR}/d/drpm-0.4.1-2.fc32.src.rpm
sudo rpm -ivh $(ls ~/rpmbuild/RPMS/mips64el/drpm-* | grep -v "debug")
```

2. Createrepo_C 软件包

（1）制作和安装软件包的步骤如下：

```
rpmbuild  --rebuild ${SOURCESDIR}/c/createrepo_c-0.15.5-2.fc32.src.rpm --nodeps
sudo rpm -ivh $(ls ~/rpmbuild/RPMS/mips64el/{python3-,}createrepo_c-* \
            | grep -v "debug") --nodeps
```

（2）创建仓库索引

安装好 Createrepo_C 软件包后就可以开始创建仓库索引文件了，这里以普通文件仓库为例，步骤如下：

```
pushd ${REPODIR}/os/
    createrepo_c .
popd
```

只有在成功创建出索引文件后，这个软件仓库才能真正被使用。

在 createrepo_c 命令执行过程中会出现以下的输出内容：

```
Directory walk started
Directory walk done - 8888 packages
Temporary output repo path: ./.repodata/
Preparing sqlite DBs
Pool started (with 5 workers)
Pool finished
```

这其中包含了一些有用的信息，例如：

```
Directory walk done - 8888 packages
```

这个信息提示有多少数量的 RPM 包文件被索引了（以上数字仅作参考，以实际输出为准）。

如果创建仓库索引文件正常，那么现在就可以开始使用这个仓库了。

10.1.5 使用本地仓库

有了本地仓库后，就可以使用 dnf 命令来安装软件包了。与 rpm 命令相比，dnf 命令可以在安装指定软件的同时分析该软件的运行依赖，并从仓库中将符合运行依赖的软件一起安装。

1. 创建索引缓存

在 dnf 命令使用软件仓库前还需要将软件仓库的索引文件获取到 dnf 的缓存目录中。获取索引的命令如下：

```
dnf makecache
```

输出类似如下信息：

```
Fedora 32 - mips64el - LocalRepo                    86 MB/s | 4.9 MB     00:00
```

当下载完成后，会提示元数据的缓存创建完成。

```
Metadata cache created.
```

这里需要注意，dnf 命令针对不同用户的缓存文件是独立的，所以直接使用的是为当前用户创建的缓存。若想让 root 用户也创建好缓存，需要切换到 root 用户或使用 sudo 命令。

```
sudo dnf makecache
```

接下来我们通过编译几个软件包来看看 dnf 命令的使用方法，以及验证软件仓库是否工作正常。

2. 测试本地仓库

以制作 Man-Pages 软件包为例。

（1）制作软件包

```
rpmbuild --rebuild ${SOURCESDIR}/m/man-pages-5.04-3.fc32.src.rpm
```

（2）安装软件包

```
sudo dnf install ~/rpmbuild/RPMS/noarch/man-pages-*
```

这次采用了 dnf 命令来安装软件包，此时会提供如下信息：

```
Dependencies resolved.
======================================================================================
 Package      Architecture       Version                         Repository        Size
======================================================================================
Installing:
 man-pages    noarch          5.04-3.fc32~bootstrap.loongson     @commandline    5.9 M

Transaction Summary
======================================================================================
Install  1 Package

Total size: 5.9 M
Installed size: 5.6 M
Is this ok [y/N]:
```

这些信息提供了当前需要安装的软件包列表、各个软件包的版本、大小以及来源仓库名称、总数量等信息，并等待用户确定是否安装，当用户输入 y 后就会开始安装。安装过程中会有进度提示，完成后会出现以下输出（输出信息仅作参考）：

```
Running transaction
  Preparing        :                                                            1/1
  Installing        : man-pages-5.04-3.fc32~bootstrap.loongson.noarch           1/1
  Verifying        : man-pages-5.04-3.fc32~bootstrap.loongson.noarch            1/1

Installed:
  man-pages-5.04-3.fc32~bootstrap.loongson.noarch

Complete!
```

此时我们就完成了 Man-Pages 软件包的安装，可以通过 rpm 命令来验证。

```
rpm -qa | grep man-pages
```

如果输出了 man-pages-5.04-3.fc32~bootstrap.loongson.noarch，就代表安装完成。

通过 dnf 命令安装软件包时要注意，软件包的来源提示为 @commandline，这代表了安装文件并不是本地仓库提供的，而是命令行指定的文件，所以该软件包实际上并没有进入仓库中。

接下来，我们来看看如何把一个制作好的软件包放到仓库中。

3. 索引文件和缓存

以制作 Dosfstools 软件包为例。

（1）制作软件包

```
rpmbuild --rebuild ${SOURCESDIR}/d/dosfstools-4.1-10.fc32.src.rpm
```

（2）将软件包安装到仓库中

```
cp -av $(ls ~/rpmbuild/RPMS/mips64el/dosfstools-* | grep -v "debug") \
       ${REPODIR}/os/Packages/
```

（3）加入软件仓库中

把文件复制到仓库目录中，存放到仓库的软件包通过 dnf 命令直接指定软件包的名字就可以安装，使用如下命令：

```
sudo dnf install dosfstools
```

此时这条命令并没有安装软件包，而会返回以下信息：

```
No match for argument: dosfstools
Error: Unable to find a match: dosfstools
```

意思是没有找到 dosfstools 软件包，其原因是我们复制了安装软件包，但是仓库的索引文件并没有变化，在索引文件中没有包含 dosfstools 文件的信息，因此通过 dnf 命令无法找到该软件包，这也侧面证明了 dnf 命令是通过索引文件来获取仓库中的软件包列表的。

在仓库中增加了新的软件包，必须要做的事情就是更新仓库索引文件，更新步骤如下：

```
pushd ${REPODIR}/os/
    createrepo_c --update .
popd
```

这里更新索引文件的命令依旧是 createrepo_c，但增加了一个 --update 参数。该参数适合用于已存在索引文件，且增加或减少的软件包数量较少的情况，这会比不使用该参数的命令快许多。

完成后建议更新 dnf 的缓存信息，使用如下命令：

```
sudo dnf makecache
```

大部分情况下使用以上命令都可以对缓存进行更新，但如果 dnf 判断缓存信息不用更新（例如两次更新间隔时间较短），则可以使用 --refresh 参数。该参数可以强制进行缓存更新，命令如下：

```
sudo dnf makecache --refresh
```

现在可以使用 dnf 命令安装 dosfstools 软件包了，步骤如下：

```
sudo dnf install dosfstools
```

提示用户是否安装时，输入 y 即可完成安装。

这次安装出现的信息与前面安装 man-pages 时类似，只是软件包列表信息变成了如下内容：

```
dosfstools       mips64el       4.1-10.fc32~bootstrap.loongson        localrepo     122 k
```

除了软件包不一样外，最主要的是软件包的来源变成了 localrepo，这个是之前编写仓库配置文件时对本地仓库的命名，这就意味着该软件包是从仓库中进行安装的。

4. 安装软件包

接下来我们再来看看 dnf 命令在编译软件包时提供的便捷性。

在制作文档相关软件的时候，制作 Texlive 和 Texlive-base 这两个软件包时生成了几千个安装包文件，当时没有安装主要是因为文件数量众多，如果都进行安装会有大量的运行依赖问题。但一些软件包在制作时会用到其中的部分安装包文件，如果手工安装就会比较费事，所以我们选择去除对这些安装包的依赖的方式来编译软件包，如果难以去除依赖则暂时不去制作这样的软件包。

当 dnf 工具及核心插件制作并安装完成后，事情就会变得简单了。下面选择了一个有代表性的软件包来说明 dnf 如何帮助软件包的制作。

Dblatex 软件包是一个跟文档制作相关的软件包，如果按照之前的制作命令：

```
rpmbuild --rebuild ${SOURCESDIR}/d/dblatex-0.3.11-4.fc32.src.rpm
```

此时会出现依赖问题的如下提示：

```
error: Failed build dependencies:
        texlive-anysize is needed by dblatex-0.3.11-4.fc32~bootstrap.loongson.noarch
        texlive-appendix is needed by dblatex-0.3.11-4.fc32~bootstrap.loongson.noarch
        texlive-changebar is needed by dblatex-0.3.11-4.fc32~bootstrap.loongson.noarch
        texlive-collection-htmlxml is needed by dblatex-0.3.11-4.fc32~bootstrap.loongson.noarch
        texlive-collection-latex is needed by dblatex-0.3.11-4.fc32~bootstrap.loongson.noarch
        texlive-collection-xetex is needed by dblatex-0.3.11-4.fc32~bootstrap.loongson.noarch
        texlive-fancybox is needed by dblatex-0.3.11-4.fc32~bootstrap.loongson.noarch
        texlive-jknapltx is needed by dblatex-0.3.11-4.fc32~bootstrap.loongson.noarch
        texlive-multirow is needed by dblatex-0.3.11-4.fc32~bootstrap.loongson.noarch
        texlive-overpic is needed by dblatex-0.3.11-4.fc32~bootstrap.loongson.noarch
        texlive-pdfpages is needed by dblatex-0.3.11-4.fc32~bootstrap.loongson.noarch
        texlive-stmaryrd is needed by dblatex-0.3.11-4.fc32~bootstrap.loongson.noarch
        texlive-subfigure is needed by dblatex-0.3.11-4.fc32~bootstrap.loongson.noarch
        texlive-wasysym is needed by dblatex-0.3.11-4.fc32~bootstrap.loongson.noarch
        texlive-xmltex-bin is needed by dblatex-0.3.11-4.fc32~bootstrap.loongson.noarch
```

如果尝试手工安装这些依赖包文件，就会发现带出了更多的依赖问题，例如：

```
rpm -ivh ${REPODIR}/os/Packages/texlive-pdfpages-*
```

因为已经把软件包都放在了仓库里，所以我们从仓库里直接指定文件进行安装，该命令会报出新的依赖问题：

```
tex-eso-pic-doc is needed by texlive-pdfpages-doc-9:svn45659-19.fc32~bootstrap.loongson.noarch
tex(calc.sty) is needed by texlive-pdfpages-9:svn45659-19.fc32~bootstrap.loongson.noarch
tex(count1to.sty) is needed by texlive-pdfpages-9:svn45659-19.fc32~bootstrap.loongson.noarch
```

```
tex(eso-pic.sty) is needed by texlive-pdfpages-9:svn45659-19.fc32~bootstrap.loongson.noarch
tex(graphicx.sty) is needed by texlive-pdfpages-9:svn45659-19.fc32~bootstrap.loongson.noarch
tex(pdflscape.sty) is needed by texlive-pdfpages-9:svn45659-19.fc32~bootstrap.loongson.noarch
tex-eso-pic is needed by texlive-pdfpages-9:svn45659-19.fc32~bootstrap.loongson.noarch
```

而这些依赖再去尝试安装，例如 tex-eso-pic（属于 texlive-eso-pic 提供的），又会导致出现新的依赖问题，这样非常难以准备好制作 Dblatex 软件包所需的全部依赖条件。

我们通过 dnf 来解决这个难题，使用如下命令：

```
sudo dnf builddep ${SOURCESDIR}/d/dblatex-0.3.11-4.fc32.src.rpm
```

该命令使用 dnf 的 builddep 插件，该插件由 Dnf-Plugins-Core 软件包提供，builddep 插件会自动分析制作软件包时需要用到的依赖以及依赖所需要的依赖。该命令执行后会出现以下输出：

```
Package python3-devel-3.8.2-2.fc32.loongson.mips64el is already installed.
Package libxslt-1.1.34-1.fc32.loongson.mips64el is already installed.
Package python3-devel-3.8.2-2.fc32.loongson.mips64el is already installed.
Package texlive-base-7:20190410-12.fc32~bootstrap.loongson.mips64el is already installed.
Dependencies resolved.
====================================================================================
 Package            Arch        Version                              Repository   Size
====================================================================================
Installing:
 texlive-anysize    noarch    9:svn15878.0-19.fc32~bootstrap.loongson    localrepo   12 k
 texlive-appendix   noarch    9:svn42428-19.fc32~bootstrap.loongson      localrepo   17 k
……
 texlive-xmltex     noarch    7:20190410-12.fc32~bootstrap.loongson      localrepo   50 k
Installing dependencies:
 texlive-ae         noarch    9:svn15878.1.4-19.fc32~bootstrap.loongson localrepo   97 k
 texlive-aleph      mips64el  7:20190410-12.fc32~bootstrap.loongson    localrepo  306 k
……
texlive-zapfding  noarch   9:svn31835.0-19.fc32~bootstrap.loongson   localrepo   65 k

Transaction Summary
====================================================================================
Install  246 Packages

Total size: 143 M
Installed size: 302 M
Is this ok [y/N]:
```

这部分内容的输出中包含如下许多信息：

```
Package python3-devel-3.8.2-2.fc32.loongson.mips64el is already installed.
……
Package texlive-base-7:20190410-12.fc32~bootstrap.loongson.mips64el is already installed.
```

这部分列出了已经安装在系统中的所需依赖。

而 Installing: 之下的内容，就是 Dblatex 软件包没有安装到系统中但存在于仓库中的依赖条件。

```
Installing:
 texlive-anysize    noarch    9:svn15878.0-19.fc32~bootstrap.loongson    localrepo    12 k
……
texlive-xmltex     noarch     7:20190410-12.fc32~bootstrap.loongson     localrepo    50 k
```

再来看 Installing dependencies: 之下的部分：

```
Installing dependencies:
 texlive-ae       noarch    9:svn15878.1.4-19.fc32~bootstrap.loongson    localrepo    97 k
……
texlive-zapfding  noarch    9:svn31835.0-19.fc32~bootstrap.loongson    localrepo    65 k
```

这些就是 Dblatex 软件包的依赖条件，dnf 命令遍历了这些依赖条件并且把所有依赖的依赖都找出来了。

统计下来，这个软件包解决依赖问题要安装 200 多个包文件，这个时候只要我们输入 y 同意安装，就会全部自动下载并安装到系统中。

安装完成后，我们再来编译 Dblatex 软件包，使用如下命令：

```
rpmbuild --rebuild ${SOURCESDIR}/d/dblatex-0.3.11-4.fc32.src.rpm
```

此时将不会再有依赖问题的提示，直接进入制作过程中，很轻松地完成了制作和打包过程。生成的包文件既可以直接安装，也可以存放到仓库中等需要时再安装。

5. 更新软件包仓库

如果需要的依赖没有在仓库中会如何呢?

我们看一下使用 dnf 安装 Ntfs-3g 软件包的制作依赖条件，使用如下命令：

```
sudo dnf builddep ${SOURCESDIR}/n/ntfs-3g-2017.3.23-13.fc32.src.rpm
```

此时会出现以下的输出内容：

```
Package gnutls-devel-3.6.13-1.fc32~bootstrap.loongson.mips64el is already installed.
Package libattr-devel-2.4.48-8.fc32.loongson.mips64el is already installed.
Package libgcrypt-devel-1.8.5-3.fc32.loongson.mips64el is already installed.
Package libtool-2.4.6-33.fc32.loongson.mips64el is already installed.
Package libuuid-devel-2.35.1-7.fc32~bootstrap.loongson.mips64el is already installed.
Not all dependencies satisfied
Error: Some packages could not be found.
```

当能看到最后这两行错误信息时，就代表在现在的仓库中并不能完全满足该软件包的制作依赖条件，而缺少的依赖条件则以类似下面的信息进行了提示：

```
No matching package to install: 'libconfig-devel'
```

这说明该软件包需要的依赖条件 'libconfig-devel' 没有包含在当前可用的仓库中。

缺少依赖条件的情况对于现在的仓库来说非常正常，现在的仓库需要不断地补充软件包，那么缺少什么我们就可以制作对应的软件包，这里先来制作 Libconfig 软件包，步骤如下：

```
sudo dnf builddep ${SOURCESDIR}/l/libconfig-1.7.2-5.fc32.src.rpm
```

该命令产生的输出如下：

```
Package bison-3.5-2.fc32.loongson.mips64el is already installed.
Package flex-2.6.4-4.fc32.loongson.mips64el is already installed.
Package gcc-10.0.1-0.12.fc32.loongson.1.mips64el is already installed.
Package gcc-c++-10.0.1-0.12.fc32.loongson.1.mips64el is already installed.
Package texinfo-6.7-6.fc32.loongson.mips64el is already installed.
Dependencies resolved.
Nothing to do.
Complete!
```

当能看到最后 3 行信息时，就代表该软件包的所有依赖都满足了，并不需要从仓库中安装任何软件包，可以直接进行编译了。

```
rpmbuild --rebuild ${SOURCESDIR}/l/libconfig-1.7.2-5.fc32.src.rpm
```

制作完成后不要急着进行安装，而是将生成的文件放入仓库中。

```
mv -v $(ls ~/rpmbuild/RPMS/mips64el/libconfig-* | grep -v "debug") \
      ${REPODIR}/os/Packages/
```

然后更新软件包仓库及缓存信息。

```
pushd ${REPODIR}/os/
   createrepo_c --update.
popd
sudo dnf makecache
```

接着重新制作 Ntfs-3g 软件包，制作之前先安装制作需要的依赖条件，使用如下命令：

```
sudo dnf builddep -y ${SOURCESDIR}/n/ntfs-3g-2017.3.23-13.fc32.src.rpm
```

细心的读者一定会发现，这次安装依赖条件并没有要求用户进行确认。这是因为在命令中增加了 -y 参数，该参数会默认用户同意安装然后执行任务，不再需要用户介入。

接着就可以进行软件包的制作和安装了。

```
rpmbuild --rebuild ${SOURCESDIR}/n/ntfs-3g-2017.3.23-13.fc32.src.rpm
sudo rpm -ivh $(ls ~/rpmbuild/RPMS/mips64el/ntfs{progs,-3g}-* | grep -v "debug")
```

即使现在已经可以通过仓库来安装软件包了，我们仍旧可以继续使用 rpm 命令进行软件包的安装，而且这种安装方式在没有运行依赖的情况下更加简单高效。

6．自动化更新仓库脚本

在创建本地仓库后又生成了一些软件包文件，不要忘记将这些文件都移动到仓库中。为了节省操作时间，提高效率，我们将更新仓库的过程脚本化，操作会更加简单。

创建脚本步骤如下：

```
cat > ${BUILDDIR}/update-repo.sh << "EOF"
#!/bin/bash
export REPODIR=/var/repo/
UPDATE_REPO=0
UPDATE_DEBUG_REPO=0

if [ -d ~/rpmbuild/RPMS/noarch ]; then
    RPMS=$(find ~/rpmbuild/RPMS/noarch/ -type f)
    if [ "x${RPMS}" != "x" ]; then
        echo "Moving noarch to Normal Repo..."
        mv $(find ~/rpmbuild/RPMS/noarch/ -type f) ${REPODIR}/os/Packages/
        UPDATE_REPO=1
    fi
fi
if [ -d ~/rpmbuild/RPMS/mips64el ]; then
    RPMS=$(find ~/rpmbuild/RPMS/mips64el/ -type f | grep -v -e "debuginfo" -e "debugsource")
    if [ "x${RPMS}" != "x" ]; then
        echo "Moving mips64el to Normal Repo..."
        mv $(find ~/rpmbuild/RPMS/mips64el/ -type f \
            | grep -v -e "debuginfo" -e "debugsource") \
            ${REPODIR}/os/Packages/
        UPDATE_REPO=1
    fi
    RPMS=$(find ~/rpmbuild/RPMS/mips64el/ -type f | grep -e "debuginfo" -e "debugsource")
    if [ "x${RPMS}" != "x" ]; then
        echo "Moving mips64el to Debug Repo..."
        mv $(find ~/rpmbuild/RPMS/mips64el/ -type f \
            | grep -e "debuginfo" -e "debugsource") \
            ${REPODIR}/debug/Packages/
        UPDATE_DEBUG_REPO=1
```

```
    fi
fi
if [ "x${UPDATE_REPO}" == "x1" ]; then
    pushd ${REPODIR}/os/
        createrepo_c --update.
    popd
fi
if [ "x${UPDATE_DEBUG_REPO}" == "x1" ]; then
    pushd ${REPODIR}/debug/
        createrepo_c --update.
    popd
fi
EOF
chmod +x update-repo.sh
sudo cp -aiv update-repo.sh /usr/bin
```

该脚本大致的工作流程如下。

①搜索 ~/rpmbuild/RPMS/ 中的 noarch、mips64el 目录里有没有文件，通常这些目录中的文件都是可安装的 RPM 包文件。

②如果有 RPM 包文件，则将这些包文件复制到仓库目录中，将文件名中包含 debuginfo 和 debugsource 字样的文件存放到调试文件仓库中，其他文件都放在普通文件仓库中。

③如果有文件被加到仓库中，则进行仓库索引的更新。

将脚本设置为可执行文件并存放到 /usr/bin 目录中方便今后使用，使用方法是在任意目录中直接运行 update-repo.sh 即可，执行命令的用户必须是制作软件包的用户。

10.2 坚硬的自依赖

在制作系统的过程中，或多或少都会出现没有预计到的自依赖软件，甚至还会是一些“硬性依赖”的自依赖，也就是没有“自己”就没办法制作“自己”，例如 GCC、Rust、OpenJDK 就是这类自依赖的软件包。

如果不巧你忘记或者不知道要在临时系统中制作这些自依赖的软件包，那么本节介绍的方法也许适合你的处境。

解决未安装的自依赖问题有如下两种方法。

第一种是采用 7.4 节的制作方式，将遗漏的软件包制作出来并存放到临时系统中，这样可以完成对自依赖包的补充安装。这种方法的优点是制作环境是现成的，只要没有删除之前交叉编译的环境，就可以直接上手使用；缺点则是软件包制作所依赖的软件包不一定完备，可能需要在临时系统中额外地制作和安装软件包。

第二种是针对第一种方法的缺点设计的，我们考虑一下能否使用当前已经完成的目标系统部分来弥补临时系统中缺少软件包的问题，因为当前目标系统中安装的软件包已经比临时系统丰富得多，于是我们就设计了逆交叉工具链的方法来完成自依赖软件包的制作。

逆交叉工具链可以借用目标系统中已经安装的软件包来完成软件包的制作，这对 OpenJDK、Rust 这种需要较多依赖软件包才能制作出来的软件包提供了较好的解决方案，但该方法也有缺点，就是制作环境不是现成的，需要一些步骤制作出来。

接下来我们就来了解一下逆交叉工具链的制作方法。

10.2.1 逆交叉工具链

1. 原理说明

通常一个工具链的制作和用法由 build、host、target 这 3 个平台系统表达式所决定，前面的章节中我们已经介绍了交叉编译及交叉编译器，这里简单回顾一下：build 和 host 不同则为交叉编译，host 和 target 不同就是交叉工具链。

而本节要研究的是 build 和 target，这两者无论是否相同都不影响工具链是否为交叉编译以及是否为交叉工具链的结论。但当 build 和 target 相同的时候，就出现了一种特殊的情况，即交叉编译针对制作平台系统的交叉工具链，我们把这种特殊情况称为逆交叉工具链。

逆交叉工具链制作的方法跟制作其他工具链是一样的，只要将 build 和 target 设置成同为制作平台系统表达式即可，如图 10.1 所示。

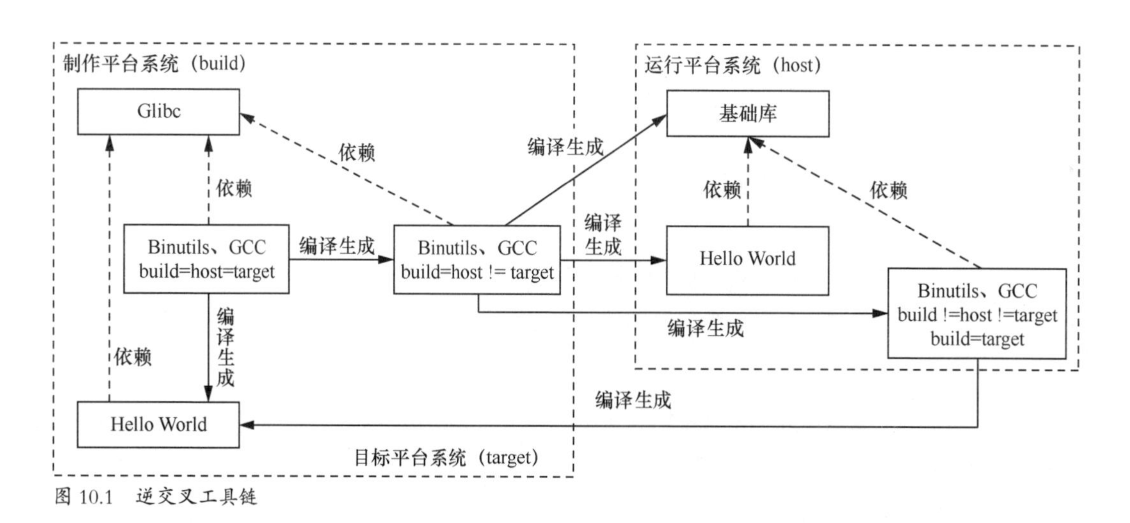

图 10.1 逆交叉工具链

图 10.1 所表达的是一种制作逻辑，真实的制作过程需要考虑如何利用制作平台系统中的基础库和头文件，这会在后续的实际制作过程中详细介绍。

2. 创建环境变量

(1)设置平台系统表达式

分别设置 build、host 和 target 使用的平台系统表达式，方便后续操作步骤进行引用。

```
export CROSS_BUILD=mips64el-redhat-linux-gnuabi64
export CROSS_HOST=x86_64-pc-linux-gnu
export CROSS_TARGET=${CROSS_BUILD}
```

这里可以看出，设置逆交叉编译器时 build 和 target 的平台参数相同，即我们要在龙芯机器上的系统中编译一个在 x86_64 平台系统中运行的交叉编译器，这个交叉编译器的目标平台系统就是龙芯机器上的系统。

(2)交叉工具链制作目录

创建一个用来存放逆交叉工具链的目录，后续制作逆交叉工具链过程中安装的文件都存放在该目录中。

设置一个环境变量，方便后续制作过程对该目录的引用，并创建目录。

```
CROSS_DIR=${BUILDDIR}/cross-toolchain
mkdir -pv ${CROSS_DIR}
```

创建逆交叉工具链不同制作阶段存放文件的目录。

```
mkdir -pv ${CROSS_DIR}
mkdir -pv ${CROSS_DIR}/tools
mkdir -pv ${CROSS_DIR}/cross-tools/target
```

- ${CROSS_DIR}：存放 x86_64 平台 Linux 系统的库文件和头文件。
- ${CROSS_DIR}/tools 目录：存放当前制作系统中运行的交叉编译器，该交叉编译器与 ${CROSS_DIR} 目录配合生成 x86_64 平台上的程序。
- ${CROSS_DIR}/cross-tools 目录：存放 x86_64 平台上的交叉编译器，并编译龙芯平台系统的程序。
- ${CROSS_DIR}/cross-tools/target 目录：存放龙芯平台系统的头文件和库文件，该目录用来让 x86_64 平台上的交叉编译器编译链接龙芯平台系统的程序。

(3)设置命令搜索路径

制作逆交叉工具链会先创建一个交叉编译器，预先设置好交叉编译器的命令存放目录作为命令搜索路径(PATH)之一，以便直接执行程序时能找到指定的命令。

```
export PATH=$PATH:${CROSS_DIR}/tools/bin
```

将 ${CROSS_DIR}/tools/bin 路径加到 PATH 设置路径的最后即可。

3. 交叉工具链之 Binutils

本步骤将制作一个针对运行平台系统(即 host)生成程序文件的 Binutils，即一个运行在龙芯平台 Linux 系统上生成 x86_64 平台 Linux 系统程序的 Binutils。

（1）安装步骤

```
rpmbuild -rp ~/rpmbuild/SRPMS/binutils-2.34-*.src.rpm
pushd ~/rpmbuild/BUILD/binutils-2.34
    mkdir build
    pushd build
        ../configure --build=${CROSS_BUILD} --host=${CROSS_BUILD} \
                     --target=${CROSS_HOST} --prefix=${CROSS_DIR}/tools \
                     --with-sysroot=${CROSS_DIR} \
                     --disable-nls --with-system-zlib --enable-64-bit-bfd
        make
        make install-strip
    popd
popd
```

（2）步骤说明

配置参数如下：

```
../configure --build=${CROSS_BUILD} --host=${CROSS_BUILD} \
            --target=${CROSS_HOST} --prefix=${CROSS_DIR}/tools \
            --with-sysroot=${CROSS_DIR} \
            --disable-nls --with-system-zlib --enable-64-bit-bfd
```

- --build=${CROSS_BUILD} 、--host=${CROSS_BUILD}、 --target=${CROSS_HOST}： build 和 host 相同，代表是一个在龙芯 Linux 系统上运行的 Binutils；target 设置的是 x86_64 平台系统的表达式，代表本次编译的 Binutils 运行在龙芯系统上，但生成的二进制文件运行在 x86_64 平台系统中。
- --prefix=${CROSS_DIR}/tools：根据之前的规划，本次安装的 Binutils 是运行在龙芯平台 Linux 系统上的交叉编译器，应存放在 ${CROSS_DIR}/tools 目录中，该目录中的 bin 目录已经增加到 PATH 路径中，可以在后续的步骤中调用本次 Binutils 安装的命令。
- --with-sysroot=${CROSS_DIR}：设置 SYSROOT 的基础目录，设置的目录是 ${CROSS_DIR}，该目录中将存放 x86_64 平台的库文件和头文件。

4. 不完整的 GCC 编译器

制作一个与刚制作的 Binutils 配套的 GCC，在没有 x86_64 基础库的情况下，首先生成一个不完整的 GCC 编译器，通过这个不完整的编译器能编译 x86_64 的基础库就可以了。

（1）安装步骤

```
rpmbuild -bp ${BUILDDIR}/gcc-bootstrap.spec
pushd ~/rpmbuild/BUILD/gcc-10.0.1-20200328
    mkdir build
    pushd build
        ../configure --build=${CROSS_BUILD} --host=${CROSS_BUILD} \
                     --target=${CROSS_HOST} --prefix=${CROSS_DIR}/tools \
```

```
                    --with-sysroot=${CROSS_DIR} \
                    --disable-nls --with-system-zlib --disable-multilib \
                    --enable-languages=c,c++ \
                    --with-newlib --disable-threads --disable-shared \
                    --with-abi=64
        make all-gcc all-target-libgcc
        make install-strip-gcc install-target-libgcc
    popd
popd
```

（2）步骤说明

配置参数如下：

```
../configure --build=${CROSS_BUILD} --host=${CROSS_BUILD} \
          --target=${CROSS_HOST} --prefix=${CROSS_DIR}/tools \
          --with-sysroot=${CROSS_DIR} \
          --disable-nls --with-system-zlib --disable-multilib \
          --enable-languages=c,c++ \
          --with-newlib --disable-threads --disable-shared \
          --with-abi=64
```

- --build=${CROSS_BUILD}、--host=${CROSS_BUILD}、--target=${CROSS_HOST}：同本节编译的 Binutils 一样，本次编译的 GCC 运行在当前龙芯平台的 Linux 系统中，而生成的文件是针对 x86_64 平台 Linux 系统的。
- --prefix=${CROSS_DIR}/tools：本次安装的 GCC 和之前刚编译的 Binutils 一起存放在龙芯平台系统上的交叉编译器目录中。
- --with-sysroot=${CROSS_DIR}：同 Binutils 设置该参数的用处一样，在 GCC 需要用到 x86_64 相关的文件时以该路径为基础进行查找，且不会影响生成文件中的路径信息。
- --disable-multilib：GCC 不启用 Multilib 的支持，这样将仅编译一种 ABI 的程序，但对于我们只要编译 x86_64 平台上的工具链而言足够了，有一个工具链就可以了，不需要编译多个不同 ABI 的工具链，支持的 ABI 由 --with-abi 指定。
- --with-newlib：编译一个正常的 GCC 需要 target 指定的平台系统所对应的头文件和基础库，但本次不完整的 GCC 在制作时，基础库和头文件都可以不存在，若没有创建头文件存放的目录则会导致出错，GCC 可以通过设置该参数来避免检查头文件存放目录导致的问题。
- --disable-threads 、--disable-shared：这两个参数是针对编译 libgcc 阶段的，由于使用 Newlib 来做支持而导致部分支持无法实现。disable-threads 参数关闭线程支持，因为 Newlib 缺少相关的支持文件；disable-shared 不生成动态库，因为此时没有完整的基础库，无法生成动态库文件。若这两个参数不加入，在编译 libgcc 时会出现错误，而 libgcc 是编译 Glibc 所必需的。
- --with-abi=64：设置生成的程序是 64 位的。

编译和安装步骤如下：

```
make all-gcc all-target-libgcc
make install-strip-gcc install-target-libgcc
```

这两个步骤是配套的：all-gcc 表示只编译 gcc 命令相关的文件，而不编译相关的库文件；install-strip-gcc 是针对 all-gcc 编译出来的文件进行安装并对可执行文件去除调试信息。

all-target-libgcc 是单独编译 libgcc 的编译步骤标识，编译 Glibc 的时候需要用到 libgcc。所以若基础库使用 Glibc，则必须在 GCC 第一遍编译的时候编译安装 libgcc。install-target-libgcc 则是配套安装 libgcc 的步骤标识。

（3）补充说明

本次编译的 GCC 不要使用 make 或者 make all 来进行编译，一定要使用 all-gcc 和 all-target-libgcc，因为目前还不能完整地完成 GCC 的编译。

需要对 GCC 进行某些修改才能生成在运行平台系统上正确地工作的程序。虽然本次编译的 GCC 不是完整的，但因为本次编译的 GCC 会编译运行平台系统中的基础库，所以也需要打补丁或者修改，然后再进行配置和编译。

5. x86_64 平台 Linux 系统的头文件

我们确定采用 x86_64 平台 Linux 系统作为逆交叉工具链的平台系统，其 Linux 内核软件包会提供大量与 Linux 系统相关的头文件。后续制作的 Glibc 是一个支持多种类 UNIX 系统的基础库，Glibc 需要内核提供相应的信息才可以正确编译，因为这些信息就存放在内核提供的头文件中，所以需要在制作 Glibc 之前先安装 Linux 内核的头文件。

（1）安装步骤

```
rpmbuild -rp ~/rpmbuild/SRPMS/kernel-headers-5.4.*.src.rpm
pushd ~/rpmbuild/BUILD/kernel-headers-5.4.44/
    mkdir -pv ${CROSS_DIR}/usr/include
    cp -av arch-x86/include/* ${CROSS_DIR}/usr/include/
popd
```

（2）步骤说明

这次利用了 Fedora 的 Kernel-Headers 软件包中现成的头文件来安装，该软件包用不同的目录存放不同架构平台的内核头文件。

安装头文件的步骤如下：

```
mkdir -pv ${CROSS_DIR}/usr/include
cp -av arch-x86/include/* ${CROSS_DIR}/usr/include/
```

规定 ${CROSS_DIR} 目录中存放 x86_64 的头文件和库文件，头文件安装在该目录的 usr/include 目录中。我们先创建该目录，然后将 Kernel-Headers 软件包提供的 arch-x86 目录中的头文件复制到该目录中即可。

这样就为编译 Glibc 准备好了内核头文件，Glibc 编译时就可以知道内核的接口是如何进行调用的。

6. x86_64 平台的基础库

（1）Glibc 软件包

作为 Linux 系统中最常用的基础库，Glibc 的功能是比较完善的，所以一般通用系统都会采用 Glibc 作为基础库，但也有一些专用系统会使用其他一些简单的基础库。限于篇幅，我们只对作为目标平台系统基础库的 Glibc 进行制作讲解，对其他基础库制作方法有兴趣的读者可以自行尝试。

①安装步骤。

```
rpmbuild -bp ${BUILDDIR}/glibc-bootstrap.spec
pushd ~/rpmbuild/BUILD/glibc-2.31-17-gab029a2801
    mkdir build
    pushd build
        ../configure --build=${CROSS_BUILD} --host=${CROSS_HOST} \
                        --prefix=/usr --libdir=/usr/lib \
                        --with-headers=${CROSS_DIR}/usr/include \
                        --with-binutils=${CROSS_DIR}/tools/bin \
                        --enable-add-ons --with-tls --enable-kernel=3.2 \
                        --disable-werror
        make
        make DESTDIR=${CROSS_DIR} install
    popd
popd
```

②步骤说明。

配置

- --build=${CROSS_BUILD}、--host=${CROSS_HOST}：这里主要注意的是 host 的设置，本次编译的 Glibc 运行在 x86_64 平台上，所以设置 host 时必须是 x86_64 的平台系统表达式。
- --libdir=/usr/lib：因为在 x86_64 平台上只要能运行工具链就可以了，无须支持 Multilib，所以非 Multilib 的情况下将库文件放在 /usr/lib 目录中比较合适。
- --with-headers=${CROSS_DIR}/usr/include：指定本次编译 Glibc 所使用的内核头文件安装位置，指定刚安装的 x86_64 的 Linux 内核目录即可。
- --with-binutils=${CROSS_DIR}/tools/bin：指定本次编译使用的 Binutils 所安装的目录。

安装

```
make DESTDIR=${CROSS_DIR} install
```

安装的时候必须使用 CROSS_DIR 目录作为根目录进行文件的安装，这样才能将库文件和头文件安装在 ${CROSS_DIR} 目录中，以便接下来编译 x86_64 平台系统程序时使用。

（2）Zstd 软件包

在 GCC 的 LTO 压缩算法支持中，通常有 zlib 和 zstd 两种，默认情况下 GCC 集成了 zlib 的压缩算法，而对于 zstd 的压缩算法则需要外部的函数库支持，所需的函数库包含在 Zstd 软件包中，因此在为 x86_64 平台准备基础库的步骤中，需要把 Zstd 软件包安装上。

①安装步骤。

```
rpmbuild -rp ${SOURCESDIR}/z/zstd-1.4.4-2.fc32.src.rpm
pushd ~/rpmbuild/BUILD/zstd-1.4.4/
    make CC=${CROSS_HOST}-gcc PREFIX=/usr
    make CC=${CROSS_HOST}-gcc PREFIX=/usr DESTDIR=${CROSS_DIR} install
popd
```

②步骤说明。

编译

Zstd 软件包的源代码没有配置脚本，可以直接使用 make 命令进行编译，在编译时需要指定 CC 变量为交叉编译器，而 PREFIX 则等同于其他软件包在配置脚本中使用的 --prefix 参数。

安装

```
make CC=${CROSS_HOST}-gcc PREFIX=/usr DESTDIR=${CROSS_DIR} instal
```

安装时同样要指定 CC 和 PREFIX，同时与其他软件包类似，需要指定 DESTDIR 来确定安装的基础目录。

7. 交叉工具链之 GCC

安装完 x86_64 平台系统的头文件和基础库后，就要准备制作一个完整的龙芯平台上的交叉工具链。完成这次的 GCC 编译，针对 x86_64 平台系统的交叉工具链就制作完成了。

（1）安装步骤

```
rpmbuild -bp ${BUILDDIR}/gcc-bootstrap.spec
pushd ~/rpmbuild/BUILD/gcc-10.0.1-20200328
    mkdir build
    pushd build
        ../configure --build=${CROSS_BUILD} --host=${CROSS_BUILD} \
                        --target=${CROSS_HOST} --prefix=${CROSS_DIR}/tools \
                        --with-sysroot=${CROSS_DIR} \
                        --disable-nls --with-system-zlib --disable-multilib \
                        --enable-languages=c,c++ \
                        --with-abi=64
        make
        make install-strip
    popd
```

```
popd
```

（2）步骤说明

配置

```
../configure --build=${CROSS_BUILD} --host=${CROSS_BUILD} \
             --target=${CROSS_HOST} --prefix=${CROSS_DIR}/tools \
             --with-sysroot=${CROSS_DIR} \
             --disable-nls --with-system-zlib --disable-multilib \
             --enable-languages=c,c++ \
             --with-abi=64
```

和本节中第一次编译 GCC 的参数相比，本次编译 GCC 使用的参数去除了以下参数。

- --with-newlib：因为已经安装了 Glibc，所以没有必要再使用 GCC 自带的 Newlib 了，去除这个参数就会默认从 with-sysroot 参数指定的路径中获取头文件和库文件。
- --disable-threads：必要的头文件都已经安装，去除该参数可以让 GCC 开启对线程的支持。
- --disable-shared：因为有了 Glibc 安装的库文件，所以 GCC 已经可以把自带的库文件代码编译成共享库文件了。

安装

```
make install-strip
```

这次安装会覆盖之前第一次编译和安装的 GCC，这时针对 x86_64 平台系统的交叉工具链就算制作完成了。

8. 复制文件

这个逆交叉工具链编译出来的程序是龙芯平台系统的，和龙芯平台系统自己的本地编译器有什么区别呢?

从生成的程序来说，两者没有什么区别，都是龙芯平台系统上的程序。但制作逆交叉工具链可以帮助我们在 x86_64 平台系统上制作龙芯平台上未制作过的自依赖软件包，然后再通过这些自依赖软件包制作目标系统中对应的软件包。

复制文件的步骤如下：

```
sudo cp -a --parents /{,usr/}{include,lib{,32,64}} ${CROSS_DIR}/cross-tools/target
```

既然逆交叉工具链最终的目标是当前目标平台系统上运行的程序，我们就可以直接使用当前系统安装的现成头文件和库文件了，不用一个个地制作，直接全部复制进去即可。这样逆交叉工具链就获得了大量的软件包支持，便于制作依赖条件较多的软件包。

- --parents：用来保证复制目录时保持指定目录的完整路径，而不是只复制最后一级目录或文件。
- /{,usr/}{include,lib{,32,64}}：该表达式解析后是 /include、/lib、/lib32、/lib64、/usr/

include、/usr/lib、/usr/lib32、/usr/lib64 等目录，这些目录涵盖了一般类 UNIX 系统所涉及的头文件和库文件的存放目录。

这些目录会被存放在逆交叉工具链的 target 目录中，并以这些目录原来的命名保存。

目录准备好之后，我们就该开始制作逆交叉工具链了。

9. 逆交叉工具链之 Binutils

（1）安装步骤

```
rpmbuild -rp ~/rpmbuild/SRPMS/binutils-2.34-*.src.rpm
pushd ~/rpmbuild/BUILD/binutils-2.34
    mkdir build
    pushd build
        LDFLAGS="--static" \
        ../configure --build=${CROSS_BUILD} --host=${CROSS_HOST} \
                 --target=${CROSS_TARGET} --prefix=/cross-tools \
                 --with-sysroot=/cross-tools/target \
                 --with-build-sysroot=${CROSS_DIR}/cross-tools/target \
                 --enable-nls --enable-64-bit-bfd
        make configure-host
        make
        make DESTDIR=${CROSS_DIR} install-strip
    popd
popd
```

（2）步骤说明

配置

```
LDFLAGS="--static" \
../configure --build=${CROSS_BUILD} --host=${CROSS_HOST} \
           --target=${CROSS_TARGET} --prefix=/cross-tools \
           --with-sysroot=/cross-tools/target \
           --with-build-sysroot=${CROSS_DIR}/cross-tools/target \
           --enable-nls --enable-64-bit-bfd
```

- LDFLAGS="--static"：静态编译 Binutils，这样就无须为了运行工具链而复制一堆 x86_64 的 Glibc 库文件，注意这里 static 前面是两个 - 符号。
- --build=${CROSS_BUILD}、--host=${CROSS_HOST}、--target=${CROSS_TARGET}：这里注意参数的设置，CROSS_BUILD 与 CROSS_TARGET 是完全相同的，也就是 host 和 target 的设置不同，但 build 和 target 是相同的。这代表制作在另一个平台系统上又反过来生成当前系统程序的逆交叉工具链。
- --with-sysroot=/cross-tools/target：用来指定制作完成后的工具链所使用的基础目录，即 host 生成 target 文件时使用的 SYSROOT 目录。
- --with-build-sysroot=${CROSS_DIR}/cross-tools/target：与 --with-sysroot 的设

置不同，build-sysroot 指定的是制作过程中使用 target 库文件和头文件时的基础目录，即 build 生成 target 文件时使用的 SYSROOT 目录。

安装

```
make DESTDIR=${CROSS_DIR} install-strip
```

安装的时候同样要把 DESTDIR 设置成此次为逆交叉工具链新准备的目录。

10. 逆交叉工具链之 GCC

（1）安装步骤

```
rpmbuild -bp ${BUILDDIR}/gcc-bootstrap.spec
pushd ~/rpmbuild/BUILD/gcc-10.0.1-20200328
    rpmbuild -rp ~/rpmbuild/SRPMS/gmp-6.1.2-*.src.rpm
    rpmbuild -rp ${SOURCESDIR}/m/mpfr-4.0.2-3.fc32.src.rpm
    rpmbuild -rp ${SOURCESDIR}/l/libmpc-1.1.0-8.fc32.src.rpm
    mv ~/rpmbuild/BUILD/gmp-6.1.2 gmp
    mv ~/rpmbuild/BUILD/mpfr-4.0.2 mpfr
    mv ~/rpmbuild/BUILD/mpc-1.1.0 mpc
    mkdir build
    pushd build
        LDFLAGS="-static" \
        ../configure --build=${CROSS_BUILD} --host=${CROSS_HOST} \
                 --target=${CROSS_TARGET} --prefix=/cross-tools \
                 --with-sysroot=/cross-tools/target \
                 --with-build-sysroot=${CROSS_DIR}/cross-tools/target \
                 --enable-nls --enable-shared --enable-checking=release \
                 --enable-multilib --enable-__cxa_atexit --with-linker-hash-style=both \
                 --with-abi=64 --with-nan=2008 --with-arch=gs464v \
                 --enable-languages=c,c++
        make
        make DESTDIR=${CROSS_DIR} install-strip
    popd
popd
```

（2）步骤说明

整合相关的软件包。为了简化制作，将 GMP、MPFR 和 LibMPC 这 3 个软件包的源代码存放到 GCC 源代码目录中，这样在编译 GCC 的时候直接将这 3 个软件包一起编译，节省了制作的步骤。

配置

```
LDFLAGS="-static" \
../configure --build=${CROSS_BUILD} --host=${CROSS_HOST} \
            --target=${CROSS_TARGET} --prefix=/cross-tools \
            --with-sysroot=/cross-tools/target \
            --with-build-sysroot=${CROSS_DIR}/cross-tools/target \
            --enable-nls --enable-shared --enable-checking=release \
            --enable-multilib --enable-__cxa_atexit --with-linker-hash-style=both \
            --with-abi=64 --with-nan=2008 --with-arch=gs464v \
            --enable-languages=c,c++
```

- LDFLAGS="-static"：静态编译 GCC，static 前是一个 - 符号。
- --enable-multilib：因为复制的当前目标系统是按照 Multilib 制作的，所有需要开启该参数才能让逆交叉工具链支持 Multilib。
- 其他参数：target 的设置与 build 的平台系统表达式完全相同，那么平台系统相关的参数就需要按照 build 的实际情况进行调整。制作平台系统 GCC 的配置参数，可以通过直接运行 gcc -v 命令来获取，以返回的参数作为参考来调整本次编译 GCC 的配置参数，例如 --with-nan=2008、--with-linker-hash-style=both 等保持和当前系统默认的 GCC 参数相同即可。

安装

```
make DESTDIR=${CROSS_DIR} install-strip
```

GCC 安装到正确的目录之后，逆交叉工具链就算制作完成了。

11. 补充开发文件

在逆交叉工具链所复制的当前系统提供的库文件和头文件中，如果出现缺少某些软件包的情况，就需要制作相应的软件包进行补充。以下用一些实例来说明如何补充。

（1）CUPS 软件包

制作和安装软件包的步骤如下：

```
rpmbuild -bb ~/rpmbuild/SPECS/cups.spec --nodeps
sudo rpm -ivh $(ls ~/rpmbuild/RPMS/{mips64el,noarch}/cups-* | grep -v "debug") --nodeps
```

（2）Alsa 软件包

制作和安装软件包的步骤如下：

```
rpmbuild --rebuild ${SOURCESDIR}/a/alsa-lib-1.2.2-2.fc32.src.rpm
sudo rpm -ivh $(ls ~/rpmbuild/RPMS/{mips64el,noarch}/alsa-* | grep -v "debug")
```

（3）复制文件

新安装的 CUPS 和 Alsa 软件包的头文件与库文件被安装到逆交叉工具链的 target 目录中。

```
sudo cp -a --parents /usr/{include,lib64} ${CROSS_DIR}/cross-tools/target
```

因为这两个软件包都制作了 64 位版本，所以库文件只要复制 /usr/lib64 目录中的即可。这样逆交叉工具链编译链接程序时，就可以使用这两个软件包提供的头文件和库文件了。

12. 打包

逆交叉工具链最终是要运行在 x86_64 的 Linux 系统上的，所以必须将制作的工具链从龙芯平台系统迁移到 x86_64 平台系统上，最简单的方式就是将文件进行打包，方法如下：

```
pushd ${CROSS_DIR}
    sudo rm -rf cross-tools/target/usr/lib/modules
    tar --xattrs-include='*' --owner=root --group=root -cjpf \
        x86_64-to-mips64el-cross-toolchain-1.0.tar.bz2 cross-tools
popd
```

打包时可以去除一些用不上的文件以减小体积，例如删除内核模块。此外，打包的不是 ${CROSS_DIR} 目录中的所有文件，只要将 cross-tools 目录进行打包即可。这是因为逆交叉工具链中的可执行程序都是静态链接的，不需要 x86_64 平台上的基础库也可以正常运行。

我们可以通过 U 盘或者网络等方式将打包的文件复制到 x86_64 平台系统上。

10.2.2 回归创作基地

现在我们要回到之前交叉编译制作临时系统的 x86_64 的系统中，即创作基地。如果我们没有保留创作基地，那么重新安装一个新的 x86_64 的系统也是可以的。

1. 安装逆交叉工具链

将打包的逆交叉编译器解压到 x86_64 平台的系统中，使用以下步骤：

```
pushd /opt
    sudo tar xpvf ${BUILDDIR}/x86_64-to-mips64el-cross-toolchain-1.0.tar.bz2
popd
```

将逆交叉编译器存放在 /opt 目录中，解压后即 /opt/cross-tools，根据这个目录设置环境变量，步骤如下：

```
unset AR AS CC CXX LD RANLIB STRIP
export PATH=${PATH}:/opt/cross-tools/bin
```

主要是将 /opt/cross-tools/bin 路径放到可执行程序搜索目录中，这样才能用来制作接下来的软件包。

2. 制作自依赖软件包

安装好逆交叉工具链之后，我们就可以开始着手制作那些依赖条件较多的自依赖软件包了。

（1）OpenJDK 软件包

①下载源代码。

默认的 OpenJDK 软件包中并没有集成针对龙芯的优化，使用起来会比较慢，我们可以从网络上下载龙芯优化版的 OpenJDK 来完成制作。使用以下命令将优化版的 OpenJDK 下载到本地：

```
mkdir ${BUILDDIR}/java
pushd ${BUILDDIR}/java
   wget http://hg.loongnix.org/jdk8-mips64-public/archive/tip.tar.bz2
   tar xvf tip.tar.bz2
   mv -v jdk8-mips64-public-* openjdk
   rm tip.tar.bz2
   pushd openjdk
       for i in corba hotspot jaxp jaxws jdk langtools nashorn
       do
         wget http://hg.loongnix.org/jdk8-mips64-public/${i}/archive/tip.tar.bz2
         tar xvf tip.tar.bz2
         mv -v ${i}-* $i
         rm tip.tar.bz2
         done
   popd
   tar -cjf ${BUILDDIR}/openjdk-1.8.0-mips64.tar.bz2 openjdk
popd
```

下载完成后将 OpenJDK 软件包打包成一个压缩包文件，以便后续的制作。

②制作软件包。

制作之前先将 Fedora 自带的 java-1.8.0-openjdk 源代码软件包安装到系统中，使用如下命令：

```
pushd ${DOWNLOADDIR}
    dnf download --source java-1.8.0-openjdk
    rpm -ivh java-1.8.0-openjdk-1.8.0.242.b08-1.fc32.src.rpm
popd
```

这样我们就可以用其提供的部分补丁文件。

接下来创建一个目录并开始准备源代码的过程。

```
mkdir -pv ${BUILDDIR}/openjdk
pushd ${BUILDDIR}/openjdk
    patch -Np1 -i ${DOWNLOADDIR}/0001-openjdk8-fix_mips64el_cross.patch
    patch -Np1 -i ~/rpmbuild/SOURCES/jdk8043805-allow_using_system_installed_libjpeg.patch
    patch -Np1 -i ~/rpmbuild/SOURCES/jdk8035341-allow_using_system_installed_libpng.patch
```

○ 0001-openjdk8-fix_mips64el_cross.patch：修正交叉编译 OpenJDK 时的一些问题。
○ jdk8043805-allow_using_system_installed_libjpeg.patch：增加 with-libjpeg 的参数，允许使用外部的 libjpeg 库。
○ jdk8035341-allow_using_system_installed_libpng.patch：增加 with-libpng 的参数，允许使用外部的 libpng 库。

更新配置脚本文件，步骤如下：

```
pushd common/autoconf/
    bash ./autogen.sh
popd
chmod +x configure
```

配置 OpenJDK，步骤如下：

```
PKG_CONFIG_SYSROOT_DIR=/opt/cross-tools/target \
PKG_CONFIG_PATH=/opt/cross-tools/target/usr/lib64/pkgconfig \
CC="mips64el-redhat-linux-gnuabi64-gcc" \
CXX="mips64el-redhat-linux-gnuabi64-g++" \
./configure --build=x86_64-pc-linux-gnu --host=mips64el-redhat-linux-gnuabi64 \
            --prefix=/tools --with-zlib=system --with-giflib=system \
            --with-libpng=system --enable-unlimited-crypto \
            --with-extra-cxxflags="-fno-lifetime-dse -fcommon" \
            --with-extra-cflags="-Wno-error -fno-lifetime-dse -fcommon" \
            --disable-zip-debug-info --with-stdc++lib=dynamic
```

编译软件包，步骤如下：

```
make LP64=1 BUILD_LD="cc" images
```

安装软件包，步骤如下：

```
    cp -a build/*/images/j2sdk-image /tools/openjdk
popd
```

③打包。

对安装好的 OpenJDK 进行打包，方便传输到龙芯机器上。

```
pushd /tools
    tar --xattrs-include='*' --owner=root --group=root \
        -cjpf ${BUILDDIR}/openjdk-bin.tar.bz2 openjdk
popd
```

（2）Rust 软件包

Rust 软件包是一个编程语言工具，在现代的发行版中有许多软件包是采用 Rust 语言开发的。如果在制作临时系统的过程中忘记制作 Rust 软件包，会导致无法编译这些软件包，下面就来介绍如何弥补这个遗漏。

①准备步骤。

```
dnf install cmake rust cargo libcurl-devel
pushd ${DOWNLOADDIR}
    dnf download --source rust
    rpm -ivh rust-1.42.0-1.fc32.src.rpm
popd
```

首先需要安装编译 Rust 软件包的环境，包括 Cmake、Rust 和 Cargo。没错，编译 Rust 需要 Rust，这就是为什么需要在临时系统中编译 Rust。还有其他一些软件也是类似情况，我们在制作的过程中会逐步接触到。

在安装完编译环境后就需要下载源代码文件并将其安装到系统中。

②制作步骤。

这里使用完整的 Rust 源代码进行制作，用 tar 命令来解压缩源代码包。

```
tar xvf ~/rpmbuild/SOURCES/rustc-1.42.0-src.tar.xz -C ${BUILDDIR}
pushd ${BUILDDIR}/rustc-1.42.0-src
```

增加补丁，使用如下命令：

```
    patch -Np1 -i ${DOWNLOADDIR}/rustc-add-gs464v-support.patch
```

该补丁文件用来为 Rust 软件包中的 LLVM 加入龙芯 gs464v 架构的支持。

接下来配置 Rust，步骤如下：

```
    ./configure  --host=mips64el-unknown-linux-gnuabi64 \
                 --target=mips64el-unknown-linux-gnuabi64 \
                 --prefix=/tools/rust --sysconfdir=/tools/etc --enable-extended \
                 --local-rust-root=/usr --enable-vendor
```

- --enable-extended：加入该参数才会制作出 cargo 命令。
- --local-rust-root=/usr：指定编译当前 Rust 软件包所使用的 rust 等命令所在的基础目录，实际命令在该参数指定目录里的 bin 目录中，因为当前需要使用系统中自带的 Rust，所以设置为 /usr。
- --enable-vendor：加入该参数则使用 Rust 源代码 vendor 目录中提供的各种依赖软件包进行制作。

编译 Rust，步骤如下：

```
    make HOST_CC="gcc" CC="mips64el-redhat-linux-gnuabi64-gcc" \
         HOST_CXX="g++" CXX="mips64el-redhat-linux-gnuabi64-g++" \
         MIPS64EL_UNKNOWN_LINUX_GNUABI64_OPENSSL_INCLUDE_DIR=/opt/cross-tools/target/
usr/include \
         MIPS64EL_UNKNOWN_LINUX_GNUABI64_OPENSSL_LIB_DIR=/opt/cross-tools/target/usr/
lib64
```

- HOST_CC、HOST_CXX：因为是交叉编译，所以设置这两个变量来编译某些需要在当前环境中运行的程序，这些程序不能使用交叉编译器而要用本地编译器进行编译。

- CC、CXX：设置交叉编译器，这里需要注意的是，在配置阶段设置的平台系统表达式是 mips64el-unknown-linux-gnuabi64，而这里设置的平台表达式是 mips64el-redhat-linux-gnuabi64。这里如果不设置 CC，会尝试找 mips64el-unknown-linux-gnuabi64-gcc 命令，但与逆交叉工具链的平台系统表达式不同，会导致无法使用正确的编译工具进行编译，因此这里强制指定编译用的编译器名称。
- MIPS64EL_UNKNOWN_LINUX_GNUABI64_OPENSSL_INCLUDE_DIR：指定为龙芯平台编译的 Rust 使用的 OpenSSL 头文件的存放目录。
- MIPS64EL_UNKNOWN_LINUX_GNUABI64_OPENSSL_LIB_DIR：指定为龙芯平台编译的 Rust 使用的 OpenSSL 库文件的存放目录。

指定 OpenSSL 头文件和库文件的存放目录是因为默认使用的库文件目录不正确。

安装 Rust，步骤如下：

```
    mkdir -pv /tools/rust
    make HOST_CC="gcc" CC="mips64el-redhat-linux-gnuabi64-gcc" \
         HOST_CXX="g++" CXX="mips64el-redhat-linux-gnuabi64-g++" \
         MIPS64EL_UNKNOWN_LINUX_GNUABI64_OPENSSL_INCLUDE_DIR=/opt/cross-tools/target/
usr/include \
         MIPS64EL_UNKNOWN_LINUX_GNUABI64_OPENSSL_LIB_DIR=/opt/cross-tools/target/usr/
lib64 \
         install
popd
```

安装前先创建要安装的目录 /tools/rust，该目录必须跟配置参数中的 prefix 指定的目录相同；如果不先创建该目录，则 Rust 的安装步骤会出错。

③打包。

安装完成后，找到安装的目录，将 Rust 软件包打包，以便转移到龙芯机器中。

```
    pushd /tools/
        tar --xattrs-include='*' --owner=root --group=root \
            -cjpf ${BUILDDIR}/rust-bin.tar.bz2 rust
    popd
```

10.2.3 解决自依赖

1. 重回龙芯平台系统

我们假设打包的文件已经存放在了 ${BUILDDIR} 目录中。

```
sudo tar xvf ${BUILDDIR}/openjdk-bin.tar.bz2 -C /tools/
```

设置环境变量，步骤如下：

```
export PATH=${PATH}:/tools/openjdk/bin
```

接着开始利用交叉编译的 Java 软件包编译软件。

（1）Tzdata 软件包

之前编译过该软件包，但当时采用的是去除与 Java 相关步骤的方法，现在我们已经有了 Java 的编译环境，可以进行完整的编译了。

制作和安装软件包的步骤如下：

```
rpmbuild  --rebuild ${SOURCESDIR}/t/tzdata-2019c-3.fc32.src.rpm --nodeps
sudo rpm -Uvh ~/rpmbuild/RPMS/noarch/tzdata-* --force
```

（2）Javapackages-Tools 软件包

制作和安装软件包的步骤如下：

```
rpmbuild --rebuild ${SOURCESDIR}/j/javapackages-tools-5.3.0-9.fc32.src.rpm --nodeps --nocheck
sudo rpm -ivh  ~/rpmbuild/RPMS/noarch/javapackages-filesystem-*
```

（3）Lua-Lunit 软件包

制作和安装软件包的步骤如下：

```
rpmbuild --rebuild ${SOURCESDIR}/l/lua-lunit-0.5-17.fc32.src.rpm
sudo rpm -ivh ~/rpmbuild/RPMS/noarch/lua-lunit-*
```

（4）Lua-Posix 软件包

制作和安装软件包的步骤如下：

```
rpmbuild --rebuild ${SOURCESDIR}/l/lua-posix-33.3.1-16.fc32.src.rpm
sudo rpm -ivh $(ls ~/rpmbuild/RPMS/mips64el/lua-posix-* | grep -v "debug")
```

（5）Copy-jdk-configs 软件包

制作和安装软件包的步骤如下：

```
rpmbuild --rebuild ${SOURCESDIR}/c/copy-jdk-configs-3.7-5.fc32.src.rpm
sudo rpm -ivh ~/rpmbuild/RPMS/noarch/copy-jdk-configs-*
```

（6）OpenJDK 软件包

我们通过逆交叉工具链制作了临时的 OpenJDK，现在可以解决 OpenJDK 的自依赖问题了，开始制作 OpenJDK 软件包。

①复制龙芯优化版 OpenJDK 源代码包。

龙芯版的源代码包就是在之前 x86_64 系统中下载的源代码，现假定我们已经将其存放在 ${BUILDDIR} 目录中，复制该文件到 SOURCES 目录。

```
cp -a ${BUILDDIR}/openjdk-1.8.0-mips64.tar.bz2 ~/rpmbuild/SOURCES/
```

②重新制作 SPEC 描述文件。

将原来的 OpenJDK 软件包提供的 SPEC 描述文件修改为我们需要的内容。

修改源代码包文件的定义。找到以下内容:

```
Source0: %{shenandoah_project}-%{shenandoah_repo}-%{shenandoah_revision}.tar.xz
```

将其改为

```
Source0: openjdk-1.8.0-mips64.tar.bz2
```

这样制作过程中解压缩的源代码包文件就是龙芯优化的版本。

修改 dist 名称定义，在 SPEC 描述文件中增加以下内容:

```
%global dist .fc%{fedora}.loongson
```

增加 MIPS 架构定义支持。

增加 jit_arch 和 sa_arch 的 MIPS64 支持，找到以下内容:

```
%global jit_arches      %{ix86} x86_64 sparcv9 sparc64 %{aarch64} %{power64}
%global sa_arches       %{ix86} x86_64 sparcv9 sparc64 %{aarch64}
```

将其修改为

```
%global jit_arches      %{ix86} x86_64 sparcv9 sparc64 %{aarch64} %{power64} %{mips64}
%global sa_arches       %{ix86} x86_64 sparcv9 sparc64 %{aarch64} %{mips64}
```

对应地修改打包文件列表部分，找到以下内容:

```
%ifarch x86_64  %{ix86} %{aarch64}
%{_jvmdir}/%{jredir -- %{?1}}/lib/%{archinstall}/libsaproc.so
```

在架构定义中增加 MIPS64 架构。

```
%ifarch x86_64  %{ix86} %{aarch64} %{mips64}
```

增加 64 位的定义，找到以下内容:

```
%ifarch s390x sparc64 alpha %{power64} %{aarch64}
export ARCH_DATA_MODEL=64
```

将 MIPS64 的定义加入架构条件中。

```
%ifarch s390x sparc64 alpha %{power64} %{aarch64} %{mips64}
```

增加在 mips64el 时相关变量的定义，在 SPEC 描述文件中增加如下内容:

```
%ifarch mips64el
%global archinstall mips64el
%endif
```

去除部分未安装的依赖条件。找到以下定义内容:

```
%global with_systemtap 1
```

将其改为

```
%global with_systemtap 0
```

修改自依赖软件包的位置。找到以下定义内容:

```
systemjdk=/usr/lib/jvm/java-openjdk
```

将其修改为

```
systemjdk=/tools/openjdk
```

这是因为临时版的 OpenJDK 是安装到 /tools/openjdk 目录中的。

③制作和安装软件包。

```
rpmbuild -bb java-1.8.0-openjdk-bootstrap.spec --nodeps --nocheck
sudo rpm -ivh $(ls ~/rpmbuild/RPMS/{mips64el,noarch}/java-1.8.0-openjdk-* \
            | grep -v "debug") --nodeps
```

（7）Rust 软件包

Rust 软件包也是通过逆交叉工具链要解决的自依赖软件包，接下来就完成这个软件包的制作。

先完成以下几个依赖条件的制作和安装。

①Future 软件包。

制作和安装软件包的步骤如下：

```
rpmbuild --rebuild ${SOURCESDIR}/f/future-0.18.2-5.fc32.src.rpm --nodeps --nocheck
sudo rpm -ivh ~/rpmbuild/RPMS/noarch/python3-future-*
```

②Python-CommonMark 软件包。

制作和安装软件包的步骤如下：

```
rpmbuild --rebuild ${SOURCESDIR}/p/python-CommonMark-0.9.0-5.fc32.src.rpm
sudo rpm -ivh ~/rpmbuild/RPMS/noarch/python3-CommonMark-*
```

③Python-Recommonmark 软件包。

制作和安装软件包的步骤如下：

```
rpmbuild --rebuild ${SOURCESDIR}/p/python-recommonmark-0.5.0-5.git.fc32.src.rpm --nocheck
sudo rpm -ivh ~/rpmbuild/RPMS/noarch/python3-recommonmark-*
```

④Rust-SRPM-Macros 软件包。

修改 SPEC 描述文件。在 %prep 标记段中加入以下步骤：

```
sed -i "/rust_arches/s/$/& %{mips}/g" data/macros.rust-srpm
```

制作软件包和重新制作 SRPM 文件。

```
rpmbuild -ba ~/rpmbuild/SPECS/rust-srpm-macros.spec
```

安装软件包。

```
sudo rpm -ivh ~/rpmbuild/RPMS/noarch/rust-srpm-macros-*
```

⑤安装临时版的 Rust 软件包。

现在假设临时版的Rust打包文件已经存放在了${BUILDDIR}目录中，先解压到/tools目录中。

```
sudo tar xvf ${BUILDDIR}/rust-bin.tar.bz2 -C /tools/
```

⑥修改 SPEC 描述文件。

增加对 MIPS 的支持。找到架构支持列表的定义：

```
%global rust_arches x86_64 i686 armv7hl aarch64 ppc64 ppc64le s390x
```

增加 %{mips} 的定义：

```
%global rust_arches x86_64 i686 armv7hl aarch64 ppc64 ppc64le s390x %{mips}
```

增加补丁文件。

```
Patch11:         0001-rust-add_mxgot_for_mips.patch
```

该补丁文件用来在 MIPS 架构编译 Rust 软件包时加入 -mxgot 参数，加入该参数可以避免链接失败的问题。

修改在 mips64el 的平台系统表达式。找到定义平台系统表达式的位置，然后加入以下设置：

```
elseif arch == "mips64el" then
  abi = "gnuabi64"
```

修改 local_rust_root 目录设置。因为 local_rust_root 变量用来设置当前可用的 Rust 安装目录，所以此时需要设置为 /tools/rust。找到以下内容：

```
%global local_rust_root %{_prefix}
```

修改为

```
%global local_rust_root /tools/rust
```

解决 Curl 软件包依赖问题。找到以下内容并删除：

```
rm -rf vendor/curl-sys/curl/
```

这样就可以使用 Rust 软件包自带的 Curl 软件包进行编译制作，解决依赖系统中的 Curl 软件包问题。

⑦制作软件包。

```
rpmbuild -bb ~/rpmbuild/SPECS/rust.spec --nodeps
```

制作完成后不用手动安装，后续制作需要使用 Rust 软件包时可以通过软件仓库安装。

2. 更新本地软件仓库

解决了自依赖软件包问题之后，更新一下软件仓库，步骤如下：

```
update-repo.sh
dnf makecache --refresh
```

接着检查仓库是否更新，以 OpenJDK 软件包为例，使用如下命令：

```
dnf info java-1.8.0-openjdk
```

如果出现以下提示内容：

```
Error: No matching Packages to list
```

代表仓库不存在 java-1.8.0-openjdk 软件包，这时候要检查之前的制作过程是否有错误或遗漏。

如果出现了 java-1.8.0-openjdk 软件包的信息代表安装成功。

10.3 家族类软件包

在 Fedora 的各种 SRPM 源代码包文件中有一类家族类软件包，其特点是由很多相关软件包组成，这些软件包之间关系错综复杂，且软件包名都以相同的名称开头，例如在 Fedora 32 的 Perl 家族类软件包中直接以 perl 开头的软件包有 3000 多个。因为这些软件包的名称开头大多相同，所以一般称呼某一家族软件包时会简化文件名中的相同部分，例如把 Perl 家族类软件包称为 Perl 类软件包。

这些家族类软件包之间相互依赖，如果一个一个编译很费事，所以通常采用脚本自动进行编译。

10.3.1 循环构建脚本

因为家族类软件包经常需要制作完成其中一个或多个软件包才能制作另一个软件包，脚本必须能够处理这种情况，所以我们编写的脚本采用循环的方式来构建家族类软件包。

1. 循环构建脚本内容

```
#!/bin/bash

COUNT=1

while(( COUNT > 0 ))
do
    COUNT=0
    for i in srpms/*.src.rpm
    do
        rpm -i ${i} 2>/dev/null
        SPEC_NAME=$(rpm -qpi ${i} 2>/dev/null | grep "^Name  " \
                    | awk -F':' '{ print $2 }' |  tr -d [:space:])
        sudo dnf builddep -y \
            ~/rpmbuild/SPECS/${SPEC_NAME}.spec 1>logs/$(basename ${i}).dnflog 2>&1
```

```
        if [ $? == 0 ]; then
            echo "$(basename ${i}) builddep success!"
            rpmbuild --rebuild ${i} 1>logs/$(basename ${i}).log 2>&1
            if [ $? == 0 ]; then
                mv ${i} ok/
                let "COUNT += 1"
                echo "$(basename ${i}) rebuild OK!"
            else
                rpmbuild --rebuild ${i} \
                   --nocheck 1>logs/$(basename ${i}).nocheck.log 2>&1
                if [ $? == 0 ]; then
                    mv ${i} nocheck/
                    let "COUNT += 1"
                    echo "$(basename ${i}) nocheck rebuild OK!"
                else
                    mv ${i} error/
                    echo "$(basename ${i}) rebuild ERROR!"
                fi
            fi
        else
                echo "$(basename ${i}) builddep falied."
        fi
    done

    if [ ${COUNT} != 0 ]; then
        /usr/bin/update-repo.sh
        sudo dnf makecache --refresh
    fi
done
```

2. 脚本解释

○ 该循环脚本会提取指定目录（目前是当前目录的 srpms 目录）中的所有 SRPM 文件。

○ 将 SRPM 文件安装到当前用户目录中。

○ 针对 SPEC 描述文件从仓库中安装需要的依赖条件，如果依赖条件不满足则跳过该软件包的制作。

○ 当依赖满足则自动安装所有依赖包，并开始制作软件包，若制作成功则将 SRPM 源代码包放入 ok 目录，避免再次被制作。

○ 制作失败则尝试使用 --nocheck 参数跳过测试步骤进行制作，如果成功则将 SRPM 源代码包放入 nocheck 目录，如果还是失败则放到 error 目录中。

○ 以上制作过程若有成功的则将成功计数器加 1。
○ 完成所有 SRPM 文件的遍历并尝试制作，若成功计数器的值大于 1，则重新读取 srpms 目录中的所有 SRPM 文件并重复上述所有过程。
○ 完成 SRPM 文件的遍历并且成功计数器值为 0 时，则结束制作过程，将生成的所有 RPM 安装包文件放入软件仓库，并更新仓库信息。

10.3.2 准备循环构建环境

在利用循环构建脚本制作软件包之前，先对当前系统的环境进行一些处理，以便脚本顺利地运行。

1. 设置循环构建脚本的执行权限

假设循环构建脚本被命名为 auto_build.sh，存放在 ${BUILDDIR} 目录中，设置它的可执行权限。

```
pushd ${BUILDDIR}
    chmod +x auto_build.sh
popd
```

2. 移除 32 位的基础开发库

虽然后续制作的软件包都是 64 位的，但系统中存放 32 位的基础开发库可能会影响到部分软件包的链接过程，从而可能导致制作失败，因此我们需要将这些软件包移除。

```
rpm -evh glibc-devel.mipsel glibc-static.mipsel \
        libxcrypt-devel.mipsel libxcrypt-static.mipsel
```

这里注意：在包名称的后面加上 .mipsel 将仅针对 32 位的安装包进行操作。

因为系统本身安装的 32 位软件包就不多，所以只需要去除与开发相关的软件包就可以了。

3. sudo 免密模式设置

细心的读者可能已经注意到，循环构建脚本中使用了 sudo 命令，例如用来在系统中安装依赖条件的命令。而如果未开启免密码设置，则必须每隔一段时间就重新输入 sudo 的密码，这对于长期执行的自动化脚本来说，可能会出现突然停下来等待用户输入密码的情况，所以我们将 sudo 设置为免密模式。

设置免密模式执行如下命令：

```
sudo visudo
```

然后会进入编辑 sudo 配置文件的状态，找到以下内容：

```
%wheel  ALL=(ALL)       ALL
```

将其替换为

```
%wheel          ALL=(ALL)       NOPASSWD: ALL
```

保存并退出编辑模式即可，这时再利用 sudo 调用程序时将不再需要用户输入密码。

10.3.3 Perl 家族类软件包

接下就开始尝试制作 Perl 家族类软件包。

1. **创建工作目录**

```
mkdir ${BUILDDIR}/auto-perl
pushd ${BUILDDIR}/auto-perl
```

这样后续的制作步骤都被限制在这个目录中。

2. **创建必要的目录**

```
mkdir -pv srpms logs ok nocheck error
```

这些目录都是以循环构建脚本中使用的目录为依据创建的。

3. **准备 Perl 家族类的 SRPM 源代码包**

```
cp -a ${SOURCESDIR}/p/perl*.src.rpm srpms/
```

将所有 perl 开头的文件都复制到 srpms 目录中，以配合循环构建脚本搜索 SRPM 文件。

4. **删除不参与循环构建的 SRPMS 软件包**

```
rm srpms/perl-5.30.2-452.fc32.src.rpm
```

5. **开启 Perl 类软件包的简化构建模式**

使用如下命令进行设置。

```
sudo bash -c 'echo "%perl_bootstrap 1"\
              >> /usr/lib/rpm/platform/mips64el-linux/macros '
```

将 %perl_bootstrap 设置到 macros 文件中，可以将其作为默认参数应用到所有软件包中，这样 Perl 类软件包在编译时会自动以依赖较小的方式进行制作。

6. **需要修改的软件包**

在大量的 Perl 类软件包中，有部分软件包需要修改 SEPC 描述文件来支持当前的龙芯系统，例如 Perl-GD 软件包就需要修改。

①修改 SPEC 描述文件。

找到以下内容：

```
perl Makefile.PL INSTALLDIRS=vendor OPTIMIZE="%{optflags}"
```

将其改为

```
%ifarch %{mips64}
sed -i "/pkgconfig/s@/lib@/%{_lib}@g" Makefile.PL
%endif
perl Makefile.PL --lib_gd_path=/usr/lib64 INSTALLDIRS=vendor OPTIMIZE="%{optflags}"
```

修改一个在 Multilib 系统中的编译错误。

②重制 SRPM 文件。

```
rpmbuild -bs ~/rpmbuild/SPECS/perl-GD.spec
```

③替换 SRPM 文件。

既然重新制作了 SRPM 文件，那么就将其存放到循环构建脚本能够获取文件的位置。

```
rm srpms/perl-GD-2.71-4.fc32.src.rpm
cp ~/rpmbuild/SRPMS/perl-GD-2.71-*.src.rpm srpms/
```

我们并不需要制作该软件包，只要将其放进 srpms 目录中，后续使用循环构建脚本时会找到修改后的源代码包并进行制作。

7. 一些特殊的软件包

在 Perl 类软件包中，有不少的软件包可以与制作人员进行交互，以下是一些带有用户交互设置的软件包：

```
perl-Audio-Beep-0.11-27.fc32.src.rpm 输入 y
perl-Devel-Trace-0.12-20.fc32.src.rpm 输入回车
perl-Convert-UUlib-1.6-2.fc32.src.rpm 输入 y
perl-Net-Telnet-Cisco-1.11-8.fc32.src.rpm 输入回车
perl-JSON-XS-4.02-4.fc32.src.rpm 输入回车
perl-DBM-Deep-2.0016-7.fc32.src.rpm 多次输入回车
perl-Sub-Exporter-Lexical-0.092292-11.fc32.src.rpm 输入 y
perl-DBD-CSV-0.54-6.fc32.src.rpm 输入回车
perl-Data-Peek-0.49-1.fc32.src.rpm 输入回车
perl-Wiki-Toolkit-0.85-5.fc32.src.rpm 输入回车
```

因为在制作过程中这些软件包会与用户进行交互，为了不影响现有的循环体系，所以我们先制作这些软件包，制作时根据提示输入 y 或者按回车键（Enter 键）来继续。

8. 测试失败和无法测试的软件包

有部分软件包受环境的影响无法完成或进行测试步骤，例如 Perl-Threads-Lite 软件包，我们可以使用 --nocheck 手工制作该软件包，也可以通过循环构建脚本来制作，将这种方式制作的 SRPM 源代码包存放到 nocheck 目录中以便记录未测试的软件包。

9. 开始循环构建源代码包

使用如下命令进行 Perl 类软件包的构建：

```
PERL_CANARY_STABILITY_NOPROMPT=1 ${BUILDDIR}/auto_build.sh
```

- PERL_CANARY_STABILITY_NOPROMPT=1：该参数设置后会去除部分需要用户交互的步骤，这样就可以减少制作阶段循环构建脚本暂停等待输入的情况。

第一次循环构建后会发现制作了大量的 SRPM 文件，但也有为数不少的软件包未被制作，这通常是因为缺少依赖条件。

通常依赖条件是其他的 Perl 类软件包，但也会有部分依赖 Perl 类软件包之外的软件包，可以通过命令进行查询。

（1）查询缺失的依赖条件中不属于 Perl 软件包的名称列表

```
grep -r "No matching" * | awk -F": " '{ print $2 }' | grep -v "perl" | sort | uniq -c | sort
```

找到了缺失依赖就可以进行补充，我们选取一个作为例子，例如 libecb-static，初步判断该软件包的源代码包名为 libecb，制作该软件包。

```
rpmbuild --rebuild ${SOURCESDIR}/l/libecb-0.20190722-3.fc32.src.rpm
sudo rpm -ivh ~/rpmbuild/RPMS/mips64el/libecb-devel-*
```

接下来查询有哪些 Perl 类软件包依赖 libecb。

```
grep -r "libecb-static" *.dnflog | awk -F".dnflog" '{ print $1 }'
```

例如会显示如下内容：

```
perl-CBOR-XS-1.71-5.fc32.src.rpm
perl-Coro-6.550-3.fc32.src.rpm
```

这里以 Perl-CBOR-XS 为例进行制作。

```
rpmbuild --rebuild ${SOURCESDIR}/p/perl-CBOR-XS-1.71-5.fc32.src.rpm
```

该软件包可以顺利地完成制作。

（2）排序依赖条件需求数

接着再来看看 Perl 类软件包之间的依赖问题，使用如下命令查询缺失依赖条件的情况：

```
grep -r "No matching" *.dnflog | awk -F": " '{ print $2 }' | tr -d "'"| awk -F" " '{ print $1}' \
      |sort | uniq -c | sort | tail -n10
```

该命令可以列出依赖条件需求次数的列表，类似以下内容：

```
     67 perl(CGI)
     68 perl(Path::Tiny)
     81 perl(List::MoreUtils)
     87 perl(Moose::Role)
     90 perl(DateTime)
    109 perl(LWP::UserAgent)
    118 perl(Module::Install::WriteAll)
    132 perl(Module::Install::Metadata)
    185 perl(inc::Module::Install)
    208 perl(Moose)
```

从这个结果来看，似乎 Perl-Moose 软件包提供依赖条件的情况出现的次数最多，但实际上第二到第四多的都是 Perl-Module-Install 这个软件包提供的依赖条件，因此先手工将这个依赖条件制作出来。

（3）解决依赖条件

我们直接尝试安装 Perl-Module-Install 软件包制作所需要的依赖条件。

```
sudo dnf builddep ~/rpmbuild/SPECS/perl-Module-Install.spec  | grep "No matching"
```

不出意料会反馈缺少依赖条件。

```
No matching package to install: 'perl(YAML::Tiny) >= 1.38'
```

即使尝试强制制作 Perl-Module-Install 也会出现错误，那么我们就考虑先制作和安装 perl-YAML-Tiny 软件包。

```
rpmbuild --rebuild ${SOURCESDIR}/p/perl-YAML-Tiny-1.73-8.fc32.src.rpm --nodeps
sudo rpm -ivh ~/rpmbuild/RPMS/noarch/perl-YAML-Tiny-*
```

该软件包可以正常安装，我们回过来再重新制作 Perl-Module-Install 软件包，先将该软件包所需的所有依赖全部安装到系统中。

```
sudo dnf builddep -y ~/rpmbuild/SPECS/perl-Module-Install.spec
```

然后制作和安装软件包，步骤如下：

```
rpmbuild --rebuild ${SOURCESDIR}/p/perl-Module-Install-1.19-12.fc32.src.rpm
sudo rpm -ivh ~/rpmbuild/RPMS/noarch/perl-Module-Install-*
```

根据之前的统计，有大量的 Perl 软件包依赖于 Perl-Module-Install 软件包，因此当该软件包安装到系统后，重新循环编译所有未制作的 Perl 软件包，重新运行脚本。

```
PERL_CANARY_STABILITY_NOPROMPT=1 ./auto_build.sh
```

当该循环编译脚本执行完成之后可以再次查询依赖条件的情况，再根据情况破解一些关键的依赖软件包，从而不断地完成各个 Perl 软件包。

重新统计后显示的结果是较多的软件包依赖 Perl-Moose，我们在尝试制作该软件包时会发现有大量的依赖未安装，其中，部分是已经制作出来但未安装，有些则还没有制作出来。这时可以使用以下命令来安装已经制作出来的依赖软件包。

```
sudo dnf builddep  ~/rpmbuild/SPECS/perl-Moose.spec --skip-unavailable
```

- --skip-unavailable：用在 dnf builddep 命令上可以仅安装该软件包需要且在仓库中存在的依赖条件。

当安装了已存在的依赖条件后，可以开始制作软件包。

```
rpmbuild -bb ~/rpmbuild/SPECS/perl-Moose.spec --nodeps --nocheck
```

虽然我们安装了部分依赖条件，但因为尚有一些依赖条件不满足，所以还需要使用强制忽略依赖条件的参数进行制作。

制作完成后，这次不使用 rpm 命令安装生成的文件，而使用 dnf 命令来安装，通过指定 RPM 包文件的方式安装。

```
sudo dnf install $(ls ~/rpmbuild/RPMS/mips64el/perl-{Test-,}Moose-* \
                | grep -v "debug") 2>&1 | grep nothing
```

此时会提示缺少运行依赖 perl(Eval::Closure)，这其实就显示了运行依赖条件，该依赖属于 Perl-Eval-Closure 软件包，接下来制作该软件包。

```
rpmbuild -bb ~/rpmbuild/SPECS/perl-Eval-Closure.spec --nodeps
```

该软件包也存在依赖问题，强制编译该软件包。

接下来继续尝试使用 dnf 命令安装，连同前面没有安装成功的 Perl-Moose 软件包一并进行安装。

```
sudo dnf install $(ls ~/rpmbuild/RPMS/mips64el/perl-{Test-,}Moose-* \
                      ~/rpmbuild/RPMS/noarch/perl-Eval-Closure-* \
                 | grep -v "debug") 2>&1 | grep nothing
```

继续提示缺少依赖 perl(Perl::Tidy)，该依赖属于 Perltidy 软件包，我们使用安装该软件包的制作依赖条件命令。

```
sudo dnf builddep ~/rpmbuild/SPECS/perltidy.spec
```

这个命令出现了与之前不太一样的错误信息，并没有提示 "No matching" 这样缺少某个软件包的信息，而是以下的错误内容：

```
Error:
 Problem: conflicting requests
   - nothing provides perl(HTTP::Headers) needed by perl-HTML-Parser-3.72-21.fc32~bootstrap.
loongson.mips64el
```

这表示该软件包所需要的依赖条件是存在于软件仓库中的，但软件仓库中的这个依赖条件缺乏它依赖的条件，从上面的信息中可以获知这个依赖条件就是 perl(HTTP::Headers)。简单点说就是，制作 Perltidy 时需要的 Perl-HTML-Parser 软件包在仓库中是有的，但是仓库里没有 Perl-HTML-Parser 软件包需要的依赖 perl(HTTP::Headers)。

这个时候可以尝试制作 perl(HTTP::Headers)，该依赖条件由 Perl-HTTP-Message 软件包提供，同样安装该软件包的制作依赖。

```
sudo dnf builddep srpms/perl-HTTP-Message-6.22-1.fc32.src.rpm
```

该软件包也提示类似 Perltidy 软件包的信息，内容如下：

```
Error:
 Problem: conflicting requests
  - nothing provides mailcap needed by perl-LWP-MediaTypes-6.04-4.fc32~bootstrap.loongson.
noarch
```

继续根据提示线索，制作 Mailcap 软件包，使用如下命令：

```
sudo dnf builddep ${SOURCESDIR}/m/mailcap-2.1.48-7.fc32.src.rpm
```

该软件包没有制作依赖问题，可以直接进行制作。

```
rpmbuild --rebuild ${SOURCESDIR}/m/mailcap-2.1.48-7.fc32.src.rpm
```

这个时候我们就可以将制作出来的安装包都放进仓库中，并更新仓库信息。

```
update-repo.sh
```

接着更新仓库缓存。

```
sudo dnf makecache --refresh
```

然后不要忘记，还有一个 Perltidy 软件包没有制作，重新尝试安装该软件包的制作依赖。

```
sudo dnf builddep -y ~/rpmbuild/SPECS/perltidy.spec
```

这个时候会顺利地完成各种依赖包的安装，接着制作 Perltidy 软件包并安装。

```
rpmbuild --rebuild ${SOURCESDIR}/p/perltidy-20200110-2.fc32.src.rpm
sudo rpm -ivh ~/rpmbuild/RPMS/noarch/perltidy-*
```

现在可以安装 Perl-Moose 软件包来解决大量的 Perl 软件包制作依赖问题了，重新使用 dnf 命令进行安装，不过因为软件包已经收录进仓库中，直接指定软件包名即可安装。

```
sudo dnf install perl-Moose
```

接着重新启动循环编译脚本。

```
PERL_CANARY_STABILITY_NOPROMPT=1 ${BUILDDIR}/auto_build.sh
```

这又将完成大量的 Perl 软件包的制作，按照以上解决依赖条件的方法和思路不断地制作 Perl 类软件包。

10. 关闭 BootStrap 制作模式

当大部分 Perl 软件包制作完成后，就可以考虑去除 Perl 的 BootStrap 制作模式并结束本次循环制作，使用如下命令：

```
sudo sed -i "/perl_bootstrap/d" /usr/lib/rpm/platform/mips64el-linux/macros
popd
```

当去除 BootStrap 制作模式后，许多 Perl 类软件包之间的循环依赖就变得复杂起来，但现在我们已经制作了大量的 Perl 类软件包，循环依赖已经算是解决了。

10.3.4 Python 家族类软件包

接下来我们研究另一个具有代表性的家族类软件包，以 python 开头的软件包构成了 Python 类软件包，接下来尝试对它们进行制作。

1. 创建工作目录

```
mkdir ${BUILDDIR}/auto-python
pushd ${BUILDDIR}/auto-python
```

这样后续的制作步骤都被限制在这个目录中。

2. 创建必要的目录

```
mkdir -pv srpms logs ok nocheck error
```

这些目录都是以循环构建脚本中使用的目录为依据创建的。

3. 准备 Python 家族类的 SRPM 源代码包

```
cp -a ${SOURCESDIR}/p/py*.src.rpm srpms/
```

将所有 py 开头的文件都复制到 srpms 目录中，以配合循环构建脚本搜索 SRPM 文件。

4. 删除不参与循环构建的 SRPMS 软件包

```
rm -v srpms/python3{,4,5,6,7,9}-3*.src.rpm
rm -v srpms/python2{6,7}-2*.src.rpm
```

5. 开启 Python 类软件包的简化构建模式

使用如下命令进行设置：

```
sudo bash -c 'echo "%_without_tests 0" >> /usr/lib/rpm/platform/mips64el-linux/macros '
sudo bash -c 'echo "%_without_docs 0" >> /usr/lib/rpm/platform/mips64el-linux/macros '
sudo bash -c 'echo "%_without_doc 0" >> /usr/lib/rpm/platform/mips64el-linux/macros '
```

将 %_without_tests、%_without_docs 0 和 %_without_doc 0 设置到 macros 文件中，可以将其作为默认参数应用到所有软件包中，这样 Python 类软件包中部分软件包编译时会自动省略测试步骤及文档制作步骤，因此会以依赖较小的方式进行制作。

6. 启动循环构建脚本

接下来就开始循环构建的过程。

```
${BUILDDIR}/auto_build.sh
```

第一次循环构建的过程就会完成不少 Python 类软件包的制作，但还存在不少无法制作的软件包。

7. 处理无法自动制作的软件包

虽然不少软件包关闭了制作文档和测试步骤，但还是有一些软件包会强制制作文档和测试，这些软件包对 python3-pytest 和 python3-sphinx 相关的依赖较多，我们来将其手工制作出来。

（1）Babel 软件包

制作和安装软件包的步骤如下：

```
rpmbuild --rebuild ${SOURCESDIR}/b/babel-2.8.0-2.fc32.src.rpm
sudo rpm -ivh ~/rpmbuild/RPMS/noarch/python3-babel-*
```

（2）Python-Sphinx 软件包

①修改 SPEC 描述文件。

该软件包自身的文档文件暂时也无法生成，去除以下步骤：

```
make html SPHINXBUILD="$SPHINXBUILD"
make man SPHINXBUILD="$SPHINXBUILD"
rm -rf _build/html/.buildinfo
mv _build/html ..
```

找到以下步骤：

```
cp -p $f %{buildroot}%{_mandir}/man1/$(basename $f)
```

将其改为

```
touch %{buildroot}%{_mandir}/man1/$(basename $f)
```

因为文档未生成，所以去除相应的打包列表文件，找到并删除以下这行：

```
%doc html reST
```

②制作和安装软件包。

```
rpmbuild -bb ~/rpmbuild/SPECS/python-sphinx.spec --nodeps
sudo rpm -ivh ~/rpmbuild/RPMS/noarch/python3-sphinx-2* --nodeps
```

（3）Pytest 软件包

①制作软件包。

```
rpmbuild --rebuild ${SOURCESDIR}/p/pytest-4.6.9-2.fc32.src.rpm --without optional_tests \
                   --nodeps --nocheck
```

- --without optional_tests：去除该软件包的可选测试项，这样可以简化所需的依赖条件。

②安装软件包。

```
sudo rpm -ivh ~/rpmbuild/RPMS/noarch/python3-pytest-* --nodeps
```

8. 排序依赖条件需求数

接着和 Perl 类软件包一样，我们再来看看 Python 类软件包之间的依赖问题，使用如下命令查询缺失依赖条件的情况：

```
grep -r "No matching" *.dnflog | awk -F": " '{ print $2 }' | tr -d "'"| awk -F" " '{ print $1}' \
        |sort | uniq -c | sort | tail -n10
```

根据依赖条件需求次数的显示列表，以及具体软件包的情况进行制作。制作和安装软件包后，接着重新启动循环编译脚本。

```
${BUILDDIR}/auto_build.sh
```

这样就又可以制作一些软件包出来了。

9. 特殊情况处理

制作过程中可能存在部分软件包需要读取网络文档而停滞的情况，例如以下几个软件包：

```
python-yapsy
python-whoosh
pyicu
python-argh
```

这可能是网络不通或者目标网站访问缓慢导致的。如果读取网络文件的过程是在测试阶段中，那么可以中断制作过程，然后使用 --nocheck 手工制作这些软件包，也可以稍后等网络正常了再重新制作。

10. 关闭简化制作模式

当大部分的 Python 软件包制作完成后，就可以考虑去除简化制作模式并结束本次循环制作，使用如下命令：

```
sudo sed -i "/_without_tests/d" /usr/lib/rpm/platform/mips64el-linux/macros
sudo sed -i "/_without_docs/d" /usr/lib/rpm/platform/mips64el-linux/macros
sudo sed -i "/_without_doc/d" /usr/lib/rpm/platform/mips64el-linux/macros
popd
```

10.4 图形桌面交互环境

一个通用的 Linux 系统通常都具备图形桌面环境，桌面环境与用户友好的交互性为推广 Linux 系统起到了非常积极的作用。

Linux 系统中有许多桌面环境，如著名的 GNOME、KDE；还有轻量级桌面环境 LXDE、XFCE 等。这些桌面环境给了用户多种选择。本小节将逐步建立完成一个简单的图形桌面交互环境，让大家了解一下图形桌面环境的搭建过程。

接下来将以 LXDE（Lightweight X11 Desktop Environment）为目标，建立一个可用的图形桌面环境。LXDE 是一个轻量级的桌面环境，这意味着只需要较少的组件就可以支撑桌面环境的运行，非常适合用于讲解桌面环境搭建过程，另外其具有简洁的风格，易于摸索的操作方式，也非常适合平时使用。

10.4.1 图形桌面基础软件包

无论是 GNOME、KDE 这种大型桌面环境，还是 LXDE、XFCE 这样的轻量级桌面环境，都需要基础图形库及图形环境的支持，说到底，各种桌面环境都是利用了大量的图形库以及借用了基础图形显示环境来运行的。

本小节先来制作支撑桌面环境运行的基础软件包。

1. Wayland 软件包

（1）修改 SPEC 描述文件

去除制作文档的步骤，因为目前这些步骤会导致错误，将 Wayland 源代码包安装到用户目录中后，使用如下命令：

```
sed -i -e "s/enable-documentation/disable-documentation/g" \
    -e "/mandir/d" -e "/\/doc\//d" ~/rpmbuild/SPECS/wayland.spec
```

（2）制作和安装软件包

```
rpmbuild -bb ~/rpmbuild/SPECS/wayland.spec --nocheck
sudo rpm -ivh $(ls ~/rpmbuild/RPMS/mips64el/{lib,}wayland-* | grep -v "debug")
```

2. Wayland-Protocols 软件包

制作和安装软件包的步骤如下：

```
rpmbuild --rebuild ${SOURCESDIR}/w/wayland-protocols-1.20-1.fc32.src.rpm
sudo rpm -ivh ~/rpmbuild/RPMS/noarch/wayland-protocols-devel-*
```

3. Libatomic_Ops 软件包

制作和安装软件包的步骤如下：

```
rpmbuild --rebuild ${SOURCESDIR}/l/libatomic_ops-7.6.10-4.fc32.src.rpm
sudo rpm -ivh $(ls ~/rpmbuild/RPMS/mips64el/libatomic_ops-* | grep -v "debug")
```

4. Libdrm 软件包

（1）修改 SPEC 描述文件

增加对 MIPS 定义的支持。

分别找到以下两处架构定义：

```
%ifarch %{arm}
%ifarch %{arm} aarch64
```

将它们对应修改为

```
%ifarch %{arm} %{mips}
%ifarch %{arm} aarch64 %{mips}
```

更新修订版本号并保存文件。

（2）制作软件包和重制 SRPM 文件

```
rpmbuild  -ba ~/rpmbuild/SPECS/libdrm.spec
```

（3）安装软件包

```
sudo rpm -ivh $(ls ~/rpmbuild/RPMS/mips64el/{lib,}drm-* | grep -v "debug")
```

5. Vulkan-Header 软件包

制作和安装软件包的步骤如下：

```
rpmbuild --rebuild ${SOURCESDIR}/v/vulkan-headers-1.2.131.1-1.fc32.src.rpm
sudo rpm -ivh ~/rpmbuild/RPMS/noarch/vulkan-headers-*
```

6. LibXxf86vm 软件包

制作和安装软件包的步骤如下：

```
rpmbuild --rebuild ${SOURCESDIR}/l/libXxf86vm-1.1.4-13.fc32.src.rpm
sudo rpm -ivh $(ls ~/rpmbuild/RPMS/mips64el/libXxf86vm-* | grep -v "debug")
```

7. LibXrandr 软件包

制作和安装软件包的步骤如下：

```
rpmbuild --rebuild ${SOURCESDIR}/l/libXrandr-1.5.2-3.fc32.src.rpm
sudo rpm -ivh $(ls ~/rpmbuild/RPMS/mips64el/libXrandr-* | grep -v "debug")
```

8. LibXdamage 软件包

制作和安装软件包的步骤如下：

```
rpmbuild --rebuild ${SOURCESDIR}/l/libXdamage-1.1.5-2.fc32.src.rpm
sudo rpm -ivh $(ls ~/rpmbuild/RPMS/mips64el/libXdamage-* | grep -v "debug")
```

9. Libxshmfence 软件包

制作和安装软件包的步骤如下：

```
rpmbuild --rebuild ${SOURCESDIR}/l/libxshmfence-1.3-6.fc32.src.rpm
sudo rpm -ivh $(ls ~/rpmbuild/RPMS/mips64el/libxshmfence-* | grep -v "debug")
```

10. Libomxil-Bellagio 软件包

（1）修改 SPEC 描述文件

①增加补丁。

在定义补丁的位置中增加以下补丁定义：

```
Patch11:        0001-libomxil-bellagio-fix-multiple_definition.patch
```

该补丁可以用来解决当前系统所使用的 GCC 版本出现的变量定义错误问题。

同时在 %prep 标记段中加入补丁的应用。

```
%patch11 -p1
```

②调整编译参数。

在 %build 标记段开始处增加以下这行内容，可以解决当前系统的 GCC 强制语法检查导致的错误。

```
CFLAGS="%{optflags} -Wno-error=stringop-overflow -Wno-error=unused-variable"
```

更新修订版本号并保存文件。

（2）制作软件包和重制 SRPM 文件

```
rpmbuild -ba ~/rpmbuild/SPECS/libomxil-bellagio.spec
```

（3）安装软件包

```
sudo rpm -ivh $(ls ~/rpmbuild/RPMS/mips64el/libomxil-bellagio-* | grep -v "debug")
```

11. Libglvnd 软件包

制作和安装软件包的步骤如下：

```
rpmbuild --rebuild ${SOURCESDIR}/l/libglvnd-1.3.1-1.fc32.src.rpm --nodeps --nocheck
sudo rpm -ivh $(ls ~/rpmbuild/RPMS/mips64el/libglvnd-* | grep -v "debug") --nodeps
```

该软件包与 Mesa 软件包存在相互依赖，先强制安装该软件包来解决依赖问题。

12. Libvdpau 软件包

（1）安装制作该软件包所需的依赖条件

```
sudo dnf builddep -y ${SOURCESDIR}/l/libvdpau-1.3-2.fc32.src.rpm
```

（2）制作和安装软件包

```
rpmbuild --rebuild ${SOURCESDIR}/l/libvdpau-1.3-2.fc32.src.rpm
sudo rpm -ivh $(ls ~/rpmbuild/RPMS/mips64el/libvdpau-* | grep -v "debug")
```

13. Hwdata 软件包

制作和安装软件包的步骤如下：

```
rpmbuild --rebuild ${SOURCESDIR}/h/hwdata-0.334-1.fc32.src.rpm
sudo rpm -ivh ~/rpmbuild/RPMS/noarch/hwdata-*
```

14. Libpciaccess 软件包

制作和安装软件包的步骤如下：

```
rpmbuild --rebuild ${SOURCESDIR}/l/libpciaccess-0.16-2.fc32.src.rpm
sudo rpm -ivh $(ls ~/rpmbuild/RPMS/mips64el/libpciaccess-* | grep -v "debug")
```

15. Libva 软件包

制作和安装软件包的步骤如下：

```
rpmbuild --rebuild ${SOURCESDIR}/l/libva-2.7.0-1.fc32.src.rpm --nodeps
sudo rpm -ivh $(ls ~/rpmbuild/RPMS/mips64el/libva-* | grep -v "debug") --nodeps
```

16. Libclc 软件包

（1）修改 SPEC 描述文件

找到软件包支持架构列表定义：

```
ExclusiveArch:  %{ix86} x86_64 %{arm} aarch64 %{power64} s390x
```

增加 mips 架构：

```
ExclusiveArch:  %{ix86} x86_64 %{arm} aarch64 %{power64} s390x %{mips}
```

更新修订版本号并保存文件。

（2）安装制作软件包所需的依赖条件

```
sudo dnf builddep ~/rpmbuild/SPECS/libclc.spec
```

（3）制作软件包和重制 SRPM 文件

```
rpmbuild -ba ~/rpmbuild/SPECS/libclc.spec
```

（4）安装软件包

```
sudo rpm -ivh $(ls ~/rpmbuild/RPMS/mips64el/libclc-* | grep -v "debug")
```

17. OpenCL-Filesystem 软件包

制作和安装软件包的步骤如下：

```
rpmbuild --rebuild ${SOURCESDIR}/o/opencl-filesystem-1.0-11.fc32.src.rpm
sudo rpm -ivh ~/rpmbuild/RPMS/noarch/opencl-filesystem-*
```

18. OpenCL-Headers 软件包

制作和安装软件包的步骤如下：

```
rpmbuild --rebuild ${SOURCESDIR}/o/opencl-headers-2.2-6.20190205git49f07d3.fc32.src.rpm
sudo rpm -ivh ~/rpmbuild/RPMS/noarch/opencl-headers-*
```

19. Ocl-Icd 软件包

（1）修改 SPEC 描述文件

制作时会生成手册文件，但这些文件没有作为打包列表文件，在打包列表文件中加入以下文件：

```
%{_mandir}/man7/libOpenCL*
```

更新修订版本号并保存文件。

（2）制作软件包和重制 SRPM 文件

```
rpmbuild -ba ~/rpmbuild/SPECS/ocl-icd.spec
```

（3）安装软件包

```
sudo rpm -ivh $(ls ~/rpmbuild/RPMS/mips64el/ocl-icd-* | grep -v "debug")
```

20. Vulkan-Loader 软件包

制作软件包的步骤如下：

```
rpmbuild --rebuild ${SOURCESDIR}/v/vulkan-loader-1.2.131.1-1.fc32.src.rpm
```

该软件包制作完成后先不要安装，等 Mesa 软件包制作完成再一起安装。

21. Mesa 软件包

（1）修改 SPEC 描述文件

①增加支持 MIPS 架构的定义。

找到以下架构定义条件：

```
%ifarch %{arm} aarch64
```

增加 MIPS 架构：

```
%ifarch %{arm} aarch64 %{mips}
```

需要修改的架构定义条件有两处，一处在定义各种制作变量的地方，另一处在 dri-drivers 打包列表组中。

②修改编译参数。

找到以下内容：

```
%global optflags %{optflags} -fcommon
```

修改为

```
%global optflags %{optflags} -fcommon -Wno-error=format
```

增加的参数用来防止高版本的 GCC 编译时出现语法错误。

更新修订版本号并保存文件。

（2）制作软件包和重制 SRPM 文件

```
rpmbuild -ba ~/rpmbuild/SPECS/mesa.spec --nodeps
```

（3）安装软件包

```
sudo rpm -ivh $(ls ~/rpmbuild/RPMS/mips64el/mesa-* \
          ~/rpmbuild/RPMS/mips64el/vulkan-loader-* \
          | grep -v "debug")
```

将 Vulkan-Loader 软件包一并进行安装。

22. Xcb-Util 软件包

制作和安装软件包的步骤如下：

```
rpmbuild --rebuild ${SOURCESDIR}/x/xcb-util-0.4.0-14.fc32.src.rpm
sudo rpm -ivh $(ls ~/rpmbuild/RPMS/mips64el/xcb-util-* | grep -v "debug")
```

23. Xcb-Util-Image 软件包

制作和安装软件包的步骤如下：

```
rpmbuild --rebuild ${SOURCESDIR}/x/xcb-util-image-0.4.0-14.fc32.src.rpm
sudo rpm -ivh $(ls ~/rpmbuild/RPMS/mips64el/xcb-util-image-* | grep -v "debug")
```

24. Xcb-Util-Renderutil 软件包

制作和安装软件包的步骤如下：

```
rpmbuild --rebuild ${SOURCESDIR}/x/xcb-util-renderutil-0.3.9-15.fc32.src.rpm
sudo rpm -ivh $(ls ~/rpmbuild/RPMS/mips64el/xcb-util-renderutil-* | grep -v "debug")
```

25. Xcb-Util-Cursor 软件包

制作和安装软件包的步骤如下：

```
rpmbuild --rebuild ${SOURCESDIR}/x/xcb-util-cursor-0.1.3-10.fc32.src.rpm
sudo rpm -ivh $(ls ~/rpmbuild/RPMS/mips64el/xcb-util-cursor-* | grep -v "debug")
```

26. Xcb-Util-Keysyms 软件包

制作和安装软件包的步骤如下：

```
rpmbuild --rebuild ${SOURCESDIR}/x/xcb-util-keysyms-0.4.0-12.fc32.src.rpm
sudo rpm -ivh $(ls ~/rpmbuild/RPMS/mips64el/xcb-util-keysyms-* | grep -v "debug")
```

27. Xcb-Util-WM 软件包

制作和安装软件包的步骤如下：

```
rpmbuild --rebuild ${SOURCESDIR}/x/xcb-util-wm-0.4.1-17.fc32.src.rpm
sudo rpm -ivh $(ls ~/rpmbuild/RPMS/mips64el/xcb-util-wm-* | grep -v "debug")
```

28. Libfontenc 软件包

制作和安装软件包的步骤如下：

```
rpmbuild --rebuild ${SOURCESDIR}/l/libfontenc-1.1.3-12.fc32.src.rpm --nodeps
sudo rpm -ivh $(ls ~/rpmbuild/RPMS/mips64el/libfontenc-* | grep -v "debug")
```

29. Xorg-X11-Font-Utils 软件包

制作和安装软件包的步骤如下：

```
rpmbuild --rebuild ${SOURCESDIR}/x/xorg-x11-font-utils-7.5-44.fc32.src.rpm
sudo rpm -ivh $(ls ~/rpmbuild/RPMS/mips64el/xorg-x11-font-utils-* | grep -v "debug")
```

30. LibXfont2 软件包

制作和安装软件包的步骤如下：

```
rpmbuild --rebuild ${SOURCESDIR}/l/libXfont2-2.0.3-7.fc32.src.rpm
sudo rpm -ivh $(ls ~/rpmbuild/RPMS/mips64el/libXfont2-* | grep -v "debug")
```

31. LibXres 软件包

制作和安装软件包的步骤如下：

```
rpmbuild --rebuild ${SOURCESDIR}/l/libXres-1.2.0-8.fc32.src.rpm
sudo rpm -ivh $(ls ~/rpmbuild/RPMS/mips64el/libXres-* | grep -v "debug")
```

32. LibXv 软件包

制作和安装软件包的步骤如下：

```
rpmbuild --rebuild ${SOURCESDIR}/l/libXv-1.0.11-11.fc32.src.rpm
sudo rpm -ivh $(ls ~/rpmbuild/RPMS/mips64el/libXv-* | grep -v "debug")
```

33. Libdmx 软件包

制作和安装软件包的步骤如下：

```
rpmbuild --rebuild ${SOURCESDIR}/l/libdmx-1.1.4-7.fc32.src.rpm
sudo rpm -ivh $(ls ~/rpmbuild/RPMS/mips64el/libdmx-* | grep -v "debug")
```

34. Libepoxy 软件包

制作和安装软件包的步骤如下：

```
rpmbuild --rebuild ${SOURCESDIR}/l/libepoxy-1.5.4-2.fc32.src.rpm --nodeps --nocheck
sudo rpm -ivh $(ls ~/rpmbuild/RPMS/mips64el/libepoxy-* | grep -v "debug")
```

因为该软件包的测试步骤与 Xorg-X11-Server 存在循环依赖，所以本次制作不进行测试。

35. Eglexternalplatform 软件包

制作和安装软件包的步骤如下：

```
rpmbuild --rebuild \
        ${SOURCESDIR}/e/eglexternalplatform-1.1-0.4.20180916git7c8f8e2.fc32.src.rpm
sudo rpm -ivh ~/rpmbuild/RPMS/noarch/eglexternalplatform-*
```

36. EGL-Wayland 软件包

制作和安装软件包的步骤如下：

```
rpmbuild --rebuild ${SOURCESDIR}/e/egl-wayland-1.1.4-4.fc32.src.rpm
sudo rpm -ivh $(ls ~/rpmbuild/RPMS/mips64el/egl-wayland-* | grep -v "debug")
```

37. Cython 软件包

制作和安装软件包的步骤如下：

```
rpmbuild --rebuild ${SOURCESDIR}/c/Cython-0.29.14-2.fc32.src.rpm
sudo rpm -ivh $(ls ~/rpmbuild/RPMS/mips64el/python3-Cython-* | grep -v "debug")
```

38. Python-LXML 软件包

制作和安装软件包的步骤如下：

```
rpmbuild --rebuild ${SOURCESDIR}/p/python-lxml-4.4.1-4.fc32.src.rpm
sudo rpm -ivh $(ls ~/rpmbuild/RPMS/mips64el/python3-lxml-* | grep -v "debug")
```

39. Javapackages-Tools 软件包

制作和安装软件包的步骤如下：

```
rpmbuild --rebuild ${SOURCESDIR}/j/javapackages-tools-5.3.0-9.fc32.src.rpm
sudo rpm -ivh ~/rpmbuild/RPMS/noarch/javapackages-tools-*
```

40. SystemTap 软件包

制作和安装软件包的步骤如下：

```
rpmbuild --rebuild \
     ${SOURCESDIR}/s/systemtap-4.3-0.20200211git91ffb97ad335.fc32.src.rpm \
     --define "with_virthost 0" --nodeps
sudo rpm -ivh $(ls ~/rpmbuild/RPMS/mips64el/systemtap-* \
            | grep -v -e "debug" -e "testsuite" -e "java")
```

41. Yelp-Xsl 软件包

（1）安装制作软件包所需的依赖条件

```
sudo dnf builddep -y ${SOURCESDIR}/y/yelp-xsl-3.36.0-1.fc32.src.rpm
```

（2）制作软件包

```
rpmbuild --rebuild ${SOURCESDIR}/y/yelp-xsl-3.36.0-1.fc32.src.rpm
```

（3）安装软件包

```
sudo rpm -ivh ~/rpmbuild/RPMS/noarch/yelp-xsl-*
```

42. Mallard-Rng 软件包

制作和安装软件包的步骤如下：

```
rpmbuild --rebuild ${SOURCESDIR}/m/mallard-rng-1.1.0-3.fc32.src.rpm
sudo rpm -ivh ~/rpmbuild/RPMS/noarch/mallard-rng-*
```

43. Yelp-Tools 软件包

制作和安装软件包的步骤如下：

```
rpmbuild --rebuild ${SOURCESDIR}/y/yelp-tools-3.32.2-4.fc32.src.rpm
sudo rpm -ivh ~/rpmbuild/RPMS/noarch/yelp-tools-*
```

44. Gtk-Doc 软件包

（1）安装制作软件包所需的依赖条件

```
sudo dnf builddep -y ${SOURCESDIR}/g/gtk-doc-1.32-3.fc32.src.rpm
```

（2）制作软件包

```
rpmbuild --rebuild ${SOURCESDIR}/g/gtk-doc-1.32-3.fc32.src.rpm --nocheck
```

（3）安装软件包

```
sudo rpm -ivh ~/rpmbuild/RPMS/mips64el/gtk-doc-*
```

45. Atk 软件包

制作和安装软件包的步骤如下：

```
rpmbuild --rebuild ${SOURCESDIR}/a/atk-2.36.0-1.fc32.src.rpm
sudo rpm -ivh $(ls ~/rpmbuild/RPMS/mips64el/atk-* | grep -v "debug")
```

46. Fribidi 软件包

制作和安装软件包的步骤如下：

```
rpmbuild --rebuild ${SOURCESDIR}/f/fribidi-1.0.9-1.fc32.src.rpm
sudo rpm -ivh $(ls ~/rpmbuild/RPMS/mips64el/fribidi-* | grep -v "debug")
```

47. Libdatrie 软件包

制作和安装软件包的步骤如下：

```
rpmbuild --rebuild ${SOURCESDIR}/l/libdatrie-0.2.9-11.fc32.src.rpm
sudo rpm -ivh $(ls ~/rpmbuild/RPMS/mips64el/libdatrie-* | grep -v "debug")
```

48. Libthai 软件包

制作和安装软件包的步骤如下：

```
rpmbuild --rebuild ${SOURCESDIR}/l/libthai-0.1.28-4.fc32.src.rpm
sudo rpm -ivh $(ls ~/rpmbuild/RPMS/mips64el/libthai-* | grep -v "debug")
```

49. Pango 软件包

制作和安装软件包的步骤如下：

```
rpmbuild --rebuild ${SOURCESDIR}/p/pango-1.44.7-2.fc32.src.rpm
sudo rpm -ivh $(ls ~/rpmbuild/RPMS/mips64el/pango-* | grep -v "debug")
```

50. LibXcursor 软件包

制作和安装软件包的步骤如下：

```
rpmbuild --rebuild ${SOURCESDIR}/l/libXcursor-1.2.0-2.fc32.src.rpm
sudo rpm -ivh $(ls ~/rpmbuild/RPMS/mips64el/libXcursor-* | grep -v "debug")
```

51. Shared-Mime-Info 软件包

制作和安装软件包的步骤如下：

```
rpmbuild --rebuild ${SOURCESDIR}/s/shared-mime-info-1.15-3.fc32.src.rpm
sudo rpm -ivh $(ls ~/rpmbuild/RPMS/mips64el/shared-mime-info-* | grep -v "debug")
```

52. GL-Manpages 软件包

制作和安装软件包的步骤如下：

```
rpmbuild --rebuild ${SOURCESDIR}/g/gl-manpages-1.1-20.20190306.fc32.src.rpm
sudo rpm -ivh ~/rpmbuild/RPMS/noarch/gl-manpages-*
```

53. Mesa-LibGLU 软件包

制作和安装软件包的步骤如下：

```
rpmbuild --rebuild ${SOURCESDIR}/m/mesa-libGLU-9.0.1-2.fc32.src.rpm
sudo rpm -ivh $(ls ~/rpmbuild/RPMS/mips64el/mesa-libGLU-* | grep -v "debug")
```

54. Freeglut 软件包

制作和安装软件包的步骤如下：

```
rpmbuild --rebuild ${SOURCESDIR}/f/freeglut-3.2.1-3.fc32.src.rpm
sudo rpm -ivh $(ls ~/rpmbuild/RPMS/mips64el/freeglut-* | grep -v "debug")
```

55. Jasper 软件包

制作和安装软件包的步骤如下：

```
rpmbuild --rebuild ${SOURCESDIR}/j/jasper-2.0.16-2.fc32.src.rpm
sudo rpm -ivh $(ls ~/rpmbuild/RPMS/mips64el/jasper-* | grep -v "debug")
```

56. Gdk-Pixbuf2 软件包

制作和安装软件包的步骤如下：

```
rpmbuild --rebuild ${SOURCESDIR}/g/gdk-pixbuf2-2.40.0-2.fc32.src.rpm
sudo rpm -ivh $(ls ~/rpmbuild/RPMS/mips64el/gdk-pixbuf2-* | grep -v "debug")
```

57. Librsvg2 软件包

（1）安装制作软件包所需的依赖条件

```
sudo dnf builddep -y ${SOURCESDIR}/l/librsvg2-2.48.2-1.fc32.src.rpm
```

（2）制作软件包

```
rpmbuild --rebuild ${SOURCESDIR}/l/librsvg2-2.48.2-1.fc32.src.rpm
```

（3）安装软件包

```
sudo rpm -ivh $(ls ~/rpmbuild/RPMS/mips64el/librsvg2-* | grep -v "debug")
```

58. Cairo 软件包

该软件包是一个已经制作过的软件包，但之前制作时去除了一些依赖关系，导致 GTK2 软件包配置时发生错误，因此我们重新制作该软件包。

卸载 binutils-devel 来避免该软件包在编译过程中出现错误。

```
sudo rpm -evh binutils-devel
```

制作和安装软件包的步骤如下：

```
rpmbuild --rebuild ${SOURCESDIR}/c/cairo-1.16.0-7.fc32.src.rpm
sudo rpm -Uvh $(ls ~/rpmbuild/RPMS/mips64el/cairo-* | grep -v "debug") --force
```

59. GTK2 软件包

制作软件包的步骤如下：

```
rpmbuild --rebuild ${SOURCESDIR}/g/gtk2-2.24.32-7.fc32.src.rpm
```

生成的文件暂时先不安装，等 GTK3 制作完成后一并安装。

60. Dbus-Glib 软件包

制作和安装软件包的步骤如下：

```
rpmbuild --rebuild ${SOURCESDIR}/d/dbus-glib-0.110-7.fc32.src.rpm
```

```
sudo rpm -ivh $(ls ~/rpmbuild/RPMS/mips64el/dbus-glib-* | grep -v "debug")
```

61. JSON 软件包

制作和安装软件包的步骤如下：

```
rpmbuild --rebuild ${SOURCESDIR}/j/json-3.7.3-2.fc32.src.rpm --nocheck
sudo rpm -ivh $(ls ~/rpmbuild/RPMS/mips64el/json-* | grep -v "debug")
```

62. JSON-Glib 软件包

制作和安装软件包的步骤如下：

```
rpmbuild --rebuild ${SOURCESDIR}/j/json-glib-1.4.4-4.fc32.src.rpm
sudo rpm -ivh $(ls ~/rpmbuild/RPMS/mips64el/json-glib-* | grep -v "debug")
```

63. Gsettings-Desktop-Schemas 软件包

制作和安装软件包的步骤如下：

```
rpmbuild --rebuild ${SOURCESDIR}/g/gsettings-desktop-schemas-3.36.0-1.fc32.src.rpm
sudo rpm -ivh $(ls ~/rpmbuild/RPMS/mips64el/gsettings-desktop-schemas-* | grep -v "debug")
```

64. Glib-Networking 软件包

制作和安装软件包的步骤如下：

```
rpmbuild --rebuild ${SOURCESDIR}/g/glib-networking-2.64.1-1.fc32.src.rpm
sudo rpm -ivh $(ls ~/rpmbuild/RPMS/mips64el/glib-networking-* | grep -v "debug")
```

65. At-Spi2-Core 软件包

制作和安装软件包的步骤如下：

```
rpmbuild --rebuild ${SOURCESDIR}/a/at-spi2-core-2.36.0-1.fc32.src.rpm
sudo rpm -ivh $(ls ~/rpmbuild/RPMS/mips64el/at-spi2-core-* | grep -v "debug")
```

66. At-Spi2-Atk 软件包

制作和安装软件包的步骤如下：

```
rpmbuild --rebuild ${SOURCESDIR}/a/at-spi2-atk-2.34.2-1.fc32.src.rpm --nodeps
sudo rpm -ivh $(ls ~/rpmbuild/RPMS/mips64el/at-spi2-atk-* | grep -v "debug")
```

67. Hicolor-Icon-Theme 软件包

制作和安装软件包的步骤如下：

```
rpmbuild --rebuild ${SOURCESDIR}/h/hicolor-icon-theme-0.17-8.fc32.src.rpm
sudo rpm -ivh ~/rpmbuild/RPMS/noarch/hicolor-icon-theme-*
```

68. GTK3 软件包

（1）修改 SPEC 描述文件

```
sed -i '/colord/d' ~/rpmbuild/SPECS/gtk3.spec
```

（2）制作软件包

```
rpmbuild -bb ~/rpmbuild/SPECS/gtk3.spec --nodeps
```

（3）安装软件包

```
sudo rpm -ivh $(ls ~/rpmbuild/RPMS/mips64el/gtk* | grep -v -e "debug" -e "gtk-doc") --nodeps
```

连同 GTK2 软件包生成的 RPM 文件一并进行安装。

69. Adwaita-Icon-Theme 软件包

该软件包与 GTK3 软件包存在循环依赖，所以在 GTK3 软件包强制安装后进行制作。

制作和安装软件包的步骤如下：

```
rpmbuild --rebuild ${SOURCESDIR}/a/adwaita-icon-theme-3.36.0-1.fc32.src.rpm
sudo rpm -ivh  ~/rpmbuild/RPMS/noarch/adwaita-*
```

70. Libgxim 软件包

制作和安装软件包的步骤如下：

```
rpmbuild --rebuild ${SOURCESDIR}/l/libgxim-0.5.0-18.fc32.src.rpm
sudo rpm -ivh $(ls ~/rpmbuild/RPMS/mips64el/libgxim-* | grep -v "debug")
```

71. Libnotify 软件包

制作和安装软件包的步骤如下：

```
rpmbuild --rebuild ${SOURCESDIR}/l/libnotify-0.7.9-1.fc32.src.rpm
sudo rpm -ivh $(ls ~/rpmbuild/RPMS/mips64el/libnotify-* | grep -v "debug")
```

72. Libxfce4util 软件包

制作和安装软件包的步骤如下：

```
rpmbuild --rebuild ${SOURCESDIR}/l/libxfce4util-4.14.0-2.fc32.src.rpm
sudo rpm -ivh $(ls ~/rpmbuild/RPMS/mips64el/libxfce4util-* | grep -v "debug")
```

73. Xfconf 软件包

制作和安装软件包的步骤如下：

```
rpmbuild --rebuild ${SOURCESDIR}/x/xfconf-4.14.1-2.fc32.src.rpm
sudo rpm -ivh $(ls ~/rpmbuild/RPMS/mips64el/xfconf-* | grep -v "debug")
```

74. Imsettings 软件包

制作软件包的步骤如下：

```
rpmbuild --rebuild ${SOURCESDIR}/i/imsettings-1.8.2-1.fc32.src.rpm
```

该软件包暂时不安装，等后续其他软件有需要的时候再安装。

10.4.2 Xwindow 图形系统

Xwindow 是一个在 Linux 系统中历史悠久且普遍使用的图形系统，Xwindow 提供了各种与硬件相关的设备驱动管理和使用接口，绝大多数 Linux 系统中的图形桌面都支持该图形系统。

接下来我们要制作和安装 Xwindow 图形系统的核心软件包以及各种设备的驱动程序。

1. Xorg-X11-Server 软件包

（1）修改 SPEC 描述文件

增加补丁文件。

在定义文件的内容中加入以下补丁定义：

```
Patch1001: 0001-xorg-server-fix-multiple_definition.patch
```

该补丁用来修正高版本 GCC 带来的编译问题。

更新修订版本号并保存文件。

（2）制作软件包和重制 SRPM 文件

```
rpmbuild -ba ~/rpmbuild/SPECS/xorg-x11-server.spec
```

（3）安装软件包

```
sudo rpm -ivh $(ls ~/rpmbuild/RPMS/mips64el/xorg-x11-server-* | grep -v "debug") --nodeps
```

2. Libevdev 软件包

制作和安装软件包的步骤如下：

```
rpmbuild --rebuild ${SOURCESDIR}/l/libevdev-1.9.0-1.fc32.src.rpm
sudo rpm -ivh $(ls ~/rpmbuild/RPMS/mips64el/libevdev-* | grep -v "debug")
```

3. MTDev 软件包

制作和安装软件包的步骤如下：

```
rpmbuild --rebuild ${SOURCESDIR}/m/mtdev-1.1.5-16.fc32.src.rpm
sudo rpm -ivh $(ls ~/rpmbuild/RPMS/mips64el/mtdev-* | grep -v "debug")
```

4. Umockdev 软件包

（1）修改 SPEC 描述文件

在 %build 标记段内开始处加入以下步骤：

```
CFLAGS=$(echo %{optflags} | sed "s/-D_FILE_OFFSET_BITS=64//g")
```

该步骤用来去除编译参数中的 -D_FILE_OFFSET_BITS=64，因为该参数会导致该软件包制作失败。

增加修订版本号并保存文件。

（2）制作软件包和重制 SRPM 文件

```
rpmbuild -ba ~/rpmbuild/SPECS/umockdev.spec --nodeps
```

（3）安装软件包

```
sudo rpm -ivh $(ls ~/rpmbuild/RPMS/mips64el/umockdev-* | grep -v "debug")
```

5. Libgudev 软件包

制作和安装软件包的步骤如下：

```
rpmbuild --rebuild ${SOURCESDIR}/l/libgudev-232-7.fc32.src.rpm
sudo rpm -ivh $(ls ~/rpmbuild/RPMS/mips64el/libgudev-* | grep -v "debug")
```

6. Libwacom 软件包

制作和安装软件包的步骤如下：

```
rpmbuild --rebuild ${SOURCESDIR}/l/libwacom-1.3-1.fc32.src.rpm
sudo rpm -ivh $(ls ~/rpmbuild/RPMS/{mips64el,noarch}/libwacom-* | grep -v "debug")
```

7. Libinput 软件包

制作和安装软件包的步骤如下：

```
rpmbuild --rebuild ${SOURCESDIR}/l/libinput-1.15.4-1.fc32.src.rpm
sudo dnf install $(ls ~/rpmbuild/RPMS/mips64el/libinput-* | grep -v "debug")
```

使用 dnf 命令安装软件包，可实现根据缺少的依赖条件自动从软件仓库中获取软件包并安装。

8. Xorg-X11-Drv-Libinput 软件包

制作和安装软件包的步骤如下：

```
rpmbuild --rebuild ${SOURCESDIR}/x/xorg-x11-drv-libinput-0.29.0-2.fc32.src.rpm
sudo rpm -ivh $(ls ~/rpmbuild/RPMS/mips64el/xorg-x11-drv-libinput-* | grep -v "debug")
```

9. Xorg-X11-Drv-Evdev 软件包

制作和安装软件包的步骤如下：

```
rpmbuild --rebuild ${SOURCESDIR}/x/xorg-x11-drv-evdev-2.10.6-6.fc32.src.rpm
sudo rpm -ivh $(ls ~/rpmbuild/RPMS/mips64el/xorg-x11-drv-evdev-* | grep -v "debug")
```

10. Xorg-X11-Drv-Amdgpu 软件包

制作和安装软件包的步骤如下：

```
rpmbuild --rebuild ${SOURCESDIR}/x/xorg-x11-drv-amdgpu-19.1.0-3.fc32.src.rpm
sudo rpm -ivh $(ls ~/rpmbuild/RPMS/mips64el/xorg-x11-drv-amdgpu-* | grep -v "debug")
```

11. Xorg-X11-Drv-Ati 软件包

制作和安装软件包的步骤如下：

```
rpmbuild --rebuild ${SOURCESDIR}/x/xorg-x11-drv-ati-19.0.1-5.fc32.src.rpm
sudo rpm -ivh $(ls ~/rpmbuild/RPMS/mips64el/xorg-x11-drv-ati-* | grep -v "debug")
```

12. Xorg-X11-Drv-Fbdev 软件包

制作和安装软件包的步骤如下：

```
rpmbuild --rebuild ${SOURCESDIR}/x/xorg-x11-drv-fbdev-0.5.0-5.fc32.src.rpm
sudo rpm -ivh $(ls ~/rpmbuild/RPMS/mips64el/xorg-x11-drv-fbdev-* | grep -v "debug")
```

13. Xorg-X11-Xbitmaps 软件包

制作和安装软件包的步骤如下：

```
rpmbuild --rebuild ${SOURCESDIR}/x/xorg-x11-xbitmaps-1.1.1-18.fc32.src.rpm
sudo rpm -ivh ~/rpmbuild/RPMS/noarch/xorg-x11-xbitmaps-*
```

14. Ttmkfdir 软件包

制作和安装软件包的步骤如下：

```
rpmbuild --rebuild ${SOURCESDIR}/t/ttmkfdir-3.0.9-58.fc32.src.rpm
sudo rpm -ivh $(ls ~/rpmbuild/RPMS/mips64el/ttmkfdir-* | grep -v "debug")
```

15. Xorg-X11-Fonts 软件包

制作和安装软件包的步骤如下：

```
rpmbuild --rebuild ${SOURCESDIR}/x/xorg-x11-fonts-7.5-24.fc32.src.rpm
sudo rpm -ivh ~/rpmbuild/RPMS/noarch/xorg-x11-fonts-*
```

16. Xorg-X11-Apps 软件包

制作和安装软件包的步骤如下：

```
rpmbuild --rebuild ${SOURCESDIR}/x/xorg-x11-apps-7.7-27.fc32.src.rpm
sudo rpm -ivh $(ls ~/rpmbuild/RPMS/mips64el/xorg-x11-apps-* | grep -v "debug")
```

17. XTerm 软件包

制作和安装软件包的步骤如下：

```
rpmbuild --rebuild ${SOURCESDIR}/x/xterm-351-2.fc32.src.rpm
sudo rpm -ivh $(ls ~/rpmbuild/RPMS/mips64el/xterm-* | grep -v "debug")
```

18. Xorg-X11-Twm 软件包

制作和安装软件包的步骤如下：

```
rpmbuild --rebuild ${SOURCESDIR}/x/xorg-x11-twm-1.0.9-11.fc32.src.rpm
sudo rpm -ivh $(ls ~/rpmbuild/RPMS/mips64el/xorg-x11-twm-* | grep -v "debug")
```

19. Mcpp 软件包

制作和安装软件包的步骤如下：

```
rpmbuild --rebuild ${SOURCESDIR}/m/mcpp-2.7.2-25.fc32.src.rpm
sudo rpm -ivh $(ls ~/rpmbuild/RPMS/mips64el/{lib,}mcpp-* | grep -v "debug")
```

20. Xorg-X11-Server-Utils 软件包

制作和安装软件包的步骤如下：

```
rpmbuild --rebuild ${SOURCESDIR}/x/xorg-x11-server-utils-7.7-34.fc32.src.rpm
sudo rpm -ivh $(ls ~/rpmbuild/RPMS/mips64el/xorg-x11-server-utils-* | grep -v "debug")
```

21. Xorg-X11-Xinit 软件包

制作和安装软件包的步骤如下：

```
rpmbuild --rebuild ${SOURCESDIR}/x/xorg-x11-xinit-1.4.0-6.fc32.src.rpm
sudo rpm -ivh $(ls ~/rpmbuild/RPMS/mips64el/xorg-x11-xinit-* | grep -v "debug")
```

22. 启动 Xwindow 图形系统

通过前面制作和安装的软件包，目前系统已经具备了启动图形系统的条件，那么接下来我们就来启动图形系统，以验证图形系统工作是否正常。

启动图形系统的命令如下：

```
startx
```

因为当前并没有安装任何的图形桌面环境，所以根据 /etc/X11/xinit/xinitrc 文件中的设置，启动一个简单的窗口管理器（twm）。该窗口管理器由 Xorg-X11-Twm 软件包提供，并启动一个时钟程序（xclock）和一个终端程序（xterm），构成了一个非常简单的图形交互环境。启动 Xwindows 后的界面如图 10.2 所示。

图 10.2 非常简单的图形交互环境

如果这个图形交互环境可以通过鼠标和键盘进行操作，那么说明 Xwindows 已经可用了。

10.4.3 登录管理器

如果想让 Linux 系统的使用方式全图形化，则需要令图形界面接手系统启动后的所有与用户相关的操作，第一步就是需要用户登录的图形化。完成用户登录操作的软件就是登录管理器。

Linux 系统中有数个登录管理器可供选择，如 KDM、GDM、LightDM 等，我们接下来制作和安装 LightDM 登录管理器以及相关的软件包。

1. Gnome-Common 软件包

制作和安装软件包的步骤如下：

```
rpmbuild --rebuild ${SOURCESDIR}/g/gnome-common-3.18.0-9.fc32.src.rpm
sudo rpm -ivh ~/rpmbuild/RPMS/noarch/gnome-common-*
```

2. Libxklavier 软件包

（1）修改 SPEC 描述文件

在 configure 的配置参数中增加 --enable-vala=no，防止产生没有在打包列表中的出现文件而导致制作失败。

（2）制作软件包和重制 SRPM 文件

```
rpmbuild -ba ~/rpmbuild/SPECS/libxklavier.spec
```

（3）安装软件包

```
sudo rpm -ivh $(ls ~/rpmbuild/RPMS/mips64el/libxklavier-* | grep -v "debug")
```

3. Python-Webencodings 软件包

修改 SPEC 描述文件，将其中与 sphinx 制作文档及打包文件删除。制作和安装软件包的步骤如下：

```
rpmbuild -bb ~/rpmbuild/SPECS/python-webencodings.spec  --nocheck
sudo rpm -ivh ~/rpmbuild/RPMS/noarch/python*-webencodings-*
```

4. Python-Html5lib 软件包

（1）安装制作软件包所需的依赖条件

```
sudo dnf builddep -y ${SOURCESDIR}/p/python-html5lib-1.0.1-8.fc32.src.rpm
```

（2）制作软件包

```
rpmbuild --rebuild ${SOURCESDIR}/p/python-html5lib-1.0.1-8.fc32.src.rpm --nocheck
```

（3）安装软件包

```
sudo rpm -ivh ~/rpmbuild/RPMS/noarch/python3-html5lib-*
```

5. Python-Sphinxcontrib-Htmlhelp 软件包

制作和安装软件包的步骤如下：

```
rpmbuild --rebuild \
        ${SOURCESDIR}/p/python-sphinxcontrib-htmlhelp-1.0.1-6.fc32.src.rpm  --nocheck
sudo rpm -ivh ~/rpmbuild/RPMS/noarch/python3-sphinxcontrib-htmlhelp-*
```

6. 重装 pyhton3-sphinx 软件包

因为依赖条件不满足，所以之前安装 python3-sphinx 和 pytest 软件包采用的是强制安装的方式，这样带来的结果是，与使用 python3-sphinx 相关的文档生成和与 pytest 相关的测试会出现错误。

现在 python3-sphinx 和 pytest 软件包所依赖的软件包都已制作完成，重装一次 python3-sphinx 和 pytest 软件包就可以将缺少的依赖补充安装到系统中。

```
sudo dnf reinstall python3-sphinx pytest
```

采用 dnf 命令并使用 reinstall 参数来安装 python3-sphijx 和 pytest 软件包，可以在当前系统已经安装了这两个软件包的情况下，强制重装，并同时分析这两个软件包所依赖的软件包是否都安装到系统中了，如果有缺少的软件包，则会一并安装上。

经过这个安装步骤后，与 python3-sphinx 和 pytest 软件包相关的步骤都可以顺利地执行了，这样就可以让更多使用它们的软件包完成制作。

7. Python-Cffi 软件包

制作和安装软件包的步骤如下：

```
rpmbuild --rebuild ${SOURCESDIR}/p/python-cffi-1.14.0-1.fc32.src.rpm
sudo rpm -ivh $(ls ~/rpmbuild/RPMS/mips64el/python3-cffi-* | grep -v "debug")
```

8. Python-Cryptography 软件包

制作和安装软件包的步骤如下：

```
rpmbuild --rebuild ${SOURCESDIR}/p/python-cryptography-2.8-3.fc32.src.rpm
sudo rpm -ivh $(ls ~/rpmbuild/RPMS/mips64el/python3-cryptography-* | grep -v "debug")
```

9. Ttembed 软件包

制作和安装软件包的步骤如下：

```
rpmbuild --rebuild ${SOURCESDIR}/t/ttembed-1.1-13.fc32.src.rpm
sudo rpm -ivh $(ls ~/rpmbuild/RPMS/mips64el/ttembed-* | grep -v "debug")
```

10. Fontawesome-Fonts 软件包

制作和安装软件包的步骤如下：

```
rpmbuild --rebuild ${SOURCESDIR}/f/fontawesome-fonts-4.7.0-8.fc32.src.rpm
sudo rpm -ivh ~/rpmbuild/RPMS/noarch/fontawesome-fonts-*
```

11. Lato-Fonts 软件包

制作和安装软件包的步骤如下：

```
rpmbuild --rebuild ${SOURCESDIR}/l/lato-fonts-2.015-9.fc32.src.rpm
```

```
sudo rpm -ivh ~/rpmbuild/RPMS/noarch/lato-fonts-*
```

12. Google-Roboto-Slab-Fonts 软件包

制作和安装软件包的步骤如下：

```
rpmbuild --rebuild \
         ${SOURCESDIR}/g/google-roboto-slab-fonts-1.100263-0.11.20150923git.fc32.src.rpm
sudo rpm -ivh ~/rpmbuild/RPMS/noarch/google-roboto-slab-fonts-*
```

13. Python-Setuptools 软件包

（1）关闭 BootStrap 制作模式

因为 Python-Setuptools 软件包在使用 BootStrap 制作模式时会少生成一些 RPM 文件，而这些少生成的文件会导致后面部分软件包制作时缺少依赖，所以可通过如下命令暂时关闭 BootStrap 制作模式。

```
sudo sed -i "/with_bootstrap/s@%@#@g" /usr/lib/rpm/platform/mips64el-linux/macros
```

（2）制作和安装软件包

```
rpmbuild --rebuild ${SOURCESDIR}/p/python-setuptools-41.6.0-2.fc32.src.rpm --without tests
sudo rpm -ivh ~/rpmbuild/RPMS/noarch/python*-setuptools-wheel-*
```

（3）恢复 BootStrap 制作模式

软件包制作完成后，重新恢复 BootStrap 制作模式，使用如下命令：

```
sudo sed -i "/with_bootstrap/s@#@%@g" /usr/lib/rpm/platform/mips64el-linux/macros
```

14. Python27

（1）关闭 BootStrap 制作模式

关闭 BootStrap 制作模式后才能生成需要的 RPM 文件，使用如下命令：

```
sudo sed -i "/with_bootstrap/s@%@#@g" /usr/lib/rpm/platform/mips64el-linux/macros
```

（2）制作和安装软件包

```
rpmbuild --rebuild ${SOURCESDIR}/p/python27-2.7.17-1.fc32.src.rpm
sudo rpm -Uvh ~/rpmbuild/RPMS/mips64el/python27-2.7.17-* --force
```

（3）恢复 BootStrap 制作模式

软件包制作完成后，重新恢复 BootStrap 制作模式，使用如下命令：

```
sudo sed -i "/with_bootstrap/s@#@%@g" /usr/lib/rpm/platform/mips64el-linux/macros
```

15. Mozjs60 软件包

（1）修改 SPEC 描述文件

在 configure 配置参数中增加 --disable-ion，可关闭 JIT 功能，防止在 MIPS 架构中编译出错。

去除编译参数 lto。

使用 -flto 参数时会导致链接程序失败，找到以下内容：

```
%global optflags          %{optflags} -flto
%global build_ldflags     %{build_ldflags} -flto
```

修改为

```
%global optflags          %{optflags}
%global build_ldflags     %{build_ldflags}
```

（2）制作软件包和重制 SRPM 文件

```
SHELL=/bin/bash rpmbuild -ba ~/rpmbuild/SPECS/mozjs60.spec --nodeps
sudo rpm -ivh $(ls ~/rpmbuild/RPMS/mips64el/mozjs60-* | grep -v "debug")
```

制作 Mozjs60 软件包时，需要指定 SHELL，否则会导致编译失败。

16. Polkit 软件包

制作和安装软件包的步骤如下：

```
rpmbuild --rebuild ${SOURCESDIR}/p/polkit-0.116-7.fc32.src.rpm
sudo rpm -ivh $(ls ~/rpmbuild/RPMS/{mips64el,noarch}/polkit-* | grep -v "debug") --nodeps
```

17. Polkit-Pkla-Compat 软件包

制作和安装软件包的步骤如下：

```
rpmbuild --rebuild ${SOURCESDIR}/p/polkit-pkla-compat-0.1-16.fc32.src.rpm
sudo rpm -ivh $(ls ~/rpmbuild/RPMS/mips64el/polkit-pkla-* | grep -v "debug")
```

18. AccountsService 软件包

制作和安装软件包的步骤如下：

```
rpmbuild --rebuild ${SOURCESDIR}/a/accountsservice-0.6.55-2.fc32.src.rpm
sudo rpm -ivh $(ls ~/rpmbuild/RPMS/mips64el/accountsservice-* | grep -v "debug")
```

19. Passwd 软件包

制作和安装软件包的步骤如下：

```
rpmbuild --rebuild ${SOURCESDIR}/p/passwd-0.80-8.fc32.src.rpm
sudo rpm -ivh $(ls ~/rpmbuild/RPMS/mips64el/passwd-* | grep -v "debug")
```

20. Lightdm-Autologin-Greeter 软件包

制作软件包的步骤如下：

```
rpmbuild --rebuild ${SOURCESDIR}/l/lightdm-autologin-greeter-1.0-11.fc32.src.rpm
```

该软件包制作完成后先不安装，等接下来 LightDM 软件包制作完成后一起安装。

21. LightDM 软件包

（1）修改 SPEC 描述文件

因为现在系统中还缺少 QT 软件包，所以去除所有与 QT 相关的步骤。

（2）制作和安装软件包

```
rpmbuild -bb ~/rpmbuild/SPECS/lightdm.spec --nodeps
sudo rpm -ivh $(ls ~/rpmbuild/RPMS/{mips64el,noarch}/lightdm-* | grep -v "debug")
```

LightDM 安装完成后，登录管理器就可以使用了。但我们不用着急使用它，因为只有一个登录管理器并没有什么用处，接下来还要将桌面环境安装到系统中。

10.4.4 图形桌面环境

完成了最基本的 Xwindow 图形系统和登录管理器的制作与安装后，就可以进行桌面环境的搭建了，接下来我们制作和安装 LXDE 桌面环境的基本软件包以及相关的依赖软件包。

1. Libindicator 软件包

制作和安装软件包的步骤如下：

```
rpmbuild --rebuild ${SOURCESDIR}/l/libindicator-12.10.1-17.fc32.src.rpm
sudo rpm -ivh $(ls ~/rpmbuild/RPMS/mips64el/libindicator-* | grep -v "debug")
```

2. Libdbusmenu 软件包

制作和安装软件包的步骤如下：

```
rpmbuild --rebuild ${SOURCESDIR}/l/libdbusmenu-16.04.0-15.fc32.src.rpm
sudo rpm -ivh $(ls ~/rpmbuild/RPMS/mips64el/libdbusmenu-* | grep -v "debug")
```

3. Libappindicator 软件包

制作和安装软件包的步骤如下：

```
rpmbuild --rebuild ${SOURCESDIR}/l/libappindicator-12.10.0-27.fc32.src.rpm
sudo rpm -ivh $(ls ~/rpmbuild/RPMS/mips64el/libappindicator-* | grep -v "debug")
```

4. Libplist 软件包

制作和安装软件包的步骤如下：

```
rpmbuild --rebuild ${SOURCESDIR}/l/libplist-2.1.0-3.fc32.src.rpm
sudo rpm -ivh $(ls ~/rpmbuild/RPMS/mips64el/{python3-,}libplist-* | grep -v "debug")
```

5. Libusbmuxd 软件包

制作和安装软件包的步骤如下：

```
rpmbuild --rebuild ${SOURCESDIR}/l/libusbmuxd-2.0.0-2.fc32.src.rpm
sudo rpm -ivh $(ls ~/rpmbuild/RPMS/mips64el/libusbmuxd-* | grep -v "debug")
```

6. Libimobiledevice 软件包

制作和安装软件包的步骤如下：

```
rpmbuild --rebuild ${SOURCESDIR}/l/libimobiledevice-1.2.1-0.3.fc32.src.rpm
```

```
sudo rpm -ivh $(ls ~/rpmbuild/RPMS/mips64el/libimobiledevice-* | grep -v "debug")
```

7. Upower 软件包

制作和安装软件包的步骤如下:

```
rpmbuild --rebuild ${SOURCESDIR}/u/upower-0.99.11-3.fc32.src.rpm
sudo rpm -ivh $(ls ~/rpmbuild/RPMS/mips64el/upower-* | grep -v "debug")
```

8. LXSession 软件包

制作和安装软件包的步骤如下:

```
rpmbuild --rebuild ${SOURCESDIR}/l/lxsession-0.5.5-1.fc32.src.rpm
sudo rpm -ivh $(ls ~/rpmbuild/RPMS/mips64el/lx{session,polkit}-* | grep -v "debug")
```

9. Keybinder 软件包

制作和安装软件包的步骤如下:

```
rpmbuild --rebuild ${SOURCESDIR}/k/keybinder-0.3.1-18.fc32.src.rpm
sudo rpm -ivh $(ls ~/rpmbuild/RPMS/mips64el/keybinder-* | grep -v "debug")
```

10. Libexif 软件包

制作和安装软件包的步骤如下:

```
rpmbuild --rebuild ${SOURCESDIR}/l/libexif-0.6.21-21.fc32.src.rpm
sudo rpm -ivh $(ls ~/rpmbuild/RPMS/mips64el/libexif-* | grep -v "debug")
```

11. Libfm 软件包

因为 Libfm 和 Menu-Cache 这两个软件包相互依赖，所以我们通过修改 Libfm 软件包来解决依赖问题。

（1）修改 SPEC 描述文件

强制设置 Libfm 以 BootStrap 方式制作来解决相互依赖问题，找到以下内容:

```
%global          bootstrap    0
```

将其改为

```
%global          bootstrap    1
```

（2）制作和安装软件包

```
rpmbuild -bb ~/rpmbuild/SPECS/libfm.spec
sudo rpm -ivh $(ls ~/rpmbuild/RPMS/mips64el/libfm-* | grep -v "debug")
```

12. Menu-Cache 软件包

制作和安装软件包的步骤如下:

```
rpmbuild --rebuild ${SOURCESDIR}/m/menu-cache-1.1.0-2.fc32.1.src.rpm
sudo rpm -ivh $(ls ~/rpmbuild/RPMS/mips64el/menu-cache-* | grep -v "debug")
```

13. Gcr 软件包

制作和安装软件包的步骤如下：

```
rpmbuild --rebuild ${SOURCESDIR}/g/gcr-3.36.0-1.fc32.src.rpm
sudo rpm -ivh $(ls ~/rpmbuild/RPMS/mips64el/gcr-* | grep -v "debug")
```

14. Libtalloc 软件包

制作和安装软件包的步骤如下：

```
rpmbuild --rebuild ${SOURCESDIR}/l/libtalloc-2.3.1-2.fc32.src.rpm
sudo rpm -ivh $(ls ~/rpmbuild/RPMS/mips64el/{python3-,lib}talloc-* | grep -v "debug")
```

15. Libtdb 软件包

制作和安装软件包的步骤如下：

```
rpmbuild --rebuild ${SOURCESDIR}/l/libtdb-1.4.3-2.fc32.src.rpm
sudo rpm -ivh $(ls ~/rpmbuild/RPMS/mips64el/{python3-,lib}tdb-* \
               ~/rpmbuild/RPMS/mips64el/tdb-tools-* | grep -v "debug")
```

16. Libtevent 软件包

制作和安装软件包的步骤如下：

```
rpmbuild --rebuild ${SOURCESDIR}/l/libtevent-0.10.2-2.fc32.src.rpm
sudo rpm -ivh $(ls ~/rpmbuild/RPMS/mips64el/{python3-,lib}tevent-* | grep -v "debug")
```

17. Libldb 软件包

制作和安装软件包的步骤如下：

```
rpmbuild --rebuild ${SOURCESDIR}/l/libldb-2.1.1-1.fc32.src.rpm --nocheck
sudo rpm -ivh $(ls ~/rpmbuild/RPMS/mips64el/{python*-,lib}ldb-* \
               ~/rpmbuild/RPMS/mips64el/ldb-tools-* | grep -v "debug")
```

18. Jansson 软件包

制作和安装软件包的步骤如下：

```
rpmbuild --rebuild ${SOURCESDIR}/j/jansson-2.12-5.fc32.src.rpm
sudo rpm -ivh $(ls ~/rpmbuild/RPMS/mips64el/jansson-* | grep -v "debug")
```

19. Rpcsvc-Proto 软件包

制作和安装软件包的步骤如下：

```
rpmbuild --rebuild ${SOURCESDIR}/r/rpcsvc-proto-1.4-4.fc32.src.rpm
sudo rpm -ivh $(ls ~/rpmbuild/RPMS/mips64el/rpc{svc,gen}-* | grep -v "debug")
```

20. Quota 软件包

制作和安装软件包的步骤如下：

```
rpmbuild --rebuild ${SOURCESDIR}/q/quota-4.05-9.fc32.src.rpm
sudo rpm -ivh $(ls ~/rpmbuild/RPMS/{mips64el,noarch}/quota-* | grep -v "debug") --nodeps
```

21. Rpcbind 软件包

制作和安装软件包的步骤如下：

```
rpmbuild --rebuild ${SOURCESDIR}/r/rpcbind-1.2.5-5.rc1.fc32.1.src.rpm
sudo rpm -ivh $(ls ~/rpmbuild/RPMS/mips64el/rpcbind-* | grep -v "debug")
```

22. Libglade2 软件包

制作和安装软件包的步骤如下：

```
rpmbuild --rebuild ${SOURCESDIR}/l/libglade2-2.6.4-23.fc32.src.rpm
sudo rpm -ivh $(ls ~/rpmbuild/RPMS/mips64el/libglade2-* | grep -v "debug")
```

23. Libdaemon 软件包

制作和安装软件包的步骤如下：

```
rpmbuild --rebuild ${SOURCESDIR}/l/libdaemon-0.14-19.fc32.src.rpm
sudo rpm -ivh $(ls ~/rpmbuild/RPMS/mips64el/libdaemon-* | grep -v "debug")
```

24. Avahi 软件包

（1）修改 SPEC 描述文件

因为当前系统中未安装 QT 软件包，所以关闭 Avahi 软件包中与 QT 相关的功能，找到以下两个与 QT 相关的设置：

```
%{?!WITH_QT3:          %global WITH_QT3 1}
%{?!WITH_QT4:          %global WITH_QT4 1}
```

将其修改为

```
%{?!WITH_QT3:          %global WITH_QT3 0}
%{?!WITH_QT4:          %global WITH_QT4 0}
```

（2）制作软件包

```
rpmbuild -bb ~/rpmbuild/SPECS/avahi.spec --nodeps
```

制作好 Avahi 软件包后，先不急着安装生成的 RPM 文件，等后面需要的时候再进行安装。

25. Userspace-RCU 软件包

制作和安装软件包的步骤如下：

```
rpmbuild --rebuild ${SOURCESDIR}/u/userspace-rcu-0.11.1-3.fc32.src.rpm
sudo rpm -ivh $(ls ~/rpmbuild/RPMS/mips64el/userspace-rcu-* | grep -v "debug")
```

26. Dbus-Python 软件包

制作和安装软件包的步骤如下：

```
rpmbuild --rebuild ${SOURCESDIR}/d/dbus-python-1.2.16-1.fc32.src.rpm
sudo rpm -ivh $(ls ~/rpmbuild/RPMS/mips64el/{dbus-python,python3-dbus}-* | grep -v "debug")
```

27. NFTables 软件包

制作和安装软件包的步骤如下：

```
rpmbuild --rebuild ${SOURCESDIR}/n/nftables-0.9.3-2.fc32.src.rpm
sudo rpm -ivh $(ls ~/rpmbuild/RPMS/mips64el/{python3-,}nftables-* | grep -v "debug")
```

28. Firewalld 软件包

制作和安装软件包的步骤如下：

```
rpmbuild --rebuild ${SOURCESDIR}/f/firewalld-0.8.2-2.fc32.src.rpm
sudo dnf install -y $(ls ~/rpmbuild/RPMS/noarch/{python3-firewall,firewalld}-* | grep -v "debug")
```

29. GlusterFS 软件包

（1）制作软件包

```
rpmbuild --rebuild ${SOURCESDIR}/g/glusterfs-7.4-1.fc32.src.rpm \
                   --without rdma --without server
```

- --without rdma：关闭与远程数据访问相关的功能，可去除部分依赖条件。
- --without server：因为当前暂时不需要网络文件系统服务端相关部分的组件，所以关闭这些组件的制作可以去除不少依赖条件。

（2）安装软件包

```
sudo rpm -ivh $(ls ~/rpmbuild/RPMS/mips64el/{python3-,}gluster* | grep -v -e "debug" -e "thin")
```

30. Protobuf 软件包

制作和安装软件包的步骤如下：

```
rpmbuild --rebuild ${SOURCESDIR}/p/protobuf-3.11.2-2.fc32.src.rpm --without java
sudo rpm -ivh $(ls ~/rpmbuild/RPMS/mips64el/protobuf-* | grep -v "debug")
```

31. Protobuf-C 软件包

制作和安装软件包的步骤如下：

```
rpmbuild --rebuild ${SOURCESDIR}/p/protobuf-c-1.3.2-2.fc32.src.rpm
sudo rpm -ivh $(ls ~/rpmbuild/RPMS/mips64el/protobuf-c-* | grep -v "debug")
```

32. Fstrm 软件包

制作和安装软件包的步骤如下：

```
rpmbuild --rebuild ${SOURCESDIR}/f/fstrm-0.5.0-2.fc32.src.rpm
sudo rpm -ivh $(ls ~/rpmbuild/RPMS/mips64el/fstrm-* | grep -v "debug")
```

33. Bind 软件包

制作和安装软件包的步骤如下：

```
rpmbuild --rebuild ${SOURCESDIR}/b/bind-9.11.17-1.fc32.src.rpm --nodeps --nocheck
sudo rpm -ivh $(ls ~/rpmbuild/RPMS/{mips64el,noarch}/bind-* \
```

```
~/rpmbuild/RPMS/noarch/python3-bind-* | grep -v "debug")
```

34. PyYAML 软件包

制作和安装软件包的步骤如下：

```
rpmbuild --rebuild ${SOURCESDIR}/p/PyYAML-5.3.1-1.fc32.src.rpm
sudo rpm -ivh $(ls ~/rpmbuild/RPMS/mips64el/python3-pyyaml-* | grep -v "debug")
```

35. Tidy 软件包

制作和安装软件包的步骤如下：

```
rpmbuild --rebuild ${SOURCESDIR}/t/tidy-5.7.28-3.fc32.src.rpm
sudo rpm -ivh $(ls ~/rpmbuild/RPMS/mips64el/{lib,}tidy-* | grep -v "debug")
```

36. Python-Markdown 软件包

制作和安装软件包的步骤如下：

```
sudo dnf builddep -y ${SOURCESDIR}/p/python-markdown-3.2.1-1.fc32.src.rpm
rpmbuild --rebuild ${SOURCESDIR}/p/python-markdown-3.2.1-1.fc32.src.rpm
sudo rpm -evh python3-markdown_2
sudo rpm -ivh ~/rpmbuild/RPMS/noarch/python3-markdown-*
```

37. Ethtool 软件包

制作和安装软件包的步骤如下：

```
rpmbuild --rebuild ${SOURCESDIR}/e/ethtool-5.4-2.fc32.src.rpm
sudo rpm -ivh $(ls ~/rpmbuild/RPMS/mips64el/ethtool-* | grep -v "debug")
```

38. Libtommath 软件包

（1）修改 SPEC 描述文件

因为当前制作该软件包的文档部分时会出现错误，所以去除与文档制作相关部分的步骤。找到以下这条命令：

```
make V=1 -f makefile poster manual doc
```

将其改为

```
make V=1 -f makefile poster manual
```

在去除文档的制作步骤后，也要同样去除打包列表文件中对应的内容。找到以下这条设置：

```
%doc doc/bn.pdf doc/poster.pdf doc/tommath.pdf
```

将其改为

```
%doc doc/bn.pdf doc/poster.pd
```

（2）制作和安装软件包

```
rpmbuild -bb ~/rpmbuild/SPECS/libtommath.spec
```

```
sudo rpm -ivh $(ls ~/rpmbuild/RPMS/mips64el/libtommath-* | grep -v "debug")
```

39. Libtomcrypt 软件包

制作和安装软件包的步骤如下：

```
rpmbuild --rebuild ${SOURCESDIR}/l/libtomcrypt-1.18.2-6.fc32.src.rpm
sudo rpm -ivh $(ls ~/rpmbuild/RPMS/mips64el/libtomcrypt-* | grep -v "debug")
```

40. Python-Crypto 软件包

制作和安装软件包的步骤如下：

```
rpmbuild --rebuild ${SOURCESDIR}/p/python-crypto-2.6.1-30.fc32.src.rpm
sudo rpm -ivh $(ls ~/rpmbuild/RPMS/mips64el/python3-crypto-* | grep -v "debug")
```

41. Python-Pycryptodomex 软件包

制作和安装软件包的步骤如下：

```
rpmbuild --rebuild ${SOURCESDIR}/p/python-pycryptodomex-3.9.7-1.fc32.src.rpm
sudo rpm -ivh $(ls ~/rpmbuild/RPMS/mips64el/python{2,3}-pycryptodomex-* | grep -v "debug")
```

42. Python-DNS 软件包

（1）安装制作软件包所需的依赖条件

```
sudo dnf builddep -y ${SOURCESDIR}/p/python-dns-1.16.0-7.fc32.src.rpm
```

（2）制作和安装软件包

```
rpmbuild --rebuild ${SOURCESDIR}/p/python-dns-1.16.0-7.fc32.src.rpm
sudo rpm -ivh ~/rpmbuild/RPMS/noarch/python{2,3}-dns-*
```

43. Samba 软件包

（1）修改 SPEC 描述文件

①去除对 MingW 的依赖

制作 Samba 软件包会使用 MingW 的相关软件包作为依赖条件，但当前系统并未制作和安装该软件包，因此需要去除相关的依赖。去除依赖的方法是找到以下这条变量设置：

```
%global with_winexe 1
```

将其改为

```
%global with_winexe 0
```

同时找到并删除以下内容：

```
%if ! %with_winexe
        --without-winexe \
%endif
```

②去除使用 gold 的链接程序文件

因为 MIPS 架构下的 Binutils 不支持 gold 的链接方式，所以必须去除对应的链接参数，找到以下这条链接参数设置命令：

```
export LDFLAGS="%{__global_ldflags} -fuse-ld=gold"
```

将其改为

```
export LDFLAGS="%{__global_ldflags}"
```

（2）安装制作软件包所需的依赖条件

```
sudo dnf builddep ~/rpmbuild/SPECS/samba.spec
```

（3）制作和安装软件包

```
rpmbuild -bb ~/rpmbuild/SPECS/samba.spec
sudo rpm -ivh $(ls ~/rpmbuild/RPMS/mips64el/{{python3-,}samba,ctdb,lib{smb,wb}client}-* \
        ~/rpmbuild/RPMS/noarch/samba-* | grep -v "debug")
```

44. Fuse3 软件包

制作和安装软件包的步骤如下：

```
rpmbuild --rebuild ${SOURCESDIR}/f/fuse3-3.9.1-1.fc32.src.rpm
sudo rpm -ivh $(ls ~/rpmbuild/RPMS/mips64el/fuse{3,}-* | grep -v "debug")
```

45. Libsoup 软件包

制作和安装软件包的步骤如下：

```
rpmbuild --rebuild ${SOURCESDIR}/l/libsoup-2.70.0-1.fc32.src.rpm
sudo rpm -ivh $(ls ~/rpmbuild/RPMS/mips64el/libsoup-* | grep -v "debug") --nodeps
```

46. Parted 软件包

制作和安装软件包的步骤如下：

```
rpmbuild --rebuild ${SOURCESDIR}/p/parted-3.3-3.fc32.src.rpm
sudo rpm -ivh $(ls ~/rpmbuild/RPMS/mips64el/parted-* | grep -v "debug")
```

47. Sgpio 软件包

制作和安装软件包的步骤如下：

```
rpmbuild --rebuild ${SOURCESDIR}/s/sgpio-1.2.0.10-25.fc32.src.rpm
sudo rpm -ivh $(ls ~/rpmbuild/RPMS/mips64el/sgpio-* | grep -v "debug")
```

48. Logwatch 软件包

制作和安装软件包的步骤如下：

```
rpmbuild --rebuild ${SOURCESDIR}/l/logwatch-7.5.3-1.fc32.src.rpm
sudo dnf install -y ~/rpmbuild/RPMS/noarch/logwatch-*
```

49. Device-Mapper-Multipath 软件包

制作和安装软件包的步骤如下：

```
rpmbuild --rebuild ${SOURCESDIR}/d/device-mapper-multipath-0.8.2-3.fc32.src.rpm
```

```
sudo rpm -ivh $(ls ~/rpmbuild/RPMS/mips64el/{kpartx,device-mapper-multipath,libdmmp}-* \
             | grep -v "debug")
```

50. Dmraid 软件包

制作和安装软件包的步骤如下：

```
rpmbuild --rebuild ${SOURCESDIR}/d/dmraid-1.0.0.rc16-44.fc32.src.rpm
sudo rpm -ivh $(ls ~/rpmbuild/RPMS/mips64el/dmraid-* | grep -v "debug")
```

51. Libbytesize 软件包

制作和安装软件包的步骤如下：

```
rpmbuild --rebuild ${SOURCESDIR}/l/libbytesize-2.2-1.fc32.src.rpm
sudo rpm -ivh $(ls ~/rpmbuild/RPMS/mips64el/{python3-,lib}bytesize-* | grep -v "debug")
```

52. Volume_Key 软件包

制作和安装软件包的步骤如下：

```
rpmbuild --rebuild ${SOURCESDIR}/v/volume_key-0.3.12-7.fc32.src.rpm
sudo rpm -ivh $(ls ~/rpmbuild/RPMS/mips64el/{python3-,}volume_key-* | grep -v "debug")
```

53. Ndctl 软件包

（1）修改 SPEC 描述文件

在 configure 的配置参数中增加 --disable-asciidoctor 参数。

（2）制作和安装软件包

```
rpmbuild -bb ~/rpmbuild/SPECS/ndctl.spec --nodeps
sudo rpm -ivh $(ls ~/rpmbuild/RPMS/mips64el/{dax,nd}ctl-* | grep -v "debug")
```

54. Gamin 软件包

制作和安装软件包的步骤如下：

```
rpmbuild --rebuild ${SOURCESDIR}/g/gamin-0.1.10-36.fc32.src.rpm
sudo rpm -ivh $(ls ~/rpmbuild/RPMS/mips64el/gamin-* | grep -v "debug")
```

55. Glib2 软件包

制作和安装软件包的步骤如下：

```
rpmbuild --rebuild ${SOURCESDIR}/g/glib2-2.64.1-1.fc32.src.rpm --nodeps
sudo rpm -Uvh $(ls ~/rpmbuild/RPMS/{mips64el,noarch}/glib2-* | grep -v "debug") \
             --nodeps --force
```

Glib2 软件包在之前已经制作和安装到系统中了，这次重制是为了打开该软件包之前因为缺少依赖条件而未打开的功能。

因为是再次安装，所以使用 U 参数进行升级，使用 --force 可强制完成升级。

56. Libblockdev 软件包

制作和安装软件包的步骤如下：

```
rpmbuild --rebuild ${SOURCESDIR}/l/libblockdev-2.23-2.fc32.src.rpm
sudo rpm -ivh $(ls ~/rpmbuild/RPMS/mips64el/libblockdev-* | grep -v "debug") --nodeps
```

57. Libatasmart 软件包

制作和安装软件包的步骤如下：

```
rpmbuild --rebuild ${SOURCESDIR}/l/libatasmart-0.19-18.fc32.src.rpm
sudo rpm -ivh $(ls ~/rpmbuild/RPMS/mips64el/libatasmart-* | grep -v "debug")
```

58. Isns-Utils 软件包

制作和安装软件包的步骤如下：

```
rpmbuild --rebuild ${SOURCESDIR}/i/isns-utils-0.97-10.fc32.src.rpm
sudo rpm -ivh $(ls ~/rpmbuild/RPMS/mips64el/isns-utils-* | grep -v "debug")
```

59. Iscsi-Initiator-Utils 软件包

制作和安装软件包的步骤如下：

```
rpmbuild --rebuild ${SOURCESDIR}/i/iscsi-initiator-utils-6.2.1.0-2.git4440e57.fc32.src.rpm
sudo rpm -ivh $(ls ~/rpmbuild/RPMS/mips64el/iscsi-initiator-utils-* | grep -v "debug")
```

60. Pywbem 软件包

制作和安装软件包的步骤如下：

```
rpmbuild --rebuild ${SOURCESDIR}/p/pywbem-0.14.6-2.fc32.src.rpm
sudo rpm -ivh ~/rpmbuild/RPMS/noarch/python3-pywbem-*
```

61. Libstoragemgmt 软件包

（1）修改 SPEC 描述文件

在 configure 配置参数中加入 --without-mem-leak-test 参数可去除对 Valgrind 的依赖。

（2）制作和安装软件包

```
rpmbuild -bb ~/rpmbuild/SPECS/libstoragemgmt.spec --nodeps
sudo rpm -ivh $(ls ~/rpmbuild/RPMS/{mips64el,noarch}/{python3-,}libstoragemgmt-* \
            | grep -v "debug") --nodeps
```

62. Gdisk 软件包

制作和安装软件包的步骤如下：

```
rpmbuild --rebuild ${SOURCESDIR}/g/gdisk-1.0.5-1.fc32.src.rpm
sudo rpm -ivh $(ls ~/rpmbuild/RPMS/mips64el/gdisk-* | grep -v "debug")
```

63. Udisks2 软件包

制作和安装软件包的步骤如下：

```
rpmbuild --rebuild ${SOURCESDIR}/u/udisks2-2.8.4-4.fc32.src.rpm
sudo rpm -ivh $(ls ~/rpmbuild/RPMS/mips64el/{lib,}udisks2-* | grep -v "debug")
```

64. Libcdio 软件包

制作和安装软件包的步骤如下：

```
rpmbuild --rebuild ${SOURCESDIR}/l/libcdio-2.0.0-6.fc32.src.rpm
sudo rpm -ivh $(ls ~/rpmbuild/RPMS/mips64el/libcdio-* | grep -v "debug")
```

65. Libcdio-Paranoia 软件包

制作和安装软件包的步骤如下：

```
rpmbuild --rebuild ${SOURCESDIR}/l/libcdio-paranoia-10.2+2.0.0-4.fc32.src.rpm
sudo rpm -ivh $(ls ~/rpmbuild/RPMS/mips64el/libcdio-paranoia-* | grep -v "debug")
```

66. Libmtp 软件包

制作和安装软件包的步骤如下：

```
rpmbuild --rebuild ${SOURCESDIR}/l/libmtp-1.1.16-4.fc32.src.rpm
sudo rpm -ivh $(ls ~/rpmbuild/RPMS/mips64el/libmtp-* | grep -v "debug")
```

67. Libnfs 软件包

制作和安装软件包的步骤如下：

```
rpmbuild --rebuild ${SOURCESDIR}/l/libnfs-4.0.0-2.fc32.src.rpm
sudo rpm -ivh $(ls ~/rpmbuild/RPMS/mips64el/libnfs-* | grep -v "debug")
```

68. Lockdev 软件包

制作和安装软件包的步骤如下：

```
rpmbuild --rebuild ${SOURCESDIR}/l/lockdev-1.0.4-0.33.20111007git.fc32.src.rpm
sudo rpm -ivh $(ls ~/rpmbuild/RPMS/mips64el/lockdev-* | grep -v "debug")
```

69. Libgphoto2 软件包

制作和安装软件包的步骤如下：

```
rpmbuild --rebuild ${SOURCESDIR}/l/libgphoto2-2.5.23-2.fc32.src.rpm
sudo rpm -ivh $(ls ~/rpmbuild/RPMS/mips64el/libgphoto2-* | grep -v "debug")
```

70. Usbmuxd 软件包

制作和安装软件包的步骤如下：

```
rpmbuild --rebuild ${SOURCESDIR}/u/usbmuxd-1.1.0-18.fc32.src.rpm
sudo rpm -ivh $(ls ~/rpmbuild/RPMS/mips64el/usbmuxd-* | grep -v "debug")
```

71. Gvfs 软件包

（1）修改 SPEC 描述文件

增加配置参数 -Dgoa=false -Dbluray=false -Dgoogle=false，以保证可以在缺少依赖条

件的情况下完成制作。

因为去除了部分依赖条件，所以制作会少产生部分文件，删除打包列表文件组 goa 中所有文件的列表。

（2）制作和安装软件包

```
rpmbuild -bb ~/rpmbuild/SPECS/gvfs.spec  --nodeps
sudo rpm -ivh $(ls ~/rpmbuild/RPMS/mips64el/gvfs-* | grep -v "debug")
```

72. Libfm 软件包

制作和安装软件包的步骤如下：

```
rpmbuild --rebuild ${SOURCESDIR}/l/libfm-1.3.1-1.fc32.3.src.rpm
sudo rpm -Uvh $(ls ~/rpmbuild/RPMS/{mips64el,noarch}/libfm-* | grep -v "debug") --force
```

73. IW 软件包

制作和安装软件包的步骤如下：

```
rpmbuild --rebuild ${SOURCESDIR}/i/iw-5.4-2.fc32.src.rpm
sudo rpm -Uvh $(ls ~/rpmbuild/RPMS/mips64el/iw-* | grep -v "debug") --force
```

74. Wireless-Regdb 软件包

制作和安装软件包的步骤如下：

```
rpmbuild --rebuild ${SOURCESDIR}/w/wireless-regdb-2019.06.03-6.fc32.src.rpm
sudo rpm -ivh ~/rpmbuild/RPMS/noarch/wireless-regdb-*
```

75. Wireless-Tools 软件包

制作和安装软件包的步骤如下：

```
rpmbuild --rebuild ${SOURCESDIR}/w/wireless-tools-29-25.fc32.src.rpm
sudo rpm -ivh $(ls ~/rpmbuild/RPMS/mips64el/wireless-tools-* | grep -v "debug")
```

76. Startup-Notification 软件包

制作和安装软件包的步骤如下：

```
rpmbuild --rebuild ${SOURCESDIR}/s/startup-notification-0.12-19.fc32.src.rpm
sudo rpm -ivh $(ls ~/rpmbuild/RPMS/mips64el/startup-notification-* | grep -v "debug")
```

77. Libwnck 软件包

制作和安装软件包的步骤如下：

```
rpmbuild --rebuild ${SOURCESDIR}/l/libwnck-2.31.0-14.fc32.src.rpm
sudo rpm -ivh $(ls ~/rpmbuild/RPMS/mips64el/libwnck-* | grep -v "debug")
```

78. Zenity 软件包

制作和安装软件包的步骤如下：

```
rpmbuild --rebuild ${SOURCESDIR}/z/zenity-3.32.0-3.fc32.src.rpm
```

```
sudo rpm -ivh $(ls ~/rpmbuild/RPMS/mips64el/zenity-* | grep -v "debug")
```

79．LXPanel 软件包

制作和安装软件包的步骤如下：

```
rpmbuild --rebuild ${SOURCESDIR}/l/lxpanel-0.10.0-2.D20190301gitb9ad6f2a.fc32.2.src.rpm
sudo rpm -ivh $(ls ~/rpmbuild/RPMS/mips64el/lxpanel-* | grep -v "debug")
```

80．Redhat-Menus 软件包

制作和安装软件包的步骤如下：

```
rpmbuild --rebuild ${SOURCESDIR}/r/redhat-menus-12.0.2-17.fc32.src.rpm
sudo rpm -ivh ~/rpmbuild/RPMS/noarch/redhat-menus-*
```

81．LXMenu-Data 软件包

制作和安装软件包的步骤如下：

```
rpmbuild --rebuild ${SOURCESDIR}/l/lxmenu-data-0.1.5-8.fc32.src.rpm
sudo rpm -ivh ~/rpmbuild/RPMS/noarch/lxmenu-data-*
```

82．LibXxf86dga 软件包

制作和安装软件包的步骤如下：

```
rpmbuild --rebuild ${SOURCESDIR}/l/libXxf86dga-1.1.5-3.fc32.src.rpm
sudo rpm -ivh $(ls ~/rpmbuild/RPMS/mips64el/libXxf86dga-* | grep -v "debug")
```

83．Xorg-X11-Utils 软件包

制作和安装软件包的步骤如下：

```
rpmbuild --rebuild ${SOURCESDIR}/x/xorg-x11-utils-7.5-34.fc32.src.rpm
sudo rpm -ivh $(ls ~/rpmbuild/RPMS/mips64el/xorg-x11-utils-* | grep -v "debug")
```

84．Libid3tag 软件包

制作和安装软件包的步骤如下：

```
rpmbuild --rebuild ${SOURCESDIR}/l/libid3tag-0.15.1b-32.fc32.src.rpm
sudo rpm -ivh $(ls ~/rpmbuild/RPMS/mips64el/libid3tag-* | grep -v "debug")
```

85．Imlib2 软件包

制作和安装软件包的步骤如下：

```
rpmbuild --rebuild ${SOURCESDIR}/i/imlib2-1.5.1-4.fc32.src.rpm
sudo rpm -ivh $(ls ~/rpmbuild/RPMS/mips64el/imlib2-* | grep -v "debug")
```

86．Pyxdg 软件包

制作和安装软件包的步骤如下：

```
rpmbuild --rebuild ${SOURCESDIR}/p/pyxdg-0.26-9.fc32.src.rpm
sudo rpm -ivh ~/rpmbuild/RPMS/noarch/python3-pyxdg-*
```

87. Openbox 软件包

制作和安装软件包的步骤如下：

```
rpmbuild --rebuild ${SOURCESDIR}/o/openbox-3.6.1-14.fc32.src.rpm
sudo rpm -ivh $(ls ~/rpmbuild/RPMS/mips64el/openbox-* | grep -v "debug")
```

88. Pcmanfm 软件包

制作和安装软件包的步骤如下：

```
rpmbuild --rebuild ${SOURCESDIR}/p/pcmanfm-1.3.1-3.D20190224gitc52cc4b2.fc32.src.rpm
sudo rpm -ivh $(ls ~/rpmbuild/RPMS/mips64el/pcmanfm-* | grep -v "debug")
```

89. Xdg-Utils 软件包

制作和安装软件包的步骤如下：

```
rpmbuild --rebuild ${SOURCESDIR}/x/xdg-utils-1.1.3-6.fc32.src.rpm
sudo rpm -ivh ~/rpmbuild/RPMS/noarch/xdg-utils-*
```

90. KDE-Filesystem 软件包

制作和安装软件包的步骤如下：

```
rpmbuild --rebuild ${SOURCESDIR}/k/kde-filesystem-4-63.fc32.src.rpm
sudo rpm -ivh ~/rpmbuild/RPMS/mips64el/kde-filesystem-*
```

91. Libicns 软件包

制作和安装软件包的步骤如下：

```
rpmbuild --rebuild ${SOURCESDIR}/l/libicns-0.8.1-19.fc32.src.rpm
sudo rpm -ivh $(ls ~/rpmbuild/RPMS/mips64el/libicns-* | grep -v "debug")
```

92. Optipng 软件包

制作和安装软件包的步骤如下：

```
rpmbuild --rebuild ${SOURCESDIR}/o/optipng-0.7.7-4.fc32.src.rpm
sudo rpm -ivh $(ls ~/rpmbuild/RPMS/mips64el/optipng-* | grep -v "debug")
```

93. Zopfli 软件包

制作和安装软件包的步骤如下：

```
rpmbuild --rebuild ${SOURCESDIR}/z/zopfli-1.0.3-2.fc32.src.rpm
sudo rpm -ivh $(ls ~/rpmbuild/RPMS/mips64el/zopfli-* | grep -v "debug")
```

94. Fdupes 软件包

制作和安装软件包的步骤如下：

```
rpmbuild --rebuild ${SOURCESDIR}/f/fdupes-2.0.0-2.fc32.src.rpm
sudo rpm -ivh $(ls ~/rpmbuild/RPMS/mips64el/fdupes-* | grep -v "debug")
```

95. Generic-Logos 软件包

制作和安装软件包的步骤如下：

```
rpmbuild --rebuild ${SOURCESDIR}/g/generic-logos-18.0.0-10.fc32.src.rpm
sudo rpm -ivh ~/rpmbuild/RPMS/noarch/generic-logos-*
```

96. F32-Backgrounds 软件包

制作和安装软件包的步骤如下：

```
rpmbuild --rebuild ${SOURCESDIR}/f/f32-backgrounds-32.1.2-2.fc32.src.rpm
sudo rpm -ivh ~/rpmbuild/RPMS/noarch/f32-backgrounds-* --nodeps
```

97. Desktop-Backgrounds 软件包

制作和安装软件包的步骤如下：

```
rpmbuild --rebuild ${SOURCESDIR}/d/desktop-backgrounds-32.0.0-3.fc32.src.rpm
sudo rpm -ivh ~/rpmbuild/RPMS/noarch/desktop-backgrounds-*
```

98. LXDE-Common 软件包

制作和安装软件包的步骤如下：

```
rpmbuild --rebuild ${SOURCESDIR}/l/lxde-common-0.99.2-9.fc32.src.rpm
sudo rpm -ivh ~/rpmbuild/RPMS/noarch/lxde-common-*
```

99. LXDE-Icon-Theme 软件包

制作和安装软件包的步骤如下：

```
rpmbuild --rebuild ${SOURCESDIR}/l/lxde-icon-theme-0.5.1-9.fc32.src.rpm
sudo rpm -ivh ~/rpmbuild/RPMS/noarch/lxde-icon-theme-*
```

100. LXLauncher 软件包

制作和安装软件包的步骤如下：

```
rpmbuild --rebuild ${SOURCESDIR}/l/lxlauncher-0.2.5-9.fc32.src.rpm
sudo rpm -ivh $(ls ~/rpmbuild/RPMS/mips64el/lxlauncher-* | grep -v "debug")
```

101. LXAppearance 软件包

制作和安装软件包的步骤如下：

```
rpmbuild --rebuild ${SOURCESDIR}/l/lxappearance-0.6.3-10.fc32.src.rpm
sudo rpm -ivh $(ls ~/rpmbuild/RPMS/mips64el/lxappearance-* | grep -v "debug")
```

102. LXHotkey 软件包

制作和安装软件包的步骤如下：

```
rpmbuild --rebuild ${SOURCESDIR}/l/lxhotkey-0.1.0-10.fc32.src.rpm
sudo rpm -ivh $(ls ~/rpmbuild/RPMS/mips64el/lxhotkey-* | grep -v "debug")
```

103. LXInput 软件包

制作和安装软件包的步骤如下:

```
rpmbuild --rebuild ${SOURCESDIR}/l/lxinput-0.3.5-9.fc32.src.rpm
sudo rpm -ivh $(ls ~/rpmbuild/RPMS/mips64el/lxinput-* | grep -v "debug")
```

104. LXRandr 软件包

制作和安装软件包的步骤如下:

```
rpmbuild --rebuild ${SOURCESDIR}/l/lxrandr-0.3.2-3.fc32.src.rpm
sudo rpm -ivh $(ls ~/rpmbuild/RPMS/mips64el/lxrandr-* | grep -v "debug")
```

105. LXTask 软件包

制作和安装软件包的步骤如下:

```
rpmbuild --rebuild ${SOURCESDIR}/l/lxtask-0.1.9-2.fc32.1.src.rpm
sudo rpm -ivh $(ls ~/rpmbuild/RPMS/mips64el/lxtask-* | grep -v "debug")
```

106. Vte291 软件包

制作和安装软件包的步骤如下:

```
rpmbuild --rebuild ${SOURCESDIR}/v/vte291-0.60.1-2.fc32.src.rpm
sudo rpm -ivh $(ls ~/rpmbuild/RPMS/mips64el/vte* | grep -v "debug")
```

107. LXTerminal 软件包

制作和安装软件包的步骤如下:

```
rpmbuild --rebuild ${SOURCESDIR}/l/lxterminal-0.3.2-6.D20200316gitcb2992e.fc32.src.rpm
sudo rpm -ivh $(ls ~/rpmbuild/RPMS/mips64el/lxterminal-* | grep -v "debug")
```

10.4.5 中文支持

虽然桌面环境的主要软件包已经搭建完成，但如果要使用中文，那么各种中文的字体以及输入法的制作也是必不可少的，接下来将制作和安装提供最基本中文支持的软件包。

1. WQY-Bitmap-Fonts 软件包

制作和安装软件包的步骤如下:

```
rpmbuild --rebuild ${SOURCESDIR}/w/wqy-bitmap-fonts-1.0.0-0.17.rc1.fc32.src.rpm
sudo rpm -ivh ~/rpmbuild/RPMS/noarch/wqy-bitmap-fonts-*
```

2. WQY-Unibit-Fonts 软件包

制作和安装软件包的步骤如下:

```
rpmbuild --rebuild ${SOURCESDIR}/w/wqy-unibit-fonts-1.1.0-24.fc32.src.rpm
sudo rpm -ivh ~/rpmbuild/RPMS/noarch/wqy-unibit-fonts-*
```

3. WQY-Microhei-Fonts 软件包

制作和安装软件包的步骤如下：

```
rpmbuild --rebuild ${SOURCESDIR}/w/wqy-microhei-fonts-0.2.0-0.25.beta.fc32.src.rpm
sudo rpm -ivh ~/rpmbuild/RPMS/noarch/wqy-microhei-fonts-*
```

4. WQY-Zenhei-Fonts 软件包

制作和安装软件包的步骤如下：

```
rpmbuild --rebuild ${SOURCESDIR}/w/wqy-zenhei-fonts-0.9.46-22.fc32.src.rpm
sudo rpm -ivh ~/rpmbuild/RPMS/noarch/wqy-zenhei-fonts-*
```

5. Google-Noto 字库集

制作和安装软件包的步骤如下：

```
rpmbuild --rebuild ${SOURCESDIR}/g/google-noto-fonts-20181223-7.fc32.src.rpm
rpmbuild --rebuild ${SOURCESDIR}/g/google-noto-cjk-fonts-20190416-6.fc32.src.rpm
sudo rpm -ivh ~/rpmbuild/RPMS/noarch/google-noto-*
```

这里同时安装了两个字体软件包。

6. Aspell 软件包

制作和安装软件包的步骤如下：

```
rpmbuild --rebuild ${SOURCESDIR}/a/aspell-0.60.8-3.fc32.src.rpm
sudo rpm -ivh $(ls ~/rpmbuild/RPMS/mips64el/aspell-* | grep -v "debug")
```

7. Hunspell-EN 软件包

制作软件包的步骤如下：

```
rpmbuild --rebuild ${SOURCESDIR}/h/hunspell-en-0.20140811.1-16.fc32.src.rpm
```

Hunspell-EN 软件包制作完成后先不要进行安装，和接下来制作完成的 Hunspell 软件包一起进行安装。

8. Hunspell 软件包

制作和安装软件包的步骤如下：

```
rpmbuild --rebuild ${SOURCESDIR}/h/hunspell-1.7.0-5.fc32.src.rpm
sudo rpm -ivh $(ls ~/rpmbuild/RPMS/{mips64el,noarch}/hunspell-* | grep -v "debug")
```

连同 Hunspell-EN 软件包一起进行安装。

9. Malaga 软件包

制作和安装软件包的步骤如下：

```
rpmbuild --rebuild ${SOURCESDIR}/m/malaga-7.12-29.fc32.src.rpm
sudo rpm -ivh $(ls ~/rpmbuild/RPMS/mips64el/{lib,}malaga-* | grep -v "debug")
```

10. Malaga-Suomi-Voikko 软件包

制作和安装软件包的步骤如下：

```
rpmbuild --rebuild ${SOURCESDIR}/m/malaga-suomi-voikko-1.19-11.fc32.src.rpm
sudo rpm -ivh ~/rpmbuild/RPMS/mips64el/malaga-suomi-voikko-*
```

11. Libvoikko 软件包

制作和安装软件包的步骤如下：

```
rpmbuild --rebuild ${SOURCESDIR}/l/libvoikko-4.1.1-6.fc32.src.rpm
sudo rpm -ivh $(ls ~/rpmbuild/RPMS/mips64el/libvoikko-* | grep -v "debug")
```

12. Enchant 软件包

制作和安装软件包的步骤如下：

```
rpmbuild --rebuild ${SOURCESDIR}/e/enchant-1.6.0-25.fc32.src.rpm
sudo rpm -ivh $(ls ~/rpmbuild/RPMS/mips64el/enchant-* | grep -v "debug")
```

13. Opencc 软件包

制作和安装软件包的步骤如下：

```
rpmbuild --rebuild ${SOURCESDIR}/o/opencc-1.0.5-6.fc32.src.rpm
sudo rpm -ivh $(ls ~/rpmbuild/RPMS/mips64el/opencc-* | grep -v "debug")
```

14. CUnit 软件包

制作和安装软件包的步骤如下：

```
rpmbuild --rebuild ${SOURCESDIR}/c/CUnit-2.1.3-21.fc32.src.rpm
sudo rpm -ivh $(ls ~/rpmbuild/RPMS/mips64el/CUnit-* | grep -v "debug")
```

15. Libmetalink 软件包

制作和安装软件包的步骤如下：

```
rpmbuild --rebuild ${SOURCESDIR}/l/libmetalink-0.1.3-10.fc32.src.rpm
sudo rpm -ivh $(ls ~/rpmbuild/RPMS/mips64el/libmetalink-* | grep -v "debug")
```

16. Wget 软件包

（1）安装制作软件包所需的依赖条件

```
sudo dnf builddep -y ${SOURCESDIR}/w/wget-1.20.3-4.fc32.src.rpm
```

（2）制作和安装软件包

```
rpmbuild --rebuild ${SOURCESDIR}/w/wget-1.20.3-4.fc32.src.rpm
sudo rpm -ivh $(ls ~/rpmbuild/RPMS/mips64el/wget-* | grep -v "debug")
```

17. Sysconftool 软件包

制作和安装软件包的步骤如下：

```
rpmbuild --rebuild ${SOURCESDIR}/s/sysconftool-0.17-11.fc32.src.rpm
sudo rpm -ivh ~/rpmbuild/RPMS/noarch/sysconftool-*
```

18. QT5 软件包

制作和安装软件包的步骤如下：

```
rpmbuild --rebuild ${SOURCESDIR}/q/qt5-5.13.2-2.fc32.src.rpm
sudo rpm -ivh ~/rpmbuild/RPMS/noarch/qt5-*macros*
```

QT5 软件包并未带有任何与 QT 相关的库文件或者程序文件，其制作出来的是供 RPM 包管理工具使用的 macros 配置文件，这些文件为今后制作与 QT5 相关的软件包提供了必要的 RPM 变量设置。

19. KF5 软件包

制作和安装软件包的步骤如下：

```
rpmbuild --rebuild ${SOURCESDIR}/k/kf5-5.68.0-1.fc32.src.rpm
sudo rpm -ivh $(ls ~/rpmbuild/RPMS/{mips64el,noarch}/kf5-* | grep -v "debug")
```

KF5 软件包与 QT5 软件包类似，提供了一组将来用于制作 KF5 相关软件包的 RPM 变量设置。

20. Extra-Cmake-Modules 软件包

制作和安装软件包的步骤如下：

```
rpmbuild --rebuild ${SOURCESDIR}/e/extra-cmake-modules-5.68.0-1.fc32.src.rpm --nodeps
sudo rpm -ivh ~/rpmbuild/RPMS/noarch/extra-cmake-modules-* --nodeps
```

21. Imsettings 软件包

制作和安装软件包的步骤如下：

```
rpmbuild --rebuild ${SOURCESDIR}/i/imsettings-1.8.2-1.fc32.src.rpm
sudo rpm -ivh $(ls ~/rpmbuild/RPMS/mips64el/imsettings-{lxde,libs,devel,gsettings}-*\
              ~/rpmbuild/RPMS/mips64el/imsettings-1.8.2-* | grep -v "debug") --nodeps
```

22. Dconf 软件包

制作和安装软件包的步骤如下：

```
rpmbuild --rebuild ${SOURCESDIR}/d/dconf-0.36.0-1.fc32.src.rpm
sudo rpm -ivh $(ls ~/rpmbuild/RPMS/mips64el/dconf-* | grep -v "debug")
```

23. Im-Chooser 软件包

制作和安装软件包的步骤如下：

```
rpmbuild --rebuild ${SOURCESDIR}/i/im-chooser-1.7.3-3.fc32.src.rpm
sudo rpm -ivh $(ls ~/rpmbuild/RPMS/mips64el/im-chooser-* | grep -v "debug")
```

24. Fcitx 软件包

（1）修改 SPEC 描述文件

因为当前系统中还未提供对 QT 的支持，所以需要从配置参数中设置去除对 QT 的支持，去除的方法是找到以下配置参数：

```
-DENABLE_QT_IM_MODULE=On
```

将其修改为

```
-DENABLE_QT_IM_MODULE=Off -DENABLE_QT=Off
```

因为去除了对 QT 支持，所以不会产生与 QT 相关的文件，需要删除以下两行打包内容：

```
%files qt4
%{_libdir}/qt4/plugins/inputmethods/qtim-fcitx.so
```

（2）制作和安装软件包

```
rpmbuild -bb ~/rpmbuild/SPECS/fcitx.spec --nodeps
sudo rpm -ivh $(ls ~/rpmbuild/RPMS/{mips64el,noarch}/fcitx-* | grep -v "debug")
```

10.4.6 声音支持

一个桌面环境除了有漂亮的图形界面外，对声音的支持也是必不可少的。接下来我们将制作在桌面系统中常用的与声音支持相关的软件包及其涉及的依赖软件包。

1. Libogg 软件包

制作和安装软件包的步骤如下：

```
rpmbuild --rebuild ${SOURCESDIR}/l/libogg-1.3.4-2.fc32.src.rpm
sudo rpm -ivh $(ls ~/rpmbuild/RPMS/mips64el/libogg-* | grep -v "debug")
```

2. Libvorbis 软件包

制作和安装软件包的步骤如下：

```
rpmbuild --rebuild ${SOURCESDIR}/l/libvorbis-1.3.6-6.fc32.src.rpm
sudo rpm -ivh $(ls ~/rpmbuild/RPMS/mips64el/libvorbis-* | grep -v "debug")
```

3. Gsm 软件包

制作和安装软件包的步骤如下：

```
rpmbuild --rebuild ${SOURCESDIR}/g/gsm-1.0.18-6.fc32.src.rpm
sudo rpm -ivh $(ls ~/rpmbuild/RPMS/mips64el/gsm-* | grep -v "debug")
```

4. Glib 软件包

制作和安装软件包的步骤如下：

```
rpmbuild --rebuild ${SOURCESDIR}/g/glib-1.2.10-58.fc32.src.rpm
rpm -ivh $(ls ~/rpmbuild/RPMS/mips64el/glib-*1.2* | grep -v "debug")
```

5. GTK+ 软件包

制作和安装软件包的步骤如下：

```
rpmbuild --rebuild ${SOURCESDIR}/g/gtk+-1.2.10-93.fc32.src.rpm
sudo rpm -ivh $(ls ~/rpmbuild/RPMS/mips64el/gtk+-* | grep -v "debug")
```

6. XMMS 软件包

（1）修改 SPEC 描述文件

因为当前没有制作 Arts 软件包，所以去除 Arts 软件包的依赖，直接通过 sed 命令修改 SPEC 描述文件即可，使用如下命令：

```
sed -i "/arts/d" ~/rpmbuild/SPECS/xmms.spec
```

（2）制作和安装软件包

```
rpmbuild -bb ~/rpmbuild/SPECS/xmms.spec --nodeps
rpm -ivh $(ls ~/rpmbuild/RPMS/mips64el/xmms-* | grep -v "debug") --nodeps
```

7. FLAC 软件包

制作和安装软件包的步骤如下：

```
rpmbuild --rebuild ${SOURCESDIR}/f/flac-1.3.3-2.fc32.src.rpm
sudo rpm -ivh $(ls ~/rpmbuild/RPMS/mips64el/flac-* | grep -v "debug")
```

8. Libsndfile 软件包

制作和安装软件包的步骤如下：

```
rpmbuild --rebuild ${SOURCESDIR}/l/libsndfile-1.0.28-12.fc32.src.rpm
sudo rpm -ivh $(ls ~/rpmbuild/RPMS/mips64el/libsndfile-* | grep -v "debug")
```

9. GConf2 软件包

制作和安装软件包的步骤如下：

```
rpmbuild --rebuild ${SOURCESDIR}/g/GConf2-3.2.6-27.fc31.src.rpm
sudo rpm -ivh $(ls ~/rpmbuild/RPMS/mips64el/GConf2-* | grep -v "debug")
```

10. Libsamplerate 软件包

制作和安装软件包的步骤如下：

```
rpmbuild --rebuild ${SOURCESDIR}/l/libsamplerate-0.1.9-5.fc32.src.rpm --nodeps
sudo rpm -ivh $(ls ~/rpmbuild/RPMS/mips64el/libsamplerate-* | grep -v "debug")
```

11. Opus 软件包

制作和安装软件包的步骤如下：

```
rpmbuild --rebuild ${SOURCESDIR}/o/opus-1.3.1-3.fc32.src.rpm
sudo rpm -ivh $(ls ~/rpmbuild/RPMS/mips64el/opus-* | grep -v "debug")
```

12. Jack-Audio-Connection-Kit 软件包

（1）修改 SPEC 描述文件

因为该软件包采用标准模式制作时需要大量的依赖关系，但采用 BootStrap 制作模式时可以减少很多额外的依赖条件，所以本次制作强制设置该软件包使用 BootStrap 制作模式。找到以下设置变量：

```
%global bootstrap 0
```

将其改为

```
%global bootstrap 1
```

（2）制作和安装软件包

```
rpmbuild -bb ~/rpmbuild/SPECS/jack-audio-connection-kit.spec
sudo rpm -ivh $(ls ~/rpmbuild/RPMS/mips64el/jack-audio-connection-kit-* | grep -v "debug")
```

13. Socat 软件包

制作和安装软件包的步骤如下：

```
rpmbuild --rebuild ${SOURCESDIR}/s/socat-1.7.3.4-2.fc32.src.rpm
sudo rpm -ivh $(ls ~/rpmbuild/RPMS/mips64el/socat-* | grep -v "debug")
```

14. Portaudio 软件包

制作和安装软件包的步骤如下：

```
rpmbuild --rebuild ${SOURCESDIR}/p/portaudio-19-31.fc32.src.rpm
sudo rpm -ivh $(ls ~/rpmbuild/RPMS/mips64el/portaudio-* | grep -v "debug")
```

15. Libconfuse 软件包

制作和安装软件包的步骤如下：

```
rpmbuild --rebuild ${SOURCESDIR}/l/libconfuse-3.2.2-4.fc32.src.rpm
sudo rpm -ivh $(ls ~/rpmbuild/RPMS/mips64el/libconfuse-* | grep -v "debug")
```

16. Libftdi 软件包

制作和安装软件包的步骤如下：

```
rpmbuild --rebuild ${SOURCESDIR}/l/libftdi-1.4-2.fc32.src.rpm
sudo rpm -ivh $(ls ~/rpmbuild/RPMS/mips64el/{python3-,}libftdi-* | grep -v "debug")
```

17. Recode 软件包

制作和安装软件包的步骤如下：

```
rpmbuild --rebuild ${SOURCESDIR}/r/recode-3.7.6-2.fc32.src.rpm
sudo rpm -ivh $(ls ~/rpmbuild/RPMS/mips64el/recode-* | grep -v "debug")
```

18. Man2Html 软件包

制作和安装软件包的步骤如下：

```
rpmbuild --rebuild ${SOURCESDIR}/m/man2html-1.6-25.g.fc32.src.rpm
sudo rpm -ivh $(ls ~/rpmbuild/RPMS/mips64el/man2html-* | grep -v "debug") --nodeps
```

19. Lirc 软件包

（1）修改 SPEC 描述文件

Lirc 软件包在最后打包处理阶段会出现错误，解决的方法是在 SPEC 描述文件的开始处加入以下变量设置：

```
%global __brp_mangle_shebangs %{nil}
```

更新修订版本号并保存文件。

（2）制作和重制 SRPM 文件

```
rpmbuild -ba ~/rpmbuild/SPECS/lirc.spec
```

（3）安装软件包

```
sudo rpm -ivh $(ls ~/rpmbuild/RPMS/{mips64el,noarch}/lirc-* | grep -v "debug")
```

20. Sbc 软件包

制作和安装软件包的步骤如下：

```
rpmbuild --rebuild ${SOURCESDIR}/s/sbc-1.4-5.fc32.src.rpm
sudo rpm -ivh $(ls ~/rpmbuild/RPMS/mips64el/{lib,}sbc-* | grep -v "debug")
```

21. Webrtc-Audio-Processing 软件包

制作和安装软件包的步骤如下：

```
rpmbuild --rebuild ${SOURCESDIR}/w/webrtc-audio-processing-0.3.1-4.fc32.src.rpm
sudo rpm -ivh $(ls ~/rpmbuild/RPMS/mips64el/webrtc-audio-processing-* | grep -v "debug")
```

22. Libasyncns 软件包

制作和安装软件包的步骤如下：

```
rpmbuild --rebuild ${SOURCESDIR}/l/libasyncns-0.8-18.fc32.src.rpm
sudo rpm -ivh $(ls ~/rpmbuild/RPMS/mips64el/libasyncns-* | grep -v "debug")
```

23. Orc 软件包

制作和安装软件包的步骤如下：

```
rpmbuild --rebuild ${SOURCESDIR}/o/orc-0.4.31-2.fc32.src.rpm
sudo rpm -ivh $(ls ~/rpmbuild/RPMS/mips64el/orc-* | grep -v "debug")
```

24. Soxr 软件包

制作和安装软件包的步骤如下：

```
rpmbuild --rebuild ${SOURCESDIR}/s/soxr-0.1.3-5.fc32.src.rpm
```

```
sudo rpm -ivh $(ls ~/rpmbuild/RPMS/mips64el/soxr-* | grep -v "debug")
```

25. Speexdsp 软件包

制作和安装软件包的步骤如下:

```
rpmbuild --rebuild ${SOURCESDIR}/s/speexdsp-1.2-0.17.rc3.fc32.src.rpm
sudo rpm -ivh $(ls ~/rpmbuild/RPMS/mips64el/speexdsp-* | grep -v "debug")
```

26. Xmltoman 软件包

制作和安装软件包的步骤如下:

```
rpmbuild --rebuild ${SOURCESDIR}/x/xmltoman-0.4-21.fc32.src.rpm
sudo rpm -ivh ~/rpmbuild/RPMS/noarch/xmltoman-*
```

27. TclX 软件包

制作和安装软件包的步骤如下:

```
rpmbuild --rebuild ${SOURCESDIR}/t/tclx-8.4.0-35.fc32.src.rpm
sudo rpm -ivh $(ls ~/rpmbuild/RPMS/mips64el/tclx-* | grep -v "debug")
```

28. Libstemmer 软件包

制作和安装软件包的步骤如下:

```
rpmbuild --rebuild ${SOURCESDIR}/l/libstemmer-0-14.585svn.fc32.src.rpm
sudo rpm -ivh $(ls ~/rpmbuild/RPMS/mips64el/libstemmer-* | grep -v "debug")
```

29. Libappstream-Glib 软件包

制作和安装软件包的步骤如下:

```
rpmbuild --rebuild ${SOURCESDIR}/l/libappstream-glib-0.7.17-1.fc32.src.rpm
sudo rpm -ivh $(ls ~/rpmbuild/RPMS/mips64el/libappstream-glib-* | grep -v "debug")
```

30. GPM 软件包

制作和安装软件包的步骤如下:

```
rpmbuild --rebuild ${SOURCESDIR}/g/gpm-1.20.7-21.fc32.src.rpm
sudo rpm -ivh $(ls ~/rpmbuild/RPMS/mips64el/gpm-* | grep -v "debug") --nodeps
```

31. VIM 软件包

制作和安装软件包的步骤如下:

```
rpmbuild --rebuild ${SOURCESDIR}/v/vim-8.2.525-1.fc32.src.rpm
sudo rpm -ivh $(ls ~/rpmbuild/RPMS/{mips64el,noarch}/vim-* | grep -v "debug")
```

32. Environment-Modules 软件包

制作和安装软件包的步骤如下:

```
rpmbuild --rebuild ${SOURCESDIR}/e/environment-modules-4.4.1-2.fc32.src.rpm
sudo rpm -ivh $(ls ~/rpmbuild/RPMS/mips64el/environment-modules-* | grep -v "debug")
```

33. Time 软件包

制作和安装软件包的步骤如下：

```
rpmbuild --rebuild ${SOURCESDIR}/t/time-1.9-8.fc32.src.rpm
sudo rpm -ivh $(ls ~/rpmbuild/RPMS/mips64el/time-* | grep -v "debug")
```

34. Rpm-Mpi-Hooks 软件包

制作和安装软件包的步骤如下：

```
rpmbuild --rebuild ${SOURCESDIR}/r/rpm-mpi-hooks-6-5.fc32.src.rpm
sudo rpm -ivh ~/rpmbuild/RPMS/noarch/rpm-mpi-hooks-*
```

35. Mpich 软件包

（1）修改 SPEC 描述文件

如果当前环境中安装了 Python2 的开发环境，则 Mpich 软件包会生成与 Python2 相关的文件，这就导致制作时生成了意料之外的文件，制作过程会因为这些多出来的文件而出现错误。我们可以通过增加一个打包文件的方式对多出来的文件进行处理。

首先，增加打包文件描述信息，增加以下内容：

```
%package -n python2-mpich
Summary:         mpich support for Python 2
Requires:        %{name} = %{version}-%{release}
Requires:        python(abi) = %{python2_version}

%description -n python2-mpich
mpich support for Python 2.
```

其次，增加打包列表文件组，增加以下内容：

```
%files -n python2-mpich
%dir %{python2_sitearch}/%{name}
%{python2_sitearch}/%{name}.pth
```

经过增加上面这些内容，Mpich 软件包制作时会生成一个名为 python2-mpich 的 RPM 文件。

增加修订版本号并保存文件。

（2）制作软件包和重制 SRPM 文件

```
rpmbuild -ba ~/rpmbuild/SPECS/mpich.spec --nodeps
```

（3）安装软件包

```
sudo rpm -ivh $(ls ~/rpmbuild/RPMS/mips64el/{python*-,}mpich-* | grep -v "debug")
```

36. Fftw 软件包

制作和安装软件包的步骤如下：

```
rpmbuild --rebuild ${SOURCESDIR}/f/fftw-3.3.8-7.fc32.src.rpm --without openmpi
sudo rpm -ivh $(ls ~/rpmbuild/RPMS/mips64el/fftw-* | grep -v -e "debug" -e "mpich")
```

37. Rtkit 软件包

制作和安装软件包的步骤如下:

```
rpmbuild --rebuild ${SOURCESDIR}/r/rtkit-0.11-23.fc32.src.rpm
sudo rpm -ivh $(ls ~/rpmbuild/RPMS/mips64el/rtkit-* | grep -v "debug")
```

38. Pulseaudio 软件包

制作和安装软件包的步骤如下:

```
rpmbuild --rebuild ${SOURCESDIR}/p/pulseaudio-13.99.1-3.fc32.src.rpm
sudo rpm -ivh $(ls ~/rpmbuild/RPMS/mips64el/pulseaudio-* | grep -v "debug") --nodeps
```

10.4.7 主题和图标

如果现在启动桌面环境，那么可以预计界面不是很理想，因为当前的桌面环境还缺少用来美化的软件包。接下来将制作与桌面环境主题和图标相关的软件包，当这些软件包安装到系统后，桌面环境看上去才会比较美观。

1. LibXfce4UI 软件包

（1）修改 SPEC 描述文件

因为当前没有制作 Glade 软件包，所以去除 Glade 软件包的依赖，直接通过 sed 命令修改 SPEC 描述文件即可，使用如下命令:

```
sed -i "/glade/d" ~/rpmbuild/SPECS/libxfce4ui.spec
```

（2）制作和安装软件包

```
rpmbuild -bb ~/rpmbuild/SPECS/libxfce4ui.spec
sudo rpm -ivh $(ls ~/rpmbuild/RPMS/mips64el/{lib,}xfce4ui-* | grep -v "debug")
```

2. Exo 软件包

制作和安装软件包的步骤如下:

```
rpmbuild --rebuild ${SOURCESDIR}/e/exo-0.12.11-2.fc32.src.rpm
sudo rpm -ivh $(ls ~/rpmbuild/RPMS/mips64el/exo-* | grep -v "debug")
```

3. GTK2-Engines 软件包

制作和安装软件包的步骤如下:

```
rpmbuild --rebuild ${SOURCESDIR}/g/gtk2-engines-2.20.2-20.fc32.src.rpm
sudo rpm -ivh $(ls ~/rpmbuild/RPMS/mips64el/gtk2-engines-* | grep -v "debug")
```

4. Perl-IO-Socket-SSL 软件包

制作和安装软件包的步骤如下：

```
rpmbuild --rebuild ${SOURCESDIR}/p/perl-IO-Socket-SSL-2.068-1.fc32.src.rpm --nodeps
sudo rpm -ivh ~/rpmbuild/RPMS/noarch/perl-IO-Socket-SSL-*
```

5. Perl-Net-HTTP 软件包

制作和安装软件包的步骤如下：

```
rpmbuild --rebuild ${SOURCESDIR}/p/perl-Net-HTTP-6.19-4.fc32.src.rpm
sudo rpm -ivh ~/rpmbuild/RPMS/noarch/perl-Net-HTTP-*
```

6. Perl-Libwww-Perl 软件包

（1）安装制作软件包所需的依赖条件

```
sudo dnf builddep -y ${SOURCESDIR}/p/perl-libwww-perl-6.43-2.fc32.src.rpm
```

（2）制作和安装软件包

```
rpmbuild --rebuild ${SOURCESDIR}/p/perl-libwww-perl-6.43-2.fc32.src.rpm
sudo dnf install -y ~/rpmbuild/RPMS/noarch/perl-libwww-perl-*
```

7. Perl-XML-Simple 软件包

（1）安装制作软件包所需的依赖条件

```
sudo dnf builddep -y ${SOURCESDIR}/p/perl-XML-Simple-2.25-7.fc32.src.rpm
```

（2）制作和安装软件包

```
rpmbuild --rebuild ${SOURCESDIR}/p/perl-XML-Simple-2.25-7.fc32.src.rpm
sudo rpm -ivh ~/rpmbuild/RPMS/noarch/perl-XML-Simple-*
```

8. Icon-Naming-Utils 软件包

制作和安装软件包的步骤如下：

```
rpmbuild --rebuild ${SOURCESDIR}/i/icon-naming-utils-0.8.90-22.fc32.src.rpm
sudo rpm -ivh ~/rpmbuild/RPMS/noarch/icon-naming-utils-*
```

9. Gnome-Icon-Theme 软件包

制作和安装软件包的步骤如下：

```
rpmbuild --rebuild ${SOURCESDIR}/g/gnome-icon-theme-3.12.0-13.fc32.src.rpm
sudo rpm -ivh ~/rpmbuild/RPMS/noarch/gnome-icon-theme-*
```

10. Gnome-Themes 软件包

制作和安装软件包的步骤如下：

```
rpmbuild --rebuild ${SOURCESDIR}/g/gnome-themes-2.32.0-21.fc32.src.rpm
sudo rpm -ivh ~/rpmbuild/RPMS/noarch/gnome-themes-*
```

11. Gnome-Themes-Extra 软件包

制作和安装软件包的步骤如下：

```
rpmbuild --rebuild ${SOURCESDIR}/g/gnome-themes-extra-3.28-7.fc32.src.rpm
sudo rpm -ivh ~/rpmbuild/RPMS/mips64el/gnome-themes-extra-*
sudo rpm -ivh ~/rpmbuild/RPMS/mips64el/adwaita-gtk2-theme-*
```

12. Netpbm 软件包

制作和安装软件包的步骤如下：

```
rpmbuild --rebuild ${SOURCESDIR}/n/netpbm-10.90.00-1.fc32.src.rpm
sudo rpm -ivh $(ls ~/rpmbuild/RPMS/mips64el/netpbm-* | grep -v "debug")
```

13. Transfig 软件包

制作和安装软件包的步骤如下：

```
rpmbuild --rebuild ${SOURCESDIR}/t/transfig-3.2.7b-2.fc32.src.rpm
sudo rpm -ivh $(ls ~/rpmbuild/RPMS/mips64el/transfig-* | grep -v "debug")
```

14. Gstreamer1 软件包

制作和安装软件包的步骤如下：

```
rpmbuild --rebuild ${SOURCESDIR}/g/gstreamer1-1.16.2-2.fc32.src.rpm
sudo rpm -ivh $(ls ~/rpmbuild/RPMS/mips64el/gstreamer1-* | grep -v "debug")
```

15. Sound-Theme-Freedesktop 软件包

制作和安装软件包的步骤如下：

```
rpmbuild --rebuild ${SOURCESDIR}/s/sound-theme-freedesktop-0.8-13.fc32.src.rpm
sudo rpm -ivh ~/rpmbuild/RPMS/noarch/sound-theme-freedesktop-*
```

16. Libcanberra 软件包

制作和安装软件包的步骤如下：

```
rpmbuild --rebuild ${SOURCESDIR}/l/libcanberra-0.30-22.fc32.src.rpm
sudo rpm -ivh $(ls ~/rpmbuild/RPMS/mips64el/libcanberra-* | grep -v "debug")
```

17. Mint-X-Icons 软件包

制作和安装软件包的步骤如下：

```
rpmbuild --rebuild ${SOURCESDIR}/m/mint-x-icons-1.5.3-2.fc32.src.rpm
sudo rpm -ivh ~/rpmbuild/RPMS/noarch/mint-x-icons-*
```

18. Mint-Y-Icons 软件包

制作和安装软件包的步骤如下：

```
rpmbuild --rebuild ${SOURCESDIR}/m/mint-y-icons-1.3.7-2.fc32.src.rpm
sudo rpm -ivh ~/rpmbuild/RPMS/noarch/mint-y-icons-*
```

19. Mint-Themes 软件包

制作和安装软件包的步骤如下：

```
rpmbuild --rebuild ${SOURCESDIR}/m/mint-themes-1.8.3-3.fc32.src.rpm
sudo rpm -ivh $(ls ~/rpmbuild/RPMS/noarch/mint*theme* | grep -v "debug")
```

20. Slick-Greeter 软件包

制作和安装软件包的步骤如下：

```
rpmbuild --rebuild ${SOURCESDIR}/s/slick-greeter-1.3.2-3.fc32.src.rpm
sudo rpm -ivh $(ls ~/rpmbuild/RPMS/{mips64el,noarch}/slick-greeter-* | grep -v "debug")
```

21. Urw-Base35-Fonts 软件包

制作和安装软件包的步骤如下：

```
rpmbuild --rebuild ${SOURCESDIR}/u/urw-base35-fonts-20170801-14.fc32.src.rpm
sudo rpm -ivh ~/rpmbuild/RPMS/noarch/urw-base35-*
```

22. Libwmf 软件包

制作和安装软件包的步骤如下：

```
rpmbuild --rebuild ${SOURCESDIR}/l/libwmf-0.2.12-3.fc32.src.rpm
sudo rpm -ivh $(ls ~/rpmbuild/RPMS/mips64el/libwmf-* | grep -v "debug")
```

23. Libwebp 软件包

制作和安装软件包的步骤如下：

```
rpmbuild --rebuild ${SOURCESDIR}/l/libwebp-1.1.0-2.fc32.src.rpm
sudo rpm -ivh $(ls ~/rpmbuild/RPMS/mips64el/libwebp-* | grep -v "debug")
```

24. Libraqm 软件包

制作和安装软件包的步骤如下：

```
rpmbuild --rebuild ${SOURCESDIR}/l/libraqm-0.7.0-5.fc32.src.rpm
sudo rpm -ivh $(ls ~/rpmbuild/RPMS/mips64el/libraqm-* | grep -v "debug")
```

25. Liblqr 软件包

制作和安装软件包的步骤如下：

```
rpmbuild --rebuild ${SOURCESDIR}/l/liblqr-1-0.4.2-14.fc32.src.rpm
sudo rpm -ivh $(ls ~/rpmbuild/RPMS/mips64el/liblqr-* | grep -v "debug")
```

26. Ilmbase 软件包

制作和安装软件包的步骤如下：

```
rpmbuild --rebuild ${SOURCESDIR}/i/ilmbase-2.3.0-4.fc32.src.rpm
sudo rpm -ivh $(ls ~/rpmbuild/RPMS/mips64el/ilmbase-* | grep -v "debug")
```

27. Djvulibre 软件包

制作和安装软件包的步骤如下：

```
rpmbuild --rebuild ${SOURCESDIR}/d/djvulibre-3.5.27-19.fc32.src.rpm --nodeps
sudo rpm -ivh $(ls ~/rpmbuild/RPMS/mips64el/djvulibre-* | grep -v "debug")
```

28. OpenEXR 软件包

制作和安装软件包的步骤如下：

```
rpmbuild --rebuild ${SOURCESDIR}/o/OpenEXR-2.3.0-5.fc32.src.rpm
sudo rpm -ivh $(ls ~/rpmbuild/RPMS/mips64el/OpenEXR-* | grep -v "debug")
```

29. LibRaw 软件包

制作和安装软件包的步骤如下：

```
rpmbuild --rebuild ${SOURCESDIR}/l/LibRaw-0.19.5-1.fc32.src.rpm
sudo rpm -ivh $(ls ~/rpmbuild/RPMS/mips64el/LibRaw-* | grep -v "debug")
```

30. ImageMagick 软件包

制作和安装软件包的步骤如下：

```
rpmbuild --rebuild ${SOURCESDIR}/i/ImageMagick-6.9.10.86-2.fc32.src.rpm --nocheck
sudo rpm -ivh $(ls ~/rpmbuild/RPMS/mips64el/ImageMagick-* | grep -v "debug")
```

31. Fedora-Icon-Theme 软件包

制作和安装软件包的步骤如下：

```
rpmbuild --rebuild ${SOURCESDIR}/f/fedora-icon-theme-1.0.0-27.fc32.src.rpm
sudo rpm -ivh ~/rpmbuild/RPMS/noarch/fedora-icon-theme-*
```

32. Bluecurve-Icon-Theme 软件包

制作和安装软件包的步骤如下：

```
rpmbuild --rebuild ${SOURCESDIR}/b/bluecurve-icon-theme-8.0.2-22.fc32.src.rpm
sudo rpm -ivh ~/rpmbuild/RPMS/noarch/bluecurve-*-theme-*
```

33. Fedora-Logos 软件包

Fedora-Logos 软件包是一个制作衍生发行版时需要修改的软件包，其中包含了发行版标志、启动图片等文件，替换该软件包中的对应文件可以更换发行版标志、启动图片等。

制作和安装软件包的步骤如下：

```
rpmbuild --rebuild ${SOURCESDIR}/f/fedora-logos-30.0.2-4.fc32.src.rpm
sudo rpm -evh generic-logos generic-logos-httpd --nodeps
sudo rpm -ivh ~/rpmbuild/RPMS/{mips64el,noarch}/fedora-logos-*
```

10.4.8 启动桌面

制作到这里，图形桌面环境基本上可用了，接下来我们就尝试启动这个桌面环境，看看效果。

1. 创建新用户

因为制作软件包所需限制了环境变量的设置，所以当前制作系统的用户无法正常启动桌面环境。创建一个新用户来尝试桌面环境是一个比较好的解决方法。

创建新用户使用如下命令：

```
sudo useradd guest-test -c SunHaiyong
```

这里创建了一个名为 guest-test 的用户，使用 -c 参数可以指定该用户的介绍，并在登录管理界面上用该介绍来表示用户。

2. 设置用户登录密码

因为进入桌面环境可以通过登录管理器来完成，在登录管理器的界面中会要求输入密码，所以需要对新创建的用户设置一个密码，使用如下命令：

```
sudo passwd guest-test
```

接下来连续两次输入一样的密码即可完成密码的设置。

3. 进入登录管理器

有两种方式进入登录管理器：一种是重新启动计算机，重新进入系统后会自动进入图形化的登录管理器界面；另一种是使用命令启动登录管理器，启动命令如下：

```
systemctl restart lightdm
```

登录管理器的启动可以采用系统服务的方式，使用 Systemd 软件包提供的 systemctl 命令启动登录管理器服务。因为之前制作的登录管理器为 LightDM，所以这里启动 lightdm 服务即可。

无论是重新启动还是通过命令启动，进入的图形登录管理器界面都如图 10.3 所示。

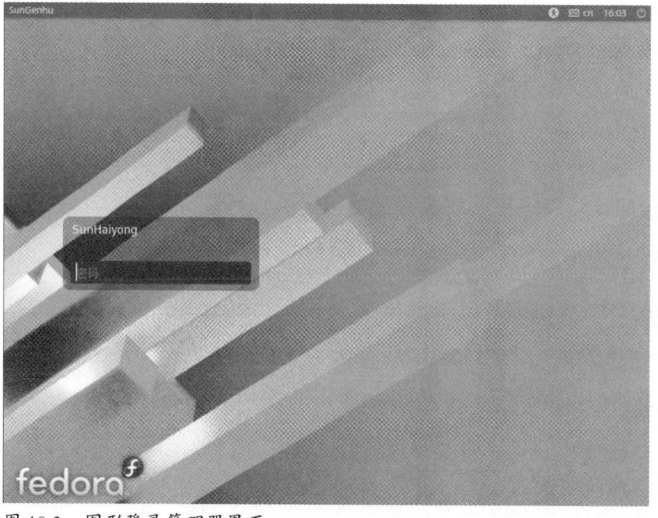

图 10.3　图形登录管理器界面

我们看到显示的用户名是新建用户的介绍内容，选择该用户，并输入设置的密码就可以进入 LXDE 的桌面环境中，LXDE 桌面环境如图 10.4 所示。

图 10.4　LXDE 桌面环境

10.5 再次编译

如果你已经读到了这里，那么恭喜你，现在已经掌握了制作软件包和解决循环依赖的基本方法。目前整个 Fedora 软件仓库中包含了 20000 个软件包，将来还会不断增加，而本书仅仅制作了其中最基本的一小部分软件包。

没有“舍”就没有“得”，这一点无论是在之前解决循环依赖的过程中，还是在接下来的过程中都不断被实践证实。我们接下来要做的事情则是“抛弃”之前所制作的软件包。

本节将向大家介绍如何制作整个发行版所包含的源代码包。

10.5.1 准备工作

说到抛弃之前的成果，并不是真的把之前的东西都删掉重来，而是借助之前制作的软件包来重新编译这些软件包。

1. 取消 BootStrap 制作模式

之前的软件包设置了 BootStrap 制作模式，这是为了能让软件包以最少的依赖条件进行制作。而现在已经拥有不少制作出来的软件包，可以满足正常制作软件包所需要的依赖条件了，所以我们取消 BootStrap 制作模式重新制作各个软件包。取消的步骤如下：

```
sudo sed -i "/with_bootstrap/d" /usr/lib/rpm/platform/mips64el-linux/macros
```

删除 with_bootstrap 定义可以让大量使用了该参数的软件包恢复正常的编译条件。

2. 清理软件包

我们先将之前制作生成的软件包放入现有的软件仓库中，使用以下步骤完成：

```
update-repo.sh
```

接着更新仓库信息。

```
sudo dnf makecache --refresh
```

这样在接下来的制作软件包的过程中，可以利用之前已经制作好的软件包来解决依赖问题。

3. 创建新的软件仓库

现在的软件仓库包含了各种通过 BootStrap 制作模式生成的软件包，然而最终要使用的软件包应当是通过正常的依赖条件制作生成的文件。为了区分这两种制作模式生成的安装包文件，我们重新建立一个新的软件仓库来保存新产生的文件。

先将原来的软件仓库重命名。

```
sudo mv /var/repo{,-bootstrap}
```

重新创建软件仓库。

```
sudo mkdir -pv ${REPODIR}
sudo mkdir -pv ${REPODIR}/os/Packages
sudo mkdir -pv ${REPODIR}/debug/Packages
```

设置仓库的权属为当前的制作用户，使用如下命令：

```
sudo chown sunhaiyong -R ${REPODIR}
```

这样便于当前用户对仓库进行管理。

创建软件仓库信息文件，步骤如下：

```
pushd ${REPODIR}/os/
    createrepo_c --update.
popd
```

接下来修改软件仓库配置文件。

修改 /etc/yum.repos.d/local.repo 文件，将其改为如下内容：

```
[localrepo]
name=Fedora $releasever - $basearch - LocalRepo
baseurl=file:///var/repo/os/
enabled=1
type=rpm
gpgcheck=0

[bootstraprepo]
```

```
name=Fedora $releasever - $basearch - BootStrap LocalRepo
baseurl=file:///var/repo-bootstrap/os/
enabled=1
type=rpm
gpgcheck=0
```

重新更新仓库缓存信息，步骤如下：

```
sudo dnf clean all
sudo dnf makecache
```

接下来，为了让制作软件包时使用常规的环境变量设置，需要重新设置用户的环境变量，步骤如下：

```
mv ~/.bashrc{,.bak}
mv ~/.bash_profile{,.bak}
su - sunhaiyong
```

通过移除环境变量的配置文件以及重新登录用户，可以将之前设置的环境变量删除，并设置为常规的环境变量。

为了方便后续的制作，将几个目录相关的环境变量设置到当前的环境中，步骤如下：

```
$(cat ~/.bashrc.bak | grep "DIR")
```

可以通过 export 命令查看目录相关的环境变量是否设置正确。

从现在开始，系统中存在两个本地仓库，接下来将不断地补充新仓库中的软件包，而老仓库中的软件包将是制作软件包过程中依赖条件的重要来源。

10.5.2　重构软件包

本书制作的软件包大致采用了以下几种类型的制作方式。

1. 临时去依赖型软件包

这类软件包不乏许多重要的基础软件包，因为软件包之间存在循环依赖的问题，所以制作时会去除其中某些软件包的非核心功能以减少依赖。而目前我们已经完善了所需的依赖条件，那么就可以重构这些基础软件包以使其功能完整，例如重构 Dbus 软件包。

```
rpmbuild --rebuild ${SOURCESDIR}/d/dbus-1.12.16-4.fc32.src.rpm
```

制作步骤还是使用我们熟悉的命令，但是生成的 RPM 文件不再带有 ~bootstrap 字样了。

接着安装这些文件。

```
sudo rpm -Uvh $(ls ~/rpmbuild/RPMS/{mips64el,noarch}/dbus-* | grep -v "debug")
```

我们使用 U 参数来进行升级安装，跟之前软件包使用该方式更新略有不同，这次我们并没有使用 --force 参数，因为不带有 ~bootstrap 字样的文件会被判断为比带有该字样的版本更新，rpm

命令会自动进行升级安装的过程，不需要用户设置强制升级的参数。这就是使用 BootStrap 制作软件包在更新时的方便之处。若是两个没有使用或者都使用 BootStrap 的文件进行升级，则必须使用 --force 强制参数。

2. 忽略依赖型软件包

忽略依赖型与临时去依赖型类似，所不同的是，临时去依赖型需要修改 SPEC 描述文件，而忽略依赖型通常只要使用 --nodeps 忽略依赖的参数就可以完成制作。

之前被忽略的依赖现在也未必都满足了，我们需要根据缺少的依赖条件进行补充，例如重制 Systemd 软件包时还缺少个别依赖条件，我们先将这些缺少的软件包制作出来。

（1）Tree 软件包

制作和安装软件包的步骤如下：

```
rpmbuild --rebuild ${SOURCESDIR}/t/tree-1.8.0-4.fc32.src.rpm
sudo rpm -ivh $(ls ~/rpmbuild/RPMS/mips64el/tree-* | grep -v "debug")
```

（2）Valgrind 软件包

①修改 SPEC 描述文件。

增加 MIPS 架构的支持。找到以下支持架构定义：

```
ExclusiveArch: %{ix86} x86_64 ppc ppc64 ppc64le s390x armv7hl aarch64
```

增加 MIPS 架构，改为如下内容：

```
ExclusiveArch: %{ix86} x86_64 ppc ppc64 ppc64le s390x armv7hl aarch64 %{mips}
```

增加 mips64 的定义。加入以下内容：

```
%ifarch %{mips64}
%define valarch mips64
%endif
```

并在 %prep 标记段的最后加入如下内容：

```
sed -i "s@-march=mips64r2@@g" configure{,.ac}
```

②制作软件包和重制 SRPM 文件。

```
rpmbuild -ba ~/rpmbuild/SPECS/valgrind.spec --nocheck
```

③安装软件包。

```
sudo rpm -ivh $(ls ~/rpmbuild/RPMS/mips64el/valgrind-* | grep -v "debug")
```

（3）重构 Systemd 软件包

制作和安装软件包的步骤如下：

```
rpmbuild --rebuild ${SOURCESDIR}/s/systemd-245.4-1.fc32.src.rpm --nocheck
sudo rpm -Uvh $(ls ~/rpmbuild/RPMS/{mips64el,noarch}/systemd-* \
               | grep -v "debug")
```

如果未进行升级，可在 rpm 命令中增加 --force 参数强制执行更新操作。

3. 修改型软件包

在制作系统的过程中，有不少软件包修改了 SPEC 描述文件的内容，一部分是因为要解决依赖问题，而另一部分则是移植到龙芯或者定制系统后所必须进行的修改。在解决了这些软件包依赖问题后，应该对其 SPEC 描述文件进行修改，但只修改那些必须修改的内容，然后增加修订版本号并重制 SRPM 文件及重构软件包安装文件。

例如 Glibc 软件包，我们之前为了避免其依赖关系不足而导致制作失败，将其配置参数中的 --enable-systemtap 改为 --disable-systemtap，现在就需要将其改回来。而其他如增加 MIPS 的平台系统表达式等修改就应当保留下来，另外该软件包由于支持 BootStrap 制作模式，因此在恢复到正常制作模式后会与之前的制作过程略有不同，且需要的依赖也会增加，那么也就很有必要重构该软件包了。

重构 Glibc 软件包时，我们会发现还有一些依赖条件没有制作，因此先制作这些缺少的软件包。

（1）Langtable 软件包

制作和安装软件包的步骤如下：

```
rpmbuild --rebuild ${SOURCESDIR}/l/langtable-0.0.51-2.fc32.src.rpm
sudo rpm -ivh ~/rpmbuild/RPMS/noarch/{python3-,}langtable-*
```

（2）重构 Glibc 软件包

首先修改 SPEC 描述文件，保留之前 MIPS 平台所必需的修改，恢复与依赖关系相关的修改。

修改内容可以参考之前制作过程中的修改说明，也可以保留好之前修改的文件，然后重新安装原始的 SRPM 文件。通过 diff 命令对比原始的和之前修改的 SPEC 描述文件，可以很好地了解修改内容，从而确定哪些修改需要恢复，哪些修改需要保留。

修改好之后记得增加修订版本号再保存文件，现假定修改后的文件存放在 ~/rpmbuild/SPECS 目录中，以下步骤重构 Glibc 软件包。

①重构软件包。

因为 Glibc 需要制作 3 种 ABI 的安装文件，所以需要重构 3 次，先重构 64 位的安装文件，命令如下：

```
rpmbuild -bb ~/rpmbuild/SPECS/glibc.spec
```

64 位的 RPM 文件制作完成后，不要立即进行安装，待其余两种 ABI 也制作出来后一起进行更新。

在重构 N32 和 32 位软件包之前先了解一个情况，制作完整的 Glibc 需要一些依赖软件包才能达成，而这些依赖软件包中还包括了一些库文件，如 GD 软件包。因为这些软件包只制作了 64 位的版本，所以在制作 64 位的 Glibc 时可以达成依赖条件，但在制作 N32 和 32 位的 Glibc 时将没有对应的库文件，从而导致在 N32 和 32 位的 Glibc 制作过程中出现错误。

根据上述原因，N32 和 32 位的 Glibc 依旧继续使用 BootStrap 制作模式，这样才能满足制作的依赖需求，然而当使用 --with bootstrap 参数来制作时产生的文件名中会加入 ~bootstrap，这不符合我们的想法，究其原因是在 macros.dist 文件中定义了这种行为，所以通过临时修改 macros.dist 文件的方式来解决这个问题，修改命令如下：

```
sudo sed -i "s@with_bootstrap@with_bootstrap_none@g" /usr/lib/rpm/macros.d/macros.dist
```

修改完成后就可以开始制作 N32 和 32 位的 Glibc 了，使用如下命令：

```
rpmbuild -bb ~/rpmbuild/SPECS/glibc.spec --with bootstrap --target mipsn32el --nocheck
rpmbuild -bb ~/rpmbuild/SPECS/glibc.spec --with bootstrap --target mipsel --nocheck
```

完成制作后不要忘记将 macros.dist 文件修改回来，使用如下命令：

```
sudo sed -i "s@with_bootstrap_none@with_bootstrap@g" /usr/lib/rpm/macros.d/macros.dist
```

因为 Glibc 软件包修改的内容适合长期使用，所以重制 Glibc 的 SRPM 文件，使用如下命令：

```
rpmbuild -bs ~/rpmbuild/SPECS/glibc.spec
```

新的 Glibc 源代码包文件将保存在 ~/rpmbuild/SRPMS 目录中。

②更新软件包。

如果之前移除过 mipsel 或者 mipsn32el 的 Libxcrypt 软件包，则可能会在更新 Glibc 时出现依赖错误。我们可以先安装依赖所需要的软件包。

```
sudo dnf install -y libxcrypt-static.mips{n32,}el
```

然后再更新 Glibc 的软件包。

```
sudo rpm -Uvh $(ls ~/rpmbuild/RPMS/mips64el/*-2.31-2.* \
            | grep -v 'debuginfo') \
            $(ls ~/rpmbuild/RPMS/mips{n32,}el/*-2.31-2.* \
            | grep -v -e 'lang' -e 'debuginfo' -e 'common' -e 'utils')
```

如果安装的时候出现了 libc.so.6(GLIBC_PRIVATE)(64bit) 的依赖问题，则可能系统中安装了 rpm-mpi-hooks 软件包，将其卸载。

```
sudo dnf remove rpm-mpi-hooks
```

然后重新编译 Glibc 软件包即可。

修改型软件包有不少是关键软件包，例如 GCC、RPM、Python、Java、Rust、Samba 等软件包，我们可以回顾一下之前制作的软件包，找到这些软件包并重构和重制 SRPM 文件，具体步骤这里就不再赘述了，可以参考之前章节中对应软件包的说明并结合重构 Glibc 的方法。

4. 重制型软件包

有些软件包的修改内容不是因为临时处理依赖，而是因为移植到龙芯上或定制系统中必须进行的修改，那么这些软件包在修改了 SPEC 描述文件后会增加修订版本号并重制 SRPM 文件，这些重制型软件包都存放在 ~/rpmbuild/SRPMS 目录中。

这里需要注意，因为之前设置了 BootStrap 制作模式，这些重制生成的文件的名称中也包含了 ~bootstrap 字串。而之所以重制这些软件包，是因为今后再制作该软件包时应当使用重制后的

SRPM 文件，建议不要带有 ~bootstrap 字样，我们可以通过以下步骤将该字样去除：

```
mkdir -pv ${BUILDDIR}/srpms
mv -iv ~/rpmbuild/SRPMS/* ${BUILDDIR}/srpms/
for i in $(ls ${BUILDDIR}/srpms/*.src.rpm)
do
    rpmbuild -rs $i
done
```

以上步骤将会重新生成 SRPM 文件，这样在 ~/rpmbuild/SRPMS 目录中的文件将不会带有 ~bootstrap 字样了。

但这些文件之前生成的 RPM 安装文件是带有 ~bootstrap 字样的，所以可以重构这些软件包并更新，例如重构和更新 Zlib 软件包。

```
rpmbuild --rebuild ~/rpmbuild/SRPMS/zlib-1.2.11-22.fc32.loongson.1.src.rpm
rpmbuild --rebuild ~/rpmbuild/SRPMS/zlib-1.2.11-22.fc32.loongson.1.src.rpm \
                  --target mipsn32el
rpmbuild --rebuild ~/rpmbuild/SRPMS/zlib-1.2.11-22.fc32.loongson.1.src.rpm \
                  --target mipel
```

将 3 个不同 ABI 的 RPM 文件一并进行更新，使用如下命令：

```
sudo rpm -Uvh $(ls ~/rpmbuild/RPMS/mips{64,n32,}el/{minizip,zlib}-* | grep -v -e 'debug')
```

这样就完成了这些软件包从 BootStrap 模式到普通制作模式的过渡升级。

5. 普通型软件包

在之前的制作过程中，绝大多数软件包都直接使用 Fedora 提供的 SRPM 文件，在不需要修改的情况下就可以进行软件包的制作，这些软件包就是普通型软件包。但因为之前设置了 BootStrap 模式，所以生成的文件都带有 ~bootstrap 字样，并且都安装到系统中了，因此有必要在恢复普通制作模式后重制这些软件包，从而使新的软件仓库中存放的软件包是普通的文件名，也可以同时完成当前系统中对应软件包的替换。

10.5.3 分布式编译

1. 什么是分布式编译

之前制作软件包的编译都是利用当前平台系统的计算资源和性能，如果想提升编译效率，我们常常会使用并行编译的方式，如 make 命令使用 -j 参数，产生一定数量的并行编译任务，通过提高计算资源的使用效率来提升编译性能。

然而一台计算机的计算能力和资源有限，当并行编译的任务数过多时会导致资源的竞争，大量的计算能力花费在资源调度上，这反而导致编译性能的下降，所以单台机器并行编译任务的数量是有限制的。

为了能进一步提升编译性能，可以采用多台计算机共同完成编译，主要分为两种方式。

①每台计算机独立进行软件包的编译。这种方式的优点是设置简单，易于操作。但缺点也很明显，计算机必须使用相同的平台系统，否则无法保证软件包的可用性，且当某台计算机编译一个大型软件包的时候其他机器无法提供帮助，性能改善有限。

②多台计算机以协作的方式完成软件包的编译。这种编译方式称为分布式编译，其优点是无须使用相同的平台系统，只要安装对应平台系统的工具链即可进行协同编译，这也就意味着可以使用任何性能卓越的计算机平台进行协作，且对于大型软件包的编译来说，该方式可以分布到多台计算机上共同完成，提升编译效率。它的缺点是部署相对复杂一些，性能提升与协作算法有关。

对比上述两种分布编译的方式，可以很容易地选择多台计算机协作编译的方式，接下来我们了解一下这种编译方式的原理。

2. 分布式编译工具

在 Linux 系统中最常用的分布式编译工具就是 Distcc 软件包。Distcc 软件包是一个开源软件，可以非常方便地移植到各种架构的机器上使用。

在 Distcc 实现的分布式编译方式中，不同计算机的作用是有差异的。根据在分布式编译过程中不同机器担任的工作，我们将参与分布式编译的机器分为两类。

- 主机端：发起编译的机器，该机器进行编译任务的调度与分发，本身并不参与编译过程。
- 从机端：接收编译任务的机器，分布式编译环境存在一个或多个从机端，从机端需完成主机端发来的编译任务并将结果发送回主机端。

而 Distcc 软件包也会针对这两种作用的机器分别生成 distcc 和 distccd 两个命令，前者在主机端上使用，后者则用来在从机端上接收任务。

主机端的 distcc 命令是作为编译器的前导命令来使用的，即使用 gcc 命令进行编译时使用的就是 gcc 命令，而使用 distcc gcc 来调用时才会触发分布式编译。

3. Distcc 的工作原理

当一个软件包需要使用 Distcc 进行分布式编译时，就是要想办法在调用编译器命令时能在命令前面加上 distcc，也就是通过 distcc 命令来调用编译器命令。

distcc 命令会将编译器任务发送给从机端进行编译并等待结果，从机端上运行的 distccd 服务在收到主机端发送过来的编译任务后会调用对应的编译器进行编译，若编译没有错误将会把编译的结果发回主机端，主机端等待结果的 distcc 在收到返回结果后将编译好的文件发在原编译命令指定的位置上，这就完成了一次分布式编译，以上过程如图 10.5 所示。

从 Distcc 的处理过程来看，从机端发回的文件只有中间文件（.o 为扩展名），而链接过程是在主机端完成的。

当 distcc 命令接替原来的编译器命令来执行编译任务时，会根据命令的参数来决定是否发送给从机端进行编译。事实上，如果使用 distcc 命令发现参数将直接生成可执行文件的情况时，是不会发给从机端进行编译的，只有当编译的结果是中间文件时，distcc 命令才会将任务派发给从机端。

另一个需要注意的是，distcc 只能对确定的编译参数进行识别，若编译参数中带有不确定的参数，该编译任务依旧不会发送给从机端，而是由主机端自行完成编译任务，在 Fedora 系统中就有一个比较典型的例子，在 /usr/lib/rpm/redhat/macros 文件中定义了以下这些参数：

```
%_hardening_cflags      -specs=/usr/lib/rpm/redhat/redhat-hardened-cc1
%_annobin_cflags        -specs=/usr/lib/rpm/redhat/redhat-annobin-cc1
```

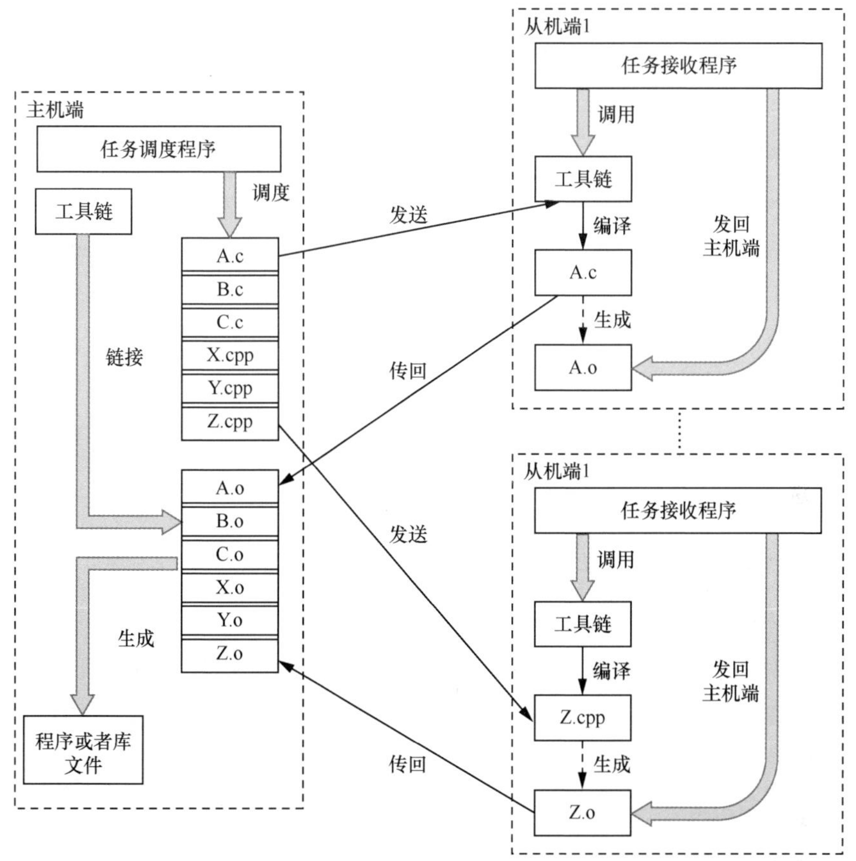

图 10.5 Distcc 分布式编译的流程

在编译各种 RPM 源代码包时，会将 -specs=/usr/lib/rpm/redhat/redhat-hardened-cc1 这样的参数加入编译参数中。该参数在不同情况下会转换成不同的参数，这对于 distcc 命令来说就是一个未知的参数，即 distcc 无法准确地确认其转换为什么参数内容，也就无法告知从机端正确的参数，这使得 distcc 命令直接将该编译命令通过主机端进行编译。如果要使该任务能够发送给从机端编译就必须去除这类可变参数，可改成以下内容：

```
%_hardening_cflags      %{nil}
%_annobin_cflags        %{nil}
```

这样就可以避免编译参数中存在不确定的内容，以便让 Distcc 将编译任务分发出去。

4. 搭建分布式编译环境

（1）编译 Distcc 软件包

①修改 SPEC 描述文件。

当前未安装 Gnome 相关的软件包，需要去除与 Gnome 的依赖关系，先在 configure 配置参

数中去除 --with-gnome 参数。

同时配合去除的 gnome 参数，还需要对应删除以下这几行内容：

```
mkdir -p $RPM_BUILD_ROOT%{_datadir}/applications
mv $RPM_BUILD_ROOT%{_datadir}/%{name}/*.desktop $RPM_BUILD_ROOT%{_datadir}/applications/
sed -i 's@Icon=@Icon=%{_datadir}/%{name}/@' $RPM_BUILD_ROOT%{_datadir}/applications/*.desktop
```

然后去除 gnome 的打包文件组及其中设置的文件列表。

②安装依赖条件。

```
sudo dnf builddep --skip-unavailable -y ~/rpmbuild/SPECS/distcc.spec
```

使用 --skip-unavailable 参数，dnf builddep 命令可以在忽略缺少部分依赖软件包的情况下安装已经具备的依赖软件包。

③制作软件包。

```
rpmbuild -bb ~/rpmbuild/SPECS/distcc.spec --nodeps
```

（2）安装分布式编译环境

①主机端的安装。

搭建的主机端就是当前使用的龙芯机器，安装主机端需要用的软件包，命令如下：

```
sudo rpm -ivh ~/rpmbuild/RPMS/mips64el/distcc-3.3.3*
```

接下来需要对主机端进行配置，设置 /etc/distcc/hosts 配置文件，该文件用来告诉主机端有哪些可用的从机端。假设当前有一个从机端的 IP 地址是 172.100.6.1，那么就在这个配置文件中加入一行内容，内容如下：

```
172.100.6.1:1234/16,lzo
```

每个从机端写一行，内容由以下几个部分组成。

- 172.100.6.1：从机端的 IP 地址。
- :1234：从机端的 Distcc 服务设置接收任务的端口号，此处设置的端口号必须与从机端实际设置的端口号一致。
- /16：设置发送给从机端的最高任务数量，这个任务数量取决于从机端机器的 CPU 性能、内存容量等。从机端性能越好、内存越大，这里的数字就可以写得大一些。
- lzo：设置数据在通过 lzo 的压缩算法处理后再发送给从机端，以减少网络数据传输压力。

②从机端的安装。

作为编译的主力机器，建议从机端使用高于主机端性能或与主机端性能相当的机器，分布式编译所使用的从机端与主机端可以是相同架构，也可以是异构的，即我们可以使用一台 x86 的机器来为龙芯机器做分布式编译。

在前文中为解决自依赖的软件包问题而制作了逆交叉工具链，现在将它用来搭建分布式编译的从机端编译环境真是太合适了。

下面我们就使用已经安装好的逆交叉工具链来配置一个 x86 的分布式编译从机端，现假定逆交

叉工具链安装在 /opt 目录下，且编译器命令存放在 /opt/cross-tools/bin 目录中。

为 x86 的系统安装 Distcc 软件包的从机端部分，假定该 x86 机器使用的是 Fedora Linux 操作系统，安装步骤如下：

```
sudo dnf install -y distcc-server
```

安装完成后，我们可以通过 update-distcc-symlinks 命令查找当前系统中可以使用 Distcc 来分布式编译的命令。

update-distcc-symlinks 输出的内容如下，系统不同具体输出可能会不同。

```
cc
c++
c89
c99
gcc
g++
mips64el-redhat-linux-gnuabi64-gcc
mips64el-redhat-linux-gnuabi64-g++
mips64el-redhat-linux-gnuabi64-gcc-10
clang
clang++
```

该命令执行完后会在 /usr/lib/distcc/ 目录中创建对应以上列出命令的链接文件。

因为逆交叉工具链安装的目录是非常规目录，所以搜索出来的编译器命令没有包含逆交叉编译器的命令名，需要我们手动添加进去。

第一步，在 /usr/lib/distcc 目录中加入逆交叉编译器命令的链接，使用如下命令：

```
sudo ln -sfv ../../bin/distcc /usr/lib/distcc/mips64el-redhat-linux-gnuabi64-gcc
sudo ln -sfv ../../bin/distcc /usr/lib/distcc/mips64el-redhat-linux-gnuabi64-g++
```

这里创建的链接有几条规则：只有在这个目录下创建的命令名所指代的命令才允许在当前 Distcc 从机端上运行，且要求创建的链接文件指向 distcc 命令；创建的命令名应是主机端上调用的编译器命令的名字；必须在当前的从机端上存在一个与链接的名字相同的编译器命令。

第二步，修改 Distcc 服务程序的启动参数，修改 /etc/sysconfig/distccd 文件，做出如下内容的修改。

修改允许发布编译任务的主机端 IP 区间。若允许发布编译任务的主机端是以 172.25 开头的 IP 地址，则找到地址 127.0.0.0/8 将其修改为 172.25.0.0/16。

修改 Distcc 服务程序命令搜索路径。在文件的最后增加以下这行内容：

```
PATH=/opt/cross-tools/bin:$PATH
```

这将增加逆交叉编译器命令所在目录到默认命令查找路径中。

第三步，启动从机端上的 Distcc 服务程序，使用如下命令：

```
systemctl restart distccd
```

如果配置正确，稍等一会儿就会启动好 Distcc 服务程序，并将开始接收和处理主机端发来的编译任务。

（3）验证分布式编译环境

验证过程需要在主机端进行，运行如下命令进行测试：

```
distcc mips64el-redhat-linux-gnuabi64-gcc -c ${BUILDDIR}/test.c
```

这里一定要注意必须使用 -c 来处理源代码，这样产生的才是中间文件，若没有该参数，将直接生成可执行文件，这样 distcc 命令并不会将编译任务发送给从机端，而是主机端自己进行编译和链接。

如果没有警告信息，并且在当前目录中生成了 test.o 文件，则代表编译正常，但是否通过从机端进行编译，我们还需要到从机端上检查一下。在从机端运行如下命令：

```
systemctl status distccd
```

若输出信息中出现了以下内容：

```
client: 172.100.3.30:58178 COMPILE_OK exit:0 sig:0 core:0 ret:0 time:54ms mips64el-redhat-
linux-gnuabi64-gcc /opt/build/test.c
```

则代表从机端成功完成了一次分布式编译，主从机配置正确；如果没有出现这样的信息，则代表编译任务并非从机端完成的，这时需要检查主机端是否配置错误，或者命令有错。若出现了错误的信息，则根据提示检查并排除问题后重新验证。

5. 强制进行分布式编译

通过前面的介绍，我们已经了解到使用 Distcc 进行任务发布需要在编译命令前增加 distcc 命令，但这意味着每次使用编译器都要增加 distcc 命令。虽然有些软件包可以通过设置 CC、CXX 等环境变量来达到目的，但有些软件包可能不能这样设置。

接下来将介绍一种简单、通用的方法来实现分布式编译。

简单地说就是通过编写脚本来替代原有的编译器命令的方式，让调用编译器命令的过程自动使用 distcc 命令进行分布式编译，这个方法主从机都需要进行设置，接下来分别介绍主从机上的设置过程。

（1）主机端设置

①修改默认的编译器。

第一步，将 gcc 命令变更名称，使用如下命令：

```
sudo mv /usr/bin/gcc{,.orig}
```

第二步，接着创建新的 /usr/bin/gcc 命令，内容如下：

```
#!/bin/bash
distcc mips64el-redhat-linux-gnuabi64-gcc.orig "$@"
```

这里调用的并非 gcc.orig，而是带 mips64el-redhat-linux-gnuabi64- 前缀的 gcc 命令。这主要是因为一方面带有前缀和不带前缀的命令实际上是等价的，另一方面这样的调用方便从机端进行设置。

第三步，设置新的 /usr/bin/gcc 命令执行权限，命令如下：

```
sudo chmod +x /usr/bin/gcc
```

这就完成了代替 gcc 命令的过程，接着使用相同的方法替换以下几个命令。

```
g++
c++
mips64el-redhat-linux-gnuabi64-gcc
mips64el-redhat-linux-gnuabi64-g++
mips64el-redhat-linux-gnuabi64-c++
```

对应地，原来的命令就更名为如下名称：

```
gcc.orig
g++.orig
c++.orig
mips64el-redhat-linux-gnuabi64-gcc.orig
mips64el-redhat-linux-gnuabi64-g++.orig
mips64el-redhat-linux-gnuabi64-c++.orig
```

这里注意，新建立的命令都是调用带有 mips64el-redhat-linux-gnuabi64 前缀以及带有 .orig 的命令。

②修改 rpmbuild 命令编译软件时的编译参数。

在介绍 Distcc 工作原理时提到过，发布到从机端的编译任务中不能带有不确定的参数，然而在 Fedora 的 RPM 制作工具的配置中就带有不确定的参数，这就使得即使强制使用 distcc 进行分布式编译，也会因为参数中的不确定参数导致无法进行任务的分发。为了解决这个问题，就要将不确定的参数去除。

修改 /usr/lib/rpm/redhat/macros 文件，分别找到以下两行内容：

```
%_hardening_cflags        -specs=/usr/lib/rpm/redhat/redhat-hardened-cc1
%_annobin_cflags          -specs=/usr/lib/rpm/redhat/redhat-annobin-cc1
```

分别将这两行改为

```
%_hardening_cflags        %{nil}
%_annobin_cflags          %{nil}
```

（2）从机端设置

因为主机端修改了编译器的命令，这些命令都带有 .orig 扩展名，所以 distcc 发送任务时也会告知从机端使用带有 .orig 扩展名的命令进行编译。

根据这个情况，在 /usr/lib/distcc 目录中加入带有 .orig 扩展名的命令链接，使用如下命令：

```
sudo ln -sfv ../../bin/distcc /usr/lib/distcc/mips64el-redhat-linux-gnuabi64-gcc.orig
sudo ln -sfv ../../bin/distcc /usr/lib/distcc/mips64el-redhat-linux-gnuabi64-g++.orig
sudo ln -sfv ../../bin/distcc /usr/lib/distcc/mips64el-redhat-linux-gnuabi64-c++.orig
```

创建链接后还必须保证这个链接文件有对应的真实命令可以调用，这就需要到逆交叉工具链中创建对应的命令，使用如下命令：

```
pushd /opt/cross-tools/bin
    ln -sfv mips64el-redhat-linux-gnuabi64-gcc mips64el-redhat-linux-gnuabi64-gcc.orig
    ln -sfv mips64el-redhat-linux-gnuabi64-gcc mips64el-redhat-linux-gnuabi64-g++.orig
    ln -sfv mips64el-redhat-linux-gnuabi64-gcc mips64el-redhat-linux-gnuabi64-c++.orig
popd
```

接下来，重新启动 Distcc 的从机端服务程序，使用如下命令：

```
systemctl restart distccd
```

以上就完成了从机端的设置过程。

（3）验证强制分布式编译

验证过程依旧在主机端进行，我们可以分两步进行验证。

第一步，直接使用编译器命令进行验证，主机端使用如下命令：

```
gcc -c ${BUILDDIR}/test.c
```

然后观察从机端的 Distcc 服务是否接收到了编译任务，从机端使用如下命令：

```
systemctl status distccd
```

若从机端接收到了编译任务并处理完成，则会出现以下内容：

```
client: 172.100.3.30:58178 COMPILE_OK exit:0 sig:0 core:0 ret:0 time:54ms mips64el-redhat-linux-gnuabi64-gcc.orig /opt/build/test.c
```

（4）注意事项

并非所有软件都适合使用分布式编译，如 Firebird 软件使用 Distcc 进行分布式编译时就可能出现错误，这时我们可以恢复原编译器命令名称或者去除新的编译器命令文件中的调用 distcc 命令，以保证使用主机端的编译器进行编译。

10.5.4 重构当前系统

在了解了如何重构不同类型的软件包之后，我们似乎可以考虑将当前安装到系统中的全部软件包都重构一下，那么就需要了解当前系统中安装的软件包都是由哪些 SRPM 文件生成的。

这个信息当然可以通过手工记录之前制作过的软件包来获取，但是当我们使用了自动制作软件包的脚本后，靠手工记录的方式来了解就很困难了，于是我们尝试采用以下的脚本来获取：

```
for i in $(rpm -qa)
do
   rpm -qi $i | grep "Source RPM " | awk -F':' '{ print $2 }'
done 2>&1 | tee /tmp/all_srpms.log
```

通过上面的脚本，/tmp/all_srpms.log 文件中保存了每个已安装的文件所对应的 SRPM 文件，但该信息过于粗糙，并且大多数未重制过 SRPM 文件的软件包与实际文件名有差异（这个问题主要是因为 %{dist} 的表达式被修改），因而还需要进一步处理。

目前 SRPM 文件存放在两个目录中：一个是 ${SOURCESDIR} 目录，其中存放所有 Fedora 原始的 SRPM 文件；另一个是 ~/rpmbuild/SRPMS 目录，其中存放修改过并重制的 SRPM 文件。接下来我们在处理安装软件包所对应的 SRPM 文件后将其复制到另一个独立的目录中，以便进行后续的步骤。

创建独立的目录。

```
mkdir -pv ${BUILDDIR}/rebuild/srpms
```

接着使用以下脚本来完成 SRPM 文件的分析和复制。

```
for i in $( cat /tmp/all_srpms.log |sed "s@-\([0-9a-zA-Z\.]*\).fc32\(.*\)@@g" \
        | sed "s@-\([0-9a-zA-Z\.]*\).src.rpm@@g" | sort | uniq)
do
    ls ~/rpmbuild/SRPMS/$i-*.src.rpm >/dev/null 2>&1
    if [ $? == 0 ]; then
          cp -a ~/rpmbuild/SRPMS/$i-*.src.rpm ${BUILDDIR}/rebuild/srpms/
      else
          ls ${SOURCESDIR}/$(echo ${i:0:1} | tr '[:upper:]' '[:lower:]')/$i-*.src.rpm \
                    >/dev/null 2>&1
          if [ $? == 0 ]; then
            cp -a ${SOURCESDIR}/$(echo ${i:0:1} \
                  | tr '[:upper:]' '[:lower:]')/$i-*.src.rpm ${BUILDDIR}/rebuild/srpms/
        else
            echo "$i*.src.rpm not found!"
        fi
    fi
done
```

以上步骤完成后，所有当前已安装的软件包所对应的 SRPM 文件都会复制到 ${BUILDDIR}/rebuild/srpms 目录中，在该目录中也包含了恢复普通制作模式后重构过的软件包。为了减少重构的时间，读者可以自行将其中重构过的软件包删除。

接下来我们就可以使用循环构建脚本对当前系统中所有安装过的软件包进行重构和更新安装。在重构之前我们先修改一下构建脚本，修改后的脚本如下：

```
#!/bin/bash

COUNT=1
LC_ALL=POSIX

while(( COUNT > 0 ))
do
    COUNT=0
    for i in srpms/*.src.rpm
    do
        sudo dnf builddep -y ${i} 1>logs/$(basename ${i}).dnflog 2>&1
        if [ $? == 0 ]; then
            echo "$(basename ${i}) builddep success!"
            rpmbuild --rebuild ${i} 1>logs/$(basename ${i}).log 2>&1
            if [ $? == 0 ]; then
                  mv ${i} ok/
                  let "COUNT += 1"
                  echo "$(basename ${i}) rebuild OK!"
            else
                  rpmbuild --rebuild ${i} \
                         --nocheck 1>logs/$(basename ${i}).nocheck.log 2>&1
                  if [ $? == 0 ]; then
                       mv ${i} nocheck/
                       let "COUNT += 1"
                       echo "$(basename ${i}) nocheck rebuild OK!"

                  else
                       mv ${i} error/
                       echo "$(basename ${i}) rebuild ERROR!"
                fi
            fi
        else
            echo "$(basename ${i}) builddep falied."
        fi
    done

    if [ ${COUNT} != 0 ]; then
        /usr/bin/update-repo.sh
```

```
        sudo dnf makecache --refresh
    fi

done
```

将以上内容保存在 ${BUILDDIR}/rebuild/auto.sh 脚本文件中，并设置脚本的执行权限，命令如下：

```
sudo chmod +x ${BUILDDIR}/rebuild/auto.sh
```

根据脚本内容创建几个必要的目录，命令如下：

```
pushd ${BUILDDIR}/rebuild
    mkdir -pv ok error nocheck logs
popd
```

其中，ok 目录存放已经正常编译的软件包；error 目录存放出现错误的软件包，需要对这些发生错误的软件包进行排错处理；nocheck 目录存放测试过程有问题的软件包，这些软件包可能要检查测试出错的原因；logs 目录存放的是制作软件包阶段产生的信息，便于我们检查问题。

接下来可以开始进行重构了，步骤如下：

```
pushd ${BUILDDIR}/rebuild
    ./auto.sh
popd
```

脚本程序会一个一个软件包进行依赖条件的检查。若条件满足，则开始进行软件包的制作；若正常制作成功，则将软件包存放到 ok 目录中。若条件不满足，则会跳过这个软件包进行下一个软件包的处理。每完成一轮的制作就会将制作好的 RPM 文件存放到仓库中，并生成仓库的信息，再更新当前用户的仓库信息缓存，接着重新尝试制作上一轮制作依赖条件不满足的软件包，直到一轮下来没有任何软件包可以进行制作，然后结束脚本。

正常情况下，当脚本结束后，还有部分软件包存放在 srpms 目录中，读者应当检查软件包是否缺少依赖软件包，然后尝试制作缺少的相关软件包。

10.5.5 构建全部软件包

在完成当前系统的重构过程之后，很自然地会想到利用循环构建脚本来对 Fedora 提供的全部软件包进行自动构建，这样就可以非常轻松地补充大量软件包到软件仓库中，为完成整个 Fedora 系统的移植提供便利。

接下来，我们就来介绍一下如何进行全发行版软件包的构建工作。

1. 准备源代码包

首先，准备一个目录，命令如下：

```
mkdir -pv ${BUILDDIR}/all-build/srpms
```

然后，将所有源代码复制到该目录中，使用如下命令：

```
cp -a ${SOURCESDIR}/* all-build/srpms/
```

${SOURCESDIR} 所代表的目录中包含了 Fedora 官方提供的全部软件包的 SRPM 文件，但其中有不少软件包需要修改才适合在龙芯上使用。这些修改过的软件包目前放在 ~/rpmbuild/SRPMS/ 目录中，接下来我们将这些需要修改的软件包更新为修改过的，命令如下：

```
pushd ${BUILDDIR}/all-build
   for i in $(ls ~/rpmbuild/SRPMS/*.src.rpm)
   do
         PKG_NAME=$(rpm -qpi ${i} | grep "^Name" | awk -F': ' '{ print $2 }')
         PKG_VERSION=$(rpm -qpi ${i} | grep "^Version" | awk -F': ' '{ print $2 }')
         if [ -f srpms/$(echo ${PKG_NAME:0:1} \
                     | tr '[:upper:]' '[:lower:]')/${PKG_NAME}-${PKG_VERSION}-*.src.rpm ]; then
            rm -v srpms/$(echo ${PKG_NAME:0:1} \
                     | tr '[:upper:]' '[:lower:]')/${PKG_NAME}-${PKG_VERSION}-*.src.rpm
            cp -iv ${i} srpms/$(echo ${PKG_NAME:0:1} | tr '[:upper:]' '[:lower:]')/
        else
            echo "Not found srpms/$(echo ${PKG_NAME:0:1} \
                     | tr '[:upper:]' '[:lower:]')/${PKG_NAME}-${PKG_VERSION}-*.src.rpm"
        fi
   done
popd
```

实际上，上面这段脚本程序将会针对 ~/rpmbuild/SRPMS 目录中的文件提取文件名和版本信息，并从 srpms 目录中找到改动前的文件，删除改动前的文件，将改动后的文件复制到 srpms 目录中。

因为 Fedora 采用文件名首字母或数字来创建目录对文件进行分组，所以替换文件时需要注意存放文件的目录名。

2. 自动化脚本

对 Fedora 源代码软件包的数量进行统计会发现有 2 万多个，如果一个一个手工制作这些软件包还是相当耗费精力的，所以自动化构建软件包是势在必行的。

前文我们已经制作过自动构建软件包的脚本，直接用它来构建 Fedora 全部的软件包也是可以的。但对于上万数量的软件包，还需要对自动化脚本进行些优化。

需要优化的地方主要是并行制作方面，因为制作的软件包数量超过 2 万，所以一个一个顺序制作的话效率非常低。从最大化资源利用的角度来看，多个软件包同时进行制作可以充分利用资源，效率更高。

从支持多个软件包同时制作的需求出发，我们计划将制作脚本程序设计为多副本同时运行（即同时多次运行同一个程序），脚本程序修改为以下内容：

```
#!/bin/bash

COUNT=1
LC_ALL=POSIX

while(( COUNT > 0 ))
do
    COUNT=0
    for i in srpms/${1}/${2}*.src.rpm
    do
        while true
        do
            if [ -f repo_update.lock ]; then
                echo "wait repo update..."
                sleep 10
                continue;
            else
                break;
            fi
        done
        if [ -f lock/build-$(basename ${i}).lock ]; then
            echo "skip $(basename ${i})"
            continue;
        fi
        touch lock/build-$(basename ${i}).lock
        sudo dnf builddep -y ${i} 1>logs/$(basename ${i}).dnflog 2>&1
        if [ $? == 0 ]; then
            echo "$(basename ${i}) builddep success!"
            rpmbuild --rebuild ${i} 1>logs/$(basename ${i}).log 2>&1
            if [ $? == 0 ]; then
                mv ${i} ok/
                let "COUNT += 1"
                echo "$(basename ${i}) rebuild OK!"
            else
                rpmbuild --rebuild ${i} \
                         --nocheck 1>logs/$(basename ${i}).nocheck.log 2>&1
                if [ $? == 0 ]; then
                    mv ${i} nocheck/
```

```
                    let "COUNT += 1"
                echo "$(basename ${i}) nocheck rebuild OK!"

            else
                mv ${i} error/
                echo "$(basename ${i}) rebuild ERROR!"
            fi
        fi
    else
        echo "$(basename ${i}) builddep falied."
    fi
    rm lock/build-$(basename ${i}).lock
  done
done
```

脚本中主要加入了文件锁以及对文件锁检查的机制，主要是防止两个或两个以上的脚本同时处理同一个软件包而发生错误。

因为 Fedora 源代码包是按照文件第一个字母或者数字分目录存放的，所以脚本中还设置了根据参数选择制作哪个目录中的文件的内容。

将脚本程序保存为 ${BUILDDIR}/all-build/auto.sh，并设置脚本的执行权限，命令如下：

```
sudo chmod +x auto.sh
```

接下来根据脚本创建几个自动编译时使用到的目录。

```
mkdir -pv ${BUILDDIR}/all-build/{error,logs,nocheck,ok,lock}
```

3. 制作软件包

在开始制作软件包之前，考虑到制作的都是 64 位的软件包，建议卸载系统中 32 位 ABI 的安装包，这样可以避免一些软件包链接时链接到了错误的库文件上而导致错误发生。卸载命令如下：

```
sudo rpm -e glibc-devel.mipsel libxcrypt-devel.mipsel \
          libxcrypt-static.mipsel glibc-static.mipsel \
          zlib.mipsel zstd.mipsel zlib-devel.mipsel minizip-compat-devel.mipsel \
          zlib-static.mipsel minizip-compat.mipsel xz-devel.mipsel gmp-devel.mipsel \
          gmp-static.mipsel libmpc-devel.mipsel isl-devel.mipsel mpfr-devel.mipsel
```

并不需要卸载全部的 32 位 ABI 软件包，但如果你想卸载得彻底些，也可以使用如下命令：

```
rpm -e $(rpm -qa | grep mipsel | grep -v gcc)
```

接下来就开始正式进行软件包的制作，制作时需要让制作用户进入脚本所在目录，使用如下命令：

```
cd ${BUILDDIR}/all-build
```

然后运行脚本命令，该命令脚本必须提供一个字母或数字的参数，以便确认制作哪个目录中的软件包，例如如下命令：

```
./auto.sh l
```

该脚本将列举出 ${BUILDDIR}/all-build/srpms/l/ 目录下的全部源代码 RPM 文件，然后一个一个分析是否满足制作依赖条件。如果不满足不做任何处理，继续下一个文件；如果满足条件并制作成功，将把源代码 RPM 文件放入 ok 目录中；若制作错误，将尝试增加 --nocheck 参数重新制作，制作成功的话放入 nocheck 目录中，以便今后检查问题；若制作失败，将放入 error 目录中以待检查错误原因。

脚本也支持多个目录依次进行制作，例如如下命令：

```
for i in a b c d e
do
    ./auto.sh $i
done
```

通过循环条件依次进行 a、b、c、d、e 这几个目录的制作，也可以使用 {a..e} 进行列举（字母 a 和字母 e 之间使用两个 . 代表列举包含 a 和 e 之间所有的字母），以上命令等价于以下的命令：

```
for i in {a..e}
do
    ./auto.sh $i
done
```

若想有针对性地制作某些名字的软件包，例如 Python 家族类软件包，可以使用如下命令：

```
./auto.sh p python
```

该脚本的第二个参数支持设置制作软件包名字的前缀，符合前缀条件的软件包才会进行制作，以 Python 为例，这样就可以直接制作 Python 开头的软件包了。

4. 并行制作

通过打开多个终端，并共同使用制作用户的账号与密码进行登录，我们可以用首字母作为区分，在不同终端上并行制作不同目录中的软件包。

并行制作需要考虑用来制作软件包的机器所能承受的并行制作的软件包数量，根据具体机器的性能开启并行编译的脚本程序数量。例如可以同时进行 3 个软件包的制作，那么就可以分别在 3 个不同的终端上启动制作程序。例如第一个终端执行如下命令：

```
for i in {0..9}
do
        ./auto.sh $i
done
```

可以使用 {} 进行数字或者字母的列举，{0..9} 代表了列举数字 0 到数字 9 之间的所有整数。

第二个终端执行如下命令：

```
for i in a b c d e f g
do
	./auto.sh $i
done
```

第三个终端执行如下命令：

```
for i in {h..z}
do
	./auto.sh $i
done
```

因为使用首字母进行分目录存放，必然导致不同目录中软件包数量不一样，那么制作时不同终端可以设置不同的制作目录数量，通过合理的分配能将所有目录都进行制作。

在制作过程中会有很多软件包通过编译，这些软件包生成的 RPM 文件都会存放在用户目录的 ~/rpmbuild/RPMS 目录中，可以使用之前制作好的更新软件仓库的脚本将这些文件都加入软件仓库中。在制作了一部分软件包之后，可以使用如下命令：

```
touch ${BUILDDIR}/all-build/repo_update.lock
```

根据自动化脚本的逻辑，当出现 repo_update.lock 文件时会进入等待状态，当并行制作中的全部脚本都进入等待状态后，就可以更新软件仓库了，使用如下命令：

```
update-repo.sh
sudo dnf makecache --refresh
```

此时将会把 ~/rpmbuild/RPMS 目录中制作的 RPM 文件导入软件仓库中，并更新软件仓库的信息以及更新 root 用户的软件仓库缓存。这样做的目的是让软件仓库可以拥有更多的软件包，以提供接下来的软件包制作过程所需要的依赖条件。

完成软件仓库的更新后就可以恢复制作脚本的工作了，使用如下命令：

```
rm ${BUILDDIR}/all-build/repo_update.lock
```

接下来各个并行制作中的脚本发现 repo_update.lock 文件消失了，这说明更新软件仓库的工作一完成就会继续制作各个未完成的软件包。这其中也包括之前制作时未满足依赖条件的软件包，因为现在软件仓库更新了，所以依赖条件有可能满足就可以制作了。

5. 制作须知

通过自动化的软件包制作脚本生成各个软件包的 RPM 文件是我们最乐意见到的事情，但这个过程很难一帆风顺，制作全部 Fedora 软件包时还需要了解一些问题及其处理方式。

（1）关于脚本和软件包

本节设计的自动制作软件包的脚本只是一种参考方案，在实际制作系统的过程中，读者并不需要按照该脚本来制作软件包，完全可以自行编写脚本或者设计一套方案来制作软件包。脚本代码一般也有一定的适用范围，要按照实际情况灵活应用。

对于一个系统来说，Fedora 的大量软件包并不是都需要的，也就是说如果有比较明确的目标，实际上只要制作一部分的软件包就可以达成，并不一定非要把所有软件包都制作出来才行，适合的才是最好的。事实上有部分软件包是为特定架构的计算机而设计的，并不一定能用于龙芯上，所以无须执着于将全部软件包都制作出来。

（2）更新系统中的软件包

当使用普通方式制作出来的软件包达到一定的数量后，我们就应该考虑更新自身系统所安装的软件包了。当完成软件包更新到软件仓库后，可以通过如下命令更新系统：

```
sudo dnf update
```

dnf 命令使用 update 参数并且不指定任何软件包时，将会自动分析当前系统所安装的软件包中可以进行更新的部分，这样我们就可以进行一次全系统范围的软件包更新。

建议在全系统软件包更新的过程中，停止所有的制作脚本，更新完成后再继续进行制作。

如果你对整体更新系统不放心的话，也可以进行小范围的更新。例如更新 cmake 软件包，可以使用如下命令：

```
sudo dnf update cmake
```

该命令将自动分析与 cmake 有关的几个软件包并确定是否有更新的内容。

（3）循环依赖软件包

除了本书前面介绍到的循环依赖外，在自动化制作的软件包中也会存在大量的循环依赖。这种情况下很多软件包无法通过脚本自动完成制作，可以通过日志文件来分析依赖条件的需求情况，使用如下命令：

```
grep -r "No matching" logs/*.dnflog | awk -F": " '{ print $2 }' \
        | tr -d "'"| awk -F" " '{ print $1}' \
        |sort | uniq -c | sort
```

通过输出的结果可以了解到当前缺少次数最多的依赖软件包，接下来就可以有针对性地制作这些软件包以满足大量软件包的制作需求。

在处理这些软件包的时候，不可避免地会碰到循环依赖的软件包。这些软件的处理包需要参考本书之前处理循环依赖所使用的各种手段，例如强制编译、修改 SPEC 描述文件、加参数、去除部分可选依赖条件等。这里就不再一一详述了，读者在遇到这些软件包时可以参考本书使用的方法。

因为还有一部分软件包是强自依赖的，所以碰到这些软件包时，还需要通过本书介绍的方法回到 x86 系统平台上交叉编译来解决。

（4）查询缺失的安装或运行依赖

软件包已经放入软件仓库中，并不代表其安装或运行依赖是完整的。如果有依赖缺失，在安装这些软件包时会提示错误而导致安装失败，在一些软件包为编译安装依赖时也可能导致失败，从而影响这些软件包的编译。

我们应当找出这些对编译其他软件包会产生影响的缺失依赖，并加以解决，可使用如下命令进行查找：

```
grep "nothing" logs/*.dnflog | awk -F'provides' '{ print $2 }' \
                | awk -F'needed' '{ print $1 }' > /tmp/miss.log
cat /tmp/miss.log | sort | uniq -c | sort
```

以上按照被依赖次数进行排序，可以优先解决被依赖次数较多的软件包。

（5）需移植软件包

在 Fedora 庞大的软件包集合中，有许多在龙芯平台系统上运行或者制作时有问题的软件包，这时也需要我们对其进行处理。这类软件包通常会表现为制作时并不缺少依赖，但是制作会出现错误，以下举例说明一些错误情况。

① SPEC 描述文件中未支持 MIPS 架构。

例如 Libunwind 软件包，这些软件包本身在龙芯平台系统上运行并没有问题，只需要在 SPEC 描述文件中增加 %{mips} 或者 %{mips64} 这样的定义即可。

这其中还有一些软件包对 SPEC 描述文件中的部分操作过程定义了支持架构的列表，如果这些操作过程可以在龙芯平台上执行，那么也应该在这些操作过程的架构条件中加入龙芯（MIPS）的定义。

②软件本身缺少对 MIPS 架构的支持。

这类软件包在制作时会提示对当前平台不支持等错误，这通常需要修改软件源代码，我们可能需要将通过修改源代码产生的补丁加到 SEPC 描述文件中再进行制作。

③对龙芯削减部分支持。

例如龙芯平台不支持 Binutils 的 gold 链接，这样有些软件包在制作时强制使用 gold 进行链接会产生错误，我们要对其进行修改以保证在龙芯平台上完成链接。

④编译参数的不同。

MIPS 平台使用 -mabi=64 这样的参数表达方式指定 ABI，而 x86 上是通过 -m64 这样的参数表达方式指定 ABI 的，若软件包未考虑 MIPS 平台参数的情况，则制作时必然会出现类似无法识别参数的信息。这时候就需要我们改正这些问题来保证在 MIPS 平台上使用正确的参数进行编译。

⑤优化加速不兼容。

有一些软件包为了获得更高的执行效率会使用一些汇编代码或者动态生成指令（JIT）技术，这一般与具体的指令集架构有关，所以当这些软件包移植到龙芯平台上时难免出现错误，此时可以尝试关闭优化加速支持的参数，使用跨平台的代码或者无指令集架构依赖的技术来制作软件包，例如部分早期的 Mozjs 软件包可以通过关闭加速来完成在龙芯平台上的制作。

（6）错误软件包

即使没有移植问题的软件包也未必都能够正确地完成制作，这其中有各种原因，下面列举几种有代表性的情况。

①缺少依赖的软件包。

虽然并不常见，但依赖条件没有列完整的软件包还是存在的，这可能导致在制作过程中出现错误，可以通过依赖软件包定义和安装缺少的软件包来解决。

除了少写了依赖条件外，还有一种可能情况是，SPEC 描述文件中的依赖关系并不缺少，但是在制作系统的过程中部分软件包采用了破坏依赖或者减少依赖的方法，而如果恰巧制作某个软件包时需要用到缺少的这部分，就可能导致制作错误。可以尝试更新系统中的软件包看看是否能够恢复缺少的部分，也可以重制一些软件包以恢复完整的功能。

②系统中有“多余”的软件包。

若系统中安装了一些特定的软件包也可能导致某些软件包制作错误，在本书中就提到过若系统安装了 Binutils-devel 软件包有些软件包就会出错，而删除这个软件包之后再制作就可以正确地完成。

还有一种情况，就是若系统中安装了一些软件包，当某个软件包制作时出现了 SPEC 描述文件中没有列出的问题，也会导致打包失败，这时可以根据软件包多出来的文件名字来推断系统中“多余”的软件包，删除它们再制作软件包就可能正确完成了。

③软件包版本不匹配。

这也是会导致制作过程中出现编译错误或者报告缺少文件的情况，这通常是因为当前制作的软件包所依赖的软件包版本产生了偏差，例如某个函数名或参数的定义发生了变化，或者某个文件被去除了，版本新了或者旧了等，这种情况下可以采用更换所需依赖软件包版本的方式来尝试解决。

如果依赖的软件包没有可用于变更的版本，那么也可以考虑更新当前制作软件包的版本（例如在 Fedora 32 Release 中的 Tigervnc 软件包可能需要更新到 Updates 中提供的版本才能编译通过）。

④有“洁癖”的软件包。

还有一些比较特别的软件包，会因为自身的 SPEC 描述文件编写得不够具有适应性，当制作环境有一些多余的文件时就会制作失败，例如有的需要干净的 SOURCES 目录（如 policycoreutils 软件包），有的需要干净的 BUILD 目录，也有制作过一次需要清除某个目录的情况（例如 python-pyqtgraph 软件包要清除 ~/.pyqtgraph 目录），我们可以通过重建这些目录来提供制作条件，或者修改 SPEC 描述文件使其适应性增强。

⑤编译出错的软件包。

这类软件包的处理方式可能多种多样，需要根据软件出错的实际情况进行分析，通常修正错误后还要采用补丁或者在 SPEC 描述文件中增加处理步骤等方式处理错误的地方，更新修正版本号并重制软件包进行验证。如果修复的方法具有通用性，建议提交到软件官方网站以便让更多的人获得问题的修复方法。

第四阶段

制作发行版

第 11 章

软件仓库

之前制作的软件仓库是为制作系统阶段服务的，当我们完成了大量软件包的制作后，就需要考虑建立一个真正的软件仓库来给用户使用了。本章将介绍如何创建一个真正用于发行版的软件仓库。

11.1 分组文件

使用 dnf 命令安装软件包时，可以使用 @ 符号表示一组软件包，那么 dnf 命令是如何知道这组软件包具体有哪些软件包的呢？这就需要分组文件为 dnf 命令提供必要的信息。

11.1.1 下载分组文件

我们先通过一个现成的文件了解一下分组文件。我们知道所有正式的软件仓库中都应该带有分组文件，只需要我们将其下载下来就可以看了。

例如，之前下载源代码时的仓库地址。

```
https://mirrors.bfsu.edu.cn/fedora/releases/32/Everything/
```

我们从中选择一个架构作为参考，例如 x86_64，在该架构的目录中找到 os 目录，在该目录中会看到一个 repodata 目录，我们要的文件就在这个目录中。

在 repodata 目录中有一个以 comps-Everything.x86_64.xml 结尾的文件，下载该文件，并命名为 comps.xml，便是我们需要的分组文件。当然这个文件是基于 x86_64 架构编写的，但对 MIPS 架构也是基本适用的，只需要修改少部分内容即可。本节以该文件作为范本进行修改和使用。

11.1.2 分组文件的内容

通过文本编辑工具打开分组文件，文件内容还是比较多的。但该文件是一个标准的 XML 格式的文件，因此还是比较好理解的，大致分为以下几种标记类型。

1. <group> 与 </group> 标记

这是一个软件组，在这个标记内还有多种子标记。

- <id> 标记：该组名称可以通过 @+ 组名的方式在安装时指定。
- <name>：软件组显示时使用的名称，可以通过在标记中定义 xml:lang 来设置在不同语言环境下显示的名称内容。
- <description>：软件组的介绍信息，同样可以通过 xml:lang 来定制不同语言环境中显示的介绍信息。
- <packagelist> 和 </packagelist>：这一对标记之间可以定义该软件组所包含的软件包，

一个组可以定义多个软件包，每个软件包使用 <packagereq> 标记来定义。

2. <category> 与 </category> 标记

这是组类别，其含义可以理解为多个组合并为一个大组，通常组类别中包含的组具有一定的关联性。组类别也可以用 dnf 命令通过 @+ 组类别名的方式来进行安装，在该标记中也有多个子标记。

- <id>、<name> 和 <description>：分别定义组类别的类别名、显示名称、类别介绍信息。
- <grouplist> 和 </grouplist>：这一对标记之间定义了该组类别所包含的组，一个组类别可以定义多个软件组，每个软件组使用 <groupid> 标记来定义。

3. <environment> 与 </environment> 标记

系统环境的定义与组类别十分相似，但该标记的内容用于安装系统。这比组类别所包含的内容更多，包括了基础软件包、桌面和应用程序等各个方面，同样包含了多种子标记。

系统环境的子标记与组类别的子标记基本一致，相同的子标记可参考组类别中的说明。不同的是，多出了 <optionlist> 和 </optionlist> 定义的可选组列表，该标记可以包含多个软件组，每个软件组使用 <groupid> 标记来定义，这些软件组将会在安装系统中让用户选择是否安装。

11.1.3 分组文件的修改

了解分组文件的基本内容后，接下来就是针对这个文件进行修改以符合龙芯机器的情况，具体要修改的内容并不多，主要是针对以下几种情况的修改。

1. 与启动相关的软件

例如 grub，在 x86_64 中是用 grub2-efi-x64 等带有架构特定名称的软件包，因此在龙芯上就需要修改为 grub2-efi-mips64el 形式的软件包。

2. 架构专用的软件包

例如 syslinux、powerpc-utils 等，这些软件包或组可以直接删除。

3. 增加龙芯架构专用的软件包

如果想增加一些龙芯机器上专用的软件包，那么可以找到合适的组并加入其中。

在后续维护软件仓库时还需要根据实际情况对分组文件进行修改，以使其符合龙芯平台上使用系统的情况。

11.1.4 分组文件的使用

接下来了解一下如何使用分组文件。

分组文件是在创建软件仓库信息时使用的，我们回顾一下创建仓库信息的命令。

```
createrepo_c <仓库目录>
```

再回顾一下更新仓库时使用的命令。

```
createrepo_c --update <仓库目录>
```

上面两个命令都不会创建带有组信息的仓库，要创建带有组信息的仓库需要在创建信息的命令中加入 -g 参数，并指定分组文件。假定仓库在 /var/repo/os 目录中，分组文件存放在 /var/repo 目录中，名称为 comps.xml，那么使用分组文件创建仓库信息的步骤如下：

```
pushd /var/repo/os
   createrepo_c -g /var/repo/comps.xml --update .
popd
```

接着可以更新仓库信息的缓存。

```
sudo dnf makecache --refresh
```

更新完成后就可以按照软件组的方式安装软件包了。

有一点需要注意，当分组文件被修改后要重新使用 createrepo_c 命令以指定分组文件的方式进行更新，这样才能将修改的内容应用到仓库信息中。

11.1.5 分组文件的验证

验证分组信息的方式也很简单，使用 @ 符号表示安装软件包组即可。

```
sudo dnf install @core
```

该命令就是安装一个 core 命令的软件包组，若该组中定义的软件有尚未安装到当前系统的情况，就会提示是否安装。

也可以通过 dnf 命令新安装一个系统，还记得最初在 x86 系统中安装一个新系统的情形吗？我们现在在龙芯系统上以同样的方式安装系统，例如要在 /opt/system 目录中新安装一个系统，使用如下命令：

```
sudo dnf --installroot=/opt/system install @core
```

正常情况下会显示要安装哪些软件包。如果有某个软件包提示 No match for group package，则代表该软件包没有加入软件仓库中，可以检查该软件包的制作情况。如果要安装的软件包没有任何依赖条件的错误，则可以继续进行安装，安装完成后将在 /opt/system 目录中生成一个最基本的龙芯系统环境。

至此，分组文件已经生效并可以使用了。

11.2 签名

我们提供了一个软件仓库后还需要考虑软件包的安全性，确保安装的软件包没有被篡改过，这就要对软件包进行签名。

11.2.1 签名的作用

对软件包进行签名实际上是一个密钥对的验证过程，利用了数学原理。当一对密钥中的一个密钥对一串信息进行了加密，那么只有这对密钥中的另一个密钥才能对加密的信息进行解密。这对密钥，一个称为公钥，另一个称为私钥，公钥是任何人都可以获取的，而私钥只能是信息加密者拥有的。这样，当加密信息的人用私钥加密了信息后，若加密的信息被修改就会导致公钥无法解密，而没有私钥的情况下无法伪造加密信息，这样加密信息难以篡改，使之具备较可靠的认证性。

根据密钥对的原理，我们将生成这样一组密钥对，将公钥存放到发布的操作系统中，而密钥则用来对软件包进行签名，这样系统就可以验证安装的软件包是否是经过认证的。如果软件包没有经过签名或者签名的信息不对，则可以拒绝安装该软件包。

11.2.2 生成密钥对

请确保系统安装了 gnupg2 并更新到最新，使用如下命令进行更新：

```
sudo dnf update gnupg2
```

设置语言环境，将语言设置为中文，使用如下命令：

```
export LC_ALL=zh_CN.UTF-8
```

使用 gpg 命令生成密钥，命令如下：

```
gpg --full-generate-key
```

该命令运行后会出现以下提示信息：

```
gpg (GnuPG) 2.2.19; Copyright (C) 2019 Free Software Foundation, Inc.
This is free software: you are free to change and redistribute it.
There is NO WARRANTY, to the extent permitted by law.

请选择您要使用的密钥类型：
    (1) RSA 和 RSA （默认）
    (2) DSA 和 Elgamal
    (3) DSA（仅用于签名）
    (4) RSA（仅用于签名）
```

```
  (14)Existing key from card
您的选择是?
```

此时进入交互方式，提示选择密钥类型，输入数字 1 或者直接按 Enter 键，会出现以下提示：

```
RSA 密钥的长度应在 1024 位与 4096 位之间。
您想要使用的密钥长度？(2048)
```

此处提示密钥的长度，默认为 2048。这里若选择默认值，直接按 Enter 键就可以，也可以输入 1024 或者 4096 进行修改，我们选择默认值 2048。

接下来会提示密钥的有效时间，提示如下：

```
请设定这个密钥的有效期限。
         0 = 密钥永不过期
      <n>  = 密钥在 n 天后过期
      <n>w = 密钥在 n 周后过期
      <n>m = 密钥在 n 月后过期
      <n>y = 密钥在 n 年后过期
密钥的有效期限是？(0)
```

默认为 0，即无时间限制。如果有效期为 6 个月，可以输入 6m；如果有效期需要 10 年，则可以输入 10y。这里我们选择无时间限制，输入 0 或者直接按 Enter 键，会再要求用户确认一下密钥是否无时间限制，提示如下：

```
密钥永远不会过期
这些内容正确吗？ (y/N)
```

输入 y 代表确认，将继续设置密钥的所属信息，包括密钥所属人或公司的真实名字、电子邮件地址和密钥注释。例如，输入以下信息：

```
GnuPG 需要构建用户标识以辨认您的密钥。

真实姓名： 孙海勇
电子邮件地址： sunhy@lemote.com
注释： 征途是星辰大海
```

输入完注释后会出现以下提示信息：

```
您正在使用'utf-8'字符集。
您选定了此用户标识：
     "孙海勇 （征途是星辰大海） <sunhy@lemote.com>"

更改姓名（N）、注释（C）、电子邮件地址（E）或确定（O）/ 退出（Q）？
```

此时提示如何进行信息的修改，或者选择确定还是退出。如果确认信息无误，就可以输入大写字母 O 完成密钥的制作。

输入 O 之后会出现输入密码的提示框，界面如下：

```
请输入密码以
保护您的新密钥

密码：____________________

     <好>          <取消>
```

输入密码后按 Enter 键或者选择“好”，会接着出现确认密码输入界面，界面如下：

```
请重新输入此密码

密码：____________________

     <好>          <取消>
```

再次输入密码并选择“好”，将开始生成密钥对，出现以下密钥信息：

```
gpg: 密钥 FB7241852E70938C 被标记为绝对信任
gpg: 目录 '/home/sunhaiyong/.gnupg/openpgp-revocs.d' 已创建
gpg: 吊销证书已被存储为 '/home/sunhaiyong/.gnupg/openpgp-revocs.d/C1A73E350350A0A919E-
FA01DFB7281852E70938C.rev'
公钥和私钥已经生成并被签名。

pub   rsa2048 2020-08-22 [SC]
      C1A73E350350A0A919EFA01DFB7281852E70938C
uid                  孙海勇 （征途是星辰大海） <sunhy@lemote.com>
sub   rsa2048 2020-08-22 [E]
```

出现以上信息（内容仅作参考）则代表密钥成功生成。

对密钥文件存放目录设置访问权限，使用如下命令：

```
sudo chmod 0700 .gnupg
```

这样可以防止密钥文件被当前用户之外的其他用户访问和查看。

11.2.3 密钥签名配置

生成密钥文件后，需要修改 RPM 配置文件才能使用密钥进行签名，修改的内容就是增加 %_gpg_name 的设置，修改的方式有以下两种。

1. 当前用户的配置

若只想让当前用户进行 RPM 文件的签名，则可以创建 ~/.rpmmacros 文件，并在其中增加 %_gpg_name 的配置，使用如下命令：

```
echo "%_gpg_name sunhy@lemote.com" >> ~/.rpmmacros
```

这里将 %_gpg_name 设置为 sunhy@lemote，这是创建密钥时设置的电子邮件地址，可以用来作为密钥的标识，另外也可以使用密钥生成后的一串字母和数字作为标识。

2. 全部用户的配置

若希望对 RPM 文件签名的设置可以让系统中的所有用户都可用，则需要修改 /usr/lib/rpm 目录中的 macros 文件。找到该文件中的以下内容：

```
#%_gpg_name
#%_gpg_path
```

将其改为

```
%_gpg_name sunhy@lemote.com
%_gpg_path /home/sunhaiyong/.gnupg
```

%_gpg_path 的设置是为了让所有用户都知道密钥的存放目录，因此设置的目录应该是所有用户都可以访问的目录。如果该目录仅能被当前用户访问，将影响其他用户使用签名功能，建议采用当前用户的配置方式。

11.2.4 RPM 文件签名

生成了密钥文件并完成 RPM 文件的签名配置后，接下来就可以尝试使用密钥对文件进行签名了，需要签名的文件都是 RPM 文件。我们先来看看签名前的 RPM 文件的信息状态，使用如下命令：

```
rpm -qpi gcc-10.0.1-0.12.fc32.loongson.1.mips64el.rpm | grep Signature
```

若该文件未被签名则显示的信息如下：

```
Signature   : (none)
```

该信息表示签名部分是无内容的，也就是一个未被签名的文件。

接下来，我们对该文件进行签名操作，使用如下命令：

```
rpm --addsign gcc-10.0.1-0.12.fc32.loongson.1.mips64el.rpm
```

如果是第一次打开为文件签名，或者距离上一次对文件签名时间较长，则需要进行密码验证，出现类似下面的界面。

```
请输入密码以解锁 OpenPGP 私钥:
"孙海勇 （征途是星辰大海） <sunhy@lemote.com>"
2048 位 RSA 密钥，标识 FB7281852E70938C
创建于 2020-08-22.

密码: ________________________________

        <好>          <取消>
```

此处输入创建密钥时设置的密码，再按 Enter 键或选择“好”，如果密码正确则会对文件进行签名，如果密码错误则会显示错误信息。签名正确时将仅显示签名文件，内容如下：

```
gcc-10.0.1-0.12.fc32.loongson.1.mips64el.rpm:
```

然后验证以下文件是否签名成功，重新使用显示签名信息的命令。

```
rpm -qpi gcc-10.0.1-0.12.fc32.loongson.1.mips64el.rpm | grep Signature
```

此时将返回如下信息：

```
Signature   : RSA/SHA256, 2020年08月22日 星期日 16时03分32秒, Key ID fb7241852e70938c
```

以上是 RPM 文件完成了签名后文件中包含的签名信息。

11.2.5 软件仓库签名

对单个文件签名成功后，接下来就可以对整个软件仓库进行签名，对软件仓库签名的方式实际上就是对仓库里面的文件一个一个进行签名，使用如下命令：

```
pushd ${REPODIR}/os/Packages/
    rpm --addsign *.rpm
popd
```

使用通配符就可以对全部 RPM 文件进行签名，如果文件较多，则签名时间较长。

签名完成后不要忘记更新软件仓库的信息文件，使用如下命令：

```
pushd ${REPODIR}/os/
    createrepo_c -g /var/repo/comps.xml --update .
popd
```

comps.xml 是分组文件，若未准备好分组文件也可去除分组参数进行更新。

11.2.6 发布公钥

一对密钥包含公钥和私钥，对 RPM 文件进行签名使用的是私钥，而 RPM 文件安装前进行校验则需要签名所用私钥对应的公钥。因此，公钥需要发布出来且可以被任何人获取，这样才能进行软件包的签名验证。

1. 导出公钥

先查看一下密钥对的信息，使用如下命令：

```
gpg --list-key
```

该命令将把当前用户具有的密钥都显示出来，其中就包含为 RPM 文件签名所需的密钥，内容如下：

```
……
pub   rsa2048 2020-08-22 [SC]
      C1A73E350350A0A919EFA01DFB7281852E70938C
uid             [ 绝对 ] 孙海勇 （征途是星辰大海） <sunhy@lemote.com>
sub   rsa2048 2020-08-22 [E]
```

根据输出的信息导出公钥，可以使用 gpg 命令，命令如下：

```
gpg --export -a sunhy@lemote.com > ${BUILDDIR}/RPM-GPG-KEY-fedora-32-mips64el
```

- --export：指示命令进行密钥的导出操作。
- -a：导出的内容为文本格式。

导出公钥时需要指定密钥的标记名，标记名可以有多种形式，可以使用创建密钥时使用的电子邮件地址，或者使用创建完成时产生的密钥标识（一长串大写字母和数字组合），也可以使用密钥标识的最后 16 位字母或数字。只要提供的标识是唯一的即可。

2. 重制公钥发布软件包

用来发布公钥的软件包是 Fedora-Repos，接下来要对其进行修改。先将其安装到当前用户的目录中，使用如下命令：

```
rpm -ivh ${SOURCESDIR}/f/fedora-repos-32-1.src.rpm
```

（1）修改 ~/rpmbuild/SOURCES/archmap 文件

在 Fedora 32 的架构定义中增加 mips64el，使用如下命令直接修改：

```
sed -i "/fedora-32-primary/s@\$@& mips64el@g" ~/rpmbuild/SOURCES/archmap
```

（2）替换公钥文件

软件包原来带有的 Fedora 32 的公钥文件是官方发布的软件仓库所对应的，但因为该公钥对应的私钥无法获取，所以该公钥也无法应用于我们制作的龙芯版软件仓库。

为了给软件仓库增加签名，使用自己制作的密钥中的公钥来替换原来的公钥文件，使用如下命令：

```
cp -a ${BUILDDIR}/RPM-GPG-KEY-fedora-32-mips64el \
        ~/rpmbuild/SOURCES/RPM-GPG-KEY-fedora-32-primary
```

（3）修改 SPEC 描述文件

SPEC 描述文件本身并不需要修改，但因为更改了密钥文件，所以需要增加修订版本号并保存 SPEC 描述文件。

（4）制作和重制 SRPM 文件

```
LC_ALL=C.UTF-8 rpmbuild -ba --sign ~/rpmbuild/SPECS/fedora-repos.spec
```

可以在制作软件包的同时对生成的 RPM 文件进行签名，签名的方式是在 rpmbuild 命令中加入 --sign 参数。但是，因为 rpmbuild 进行签名时使用的语言环境只能出现 ASCII 字符，所以需要设置 LC_ALL 环境变量为 C.UTF-8，这样输出的信息都是 ASCII 字符，以便完成 RPM 文件的签名过程。

若不在制作过程中进行签名，则不需要设置 LC_ALL 环境变量，可以在完成 RPM 文件制作后，通过 rpm 命令像前面对软件仓库中的文件那样进行签名。

（5）更新软件包

```
sudo rpm -Uvh ~/rpmbuild/RPMS/noarch/fedora-gpg-keys-32-2.noarch.rpm
```

Fedora-GPG-Keys 安装文件包含了新的公钥文件，必须进行更新。

Fedora-Repos 软件包所生成的 RPM 文件也不要忘记进行签名后再放入软件仓库。

11.2.7 验证安装签名软件

完成公钥的发布以及软件仓库中所有 RPM 文件的签名后，接下来验证签名软件的安装过程。

1. 修改软件仓库文件

修改 /etc/yum.repos.d/local.repo 文件，修改其中的 localrepo 仓库设置，修改后的内容如下：

```
[localrepo]
name=Fedora $releasever - $basearch - LocalRepo
baseurl=file:///var/repo/os/
enabled=1
type=rpm
gpgcheck=1
gpgkey=file:///etc/pki/rpm-gpg/RPM-GPG-KEY-fedora-32-mips64el
```

这里主要是将 gpgcheck 设置为 1，表示开启所在软件仓库的 GPG 签名校验功能。对应地，要指定校验使用的公钥，由 gpgkey 参数指定，指定的必须是一个文件，这里参照公钥发布后的文件存放位置。

2. 更新软件仓库的信息缓存

```
sudo dnf makecache --refresh
```

3. 安装软件包

找一个未安装过的软件包进行验证，使用如下命令：

```
sudo dnf install nginx
```

如果第一次进行带签名文件的安装会出现一个公钥导入操作，输出信息如下：

```
下载软件包：
警告：/var/repo/os/Packages/nginx-1.16.1-2.fc32.loongson.mips64el.rpm: 头 V4 RSA/
SHA256 Signature, 密钥 ID b2f454ae: NOKEY
Fedora 32 - mips64el - LocalRepo                              1.7 MB/s | 1.7 kB
00:00
导入 GPG 公钥 0x2E70938C:
 Userid: "孙海勇 （征途是星辰大海） <sunhy@lemote.com>"
 指纹 : C1A7 3E35 0350 A0A9 19EF A01D FB72 8185 2E70 938C
来自 : /etc/pki/rpm-gpg/RPM-GPG-KEY-fedora-32-mips64el
确定吗？ [y/N]:
```

> **注意：**
> 要导入的信息是之前创建的密钥填写和生成的内容，代表导入的公钥正确。此时输入 y 则开始导入公钥。因为当前 LocalRepo 软件仓库开启了 GPG 验证，所以若不导入将无法完成该软件仓库中软件包的安装。

如果公钥正确，将显示“导入公钥成功”，接下来的安装过程就与之前没有设置 GPG 验证时是一样的。

11.3 发布软件仓库

一个发行版的软件仓库应当是便于用户访问的互联网发布方式，常见的是通过 HTTP 或者 HTTPS 协议的方式进行发布。

我们可以找一台可以通过互联网访问的机器作为软件仓库，为了方便使用，建议采用 Linux/GNU 系统的机器。对该机器没有具体架构的要求，既可以使用龙芯的机器，也可以使用 x86 的机器。

接下来简单介绍如何搭建一个可以对外提供服务的软件仓库。

11.3.1 安装 Web 服务

1. 安装 Nginx 软件包

假定当前系统安装的是 Fedora Linux 操作系统，若打算使用最常见的 HTTP 或者 HTTPS 协议，需要必要的 Web 服务，这里使用 Nginx 软件来搭建 Web 服务。

安装软件包的命令如下：

```
sudo dnf install nginx
```

假定软件仓库已经在 /var/repo 目录中创建，接下来配置 Nginx 软件包。

2. 配置 Nginx 软件包

Nginx 软件包的配置文件都存放在 /etc/nginx 目录中，nginx.conf 配置文件中除了设置默认站点，还允许通过在 conf.d 目录中增加配置文件的方式进行扩展配置。我们要做的就是在 conf.d 目录中增加一个配置文件，配置文件命名为 repo.conf，该文件的内容如下：

```
server {
        listen       8080 default_server;
        listen       [::]:8080 default_server;
        server_name  _;
        root         /var/repo/;
        location / {
             autoindex on;
        }
}
```

这是一个非常简单的配置文件，功能是通过 server 定义了一个虚拟主机，该虚拟主机使用 8080 端口监听访问请求，其根目录是 /var/repo，该目录就是软件仓库的目录。

location 定义了访问该虚拟主机时根目录的行为，其中设置的 autoindex on 表示该目录允许将目录中的文件以列表的方式进行显示和访问。

3. 启动 Nginx 服务

配置完 Nginx 后，还需要启动服务才能让配置生效，启动 Nginx 服务的命令如下：

```
sudo systemctl restart nginx
```

如果启动顺利，可以使用浏览器访问该站点。假定启用 Nginx 服务的系统 IP 地址是一个内部地址，地址为 172.100.3.30，则可以使用浏览器访问以下地址：

```
http://172.100.3.30:8080/
```

如果能够显示如图 11.1 所示的页面，则代表 Web 服务器启动正常。

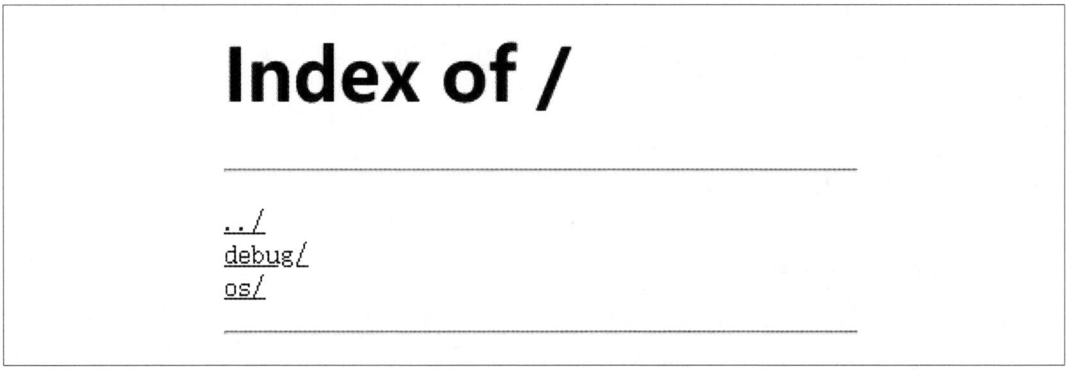

Index of /

../
debug/
os/

图 11.1 浏览器显示软件仓库目录

11.3.2 配置软件仓库

Web 服务器搭建完成并能通过其显示软件仓库目录后，就可以设置系统的软件仓库的地址了。

在最初制作目标系统的时候我们屏蔽了软件仓库，并且建立了一个临时软件仓库的配置文件，现在可以恢复正式软件仓库并取消临时软件仓库。

1. 修改配置文件

打开 /etc/yum.repos.d/fedora.repo 文件，找到以下配置内容：

```
[fedora]
name=Fedora $releasever - $basearch
#baseurl=http://download.example/pub/fedora/linux/releases/$releasever/
Everything/$basearch/os/
metalink=https://mirrors.fedoraproject.org/metalink?repo=fedora-
$releasever&arch=$basearch
enabled=0
countme=1
metadata_expire=7d
repo_gpgcheck=0
type=rpm
gpgcheck=1
gpgkey=file:///etc/pki/rpm-gpg/RPM-GPG-KEY-fedora-$releasever-$basearch
skip_if_unavailable=False
```

这是一个默认软件仓库的配置，之前为了减少默认软件仓库对本地仓库的影响，将该软件仓库关闭了，现在可以重新打开，将 enabled 参数改为 1 即可。

这段软件仓库配置内容中最关键的部分就是软件仓库地址的设置，在该配置内容中给出了如下两种地址参数。

```
#baseurl=http://download.example/pub/fedora/linux/releases/$releasever/
Everything/$basearch/os/
metalink=https://mirrors.fedoraproject.org/metalink?repo=fedora-$releasever&arch
=$basearch
```

- Baseurl：指定实际的软件仓库地址，可以使用 HTTP(S)、FTP、FILE 等协议。
- Metalink：指定的是一个文件，软件仓库的具体地址包含在文件的内容中，需要对文件内容进行分析才能够知道软件仓库的具体地址。

一个软件仓库的配置信息中只能使用 baseurl 或 metalink 之一，不能同时使用。因为之前通过 Web 服务建立的软件仓库地址是一个实际的 URL 地址，所以需要将软件仓库的设置改为如下内容：

```
baseurl=http://172.100.3.30:8080/os/
#metalink=https://mirrors.fedoraproject.org/metalink?repo=fedora-$releasever&arch
=$basearch
```

保存文件并退出编辑状态。

接下来删除本地软件仓库的设置，命令如下：

```
rm /etc/yum.repos.d/local.repo
```

现在就完成了本地仓库到系统默认仓库的切换。

2. 刷新软件仓库信息

因为替换了软件仓库的设置，所以当前系统的软件仓库信息缓存也需要更新，使用如下命令：

```
sudo dnf makecache --refresh
```

该命令输出信息如下：

```
Fedora 32 - mips64el                                71 MB/s |  29 MB     00:00
上次元数据过期检查：0:00:18 前，执行于 2020 年 08 月 22 日 星期六 16 时 03 分 31 秒。
元数据缓存已建立。
```

可以看出，之前设置的 Local 软件仓库的信息已经没有了，取而代之的是恢复的 Fedora 软件仓库。

3. 验证软件仓库

完成软件仓库信息缓存的更新后就可以安装软件包了，使用如下命令：

```
sudo dnf install @core
```

在当前系统中安装 core 软件包组，这样既可以验证新的软件仓库是否可用，也可以确认软件仓库的分组文件是否有效。例如输出以下信息：

```
上次元数据过期检查：0:01:32 前，执行于 2020 年 08 月 22 日 星期六 16 时 03 分 31 秒。
依赖关系解决。
================================================================================
 Package            Architecture    Version                    Repository   Size
================================================================================
安装组 / 模块包：
 NetworkManager     mips64el        1:1.22.10-1.fc32.loongson fedora       1.8 M
 rootfiles          noarch          8.1-27.fc32.loongson       fedora       8.4 k
 sssd-common        mips64el        2.2.3-13.fc32.loongson     fedora       1.4 M
 sssd-kcm           mips64el        2.2.3-13.fc32.loongson     fedora       149 k
安装依赖关系：
 libsss_certmap     mips64el        2.2.3-13.fc32.loongson     fedora       68 k
 libsss_idmap       mips64el        2.2.3-13.fc32.loongson     fedora       38 k
 libsss_nss_idmap   mips64el        2.2.3-13.fc32.loongson     fedora       47 k
 sssd-client        mips64el        2.2.3-13.fc32.loongson     fedora       106 k
安装弱的依赖：
 libsss_autofs      mips64el        2.2.3-13.fc32.loongson     fedora       37 k
 libsss_sudo        mips64el        2.2.3-13.fc32.loongson     fedora       34 k
```

```
 sssd-nfs-idmap     mips64el        2.2.3-13.fc32.loongson     fedora       33 k
Installing Groups:
 Core

事务概要
=================================================================
安装  11 软件包
```

如果能正常地进行组分析和软件安装依赖分析，并列出需要安装的软件包，则代表软件仓库工作正常；如果出现错误信息，则需要检查之前对配置的修改是否正确。

11.3.3 动态仓库地址

在配置软件仓库的地址时有两种形式，一种是使用 baseurl 设置固定地址，另一种是使用 metalink 设置动态获取仓库地址。

前一节介绍了如何用 baseurl 来设置软件仓库地址，使用 baseurl 的优势是设置简单，可快速地完成软件仓库地址的设置，但缺点是一旦地址发布给用户就难以进行变更，例如仓库 IP 地址或者域名发生变化，又或者地址中的路径做了调整，都会导致用户已设置好的仓库地址变得不可用。为了解决这些问题，可以使用 metalink 来设置软件仓库的地址。

baseurl 和 metalink 的不同之处就是在需要改动地址时，前者需要用户进行修改，而后者由软件仓库发布方进行修改；很明显 metalink 更有助于软件仓库的管理。

本节就来讲解如何使用 metalink 动态管理软件仓库地址。

1. metalink 的原理

使用 metalink 设置软件仓库地址时，需要一个长期不会发生变化的网络页面地址。但这不同于设置固定的软件仓库地址，metalink 除了方便软件仓库地址的变更，还可以帮助用户基于当前网络环境在多个软件仓库地址中选择一个速度最快的，这是设置固定软件仓库地址无法达到的。

metalink 设置的地址通常是一个网络页面，该页面需要返回一个 XML 数据，数据内容如下（数据中使用省略号代替具体的数据信息）：

```
<?xml version="1.0" encoding="utf-8"?>
<metalink version="3.0" ……>
 <files>
  <file name="repomd.xml">
  <mm0:timestamp>……</mm0:timestamp>
  <size>……</size>
  <verification>
   <hash type="md5">……</hash>
```

```
    <hash type="sha1">......</hash>
    <hash type="sha256">......</hash>
    <hash type="sha512">......</hash>
  </verification>
  <resources maxconnections="1">
    <url protocol="http" type="http" location="CN" preference="100">http://<URL>/os/
repodata/repomd.xml</url>
    <url protocol="rsync" type="rsync" location="CN" preference="99">rsync://<URL>/
os/repodata/repomd.xml</url>
    </resources>
  </file>
 </files>
</metalink>
```

其中，<url ......>......</url> 设置的软件仓库地址可以有多个，dnf 命令可以从这些地址中选择一个最合适的下载软件包。

2. 创建 metalink 页面

按照 metalink 使用软件仓库的原理，设计一个可以返回所需信息的页面即可。因为页面需要根据具体情况动态调整数据，所以考虑采用 PHP 语言进行开发。使用 PHP 语言需要安装相应的软件包，使用如下命令：

```
sudo dnf install php-fpm
```

启动 php-fpm 服务。

```
sudo systemctl restart php-fpm
```

重启 Web 服务。

```
sudo systemctl restart nginx
```

现在就可以使用 PHP 编写 Web 页面代码了。

该页面必须有一个固定不变的地址，我们先确定这个地址。以本章设置的软件仓库服务器兼仿照 Fedora 官方提供的 metalink 地址为例，设置地址如下：

```
http://172.100.3.30/metalink.php?repo=fedora-$relesever&arch=$basearch
```

接下来就是编写 metalink.php 文件了，文件内容如下：

```
<?php
echo "<?xml version=\"1.0\" encoding=\"utf-8\"?>\n";
date_default_timezone_set('GMT');
$repo_set = $_GET["repo"];
$arch_set = $_GET["arch"];
switch ($repo_set) {
```

```
        case "fedora-32":
                $repomd_file="/var/repo/os/repodata/repomd.xml";
                break;
        default:
                $repomd_file="/var/repo/$repo_set/$arch_set/os/repodata/repomd.xml";
                break;
}
?>
<metalink version="3.0" xmlns="http://www.metalinker.org/" type="dynamic"
pubdate="<?php echo date('D, d M Y h:i:s e'); ?>" generator="mirrormanager"
xmlns:mm0="http://fedorahosted.org/mirrormanager">
 <files>
  <file name="repomd.xml">
   <mm0:timestamp><?php echo filectime($repomd_file);?></mm0:timestamp>
   <size><?php echo filesize($repomd_file);?></size>
   <verification>
    <hash type="md5"><?php echo md5_file($repomd_file);?></hash>
    <hash type="sha1"><?php echo sha1_file($repomd_file);?></hash>
    <hash type="sha256"><?php echo hash_file('sha256', $repomd_file);?></hash>
    <hash type="sha512"><?php echo hash_file('sha512', $repomd_file);?></hash>
   </verification>
   <resources maxconnections="1">
<?php
switch ($repo_set) {
        case "fedora-32":
?>
        <url protocol="http" type="http" location="CN" preference="100">http://172.
100.3.30:8080/os/repodata/repomd.xml</url>
<?php
                break;
        default:
                break;
}
?>
     </resources>
    </file>
  </files>
</metalink>
```

将编写完成的 metalink.php 文件放入 /usr/share/nginx/html 目录中，完成部署。

3. 修改软件仓库配置文件

完成 metalink 页面的编写和部署后，就可以修改软件仓库配置文件了。修改 /etc/yum.repos.d/fedora.repo 文件，将 [fedora] 仓库部分的 baseurl 加上井号，并将 metalink 设置为以下内容：

```
metalink=http://172.100.3.30/metalink.php?repo=fedora-$releasever&arch=$basearch
```

保存文件，并更新软件仓库信息缓存，命令如下：

```
sudo dnf makecache --refresh
```

如果缓存过程正常，输入的信息与设置 baseurl 时一致，则代表动态设置软件仓库地址成功。

4. 增加 Debug 软件仓库

在 Fedora 软件仓库设置文件中还有一个 fedora-debuginfo 仓库，同样也可以使用 baseurl 或者 metalink 设置仓库地址。debuginfo 软件仓库存放的是制作软件包时生成的带有 debuginfo 和 debugsource 的 RPM 文件，我们之前将这些文件都存放在仓库目录中的 debug 目录里，这时就可以将 debug 目录设置为 fedora-debuginfo 仓库的地址了。

设置 metalink 地址如下：

```
metalink=http://172.100.3.30/metalink.php?repo=fedora-debug-$releasever&arch =$basearch
```

该地址与 fedora 软件仓库地址唯一的不同是，repo 参数是 fedora-debug-$releasever，转换后就是 fedora-debug-32，将该参数的判断加入 metalink.php 文件中，加入如下内容：

```
        case "fedora-debug-32":
                $repomd_file="/var/repo/debug/repodata/repomd.xml";
                break;
```

和

```
        case "fedora-debug-32":
?>
        <url protocol="http" type="http" location="CN" preference="100"
>http://172.100.3.30:8080/debug/repodata/repomd.xml</url>
<?php
        break;
```

现在就完成 fedora-debuginfo 仓库的设置了。debuginfo 类型的仓库可以不设置 enabled 为 1，只需要 dnf 命令使用 debuginfo-install 参数安装软件包即可。例如，安装 Zlib 软件包的 debuginfo 文件，使用如下命令：

```
sudo dnf debuginfo-install wget
```

此时会自动开启 Debuginfo 类型的软件仓库，显示信息如下：

```
正在启用 fedora-debuginfo 仓库
Fedora 32 - mips64el                                403 kB/s | 1.0 kB    00:00
Fedora 32 - mips64el - Debug                        73 MB/s  | 8.5 MB    00:00
```

可以看出，dnf 命令自动开启了 Debug 仓库，如果仓库中包含指定软件包对应的 debuginfo 和 debugsource 文件，就会提示是否安装。如果确认安装，就会把文件安装到系统中，通常安装的目录为 /usr/lib/debug。

5. 发布软件包源代码

对一个开源的 Linux 发行版来说，发布系统所使用软件的源代码是必不可少的，接下来就来看看通过软件仓库发布源代码的方式。

（1）准备源代码仓库目录

在 ${REPODIR} 目录中创建一个 SRPMS 目录，该目录即作为源代码仓库目录，命令如下：

```
mkdir -pv ${REPODIR}/SRPMS/Packages
```

（2）复制各个软件包的源代码文件

之前循环制作软件包时创建的目录中包含了所有可用的源代码文件，复制这些文件到源代码仓库目录中，步骤如下：

```
pushd ${BUILDDIR}/all-build/
   cp -a srpms/* ${REPODIR}/SRPMS/Packages/
   cp -a ok/*.src.rpm nocheck/*.src.rpm error/*.src.rpm ${REPODIR}/SRPMS/Packages/
popd
```

然后需要整理 ${REPODIR}/SRPMS/Packages/ 目录中的源代码文件，可按照文件名的首字母对文件进行分目录存放。

（3）创建源代码仓库的仓库信息

只要是仓库就必须创建仓库信息，否则无法在 dnf 命令中使用该仓库。给源代码仓库创建仓库信息的命令如下：

```
pushd /var/repo/SRPMS/
   createrepo_c --update .
popd
```

> **注意：**
> 创建源代码仓库的信息时不需要使用分组文件。

（4）修改源代码仓库的配置

在 Fedora 软件仓库设置文件中找到 fedora-source 仓库的内容，设置 metalink 地址如下：

```
metalink=http://172.100.3.30/metalink.php?repo=fedora-source-$releasever&arch=$basearch
```

这里 repo 参数是 fedora-source-$releasever，转换后就是 fedora-source-32，将该参

数的判断加入 metalink.php 文件中，加入如下内容：

```
        case "fedora-source-32":
                $repomd_file="/var/repo/SRPMS/repodata/repomd.xml";
                break;
```

和

```
        case "fedora-source-32":
?>
      <url protocol="http" type="http" location="CN" preference="100"
>http://172.100.3.30:8080/SRPMS/repodata/repomd.xml</url>
<?php
                break;
```

（5）使用源代码仓库

源代码仓库的设置中 enabled 同样设置为 0。在需要使用源代码仓库中的源代码时使用的 dnf 命令如下：

```
dnf download --source wget
```

此时就会自动开启源代码仓库，并下载 Wget 软件包的源代码 RPM 文件。

6. mirrorlist 格式地址

除了 baseurl 和 metalink 这两种软件仓库地址格式，还有部分软件会使用 mirrorlist 格式的软件仓库地址（如 Livecd-Tools、PackageKit 等）。mirrorlist 与 metalink 一样也可以动态更新，但 mirrorlist 输出的信息与 metalink 不同。为了与使用 mirrorlist 格式地址的软件包兼容，可以建立一个 mirrorlist 格式的访问页面。

创建 mirrorlist.php 文件，文件内容如下：

```
<?php
$repo_set = $_GET["repo"];
$arch_set = $_GET["arch"];
?>
<?php
switch ($repo_set) {
        case "fedora-32":
?>
                http://172.100.3.30:8080/os/
<?php
                break;
         case "fedora-debug-32":
?>
                http://172.100.3.30:8080/debug/
```

```
<?php
            break;
        case "fedora-source-32":
?>
            http://172.100.3.30:8080/SRPMS/
<?php
            break;
        default:
            break;
}
?>
```

将编写完成的 mirrorlist.php 文件同样放入 /usr/share/nginx/html 目录中，完成部署。

11.3.4 同步软件仓库

随着软件仓库使用人数的增加，访问的频率也会大幅度增加。如果只有一个发行版的软件仓库，可靠性是不够的，通常采用多个异地的软件仓库来保证软件仓库的可用性，且每个软件仓库的内容必须保持一致，这就需要提供同步机制。

在软件仓库的同步机制中，最为常用的方案是通过 Rsync 软件包架设 Rsync 协议的访问服务。这样我们就可以将某个维护比较方便的软件仓库作为主软件仓库，其他软件仓库使用 Rsync 协议和 rsync 命令与主软件仓库定期进行同步，再通过 metalink 这样的动态软件仓库地址将同步的软件仓库提供给用户使用，就可以避免主软件仓库的访问负载过高的情况，让其他软件仓库分担访问请求。

既然是同步，就必然有同步源，这个同步源就是 Rsync 的服务端。同步产生的结果就是客户端。Rsync 需要至少搭建一个同步源，而对进行同步的客户端则没有限制。

1. 服务端的搭建

接下来尝试搭建一个支持 Rsync 同步协议的软件仓库，作为 Rsync 的服务端。

（1）安装软件包

作为软件仓库的服务器，Rsync 的服务端就存放在软件仓库的系统上。在该系统上安装 Rsync 软件包，使用如下命令：

```
sudo dnf install rsync-daemon rsync
```

（2）配置 Rsync 服务

修改 /etc/rsyncd.conf 文件，在该文件中加入以下内容：

```
[repo]
        path = /var/repo/
        comment = Fedora 32 for Loongson Repos
```

- [repo]：定义了一个同步标记名称，要记住该名称，因为在同步时会用到。
- path：设置同步目录，这里假定软件仓库所在的目录为 /var/repo，将整个目录作为同步管理的目标。
- comment：设置标记名称的简介。

（3）启动 Rsync 服务

```
sudo systemctl restart rsyncd
```

服务启动后支持 Rsync 协议的软件仓库就准备就绪了。

2. 客户端的使用

当服务端搭建完并启动服务后，就可以在客户端将 Rsync 管理的目录同步到客户端所在的系统中。

当然，要同步 Rsync 软件包提供的目录还需要安装支持 Rsync 协议的工具，这里安装的就是 Rsync 软件包提供的命令行工具，使用如下命令：

```
sudo dnf install rsync
```

安装完成后就可以在 /usr/bin 目录中找到 rsync 命令了，接下来就通过该命令进行目录和文件的同步。

在进行同步前先创建同步下来的文件存放目录，使用如下命令：

```
mkdir -p ~/repos/fedora/releases/32/
```

创建好目录后，使用如下命令进行文件同步。

```
/usr/bin/rsync -r --progress --delete --update\
                rsync://172.100.3.30/repo/os ~/repos/fedora/releases/32/
```

- -r：指定同步时目录及目录内的文件一起进行同步，该参数可以保证指定目录中的全部文件都进行同步。
- --progress：显示同步时的进度。
- --delete：如果在同步源中删除了某个文件和目录，则同步后也从目标目录中删除对应的目录和文件，该参数可以保证两边的目录内容完全一致。
- --update：更新模式的同步，使用该参数将针对同步源与当前目标目录中不同内容的文件进行同步，可大大加快同步速度。
- rsync://172.100.3.30/repo/os：该地址即为同步源。它由 4 个部分组成： rsync:// 代表同步使用 Rync 协议； 172.100.3.30 是同步源所在服务器的 IP 地址，根据实际情况进行设置； repo 是 Rsync 服务端设置的同步标记名称，该标记名称会对应一个具体的目录； os 标记名称对应目录中的子目录或文件，如果不写则代表是全部文件和目录，上面代码中我们只同步了其中的 os 目录，用户可以根据实际需要对这一项进行设置。
- ~/repos/fedora/releases/32/：该目录为保存同步文件和目录的位置，在该位置将会根据同步源地址中的内容生成其中的文件和目录。

11.3.5 维护软件仓库

1. 更新软件仓库

发行版提供给用户使用，并不代表软件仓库就创建完成了，在发行版的使用过程中软件仓库有可能需要更新。

当发行版正式发布后，建议对发布时的软件仓库不再进行变更，而使用新的软件仓库对需要更新的软件包进行管理。这样的好处是可以保持发布时的状态，通常发布时的软件仓库比较完整，而后续的更新可能导致软件仓库的依赖或完整性出现问题，此时发布时保留下来的软件仓库对于排查问题会起到帮助作用。

在 Fedora 的软件仓库设计中有 Updates 和 Updates-testing 两种阶段的更新仓库，分别对应 /etc/yum.repos.d/ 目录中的 fedora-updates.repo 和 fedora-updates-testing.repo 两个仓库配置文件。

Updates 软件仓库通常用来存放正式版本发布后更新的软件包，这些软件包通常作为比较正式的更新内容进行发布，可在正式场合下使用。Updates-testing 属于还在验证测试阶段的软件包更新，稳定性存在一定风险，且可能导致软件仓库的依赖或完整性出现问题，通常在研发阶段或者追求最新的情况下使用。

这两个配置文件的内容同 fedora.rep 是类似的，也需要设置软件仓库地址，同样建议使用 metalink 的地址设置方式，并在 metalink 的程序中增加对应的判断和处理内容。

2. 仓库地址的发布

当软件仓库满足以下几个条件后就可以进行发布了。

首先，经过测试，软件仓库中的软件包没有依赖问题，且提供的软件包满足目标用户的使用需求。

其次，软件仓库的地址是一个可以长期使用的地址，不会轻易变更。如果可以，软件仓库的地址最好采用域名的形式而不是 IP 地址。

最后，用于签名的公钥信息正确可用。

接下来，简单说明一下如何发布软件仓库。实际上发布软件仓库就是将软件仓库的地址和公钥以软件包的形式存放在软件仓库中，这样当用户安装系统时就可以使用正确的软件仓库地址和公钥。

发布软件仓库的软件包是 Fedora-Repos，该软件包提供软件仓库的配置文件。需要修改这些配置文件中的软件仓库地址，对同样签名的密钥文件也要进行替换。修改完成后，重新制作该软件包，将生成的 RPM 文件签名一并放入软件仓库中。

当然，在这之后制作的安装系统里的软件仓库地址和签名文件必须从修改后的 Fedora-Repos 软件包中获取。

完成以上步骤，软件仓库就可以被用户使用了。

3. 说明事项

对于软件仓库还有几点需要说明。

（1）软件仓库的地址

在本章中软件仓库地址都是使用 IP 地址来讲解的，在正式的发行版中很少直接使用 IP 地址作为软件仓库的地址，通常是使用域名。这需要在部署软件仓库服务器时设置对应的域名解析，当软件仓库的域名和地址路径确定后，再通过软件仓库的 RPM 文件发布给用户使用。

软件仓库的地址一旦发布给用户最好不要再变更，通过 metalink 和 mirrorlist 可以动态地修改软件仓库地址，但必须保证访问 metalink 和 mirrorlist 的地址是要能长期保持的。

（2）metalink 及 mirrorlist 的 PHP 程序

本章制作了为 metalink 和 mirrorlist 格式地址提供信息的 PHP 程序，程序都比较简单，仅用于讲解原理和使用示例，其中并没有针对用户的 IP 地址或网络状况有针对性地推荐软件仓库地址，且提供示范的软件仓库地址也只有一个。读者在实践中可根据需要对程序进行修改，加入更多的软件仓库地址，以及更多的智能化判断和处理步骤，从而使用户获得软件仓库的最佳使用体验。

读者也不用局限在用 PHP 语言来编写该程序，实际上任何可以完成这些功能的编程语言都可以用来提供软件仓库信息，如 Python、Perl 等，当然，对应的 Web 服务需要根据实际情况进行配置。

（3）多个软件仓库的同步

一个实际的发行版通常都不止一个软件仓库，并且软件仓库可以在不同地理位置存放，以保证软件仓库的可用性，因此各个软件仓库之间的同步是非常重要的。通过 Rsync 软件进行同步是一种常见的方式，但 Rsync 本身并不是实时或者自动进行同步的，所以通常可以配合定时任务的工具（如 Crontab）来实现自动同步。这会涉及同步的时间、同步频率等，需要根据实际情况进行设置，这里就不展开讲解了，读者可以自行查阅任务工具的用法。

第 12 章

制作安装镜像

作为一个发行版，向用户提供安装系统的方法是必不可少的，而使用最多的方法是通过一个可以启动的系统来安装。为了方便用户获取和使用，通常会将启动系统制作成 ISO9660 格式的镜像文件，因为该类型文件一般以 .iso 作为扩展名，所以简称为 ISO 文件或镜像文件，并将专用于安装系统的镜像文件称为安装镜像文件。

本章将简单介绍如何为移植到龙芯的系统制作一个安装镜像文件。

12.1 启动镜像制作工具

Fedora 系统中提供了一套用于制作启动镜像的工具，即 Livecd-Tools。该工具可以生成 ISO9660 格式的镜像文件，并可以刻录光盘或者写入 U 盘，然后将光盘或 U 盘作为 LiveCD/USB 来启动计算机。

LiveCD/USB 中的 Live 系统可以根据需要进行定制。

12.1.1 相关准备

1. Livecd-Tools 软件包

Livecd-Tools 软件包官方源代码中并没有对龙芯（MIPS）进行支持，也就是说无法直接使用该软件包在龙芯的系统中制作启动镜像文件，需要对源代码进行移植。

（1）制作步骤

①将 Livecd-Tools 软件包安装到当前用户目录中，使用如下命令：

```
rpm -ivh ${SOURCESDIR}/l/livecd-tools-27.1-5.fc32.src.rpm
```

②修改 SPEC 描述文件。加入补丁定义：

```
%ifarch %{mips}
Patch0: livecd-tools-27.1-imgcreate-add-mips64el.patch
Patch1: livecd-tools-27.1-editliveos-add-mips64el.patch
%endif
```

- livecd-tools-27.1-imgcreate-add-mips64el.patch：该补丁文件主要修改 live.py 文件，在其中增加了针对龙芯架构的处理函数，主要是 Grub 提供的 EFI 文件的存放，产生 Grub 启动菜单以及增加与龙芯架构相关的软件包到 Live 系统中等步骤。
- livecd-tools-27.1-editliveos-add-mips64el.patch：该补丁提供了 editliveos 命令中针对龙芯的改动。

增加修订版本号，然后保存文件。

③制作软件包和重制 SRPM 文件。

```
rpmbuild -ba ~/rpmbuild/SPECS/livecd-tools.spec
```

（2）安装软件包

生成的 3 个 RPM 文件都进行安装，使用 dnf 命令进行安装。

```
sudo dnf install ~/rpmbuild/RPMS/mips64el/livecd-tools-* \
              ~/rpmbuild/RPMS/mips64el/python3-imgcreate-* \
              ~/rpmbuild/RPMS/mips64el/python-imgcreate-sysdeps-*
```

通过 dnf 命令可以将该软件包依赖的其他软件包一并安装到系统中，如果之前安装过其他版本的 Livecd-Tools 软件包，则可以使用 update 参数进行升级安装。

在安装时我们会发现，这套工具连带安装了许多软件包，如 Squashfs-Tools、Xorriso、python3-imgcreate 等，这些都是与制作镜像文件相关的软件包。

（3）验证安装

安装完成后，需要检查安装情况，主要检查安装的 Python 脚本文件中是否增加了对 MIPS 的支持，使用如下命令：

```
cat /usr/lib/python3.8/site-packages/imgcreate/live.py | grep "class mipsLive"
```

如果返回以下信息，则代表安装正确；如果没有返回任何信息，则需要检查前面的制作步骤是否有误。

```
class mipsLiveImageCreator(LiveImageCreatorBase):
```

2. 启动镜像制作过程

软件包安装成功后，我们先来了解一下使用 Livecd-Tools 软件包制作镜像文件的过程。这一过程大致分为 3 个阶段。

第一阶段，创建 Live 系统（即镜像文件的启动系统）。

- 创建一个文件，并将该文件格式化为 ext4 文件系统。
- 将 ext4 文件系统的文件挂载到一个目录中，Live 系统将在该目录中进行制作。
- 在该目录中建立 /dev、/proc、/sys 等目录，用来挂载内核虚拟文件系统。
- 通过 KS 文件（以 .ks 为扩展名的配置文件）来确认 Live 系统所需的各种软件包，安装软件包可以通过 dnf 命令。
- KS 文件除了指定要安装的软件包，还可以定义一些执行的脚本，用来配置和修改安装好的 Live 系统。
- 创建 LiveCD 专用的 Initramfs 文件，用于镜像文件的启动阶段。

第二阶段，卸载文件系统。

- 完成了 Live 系统的制作，卸载目录中挂载的内核虚拟文件系统。
- 卸载 ext4 文件系统的文件挂载的目录。
- 调整 ext4 文件系统的文件大小，使其占用的空间最小化。

第三阶段，压缩文件系统，生成 ISO 文件。

- 创建压缩文件系统 SquashFS、配置启动程序。
- 生成 ISO9660 文件系统格式的 ISO 文件。

12.1.2 制作启动镜像文件

制作和安装好 Livecd-Tools 软件包并了解了制作过程之后，我们尝试来做一个简单的启动镜像文件，从而熟悉和验证制作过程。

1. Kickstart 文件

Livecd-Tools 制作镜像文件使用一种称为 Kickstart 的文件，该文件扩展名是 .ks，故也称为 KS 文件。

Livecd-Tools 软件包提供了一个测试用的 KS 文件，可以通过该文件创建一个启动镜像文件。该文件的存放位置为 /usr/share/doc/livecd-tools/livecd-fedora-minimal.ks，文件原内容如下：

```
lang en_US.UTF-8
keyboard us
timezone US/Eastern
auth --useshadow --passalgo=sha512
selinux --enforcing
firewall --disabled
part / --size 2048

repo --name=development --mirrorlist=http://mirrors.fedoraproject.org/mirrorlist?re-
po=rawhide&arch=$basearch


%packages
@standard

%end
```

这是一个非常简单的配置文件，下面简单介绍一下其中的设置参数。

- lang：设置语言环境，这里可以修改为其他语言环境，如中文 zh_CN.UTF-8。
- keyboard：设置键盘布局。
- timezone：设置时区。
- auth：设置系统的认证方式， useshadow 设置使用 shadow 方式的密码，passalgo 设置密码的哈希算法，这里设置为 sha512。
- selinux：设置 SELinux 的工作模式。

- firewall：设置防火墙服务。
- part：设置 Live 系统的分区，该参数可以多次定义，每次定义一个分区，size 指定分区占用的空间，空间使用数字表示，单位为 MB。
- repo：设置制作 Live 系统时使用的软件仓库，该参数可以多次定义，多次定义即代表使用多个软件仓库作为安装软件的来源，Live 系统中安装的软件包均来自该参数设置的这些软件仓库。
- %packages：这是一个标记，在该标记下填写需要在 Live 系统中安装的软件包，可以使用 @ 表示软件包组，每个软件包组或者软件占用一行。
- %end：文件结束标记。

以上配置是原配置，其中的一些设置需要进行修改。先复制一份文件再进行修改，命令如下：

```
mkdir-pv ${BUILDDIR}/iso
cp /usr/share/doc/livecd-tools/livecd-fedora-minimal.ks ${BUILDDIR}/iso
```

修改复制后的 livecd-fedora-minimal.ks 文件，修改后的内容如下：

```
lang zh_CN.UTF-8
keyboard us
timezone Asia/Shanghai
auth --useshadow --passalgo=sha512
rootpw root
# selinux --enforcing
firewall --disabled
part / --size 2048

repo --name=development --baseurl=http://172.100.3.30:8080/os/

%packages
@standard

%end
```

以上重点修改内容如下。

- 去除 selinux 参数以关闭 SELinux 功能。
- 增加 rootpw 参数。rootpw 参数用来设置 root 用户的密码，参数后为具体密码，该密码可以在 Live 系统启动后用于 root 用户登录。
- 修改 repo 参数的设置。这是最重要的设置，name 设置软件仓库的临时名称，如果 KS 文件中设置了多个 repo 参数，则需要通过 name 设置不同的临时名称。

软件仓库的地址在 KS 文件中支持两种表达方式，一种是原文件中的 mirrorlist，另一种是 baseurl，但不支持使用 metalink 的表达方式。使用哪一种软件仓库的表达方式对制作本身并没有影响，建议设置一个比较方便且可快速访问的地址，例如这里设置了本书之前制作的软件仓库地址。

如果之前创建了支持 mirrorlist 地址格式的文件，则此处可以使用该格式的地址来设置软件仓库，例如以下地址：

```
repo --name=development --mirrorlist=http://172.25.1.167/mirrorlist.
php?repo=fedora-32
```

对于使用的软件仓库还必须注意一点，那就是软件仓库必须包含分组文件的信息，否则无法支持在 %packages 标记中列出的软件包组的安装。

2. 创建启动镜像文件

现在使用 Livecd-Tools 软件包提供的 livecd-creator 命令创建启动镜像文件，命令如下：

```
pushd ${BUILDDIR}/iso
    sudo livecd-creator --flat-squashfs --config=livecd-fedora-minimal.ks
popd
```

- --flat-squashfs：强制使用 Overlayfs 作为 LiveCD 使用的 Live 文件系统，默认会使用 DM-Snapshot 来实现 Live 系统的写入操作。
- --config：指定 KS 文件来制作启动镜像文件。

livecd-creator 命令还带有其他的参数，读者可以通过 --help 参数进行了解。

通过 livecd-creator 创建的启动镜像文件存放在当前目录中，默认以配置文件的文件名加上创建时间作为生成文件名的编号，并以 .iso 作为扩展名，例如 livecd-fedora-minimal-202008221603.iso。

也可以通过 fslabel 参数来指定文件名，例如以下制作命令：

```
sudo livecd-creator --flat-squashfs --config=livecd-fedora-minimal.ks \
                    --fslabel=livecd-fedora
```

实际上，参数 fslabel 修改的是默认的 ISO 文件卷标名称，同时也会将生成的文件命名为 livecd-fedora.iso。

12.1.3 使用启动镜像文件

制作好启动镜像文件后，你是不是迫不及待地想试一试，接下来就讲解如何使用制作出来的启动镜像文件。

1. 制作启动盘

将启动镜像文件制作成启动盘后，才可以用来启动计算机。启动盘使用的媒介主要有两种，一种是光盘（CD/DVD），另一种是移动存储设备（如 U 盘、SD 卡、TF 卡等）。另外如果使用的是虚拟机，则可以直接使用 ISO 文件，这里就不作介绍了。

（1）安装到光盘

你需要一个可写的光盘及一个刻录光驱，然后使用光驱刻录软件将 ISO 文件以镜像方式写入光盘中。使用光盘时也需要一个光驱设备进行读取。

使用光盘的优点是价格便宜且易于保存，但使用光盘是较为麻烦的。

（2）安装到 U 盘

现在 U 盘的应用已经很广泛了，因此使用 U 盘来制作启动盘会更加容易。另外，目前 U 盘的性能已经远远超过光驱读取光盘的性能，因此使用 U 盘制作的启动盘启动计算机的速度更快，而且 U 盘可以反复写入，对于还处于调试阶段的启动镜像文件来说，使用 U 盘作为启动盘更为方便。

在龙芯机器上使用 U 盘作为启动盘，需要对 U 盘设置分区，即在 U 盘上创建至少一个分区，然后将镜像文件写入第一个分区中，而不是直接写入 U 盘的根设备中。例如 U 盘设备被识别为 /dev/sdb，那么需要创建一个 /dev/sdb1 的分区，然后将镜像文件写入该分区中。

如果 U 盘没有分区，可以使用 cfdisk 命令对 U 盘设备进行分区。

完成分区后不需要进行格式化，因为写入镜像文件的过程相当于在分区中创建了文件系统。将镜像文件写入 U 盘的命令如下：

```
sudo dd if=livecd-fedora-minimal-202008221603.iso of=/dev/sdb1 bs=1M
```

这里假设当前目录中有文件名为 livecd-fedora-minimal-202008221603.iso 的镜像文件，且 U 盘的分区设备名为 /dev/sdb1。

使用 dd 命令是将镜像文件写入分区最简单的方法。

- if：指定镜像文件。
- of：指定要写入的设备名。
- bs：指定一次写入的数据量，一个合适的数据量会加快写入速度，这里设置了每次写入 1MB 的数据量。

当 U 盘用于制作启动盘时，其用于写入镜像文件的分区容量必须超过 ISO 镜像文件的大小；且因为使用 dd 命令写入分区中，写入镜像文件后的分区不具有创建新文件和写入数据的功能，这是因为该分区会变成 ISO9660 的文件系统，而该文件系统为只读文件系统。

2. 启动计算机

将制作好的启动盘放入要启动的计算机的对应设备中（光盘放入光驱，U 盘插入 USB 接口中），然后开机，进入 BIOS 中设置使用启动盘所在设备进行启动。如果一切顺利，很快就会出现 Grub 的启动菜单界面，界面如图 12.1 所示。

```
Start Livecd Fedora
Troubleshooting -->

Use the ▲ and ▼ keys to change the selection.
Press 'e' to edit the selected item, or 'c' for a command prompt.
```

图 12.1 Live 系统的启动菜单界面

然后选择第一个启动项，经过一段时间的启动（具体时间视设备读取性能而定）就会进入用户登录界面。因为当前制作的 Live 系统只是最基本的系统，所以只有终端的登录提示，使用 root 用户登录，登录密码为 KS 文件中设置的密码。

如果顺利，很快就能进入 Bash 的交互环境。至此，就算完成了启动镜像文件的制作并验证成功。

12.2 操作系统的安装

当可以制作启动系统的镜像文件后，接下来考虑如何将操作系统安装到新的计算机上，这对于发行版来说是必不可少的，一个好的方案是在启动镜像文件的 Live 系统中为用户提供安装操作系统工具。

12.2.1 相关准备

1. Anaconda 软件包

Anaconda 软件包提供了一套通用的安装操作系统的工具，其交互方式支持文本、图形以及通过 VNC 协议的远程图形，安装方式支持 Live 系统复制和选择组件的定制化安装方式。另外 Anaconda 还支持通过 KS 文件设置无人值守方式的安装。

Anaconda 软件包提供了一个制作安装交互环境的框架，提供了非常多的功能，足以帮助我们为自己的发行版提供一个安装工具。用户根据界面提示即可完成系统的安装，事实上 Fedora 官方发行版就是用 Anaconda 作为安装操作系统的工具。

为保证符合龙芯机器的要求，在龙芯上使用 Anaconda 需要修改一些代码，接下来先对 Anaconda 软件包进行代码移植。

（1）将 Anaconda 软件包安装到当前用户目录中

```
rpm -ivh ${SOURCESDIR}/a/anaconda-32.24.7-1.fc32.src.rpm
```

（2）修改 SPEC 描述文件

加入补丁定义：

```
%ifarch %{mips}
Patch0: 0001-anaconda-32.24-add_mips64el_support.patch
%endif
```

- 0001-anaconda-32.24-add_mips64el_support.patch：该补丁文件主要增加了针对龙芯架构的支持，包括 Grub 提供的 EFI 文件安装、中文化配置等。

增加修订版本号，然后保存文件。

（3）制作软件包和重制 SRPM 文件

```
rpmbuild -ba ~/rpmbuild/SPECS/anaconda.spec
```

2. Python-Blivet 软件包

Python-Blivet 软件包是 Anaconda 软件包运行时依赖的软件包之一。

（1）将 Python-Blivet 软件包安装到当前用户目录中

```
rpm -ivh ${SOURCESDIR}/p/python-blivet-3.2.1-2.fc32.src.rpm
```

（2）修改 SPEC 描述文件

加入补丁定义：

```
Patch1: 0001-blivet-3.2.1-add_mips_support.patch
```

- 0001-blivet-3.2.1-add_mips_support.patch：因为该版本中尚未增加对 MIPS 架构的判断，所以该补丁文件的功能就是在 arch.py 程序文件中加入对 MIPS 架构的判断函数，这将为 Anaconda 软件包运行时提供对架构的判断依据。

增加修订版本号，然后保存文件。

（3）制作软件包和重制 SRPM 文件

```
rpmbuild -ba ~/rpmbuild/SPECS/python-blivet.spec
```

3. 使用软件包

与安装系统有关的软件包在制作完成后并不需要安装到当前系统中，只需要将其加入软件仓库即可。在制作 Live 系统时将 Anaconda 软件包加入，就可以在 Live 系统中调用它们进行操作系统的安装了。

12.2.2 图形桌面的 Live 系统

通过 Livecd-Tools 软件包提供的示例文件，可以轻松地制作一个 Live 系统，但制作出来的 Live 系统比较简单。我们会想制作更加复杂一些的 Live 系统，例如带有图形桌面环境以及安装操作系统的工具。

1. 安装相关软件包

Fedora 发行版提供了一个 Fedora-Kickstart 的软件包，该软件包中提供了大量的 Kisckstarts 文件，提供了更为复杂的 Live 系统制作示例文件，安装该软件包的命令如下：

```
sudo dnf install fedora-kickstarts
```

安装完成后，就可以在 /usr/share/spin-kickstarts/ 目录中找到大量的 KS 文件。

2. 制作 Live 系统

接下来，我们将以 LXDE 桌面作为例子，制作一个带有桌面环境的 Live 系统。

Fedora-Kickstart 软件包提供了制作 LXDE 桌面 Live 系统的示例文件，文件名为 fedora-live-lxde.ks。为了不修改系统中安装的文件，我们将该文件复制到其他目录中，使用如下命令：

```
pushd ${BUILDDIR}
    mkdir -pv lxde-live
    cp -a /usr/share/spin-kickstarts/fedora-live-lxde.ks lxde-live/
popd
```

查看 fedora-live-lxde.ks 文件时可以发现，该文件使用了 %include 标记，该标记用于引用另一个 KS 文件，因此还需要复制所有涉及的文件到同一个目录中，使用如下命令：

```
pushd ${BUILDDIR}/lxde-live
    for i in fedora-live-base fedora-live-minimization fedora-repo-rawhide \
            fedora-live-lxde fedora-lxde-common fedora-repo
     do
        cp /usr/share/spin-kickstarts/${i}.ks ./
     done
popd
```

以上复制的都是在制作 LXDE 桌面的 Live 系统时涉及的 KS 文件。

接下来就需要修改 KS 文件的内容以满足制作龙芯上的 LXDE 桌面 Live 系统的需求，需要修改的文件如下。

（1）fedora-live-base.ks 文件

在该文件中设置了语言、时区等 Live 系统的通用设置，修改以下内容。

- 语言环境，将 lang en_US.UTF-8 改为 lang zh_CN.UTF-8。
- 时区设置，将 timezone US/Eastern 改为 timezone Asia/Shanghai。
- 去除 SELinux 设置，将 selinux --enforcing 一行删除。
- 去除 memtest86+，此项设置在龙芯上无法使用，将 memtest86+ 这行删除或者注释掉即可。
- 去除 Syslinux，Syslinux 无法用于龙芯机器，将 syslinux 这行删除。

（2）fedora-repo.ks 文件

该文件用来设置制作 Live 系统时使用的软件仓库地址，以下修改仅作参考，读者应根据实际情况进行修改。

该文件默认使用 Fedora 官方的 Rawhide 软件仓库，找到以下这行并删除：

```
%include fedora-repo-rawhide.ks
```

删除对 fedora-repo-rawhide.ks 的引用后就需要设置自己的软件仓库了，增加以下内容：

```
repo --name=development --baseurl=http://172.100.3.30:8080/os/
```

这样制作过程中将通过自己设置的软件仓库获取软件包了。

接下来开始制作 ISO 文件，制作的命令如下：

```
sudo livecd-creator --flat-squashfs -c fedora-live-lxde.ks
```

-c 参数是 --config 参数的缩写形式。

在没有指定 fslabel 参数的情况下将生成 livecd-fedora-live-lxde-202008221603.iso 文件。

12.2.3 安装操作系统

启动带有桌面的 Live 系统时，我们会发现启动的桌面上有一个“安装到硬盘”的图标，这就是用来将系统安装到硬盘中的安装器。该安装器由 Anaconda 软件包提供，这是 Fedora 发行版提供的一个通用的安装器，利用该安装器可以轻松制作在 Live 系统中增加安装系统的功能。

1. 启动安装工具

Livecd-Tools 制作的 Live 系统启动 Anaconda 有多种方式。

（1）手工启动

这是默认的方式，当系统启动完成后会停留在桌面环境中，此时通过单击桌面或菜单中的相应图标就可以启动 Anaconda 安装工具。

手工启动更适合通用性质的 Live 系统，用户可以在需要的时候才使用安装工具，这样的 Live 系统更适合用于临时系统或援救系统。

（2）自动启动

在 ISO 镜像文件的内核启动参数中增加 liveinst 或者 textinst（需在 KS 文件中增加相关支持），可以在系统启动完毕后自动启动 Anaconda 安装工具，可配合无人值守的安装方式。自动启动安装工具的 Live 系统更适合用来部署新的工作环境或大量机器的安装工作。

2. 使用简介

前面介绍过 Anaconda 支持多种启动和安装方式，不同方式之间存在使用方法上的差异。接下来介绍默认使用的 Live 系统安装方式以及使用图形化方式进行交互的场景。

当安装器启动后会提示用户选择语言环境，选择中文后就会进入 Anaconda 的主界面，即【安装信息摘要】界面中，如图 12.2 所示。在主界面中，有红色文字标注的选项需要进行设置。

图 12.2 【安装信息摘要】界面

首先设置安装目的地，单击该选项后会进入【安装目标位置】界面，可在该界面选择安装的硬盘设备，如图 12.3 所示。

这里显示的是可以用来安装系统的硬盘设备，如果是没有使用过的硬盘，则可在“存储配置”中选择“自动”并单击“完成”，安装程序会自动进行分区设置。

如果硬盘中已经存放了其他系统或者数据，可以在“存储配置”中选择“自定义”，再单击“完成”时会进入安装硬盘的设置界面，需要用户自行对硬盘上已经创建的分区进行删改，并创建用来安装新系统的分区。完成硬盘分区设置后会重新回到主界面。

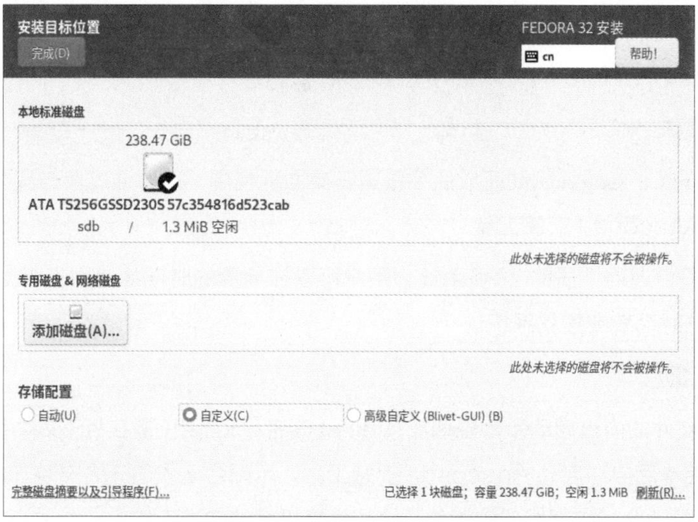

图 12.3 【安装目标位置】界面

接下来要创建用户，选择主界面中的“创建用户”，会进入【创建用户】界面，如图 12.4 所示。设置要使用的用户名以及密码，这里如果想创建一个可以使用 sudo 命令的用户就需要勾选“将此用户设为管理员”选项。

图 12.4 【创建用户】界面

完成后返回主界面，我们会发现主界面发生了变化，如图 12.5 所示。此时会看到，即使没有设置“根密码”选项，其原来的红色文字也消失了，这是因为当设置了一个可以使用 sudo 命令的用户后，就开启了禁用 root 账户的功能，目前大多数系统都建议为安全禁用 root 用户。

图 12.5　设置完成后的主界面

另外我们会发现之前灰色的“开始安装”按钮也变成了蓝色，这时单击该按钮开始进行系统的安装，会出现如图 12.6 所示的【安装进度】界面。

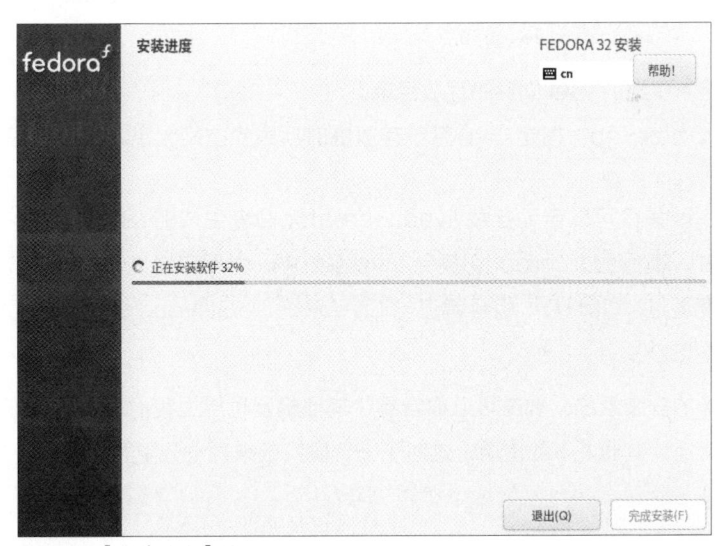

图 12.6　【安装进度】界面

如果一切顺利，稍作等待后“完成安装”的按钮会变成蓝色，这说明安装程序已经完成。单击该按钮后会关闭安装程序，然后重新启动计算机。拔掉 Live 系统的移动设备，让计算机使用安装的系统进行启动，如果启动顺利完成，就代表安装成功。

12.3 查看和修改 Live 系统

制作好 ISO 文件后，接下来就了解一下如何查看并修改其中的 Live 系统。

1. 查看 Live 系统

使用 liveimage-mount 命令将其中的 Live 系统挂载到指定的目录中，该命令的使用方法如下：

```
liveimage-mount /path/to/live[.iso|device|directory] <mountpoint>
```

这里以一个制作好的 ISO 文件为例，使用如下命令：

```
sudo mkdir -pv liveos
sudo liveimage-mount livecd-fedora-202008221603.iso liveos
```

片刻之后将挂载 LiveCD 中的 Live 系统到 liveos 目录中，并且自动使用 chroot 切换到 Live 系统中，用户可以自由查看系统中的文件。若想离开 Live 系统环境，可以通过键盘上的“Ctrl+D”组合键来退出并回到原来的系统环境中。

2. 修改 Live 系统

使用 liveimage-mount 命令仅仅是查看 Live 系统中的内容，虽然查看过程中也可以修改其中的文件，但修改后的内容是不会保存到 ISO 文件中的。如果要修改 Live 系统的文件，除了修改 KS 文件并通过 livecd-creator 命令重新制作 ISO 文件外，还可以使用 editliveos 命令来修改，例如使用如下命令：

```
sudo editliveos -o liveos livecd-fedora-live-lxde-202010120631.iso \
                --rootfs-size-gb 8
```

- -o：指定新生成的 ISO 文件的存放目录。
- --rootfs-size-gb：指定 Live 系统存放临时目录的空间大小，参数后跟一个以 GB 为单位的数字。

使用 editliveos 命令可以自动挂载 livecd-creator 命令生成的 ISO 文件中的 Live 系统，并复制到临时目录中，然后通过 chroot 切换到 Live 系统中，为用户提供修改的系统环境。用户在完成修改后，只需要通过“Ctrl+D”组合键退出 Live 系统，editliveos 命令会自动重新打包修改后的系统并重新制作 ISO 文件。

通过我们制作的安装系统，现在可以很容易让其他机器也用上我们移植的系统了，并且可以将 ISO 文件发布到网上让其他人下载使用，这对于一个发行版来说十分重要。

第 13 章

包构建管理系统

制作发行版最基础的工作就是制作各种软件包，在前面的章节中我们通过手工、脚本等方式制作了大量的软件包，接下来将介绍软件包包构建工具和包管理系统。

13.1 包构建工具

在之前制作软件包时，我们都是将软件包所需要的依赖条件安装到当前系统中，然后通过 rpmbuild 命令进行制作。这对于单个软件包来说并没有什么不妥，但是当制作的软件包数量较多后，就会导致当前系统中安装的各种软件包产生冲突。同时在之前的制作过程中我们也发现，某些软件包会因为系统中多安装的一些软件包而制作失败。

如果每个软件包制作的时候都只有本软件包需要的依赖软件包，那么就不会出现因系统中有“多余”的软件包而制作失败的情况，Mock 软件包正符合这种需求。

13.1.1 Mock 的工作原理

Mock 是一个基于 RPM 包管理工具制作软件包的工具，其工作的过程如下。

①创建一个基本的系统环境，这个环境只包含最基本的命令以及 RPM 包管理工具。

②使用 chroot 切换到基本的系统环境中。

③分析需要制作的软件包，根据软件包的依赖需求，从软件仓库中安装依赖的软件包到基本的系统环境里。

④在安装了依赖软件包的系统环境里制作指定的软件包。

⑤把制作的结果和记录文件报告给用户并清除制作环境。

通过 Mock 的工作过程可以了解到，其工作原理就是通过包管理命令安装一个最小的系统环境，然后仅安装要制作的软件所需要的依赖软件包，这样可以保证制作软件包的时候没有多余软件包的干扰。

Mock 的这种制作机制可以有效验证软件包的 SPEC 描述文件是否将依赖条件描述完整，也可以验证软件仓库安装的系统是否能有效制作软件包。

当然 Mock 的这种制作过程会比较耗时，制作一个软件包就必须准备一个基本的系统环境，然后在这个系统环境中安装制作软件包所需的各种软件包，有时候会发现需要安装的软件包有数百个。即使连续制作同一个软件包也会重新安装所需的全部依赖软件包，虽然 Mock 应用起来如此费时，但其确是一种验证软件包的很好手段。

当某个软件包在系统环境下制作出现错误时，使用 Mock 来制作该软件包往往能够修正错误，因此 Mock 特别适用于对制作环境“敏感”的软件包。

13.1.2 Mock 的安装

Mock 的安装非常简单，使用如下命令：

```
sudo dnf install mock
```

Mock 安装后会分别创建 mock 用户组，之后必须使用该组内的用户进行软件包的制作。随 Mock 软件包一起还会安装 Mock-Core-Configs 软件包，该软件包包含了 Mock 制作软件包时使用的配置文件。

13.1.3 Mock 的配置

Mock-Core-Config 提供的配置文件都安装在 /etc/mock 目录中，其中包含了各种发行版及不同架构使用 Mock 的配置文件。因为龙芯使用的 MIPS 架构并没有包含在该目录中，所以需要为龙芯手工创建一个配置文件。

在 /etc/mock 目录中创建一个名为 fedora-32-mips64el.cfg 的文件，该文件内容如下：

```
config_opts['releasever'] = '32'
config_opts['target_arch'] = 'mips64el'
config_opts['legal_host_arches'] = ('mips64',)
include('templates/fedora-for-loongson.tpl')
```

该配置文件通过 config_opts 来定义变量，变量的含义如下。

- releasever：发行版版本号，该版本号会出现在 RPM 文件名中，因为制作的是 Fedora 32 发行版，所以设置为 32。
- target_arch：制作的软件包生成的 RPM 文件所属的架构，这里设置为 mips64el，代表龙芯 CPU 的架构。
- legal_host_arches：指定适合制作 target_arch 所设置架构的主系统架构，该架构通过 uname -m 命令获取，因为在龙芯的系统中获取的是 mips64，所以设置为 mips64。

配置文件还可以用 include 将另一个配置文件包含进来，这里设置了 templates/fedora-for-loongson.tpl 文件，该文件以 .tpl 作为扩展名，在 Mock 的配置文件中将这种文件称为模板文件，模板文件都存放在 /etc/mock/templates 目录中。

当使用 mock 制作软件包的行为符合其中某个模板的设置时，就可以通过包含模板文件来简化配置文件的编写，前面我们就为 fedora-32-mips64el.cfg 增加了包含 fedora-for-loongson.tpl 的模板文件。

因为 fedora-for-loongson.tpl 并不是一个已有的文件，所以我们需要创建它，可以通过参考其他模板文件来编写该文件，该模板文件的内容如下：

```
config_opts['root'] = 'fedora-{{ releasever }}-{{ target_arch }}'

config_opts['chroot_setup_cmd'] = 'install @buildsys-build'

config_opts['dist'] = 'fc{{ releasever }}.loongson'  # only useful for --resultdir
variable subst
config_opts['extra_chroot_dirs'] = [ '/run/lock', ]
config_opts['package_manager'] = 'dnf'

config_opts['dnf.conf'] = """
[main]
keepcache=1
debuglevel=2
reposdir=/dev/null
logfile=/var/log/yum.log
retries=20
obsoletes=1
gpgcheck=0
assumeyes=1
syslog_ident=mock
syslog_device=
install_weak_deps=0
metadata_expire=0
best=1
module_platform_id=platform:f{{ releasever }}
protected_packages=

# repos
[local]
name=local
baseurl=http://172.100.3.30:8080/os/
cost=2000
enabled=1
skip_if_unavailable=False

"""
```

该配置文件包含了两个主要部分。

第一个部分是使用多个 config_opts 定义的一组设置变量，其中变量的含义如下。

- root：定义 Mock 制作时用于存放基本系统的目录名，其中 {{ releasever }} 和 {{ target_arch }} 是对已定义变量的引用。
- chroot_setup_cmd：定义安装最基本系统的组名，该组名必须存在于接下来设置的软件仓库中。
- dist：设置生成的 RPM 文件名的扩展名，一般用来区分发行版。
- extra_chroot_dirs：设置的目录用来存放 Mock 制作过程中产生的状态文件。
- package_manager：指定 RPM 软件仓库管理工具的命令，因为 Fedora 32 使用的是 dnf 命令，所以这里设置为 dnf。

第二个部分则是由 config_opts['dnf.conf'] 定义的软件仓库。

这里我们参考了其他模板文件的编写内容，其中的软件仓库地址需要根据实际情况进行编写。

```
[local]
name=local
baseurl=http://172.100.3.30:8080/os/
cost=2000
enabled=1
skip_if_unavailable=False
```

软件仓库可以创建多个，但两个软件仓库的标记（如 [local]）不能相同，name 也不能相同。

这里使用了之前创建的软件仓库地址，且必须将 enable 设置为 1 才能保证该软件仓库可用。

对于 skip_if_unavailable 变量，建议设置为 False，False 代表软件仓库在分析出软件包的依赖有缺失时会报错并停止；如果设置为 True，则会跳过有依赖问题的软件包并将依赖完整的部分软件包安装到系统中。

13.1.4 Mock 的初始化

Mock 的初始化分两个部分。

1. 对用户的初始化

首先要创建一个用户来使用 Mock，通常使用 Mock 的用户是 mockbuilder，使用如下命令：

```
sudo useradd mockbuilder
```

该用户还必须纳入 mock 用户组中，否则 mock 命令是不能执行的，使用如下命令：

```
sudo usermod -a -G mock mockbuilder
```

切换到 mockbuilder 用户，使用如下命令：

```
sudo su - mockbuilder
```

如果成功切换到 mockbuilder 用户，则 Mock 的用户初始化阶段完成。

2. 对 Mock 制作环境的初始化

在第一次使用 mock 命令制作软件包时需要对 mock 的制作环境进行初始化，使用如下命令：

```
mock -r fedora-32-mips64el --init
```

- -r 参数：用来指定配置文件，该参数后必须指定一个配置文件的文件名，这里指定的是我们创建的 fedora-32-mips64el。指定配置文件时不需要指定路径，也不需要写出扩展名，mock 命令会自动到 /etc/mock 目录中查找指定名称的配置文件。
- --init 参数：指定 mock 仅初始化 Mock 的基本系统环境。

初始化命令执行过程中会看到两次使用 dnf 命令安装一组软件包的情况，这实际上是 Mock 安装基本系统环境的一种策略，Mock 对基本系统环境的初始化的过程如下。

①使用系统的 dnf 命令创建一个 bootstrap 系统，该系统中只包含 dnf 命令运行所需的最基本环境。

②使用 bootstrap 系统中的 dnf 命令创建一个安装了 buildsys-build 软件包组的基本系统，这个基本系统就是 Mock 使用的基本系统环境。

③将 bootstrap 系统和基本系统打包备份。

之所以安装两次系统而不是直接从当前系统中安装基本系统，是因为 Mock 考虑不同发行版之间使用 Mock 可能会导致安装基本系统失败，通过 bootstrap 系统则可以保证基本系统的确定性和成功率。

若修改了 fedora-32-mips64el 配置文件中的内容，Mock 会使用 bootstrap 系统重新制作基本系统。

安装的 bootstrap 系统和基本系统在 /var/lib/mock 目录中，这两个系统的备份则存放在 /var/cache/mock 目录中。

13.1.5 Mock 的使用

Mock 构建系统初始化完成后，就可以开始制作软件包了，接下来通过制作一个软件包来认识 mock 命令的工作情况。

假定当前目录下有一个 SRPM 文件，使用如下命令：

```
mock -r fedora-32-mips64el zlib-1.2.11-22.fc32.loongson.1.src.rpm
```

如果之前没有进行过基本系统的初始化或修改了配置文件，那么该命令在制作软件包前会自动完成初始化过程，因此即使忘记了初始化也不要紧。

无论是已经完成了初始化，还是重新进行了初始化，都会在基本系统安装完成后进行以下的步骤。

①将指定的 SRPM 文件重新进行打包，这样可以将扩展名改为当前发行版对 dist 变量设置的内容。

②分析 SRPM 文件的依赖条件，在基本系统中依据配置文件设置的软件仓库安装制作所需的软件包，这相当于 dnf 命令使用 builddep 参数分析和安装依赖软件包。

③若依赖安装无错误，则使用 rpmbuild 命令对 SRPM 文件进行软件包的制作。

软件包制作完成后，Mock 会反馈制作的信息，如果制作正常完成，则会出现如下信息：

```
......
Wrote: /builddir/build/RPMS/zlib-1.2.11-22.fc32.loongson.1.mips64el.rpm
......
Finish: rpmbuild zlib-1.2.11-22.fc32.loongson.1.src.rpm
Finish: build phase for zlib-1.2.11-22.fc32.loongson.1.src.rpm
INFO: Done(zlib-1.2.11-22.fc32.loongson.1.src.rpm)Config(fedora-32-mips64el)3
minutes 31 seconds
INFO: Results and/or logs in: /var/lib/mock/fedora-32-mips64el/result
Finish: run
```

从中可以了解到一些信息，包括制作的软件包、制作时间，以及制作过程中的输出信息记录存放目录。

制作生成的软件包显示存放在 /builddir/build/RPMS/ 目录中，但这个目录是相对于基本系统而言的，基本系统存放在 /var/lib/mock/fedora-32-mips64el 目录（配置文件中设置）中，因此可以在 /var/lib/mock/fedora-32-mips64el/root/builddir/build/ 目录中找到生成的各个 RPM 文件（RPMS 目录）和重制的 SRPM 文件（SRPMS 目录）。

13.2 包管理系统

Koji 系统是一个构建发行版软件包的管理平台，也是 Fedora 官方使用的管理软件包的平台，功能十分丰富，非常适合用来管理 RPM 文件。

13.2.1 了解 Koji

接下来简单地了解一下 Koji。

1. Koji 的组成

Koji 系统由多个组件构成，其中的核心组件如下。

- Koji-Hub：组件之间的交流通道，各个组件将自己的信息传递给 Koji-Hub，再由 Koji-Hub 进行分发。
- Koji-Web：通过浏览器提供与用户之间的交互。
- Koji-Client：Koji 的命令行交互工具，适合管理员使用。
- Koji-Builder：编译机组件，用来在编译软件包的机器上进行部署，接收编译软件包或者其他相关的任务。

2. 工作方式和意义

Koji 实际上是一个包装在 Mock 之上的包构建和管理的平台，通过 Koji-Hub 组织各个组件协同工作，完成软件包的编译、管理等任务。

通过 Koji-Client 组件提供的 koji 命令，用户可以对 Koji 系统发出任务命令，Koji-Hub 则会将任务分发给处理任务的组件来完成。

用户可以通过 koji 命令获取 Koji 系统上各个组件的状态和工作情况，也可以通过 Koji-Web 直观地了解 Koji 系统的各种信息。

对于要制作发行版的用户来说，Koji 系统最重要的任务是为用户提供一个可靠的软件包制作和管理的平台，Koji 系统可以大大降低维护发行版的难度。

13.2.2 Koji 的安装

1. 认证方式

前面介绍了 Koji 系统是由多个组件组合而成的，Koji 中不同组件之间的通信需要进行认证，Koji 支持 3 种认证方式：用户名和密码、Kerberos 认证以及 SSL 证书。这 3 种认证方式各有优缺点。

- 用户名和密码：设置比较简单，但具有一定的局限性，Koji 中不是所有的组件都支持该认证方式，无法搭建完整的 Koji 系统，因此不建议采用。
- Kerberos 认证：需要搭建 Kerberos 认证服务，较为复杂。
- SSL 证书：需要创建较多的证书（证书中包含公钥和私钥）。

因为 SSL 证书的认证方式正在被越来越多的系统所采用，创建证书的步骤也比较常见，所以本章搭建的 Koji 将使用 SSL 证书的认证方式。

2. 安装 Koji 组件

一个完整的 Koji 系统由多个组件构成，每个组件都可以单独安装在一台机器上。为了简化安装步骤的讲解，本章安装的 Koji 系统中的所有组件都将安装在同一台机器上。安装 Koji 系统的命令如下：

```
sudo dnf install koji koji-hub koji-web koji-builder
```

该命令可以一次性将 Koji 系统的多个组件一起安装到系统中。

3. 创建证书

采用 SSL 证书的认证方式来安装 Koji，需要先将各种证书创建并备用。

（1）创建证书配置文件

先创建存放配置文件的目录，命令如下：

```
sudo mkdir -pv /etc/pki/koji
```

在 /etc/pki/koji 目录中创建一个名为 ssl.cnf 的配置文件，该文件内容如下：

```
HOME                        = .
RANDFILE                    = .rand

[ca]
default_ca                  = ca_default

[ca_default]
dir                         = .
certs                       = $dir/certs
crl_dir                     = $dir/crl
database                    = $dir/index.txt
new_certs_dir               = $dir/newcerts
certificate                 = $dir/%s_ca_cert.pem
private_key                 = $dir/private/%s_ca_key.pem
serial                      = $dir/serial
crl                         = $dir/crl.pem
x509_extensions             = usr_cert
name_opt                    = ca_default
cert_opt                    = ca_default
default_days                = 3650
default_crl_days            = 30
default_md                  = sha256
preserve                    = no
policy                      = policy_match

[policy_match]
countryName                 = match
stateOrProvinceName         = match
organizationName            = match
organizationalUnitName      = optional
commonName                  = supplied
emailAddress                = optional

[req]
default_bits                = 2048
default_keyfile             = privkey.pem
default_md                  = sha256
distinguished_name          = req_distinguished_name
attributes                  = req_attributes
```

```
x509_extensions         = v3_ca # The extensions to add to the self signed cert
string_mask             = MASK:0x2002

[req_distinguished_name]
countryName                     = Country Name (2 letter code)
countryName_default             = CN
countryName_min                 = 2
countryName_max                 = 2
stateOrProvinceName             = State or Province Name (full name)
stateOrProvinceName_default     = Jiangsu
localityName                    = Locality Name (eg, city)
localityName_default            = Nanjing
0.organizationName              = Organization Name (eg, company)
0.organizationName_default      = Community
organizationalUnitName          = Organizational Unit Name (eg, section)
commonName                      = Common Name (eg, your name or your server\'s
                                  hostname)
commonName_max                  = 64
emailAddress                    = Email Address
emailAddress_max                = 64

[req_attributes]
challengePassword               = A challenge password
challengePassword_min           = 4
challengePassword_max           = 20
unstructuredName                = An optional company name

[usr_cert]
basicConstraints                = CA:FALSE
nsComment                       = "OpenSSL Generated Certificate"
subjectKeyIdentifier            = hash
authorityKeyIdentifier          = keyid,issuer:always

[v3_ca]
subjectKeyIdentifier            = hash
authorityKeyIdentifier          = keyid:always,issuer:always
basicConstraints                = CA:true
```

以上配置文件的内容用来配合 openssl 命令创建各种证书，每个使用 [ ] 定义的标签部分都是一种类型的证书默认设置项，读者可以根据需要进行修改。

（2）创建 CA 证书

第一个要创建的证书是 CA（Certification Authority）证书，CA 证书用来验证其他证书的有效性，是非常重要的证书。通常情况下 CA 证书由可信任的机构签发，但为了讲解方便，我们将自行创建 CA 证书。创建 CA 证书的命令和步骤如下。

首先进入 /etc/pki/koji 目录，并创建一个 private 目录用来存放 CA 证书的私钥，命令如下：

```
pushd /etc/pki/koji
    sudo mkdir -pv private
```

接着在 private 目录中创建私钥，命令如下：

```
sudo openssl genrsa -out private/koji_ca_cert.key 2048
```

创建过程会有如下输出：

```
Generating RSA private key, 2048 bit long modulus (2 primes)
..............................................................+++++
...............................+++++
e is 65537 (0x010001)
```

创建密钥和证书都是使用 openssl 命令，参数含义如下。

- genrsa：指定创建的是密钥是私钥。
- -out：指定输出文件的路径和文件名，密钥文件以 .key 作为扩展名。
- 2048：指定该私钥是一个 2048 位的密钥。

创建的私钥一定要保存好，接下来通过该私钥创建 CA 证书，命令如下：

```
sudo openssl req -config ssl.cnf -new -x509 -days 3650 -key private/koji_ca_cert.key \
                 -out koji_ca_cert.crt -extensions v3_ca
```

- req：指定要生成的是证书文件，创建证书的配置会从配置文件中的 [req] 标签中获取。
- -config：指定配置参数，这里指定的是之前准备好的 ssl.cnf，里面设置了生成证书时的默认配置信息。
- -new：生成新证书。
- -x509：证书是一个自签名的证书，即生成的证书已经使用指定的私钥进行了签名。
- -days：证书的有效时间，该参数后需要跟上一个以天为单位的数字。
- -key：指定签名证书使用的密钥文件，这里指定的是刚生成的 CA 密钥。
- -out：指定证书文件保存目录和文件名，本次生成的证书是一个已经签过名的证书，使用 .crt 作为扩展名。
- -extensions：指定额外的创建参数，该参数后指定一个标签，该标签存在由 -config 参数指定的配置文件，创建过程中会使用该标签所对应的配置。

以上命令执行后会出现证书设置的交互方式，需要我们根据实际情况填写部分内容，示例如下：

```
You are about to be asked to enter information that will be incorporated
into your certificate request.
What you are about to enter is what is called a Distinguished Name or a DN.
There are quite a few fields but you can leave some blank
For some fields there will be a default value,
If you enter '.', the field will be left blank.
-----
Country Name (2 letter code) [CN]:
State or Province Name (full name) [Jiangsu]:
Locality Name (eg, city) [Nanjing]:
Organization Name (eg, company) [Community]:
Organizational Unit Name (eg, section) []:OS
Common Name (eg, your name or your server's hostname) []:Sunhaiyong
Email Address []:sunhy@lemote.com
```

设置完成后将在 /etc/pki/koji 目录中生成 koji_ca_cert.crt 文件，此文件为 CA 的证书文件，必须小心保存，接下来生成的证书需要使用该证书文件进行签名。

（3）创建 Koji 各组件所需的证书

每个 Koji 组件都需要一个独立的证书文件，接下来我们就为这些组件创建对应的密钥和证书，并通过 CA 进行签名。

组件的证书存放到 certs 目录中，先创建这个目录，命令如下：

```
sudo mkdir -pv certs
```

先对 Koji-Web、Koji-Hub 和 Koji-Builder 这 3 个组件创建密钥和证书，命令如下：

```
for part in kojiweb kojihub kojibuilder1; do
    sudo openssl genrsa -out certs/${part}.key 2048
    sudo openssl req -config ssl.cnf -new -nodes \
                    -out certs/${part}.csr -key certs/${part}.key
done
```

与制作 CA 证书时一样，先用 genrsa 参数生成一个 2048 位的私钥，然后通过 rsq 参数创建证书，但创建组件证书时的参数与 CA 证书有所不同，它未使用 x509 参数，这代表组件证书不是一个自签名的证书，该证书生成后需要使用 CA 证书进行签名。其他参数含义如下。

- -nodes：指定私钥是未加密的。
- -out：指定生成的证书存放路径和文件名，因为生成的证书是未签名的，所以使用 .csr 作为扩展名。

证书在创建过程中会需要用户输入证书的信息，以 kojiweb 证书为例，信息输出及输入的内容如下：

```
Country Name (2 letter code)[CN]:
State or Province Name (full name)[Jiangsu]:
Locality Name (eg, city)[Nanjing]:
Organization Name (eg, company)[Community]:
Organizational Unit Name (eg, section)[]:koji
Common Name (eg, your name or your server's hostname)[]:kojiweb
Email Address []:

Please enter the following 'extra' attributes
to be sent with your certificate request
A challenge password []:
An optional company name []:
```

在 Common Name 处输入 kojiweb，为不同组件创建的证书需要输入的内容不同，建议输入内容与文件名相同。

在对证书进行签名前先创建两个文件，命令如下：

```
sudo touch index.txt
sudo su -c "echo 01 > serial"
```

这两个文件在生成签名证书后会修改其中的内容。

接下来将通过 CA 证书文件对 Koji 各个组件使用的证书文件进行签名，命令如下：

```
for part in kojiweb kojihub kojibuilder1; do
    sudo openssl ca -config ssl.cnf -keyfile private/koji_ca_cert.key -cert koji_ca_cert.crt \
                    -out certs/${part}.crt -outdir certs -infiles certs/${part}.csr
done
```

对证书进行 CA 签名使用的 ca 参数，其相关参数含义如下。

- -keyfile：指定用来签名的 CA 私钥文件。
- -cert：指定用来签名的 CA 证书文件。
- -out：指定签过名的证书的存放路径和文件名，因为生成的证书已经签过名了，所以使用 .crt 作为扩展名。
- -outdir：指定签名后的证书备份的存放目录，若不使用该参数指定目录，将默认使用当前所在目录中的 newcerts 目录。
- -infiles：指定需要签名的证书。

在证书的签名过程中会有让用户确认的过程，以 kojiweb 的证书签名为例，输出内容如下：

```
Using configuration from ssl.cnf
Check that the request matches the signature
Signature ok
Certificate Details:
```

```
        Serial Number: 1 (0x1)
        Validity
            Not Before: Sep 29 05:26:26 2020 GMT
            Not After : Sep 27 05:26:26 2030 GMT
        Subject:
            countryName               = CN
            stateOrProvinceName       = Jiangsu
            organizationName          = Community
            organizationalUnitName    = koji
            commonName                = kojiweb
        X509v3 extensions:
            X509v3 Basic Constraints:
                CA:FALSE
            Netscape Comment:
                OpenSSL Generated Certificate
            X509v3 Subject Key Identifier:
                57:1B:34:E6:A4:B8:33:48:91:26:EF:5C:58:91:7F:0B:7E:E7:22:DB
            X509v3 Authority Key Identifier:
                keyid:14:FE:C3:7A:25:39:87:DB:BE:16:3D:74:7B:0F:4D:95:73:A5:BF:AC
                DirName:/C=CN/ST=Jiangsu/L=Nanjing/O=Community/OU=OS/CN=Sunhaiyong/
emailAddress=sunhy@lemote.com
                serial:17:A0:14:6E:31:3E:BE:73:2C:1A:D8:63:A9:B7:27:9A:F7:E1:45:18

Certificate is to be certified until Sep 27 05:26:26 2030 GMT (3650 days)
Sign the certificate? [y/n]:
```

输入 y，会继续出现提示，询问本次签名是否提交。

```
1 out of 1 certificate requests certified, commit? [y/n]
```

如果输入 y，则提交到数据库中进行保存，并显示如下内容：

```
Write out database with 1 new entries
Data Base Updated
```

此时在 index 文件中将记录该签名证书的基本信息，同时 serial 文件的数字加 1，即完成了证书的签名。

签名后的证书以指定文件名存放在 certs 目录中，同时在该目录中会有一个数字开头并以 .pem 为扩展名的文件，数字与 index.txt 文件中证书的编号对应，该文件内容完全与签名后的证书相同，可以算是签名证书的一个备份。

（4）创建 Koji 管理员用户的证书

使用命令行对 Koji 系统进行管理时建议使用专用的用户，创建 Koji 管理员用户的命令如下：

```
sudo useradd kojiadmin
sudo passwd -d kojiadmin
```

接着为该用户创建签名证书，签名证书的制作过程与 Koji 组件的签名证书制作过程一致，命令如下：

```
sudo openssl genrsa -out certs/kojiadmin.key 2048
sudo openssl req -config ssl.cnf -new -nodes -out certs/kojiadmin.csr \
                -key certs/kojiadmin.key
sudo openssl ca -config ssl.cnf -keyfile private/koji_ca_cert.key -cert koji_ca_cert.crt \
               -out certs/kojiadmin.crt -outdir certs -infiles certs/kojiadmin.csr
```

输入证书信息时，将 Common Name 的内容设置为 kojiadmin。

（5）合并证书和私钥

在部署 Koji 系统时可能会将其中的组件或管理员分别部署在不同的机器上，这时就必须将对应的证书存放到对应的机器上。为了迁移方便，我们将签名的证书以及生成证书的私钥合并成一个文件，使用如下命令来完成：

```
for part in kojiweb kojihub kojibuilder1 kojiadmin; do
    sudo su -c "cat certs/${part}.crt certs/${part}.key > ${part}.pem"
done
```

除了 Koji 的各个组件外，Koji 管理员的证书和密钥也需进行合并。

创建证书的步骤暂时告一段落，退出证书存放目录，使用如下命令：

```
popd
```

在制作证书的过程中我们可以发现，证书的制作步骤几乎都是相同的，所以当后续还需要创建新的证书时可以仿照以上的步骤来完成，例如 Koji-Builder（编译组件）是可以有多台主机部署的。以上的步骤仅创建了一个 kojibuilder1 证书，如果后续要增加新的编译主机则可以创建新的证书供该新主机使用。

（6）部署 Koji 管理员证书

因为 Koji 管理员用户 kojiadmin 要对 Koji 系统发送各种权限较高的指令，必须获得 Koji 系统的认证，所以需要将 kojiadmin 和 CA 的证书部署给 kojiadmin 用户。使用如下命令：

```
sudo su - kojiadmin
```

在 kojiadmin 用户中执行如下命令：

```
mkdir ~/.koji
cp /etc/pki/koji/kojiadmin.pem ~/.koji/client.crt
cp /etc/pki/koji/koji_ca_cert.crt ~/.koji/serverca.crt
```

复制为 kojiadmin 制作的证书和 CA 证书文件到用户 ~/.koji/ 目录中，这两个文件在后面设置 Koji 时会用上，请留意保存的目录和文件名。

退出 kojiadmin 用户的命令如下：

```
exit
```

4. 数据库配置

Koji 系统使用 Postgresql 数据库存放系统中的信息，接下来讲解数据库部署的步骤。

（1）安装和初始化数据库

我们需要先安装 Postgresql 数据库服务端程序，使用如下命令：

```
sudo dnf install postgresql-server
```

安装过程比较简单，接下来需要对这个新安装的数据库进行初始化，命令如下：

```
sudo /usr/bin/postgresql-setup --initdb --unit postgresql
```

初始化阶段输出如下信息：

```
* Initializing database in '/var/lib/pgsql/data'
* Initialized, logs are in /var/lib/pgsql/initdb_postgresql.log
```

若未产生错误信息则代表数据库初始化正常完成。

接下来启动 Postgresql 数据库，使用如下命令：

```
systemctl restart postgresql
```

接着可通过 systemctl status postgresql 查询 Postgresql 数据库启动状态是否正常。

（2）创建 koji 用户账号

为 Koji 系统使用 Postgresql 数据库而创建一个独立的 koji 用户，通过该用户完成与 Koji 系统相关的数据库操作，创建命令如下：

```
sudo useradd koji
```

设置 koji 密码为空，命令如下：

```
sudo passwd -d koji
```

（3）创建 koji 数据库

接着为 koji 用户创建一个对应的数据库，创建数据库需要切换到 postgres 用户，命令如下：

```
sudo su - postgres
```

创建 Postgresql 数据中的 koji 用户，但创建过程中不直接创建对应的数据库，命令如下：

```
createuser --no-superuser --no-createrole --no-createdb koji
```

创建 koji 数据库，并设置数据库访问用户为 koji，命令如下：

```
createdb -O koji koji
```

完成数据库的创建后，退出 postgresql 用户，命令如下：

```
logout
```

因为数据库将通过系统中的 koji 用户来操作，所以切换到 koji 用户，命令如下：

```
sudo su - koji
```

为 koji 数据库导入一组初始化数据，在 /usr/share/doc/koji/docs/schema.sql 文件中有一组合适的 SQL 语句，可以用来创建各种数据库中的数据表和数据。使用如下命令可以为 koji 数据库生成基本的数据表和数据。

```
psql koji koji < /usr/share/doc/koji/docs/schema.sql
```

经过一段时间的创建过程将返回到命令提示符，然后退出 koji 用户，命令如下：

```
exit
```

（4）添加 Koji-Hub 组件与 Postgresql 数据之间的认证

修改 /var/lib/pgsql/data/pg_hba.conf 文件，该文件修改需要 postgres 或 root 用户权限，在该文件中增加以下内容，增加的内容必须放在已有配置内容的前面。

```
host    koji    all    127.0.0.1/32    trust
host    koji    all    ::1/128         trust
```

修改配置后需要强制 Postgresql 重载配置文件，使用如下命令：

```
systemctl reload postgresql
```

这样 Koji-Hub 就可以通过 koji 用户对数据库进行访问了。

（5）Koji 数据库增加管理员用户

切换到 koji 用户。

```
sudo su - koji
```

执行 Postgresql 的交互命令，命令如下：

```
psql
```

此时将进入 Postgresql 的交互环境，可直接使用 SQL 语句查看数据库中的数据。

接下来要增加一个 Koji 系统的管理员用户，使用如下 SQL 语句：

```
insert into users (name, status, usertype)values ('kojiadmin', 0, 0);
```

创建的用户名是 kojiadmin，请注意该用户名必须与之前创建的 Koji 管理员用户名一致，因为后续会通过该用户来认证是否具备对 Koji 系统的管理权限。

想了解增加的用户的数据记录，可使用以下 SQL 语句：

```
select * from users;
```

返回信息如下：

```
id |   name    | password | status | usertype
----+-----------+----------+--------+----------
  1 | kojiadmin |          |      0 |        0
(1 row)
```

这里需要注意 kojiadmin 用户 id 的数字，因为接下来需要用到这个数字。

为了给该用户赋予在 Koji 系统中足够的操作权限，需要将其加入 user_perms 数据表中，使用如下 SQL 语句：

```
insert into user_perms (user_id, perm_id, creator_id) values (1, 1, 1);
```

在 SQL 语句 vaules 后面的 3 个 1 中，第一个和第三个 1 都是赋权用户的 id 数字，需要根据用户 id 的实际数字进行修改。

完成用户的创建和赋权后，输入 \q，可退出 Postgresql 交互环境，接着再使用 exit 命令退出 koji 用户，完成数据库配置。

5. Apache 服务

因为 Koji 系统是一个可以使用 Web 界面提供操作的构建系统，所以需要一个 Web 服务器，Koji 默认使用 Apache 软件包提供 Web 服务，接下来讲解如何配置 Apache 服务。

安装 Apache 服务，使用如下命令：

```
sudo dnf install httpd mod_ssl
```

Apache 软件包使用 httpd 作为软件包名称，Mod_SSL 则是为 Apache 提供了 HTTPS 协议支持。

（1）修改 HTTP 协议默认端口号

Apache 的配置文件存放在 /etc/httpd/conf/httpd.conf 中，可以通过修改该配置文件来修改端口号。Apache 默认使用 80 端口作为 HTTP 协议端口，如果有其他的 Web 服务（如 Nginx）占用了该端口，则可以通过修改端口号来避免冲突，例如改为 88 端口。找到配置文件中的以下内容：

```
# Listen 80
```

将其修改为

```
Listen 88
```

（2）修改 HTTPS 协议配置

HTTPS 协议的配置由 Mod_SSL 安装包提供，配置文件为 /etc/httpd/conf.d/ssl.conf，修改该文件的如下内容：

```
SSLCertificateFile /etc/pki/koji/certs/kojihub.crt
SSLCertificateKeyFile /etc/pki/koji/certs/kojihub.key
SSLCertificateChainFile /etc/pki/koji/koji_ca_cert.crt
SSLCACertificateFile /etc/pki/koji/koji_ca_cert.crt
```

以上是使用为 Koji-Hub 组件创建的证书，以及私钥和 CA 的证书文件设置 HTTPS 协议使用的证书，这样 Apache 就可以使用 HTTPS 协议进行访问了，HTTPS 协议默认使用 443 端口进行访问。

6. 设置主机文件

修改主机文件 /etc/hosts，在其中加入以下主机条目：

```
172.100.3.30 kojihub kojiweb
172.100.3.30 kojibuilder1
```

加入这些条目是为了使证书和访问主机名之间形成一致的描述方式。

7. Koji-Hub 组件

在 Koji 系统的所有组件中，Koji-Hub 是核心组件，是各个组件连接的桥梁，该组件几乎跟其他所有组件相关。接下来完成 Koji-Hub 的配置。

（1）配置文件

Koji-Hub 的配置文件是 /etc/koji-hub/hub.conf，在该配置文件中存放了与 Koji-Hub 认证相关的设置。

①数据库相关认证。

在与数据库相关的配置项中修改如下内容：

```
DBName = koji
DBUser = koji
DBHost = 127.0.0.1
```

这里设置的数据库名和用户名都必须与数据库中创建的名字一样。

因为 Koji-Hub 组件和 Postgresql 数据服务端都安装在同一台机器中，所以使用 127.0.0.1 这个本机地址就可以进行访问；如果不在同一台机器中，则需要设置正确的数据库服务器地址。

②SSL 认证。

完成对 Koji-Web 的 SSL 认证，在配置项中修改如下内容：

```
DNUsernameComponent = CN
ProxyDNs = /C=CN/ST=Jiangsu/L=Nanjing/O=Community/OU=OS/CN=Sunhaiyong/
emailAddress=sunhy@lemote.com
```

其中，ProxyDNs 的内容可以通过如下命令获取：

```
cat /etc/pki/koji/kojiweb.pem | grep DirName | gawk -F':' '{ print $2 }'
```

即获取 kojiweb 证书中 DirName 的内容。

③与 KojiWeb 相关的设置。

将 KojiWebURL 设置为以下内容：

```
KojiWebURL = https://kojiweb/koji
```

这里设置通过 HTTPS 协议访问 Koji-Web 组件。

在使用 HTTPS 协议时若端口没有进行修改，还是默认的 443，则只要使用 https:// 开头即可，不用加入端口号。

（2）Web 访问设置

Koji-Hub 提供了在 Apache 中的相关设置，配置文件为 /etc/httpd/conf.d/kojihub.conf。

设置 HTTPS 访问支持。开启 HTTPS 的支持才能在一些使用 SSL 认证方式的调用中返回正确的信息，在配置文件中增加如下配置内容：

```
<Location /kojihub/ssllogin>
       SSLVerifyClient require
       SSLVerifyDepth  10
       SSLOptions +StdEnvVars
</Location>
```

以上配置内容在原文件中是以注释的方式写在文件中，可以去除每行之前的 # 来启用配置。

8. Koji-Web 组件

（1）配置文件

Koji-Web 组件的配置文件为 /etc/kojiweb/web.conf。

①组件访问地址。

修改访问其他几个组件的地址，修改如下内容：

```
KojiHubURL = http://172.100.3.30:88/kojihub
KojiFilesURL = https://172.100.3.30/kojifiles
```

Koji-Web 组件访问 Koji-Hub 的 URL 地址必须设置正确，否则 Koji-Web 将无法正常使用。

KojiFilesURL 的 URL 设置是在 Web 页面下载文件时使用的基础位置。

> **注意：**
> 这里使用的 IP 地址可更换为实际的 IP 地址或者域名，要保证使用浏览器进行访问的计算机能够正确地访问该地址或域名。

② SSL 认证。

采用 SSL 认证方式需要设置相关的密钥，修改以下这些选项为实际密钥：

```
WebCert = /etc/pki/koji/kojiweb.pem
ClientCA = /etc/pki/koji/koji_ca_cert.crt
KojiHubCA = /etc/pki/koji/koji_ca_cert.crt
```

（2）启动 Web 服务

使用如下命令：

```
systemctl restart httpd
```

当 Apache 的服务启动完成，Koji-Web 的配置也就启用了；如果修改了 Koji-Web 的配置，需要重新启动 httpd 服务。

服务启动完成后，通过浏览器访问 Koji-Web 提供的页面，例如使用以下地址进行访问：

```
https://172.100.3.30/koji/
```

显示的 Koji-Web 界面如图 13.1 所示。

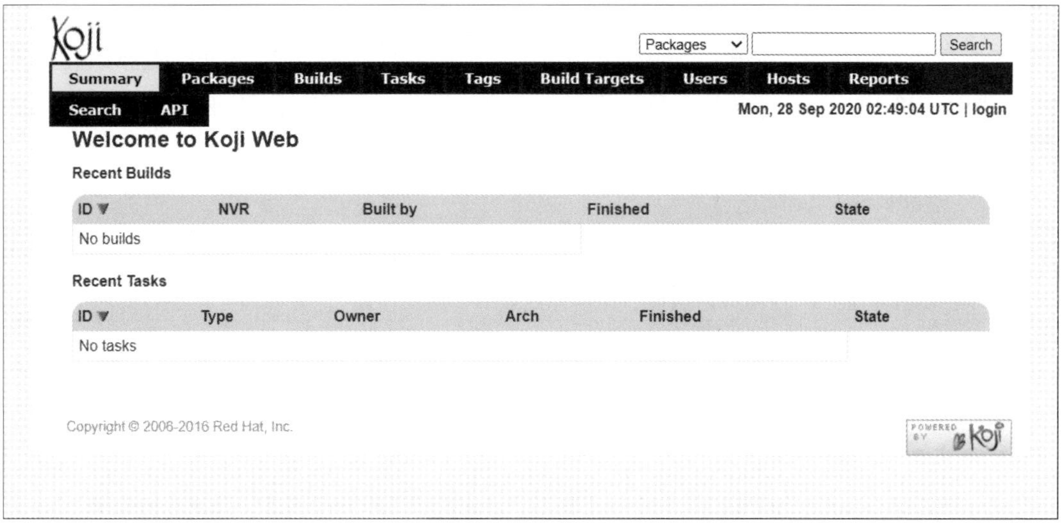

图 13.1　Koji-Web 界面

如果界面显示成功，则代表 Koji-Web 基本功能配置正确。

9. Koji-Client 组件

Koji-Client 组件是一个用来操作和控制 Koji 系统的命令行工具，是 Koji 组件中与用户打交道最多的组件。

（1）配置文件

Koji-Client 组件的配置文件为 /etc/koji.conf，其需要设置以下几个配置项：

```
server = https://kojihub/kojihub
weburl = https://172.100.3.30/koji
topdir = /mnt/koji
topurl = http://172.100.3.30:88/kojifiles
authtype = ssl
cert = ~/.koji/client.crt
serverca = ~/.koji/serverca.crt
```

- server：设置 Koji-Hub 的访问地址。
- weburl：设置 Koji-Web 的访问地址。
- topdir：设置软件包存放的基础目录。
- topurl：设置软件包访问的 Web 地址。
- authtype：设置认证方式，这里设置为 ssl，代表使用 SSL 密钥认证方式。
- cert 和 serverca：这两个参数在 authtype 设置为 ssl 时用来指定密钥的存放位置。

（2）创建目录

在 Koji-Client 的配置文件中设置了软件包存放的基础目录为 /mnt/koji，因此要创建该目录，创建命令如下：

```
sudo mkdir -pv /mnt/koji/{packages,repos,work,scratch,repos-dist}
sudo chown apache.apache /mnt/koji/*
```

不但要创建基础目录，还要在其中创建 Koji 系统会用到的几个子目录，创建完成后设置这些目录的所属用户给 apache，因为这些目录是通过 apache 用户来使用的，所以必须为其提供必要的访问权限。

（3）测试 Koji-Client 组件

切换到 kojiadmin 用户，因为前面创建 Koji 系统用户时已设置 Koji-Client 对 Koji 系统的操作命令都必须由 kojiadmin 用户来执行，切换方式如下：

```
sudo su - kojiadmin
```

执行测试命令。

```
koji call getLoggedInUser
```

koji 是 Koji-Client 组件提供的命令行工具名，后续将会经常使用该命令完成各种操作。

如果返回内容是如下形式，则代表服务可用；如果返回了其他错误信息，则需要排查之前进行的设置。

```
{'authtype': 2,
 'id': 1,
 'krb_principal': None,
 'krb_principals': [],
 'name': 'kojiadmin',
 'status': 0,
 'usertype': 0}
```

10. Koji-Builder 组件

Koji-Builder 组件安装在用来编译软件包的机器上，为讲解方便，接下来将把 Koji-Builder 与其他组件部署在同一台机器上。

（1）安装 Koji-Builder 组件

在需要安装 Koji-Builder 编译组件的机器系统中使用如下命令进行安装：

```
sudo dnf install koji-builder
```

安装完成后先不要启动 Koji-Builder 服务，先将安装了编译组件的主机（编译机）加入 Koji 系统中。

（2）添加编译机

使用 kojiadmin 用户，在安装了 Koji-Client 组件的机器上运行如下命令：

```
koji add-host kojibuilder1 mips64el
```

该命令由以下 3 个部分组成。

- add-host：增加编译主机操作命令。
- 主机名：编译主机的主机名或者 IP 地址，这里设置为 kojibuilder1，则代表将该主机名对应的机器加入编译主机列表中，读者根据实际情况填写正确的主机名或者 IP 地址。
- 架构名：因为本机制作的 Koji 系统是为了编译龙芯（MIPS）64 位的程序，所以这里将编译的架构名设置为 mips64el。

（3）增加创建软件源

在使用Koji系统编译软件包之前需要创建临时软件仓库，创建过程由Koji-Builder组件来完成，因此至少有一个编译机需要具备创建软件仓库的权限，设置编译机创建软件仓库权限的方法是将编译机加入 createrepo 频道中。

createrepo 频道是默认存在的，只需要用如下命令来完成：

```
koji add-host-to-channel kojibuilder1 createrepo
```

（4）配置文件

Koji-Builder 组件的配置文件为 /etc/kojid/kojid.conf，其需要设置以下几个配置项：

```
server=https://kojihub/kojihub
topurl=http://172.100.3.30:88/kojifiles
```

使用 SSL 认证，还需要设置以下配置项：

```
cert = /etc/pki/koji/kojibuilder1.pem
serverca = /etc/pki/koji/koji_ca_cert.crt
```

这里假定密钥都已存放到对应的目录中。

（5）启动编译机服务

当编译机加入 Koji 系统并配置好文件后，就可以启动 Koji-Builder 编译组件的服务了，在安装了编译组件的系统中使用如下命令：

```
systemctl start kojid
```

完成启动后，当前机器即处于等待 Koji 系统编译任务的状态。

（6）测试 Koji-Build 的状态

测试编译机是否准备就绪，可以使用如下命令：

```
koji list-hosts
```

若返回的信息如下，代表编译机已经准备就绪，随时可接收编译任务。

```
Hostname     Enb Rdy Load/Cap  Arches          Last Update
kojibuilder1 Y   Y    0.0/2.0  mips64el        2020-08-22 16:03:28
```

通过 Koji-Web 也可查看该编译机的状态，如图 13.2 所示。

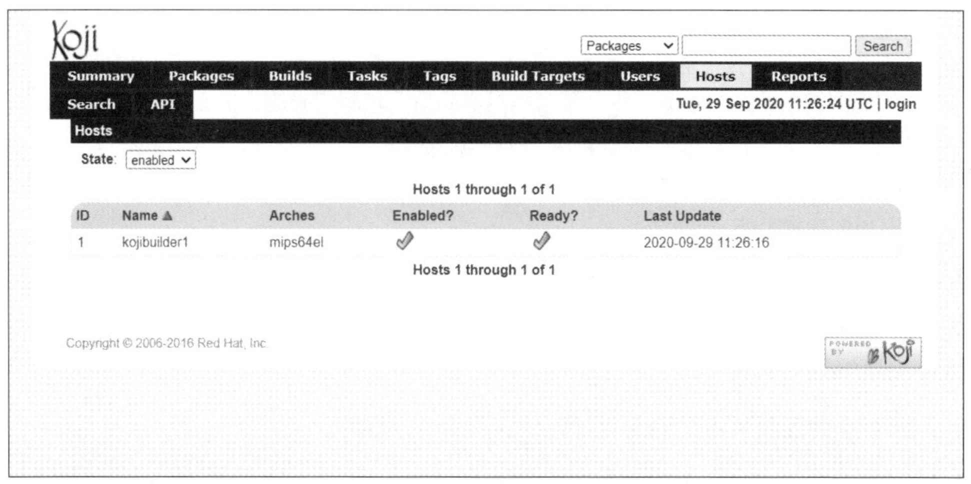

图 13.2　Koji-Web 中编译机的状态

13.2.3　Koji 的使用

配置好 Koji 系统后，接下来以编译一个软件包为例，简单介绍如何使用 Koji 系统。

1. 创建 Tag

在 Koji 系统中需要创建多个 Tag 标签，用来管理各种软件包。首先需要创建一个基础标签，使用 kojiadmin 用户，命令如下：

```
koji add-tag fc32-loongson
```

- add-tag：新增一个标签名的命令，后面跟上自定义的标签名。

标签的名字可以根据需要进行修改，这里设置为 fc32-loongson，代表是龙芯上运行的 Fedora 32。

在这个基础标签中创建子标签，使用如下命令：

```
koji add-tag --parent fc32-loongson --arches "mips64el" fc32-loongson-build
```

- --parent：指定新创建标签的父标签名，这代表创建的标签为子标签。
- --arches：指定该标签所管理软件包的架构，因为本次制作的都是 mips64el 架构的软件包，这里只需要写 mips64el 即可，若管理多个架构，则架构之间用空格分隔。

2. 创建 Target

创建好标签后，需要创建一个 Target。Target 可以理解为定义了一个制作行为，即指定使用哪个 Tag 编译软件包、存放到哪个 Tag 中，例如如下命令：

```
koji add-target fc32-loongson-target fc32-loongson-build fc32-loongson
```

上述命令将创建一个名为 fc32-loongson-target 的 Target，使用 fc32-loongson-build 标签中定义的行为所创建的软件包将存放到 fc32-loongson 标签中。

3. 创建 Group

在编译软件包时，会使用 Mock 建立基本的编译环境，在这个过程中会用到两个软件包组，分别是 srpm-build 和 build，而这两个软件包组需要在 Koji 中使用 add-group 来创建，相当于在制作软件仓库信息时加入的软件包组定义，使用如下命令：

```
koji add-group fc32-loongson-build srpm-build
koji add-group fc32-loongson-build build
```

因为后续需要使用 fc32-loongson-build 标签中的定义构建软件包，所以这两个软件包组也必须加入该标签中。

4. 增加外部的软件仓库

Koji 系统采用 Mock 包构建工具进行软件包的编译和制作，在 Mock 制作软件包时会需要用到软件仓库来安装一个基础环境，这就需要 Koji 系统提供满足需求的软件仓库。因为新创建的 Koji 系统中并没有带任何软件包，所以要对 Koji 进行设置。这里可以利用已经制作好的软件仓库。这种增加的软件仓库在 Koji 系统中被称为外部仓库。

增加外部的软件仓库，使用如下命令：

```
koji add-external-repo -t fc32-loongson-build fedora-loongson http://172.100.3.30:8080/os/
```

- add-external-repo：指定本条命令用来新增一个外部的软件仓库。
- -t：指定外部的软件仓库提供给哪个标签来使用。该参数后跟一个标签名，因为后续制作软件包使用 fc32-loongson-build 标签，所以这里设置该标签名。
- fedora-loongson：设置增加的外部仓库在 Koji 系统中的名字，方便后续对该软件仓库进行操作。
- http://172.100.3.30:8080/os/：软件仓库的具体地址，这里设置了之前创建的软件仓库地址，读者可根据实际情况进行修改。注意这里最好设置一个 baseurl 规则的地址，以方便在命令行下的操作。

5. 给 Group 增加软件包

只创建软件包组是不够的，这只相当于创建了一个组名，没有包含任何软件包，接下来要将最基本的软件包加入这两个组中，使用如下命令：

```
koji add-group-pkg fc32-loongson-build srpm-build bash rpm-build shadow-utils
koji add-group-pkg fc32-loongson-build build \
                   bash bzip2 coreutils cpio diffutils fedora-release-common \
                   findutils gawk glibc-minimal-langpack grep gzip info make \
                   patch redhat-rpm-config rpm-build sed shadow-utils tar \
                   unzip util-linux which xz
```

需要注意，srpm-build 和 build 这两个组加入的软件包并不相同，这是因为两个组的用处不同。srpm-build 组用来重制 SRPM 文件，因此不需要太多的软件包；而 build 组是为了编译 SRPM 文件，因此涉及的软件包就比较多了。以上提供的软件包作为参考，如果实际缺少了某个基本的软件包，可能需要单独将软件包加入组中，方法如下：

```
koji add-group-pkg fc32-loongson-build srpm-build coreutils
```

这样就在 srpm-build 组中加入了 coreutils，这是新加入软件包，并不会导致原来已经加入的软件包失效。

如果要将软件包组中的某个软件包去除，可以使用 block-group-pkg 参数，命令如下：

```
koji block-group-pkg fc32-loongson-build srpm-build coreutils
```

这样就将 conutils 软件包从 srpm-build 软件包组中去除了。

6. 创建软件仓库信息

当在标签中加入了外部软件仓库后，还需要通过这个软件仓库创建临时的软件仓库，在创建临时软件仓库时会加入创建的软件包组信息，这样才能让 Mock 建立制作环境时能正确地安装软件包组。创建临时软件包仓库信息的命令如下：

```
koji regen-repo fc32-loongson-build
```

regen-repo 是强制创建临时软件仓库的参数，该参数需要指定一个标签，因为外部软件仓库已经加入 fc32-loongson-build 标签中，所以这里指定该标签。

因为该命令执行期间会生成 Mock 工具使用的配置文件，文件存放在 /etc/mock/koji 目录中，而软件仓库信息则创建在 /mnt/koji/repos/ 目录中，所以请保证运行命令前这些目录已经准备就绪。

该命令执行时有类似如下的信息：

```
Regenerating repo for tag: fc32-loongson-build
Created task: 1
Task info: https://172.100.3.30/koji/taskinfo?taskID=828
Watching tasks (this may be safely interrupted)...
1 newRepo (fc32-loongson-build): free
1 newRepo (fc32-loongson-build): free -> open (kojibuilder1)
  2 createrepo (mips64el): free
  2 createrepo (mips64el): free -> open (kojibuilder1)
1 newRepo (fc32-loongson-build): open (kojibuilder1)-> closed
  0 free  1 open  1 done  0 failed
  2 createrepo (mips64el): open (kojibuilder1)-> closed
  0 free  0 open  2 done  0 failed

1 newRepo (fc32-loongson-build) completed successfully
```

因为只加入了 mips64el 架构的制作，所以这里也仅创建了 mips64el 的软件仓库。

创建软件仓库需要一些时间，请耐心等待命令的完成。

> **注意：**
> 如果想在外部软件仓库更新后及时将其应用到 Koji 系统中，就需要重新执行该命令。

7. 在标签中加入软件包

在 Koji 系统中编译软件包，需要先将软件包加入对应的标签中。在加入软件包之前先了解一下 Koji 中对软件包文件名的分解，一个软件包在 Koji 中定义为 N-V-R，N 代表名字，V 代表版本，R 代表发布标记。对应一个具体软件包名字，如 bzip2-1.0.8-2.fc32，则 N 对应 bzip2，V 对应 1.0.8，R 对应 2.fc32。

我们在将软件包加入标签中时只需要用到 N，例如将 bzip2 加入标签中，使用如下命令：

```
koji add-pkg --owner kojiadmin fc32-loongson bzip2
```

- add-pkg：指定当前的命令是增加一个软件包名到标签中。
- --owner：指定该软件包所属用户，这里指定 kojiadmin。
- fc32-loongson：指定加入软件包的标签名。
- bzip2：在指定标签中加入的软件包名。

这条命令执行成功后，实际上只是在 fc32-loongson 标签中加入了软件包名字的标记，并没有任何实际的文件加入其中，可以理解为创建了一个目录，将来该名字的软件包实际加入 Koji 中时就会自动放在该目录中。

8. 编译软件包

现在已经准备好了编译软件包的条件，接下来就可以尝试编译软件包了，kojiadmin 用户使用如下命令进行编译：

```
koji build fc32-loongson-target /opt/srpms/bzip2-1.0.8-2.fc32.src.rpm
```

- build：告知 koji 命令本次是进行软件包的编译。
- fc32-loongson-target：这是一个 Target 的名字，必须是之前定义过的名字，这代表本次编译过程将按照该 Target 设置的规则进行，即通过 fc32-loongson-build 标签的设置进行编译，编译完成的软件包存放到 fc32-loongson 标签中。
- /opt/srpms/bzip2-1.0.8-2.fc32.src.rpm：需要编译软件包的实际路径和文件名。

这里要注意两点：一是 Target 的名字必须是存在的，且定义好了编译规则；二是软件包的文件名必须已经包含到 Target 所设置的目的标签中。

如果命令指定的 Target 和软件包文件没有问题，则会进行编译，编译过程输出如下：

```
Uploading srpm: /opt/srpms/bzip2-1.0.8-2.fc32.src.rpm
[====================================] 100% 00:00:00 801.93 KiB   2.58 MiB/sec
Created task: 21
Task info: https://172.100.3.30/koji/taskinfo?taskID=21
Watching tasks (this may be safely interrupted)...
21 build (fc32-loongson-target, bzip2-1.0.8-2.fc32.src.rpm): free
21 build (fc32-loongson-target, bzip2-1.0.8-2.fc32.src.rpm): free -> open
(kojibuilder1)
  22 rebuildSRPM (noarch): free
  22 rebuildSRPM (noarch): free -> open (kojibuilder1)
  22 rebuildSRPM (noarch): open (kojibuilder1) -> closed
```

```
  0 free  1 open  1 done  0 failed
  23 buildArch (bzip2-1.0.8-2.fc32.loongson.src.rpm, mips64el): free
  23 buildArch (bzip2-1.0.8-2.fc32.loongson.src.rpm, mips64el): free -> open
(kojibuilder1)
  23 buildArch (bzip2-1.0.8-2.fc32.loongson.src.rpm, mips64el): open (kojibuilder1)
-> closed
  0 free  1 open  2 done  0 failed
25 tagBuild (noarch): free
25 tagBuild (noarch): free -> closed
  0 free  1 open  3 done  0 failed
21 build (fc32-loongson-target, bzip2-1.0.8-2.fc32.src.rpm): open (kojibuilder1)->
closed
  0 free  0 open  4 done  0 failed

21 build (fc32-loongson-target, bzip2-1.0.8-2.fc32.src.rpm) completed successfully
```

通过输出的信息可以了解一些编译的过程，这里比较重要的是 Taskinfo 提示的信息，信息中 taskID 是本次编译任务在 Koji 中的起始任务编号，本例中是 21。接下来还有数个以 21、22、23 数字开头的信息内容，其中大于起始任务编号的数字也是任务编号，每个任务编号对应了一个阶段的工作，在任务编号后紧跟着的就是任务的名称，名称的大致含义如下。

- build：准备阶段，这个阶段主要是准备各种目录以及配置文件。
- rebuildSRPM：制作 SRPM 文件阶段，虽然命令指定的就是一个 SRPM 文件，但是在 Koji 系统中会重新打包 SRPM 以使其名称符合制作的 N-V-R 要求。例如本次上传的文件名是 bzip2-1.0.8-2.fc32.src.rpm，重制后会变为 bzip2-1.0.8-2.fc32.loongson.src.rpm，这里主要是对 R 进行了变更，从 2.fc32 变为 2.fc32.loongson。在 SRPM 重制阶段就会需要用到之前定义的 srpm-build 组，Mock 系统通过安装该软件包组后再执行重制过程。
- buildArch：根据 fc32-loongson-target 中的 fc32-loongson-build 标签设置的制作架构进行软件包的编译制作，即通常使用的 rpmbuild 过程，但该过程是通过 Mock 构建工具完成的，且在准备制作环境的过程中需要用到 build 组，将 build 软件包组中的软件包安装到制作环境中，然后根据 SRPM 文件中定义的编译依赖安装软件包，再进行软件包的编译和制作。
- tagBuild：软件包制作完成后会将 SRPM 文件和制作出来的 RPM 文件导入 Koji 系统中，并根据 fc32-loongson-target 设置的规则归纳到对应的标签中。

9. **编译外部软件包**

正常使用 Koji 制作软件包后，会将重制的 SRPM 文件和生成的 RPM 文件导入 Koji 系统中，但 Koji 系统对于导入的软件包是不能修改的，也就是说相同的 N-V-R 的软件包在 Koji 系统中只能存在一个，且不可替换，即不可再次制作，如果要制作必须变更 N、V、R 其中之一才行。但有时我们只是想借助 Koji 系统验证某个软件包是否可以正常制作，并不希望制作后就将软件包和生成的文件都导入 Koji 系统中，这个时候可以采用外部软件包制作的模式来使用 Koji 系统。

准备好软件仓库后，使用 kojiadmin 用户运行如下命令：

```
koji build --scratch fc32-loongson-target gzip-1.10-2.fc32.src.rpm
```

○ --scratch：当要编译的 SRPM 文件不属于 Target 设置的标签时，必须使用该参数。

其他参数与普通制作软件包一样，不同的是多了一个 --scratch 参数，该参数可以让软件包不被导入 Koji 系统信息中，因此不影响再次制作相同 N-V-R 的软件包。

因为 Koji 系统采用 Mock 工具来编译软件包，所以即使编译的软件包不大，创建基础编译环境的过程依旧需要花费一些时间，这导致 Koji 系统编译一个软件包的时间要远远大于直接使用 rpmbuild 命令编译软件包的时间。

该制作命令进行过程中会出现如下信息：

```
Uploading srpm: gzip-1.10-2.fc32.src.rpm
[====================================] 100% 00:00:00 784.40 KiB  17.39 MiB/sec
Created task: 51
Task info: https://172.100.3.30/koji/taskinfo?taskID=51
Watching tasks (this may be safely interrupted)...
51 build (fc32-loongson-target, gzip-1.10-2.fc32.src.rpm): free
51 build (fc32-loongson-target, gzip-1.10-2.fc32.src.rpm): free -> open
(kojibuilder1)
  52 rebuildSRPM (noarch): open (kojibuilder1)
  53 buildArch (gzip-1.10-2.fc32.loongson.src.rpm, mips64el): open (kojibuilder1)
  52 rebuildSRPM (noarch): open (kojibuilder1) -> closed
  0 free  2 open  1 done  0 failed
  53 buildArch (gzip-1.10-2.fc32.loongson.src.rpm, mips64el): open (kojibuilder1)->
closed
  0 free  1 open  2 done  0 failed
51 build (fc32-loongson-target, gzip-1.10-2.fc32.src.rpm): open (kojibuilder1) ->
closed
  0 free  0 open  3 done  0 failed

51 build (fc32-loongson-target, gzip-1.10-2.fc32.src.rpm) completed successfully
```

从这些信息中可以看出，制作过程与没有使用 --scratch 参数十分接近，但仔细看会发现没有 tagBuild 阶段。这意味着制作完成之后各种生成的文件并没有导入 Koji 系统中，因此同样的 N-V-R 文件可以进行多次制作。

对于通过 --scratch 参数制作的软件包，可以在 /mnt/koji/scratch 目录中找到生成的文件，记住制作时的 taskID 编号，它对于查找本次编译生成的文件非常有帮助。

10. 相关目录简介

为了完成一次软件包的编译过程，Koji 系统会用到不少目录，下面简单地介绍一些目录。

- /mnt/koji/packages：该目录中以加入 Koji 系统的软件包的名字（N）作为目录名，其下一级使用版本（V）及发布标记（R）作为目录，并在目录中以架构（如 mips64el）和 src 作为目录，分别存放编译生成的 RPM 文件和重制的 SRPM 文件，如果想得到软件包的文件，可以到该目录中获取。
- /mnt/koji/repos：使用 koji regen-repo 生成的临时软件仓库信息就存放在该目录中。在该目录中有以该命令执行时所指定的标签命名的目录，如 fc32-loongson-build；在该目录中有以数字命名的目录，每个数字就是一次 kojiregen-repo 所产生的，每个数字代表了一个软件仓库信息的编号，每次执行数字加 1，而目录中的 lastest 则是一个链接文件指向最后一次生成的临时软件仓库信息的目录。在进行编译的过程中会默认使用最后一次生成的软件仓库信息进行软件包及软件包组的安装。
- /mnt/koji/scratch：使用 --scratch 参数编译的软件包会存放在该目录中，该目录中使用用户名和编译任务号作为目录名称，在该目录中存有重制的 SRPM 文件和生成的 RPM 文件以及在制作过程中产生的日志文件。
- /mnt/koji/work：该目录的 tasks 目录里存放了每次任务产生的日志和文件链接，在编译软件包的任务中会存放重制 SRPM 和 RPM 文件以及日志文件的链接文件。另外 work 目录中还存放了提交编译任务时上传的原始 SRPM 文件。
- /etc/mock/koji：Koji 系统使用 Mock 工具编译制作软件包，因此在调用 Mock 系统时会准备 Mock 使用的配置文件，Koji 每次进行编译都会准备一个新的配置文件。这些配置文件就存放在该目录中，读者若有兴趣可以查看这些配置文件。
- /var/lib/mock：编译软件包时的实际工作目录，该目录实际是 Mock 工具的工作目录，Koji 系统制作软件包时会在该目录中创建以制作标签为名称加上任务编号和软件仓库信息编号的目录，如 fc32-loongson-build-32-5 和 fc32-loongson-build-32-5-bootstrap。重制 SRPM 文件和编译软件包的制作环境就在这些目录中，制作过程中的日志文件也能在这些目录中找到。

11. 下载软件包文件

如果想下载通过 Koji 的制作功能生成的文件，除了可以在 Koji 的存放目录中找到，也可以通过 koji 命令来实现下载，koji 命令更方便远程主机下载 Koji 系统中的文件。

例如，知道一个软件包的 N-V-R，就可以通过如下命令来下载：

```
koji download-build tar-1.32-4.fc32.loongson
```

- download-build：表示该命令用来下载文件。
- tar-1.32-4.fc32.loongson：一个完整的 N-V-R 表达式，必须写完整。

下载命令支持多种写法，还可以使用制作软件包时的任务编号，如以上软件包制作时的任务编号为 80 的话，可以使用如下命令：

```
koji download-build --task-id 80
```

如果信息正确，则会显示如下输出：

```
Downloading: tar-1.32-4.fc32.loongson.src.rpm
[====================================] 100%   2.03 MiB
Downloading: tar-1.32-4.fc32.loongson.mips64el.rpm
[====================================] 100% 913.27 KiB
```

下载的文件有重制的 SRPM 文件和生成的 RPM 文件，这里我们注意到没有 debuginfo 文件，如果要下载与 debug 相关的文件，需要加上 --debuginfo 参数，命令如下：

```
koji download-build --debuginfo --task-id 80
```

那么下载的文件就会多出 debuginfo 和 debugsource 的 RPM 文件。

下载文件还可以使用 Koji-Web 组件来实现，可通过浏览器访问 Koji 系统，也可以通过页面下载需要的文件。

Koji 系统功能强大，但同时也比较复杂，以上只是 Koji 系统的管理和使用的简单介绍，在实际的使用中还会涉及更多的内容，读者可以根据自己的实际需求来配置和使用 Koji 系统。

结束语

至此，这本书的内容就结束了，撰写本书的过程中发生了让我无法忘怀的事情，同时让我坚定了要完成这本书的意志。

本书讲解的是如何从头开始制作一个 Linux 发行版，然而对于一个发行版来说三分制作、七分维护，要真正创造一个发行版还需要完成太多的事情，本书无法尽数讲解，仅当是抛砖引玉吧。

本书重点讲解了制作阶段，这个阶段中的所有制作步骤和方法都是我从多年的相关工作中总结出来的，但未必是唯一的。很多人并不一定有机会接触一个 Linux 发行版的开始制作阶段，特别是针对一个新架构移植完整的发行版，想全面了解这个阶段的步骤也不是一件容易的事情。为此我编写了本书，希望书中讲解的方法可以提供参考，让读者能够了解这个过程中的一些方法。

本书虽然是围绕 Fedora Linux 发行版的移植来讲解的，但使用的方法和总体步骤适合各种常见的 Linux 发行版，只是在具体的软件包以及包管理工具的使用上会存在差异。读者有兴趣的话可以尝试使用本书的方法来移植其他发行版。

本书涉及的各种开源软件以及发行版本身的发展都是很快的，当读者开始阅读本书时，应该已经有新版本发布了，这可能会使本书的部分内容无法跟上新版本的变化。但本书的主要目的是讲解思路和方法，希望读者能够根据实际情况灵活运用，顺利地制作出自己所期望的发行版。